ALLE ZEIT WACH 1842

Manfred Broy (Hrsg.)

Informatik und Mathematik

Mit 69 zum Teil farbigen Abbildungen

Springer-Verlag
Berlin Heidelberg New York
London Paris Tokyo
Hong Kong Barcelona
Budapest

Herausgeber:
Prof. Dr. Manfred Broy
Institut für Informatik
Technische Universität München
Postfach 20 24 20, W-8000 München 2

Einbandmotiv: Ausschnitt von "The garden of L" - die Fliederblüten sind durch ein L-System generiert - aus "The Algorithmic Beauty of Plants" von P. Prusinkiewicz und A. Lindenmayer, Springer-Verlag 1990

ISBN-13:978-3-642-76678-7

Die Deutsche Bibliothek - CIP Einheitsaufnahme
Informatik und Mathematik: [Prof. Dr. h.c. mult. F. L. Bauer zum 65. Geburtstag]
Manfred Broy (Hrsg.). - Berlin; Heidelberg; New York; London; Paris; Tokyo; Hong Kong; Barcelona; Budapest: Springer, 1991
ISBN-13:978-3-642-76678-7 e-ISBN-13:978-3-642-76677-0
DOI: 10.1007/978-3-642-76677-0

NE: Broy, Manfred [Hrsg.]; Bauer, Friedrich L.: Festschrift

Softcover reprint of the hardcover 1st edition 1991

Datenkonvertierung durch EDV-Beratung Mattes mit Springer-TEX-Haussystem
45/543210 Gedruckt auf säurefreiem Papier

Professor Dr. Dr. h.c. mult. Friedrich L. Bauer
zum 65. Geburtstag

Vorwort

Der vorliegende Band enthält Beiträge aus dem Kolloquium mit dem Thema „Informatik im Kreuzungspunkt von Numerischer Mathematik, Rechnerentwurf, Programmierung, Algebra und Logik". Dieses Kolloquium fand vom 12. bis 14. Juni 1989 an der Bayerischen Akademie der Wissenschaften zu Ehren von Herrn Prof. Dr. Dr. h.c. mult. Friedrich L. Bauer statt.

Das Lebenswerk von Prof. F. L. Bauer könnte nicht treffender umschrieben werden als durch den Titel dieses Kolloquiums. Wie kaum ein anderer hat er an der Entwicklung der Informatik mitgewirkt und an den genannten Bezugspunkten zu anderen Disziplinen. Die Reihenfolge der Themen gibt auch historisch die Interessenschwerpunkte von Prof. Bauer wieder. Ausgehend von Fragen der Numerischen Mathematik und des Rechnerentwurfs wuchs sein Interesse an Programmiersprachen und Programmierung und schließlich an deren Fundierung durch Methoden der Algebra und Logik. Die Beiträge zum Kolloquium, die in diesem Band abgedruckt sind, spiegeln eine eindrucksvolle thematische Breite wider. Noch mehr fasziniert aber die Dichte der Zusammenhänge. Mehrere Jahrzehnte der Entwicklung der Informatik haben gezeigt, wie eng Fragestellungen der Numerik, des Rechnerentwurfs, aber auch Aspekte der Programmierung und allgemein Fragen der Logik und der Algebra miteinander verknüpft sind. Im Schnittbereich dieser Themengebiete findet sich der Kern von Informatikinhalten, der, wenn auch bis heute nicht in voller Reinheit formuliert und wiedergegeben, doch im Rahmen dieses Kolloquiums deutlich zutage tritt. Vor diesem Hintergrund verstehen wir den Kernbereich der Informatik als eine Grundlagendisziplin für die Beschreibung von System- und Algorithmenstrukturen, die sich Methoden der Logik und der Algebra zunutze macht. Die Vielfalt der Einzelprobleme in der Numerischen Mathematik, in der Schaltalgebra und der Relationentheorie, bei Zerteilungs- und Erkennungsproblemen, in der Algebraischen Logik, in der Programmiertechnik und im Übersetzerbau, und schließlich in der Programmtransformation und der Methodologie der Programmierung lassen gemeinsame Grundfragestellungen erkennen. Der ästhetische und kulturelle Gehalt dieser Themengebiete aber erschließt sich über technische Punkte hinaus besonders deutlich durch den Beitrag von Prof. Roland Bulirsch, der in gleicher Weise von Nutzen und Schönheit der Formeln in der Mathematik und in der Informatik handelt. Dies reflektiert auf schönste Art das Grundanliegen im wissenschaftlichen Werk von Prof. Friedrich L. Bauer, Informatik als Bestandteil und Grundlage technischer und kultureller Anstrengungen zu sehen.

Als Herausgeber dieses Bandes möchte ich allen herzlich danken, die dafür einen Beitrag geleistet haben. Besonders danke ich Herrn Frank Dederichs, der bei der Zusammenstellung und Sichtung der Manuskripte hervorragende Arbeit geleistet hat.

Mein Dank geht auch an den Springer-Verlag, insbesondere an Herrn Dr. Hans Wössner, für das außergewöhnliche Engagement bei der Gestaltung des Bandes.

Eine besondere Freude ist es mir jedoch, Herrn Prof. Friedrich L. Bauer auch im Namen aller Beitragenden und des Verlags die allerbesten Wünsche für die Zukunft auszusprechen. Dieser Band gibt einen tiefen Einblick in das Spektrum seiner Arbeitsgebiete und zugleich in die Vielfalt der Wechselbeziehungen zwischen Informatik und Mathematik. Ich bin sicher, daß er als wissenschaftlich anregender Beitrag und als eindrucksvolle Dokumentation seinen Platz findet.

München 1991 *Manfred Broy*

Inhalt

Zerteilungs- und Erkennungsprobleme

Algebraische Logik

Programmierung und Übersetzerbau

Programmtransformation und Methodik der Programmierung

Anhang

Autoren

Friedrich L. Bauer Institut für Informatik, Technische Universität München, Arcisstraße 21, 8000 München 2

Richard Baumann Adolf-Kolping-Straße 8, 8018 Grafing

Rudolf Berghammer Institut für Programmiersprachen und Programmentwicklung, Universität der Bundeswehr, Werner-Heisenberg-Weg 39, 8014 Neubiberg

Wilfried Brauer Institut für Informatik, Technische Universität München, Arcisstraße 21, 8000 München 2

Stephan Braun Institut für Programmiersprachen und Programmentwicklung, Universität der Bundeswehr, Werner-Heisenberg-Weg 39, 8014 Neubiberg

Manfred Broy Institut für Informatik, Technische Universität München, Arcisstraße 21, 8000 München 2

Roland Bulirsch Mathematisches Institut, Technische Universität München, Arcisstraße 21, 8000 München 2

Carlos Delgado Kloos Depto. Ingeniería de Sistemas Telemáticos, Universidad Politécnica de Madrid, ETSI Telecomunicación, Ciudad Universitaria, E-28040 Madrid

Peter Deussen Institut für Logik, Komplexität und Deduktionssysteme, Universität Karlsruhe, Postfach 69 80, 7500 Karlsruhe 1

Herbert Ehler Institut für Informatik, Technische Universität München, Arcisstraße 21, 8000 München 2

Jürgen Eickel Institut für Informatik, Technische Universität München, Arcisstraße 21, 8000 München 2

Kai Goetzke Institut für Informatik und Praktische Mathematik, Christian-Albrechts-Universität, Olshausenstraße 40, 2300 Kiel 1

David Gries Department of Computer Science, Cornell University, 4115A Upson Hall, Ithaca, NY 14853, USA

Winfried Hahn Fakultät für Mathematik und Informatik, Universität Passau, Innstraße 33, 8390 Passau

Peter Kandzia Institut für Informatik und Praktische Mathematik, Christian-Albrechts-Universität, Olshausenstraße 40, 2300 Kiel 1

Hans-Joachim Klein Institut für Informatik und Praktische Mathematik, Christian-Albrechts-Universität, Olshausenstraße 40, 2300 Kiel 1

Henner Kröger Arbeitsgruppe Informatik, Fachbereich Mathematik, Justus-Liebig-Universität, Arndtstraße 2, 6300 Gießen

Hans Langmaack Institut für Informatik und Praktische Mathematik, Christian-Albrechts-Universität, Preusserstraße 1–9, 2300 Kiel 1

Uwe Meyer Arbeitsgruppe Informatik, Fachbereich Mathematik, Justus-Liebig-Universität, Arndtstraße 2, 6300 Gießen

Andreas Mischnick Arbeitsgruppe Informatik, Fachbereich Mathematik, Justus-Liebig-Universität, Arndtstraße 2, 6300 Gießen

Bernhard Möller Institut für Mathematik, Universität Augsburg, Universitätsstraße 2, 8900 Augsburg

Helmut A. Partsch Vakgroep Informatica, KU Nijmegen, NL-6525 ED Nijmegen

Manfred Paul Institut für Informatik, Technische Universität München, Orleansstraße 34, 8000 München 80

Peter Pepper Fachbereich Informatik, Technische Universität Berlin, Franklinstraße 28/29, 1000 Berlin 10

Christian Reinsch Mathematisches Institut, Technische Universität München, Arcisstraße 21, 8000 München 2

Horst Remus 1545 Kensington Circle, Los Altos, CA 94024-6030, USA

Ulf Schmerl Fakultät für Informatik, Universität der Bundeswehr, Werner-Heisenberg-Weg 39, 8014 Neubiberg

Gunther Schmidt Institut für Programmiersprachen und Programmentwicklung, Universität der Bundeswehr, Werner-Heisenberg-Weg 39, 8014 Neubiberg

Helmut Schwichtenberg Mathematisches Institut, Ludwig-Maximilians-Universität, Theresienstraße 39, 8000 München 2

Gerhard Seegmüller Gesellschaft für Mathematik und Datenverarbeitung, Schloß Birlinghoven, 5205 Sankt Augustin 1

Josef Stoer Institut für Angewandte Mathematik und Statistik, Universität Würzburg, Am Hubland, 8700 Würzburg

Martin Wirsing Fakultät für Mathematik und Informatik, Universität Passau, Innstraße 33, 8390 Passau

Christoph Zenger Institut für Informatik, Technische Universität München, Arcisstraße 21, 8000 München 2

Heinz Zemanek Postfach 251, A-1011 Wien

Mathematik und Informatik

Mathematik und Informatik
Vom Nutzen der Formeln

Roland Bulirsch

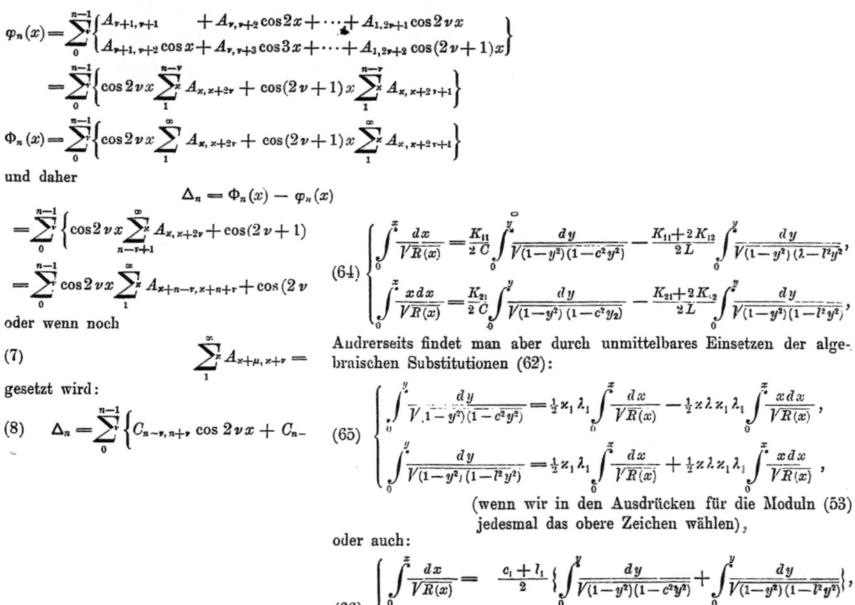

$$\varphi_n(x)=\sum_0^{n-1}\begin{Bmatrix} A_{\nu+1,\nu+1} & +A_{\nu,\nu+2}\cos 2x+\cdots+A_{1,2\nu+1}\cos 2\nu x \\ A_{\nu+1,\nu+2}\cos x+A_{\nu,\nu+3}\cos 3x+\cdots+A_{1,2\nu+2}\cos(2\nu+1)x \end{Bmatrix}$$

$$=\sum_0^{n-1}\left\{\cos 2\nu x\sum_1^{n-\nu}A_{\varkappa,\varkappa+2\nu}+\cos(2\nu+1)x\sum_1^{n-\nu}A_{\varkappa,\varkappa+2\nu+1}\right\}$$

$$\Phi_n(x)=\sum_0^{n-1}\left\{\cos 2\nu x\sum_1^{\infty}A_{\varkappa,\varkappa+2\nu}+\cos(2\nu+1)x\sum_1^{\infty}A_{\varkappa,\varkappa+2\nu+1}\right\}$$

und daher

$$\Delta_n=\Phi_n(x)-\varphi_n(x)$$

$$=\sum_0^{n-1}\left\{\cos 2\nu x\sum_{n-\nu+1}^{\infty}A_{\varkappa,\varkappa+2\nu}+\cos(2\nu+1)\right.$$

$$=\sum_0^{n-1}\cos 2\nu x\sum_1^{\infty}A_{\varkappa+n-\nu,\varkappa+n+\nu}+\cos(2\nu$$

oder wenn noch

(7) $$\sum_1^{\infty}A_{\varkappa+\mu,\varkappa+\nu}=$$

gesetzt wird:

(8) $$\Delta_n=\sum_0^{n-1}\left\{C_{n-\nu,n+\nu}\cos 2\nu x+C_{n-}\right.$$

(64) $$\begin{cases}\displaystyle\int_0^x\frac{dx}{\sqrt{R(x)}}=\frac{K_{11}}{2C}\int_0^y\frac{dy}{\sqrt{(1-y^2)(1-c^2y^2)}}-\frac{K_{11}+2K_{12}}{2L}\int_0^y\frac{dy}{\sqrt{(1-y^2)(\lambda-l^2y^2)}},\\ \displaystyle\int_0^x\frac{x\,dx}{\sqrt{R(x)}}=\frac{K_{21}}{2C}\int_0^y\frac{dy}{\sqrt{(1-y^2)(1-c^2y_2)}}-\frac{K_{21}+2K_{22}}{2L}\int_0^y\frac{dy}{\sqrt{(1-y^2)(1-l^2y^2)}},\end{cases}$$

Andrerseits findet man aber durch unmittelbares Einsetzen der algebraischen Substitutionen (62):

(65) $$\begin{cases}\displaystyle\int_0^y\frac{dy}{\sqrt{(1-y^2)(1-c^2y^2)}}=\tfrac12\varkappa_1\lambda_1\int_0^x\frac{dx}{\sqrt{R(x)}}-\tfrac12\varkappa\lambda\varkappa_1\lambda_1\int_0^x\frac{x\,dx}{\sqrt{R(x)}},\\ \displaystyle\int_0^y\frac{dy}{\sqrt{(1-y^2)(1-l^2y^2)}}=\tfrac12\varkappa_1\lambda_1\int_0^x\frac{dx}{\sqrt{R(x)}}+\tfrac12\varkappa\lambda\varkappa_1\lambda_1\int_0^x\frac{x\,dx}{\sqrt{R(x)}},\end{cases}$$

(wenn wir in den Ausdrücken für die Moduln (53) jedesmal das obere Zeichen wählen),

oder auch:

(66) $$\begin{cases}\displaystyle\int_0^x\frac{dx}{\sqrt{R(x)}}=\frac{c_1+l_1}{2}\left\{\int_0^y\frac{dy}{\sqrt{(1-y^2)(1-c^2y^2)}}+\int_0^y\frac{dy}{\sqrt{(1-y^2)(1-l^2y^2)}}\right\},\\ \displaystyle\int_0^x\frac{x\,dx}{\sqrt{R(x)}}=-\frac{(c_1+l_1)^2}{2(c_1-l_1)}\left\{\int_0^y\frac{dy}{\sqrt{(1-y^2)(1-c^2y^2)}}-\int_0^y\frac{dy}{\sqrt{(1-y^2)(1-l^2y^2)}}\right\},\end{cases}$$

Abb. 1. Aus mathematischen Arbeiten Pringsheims

Was er sah, war sinnverwirrend. Ein phantastischer Hokuspokus, ein Hexensabbat verschränkter Runen bedeckte die Seiten. Griechische Schriftzeichen waren mit lateinischen und mit Ziffern in verschiedener Höhe verkoppelt, mit Kreuzen und Strichen durchsetzt, ober- und unterhalb waagrechter Linien bruchartig aufgereiht, durch andere Linien zeltartig überdacht, durch Doppelstrichelchen gleichgewertet, durch runde Klammern zu großen Formelmassen vereinigt. Einzelne Buchstaben, wie Schildwachen vorgeschoben, waren rechts oberhalb der umklammerten Gruppen ausgesetzt. Kabbalistische Male, vollständig unverständlich dem Laiensinn, umfaßten mit ihren Armen Buchstaben und Zahlen, während Zahlenbrüche ihnen voranstanden und Zahlen und Buchstaben ihnen zu Häupten und zu Füßen schwebten. Sonderbare Silben, Abkürzungen geheimnisvoller Worte waren überall eingestreut, und zwischen den nekromantischen Kolonnen standen geschriebene Sätze und Bemerkungen in täglicher Sprache, deren Sinn gleichwohl so hoch über allen menschliche Dingen war, daß man sie lesen konnte, ohne mehr davon zu verstehen, als von einem Zaubergemurmel.

So also beschreibt Thomas Mann in seinem Roman *Königliche Hoheit* das Formelwerk eines Mathematikers, eigentlich einer Mathematikerin: der Mathematik studierenden Imma Spoelmann, der – so Thomas Mann über seine Romanfigur – *algebraischen* Tochter des Mister Spoelmann. Das kam nicht von ungefähr. Man weiß um die Vorlage für die beiden Romangestalten: die Mathematik studierende Katharina Pringsheim, genannt Katia, und ihr Vater, der ordentliche Professor für Mathematik an der Universität München, der Geheime Hofrat Dr. Alfred Pringsheim.

Abb. 2. Katja Pringsheim, 1899

Aus Liebe zum Vater hatte Katia Pringsheim Mathematik studiert: Differential- und Integralrechnung, Funktionentheorie, nebenher Physik bei Conrad Röntgen, dessen Zorn sie sich zuzog, weil sie einmal ein Experimentiergerät versehentlich zertrümmerte. Begeistert hatte sie das Studium nicht, sie brach es ab, wurde Frau Katia Mann. Ihr scharfer, logischer Verstand wurde gerühmt, sie soll darin ihren Gatten weit übertroffen haben.

Versunkene Vergangenheit – aber heimatliche Nähe: München, Arcisstraße, gleich beim Königsplatz, einst noble Adresse der Pringsheims.

Abb. 3. Palais Pringsheim, München, Arcisstr. 12

Abb. 4. Salon im Palais Pringsheim

Hintergründiger, subtiler Spott durchtränkt Thomas Manns unnachahmliche und meisterhafte Schilderung eines Formeln produzierenden Mathematikers, verdichtet sich dem nur literarisch Gebildeten zur Gewißheit der absoluten Sinnlosigkeit und Nutzlosigkeit eines solchen Tuns. Thomas Mann wird gewiß nicht viel von Mathematik gehalten haben, trotz seines „mathematischen" Schwiegervaters Pringsheim. Theodor Lessing, mit dem er in einen literarischen Streit geriet, hat ihn „mathematikfeindlich" genannt; man wird es nicht so ernst nehmen müssen.

Mit seinem Schwiegervater Pringsheim verband ihn freilich auch nicht viel, seinerzeit hatte der ihn sogar als wenig standesgemäßen Schwiegersohn angesehen, und auch später suchte Thomas Mann die Pringsheim-Villa in der Arcisstraße nur ungern auf.

Manchem Schöngeist des Feuilletons hat Thomas Manns angeheiratete Mathematik-Verwandtschaft seelische Schmerzen bereitet, einigen war sie so peinlich, daß sie die Profession Pringsheims als Physik ausgaben. Dabei haben die Pringsheims großen Salon in München geführt; gelegentlich kamen auch Wittelsbacher Prinzen, freilich weniger aus Interesse an der Mathematik des Geheimrats, sondern seiner schönen Frau Hedwig wegen.

Schopenhauers Ideen haben Thomas Mann geprägt. Der Professor Pringsheim aber ist über Schopenhauer in Rage geraten, weil der sich in seinen Schriften gegen Mathematik ausgesprochen und ihren Bildungswert in Zweifel gezogen hatte. Der Geheimrat war darüber so erbittert, daß er 1904, bei der Feier zum 145. Stiftungstag der Königlichen Bayerischen Akademie der Wissenschaften, in einer Festrede *Über Wert und angeblichen Unwert der Mathematik* diese leidenschaftlich verteidigt hat.

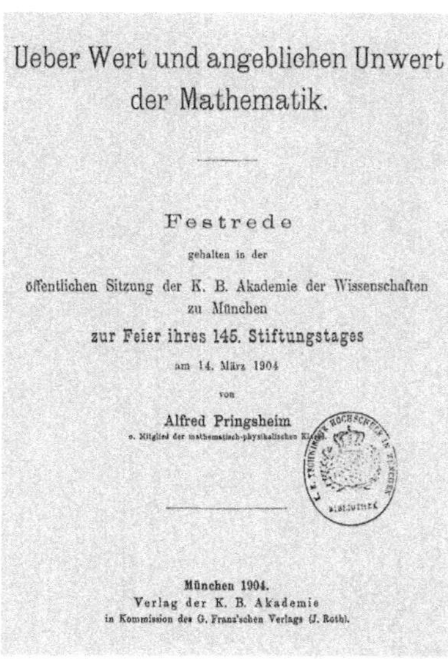
Ueber Wert und angeblichen Unwert der Mathematik.

Festrede

gehalten in der

öffentlichen Sitzung der K. B. Akademie der Wissenschaften zu München

zur Feier ihres 145. Stiftungstages

am 14. März 1904

von

Alfred Pringsheim

o. Mitglied der mathematisch-physikalischen Klasse.

München 1904.

Verlag der K. B. Akademie

in Kommission des G. Franz'schen Verlags (J. Roth).

Abb. 5. Pringsheims Festrede

Nur in einem waren Thomas Mann und Alfred Pringsheim eines Urteils, in ihrer grenzenlosen Verehrung Richard Wagners. Pringsheim hat sogar Wagner-Opern in Klavier gesetzt und in Bayreuth für Wagner einmal tätlich Partei ergriffen: Als in einer Gaststätte am Nebentisch abfällig über Wagner gesprochen wurde, schlug der leicht aufbrausende Geheimrat mit einem Bierkrug auf den Lästerer ein; das hat dem Mathematikprofessor den Spottnamen „Schoppenhauer" eingetragen.

Es sollte in der Familie Mann nicht die einzige Begegnung mit der Mathematik sein. Sohn Angelus Mann, Golo gerufen, auch er ein Meister des Wortes, erzählt in seiner Selbstbiographie *Erinnerungen und Gedanken* von einem Mathematik-Studenten, mit dem er in Hamburg im gleichen Hause wohnte. Als dieser Student auf tragische Weise aus dem Leben schied, suchte Golo Mann den Lehrer dieses Studenten, den großen Algebraiker Artin auf, und Stück um Stück enthüllt sich die ganze Tragödie um die Verzweiflungstat des jungen Mathematikers.

In seinem großartigen Wallenstein-Buch fährt Golo Mann auch den Spuren des Johannes Kepler nach. Golo Mann über Kepler: *Neben den Anderen, weit über den Anderen, Meister Johannes Kepler* . . ., und er zeichnet mit Einfühlungsvermögen und Sprachkraft den ruhelos umhergetriebenen, zuletzt mit 1000 Gulden Rheinisch im Jahr entlohnten, Fürstlich Friedländischen Mathematicus, von Wallenstein ausersehen – Wallensteins ehrenvolle Anrede Keplers: *Lieber Herr und Freund* – erster Professor der neuen Elite-Universität des Herzogtums Friedland im schlesischen Sagan oder dem böhmischen Jičín zu werden. Hatte er doch, er, Albrecht von Gottes Gnaden Herzog zu Friedland und Sagan, der Römisch Kaiserlichen Majestät General Obrist Feldhauptmann, wie auch des Oceanischen

Abb. 6. Johannes Kepler, 1571–1630

und Baltischen Meeres General, hatte der doch schon 1628 aus Prag seinem Saganer Landeshauptmann von Nechern befohlen:

Wir fügen Euch hiermit zu wissen, daß Ihrer Kaiserlichen Majestät Mathematicus, der ehrenwerteste und hochgelehrte Johann Kepler in unserer Stadt Sagan zu wohnen begehret, welches Wir ihm auch, weil er ein hocherfahrener Mann in der Mathematica und Astronomia ist, bewilliget haben ... derowegen an Euch Unser Befehl, daß Ihr ihm ... in allen die hülfreiche Hand bieten und denselben Euch wohl recommendirt sein lassen sollet.

Es kam dann alles aber ganz anders.

Abb. 7. Wallensteins Grab in Münchengrätz, Böhmen

Noch einmal Thomas Mann und Alfred Pringsheim: Der Dichter und der Mathematiker erscheinen wie Inkarnationen der viel beschworenen zwei Kulturen, der geistigen, der literarischen, im deutschen Sprachraum die „eigentliche" Kultur genannt und der naturwissenschaftlich-mathematischen, hierzulande etwas abfällig als „Zivilisationserrungenschaften" bezeichnet.

So nämlich sah Sir Charles Snow – in einer Rede vor gut dreißig Jahren – die geistige Welt geteilt, Grenzen gezogen: Literatur, Kunst gegen Physik, Mathematik, Informatik inbegriffen, Naturwissenschaften. Humanity versus Science. Und die Vertreter der einen Seite halten dabei nicht viel von (denen) der anderen Seite. Seither schreibt man auch bei uns im Feuilleton darüber. Freilich überhörte und überlas man wieder einmal die in angelsächsischen Bekenntnissen und Aufsätzen nicht selten versteckte Selbstironie und das „Sich-selbst-nicht-ganz-so-ernst-nehmen".

EUREKA

AN ESSAY ON

THE MATERIAL AND SPIRITUAL UNIVERSE

PREFACE

With very profound respect, this work is dedicated to Alexander Von Humboldt.

To the few who love me and whom I love—to those who feel rather than to those who think—to the dreamers and those who put faith in dreams as in the only realities—I offer this Book of Truths, not in its character of Truth-Teller, but for the Beauty that abounds in its Truth; constituting it true. To these I present the composition as an Art-Product alone:—let us say as a Romance; or, if I be not urging too lofty a claim, as a Poem.

them as existing realities.' With the algebraists, however, who are Pagans themselves, the 'Pagan fables' *are* believed, and the inferences are made, not so much through lapse of memory as through an unaccountable addling of the brains. In short, I never yet encountered the mere mathematician who would be trusted out of equal roots, or one who did not clandestinely hold it as a point of his faith that $x^2 + px$ was absolutely and unconditionally equal to q. Say to one of these gentlemen, by way of experiment, if you please, that you believe occasions may occur where $x^2 + px$ is *not* altogether equal to q, and, having made him understand what you mean, get out of his reach as speedily as convenient, for, beyond doubt, he will endeavor to knock you down.

Abb. 8. Edgar Allan Poe: Eureka und The purloined letter

Ist es wirklich so schlimm um die Gegnerschaft Mathematik, Informatik, also der beiden mathematischen Wissenschaften – rechnen wir noch die Physik hinzu – auf der einen und Literatur, Kunst auf der anderen Seite bestellt? Edgar Allan Poe, der bei uns unterschätzte amerikanische Dichter, argumentiert in seiner Kriminalerzählung *Der entwendete Brief* mit einer quadratischen Gleichung $x^2 + px - q = 0$. Und in seiner langen, Alexander von Humboldt verehrungsvoll gewidmeten Abhandlung *Eureka* nimmt er manche, erst später gefundene physikalisch-mathematische Tatsache vorweg, so etwa über das Olberssche Paradoxon des dunklen Nachthimmels. Denkfehler, die im 19. Jahrhundert dem Dichter Poe unterlaufen – verzeihliche Fehler, wie man meinen sollte – haben ihm den Spott mancher Naturwissenschaftler des 20. Jahrhunderts eingetragen. Wie wird das 21. Jahrhundert erst über das Zwanzigste spotten?

Da ist noch einer, der Freiherr von Hardenberg, genannt Novalis. Seine enthusiastische Verteidigung der Mathematik und der Mathematiker haben ihm freilich viel Häme der letzteren eingetragen. Falls das gegen jemanden sprechen sollte, dann wahrscheinlich nicht gegen Novalis. Novalis: *Der Begriff der Mathematik ist der Begriff der Wissenschaft überhaupt. Alle Wissenschaften sollten daher Mathematik werden.* So schreibt er, und manches andere, in seinen mathematischen Fragmenten. Nun meinte der Mathematiker Konrad Knopp, das sei alles romantische Schwärmerei, und er glaubt auch zu wissen, daß die Sachkenntnis des Novalis nicht groß war. Ich teile diese Meinung nicht: Novalis hat nach dem Tode seiner Braut Sophie von Kühn das Studium der Physik und des Bergbaus im sächsischen Freiberg wieder aufgenommen, wo wenig zuvor, begeistert von dem berühmten Professor Werner, Alexander von Humboldt studiert hatte. Dieser Werner, er muß ein begnadeter Lehrer gewesen sein, hat auch in Novalis die Liebe zu diesen Wissenschaften entfacht. Ludwig Tieck über Novalis: *Seine Kenntnisse in der Mathematik sowie in den Künsten der Mechanik, vorzüglich aber in der Bergwerkskunde, waren ausgezeichnet.* Da Tieck sonst sehr nüchtern und kühl urteilt, habe ich keinen Grund, am Wahrheitsgehalt der Worte über Novalis zu zweifeln. Wieder Novalis: *Raum und Zeit entstehen zugleich – Synthese der beiden. Jeder Körper hat seine Zeit.* Diese Sätze, heute selbstverständlich, müssen im ausgehenden 18. Jahrhundert, in dem sie niedergeschrieben wurden, rätselhaft geklungen haben. Vielleicht gibt es Auserwählte, denen Seherkraft verliehen wurde.

Abb. 9. Novalis

Aber man braucht Übersinnliches nicht zu bemühen. Schon 50 Jahre vor Novalis, 1754, meinte der große französische Mathematiker und Enzyklopädist d'Alembert: ... *daß man die Dauer als vierte Dimension betrachten könne und daß die Multiplikation eines Volumens mit der Zeit ein Produkt ergäbe, das vier Dimensionen hat.*

Sind Kunst und Mathematik Gegensätze? Leonardo da Vinci:

Ihr Studierenden, baut nicht ohne Fundamente, studiert die mathematischen Wissenschaften, keine Gewißheit gibt es, wo man nicht eine der mathematischen Wissenschaften anwenden kann.

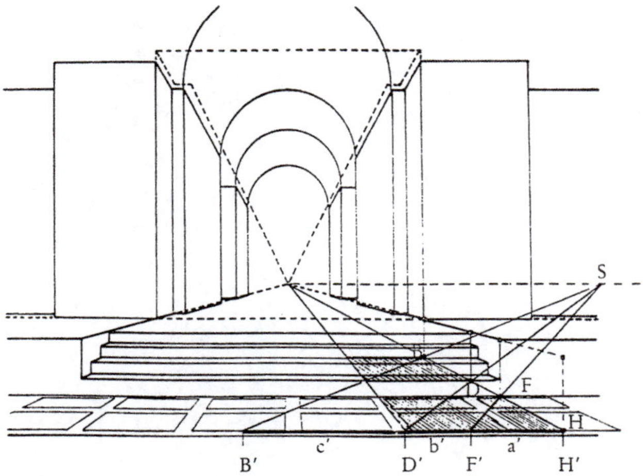

Abb. 10. Zur Geometrie der Schule von Athen

Mediterrane Schau der Dinge, abhold aller Irrationalismen. Und wahr: Die Kunst der Renaissance, in Form und Farbe geronnene, Stein gewordene Mathematik. Raffaels „Schule von Athen", ein Hymnus an die Mathematik, die Geometrie. Er selbst porträtiert sich als Geometer – seine Schriften und Briefe stecken voller mathematischer Formeln und Berechnungen – und stellt sich im Bild zur Gruppe der Mathematiker und Astronomen um Euklid, Ptolemäus und Zarathustra.

Abb. 11. Raffael: *Schule von Athen*

Abb. 12. Raffael: *Schule von Athen*; er selbst rechts im Bild

Gibt es auch meßbare Kriterien für große Kunst? Van Goghs bewundertes Bild *Weg mit Zypresse und Stern* – er hat es im Mai 1890 in St. Remy, Provence, gemalt – haben Kunstexperten als Phantasieprodukt abgetan. Aber kürzlich fand man – unter anderem mit Hilfe der Mathematik – heraus, daß im April 1890, drei Wochen vor Entstehung des Bildes, eine in unseren Breiten recht seltene Planetenkonstellation zu sehen war, und genau diese sieht man auf van Goghs Gemälde, aus Gründen der Bildkomposition seitenverkehrt dargestellt.

Über Mathematik und Musik hat man viel geredet, und man glaubte sogar, daß die einen besonders begabt für das andere sein müßten. *Er war, wie ich und alle eigentlichen Musici, kein Liebhaber von trockenem mathematischem Zeuge*, erzählte Carl Philip Emanuel Bach von seinem Vater. Man wird es nicht wörtlich nehmen müssen, Bruchrechnen war ohnehin alles, was an den damaligen Lateinschulen gelehrt wurde. Zahlenspiele und Zahlenmystik in Bachs Werken hat manche Leute beschäftigt; andere wieder, die glaubten, Bachs Musik werde durch die Verbindung mit der Mathematik entweiht, sind darüber in Zorn geraten.

Freilich ist in der Musik auch Mathematik verborgen. Sie verbirgt sich in den gebrochenen, komplizierten Rhythmen der bulgarischen Tänze, die in den Taktfolgen 5/16, 9/16 oder gar 7/16 + 11/16 geschrieben sind, erst recht in den

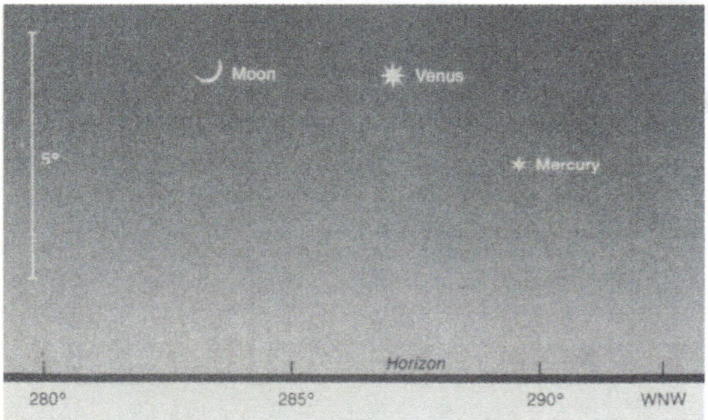

Abb. 13. Planetenkonstellation am 20. April 1890

Abb. 14. Van Gogh: Weg mit Zypresse und Stern

Schrittfolgen der „Sardana", dem 2/4-taktigen Volkstanz der Katalanen, die ihn nach Restklassengesetzen der Zahlentheorie tanzen. Die Katalanen würden sich bei dieser Erklärung wundern.

Noch einen stellen wir ins Licht, aber der braucht es nicht, er selbst ist Licht. *Als er Rechnen lernte [setzte er so gar die Musik auf die Seite], war Tisch, Ses-*

Abb. 15. Wolfgang Amadeus Mozart: Potenzen der Zahl 2, korrekt bis $2^{24} = 16777216$, dann Rechenfehler; für die größte auf dem Notenblatt stehende Zahl gilt $160471494361488 \approx 2^{47} = 140737488355328$

sel, Wände, ja sogar der Fußboden voll Ziffer mit der Kreide, überschrieben ... berichtete man von ihm. Seiner Schwester schrieb er aus Rom, 1770 auf seiner italienischen Reise, nach Salzburg: *Ich bitte Dich, Du wirst die Künste von der Rechenkunst finden, ... ich habe sie verloren .... Also bitte ich dich, sie mir zu copiren, nebst anderen Rechenexempeln, und mir sie her zu schicken.* Später bedankte er sich aus Neapel: *... io vi ringrazio, di avermi mandato questi Rechenhistorien ....*

Auf einem seiner Notenblätter hat er versucht, alle Potenzen der Zahl 2 bis 2^{64} zu berechnen, um die Anzahl der Weizenkörner zu ermitteln, die dem persisch-indischen Erfinder des Schachspiels versprochen waren. Er hat mit Zahlen gern gespielt und sogar daran gearbeitet, Menuette aus zweitaktigen Melodiebruchstücken formal nach bestimmten Regeln zu konstruieren. Ihm, Wolfgang Amadeus Mozart, war auch Talent und Neigung zur Algebra gegeben.

Die eigentlichen Bindungen zwischen Mathematik und Musik sind rational nicht faßbar. Novalis meinte, Mathematik offenbare sich in der Musik. Vielleicht hat er recht.

Aber leicht hatte es die Mathematik nie im deutschen Sprachraum, und ihre Vertreter haben hier auch nie besonderes Ansehen genossen; das gäbe jetzt ermüdende Lektüre. Und was ein Präsident Frankreichs über Mathematik sprach, nämlich: *Unsere mathematische Ausbildung ist berühmt, und die Mathematik nimmt auch bei den anderen Disziplinen eine Schlüsselstellung ein .... Wie ist un-*

Joseph Spenglers
öffentlichen Lehrers der Mathematik auf der hohen Schule zu Dillingen,
Anfangsgründe
der
Rechenkunst
und
Algebra.
Dritte Auflage.
Augsburg,
im Verlag bey Matthäus Riegers sel. Söhnen.
1779.

Abb. 16. Algebra-Buch aus Mozarts Nachlaß; enthält neben anderem die Auflösung von quadratischen Gleichungen und von linearen Gleichungen mit mehreren Unbekannten nach dem Prinzip des Gauß-Algorithmus, ferner arithmetische und geometrische Progressionen.

sere Stellung innerhalb der weltweiten Forschung zu kräftigen, wie sichert man sich einen neuen Zuwachs an Forschern, an Ingenieurmathematikern ... käme einem deutschen Staatsmann nie in den Sinn.

Lateinische Rationalität Frankreichs. Hätten wir nur ein wenig davon; manches geschichtliche Unglück wäre uns erspart geblieben.

Da ist er wieder, der klassische Gegensatz Deutschland – Frankreich, zur Abwechslung auf der Ebene der Mathematik präsentiert. Aber das Abbild von Carl Friedrich Gauß auf der neuen deutschen Zehnmark-Banknote gibt Hoffnung, söhnt uns Mathematiker mit manchem aus.

Abb. 17. Deutsche Zehnmark-Banknote

Was ist Mathematik? Neben der Medizin ist sie die älteste Wissenschaft; ihre Spuren verlieren sich im Nebel der Vorzeit, und die Archäologen haben aus aufgefundenen Tontafeln entziffert, daß schon vor 4500 Jahren im vorderen Orient, im syrischen Elbla, Symposien über Mathematik stattgefunden haben: Man konnte bereits zwei algebraische Gleichungen mit zwei Unbekannten auflösen. In ihren dunklen Anfängen (oder waren sie hell?) half sie, als Astronomie und Astrologie verkleidet, den Willen der Götter oder was man dafür hielt, aus dem Laufe der Gestirne zu ergründen. Das galt freilich nur für das Schicksal des Herrschers und seines ganzen Volkes; eben weil die Herrscher ihre Abstammung auf die Götter selbst zurückführten. Individuelle, „maßgeschneiderte" Horoskope nach dem Muster des 20. Jahrhunderts, solche absurden Ideen wären niemandem eingefallen.

Mathematiker und Priester, damals synonyme Begriffe, wobei Mathematik zugleich Astronomie, Astrologie und Mechanik war und das, was heute Mathematik heißt, Geometrie genannt wurde; die Grenzen waren verwischt.

In den Kulturen um den Mittelmeerraum nahm die Mathematik einen hohen Rang ein. Bei den Römern war sie zwar nur nützliche Gebrauchswissenschaft, später wieder hochgeschätzt in den maurischen Hochkulturen des 10., 12. und 13. Jahrhunderts.

Die Erkenntnisse der Mathematik sind in Jahrtausenden mühsamer Gedankenarbeit herangereift, ihre Formelsprache über viele Jahrhunderte gewachsen. In ihr konzentriert sich in hochabstrakter Form unser gesamtes Wissen und unsere Erfahrung über die Ordnung der uns umgebenden Welt.

Diese Sicht über die Ordnung der Dinge unserer Welt ist genetisch fixiert, und sie ist richtig. Sie muß objektiv richtig sein, muß die „richtige" Struktur unserer Welt wiederspiegeln, weil wir, d.h. unsere genetischen Vorgänger, sonst überhaupt keine Überlebenschancen gehabt hätten. Um überleben zu können, müssen höhere Lebewesen ständig (unbewußt) wissen, wie der Raum um sie herum beschaffen ist: wo oben, wo unten, wo links, wo rechts ist. Entfernungen müssen geschätzt werden, ein Gefühl für den Ablauf der Dinge, die Zeit, muß sich einstellen. All das ist lebenswichtig, denn unaufhörlich drohen Gefahren, jeder Irrtum ist tödlich! In der Mathematik finden wir diese zum Abstraktum verdichteten Erfahrungen wieder. Aber man kann diese abstrakten Erfahrungen, die uns die Mathematik vermittelt, nicht sehen, kaum begreiflich machen, denn in der Mathematik sieht man ja von der gegenständlichen Natur der Dinge, die wir mit unseren Sinnen wahrnehmen, ab, und betrachten nur die Ordnung, in die diese Dinge hineingestellt sind. Das ist die scheinbare Schwäche der Mathematik, aber es ist in Wirklichkeit ihre große Stärke, keine andere Wissenschaft kommt ihr darin gleich. Warum? Wir könnten ja versuchen, diese Ordnungsprinzipien, die mathematischen Gesetze, wie man sie nennt, auf Dinge anzuwenden, die unserer unmittelbaren sinnlichen Wahrnehmung entzogen sind und die vielleicht kein Mensch der Welt je persönlich erfahren könnte.Denn so, wie wir den elektrischen Strom, den wir auch nicht sehen, wohl aber an seiner Wirkung erkennen können, etwa wie die nur mit einem dünnen Draht verbundene Lokomotive einen tausende von Tonnen schweren Zug mit hoher Geschwindigkeit zieht, so können wir auch die Wirkungen der Mathematik erkennen, indem wir die in ihr gefundenen Ordnungsprinzipien wieder zurück auf die Gegenstände unserer Erfahrung übertragen. Daß es zu unserer Verblüffung funktioniert, daß es wirklich „geht“, ist die überwältigende Erkenntnis, eigentlich ein Wunder; daß es die meisten heute gleichgültig hinnehmen, mag nur betroffen machen über den Grad an Abstumpfung.

Rechenung nach der
lenge/ auff den Linihen
vnd Feder.
Darzu forteil vnd behendigkeit durch die Proportiones/ Practica genant/ Mit gründlichem unterricht des visierens.
Durch Adam Riesen.
im 1550. Jar.
ANNO 1550 ADAM RIES SEINS ALTERS IM LVIII
Cum gratia & priuilegio
Cæsareo.

Abb. 18. Adam Riese: Rechenbuch von 1550

Mathematik ist unsichtbare Kultur. Galilei hat als einer der ersten die geistige Macht, die die Mathematik über die Dinge der Natur verleiht, erkannt und bewußt eingesetzt. Für die Physik war und ist die Mathematik völlig unentbehrlich; in einer Art geistigen Symbiose haben die beiden Wissenschaften zusammengelebt, Trennlinien waren hier kaum zu ziehen. Gerade aus der Mechanik zogen die Mathematiker ihre Anregungen, mathematische Resultate flossen zurück, neue physikalische Erkenntnisse offenbarend.

Aber so wichtig die Mathematik auch für die Erkenntnis der Ordnungsgesetze, denen die Dinge in der unbelebten Natur unterworfen waren, auch gewesen ist, so ist doch lange Zeit die Mehrheit der Menschen gut ohne sie ausgekommen, sieht man einmal vom Rechnen des Alltags ab. Dazu Pestalozzi: *Zählen und Rechnen ist der Grund aller Ordnung im Kopf.* Wichtig war sie nur für den kleinen Kreis der Naturforscher, einige Meister der Kunst und die Philosophen der klassischen Zeit, die um geistige Erkenntnis rangen. Und auch die Schöpfung der Differential- und Integralrechnung – die Geburtsstunde der modernen Technik – war zunächst nur für wenige von Bedeutung.

Plötzlich änderte sich alles. Denn es geschah etwas Fundamentales, in seinen Auswirkungen noch immer unübersehbar: Die Schaffung der elektronischen Rechenautomaten! Und die Mathematik gebar wieder eine neue Tochter, die Informatik. So, wie ihr vor Jahrtausenden die Astronomie und vor Jahrhunderten die Physik entsprungen waren. Die automatischen Rechner machten die Mathematik und ihre neue Tochter zu einer fast alle Gebiete der modernen Naturwissenschaft und Technik beherrschenden Grundlagenwissenschaft. Die Rechenautomaten erlaubten es, abstrakte mathematische und informatische Beziehungen ganz konkret auf alle möglichen speziellen Situationen und Probleme der uns umgebenden realen Welt anzuwenden, also etwas zu tun, was früher völlig undenkbar gewesen wäre.

Aber seltsam, Genugtuung hat das bei Mathematikern nicht ausgelöst, im Gegenteil! Manche spotteten; einige fürchteten jetzt um die Mathematik. Freilich, auch die Differential- und Integralrechnung ist aus ähnlichen Gründen, kurz nach ihrer Schaffung im 17. Jahrhundert, von nicht wenigen Mathematikern auf das heftigste bekämpft worden. Die Mathematik rein zu halten von den Befleckungen aller Anwendung, also die Dinge der Schöpfung geringer zu schätzen, als die Ideen darüber, eine groteske Fehlhaltung, deren Wurzeln bis in die Antike reichen. Zum Glück haben sich schöpferische Mathematiker um solch verquere Philosophie wenig gekümmert, denn, Kepler: *Wer an die Straßen baut, der soll sich nit an der Leute Reden kehren.*

Nur wenige Mathematiker hatten die Bedeutung der Rechenautomaten begriffen und die Folgen erahnt, und ganz sicher gehörte zu dieser Gruppe weitsichtiger Männer der Münchner Mathematiker Robert Sauer und seine Schüler Klaus Samelson und Friedrich Ludwig Bauer.

Dem Wolgebornen Herrn, Herrn Steffan Georgen, Herrn von Sternbergk, auff Postelbergk, Wodolitz vnd Ratagen:
Röm. Kay. May. Rath, Böhemischer Cammer Praesidenten, vnnd Teutscher Lehen, Haubtman der Cron Böheimb: Meinem Gnädigen Herrn.

Wolgeborner Herr, Gnädiger Herr, E. G. seind mein gantz gehorsame Dienste bevor.

Gnädiger Herr, Man sagt im sprichwort, wer an die Strassen bawe, der sol sich nit an der Leute reden kheren: das hab ich sonderlich diss verschienene Jahr in eigner Person erfahren. Dann weil ich im verschienen Decembri mein neuntes Prognosticum geschrieben vnd in truckh geben: haben meine gute Gönner vnd bekante theils jr fleissiges auffmercken gehabt, ob solliches auch mit dem wetter eintreffe. Aldieweil nun der Himmel sich mit demselben zimlicher massen verglichen, haben jrer viel sich gefunden, so mich zu continuirung dieses bisshero gepflogenen Gebrauchs vermahnet, vnd sich vnderstanden, mich fürohin etwas früer hinder diese Arbeit zu bringen, als ich bisshero gepflegt. Wie aber im verschienen Augusto ein grosser vnderscheid zwischen dem Wetter vnd meinem Prognostico, ja allerdings das widerspil ervolgt, haben erstgemelte meine gute Günner vnd Freunde still geschwiegen, vnd hingegen andere, zwar hohes

Abb. 19. Kepler-Brief von 1604

In aller Nüchternheit hat unlängst eine Enquête-Kommission der Amerikanischen Akademie der Wissenschaften festgestellt: *Hochtechnologie ist im wesentlichen mathematische Technologie.*

Mathematik und Informatik – das jüngste Kind der Mathematik mit Neigung und Begabung für Technik –, die beiden mathematischen Wissenschaften, sind in Verbindung mit den Rechenautomaten zum Rückgrat der modernen Technik geworden.

Nehmen wir an, es gäbe keine Rechenautomaten mehr und das gesamte mathematische und informatische Wissen würde sich in Nichts auflösen! Als erstes fielen alle Flugzeuge vom Himmel; gleich darauf versiegte das Öl, kein Benzin, kein Autofahren mehr; denn was viele nicht wissen: auch die Auffindung der Öllagerstätten ist zum großen Teil mit mathematischen Methoden durchgeführt worden. Moderne diagnostische Verfahren verschwänden spurlos aus den Krankenhäusern; das Fernsehen wäre plötzlich weg (damit könnte man leben!) usw., kurz, wir hätten endlich die gute alte Zeit wieder, in der die meisten Leute mit zahnlosen Mündern herumliefen, wo man bitterlich fror und hungerte und, nicht zu vergessen, früh starb. Es wäre ganz so, wie es sich manche Apologeten und moderne Glücksbringer, und zwar gerade die akademisch gebildeten, erträumen.

Technologiekritik ist hierzulande große Mode. Herabsetzende Kritik an der Technik mag für Abkömmlinge aus wohlhabenden Elternhäusern schick sein. Aber diese Leute wissen nicht wovon sie reden. Denn schmerzliche und bittere Erfahrungen, wie hart gerade in unserem Klima die ärmeren Menschen – und das waren fast alle – ohne Technik einst gelebt haben, müßten das auf das entschiedenste verbieten. Man findet heute wenig stille Dankbarkeit für den unschätzbaren Reichtum an Kenntnissen und Wissen, den die Großen der Vergangenheit, Männer und Frauen, hinterlassen haben. Wir dürfen ein erträgliches Leben führen, unvergleichbar dem unserer Vorfahren. Wir stehen auf den Schultern von Riesen. Viele halten sich selbst für so groß.

Lassen Sie mich die Tragweite der Ideen der mathematischen Wissenschaften an Beispielen aufzeigen.

Sichere Rückkehr eines Raumgleiters, des Space Shuttles, aus seiner Erdumlaufbahn zurück zum Landeplatz auf der Erde. Die Bahn soll so verlaufen, daß sie dem Fahrzeug beste Manövrierfähigkeiten verleiht und die Außenhaut des Fahrzeugs nicht heißer werden läßt als 1000 Grad Celsius. Die Berechnung einer solchen Bahn ist eine Herausforderung an die mathematischen Wissenschaften. Raffinierte, auf einen Rechenautomaten transferierte, kunstvolle Algorithmen liefern die Lösungen der Bahndifferentialgleichungen. Die Fülle der aus dem Automaten fließenden Informationen ist dabei überwältigend, unübersehbar! Doch diese reißende Flut von Zahlen läßt sich in bewegte Bilder umsetzen – ein Film zeigt schließlich die abstrakte mathematische Lösung in realen Bildern erfahrbarer Wirklichkeit: Der Raumgleiter taucht über der Südsee in die Lufthülle der Erde ein, fliegt auf leicht oszillierenden Bahnen weit nach Norden, um dann ir-

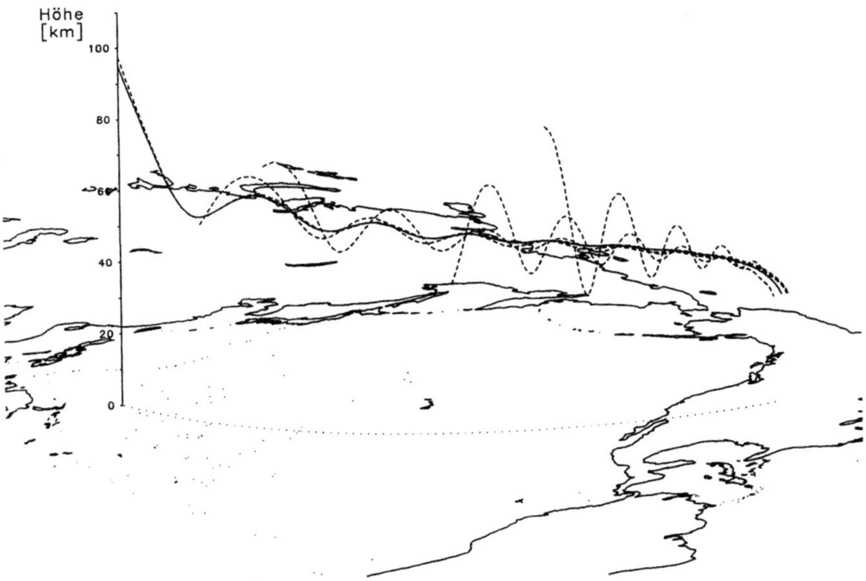

Abb. 20. Raumgleiter: Optimale (= manövrierfähigste) Flugbahn über dem Pazifik. Nicht ausgezogene Kurvenstücke - - - -: gestörte, aber bereits optimal ausgeregelte Flugbahnen.

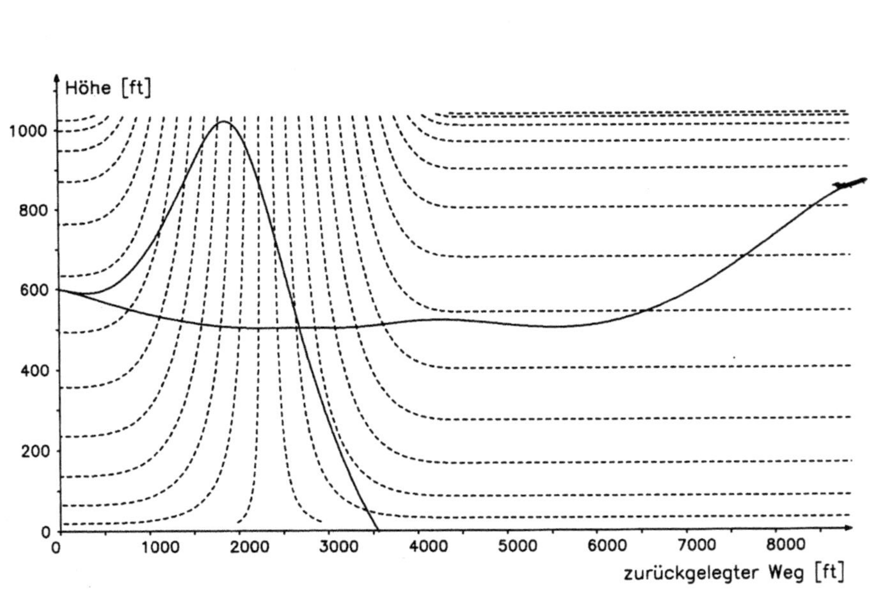

Abb. 21. Boeing 727: Optimale (= sicherste) Flugbahn durch Fallwinde. Die „Absturzbahn" ist miteingezeichnet.

gendwo in der kalifornischen Wüste zu landen. Aber um solche Bilder erzeugen zu können, bedarf es vieler mathematischer und informatischer Kenntnisse.

Unserem Gefühl und unseren persönlichen Erfahrungen stehen freilich sichere Flugzeuge näher als Raumfahrzeuge. Sichere Flugzeuge? Bei plötzlich einsetzenden und unerkannten Fallwinden über Flugplätzen sind viele Flugzeuge beim Landeanflug abgestürzt, tausende von Personen haben dabei ihr Leben lassen müssen. Manche Flugplätze der Erde sind für solche Fallwinde berüchtigt. Wie aber soll der Pilot seine Maschine durch Fallwinde steuern? Steuert er so, wie es ihm sein antrainiertes Flugkönnen nahelegt, wird die Maschine fast mit Sicherheit abstürzen. Die Lösungen der Bahndifferentialgleichungen geben an, wie der Pilot sein Flugzeug sicher durch solche Fallwinde steuern kann. Ein Film kann den dynamischen Ablauf sichtbar machen, auch diese Erkenntnisse sind wiederum mit Hilfe der Mathematik und Informatik gewonnen.

Die Berechnung der optimalen Flugbahn eines Raumfahrzeugs zu einem der Kleinplaneten, die zu Tausenden zwischen Mars und Jupiter die Sonne umkreisen, ist ebenfalls eine nicht leichte Aufgabe an die mathematischen Wissenschaften. Optimal soll die Bahn in dem Sinne sein, daß möglichst wenig Treibstoff verbraucht wird, damit die Raumsonde viel Nutzlast mit auf den Weg nehmen

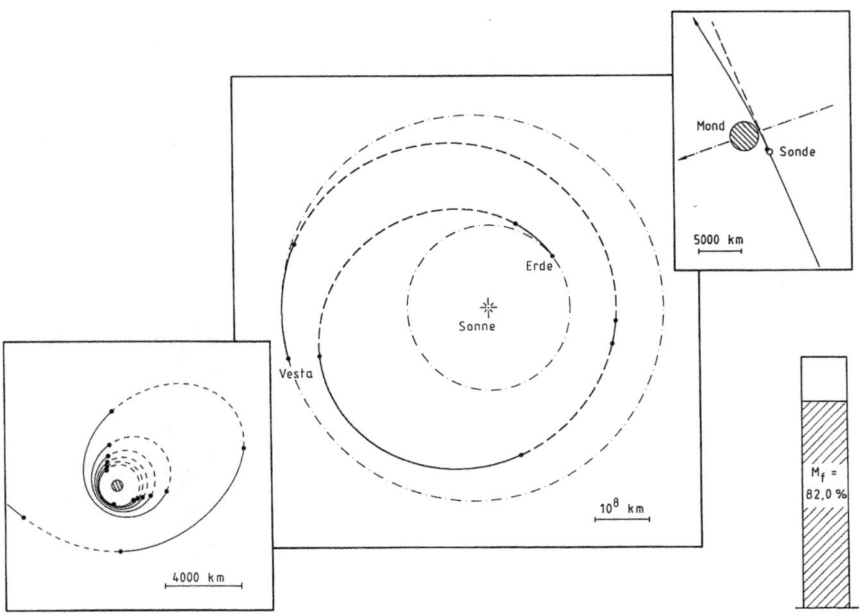

Abb. 22. Raumsonde: Optimale (= treibstoffminimale) Flugbahn zum Planetoiden Vesta; Mond wirkt als Gravitationsschleuder; „Einschrauben" der Sonde in eine Umlaufbahn um Vesta.

kann. Läßt man die Sonde dicht am Mond vorbeifliegen, wird es noch besser, das Manöver freilich auch komplizierter. Ist die Sonde schließlich bei dem Kleinplaneten – hier Vesta – angekommen, muß sie sich langsam in eine stabile Umlaufbahn hineinschrauben; ein kompliziertes Unterfangen, das der Film deutlich machen kann.

Im 19. Jahrhundert haben sich Mathematiker mit recht seltsamen Dingen beschäftigt, so zum Beispiel mit diesem: Auf die Seiten eines Dreiecks setzten sie kleinere Dreiecke, auf deren Seiten noch kleinere Dreiecke und so fort bis ins Unendliche. Das so entstehende Gebilde zeigt viel Ähnlichkeit mit einer Schneeflocke und wirklich, unter dem Mikroskop, wenn man es nur lange genug kalt hält, sehen die winterlichen Schneeflocken (fast) so aus. Die „Finalkurve" ist übrigens unendlich lang, würde man mit dem Finger über sie hinwegfahren, sie fühlte sich wie Schmirgelpapier an.

Noch so ein Kuriosum: In ein Quadrat setzen wir kleinere Quadrate hinein und in diese noch kleinere Quadrate usw. bis in alle Ewigkeit. Und das Ergebnis? Ein Streckenzug, der ein Quadrat ganz ausfüllt!

Abb. 23. Kochsche Kurve (Schneeflocke)

Abb. 24. Vollständige Füllung eines Quadrats durch Linien

Abb. 25. Mathematisch-informatische „Pflanze" (grobe Approximation)

Abb. 26. Mathematisch-informatische „Pflanze" (feine Approximation)

Die Gesetze, nach denen beide Kurven erzeugt werden, lassen sich leicht in Form eines Algorithmus, also einer genauen Berechnungsvorschrift hinschreiben. Ein Rechenautomat kann in Verbindung mit einem Bildschirm die so erzeugten Kurven sichtbar machen, zwar nicht die Finalkurve, das ist prinzipiell unmöglich, wohl aber die Vorstufen, die der Finalkurve ja beliebig nahe kommen.

Wir könnten die im Grunde doch einfache Berechnungsvorschrift etwas abändern, etwa so, daß wir von dem Blatt Papier, also der Ebene, in den Raum hinaus gehen, und man könnte z.B. bei jedem Verfeinerungsschritt noch eine spiralförmige Drehung der kleinen Kurvenstückchen vornehmen. Auch sind wir nicht gezwungen, die Kurvenstücke alle gleich lang zu machen: man kann das eine kürzer, das andere länger halten, ganz so, wie es der Zufall uns eingibt. Alle diese Dinge lassen sich wieder in Form einer informatischen Anweisung, in Form eines sogenannten „String" darstellen.

Der Rechenautomat führt den Algorithmus aus. Und das Resultat auf dem Bildschirm: Es hat Ähnlichkeit mit einer Pflanze. Wir machen das Gesetz etwas komplizierter, färben das entstehende Bild ein und erhalten merkwürdige Gebilde, die mit Pflanzen jetzt größte Ähnlichkeit haben, und es liegt im Augenblick nur an unzureichenden Hilfmitteln, daß sie nicht so vollkommen wie Pflanzen aussehen.

Ganze Landschaften lassen sich damit erzeugen!

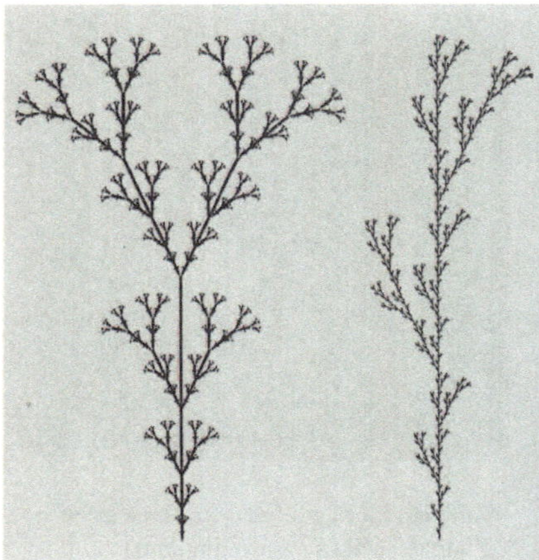

Abb. 27, 28. Blumen aus dem Rechner

Goethes *Metamorphose der Pflanzen* – Schiller hat sie zum Verdruß Goethes eine „Idee" genannt –, das ist die Ableitung aller Pflanzen aus einer Urpflanze nach dem Gesetz der Zusammenziehung und Ausdehnung, versehen mit einer Spiraltendenz in einem Vertikalsystem; so hat Goethe das Pflanzenreich geschaut und sich dafür den Hohn der Zeitgenossen – und auch der Nachwelt – eingehandelt. Es hat Goethe tief getroffen, aber Zeit seines Lebens hielt er selbstbewußt an dieser „Idee" fest.

Abb. 29, 30. Mathematisch-informatische Kontinente und Landschaft

Abb. 31. Frau von Stein

Begeistert hatte er schon 1787 aus Rom an Frau von Stein geschrieben:

Die Urpflanze wird das wunderlichste Geschöpf von der Welt .... Mit diesem Modell und dem Schlüssel dazu kann man alsdann noch Pflanzen ins Unendliche erfinden, ... die, wenn sie auch nicht existieren, ... eine innerliche Wahrheit und Notwendigkeit haben.

Daß gerade die beiden mathematischen Wissenschaften ihm den Schlüssel für seine Metamorphose der Pflanzen liefern, würde ihn, dem stets vor allem Mathematischen graute, höchst verwundert haben. Aber was wissen wir schon. Vielleicht wäre er heute darüber glücklich.

Abb. 32. Mathematischer Flieder

Bildquellen

Katia Pringsheim, Palais Pringsheim:
Thomas Mann-Archiv ETH Zürich.

Wallenstein:
Mann, G. und R. Bliggenstorfer: Wallenstein, Bilder zu seinem Leben. Frankfurt, Fischer 1973.

Raffaels Schule von Athen:
Fichtner, R.: Die verborgene Geometrie in Raffaels Schule von Athen. München, Oldenbourg 1984.

Van Gogh:
Olson, D.W. and R.L. Doescher: Van Gogh, Two Planets and The Moon. Sky and Telescope, 406–408, Oct. 1988.

Mozart:
Notenblatt: Bibliothek des Mozarteums, Salzburg. Anfangsgründe der Rechenkunst und Algebra von Joseph Spengler: Bayerische Staatsbibliothek, München. Mozart besaß die Auflage von 1772. Zu Mathematik und Musik vgl. G. Mazzola: Geometrie der Töne, Basel, Birkhäuser, 1990.

Raumfähre über dem Pazifik:
Kugelmann, B. and H.J. Pesch: A New General Guidance Method in Constrained Optimal Control. Part 1 and Part 2. To appear in JOTA.

Boeing 727:
Bulirsch, R., F.Montrone and H.J. Pesch: Abort Landing in the Presence of a Windshear as a Minimax Optimal Control Problem. Part 1 and Part 2. To appear in JOTA.

Vesta:
Callies, R.: Optimale Flugbahnen einer Raumsonde mit Ionentriebwerken. Technische Universität München, Dissertation 1990.

Pflanzen:
Peitgen, H.O., D. Saupe: The Science of Fractal Images. Heidelberg, Springer 1988. Drösser, Ch.: Die Regeln des Chaos. GEO, Heft 5, 1989.

Öffentlicher Vortrag, gehalten in der Bayerischen Akademie der Wissenschaften
München, 14. Juni 1989

Informatik und Algebra

Friedrich L. Bauer

In der Algebra kommt man mit einem Funktionsbegriff, der die Zuordnung als das Primäre, die Art der Zuordnung, d.h. das Rechenverfahren als das Sekundäre hinstellt, nicht aus. Man muß vielmehr umgekehrt den Rechenausdruck als das Primäre, die durch ihn gelieferte Zuordnung als das Sekundäre ansehen.

Helmut Hasse

Das Thema *Informatik und Algebra* habe ich mit Bedacht gewählt. Mit der Algebra im modernen Sinn kam ich 1943 in Kontakt, als mir die Truppenbetreuung nach Rußland den Aufgabenband zu HASSEs Göschen-Bändchen „Algebra" sandte. Mit der Informatik – man nannte sie aber noch nicht so – kam ich 1947 in Berührung durch meinen akademischen Lehrer für Logik WILHELM BRITZLMAYR.

Der Zweiklang *Informatik und Algebra* charakterisierte auch weiterhin mein Leben. Das war nicht zufällig, sondern beruht auf einer Verwandtschaft zwischen diesen Disziplinen, die mich immer stark bewegt hat. Davon wird im folgenden zu reden sein.

1 Al-Chwarizmi, Leibniz: Schul-Algebra, Handkurbelmaschine, Buchstabenrechnen

Zunächst ein historischer Exkurs. Das Wort Algorithmus, in der Informatik prominent, und das Wort Algebra gehen auf die selbe Person zurück, auf AL CHWARIZMI, um 820. In seinem weit verbreiteten (und erst um 1150 ins Lateinische übersetzten) Buch mit dem Titel *Hisab aljabr w'almuqabalah* lehrt er das Rechnen mit den neuen indischen Ziffern; Algebra (wie auch Kabbalah) kommt davon her. *Dixit algoritmi* lautet die stereotype Schlußformel der einzelnen Kapitel, und daraus entstand *Algorithmus* für jedwedes Verfahren des Arbeitens mit Ziffern. LEIBNIZ beispielsweise gebraucht die Wendung *Algorithmus der Multiplikation*, ebenso gab es Algorithmen der Division und des Quadratwurzelziehens. Später wird der Terminus auch für das Arbeiten mit anderen Zeichen als Ziffernzeichen gebraucht. Die Kryptographie verwendet Algorithmen zur Chiffrierung und Dechiffrierung, die formale Logik arbeitet (auch) algorithmisch mit Wahrheitswerten und mit Formeln. In den fünfziger Jahren unseres Jahrhunderts kommt das Wort dann für das Arbeiten mit Ziffernblöcken für Dezimalzahlen (oder Dualzahlen) als Einheit wieder auf. So begegnete es mir zuerst in der Rutishauserschen Prägung vom *QD-Algorithmus* 1954. Sowohl in HOUSEHOLDERS *Principles of Numerical Analysis* von 1953 als auch im Buch der Frau FADDEJEWA von 1950 kommt übrigens der Ausdruck *Algorithmus* noch nicht vor.

Algebra ist stets auch die Kunst vom Erfinden und Verstehen, also vom Beherrschen von Algorithmen. Dies trifft seit VIETA insbesondere auf das zu, was man auf dem Gymnasium „Buchstabenrechnen" nennt. Die Algorithmen, die der 12jährige oft nur mechanisch ausführt, dienen der Vereinfachung von „Buchstabenausdrücken". Gegenstände der Algorithmen sind also nicht nur, wie in der niederen Arithmetik, bloß der Ring der ganzen Zahlen oder der Körper der rationalen Zahlen, sondern Terme, das heißt arithmetische Ausdrücke, die selbst eine Berechnungsvorschrift mit Zahlen beinhalten. Diese Doppelnatur der Terme wird uns noch beschäftigen müssen. Beim Buchstabenrechnen stehen die Buchstaben für beliebige Zahlen, sie bezeichnen *Variable*. Variable können durch Zahlen, aber auch durch ganze arithmetische Ausdrücke ersetzt werden. Auf die Wahl des Buchstabens, der eine Variable bezeichnet, kommt es nicht an: $(a + b)^2 = a^2 + 2ab + b^2$ und $(p + q)^2 = p^2 + 2pq + q^2$ meinen den gleichen Sachverhalt.

Der Begriff der gebundenen Bezeichnung, den die mathematische Logik formal erst im 20. Jh. entwickelt, klingt hier schon an – ein Begriff, der für die Beherrschung der Parametrisierung in algorithmischen Sprachen durch SAMELSON *zentrale Bedeutung bekam.*

2 Kummer, Noether, Artin, Hasse: Axiomatische Algebra

Die Algebra der Arithmetik arbeitet also mit Algorithmen für Polynome, für rationale Ausdrücke, für Ausdrücke mit Quadratwurzeln usw. Diese Algorithmen können der vereinfachenden Umformung dienen, etwa der Klammernbeseitigung, oder aber auch der Gewinnung neuer Terme als echte Ergebnisse, wie der Algorithmus zur Bestimmung des größten gemeinsamen Teilers zweier Polynome. Sofern dabei das Ersetzen von Variablenzeichen ganz in den Hintergrund tritt, spricht man auch von *transzendenten Erweiterungen* der Zahlenbereiche durch *Unbestimmte* oder *freie Erzeugende* und hat mit diesen Termen dann *Zahlen höherer Art*, etwa Polynomringe oder Körper rationaler Ausdrücke, insbesondere aber Ringe von Wurzelausdrücken, die der zu Unrecht vergessene

ERNST EDUARD KUMMER – bezeichnenderweise im Zusammenhang mit Versuchen zum Beweis des Großen Fermat – erstmals auf Teilbarkeitsalgorithmen hin untersucht hat. Von KUMMERS „Idealen" geht ein gerader Weg zu EMMY NOETHER und zu der neuen Auffassung von Algebra, die unter ihrem Einfluß ARTIN, HASSE, sowie VAN DER WAERDEN in den zwanziger Jahren dieses Jahrhunderts geschaffen und propagiert haben, eine Auffassung, die in der Mathematik ebenso revolutionär war wie in der Physik die Einführung der Quantentheorie. (Bis in die Schule hat sich der Fortschritt jedoch nur teilweise verbreitet; so findet man leider Abiturienten, die nicht wissen, daß man mit Polynomen ebenso rechnen kann wie mit Zahlen).

Evidenterweise besteht ein großer Teil dieser Algebra aus Normalformentheorie; das Auswerten eines instantiierten arithmetischen Ausdrucks, das *Rechnen* im eigentlichen Sinn, fällt als Trivialfall darunter.

Eine weitere Revolution, die die Mathematik schon um die Jahrhundertwende überkam, war die Zulassung anderer Gebilde als Ringe und Körper, nämlich Gruppen und Halbgruppen, Verbände, Boolesche Verbände und Boolesche Ringe als gleichberechtigte „Reiche"; auch heterogener Gebilde, etwa Vektorräume und Vektorverbände, Matrixalgebren und derlei. Sogar Gebilde mit ungewohnten, um nicht zu sagen exotischen Gesetzen, wie Lie-Algebren, wurden hoffähig. Der feine Unterschied zwischen der Spezifikation, dem Typ des Gebildes und dem einzelnen Modell kam mit dem Wort *axiomatische Methode* zum Vorschein. Die Mengenlehre fügte sich algebraisch als Theorie gewisser Modelle eines Booleschen Verbandes ein, die Aussagenlogik entpuppte sich als Theorie der Terme im Gebilde Boolescher Verband, mit dem zweielementigen Booleschen Verband der Wahrheitswerte als Grundmodell. Hier treten auch Hierarchien auf: die Grundmenge eines Mengenmodells ist ein Parameter, so wie für Körpererweiterungen der Grundkörper ein Parameter ist.

Mehr als die Logik allein vermocht hätte, hat die Axiomatisierung der Algebra einen Weg eröffnet zu rein formaler Mathematik. Daß damit auch einer Ingenieur-Wissenschaft – der aufkeimenden Informatik – ein Dienst erwiesen wurde, ist nur oberflächlich paradox: Mit der Maschine, dem leibhaftig gewordenen Besen des Zauberlehrlings, ist keine andere als rein formale Kommunikation möglich.

3 Turing, von Neumann: Von der äußerst ineffizienten zur äußerst effizienten Maschine

Als in der Mitte dieses Jahrhunderts ein Zusammentreffen von technologischem Fortschritt (elektronische Schaltkreise) und kriegsbedingten Anreizen (Neutronendiffusion, Überschallströmungen) aus Geräten zur Berechnung und zum Druck von Schußtafeln endlich Universalrechner werden ließ, stand die Algebra nicht an der Wiege. Eher war es die Analysis, die die mathematischen Probleme prägte, die nun praktisch anzupacken waren. Vor allem aber haftete den Universalrechnern ihre Abstammung an, entstanden sie doch als Vollautomatisierung von Handkurbelmaschinen, Tabelliermaschinen oder Buchungsmaschinen. Gegenstand des Rechnens waren auch nicht mehr einzelne Ziffern, sondern bereits ganze Ziffernblöcke für Dezimalzahlen oder (schon revolutionär!) Dualzahlen bestimmter fester Stellenzahl – die Herkunft aus den Berechnungsformularen haftete diesen Zahlen an. Die Automatisierung folgte im übrigen, auch nicht einfallsreich, zunächst dem seit Jahrhunderten im Schlagwerk von Uhren und im Spielwerk von Drehorgeln angewandten Prinzip der Repetition, allenfalls mit Schleifen innerhalb Schleifen, wie es auch schon die automatische Multiplikationssteuerung von TSCHEBISCHEFF 1896 und die automatische Divisionssteuerung von RECHNITZER 1902 taten. Dies alles führte dann durch KONRAD ZUSE zur Verwirklichung der Absichten von BABBAGE, LUDGATE und TORRES Y QUEVEDO, die es Jahrzehnte zu früh versucht hatten. Mit ZUSE gleichlaufend, jedoch zeitlich später waren die Bemühungen von STIBITZ, AIKEN und ATANASOFF. Die starren Schleifen à la ZUSE (Kinofilm!) boten jedoch keinerlei Möglichkeit zur Indexberechnung, d.h. konkret zur Adressenänderung.

Die Algebra war da natürlich noch nicht gefragt. Es bestand (und besteht) eine fast unüberbrückbare Kluft zwischen solchen drehorgelmäßig automatisierten Handkurbelmaschinen und der Turing-Maschine, diesem gespenstischen Destillat der Gedanken des exzentrischen ALAN MATHISON TURING: Die Turing-Maschine ist nämlich eine Maschine, die bewußt – zu Beweiszwecken – als Universalrechner konzipiert worden war und die, im vollen Einklang mit der *splendid isolation* der reinen Mathematik, nicht der physikalischen Verwirklichung bedurfte, ja einer solchen Profanierung sich geradezu widersetzte.

Kein Algebraiker wird jedoch dem ad-hoc-Aufbau der Turing-Maschine Geschmack abgewinnen können. Daß trotzdem nur einige Jahre später der Schritt von der nicht-universellen Babbage-Zuse-Maschine mit einer starren Struktur endlich vieler, allenfalls geschachtelter Schleifen (wie gesagt, ohne jegliche Möglichkeit zur Adressenänderung) hin zu einem praktisch einsatzfähigen und dennoch universellen Rechner gelang, mutet als schierer Zufall an. ECKERT und MAUCHLY nämlich hatten aus den Erfahrungen mit dem Bau des ENIAC nicht nur gelernt, daß eine flexiblere Ablaufsteuerung notwendig war, sondern auch, daß es wichtig war, die Ablaufsteuerung ebenso schnell zu machen wie die Ausführung der Rechenoperationen. Sie mußte also elektronisch erfolgen, und dazu mußte beim damaligen Stand der Technik das Programm auf einem wiederverwendbaren Speicher festgehalten werden. Dieser Programmspeicher konnte mit dem ohnehin notwendigen Ergebnisspeicher zusammengelegt werden. Nicht mehr war verlangt, und die Schleifenstrukturen bildete man im Speicher mittels Sprungbefehlen nach. Das war die Situation Mitte 1945.

Ebenso wunderlich mag es heute erscheinen, daß man sogleich zu indizierten Feldern, einer sehr mächtigen Datenstruktur – wir werden darauf noch zu sprechen kommen – griff. Wieder waren eher technologische Gründe als tiefere Einsicht maßgebend – sowohl Quecksilber-Verzögerungsspeicher wie Kathodenstrahlröhrenspeicher legten eine Mitzählung der gespeicherten Impulse und somit einen adressierten Speicher, einen *random access store*, nahe. Magnetbänder hätten stattdessen eine schlangenartige Speicherorganisation *first in – first out* suggeriert.

Jedenfalls konnte man nun das Programm während des Laufs der Rechnung abändern – insbesondere konnten Adressen neu berechnet werden. Es stellte sich erst später heraus, daß dadurch eine universelle Maschine entstanden war. Es ist schwer vorstellbar, daß ECKERT und MAUCHLY von der Sehnsucht nach einer universellen Maschine getrieben waren; vermutlich waren ihnen die entsprechenden Begriffsbildungen der Logiker gar nicht geläufig. VON NEUMANN hingegen ist zuzutrauen, daß ihn – zumindest unbewußt – diese Absicht bewegte, er war ja mit TURING sowohl persönlich wie in wissenschaftlicher Hinsicht bekannt; mit der Logik war VON NEUMANN überdies durch seine Arbeiten über Beweistheorie in tiefere Berührung gekommen. Jeder Logiker, der ACKERMANNs Beispiel einer Funktion, die nicht mit primitiver Rekursion berechenbar ist, verstanden hatte, hatte auch ein Gefühl dafür, daß eine endliche Zahl von starren Schleifen à la ZUSE oder AIKEN zu wenig war.

Dank der Desinformation, die einige Beteiligte (VON NEUMANN, GOLDSTINE, BURKS) betrieben, werden wir nie genau wissen, ob ECKERT und MAUCHLY oder VON NEUMANN zuerst die Idee des abänderungsfähigen Programms hatten. Dokumentiert ist allerdings, daß VON NEUMANN auf die Adressenberechnung und Adressensubstitution erstmals bei dem Versuch geführt wurde, eine Aufgabe zu programmieren, die eine laufende Änderung des Index einer Reihe von Größen involvierte [KNUTH 1970]; es ist aber schwer vorstellbar, daß ECKERT und MAUCHLY nicht auch an solche Aufgaben gedacht hatten. Eine systematische Adressenänderung hatte im übrigen auch SEEBER 1945 im ansonsten nicht universellen SSEC (Selective Sequence Electronic Calculator) der IBM (fertig 1947) realisiert.

Unabhängig von dieser Prioritätsfrage wurde nur *peu à peu* ausgesprochen, daß man mit Hilfe der Adressensubstitution eine Universalrechenmaschine gewonnen hatte [GOLDSTINE, VON NEUMANN 1946], [MAUCHLY 1947]. AIKEN aber hielt starrköpfig an der logischen Trennung von Befehls- und Ergebnisspeicher fest und sah deshalb für die Adressenberechnung Indexregister vor, was allenfalls als Mittel zur Geschwindigkeitssteigerung zweckdienlich war, aber ohne Adressensubstitution keine Universalmaschine ergab. Auch ZUSE gibt an, er habe absichtlich den „fehlenden Draht" nicht gezogen – möglicherweise eine nachträgliche Reflektion.

Wer damals, wie RUTISHAUSER, *nach Princeton, ins Mekka der Programmierung, ging oder, wie* SAMELSON *und ich, den „von-Neumann-Bericht" studierte, fand kaum eine Erwähnung algebraischer Gedanken. Die Algebra stand in der Ecke und weinte.*

4 Die Anfänge der Automatisierung der Rekursion, die Trennung von Steuerungs- und Objektstrukturen

Bei all dem hätte die Algebra – wäre man nur auf den Gedanken gekommen, sich von ihr leiten zu lassen – den richtigen Weg gewiesen. Es ist die Doppelnatur der Terme, einerseits Objekte der Berechnung, andererseits selbst Rechenvorschriften zu sein, die den Schlüssel liefert – abänderungsfähige Programme sind, weit über Indexlauf hinausgehend, Programme, die erst Terme berechnen, die dann zur Ausführung kommen. Wie SAMELSON und ich einige Jahre später entdeckten, hätte auch bei einer strikten logischen Trennung von Befehls- und Ergebnisspeichern die Ablaufsteuerung nur mit Kellerspeichern versehen werden müssen, wie es für die (Zwischen-)Ergebnisspeicherung ohnehin zweckmäßig war – nach dem bei unserem Logikrechner STANISLAUS angewandten Prinzip. Damit bereits war die Maschine universal, ermöglichte insbesondere allgemeine Rekursion. Wir entwickelten damals eine solche Maschine und bekamen sie auch patentiert [BAUER, SAMELSON 1957], Anmeldetag war der 30. März 1957. Die Maschine wurde aber nicht gebaut. Später fanden sich Teilzüge unserer Patente sogar in Taschenrechnern.

Die fünfziger Jahre waren also zunächst beherrscht von der sogenannten *von Neumann-Maschine*. Die fehlende Trennung zwischen Befehlsspeicher und Ergebnisspeicher führte in den aufkeimenden Programmiersprachen dazu, daß Elemente der Ablaufstruktur und der Datenstruktur vermengt blieben. Bei FORTRAN war das nicht verwunderlich, aber Sprünge mit berechenbarem Sprungziel (`switch`) waren noch in ALGOL 58 als Eierschalen des Maschinendenkens vorhanden. In ALGOL 60 wurden manche dieser Reste eliminiert, aber nicht alle Flecken waren leicht zu entfernen. Die von RUTISHAUSER propagierte Laufanweisung vermengte in, wie es schien, natürlicher Weise natürliche Zahlen mit der Ablaufstruktur. Dabei traten semantische Ungereimtheiten auf, und hauptsächlich das Bestreben nach semantischer Präzisierung – wenn man will, der Zwang des algebraischen Denkens – führten dazu, daß man zusehends die Trennung von Ablaufstrukturen und eigentlichen Datenstrukturen vorantrieb. WIRTH ging dabei mit PASCAL mit gutem Beispiel voran, hauptsächlich aber kämpfte DIJKSTRA an dieser Front, mit langsamem, jedoch unaufhaltsamem Erfolg.

Die Algebra stand immer noch in der Ecke, aber sie konnte beginnen ihre Tränen zu trocknen. Die Bedeutung algebraischer Methoden für die bereits kräftig entwickelte Informatik wurde allenthalben sichtbar. Lediglich manche Reinen Al-

gebraiker verschliefen die Entwicklung. Die axiomatische Methode erlaubte ihnen, mit nicht-erzeugbaren Modellen virtuos zu arbeiten, und das faszinierte sie so, daß sie die Beschäftigung mit erzeugbaren Modellen ganz vergaßen. Doch die besseren unter ihnen, wie DIEUDONNÉ, ZASSENHAUS, TAUSSKY-TODD, COXETER, *trifft dieser Vorwurf nicht.*

5 Bourbaki, Birkhoff: Algèbre universelle, Algebraische Spezifikation

Typisch für die Programmiersprachen der sechziger Jahre war auch, daß sie alle nur über ein festes Repertoire von Objektgebilden verfügten. Wo dieses nicht ausreichte, setzte man auf vorhandene Programmiersprachen weitere Objektgebilde auf. So entstanden zum Beispiel LOGALGOL und eine Matrixversion auf der Basis von ALGOL 60. Innerhalb solcher vorgegebener Objektgebilde waren allerdings Erweiterungen zu neuen Operationen verfügbar – durch Unterprogramme in der maschinennahen Programmierung ebenso wie durch Prozeduren in den algorithmischen Sprachen.

Im übrigen stand höchstens Tupelbildung (direktes Produkt) zur Bildung neuer Objektmengen zur Verfügung, erstmals in COBOL in Reinkultur (in ALGOL 60 mußte man ersatzweise zu Feldern greifen). In ALGOL 68 wurde dann auch die Union (direkte Summe) zweier Objektgebilde einbezogen. Man hatte sich damit auf zwei Standardkonstruktionen abgestützt, die der Mathematik theoretisch ausreichen mochten. Praktisch genügten sie für problemorientierte Situationen nicht.

In den fünfziger Jahren fand jedoch die dritte Revolution in der Algebra statt: die Hinwendung zur *algèbre universelle.* Die Entwicklung der Kategorientheorie legte es nahe, wichtige allgemeine Begriffe wie Homomorphismus unabhängig vom speziellen algebraischen Gebilde zu definieren und zu untersuchen. Zunächst klebte man zwar an homogenen Gebilden, aber 1970 nahmen BIRKHOFF und LIPSON die Erweiterung auch auf heterogene Gebilde vor. Für die auch praktisch immer dringlicher werdende Notwendigkeit, den Programmiersprachen eine saubere semantische Basis zu geben, kam neben der „denotationellen Semantik" diese Entwicklung gerade zur rechten Zeit. Sie führte in der Informatik zum Aufkommen eines neuen Stils, der algebraischen Spezifikation eines Objektgebildes.

Die Algebra begann aufzuleuchten.

Hier mag ein Beispiel dienen:

Signatur („Stellenverteilung"): $\Sigma = (\underline{m};\ o,\ p(.),\ n(.));$

homogen, mit einer nullstelligen und zwei einstelligen Operationen.

Gesetze: $p(n(a)) = a, \quad n(p(a)) = a, \quad p(a) \neq a, \quad n(a) \neq a.$

Aus den ersten beiden Gesetzen folgt Injektivität von p und von n. Ferner sind beispielsweise die Terme o und $n(p(o))$ zu identifizieren, hingegen dürfen die Terme o und $p(o)$ nicht identifiziert werden. Man hat bei der Spezifikation von Objektgebilden guten Grund, über eine reine *Gleichungs*axiomatik hinauszugehen.

Man führt in der Informatik nun typischerweise eine in der *algèbre universelle* vernachlässigte Forderung ein: Neben der Festlegung der Eigenschaften, die alle Modelle des Gebildes haben müssen, faßt man ein Erzeugungsverfahren für Modelle ins Auge. Es baut die Menge $W_\Sigma[x]$ der Terme der gegebenen Signatur auf. Relevant für die Informatik ist nämlich nur, was sich prinzipiell durch einen Term berechnen läßt – hierin steckt der tief algebraische Ansatz der Informatik. Die Gesetze der Spezifikation erzwingen nun einerseits, verbieten andrerseits gewisse Klassenbildungen innerhalb der Termmenge $W_\Sigma[x]$ der Terme. Als konkretes Modell dient dann jede Menge von zulässigen Äquivalenzklassen der Terme. Der Einfachheit halber beschränke ich mich in unserem Beispiel auf Grundterme (ohne Unbestimmte). Unter Benutzung folgender (informell definierter) Termmengen

$$
\begin{aligned}
[o]: \quad & \{o,\ p(n(o)),\ n(p(o)),\ p(n(p(n(o)))),\ n(p(n(p(o)))),\\
& \quad n(p(p(n(o)))), \ldots\}\\
[p(o)]: \quad & \{p(o),\ p(p(n(o))),\ p(n(p(o))),\ n(p(p(o))),\\
& \quad p(p(p(n(n(o))))), \ldots\}\\
[n(o)]: \quad & \{n(o),\ n(n(p(o))),\ n(p(n(o))),\ p(n(n(o))),\\
& \quad n(n(n(p(p(o))))), \ldots\}\\
[p^2(o)]: \quad & \{p(p(o)),\ p(p(p(n(o)))),\ p(p(n(p(o)))), \ldots\}\\
[n^2(o)]: \quad & \{n(n(o)),\ n(n(n(p(o)))),\ n(n(p(n(o)))), \ldots\}\\
[p^3(o)]: \quad & \{p(p(p(o))), \ldots\}\\
& \vdots
\end{aligned}
$$

ergeben sich als zulässige Klasseneinteilungen unter anderem

$$[o],\ [p(o)],\ [n(o)],\ [p^2(o)],\ [n^2(o)], \ldots \qquad Z/_\Sigma \qquad (1)$$

$$
\begin{aligned}
& [o] \cup [p^2(o)] \cup [n^2(o)] \cup [p^4(o)] \cup [n^4(o)] \cup \ldots,\\
& \quad [p(o)] \cup [n(o)] \cup [p^3(o)] \cup [n^3(o)] \cup \ldots \qquad GF(2)_{/\Sigma} \qquad (2)
\end{aligned}
$$

Das (abzählbare) Modell (1) („initiales Modell“) ist isomorph dem Redukt von Z, dem Ring der ganzen Zahlen, auf Null, Nachfolger- und Vorgängeroperation; das (zweielementige) Modell (2) ist isomorph dem Redukt von $GF(2)$, dem zweielementigen Körper – wobei die einstelligen Operationen p und n zusammenfallen. Das oben definierte Gebilde hat offensichtlich mehrere nichtisomorphe termerzeugbare Modelle, es ist polymorph. Andere Modelle sind isomorph den Restklassenringen von Z modulo n, $n > 2$.

Das Erzeugungsprinzip der Informatik ist so bedeutsam, wie es der Satz von der Erhaltung der Energie in der Physik ist.

6 Normalformtheorie und Effektivität

Unter dem *Erzeugungsprinzip der Informatik* ist als prominentes Instrument der Modellierung eine Normalformtheorie erforderlich. Das Erzeugungsprinzip führt auch dazu, daß die betrachteten Modelle sämtlich abzählbar sind. Damit ist z.B. die Menge aller Drehungen einer euklidschen Ebene kein für die Informatik handhabbares Modell des Gebildes Gruppe – so einfach es auch scheinen mag. In einem Analoginstrument ist eine kontinuierlich verstellbare Schraube ein geeigneter Bestandteil – das Erzeugungsprinzip der Informatik führt aber auf eine gewisse Diskretheit der Modelle, die für die Digitalisierung auch erheblich ist. Der Körper $\mathbb{R}$ der reellen Zahlen ist eben dem direkten Wirkungsfeld der Informatik entzogen – mit gutem Grund, da fast alle reellen Zahlen nicht berechenbar sind. Die Menge der berechenbaren reellen Zahlen liegt dagegen im Wirkungsfeld der Informatik, und es sind ihrer immer noch genügend viele.

Typisch für die Informatik ist auch die Begriffsbildung der Kryptäquivalenz von Gebilden, in die Algebra von GARRETT BIRKHOFF eingeführt. Es gibt eine Reihe von Gebilden mit nicht nur verschiedenen Gesetzen, sondern sogar verschiedenen Signaturen, deren Modelle ineinander überführt, „umcodiert" werden können. Solche Äquivalenzklassen von Spezifikationen sollen Archetypen heißen. Der Archetyp Gruppe ist recht geläufig. Im einfachsten Fall kann die Umcodierung, bei Gruppen etwa $a/b \overset{\text{def}}{=} a \circ b^{-1}$ bzw. $a \circ b \overset{\text{def}}{=} a/(e/b), a^{-1} = e/a$, termweise erfolgen; in komplizierteren Fällen muß sie rekursiv definiert werden. Hier stößt die Informatik in eine Lücke, die die *algèbre universelle* gelassen hatte. Klarerweise ist der Informatiker an der Umcodierung selbst viel konkreter interessiert als der Algebraiker, da sie seine algorithmische Argumentation direkt berührt.

Es gibt Archetypen, die mächtiger sind als andere, in denen sie nämlich nicht codiert werden können. Schlangen (*'queues'*) und Keller (*'stacks'*) sind recht schwache Archetypen; indizierte Felder sind ziemlich stark. Für diesbezügliche Einzelheiten muß ich auf eine kürzlich in Acta Informatica erschienene Arbeit über kryptäquivalente Spezifikationen verweisen [BAUER, WIRSING 1988].

Tieferliegende Sätze der Universellen Algebra, wie etwa der Satz von BAKER und PIXLEY (1975), haben sich als scharfe Werkzeuge für algebraische Fragestellungen der Informatik und der Logik (Beispiel: abgeschlossene Klassen Boolescher Funktionen) erwiesen. Der Anstoß ging wiederum von BIRKHOFF aus (1977). Man darf sich von der Universellen Algebra noch viele weitere Anregungen für die Informatik erhoffen.

7 Manna: Nichtstriktheit, Parallelisierung. Scott: Topologische Algebra, Fixpunkttheorie

Terme haben, wie gesagt, eine Doppelnatur: einerseits sind sie nach dem Erzeugungsprinzip Elemente der Objektgebilde (die Unbestimmten sind dabei frei erzeugende Elemente), andrerseits legen sie Berechnungsvorschriften fest (die Unbestimmten sind dabei ersetzungsfähige Variable). In der letzteren Auffassung dienen Terme der Festlegung einer Ablaufstruktur, allerdings nur in trivialer Weise: Sie beschreiben in einer festen endlichen Zahl von Schritten ohne Wiederholung ablaufende Berechnungen. Aber bereits hier sind subtile Verfeinerungen angebracht, für die die traditionelle Algebra kein Gespür hatte. Beispielsweise ist man gewohnt, einen Term von innen nach außen zu berechnen, weil einem bei einem arithmetischen Term, sofern in ihm die Null nicht vorkommt, nichts anderes übrigbleibt. Aber die Auswertung von Termen über der boolschen Algebra der Wahrheitswerte erfolgt typischerweise am besten von außen nach innen. Es muß also festgelegt werden, welcher Auswertungsmechanismus mit einem Term verbunden werden soll – im Jargon mit Stichworten wie *left innermost, parallel innermost, left outermost, parallel outermost* und anderen bezeichnet. Mehrstellige Operationen, die nicht die Auswertung aller Operanden verlangen, um das Ergebnis festzustellen, heißen nicht-strikt; für sie bietet eine Auswertung von außen nach innen Vorteile. Bekanntestes Beispiel ist die Multiplikation mit Null (wer jemals mit dünn besäten Matrizen gearbeitet hat, weiß das) und die if-then-else-Operation. Interessanterweise hat in diesem Punkt in theoretischer Hinsicht die Algebra der Informatik den Rang abgelaufen: Als Diskriminator-Gebilde bezeichnet die Algebra Gebilde, die die vierstellige Operation d [GRÄTZER 1964]

$$d(x,y,a,b) \overset{\text{def}}{=} \begin{cases} a & \text{falls } x = y \\ b & \text{falls } x \neq y \end{cases}$$

direkt oder durch einen Term ausdrückbar enthalten. d ist eine typische nichtstrikte Operation. Gleichwertigerweise kann man auch die dreistellige Operation t [WERNER 1970]

$$t(x,y,z) \overset{\text{def}}{=} \begin{cases} x & \text{falls } x \neq y \\ z & \text{falls } x = y \end{cases}$$

verwenden, die, im Unterschied zum heterogenen if-then-else, homogen ist.

Mit Termen („Polynomen") allein kommt man aber nicht aus. Man geht nun zweistufig vor und sieht Algorithmen als Vorschriften zur Erzeugung immer neuer Terme an, die man dann entweder sofort (*eager evaluation*), oder irgendwann, oder so spät als möglich (*lazy evaluation*) auswertet. Dies schließt ausdrücklich Parallelismus ein, der hier algebraisch in ganz natürlicher Weise auftritt.

Deutlichstes Zeichen für die Doppelnatur der Terme ist die Technik der „partiellen Auswertung“, die von ERSHOV erfolgreich propagiert wurde (vgl. auch den Beitrag von HENNER KRÖGER in diesem Band).

Das gängigste Erzeugungsschema für Terme ist das der Rekursion, oder in der Sprache der Logiker, das des Y-Operators im Lambda-Kalkül. Die zugehörige Fixpunkttheorie ist seit 1970 dank DANA SCOTT fester Bestandteil der Informatik. Hier spielt die Verbandstheorie als Bindeglied zwischen topologischer Algebra und Informatik ihre besondere Rolle. Es gibt auch Varianten der Rekursionstheorie, die in anderem Gewand auftreten und womöglich weniger beschwerlich sind; beispielsweise Kellermaschinen, die direkt die Kellerstruktur der Abläufe bewirken. Es gibt ferner Fragmente der Rekursion, die für viele Zwecke immer noch ausreichen, wie etwa die Technik der Invarianten für schwächste Vorbedingungen, die sich in Ansätzen schon in der Flußdiagrammdiskussion von VON NEUMANN und GOLDSTINE findet, aber erst von HOARE und DIJKSTRA ausgearbeitet wurde; sie steht wiederum in enger Verbindung mit geeigneten modalen Logiken.

Andrerseits gerät die Rekursionstheorie in Komplikationen, wenn man sie auf höhere Funktionale erstreckt, und eine Beschränkung, wie etwa auf primitive Rekursion, mag in solchen Situationen sinnvoll sein (vgl. den Beitrag von HELMUT SCHWICHTENBERG in diesem Band).

Für die Rekursion ist entscheidend wichtig, daß sie nur dann funktioniert, nämlich terminiert, wenn durch geeignete nicht-strikte Operationen ein Ausstieg erzwungen wird. Klassischerweise dient dazu die Fallunterscheidung, sofern `boolean` als Objektgebilde und ein universelles Gleichheitsprädikat verfügbar sind, allgemeiner eine Diskriminatoroperation.

Es mag einleuchten, daß in dieser Auffassung eine klare syntaktische und semantische Trennung in Objektgebilde („Rechenstrukturen“) und ihre algebraische Spezifikation einerseits, in Ablaufstruktur (*control structure*) und ihre Rekursionstheorie andererseits notwendig ist. Die Algebra beherrscht die erstere Seite. Was ist über die andere Seite zu sagen?

Wenn man will, kann man auch Ablaufstrukturen algebraisch spezifizieren. Für Fragmente der Rekursion wurde das öfter getan, u.a. von [BROY, WIRSING 1988]. Ob es sich praktisch lohnt, ist eine noch offene Frage. Der Klarheit dient er allemal; es sollte deshalb in Betracht gezogen werden auch wenn man es aus pragmatischer Rücksicht notationell versteckt.

8 Die Symbiose Informatik – Algebra

Im Prinzip obsiegt also die Algebra auf der ganzen Linie; sie steckt die (theoretische) Informatik in die Tasche, könnten wir sagen, oder weniger salopp:

Die Algebra steht im Dienst der Informatik, die Informatik wird dabei selbst Gegenstand der Algebra.

Das ist jedoch nicht die volle Wahrheit. Wie sieht es anders herum aus? Seit Computer verfügbar sind, hat man sich ihrer bedient, um komplizierte algebraische Fragen zu beantworten. Die Fortschritte der Erkennungsalgorithmen (irreführenderweise *Künstliche Intelligenz* genannt) erlauben, mehr und mehr Untersuchungen der Algebra zu mechanisieren. Mehr und mehr steht die Informatik auch im Dienst der Algebra, und die Algebra wird selbst Gegenstand der Informatik. Dies schließt die algebraische Logik mit ein.

Wie weit das führt, wohin das geht, weiß heute noch niemand; die praktischen und theoretischen Grenzen liegen im Dunkel. Jedoch zieht mit der Verfügbarkeit der Arbeitsplatzrechner eine neue Mathematik herauf, in der algebraische Manipulationssysteme – weit über das hinausgehend, was man seit 1952 "Formula manipulation" nennt – ein alltägliches, jedoch ungeheuer scharfes Werkzeug sind.

Unübersehbar ist, daß eine Symbiose zwischen Algebra und Informatik besteht. Die letztere als Ingenieurwissenschaft, die erstere als Geisteswissenschaft haben eigentümliche Verschiedenheiten; sie tun gerade deshalb gut daran, sich gegenseitig zu unterstützen, zu befruchten und zu achten.

Die Verschiedenheiten gelten natürlich auch gegenüber der gesamten Mathematik. Für den Mathematiker ist die Fähigkeit bezeichnend, ein rein gedankliches, ein abstraktes Gebäude aufzubauen. Die wahre Realität liegt für ihn einzig im Geistigen: Bilder und (Gips-)Modelle werden ‚nur' zur Anschauung zugelassen, als didaktische Krücken; aber vor ihrer Verselbständigung wird sofort gewarnt: sie sind eigentlich entbehrlich und insofern unanständig.

Für den Informatiker ist die Fähigkeit kennzeichnend, einen überraschenden Einfall zur effizienten Realisierung eines schwierigen, oft sogar außerhalb seines engeren Arbeitsbereiches auftretenden mathematisierbaren Problems zu haben. Er ist mit *ingenium*, mit Scharfsinn und Erfindergeist ausgestattet und schöpferisch auf ein konkretes Ziel gerichtet, er will am Ende eine nützliche Tätigkeit einer irgendwie gearteten Maschinerie sehen. Theorie wird als Hilfsmittel zugelassen, aber vor reinen gedanklichen Spekulationen (wie beispielsweise transfinite Induktion) wird sofort gewarnt; bloße Existenzsätze sind nutzlos, weil unproduktiv, und insofern verpönt.

Die Mathematik dient der Erbauung des Menschen an den Früchten seines Verstands. Die Informatik dient der Befreiung des Menschen von der Last der eintönigen geistigen Tätigkeit.

Selbstverständlich gibt es keine reinen Mathematiker in diesem Sinn, wie es auch keine reinen Informatiker gibt: es gibt einen homo faber *auch in fast jedem Mathematiker, so wie es einen* homo contemplativus *auch in fast jedem Informatiker gibt.*

Innerhalb der gesamten Geisteswissenschaft ist eben die Mathematik die einzige exakt *zu nennende Spielart; sie steht deshalb von den Ingenieurwissenschaften der Informatik am nächsten, der einzigen, die sich mit immateriellem, mit ‚physikfreiem'* ingenium *befaßt. Das verbindet Mathematik und Informatik, macht sie zu Geschwistern.*

Literatur

[Bauer, Samelson 1957] Bauer, F.L. und Samelson, K.: *Verfahren zur automatischen Verarbeitung von kodierten Daten und Rechenmaschine zur Ausübung des Verfahrens.* Auslegeschrift 1094019, Deutsches Patentamt

[Bauer, Wirsing 1988] Bauer F.L. and Wirsing M.: *Crypt-Equivalent Algebraic Specifications.* Acta Informatica *25*, 111–153 (1988)

[Broy, Wirsing 1980] Broy M. and Wirsing M.: *Programming Languages as Abstract Data Types.* In: Dauchet, M. (*ed.*): 5ème Colloque sur les Arbres en Algèbre et en Programmation, Lille 1980, p. 160–177

[Goldstine, von Neumann 1946] Goldstine, H.H. and von Neumann, J.: *On the Principles of Large Scale Computing Machines.* In: John von Neumann Collected Works, Vol. 5, Oxford 1963 (lecture, given by von Neumann on 15 May 1946)

[Mauchly 1947] Mauchly, J.W.: *Preparation of Problems for EDVAC-type Machines.* In: Annuals of the Computation Laboratory of Harvard University Vol. 16, Cambridge, Mass. 1948 (lecture, given at the Symposion on Large Scale Digital Calculating Machinery, 7–10 January 1947)

[Grätzer 1964] Grätzer, G.: *On the class of subdirect powers of a finite algebra.* Acta Sci. Math. (Szeged) *25*, 160–168 (1964)

[Knuth 1970] Knuth, D.E.: *von Neumann's First Computer Program.* Comp. Surveys 2, 247–260 (1970)

[Werner 1970] Werner, H.: *Eine Charakterisierung funktional vollständiger Algebren.* Archiv d. Math. 21, 383–385 (1970)

Schaltalgebra und Relationentheorie

Geschichte der Schaltalgebra

Heinz Zemanek

Eine unverwendbare Vor-Rede

In den gedruckten Einladungsprogrammen für das Kolloquium kommt der Name F. L. Bauer nicht vor.

Hätte man diese raffinierte Taktik durchgehalten, so wäre die folgende Vor-Rede (wie auch die Nach-Rede) Rede verwendbar gewesen.

Aber natürlich verbarg sich hinter der Zeile „9:15 Eröffnung" eine 45 Minuten dauernde Inkonsequenz: das Kolloquium war eben doch ein *Bauer-Festival* und wurde entsprechend eingeleitet.

Dadurch wurde die folgende Vor-Rede unverwendbar.

Gnädige Frau,
Lieber alter Freund Professor Bauer,
meine Herren Präsidenten, Magnifizenzen, Spektabilitäten,
meine sehr verehrten Damen, meine Herren!

Sie alle haben zur Kenntnis genommen, daß wir heute ausschließlich zu wissenschaftlichen Absichten zusammengekommen sind und daß keinerlei Bezug zu etwas wie einem runden Geburtstag besteht.

Und falls der Name BAUER fallen sollte, der ja bekanntlich recht verbreitet ist, oder falls Ihre Phantasie sonstige Bezüge assoziieren sollte, dann ist das ausschließlich Ihr eigenes Produkt oder höchstens Fahrlässigkeit des Vortragenden. Es wird also nur sachliche Gefahr bestehen, und es wird Ihnen leicht fallen, am Veranstalterprinzip der ausschließlichen Wissenschaftlichkeit festzuhalten.

Glückwünsche werden nach dem Julianischen Kalender empfohlen – da ist nämlich noch ein paar Tage Zeit.

Dieses sorgfältig angemerkt, kann ich mich nun dem Thema meines Vortrages zuwenden, nämlich der Geschichte jener Erscheinungsform der Logik, die als Schaltalgebra bezeichnet wird, und da es nur äußerst geringer Mühe bedürfte, meinem alten Freund Fritz Bauer eine oder zwei unlogische Verhaltensfälle in die Schuhe zu schieben, darf die Festtagsunabhängigkeit meines Vortrags als beweisbar gelten.

Geschichte der Schaltalgebra

Ob die Informatik mehr Logik oder mehr Mathematik braucht, wäre eine müßige Streitfrage; sie braucht beides und eng ineinander verwoben noch dazu. Den besonderen Gebrauch aber, den die Informatik von der Logik macht, und die Anfänge der Logik in der Computertechnik kann man aus jener Sonderform der Logik entnehmen, die man auch Schaltalgebra nennt. Ihre Geschichte gibt nicht nur eine Einsicht in die Mentalität der frühen Computerentwickler, sondern macht auch den Weg besser verständlich, auf welchem F. L. Bauer und K. Samelson zum Kellerprinzip der Formelabarbeitung kamen.

Die Maschine STANISLAUS und das Kellerprinzip vermögen die Kraft der Logik sichtbar zu machen, wenn sie auf klare praktische Probleme der Informatik angewendet wird; so erhält das Thema eine tiefere Bedeutung, und es genügt eine leichte Verallgemeinerung, um auf eine Geschichte der Logik überzuleiten, wie man sie von der Informatik aus betrachten kann. Denn der Computer in seiner Entwicklung ist ein pragmatischer Logik-Ausnützer – so wie er ja auch sonst durch recht robuste Anleihen aus jenen Feldern gekennzeichnet ist, die für seine Zwecke nützlich erschienen. Pioniere arbeiten in Hemdsärmeln, sogar bei der Logik.

Die robusten Anleihen sind auch der eigentliche Grund, warum die Computerpioniere, auch die originellsten unter ihnen, so wenig Nutzen aus ihrer Pionierarbeit ziehen konnten. Besonders die Patente wurden ziemlich schäbig behandelt: weder Zuse noch Atanasoff, Eckert und Mauchly vermochten sich jene Rechte und Einkünfte zu sichern, die ihnen in Anbetracht der wirtschaftlichen Entwicklung der Datenverarbeitung gebührt hätten. Und Software-Prinzipien wie etwa der Kellerspeicher wurden noch übler behandelt, weil die Patentlage noch ungünstiger ist. Bis heute haben die zuständigen Stellen nicht begriffen, daß die Ordnungskraft des Patentwesens, vor allem durch die Reduktion gefundener Neuerungen auf die klare Fassung von Patentansprüchen, für die Softwaretechnik nicht weniger nützlich wäre als für die Hardwaretechnik und daß daher – in Überwindung aller juridischen Schwierigkeiten – das Konstruktive am Software Engineering von Beginn an den gleichen Schutz hätte erhalten sollen wie jedes andere Feld der Ingenieur- Innovation.

Der Computer war eben keine revolutionäre Einzelerfindung und er ist nicht einmal durch eine Sammlung genialer Patente repräsentierbar. Vielmehr war das Wichtige in der Pionierzeit der Wille, das Ziel eines funktionierenden Computers zu erreichen. Das ist auch der Grund, warum man in der Informatik von Pionieren spricht – in der Mathematik oder in der Physik kommt dieses Wort viel seltener vor, ja eigentlich gar nicht. Ein schnelles Rechengerät funktionsfähig zu bekommen war das Ziel, dem sich die elektronische Schaltung ebenso unterzuordnen hatte wie das Aggregat der dazu erforderlichen Programme. Man ging auf die Suche nach brauchbaren Elementen und in der Eile standen nicht die Neuerfindung und die Patentabsicherung im Brennpunkt, sondern die Eignung von Vorhandenem und seine Beschaffung – eine Fortführung jener Arbeitsweise, welche die Elektronikentwicklungen des Zweiten Weltkriegs charakterisiert.

Der Wille der Erbauer mußte sich gegen die mangelhafte Vorstellungskraft der Zeitgenossen durchsetzen. Das war eher auf akademischem Boden möglich als in der Industrie, welche in derartig exotischen Monstern kein vielversprechendes Geschäft zu wittern vermochte. Und auf einer Universität waren in einer Zeit, wo sich eine Diplomarbeit um eine einzelne Röhre rankte oder höchstens drei Röhren, Pläne für Geräte mit tausenden Röhren ebenso suspekt wie unrealistisch – oder fast unrealistisch, denn an einzelnen Universitäten wurden sie eben doch gebaut, auch hier an der Technischen Universität München.

Die Logik hatte in diesem Zusammenhang ihre besondere Geschichte. Die Ingenieure brauchten formale Methoden für die Beherrschung der vielfältigen Schaltvorgängen und sie verlegten sich auf die innovative Erfindung gerade dort, wo die Methode bereits vorlag, nämlich in Form der Aussagenlogik. Aber welcher Ingenieur hatte schon Aussagenlogik studiert? Nicht einmal für Physiker war sie ein naheliegendes Mittel. Der berühmte englische Physiker Sir Arthur Eddington griff noch in der Dreißigerjahren, als er auf Zusammenhänge mit Entscheidungen zwischen ja und nein, 0 und 1 stieß, auf die algebraische Gleichung $J^2 - J = 0$, welche diese beiden Werte als Lösung hat [1]. Dabei hatte eine russische Buchbesprechung die Eignung der Aussagenlogik für Schaltaufgaben bereits im Jahre 1910 in aller Klarheit dargelegt [2]. Aber wer las schon eine Buchbesprechung in einer ausgefallenen russischen Zeitschrift? Weil diese Buchbesprechung immer wieder zitiert, aber kaum wo präzis wiedergeben wird, möchte ich sie später ausführlicher behandeln.

Man kann ganz allgemein sagen, daß es nicht genügt, daß etwas wie Logik oder Schaltalgebra existiert. Es muß bekannt werden und es muß sich durchsetzen – was zusammenhängt und von bestimmten Bedingungen abhängig ist. Die Logik muß sich gegen vorhandene und übliche Vorstellungen und Arbeitsmethoden einen Sieg erringen. Und sie kämpft dabei nicht nur gegen das weniger präzise Althergebrachte, sondern auch gegen die an sich richtige Empfindung, daß bei der logischen Mechanisierung etwas verloren geht und daß die Leistung des lebendigen menschlichen Geistes auch nicht durch die beste Vorwegnahme Ein-für-alle-Mal, worauf es ja bei allem logischen Schemata und Prozessen stets herauskommt, ersetzt werden kann.

In der Tat geht es auch nicht um das Ersetzen des Menschen, sondern – wie F. L. Bauer unermüdlich betont – um die Befreiung des Menschen von der monotonen Arbeit, um ihn für Höheres und Wirksameres frei zu machen.

Dazu gehört, daß bestimmte Anteile der Arbeit in die Mechanisierung abgeschoben werden. Dazu muß der Geist aber dann dieser Mechanisierung überlegen sein, und dafür wieder muß er das Mechanisierte nicht nur benützen, sondern auch verstehen und beherrschen – Logik führt nicht ins Schlaraffenland, sondern stellt zahlreiche Anforderungen, zu deren Erfüllung Zeit erforderlich ist und die Zeit reif sein muß.

So war es mit der Entwicklung der Formalen Logik, so war es mit dem Schlenker in die Schaltgebra und so ist es mit so gut wie allen Computeranwendungen. Wer sich Entlastung auf Abkürzungswegen verspricht, der kann sicher sein, Reihen von Enttäuschungen zu erleben.

Zwei Doppelaufgaben der Logik

Für die Informatik hat die Logik zwei Doppelaufgaben; sie ist erstens ein Werkzeug für Analyse und Synthese logischer Strukturen, erst bei der Denkarbeit und später, bei komplexeren Aufgaben (d.h. mit vielen Variablen) mit Hilfe von Computerprogrammen. Die Logik ist zweitens ein Herrscher: sie regiert sowohl ewige Wahrheiten wie auch flüchtige Information. Beide Doppelaufgaben verdienen nähere Betrachtung.

Die Logik dient der Analyse von vorgefundenen oder ausgedachten Zusammenhängen, um sie in klare Ordnung zu bringen. Sobald die systematische Übersicht über alle möglichen Fälle erreicht ist, kann man die einfachste Realisierung finden und so ökonomische Ingenieurarbeit leisten.

Die zweite Doppelaufgabe bildet einen seltsamen Kontrast. Die Funktionen der Logik sind zwingende und umstandsunabhängige Relationen, Zusammenhänge von ewiger Wahrheit. Wir können sie erkennen, aber nicht nach unserem Willen gestalten. Was wir schöpferisch tun, betrifft die Ausdrucksweise oder die Darstellungsform, nicht aber die inneren Eigenschaften.

Und diese Relationen sind für die Verarbeitung der wesengemäß dynamischen, bunt schillernden Information [4] geeignet. Wir nahmen sie ursprünglich her, um ein Addierwerk zu bauen, und mit der Zeit erkannten wir, daß damit die Flüchtigkeit der aktuellen Information in den verarbeitenden Griff kommt, nicht nur in den höchst soliden Fällen der mathematischen Berechnung, wo eine Art der ewigen Wahrheit zumindest unterlegt werden kann und wo Fehler als menschliche Imperfektion in einem perfekten Königreich erscheinen, sondern auch die windigste Information bis in die Niederungen der Zeitungsmeldungen läßt sich im Textverarbeitungssystem der Redakion logisch verarbeiten. Eine solche Vermählung von ewiger Wahrheit und flüchtigem Unsinn ist bemerkenswert und lädt zu Tiefsinnigkeiten ein. Und sie macht die Informatik zu einem besonderen, ebenso philosophischen wie auch höchst menschlichen Arbeitsgebiet.

Das Bemerkenswerte an der Logik in diesem besonderen Kontext ist ihre Transformationskraft. Die verschiedenen Darstellungsformen eines Zusammenhangs erlauben die Anpassung an vielerlei Forderungen. Die wichtigste Perspektive solcher Art angewandter Logik ist die Transformation zwischen räumlichem Nebeneinander und zeitlichem Hintereinander, die bereits bei den Sinnesorganen Auge und Ohr eine zentrale Funktion ist. Indem wir das Nebeneinander lesen, lösen wir es in ein Hintereinander auf, und wo das Hintereinander zwecks der Verarbeitung empfangen wird, kommt es immer wieder zum Arrangement als Nebeneinander. Schaltalgebra und Kellerprinzip zeigen dies auf die verschiedenste Weise.

Über die Wichtigkeit der verallgemeinerten logischen Transformation, von der Münchener Informatikschule Bauers zu einem mächtigen Programmentwicklungsund Programmierwerkzeug ausgebaut, wird in den anderen Vorträgen dieses Kolloquiums die Rede sein.

Die Geschichte der Formalen Logik

Das grundlegende Buch über die Geschichte der Formalen Logik hat I.M. Bochenski 5 geschrieben. Er teilt die Geschichte der Logik in fünf Abschnitte

1.	Antike Logik	bis zum 6. Jh
2.	Mittelalter	7. bis 11. Jh
3.	Scholastik	11. bis 15. Jh
4.	Klassische Logik	16. bis 19. Jh
5.	Mathematische Logik	seit 1850

Obwohl die antike Logik bereits in formale Richtungen tendierte, ergab sich in den folgenden Jahrhunderten bis 1850 keine nennenswerte Entwicklung in diese Richtung. Das sei auf eine Reihe von Vorurteilen zurückzuführen, sagt Bochenski. Das wichtigste ist eine allgemeine Abneigung gegen die Formalisierung – sie sei Nebensache und der Logik eher abträglich, ein Vorurteil, das es bis heute gibt und in den Geisteswissenschaften überhaupt sehr verbreitet ist. Bochenski nennt im übrigen ein unerwartetes Vorurteil: nämlich den Glauben an den Fortschritt: mittelmäßige Bücher von heute müssen jeweils besser sein als geniale Bücher von gestern und gewisse Jahrhunderte sind dunkel – basta.

Die antike Logik war aus Syllogismen aufgebaut, etwa von der Form

Alle Menschen sind sterblich. Kein Sterblicher ist Gott.
Daher: Kein Mensch ist Gott.

Das scheint sehr verschieden zu sein von Aussagenlogik und Schaltalgebra; aber diese Sätze lassen sich sehr leicht in die formale Schreibweise zusammengesetzter Aussagen und die ihr zugeordneten Diagramme umsetzen:

$$(\neg M \vee S) \,\&\, (\neg S \vee \neg G) \rightarrow (\neg M \vee \neg G)$$

Fensterkarten sind ein anderes Beispiel für die Umsetzung. Es gibt keine Grenzen zwischen den Syllogismen und den Wahrheitswertfunktionen. Man kann sie in einander überführen.

Wir können uns hier auf die Formale Logik beschränken, und dieses Gebiet kann wieder in fünf Abschnitte geteilt werden

1. Vorgeschichte: Leibniz bis Boole (1650 bis 1850)
2. Boolesche Periode einschließlich E. Schröder (1850 bis 1880)
3. Frege bis Principia Mathematica (1880 bis 1900)
4. Hilbert bis Gödel und Turing (1900 bis 1938)
5. Logik in der Technik – Schaltgebra und Programmierlogik

Übrigens wurde die Formale Logik nur in zwei Kulturkreisen entwickelt: in Europa und in Indien; alle anderen trugen nichts bei.

Zur Vorgeschichte gehört angemerkt, daß intuitiv angewandte Logik in einfachen Fällen völlig den formalen Regeln entsprechen kann; das gilt besonders auch für technische Anwendungen.

Die Bezeichnung Boolesche Algebra ist gerechtfertigt, weil George Boole 1847 zum ersten Mal ausführlich den algebraischen Umgang mit den 0-1-Werten der Aussagenlogik dargestellt hat [6]. Die Bezeichnung ist aber unpassend, wenn man bedenkt, daß sein Ziel nicht die Rückführung der Arithmetik oder gar Mathematik auf die Aussagenlogik war, sondern daß er die Aussagenlogik auf die mathematische Algebra abbildete; in seinen Formeln wird normal gerechnet und unterwegs dürfen Zahlen wie 2 oder 3 vorkommen – nur die Endresultate sind auf 0 oder 1 beschränkt.

Die Unterordnung der Logik unter die Mathematik, wie sie als Folge der Booleschen Denkweise auftrat, wurde von anderen Logikern scharf kritisiert. Diese Auseinandersetzungen hörten von selbst auf, als in der 3. Periode mit Hilfe der Aussagenlogik und unter Anwendung einer spezifischen Notation die Mathematik axiomatisiert wurde. Das umfassende Werk dazu sind die Principia Mathematica von Whitehead und Russel [7]. Das neue Feld der Metamathematik setzte Mathematik und Logik in klare Relation. Der klärende Wert dieser Arbeiten steht außer Diskussion, aber sie führten nicht zu dem erhofften Ziel *idealer* Klarheit und Sicherheit.

Vielmehr führte die 4. Periode eine Wandlung von dieser Hoffnung auf Perfektion zur Erkenntnis der unbehebbaren Imperfektion. Mit Knirschen mußte man zur Kenntnis nehmen, daß sich Axiomensysteme von einem bestimmten Niveau an der Entscheidbarkeit entziehen, zumindest der Entscheidbarkeit durch generelle Algorithmen. *Verlust der Sicherheit* [8] lautet der Buchtitel eines bekannten Metamathematikers.

Die 4. Periode kann durch die folgende Liste berühmter Logiker vorgestellt werden:

1904 Hilbert
1907 Brouwer
1910 Lukasiewicz
1921 Tarski
1927 Carnap
1929 Heyting
1930 Gödel
1938 Turing

Und vielleicht wäre noch Ludwig Wittgenstein als Promotor der Wahrheitswert-Tabellen hinzuzufügen. Sein Versuch mit dem *Tractatus logico-philosophicus*, die Beschreibung der Welt durch ein logisches Verfahren zu systematisieren und damit die Philosophie zum endgültigen Abschluß zu bringen, ist gescheitert und er hat das selbst erkannt. Bei jedem logisch-mechanischen System sind für die Anwendung auf die Wirklichkeit der Kontext und die Einbettung in die Umwelt ebenso wichtig wie der Formalismus, und alles hat nur Sinn in Relation zu dieser Umwelt, zum Benützer, seinem Wissen und seinen Bedürfnissen.

Die 5. Periode betrifft den Hauptgegenstand dieses Beitrags, die Verknüpfung von Logik und elektronischer Maschinerie: wir sind bei der Wechselwirkung zwischen Logik und Technik angelangt.

Logik in der Technik – Technik für die Logik

Die natürliche Verwendung der Logik in der Technik ist wohl am populärsten durch das Eisenbahnsignal sichtbar. Das Bit zwischen den Positionen *Halt* und *Frei* hat ein Feld angewandter Logik eröffnet, auf welchem auch die Schaltalgebra vorbereitet wurde: das Eisenbahnsignalwesen. Darauf kommen wir zurück. Die Nachrichtentechnik weist viele weitere Beispiele auf, vor allem in Telegraphie und Telephon-Selbstanschlußtechnik. Aber auch in der Energietechnik gibt es Anwendungsfälle, zum Beispiel bei der Wicklung von Generatoren und Motoren.

Intuitive Logik findet man bei allen Automaten von der Mausefalle bis zum Orchestrion. In der Weberei führt nicht erst der automatische Webstuhl mit der Lochkarte das Bit (Nicht-Loch oder Loch) ein, sondern bereits das Kreuzen zweier Fäden ist ein Bit (über oder unter) und führt zu logischen Relationen, noch dazu hoch-paralleler Art, von denen die Informatik bisher vielleicht zu wenig gelernt hat. Die Umsetzung einer Muster-Idee in den Satz der Jacquard-Lochkarten ist ein logischer Prozeß, der immer noch so sehr intuitiv ist, daß es dafür keine Lehrbücher gibt.

Von Jacquard führt der direkte Weg zu Herman Hollerith [9], der im Hause eines Textilfabrikanten lebte, ehe er sich der Volkszählung zuwandte. In seinen

Zählgeräten war die logische Verknüpfung abgelochter Bits elementare Programmiertätigkeit, die Und-Verknüpfung durch Hintereinanderschaltung stand in seinen Patenten. Und der Wiener Telephonmechaniker Otto Schäffler meldete 1895 das erste reine Programmierpatent [9] an, das bekannte Verfahren der Schnurvermittlung, aber angewendet auf Hollerith-Maschinen. Die Volkszählung war also nicht nur die erste soziologische Anwendung des „Computers", sondern auch ein Exerzierfeld angewandter Logik. Aber selbstverständlich haben Hollerith und Schäffler ebensowenig Bücher über Logik konsultiert wie die Jacquard-Musterprogrammierer.

Die Technik war aber in das Jahrhundert der angewandten Logik eingetreten und die Jahrhundertwende 1900/1901 ist kein künstliches Datum, sondern markiert diesen Eintritt tatsächlich. Die Schaltalgebra ist ein Kind unseres Jahrhunderts. Am Beginn der Computerentwicklung lief die Logik fast unterschwellig mit. Sie bildete nichtsdestoweniger einen Ausgangspunkt, denn zuerst mußte ein automatisierungsfähiges Addierwerk geschaffen werden, und dazu war es notwendig, Addition und Speicherung auf die Aussagenlogik abzubilden. Die Nachrichtentechnik hatte die Grundlagen geschaffen: die Digitaltechnik, von der Telegraphie und der Telephonie mit ihrem Universalbaustein Relais initiiert, und von der Radartechnik – der Funkmeßtechnik – auf die Kurzzeit-Impulstechnik weitergeführt. Aus diesem Nährboden wuchs die Computertechnik. Die Elektroingenieure schufen sich die Schaltalgebra, die Mathematiker aktivierten ihre Logikkenntnisse. Nach gegenseitiger Beeinflussung ging die Schaltalgebra wieder in der Logik unter.

Umgekehrt wurde Technik für die Logik schon im vorigen Jahrhundert eingesetzt. So wie die Mathematik mit dem Aufkommen der Mechanik mechanische Rechenhilfen erhielt, so wurde auch für die Logik der Einsatz der Mechanik versucht, für Demonstration und für Ableitung.

Kombinatorik und Logik: Lullus

Kehren wir noch einmal zurück zur Frühgeschichte der Logik, ins Mittelalter zu Raimundus Lullus. Über den Wert seiner logischen Methode gibt es sehr verschiedene Meinungen und er selbst hat an ihm gezweifelt. Immerhin war aber Leibniz davon in bestimmter Weise beeindruckt und es ist vielleicht nicht so schwer, die positive Seite herauszustellen: Lullus war ein Kombinatoriker – er hoffte mit einer Systematik der Begriffe zu überzeugen.

In der Systematik der Begriffe trifft sich sein Bemühen mit dem fernöstlichen kombinatorischen Binärsystem, das Leibniz ebenso beeindruckte. Man kann die koreanische Fahne als Beispiel heranziehen, wo dieses System erscheint. Es geht um Begriffspaare, die mit 0 (– –) oder 1 (—) bezeichnet und zu einem Begriffssystem zusammengefaßt werden; bei drei Paaren wird das

☷	☳	☵	☱	☶	☲	☴	☰
Erde	Donner	Wasser	See	Berg	Feuer	Wind	Himmel

Betrachtet man die Struktur dieser Begriffskombinationen, so erscheint sie als Darstellung der zweiwertigen Logik oder als Dualsystem (man hat in China damit niemals gerechnet). Die Stärke der Aussagenlogik (etwa im Vergleich zu den Syllogismen) ist die volle Kombinatorik – es kann keine Variante übersehen werden.

Diese Systematik ist natürlich die Stärke der Aussagenlogik bei der Anwendung auf Kontaktschaltungen, seien es Relaiskontakte oder – in der späteren Elektronik – vorhandene oder nichterscheinende Stromstöße. Es ist die Kombinatorik der Betriebszustände, der Widerstände 0 und ∞, die den Wert der Aussagenlogik für die Technik ausmacht, und selbst die Verknüpfungen, elementar oder beliebig kompliziert, erweisen sich als Werkzeuge der Kombinatorik. Und genau dies hat die oben erwähnte Buchbesprechung in aller Klarheit ausgedrückt. Sie ist wert, ausführlich behandelt zu werden.

Die Buchbesprechung von Ehrenfest

Es ist aus dem Schrifttum relativ bekannt, daß in einer russischen Zeitschrift des Jahres 1910 2 eine Besprechung des 1907 in Paris verlegten Lehrbuchs von L. Couturat *L'algèbre de la logique* erschienen ist, in welcher P. Ehrenfest die Aussagenlogik als Mittel zur Beschreibung der beim Telephon auftretenden Schaltvorgänge bezeichnet hat. Wie genau und in welchem Umfang diese Erkenntnis dargestellt war, ist hingegen kaum bekannt; die Besprechung erschien in einer im Westen schwer zugänglichen Zeitschrift, nämlich im *Žurnal russkogo fizikochimičeskogo obščestva 42 (1910) pp. 382–387*, und es war nicht ganz leicht, eine Ablichtung zu beschaffen – erst mit Hilfe der Österreichisch-Sowjetischen Gesellschaft kam ich ans Ziel und es waren drei Durchgänge erforderlich, bis ich alle Seiten beisammen hatte.

Über die Person von Paul S. Ehrenfest war mir nichts bekannt; Herr Bauer hat mir nun die Biographie herausgesucht. Ehrenfest war am 18. Januar 1880 in Wien als Sohn eines Gemischtwarenhändlers geboren. Er studierte in Wien Theoretische Physik und promivierte 1904 unter Ludwig Boltzmann über eine Verallgemeinerung der Hertzschen Mechanik auf Probleme der Hydromechanik. Im gleichen Jahr heiratete er eine Russin und das Ehepaar übersiedelte 1907 nach St. Petersburg. Bis zu seiner Berufung nach Leiden als Nachfolger von H.A. Lorentz im Jahre 1912 hatte er keine feste Position, sondern die beiden mußten fünf Jahre lang mit ererbten Mitteln durchkommen. Ehrenfest wurde ein ausgezeichneter und berühmter Lehrer, unter anderem schrieb einen Beitrag für die Encyklopädie der Mathematischen Wissenschaften [3] und pflegte Umgang mit den berühmtesten Physikern seiner Zeit wie Einstein, Planck, Fermi und Oppenheimer. Er regte Pauli zu wichtigen Arbeiten an. Am 25. September 1933 nahm sich Ehrenfest, geplagt von persönlichen Problemen, die ihm unlösbar erschienen, und vom Schicksal seiner Kollegen in Deutschland tief betroffen, das Leben.

Die Buchbesprechung war eine Gelegenheitsarbeit, die Logik war nicht sein Fachgebiet, und doch erkannte Ehrenfest eine tiefgründige technische Anwendung der Logik: die Schaltalgebra. Nach einer Übersicht über den Inhalt des Buches und einer Beschreibung des Formalismus von Couturat, der dem heutigen Leser völlig vertraut ist, kommt Ehrenfest auf den entscheidenden Punkt. Ich übersetze – vielleicht nicht völlig korrekt – den Schluß der Rezension.

Die symbolische Formulierung gibt die Möglichkeit, die Folgerungen aus komplexen Prämissen-Systemen „auszurechnen", bei denen man in umgangssprachlicher Darstellung (wir würden heute sagen: in Prosa) *kaum oder völlig unmöglich zu einer richtigen Beurteilung kommen könnte.*

Glücklicherweise hat man sich schon abgewöhnt, von jeder mathematischen Spekulation zu allererst praktischen Nutzen und Vorteil zu verlangen. Hier aber wäre es vielleicht angebracht, die Frage zu erwähnen, ob derartige komplexe Prämissen- Systeme in Physik und Technik nicht tatsächlich auftreten. Mir kommt vor, daß man diese Frage bejahend beantworten muß.

Ein Beispiel: gegeben sei der Entwurf des Schaltplanes einer Telephonzentrale. Hier muß man sich fragen:

1.) Wird diese Schaltung bei allen Prämissenkombinationen, die in ihrem Betrieb auftreten können, richtig funktionieren?

2.) Enthält diese Schaltung überflüssige Komplikation (wir würden heute sagen: redundante Elemente)*?*

(Ehrenfest hat in diesen beiden Punkten festgehalten, was wir hier als die Doppelaufgabe der Logik als Werkzeug in Analyse und Synthese bezeichnen.)

Jede derartige Prämissen-Kombination, jeder kleine Schalter stellt ein logisches Entweder-Oder (wir würden heute sagen: ein Bit) *dar, realisiert in Ebonit oder Messing. Alles zusammen bildet ein System qualitativer Prämissen (in all diesen Schwachstromkreisen geht es nicht ums Quantitative), das hinsichtlich Kompliziertheit und Verworrenheit nichts zu wünschen übrig läßt.*

Folgt daraus, daß man sich bei der Lösung derartiger Fragen ein für alle Mal mit dem intuitiven Verfahren des Probierens in der Zeichnung – größtenteils geht es ja um einfache Routinen – begnügen muß?

Und ist es wahr, daß man eine Algebra der Schaltnetzwerke ungeachtet der Existenz der bereits ausgearbeiteten Algebra der Logik als eine Utopie ansehen muß?

Ehrenfest beantwortet die gestellten Fragen erst gar nicht: für ihn ist die Eignung der Aussagenlogik für Schalttechnik völlig offenbar.

Nicht aber war es so für Schalttechniker, die natürlich die Buchsprechung kaum kannten. Ingenieure verstehen es überhaupt nur selten, bereitstehende mathematische Methoden als nützlich zu erkennen und anzuwenden. Aus vielen Gebieten der Elektrotechnik könnte man ähnliche Geschichten erzählen. Ingenieure neigen zum hemdärmeligen Neuerfinden. Das taten sie auch in der Schaltalgebra. Meist betrachteten sie den Widerstand, der bei einem Kontakt entweder 0 ist oder ∞. Und sie begannen, die von der Schaltungsanordnung bestimmte Kombinatorik von 0 und ∞ in ein System zu fassen. Sie erfanden die Aussagenlogik neu. Das geschah zuerst in Japan und in USA, dann in Österreich, Rußland und anderen Ländern. Nur wer Glück mit seinen Mathematiklehrern hatte, konnte sich den Umweg ersparen, und zu dieser Gruppe gehört Konrad Zuse, der von einem Lehrer relativ früh auf das Buch von Hilbert und Ackermann [10] aufmerksam gemacht wurde und sich damit nicht nur Umwege ersparte, sondern eine Überlegenheit erreichte, die ihn bis zum Plankalkül führte, zu einer Arbeit, die von Fritz Bauer und Hans Wössner später ins rechte Licht gestellt wurde [11].

Die Entwicklung der Schaltalgebra

Die Geschichte der Neuerfindung beginnt mit einem Beweis, daß die Japaner nicht bloß gut zu kopieren verstehen, sondern durchaus originale Beiträge zu liefern vermögen. Ab 1935 entwickelten die beiden Ingenieure des Konzerns Nippon Electric, Akira Nakasima und Masao Hanzawa, eine Kontaktalgebra, die zuerst auf japanisch und mit kurzer Verzögerung auf englisch erschien. Der erste Beitrag [12] ist noch ein wenig tastend, aber mit dem zweiten Beitrag [13] ist der rechte Weg beschritten; es ist eine ganze Sammlung zu zitieren.

Nur wenig später schrieb Claude E. Shannon seine Diplomarbeit und bewies damit seine Spürnase für aktuelle Themen von Beginn an. Er hat die japanischen Arbeiten wohl nicht gekannt, denn er ist sein ganzes Leben lang sehr genau mit dem Zitieren von Quellen gewesen. 1938 erschien seine Arbeit [14] als die erste westliche Veröffentlichung über die Schaltalgebra.

Die Zeit ist aber noch nicht reif. In der Telephon-Schalttechnik, die als magische Geheimkunst von weißgekleideten, esoterischen Spezialisten betrieben wird, herrscht eine Trickologie, die von der Aussagenlogik nicht erfaßt werden kann. Viele können sich daher nicht vorstellen, daß die saubere Logik sich gegen eine raffinierte Tricksammlung durchsetzen wird. Wahrscheinlich wäre die Schaltalgebra ohne Computer nur sehr langsam vorangekommen. Shannons Arbeit wird zunächst kaum beachtet oder zitiert. Erst als er 1949 ein zweites Mal den gleichen Stoff veröffentlicht [15], ist die Zeit reif und nun ruft seine Arbeit in wenigen Jahren eine Flut von Publikationen hervor.

Zur gleichen Zeit, aber in einem anderen Stil, beschäftigen sich die Mitarbeiter von Howard H. Aiken an der Harvard-Universität mit der Schaltalgebra und veröffentlichen einen ganzen Band [16].

Von Shannon und von den Japanern angeregt, beginnt man in Österreich zu arbeiten. Die ersten beiden Veröffentlichungen stammen aus dem Jahr 1939 [17] und sind von Johanna (Hansi) Piesch geschrieben, einer Mitarbeiterin der Post, erst in Berlin und dann im Wiener Fernmeldetechnischen Zentralamt, und sie erwähnt auch Otto Plechl, der im Jahre 1938 mit Überlegungen zur Schaltalgebra begonnen hatte. Er arbeitet später mit dem Mathematiker Albert Duschek zusammen und die beiden publizieren zwischen 1944 und 1948 eine ganze Reihe von Arbeiten [18]. In Buchform erschien sein Werk erst 1956, nach seinem Tode, überarbeitet von Werner Rieder [19]. In den Fünfziger Jahren ist den Mathematikern und Logikern die Verknüpfung der Schaltalgebra mit der Aussagenlogik weitgehend bekannt. Plechl und Duschek wird in den Mathematical Reviews vorgeworfen, daß sie diesen Zusammenhang nicht kennen, aber offenbar lesen sie die Reviews nicht und bleiben auf der Linie der „Neuerfindung".

Vorher noch hatte Ritter in seiner Dissertation [20] vom Jahre 1941 einen Beitrag zur Synthese von Schaltkreisen geleistet.

Mit dem Theoretiker und Elektrotechnik-Historiker Heinrich Sequenz publizierte Johanna Piesch einen Aufsatz über die österreichischen Wegbereiter der Schaltalgebra [21]. Tatsächlich gehen die Anfänge bis 1897 zurück [22, 23] und Robert Edler bildete mit seiner Schaltlehre [24] die Brücke zu Piesch und Plechl.

In den UdSSR gibt es 1928 einen noch etwas allgemeinen Vorläufer namens M. G. Cimbalisty [25], der ähnlich wie Edler vorgeht. In Gang kommt die Schaltalgebra durch V. I. Schestakov [26] und M. A. Gavrilov [27], denen später G.N. Povarov und V. N.Roginsky folgen. Auch E. A. Trachtenbrot, heute in Israel, ist unter den frühen Autoren.

In seinen Arbeiten von 1941 und 1944 zitiert Schestakov Shannon noch nicht, aber Gavrilov, dessen erste Arbeit 1945 erscheint, hat ihn und auch Johanna Piesch im Literaturverzeichnis.

1950 publiziert A. G. Lunc (Lunts) seinen ersten Beitrag über Matrizen in der Schaltalgebra [28]. Als dieser Artikel durch Übersetzung ins Englische in Amerika bekannt wird, trägt er zu einer Journalistencampagne über den Vorsprung der UdSSR und die Verschlafenheit der amerikanischen Wissenschaftler bei, die völlig unbegründet war (wie Anthony Oettinger einmal in aller Sorgfalt dargestellt hat); Matrizen in der Schaltalgebra wurden in Amerika Jahre vor den Russen publiziert.

Das Wesen der Schaltalgebra

Man kann die Schaltalgebra nicht einfach mit der Aussagenlogik gleichsetzen; sie hat ein pragmatisches Gesicht. So wird in all diesen Beiträgen [29] die Schaltalgebra quasi in drei Ebenen gleichzeitig dargestellt und betrieben

(1) als Algebra, d.h. in Zeichenfolgen und mit Zeichensetzungsregeln, aber auch als 0,1-Ketten (wir pflegten sie Bitwürmer zu nennen)
(2) als kombinatorisches Schema, meist der Vollkonjunktionen (man könnte mit gleichem logischen Recht auch Volldisjunktionen nehmen), d.h. als mehrdimensionale Würfel, als Venn- oder Karnaugh- Diagrammen oder mit sonst einer graphischen Darstellung
(3) als (Relais-) Kontaktschaltung oder als elektronisches (oder neuronales) Netzwerk.

Besonders für den Ingenieur ist das Springen zwischen diesen Darstellungsformen didaktisch und konstruktiv äußerst nützlich. Es eröffnet den Weg zu Analyse und Synthese. Die kombinatorischen Schemata des Punktes (2) sind dem folgenden Diagramm noch einmal zusammengestellt; das Venn-Diagramm fördert Mengenvorstellungen, während das Karnaugh-Diagramm und der n-dimensionale Würfel den Weg zur Schaltungsvereinfachung weisen. Das Karnaugh-Diagramm hat den Zusammenhang eines Torus und man muß sich gegenüberliegende Randkanten zusammenliegend (identisch) vorstellen, um alle Nachbarschaften zu erfassen. Im n-dimensionalen Würfel sind es Kanten, Quadrate, Würfel und Superwürfel, welche die ökonomischen Realisierungen (Primimplikanten) erkennen lassen, im Karnaugh-Diagramm binäre Blöcke (2^n Felder mit der Eintragung 1). Die Zuordnung des zyklischen Codes (man nennt ihn Gray-Code; Frank Gray hat ihn aber nicht erfunden, sondern lediglich seine Anwendung für die PCM patentiert bekommen; erfunden haben ihn die Telegraphentechniker der 70er Jahre des 19. Jahrhunderts, Baudot und Schäffler zum Beispiel [9]) ist im Bild ebenfalls gezeigt.

Wir gehen nicht weiter auf die Schaltalgebra selbst ein; sie war gegen 1960 bei den Computerleuten in Deutschland allgemein bekannt. Es genügt ein Verweis auf meinen Taschenbuchbeitrag [29] mit umfangreichem Schrifttumsangaben und auf das Buch von Ulrich Weyh [30]. Vorher noch liegen meine Arbeiten [31] in der Zeitschrift Radio-Amateur in den Nachrichtentechnischen Fachberichten. Zu bemerken ist übrigens, daß in der Schalt-Algebra Gleichungen keine große Rolle spielen. Man kann mit ihnen arbeiten [32], aber sie sind unhandlich und haben sich nicht durchgesetzt.

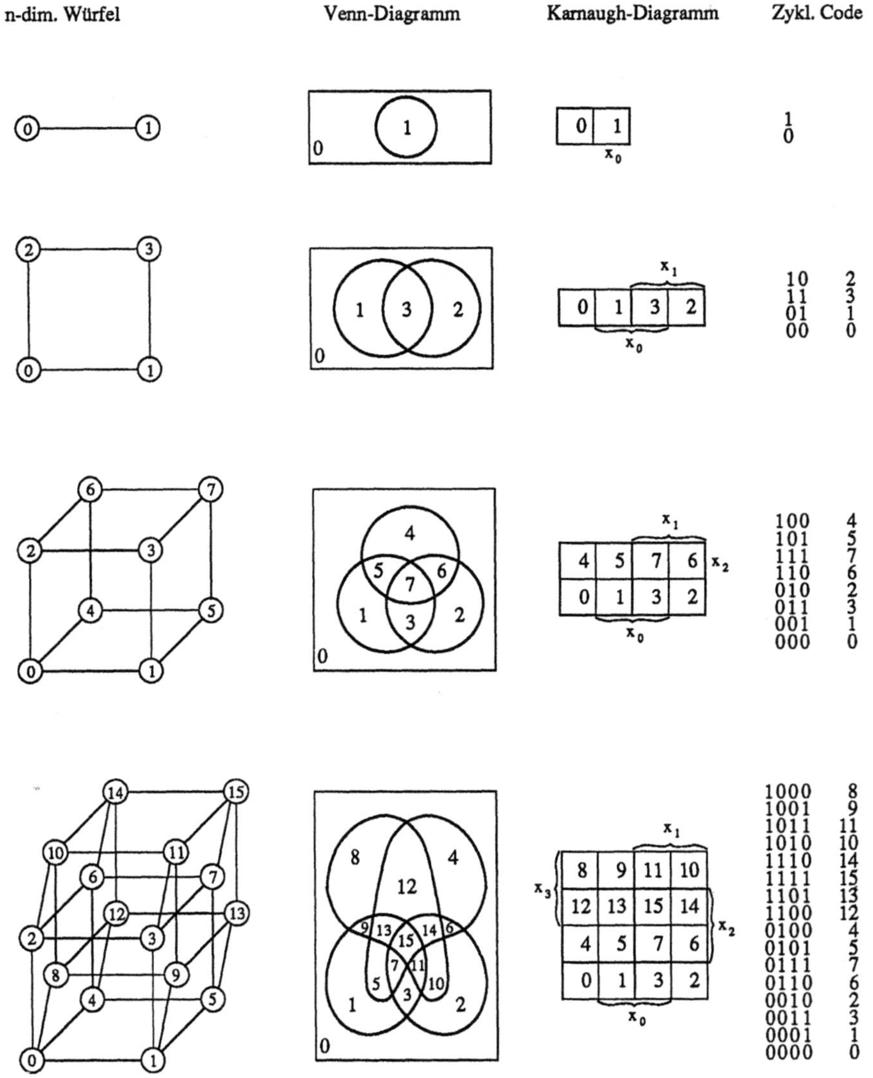

Abb. 1. Zusammenstellung der Darstellungsarten der logischen Kombinationen für eine, zwei, drei und vier Variable sowie Vergleich mit dem zyklischen Code. Im Karnaugh-Diagramm ergibt sich ein mäanderförmiger Durchlauf der Zuordnung des zyklischen Codes.

Exkurs über dyadische Bäume

Es ist nicht unbedingt nötig, aber es ist recht praktisch, das Feld, auf dem man Logik betreiben will, auf Ja-Nein-Entscheidungen zurückzuführen. Ich möchte daher einen Exkurs über Biterzeugung und dyadische Bäume einschieben.

Die einfachste Art, auf Bits zu kommen, sind Falleinteilungen oder dyadische Bäume, und die Frage nach Eigenschaften, die nur mit Ja oder Nein, aber auf keine dritte Weise beantwortet werden dürfen. Sie sind als Darstellungsform von Alexander MacFarlane [33] in die Aussagenlogik eingeführt worden; aber ich möchte mich noch im Vorfeld dieser Logik herumtreiben. Beim dyadischen Baum gibt es 2^n Enden oder Positionen, die auf die verschiedensten Weisen besetzt sein können. Rein logisch hat man 2^n Vollkonjunktionen vor sich:

$$\dddot{x}_0 \& \dddot{x}_1 \& \dddot{x}_2 \ldots \& \dddot{x}_i \ldots \& \dddot{x}_{n-1} \qquad \dddot{x}_i \text{ bedeutet nicht negiert oder negiert}$$

Unterstellt man ein Fünfer- oder Siebener-Alphabet, so kann man 32 bezw. 128 Zeichen an die Enden des Baumes, an die Positionen setzen und somit codieren. Es können aber auch Befehle sein oder Amplituden, und wir sind bei Befehlscodes und bei der Abtastung analoger Signale – bei der Impuls-Code-Modulation (PCM).

Hier gibt es zwei weiterführende Wege. Informationstheoretisch gesehen, ist ein Fünfbit- oder Siebenbit-Code mit dem Binärbaum nur angepaßt, wenn alle Zeichen mit gleicher Häufigkeit $p = 2^{-n}$ kommen. Sind die Häufigkeiten, wie zum Beispiel im deutschen Alphabet, ungleich, dann wäre informationstheoretisch ein Baum nach Häufigkeiten angepaßter, den man sich auch als Waagebalken-System mit Gewichten proportional zur Häufigkeit und im Gleichgewicht befindlich vorstellen kann. Das ergibt den nach Shannon benannten Code.

Man bezahlt aber einen technischen Preis für diese bessere Anpassung, den man nicht gerne bezahlt: die Folge der Buchstaben ist nicht mehr synchron und im Fall von Störungen bedeutet dies erst Ärger und dann viel Aufwand. Störungen sind überhaupt ein besonderes Thema im Umgang mit Bits; wir werden darauf zurückkommen.

Noch ein Wort zur Baumordnung: wo immer wir ein Feld systematisieren, erzeugen wir zuerst eine Begriffsordnung von Baumform. Wir wissen aber, daß der Baum nur ein eleganter Sonderfall ist, der außerdem nach seiner Einführung eine Statik nach sich zieht, die einer dynamischen Entwicklung entgegenwirkt. An einem gut verwurzelten Baum ist schwer zu rütteln. Ein Beispiel? Als die Kybernetik die Mauer der Ablehnung durchbrochen hatte und in den Baum der Wissenschaft eingebaut werden sollte, paßte sie nicht hinein. Als typisch interfakultatives Gebiet machte sie zum Beispiel den Bibliothekaren Schwierigkeiten: anfangs mußte man erst herausfinden, an welchem Zweig des Baums der Ordnung (z.B. der Dezimalklassifikation) der verantwortliche Inventarist beschlossen hatte, die Kybernetik aufzuhängen.

Heute denkt man sofort an die relationelle Datenbank, die aus verschiedenen Zweigen nicht einen einzigen Baum, sondern ein vielfältiges Geäst erzeugt, in welchem man sich mit Wegweisern in alle Richtungen zurechtfinden kann (oder auch nicht), wie im Straßennetz, wo Rom zwar als Spitze des Baumes gilt (alle Wege führen nach Rom), wo es aber eben keine Baumordnung gibt, auch wenn es in Zentren manchmal so aussieht, als ob alle Straßen zum Stephansdom oder einem ähnlich markanten Punkt führten.

Spreche ich noch von der Geschichte der Schaltalgebra? Von ihrer Geschichte vielleicht nicht, sicher aber von den Bereichen, wo sie und damit die Informatik ins Dickicht geraten, wo Voraussetzungen für die rechte Anwendung der Logik samt den Grenzen erkennbar werden. Denn der glänzenden Geschichte der Logik steht eine bedenkliche Schwäche von heute, eine Schwäche auch unserer Profession entgegen. Professor Bochenski hat das einmal bei einem Wittgensteinsymposium in Kirchberg am Wechsel ausgeführt (leider ist in der schriftlichen Ausführung nur ein schwacher Schein davon geblieben). Wir haben, so sagte Herr Bochenski damals sinngemäß, die Fähigkeit der Analyse von Situationen weitgehend verloren. Es würde zu weit führen, hier zu erklären, wie ich diesen Gedanken verstanden habe. Ich meine aber, daß es mit unserem Setzen der Bäume zu tun hat – wir bringen sie vorfabriziert mit, statt sie aus der Untersuchung der Realität abzuleiten. Wir wenden fertige Konzepte an, ob sie passen oder nicht, weil wir nicht mehr die Kraft haben, Konzepte aus der Wirklichkeit zu erkennen und sie dann zu formulieren.

Synthese: Der Weg zum Minimalaufwand

Liegt die gewünschte Reaktion einer aussagenlogischen Funktion auf sämtliche Varianten der Eingangsvariablen vor, dann ist sie fest bestimmt und ihre systematische Binärnummer [29] gibt alle ihre Eigenschaften an. Das hatte Louis Couffignal in seinem Buch *Les machines à penser* [34] systematisch behandelt.

Wie man sie aber am einfachsten, d.h. am kostengünstigsten realisiert, ist eine Frage der Synthese. Es zeigt sich, daß die kürzeste Anschreibung meist auch eine gute Anweisung für die günstigste Realisierung ist.

Bei einfachen Strukturen geht der Ingenieur intuitiv vor, durch Probieren und nach früheren Lösungen. Die graphischen Methoden wie Karnaugh-Diagramm [35] und Veitch-Diagramm [36] sind bei der Abbildung erwähnt worden. Einen Weg besonderer Art, der damals zu wenig beachtet wurde, wies W. Händler in seiner Dissertation [37] mit einem Kreisdiagramm. Bei komplexeren Strukturen, d.h. bei mehr als 4 bis 6 Variablen werden alle diese Wege schwierig. Man muß zu maschinellen Lösungen, zu Computerprogrammen übergehen.

Es war der Logiker Quine, der den Weg zur Systematik wies [38]; mit dem Gedanken der Primimplikanten – der unbedingt erforderlichen Elemente – setzte McCluskey den Weg fort [39]. Die Dissertation von V. Kudielka führte ihn zu doppelt anwendbaren Mailüfterl-Programmen weiter [40].

Logische Maschinen

Wenn die Technik ein abstraktes Feld benötigt, dann leistet sie, quasi zum Dank, diesem Feld technische Hilfe. Der Dank der Informationstechnik an die Aussagenlogik waren Maschinen, auf denen man sie betreiben kann. Solche Maschinen bringen zwar keine direkten Neuerkenntnisse, weil ja nur läuft, was geistig erschlossen ist, aber indirekt können wichtige Beiträge herauskommen; die Maschine STANISLAUS ist ein Beispiel dafür.

Logische Maschinen für die Analyse und die Synthese von logischen Strukturen waren nur in einer kurzen Periode der Geschichte der Schaltalgebra aktuell und lebendig. Von den nur für Demonstrationszwecke geeigneten mechanischen Vorläufern im 19. Jahrhundert abgesehen, sind es meist Relaismaschinen, die zu erwähnen sind. Denn mit der Flexibilität und den steigenden Speicherkapazitäten der Rechenmaschinen wurde der erwähnte Weg über die Programmierung zur weit einfacheren und nützlicheren Lösung.

Es gibt ein umfassendes Buch [41] von M. Gardner – weltbekannt vom *Scientific American* her – *Logical Diagrams and Machines*, in welchem man die wichtigsten Geräte zusammengestellt findet, beginnend mit den Kreisdiagrammen von Raimundus Lullus. In meinem NTF-Beitrag über *logistische Rechenmaschinen* [42] werden verschiedene Maschinen beschrieben, besonders natürlich die LRR 1 der Wiener TH, die nun im Deutschen Museum steht; das Laborübungsgerät von Sedlacek war damals noch nicht gebaut. Eine gute Übersicht gibt auch R. Tarján [43]. Weiteres Schrifttum ist ab [44] zusammengestellt.

In den meisten Fällen kann man logische Formeln eingeben, meist mit Hilfe von Steckern, und fragen: welche (logischen) Eigenschaften hat die vorliegende Struktur? Das Gerät probiert typischerweise alle Variablenkombinationen durch und zeigt das Ergebnis an. Die folgende Liste logischer Maschinen ist sicher nicht vollständig, gibt aber einen Überblick; Einzelheiten über die angegebenen hinaus müssen dem oder den aufgelisteten Veröffentlichungen entnommen werden.

STANISLAUS und der Kellerspeicher

Die logische Maschine STANISLAUS von F. L. Bauer ist von etwas anderer Art als die anderen logischen Maschinen und hatte auch eine besondere Wirkung:

Abb. 2. Übersicht über die logischen Maschinen

1	Jevons	1869	[41], [43]	
2	Stanhope	1879	[41]	
3	Venn	1880	[41]	
4	Marquand	1885	[41], [43]	
5	Pastore	1906	[41], [44]	keine Auswertungsmaschine
6	Macauley	1910	[41]	
7	Burack	1936	[41], [45]	erst 1947 publiziert
8	Zuse	1944	[43]	
9	Kalin	Burkhart	1947	[41], [42], [43], [46]
	12 Variable, $\& \vee \rightarrow \equiv$, 11 Verknüpfungen			
	Analyse: Maschine hält, wenn der Funktionswert 1 ist			
10	Archer	1950	[41]	
11	STANISLAUS	1950	[43], [63]	
12	Prinz	1950	[47]	
13	McCallum	Smith	1951	[41], [42], [43], [48]
14	McCallum	Smith	1951	[41], [43], [49]
15	Marks	1951	[41]	
16	Bobrow	1952	[42], [43], [50]	
	4 Variable, 15 Minimalfunktionen			
17	Shannon	Moore	1953	[41], [42], [51]
	4 Variable, 24 Kontakte, Synthese: zeigt unnötige Kontakte an			
18	Nemes	1953	[52]	
19	Holmes	1954	[41]	
20	Weipoltshammer	1954	[42], [43], [53]	
	7 Variable, $\& \vee \equiv \not\equiv \rightarrow \neg$, 74 Verknüpfungen			
	Analyse: Die Maschine läuft durch und auf einer Anzeige sieht man, bei welchen der 128 Variablenkombinationen der Funktionswert 1 ist.			
21	Burroughs	1954	[41], [43], [54]	
22	Rodin	1957	[56]	
23	Kalmár	1958	[43], [55]	
24	Archangelskaja	1959	[57]	
25	Roginsky	1959	[58]	
26	Tarján	1959	[43], [58]	Prädikatenkalkül
27	Madarász	1961	[60]	
28	Sedlaček	1961	[61]	
	4 Variable. Auf zwei Leuchtfeldern sieht man das Karnaughdiagramm, so daß man zum Beispiel zuerst ein gegebenes Schema analysieren kann, dann die vereinfachte Version stecken und die Korrektheit des Ergebnisses überprüfen. Dieses Gerät war als Laborübungsgerät geplant und als solches jahrelang im Einsatz.			

sie führte nämlich zum Prinzip des Kellerspeichers. F. L. Bauer beschreibt den Hergang so [62], daß die Idee auf einer Bemerkung von H. Angstl im Spätsommer 1950 beruht; er fand im Dezember 1950 Zeit, einen Plan für das Gerät zu machen, aber die Fertigstellung verzögerte sich bis 1956 – die Struktur war klar, Neues würde sich nicht ergeben, und da gab es höhere Prioritäten anderer Dinge. Die Publikation verzögerte sich sogar bis 1960 [63] – auf Englisch, eine deutsche

Übersetzung erschien erst 1983 im 25-Jahr-Heft der Elektronischen Rechenanlagen [63].

Das Gerät hat 5 Variable und die Funktionen $\neg$ & $\vee$ $\equiv$ $\rightarrow$, mit denen insgesamt 11 Stellen besetzt werden können. Es läuft nicht durch, sondern jede Variablenkombination muß eingestellt werden. Bemerkenswert ist es durch die Eingabe in polnischer Notation. Die Klammerfreiheit gab Einsicht in die Natur der Formelaufarbeitung – und führte in der Folge sowohl zum Kellerverfahren als auch zu dessen Namen, weil logische Formeln direkt geschrieben – d.h. auf einem Tastenfeld eingegeben werden können und nicht von Hand aus verkabelt werden müssen. Das Prinzip ist aber keineswegs auf logische Variable begrenzt, sondern die Abarbeitung kann für numerische Formeln [64] nach dem gleichen Schema des Vor- und Zurückgehens in der Anschreibung erfolgen, immer ausführend, was mit dem vorhandenen Anteil ausgeführt werden kann, immer weitere Zeichen hereinholend, bis die nächste Ausführung stattfinden kann. Es ist eine ganz besondere Art, das Nebeneinander der Formel, das Klammergebirge in zeitliche Prozesse aufzulösen.

Bauer und Samelson erkannten die Wichtigkeit und machten den Versuch, die Idee durch ein Patent zu schützen [65]. Das Patent wurde zwar sowohl in Deutschland wie auch in Amerika erteilt, aber in Deutschland sehr spät und ohne finanzielle Vorteile für die Anmelder, obwohl das Kellerprinzip in etlichen handelsüblichen Geräten, besonders in Taschencomputer verwendet wurde.

Anläßlich der Verleihung des IEEE-Computer-Pioneer-Awards hielt F. L. Bauer einen Vortrag über die Geschichte des Kellerprinzips, nicht nur über die eigene Geschichte, sondern über die Gesamtentwicklung, so daß eine authentische Darstellung zugänglich sein wird [62].

Varianten der Schaltalgebra

Im wesentlichen war bisher von Funktionen von n zweiwertigen Variablen die Rede, und es wurde keine Zeit betrachtet. Es sind noch Bemerkungen über Schaltalgebra mit Zeit und über Wahrscheinlichkeitslogik erforderlich. Zwar bleiben die Hauptfunktionen dieselben, mit den Varianten der Schaltalgebra lassen sich aber weit größere Mengen von Problemen bewältigen.

Schaltalgebra mit Zeit

Man muß sich immer wieder die Merkwürdigkeit der Tatsache vor Augen halten, daß man mit den ewigen Wahrheiten der logischen Tautologie das flüchtige Gebilde der Information, ob sie nun überraschend ist oder redundant, ob sie logisch oder faktisch richtig oder falsch ist, mit größten Erfolgen speichern, übertragen und verarbeiten kann.

Der Schlüsselpunkt ist der zeitliche Fluß der logischen Entscheidungen, der Bitstrom. Zwar kann man die Parallelität hochtreiben, so daß der Verdacht entsteht, daß es zu jedem Prozeß aus Tausenden oder Millionen von Takten oder Schritten ein paralleles Einschrittäquivalent phantastischer logischer Breite geben müßte. Aber was soll dieser Verdacht? Die Praxis wäre mit Sicherheit mörderisch.

Es sind die zeitlichen Folgen logischer Werte, die aus der logischen Theorie die Praxis des Informationszeitalters gemacht haben. Und mit der *Zeit* kämpft die Informatik, während sie sie einsetzt. Noch schneller wäre noch besser, denn Wartezeiten sind lästig. Und jedes Bit muß in dem ihm zugeteilten Zeitpunkt sitzen, sonst gerät die Information aus den Hundertern in die Tausender.

Logik mit Zeit hat viele Erscheinungsformen.

Am klarsten und bequemsten ist die getaktete Zeit, der Synchronbetrieb. Sogar die Bundesbahn hat das für ihren Zugbetrieb herausgefunden. In meinem Beitrag [29] für das Taschenbuch der Informatik von Karl Steinbuch habe ich die getaktete Logik entwickelt: von der Y-Funktion, welche die Ergebniszeitreihen ohne Zeitverzug liefert, über die T-Funktion, welche das Ergebnis eine Taktzeit später abgibt, bis zur V-Funktion, wo Eingangswerte über eine bestimmte zeitliche Tiefe abgegriffen, logisch kombiniert und sogar auch zu verschiedenen Zeitpunkten abgegeben werden können – unter Respektierung der Tatsache, daß es keine negative Laufzeit gibt (Feldtkellers Ausnahmebeispiel [66] ist ein Grenzfall, der dem Ursache-Wirkungsprinzip nicht widerspricht).

Ganze Bündel logischer Variabler können durch Bündel von Y- bis V-Funktionen verarbeitet werden. Rückkopplungsleitungen führen zum Speicherprinzip über – Flüssigkeitssäulenspeicher oder Trommelspeicher sind rückgekoppelte T-Funktionen mit so vielen Verzögerungsschritten, wie die Speicherkapazität einer Strecke oder Spur beträgt, und am oberen Ende des Schnellbetriebes kann man dasselbe mit Glasfasern machen.

Es wären ungeheuer mächtige Funktionen, die man konstruieren und benützen kann, aber man verliert nur allzu leicht die Übersicht. Das Mauern mit einzelnen Bits ist eben doch das Sichere, bei dem man bleibt, wenn man gut beraten ist.

Noch ärger wird es, wenn man die Boden des Synchronbetriebs verläßt und asynchron arbeitet. Der Vorteil ist evident: Taktbetrieb verlangt Rücksicht auf den langsamsten Mitspieler – Asynchronbetrieb kann schnelle Elemente schnell verwenden, und wenn sie nicht allzu oft auf die Ergebnisse der langsamen Elemente warten müssen, kann die mittlere Geschwindigkeit enorm ansteigen. Der Preis ist Aufwand: für wartende Teilergebnisse müssen Speicher vorgesehen, das Eintreffen aller erforderliche Eingänge muß geprüft und das Ende der Verwendung muß rückgemeldet werden. Das ergibt recht verwickelte Strukturen. 1958 habe ich ein solches Verfahren mit Hilfe eines der Selbstanschlußtechnik entnommenen Verfahrens der Schaltzeitpläne dargestellt [67]. Eingeführt hat sich keines der vorgeschlagenen Verfahren; die Beschleunigung des Synchronbetriebs war so befriedigend, daß auf die Dauer niemand daran dachte, den enormen Preis für den Asynchronismus zu bezahlen.

Synchron oder nicht synchron: die Darstellung der Flip-Flops mit den Mitteln der Schaltalgebra ist Standard; ich brauche sie nicht auszuführen.

Einen besonderen Weg beschritt D. A. Huffman, der später auch Fragen der Verläßlichkeit bearbeitete [68], mit der Betrachtung getakteter Netzwerke ausschließlich aus Antivalenzen – er notiert die Antivalenz als $\oplus$ – überging, mit denen man interessante Bitmuster erzeugen und verschiedene Verschlüsselungseffekte erzielen kann [69].

Eine Fortführung besonderer Art der Asynchronität waren die Petrinetze [70], die von Carl Adam Petri zum ersten Mal in seiner Dissertation *Kommunikation mit Automaten* 1962 beschrieben und von Anatol Holt 1968 als *Occurrence Systems* [71] nach USA exportiert wurden und von dort als PERT-Systeme zurückkamen. Eigentlich ist es unglaublich, welch buntes Arsenal an Logikwerkzeugen der Informatik zur Verfügung steht. Und doch ist der Umgang mit asynchroner Logik immer noch umständlich und mit höherem Fehlerrisiko behaftet.

Wahrscheinlichkeitslogik

Die Wahrscheinlichkeitslogik ist von Hans Reichenbach [72] begründet worden, und wieder macht die Schaltalgebra ganz besonderen Gerauch von dieser Logik.

Den Punkten einer Menge kann man Häufigkeiten und Wahrscheinlichkeiten zuschreiben, und wieder läßt sich die logische Ordnung durch Aussagenlogik und Schaltalgebra erfassen. Als Grundlage können die beiden Funktionen

Negation	$p(\neg x) = 1 - p(x)$
Konjunktion	$p(x \mathbin{\&} y) = p(x) \cdot p(y)$

dienen. Daraus folgen die Regeln für alle andern Verknüpfungen und für beliebige logische Netzwerke. Man kann die Wahrscheinlichkeitsbelegung bis zu einer Informationstheorie der Schaltnetzwerke weiterführen; das ist in meinem Handbuchbeitrag [29] zu finden.

Ein wichtige Anwendung von Wahrscheinlichkeitsbetrachtungen ist die Fehlerbekämpfung. Die Normalannahme in der Logik ist, daß Bits korrekt gebildet, übertragen und gespeichert werden. Das ist in Wirklichkeit nicht immer gewährleistet: es können Fehler passieren. Die Fehlerbekämpfung war ein Problem der Telegraphie von ihrem Beginn an, und es war klar, daß das Gegenmittel die nützliche Redundanz ist, in der aufwendigsten Variante die Mehrfachübertragung. Die Betrachtung der Übertragungsfehler führte auf die Informationstheorie Shannons mit all ihren Weiterungen, zum Beispiel auf die Codierungstheorie, deren grundlegende Arbeit von R. W. Hamming stammt: Fehler erkennende und Fehler korrigierende Codes [73].

C. E. Shannon schrieb auch einen wichtigen Beitrag über die Anwendung der Informationstheorie auf die Geheim-Verschlüsselung [74]. Heute weiß man auch schon einiges über die Maschine Colossus, die für das Brechen deutscher militärischer Codes konzipiert war und so wertvolle Ergebnisse brachte, daß viele Einzelheiten bis heute der Geheimhaltung unterliegen. Auch F. L. Bauer hat eine kryptische Dimension (hier meine ich natürlich nur sein Interesse für die Nachrichtenverschlüsselung), die allerdings bei diesem Kolloquium nicht in Erscheinung tritt. Wir erwähnen wenigstens sein kryptologische Arbeit [75] und seine Vorlesung.

Neben der fehlerhaften Übertragung über Raum und Zeit kann aber auch eine fehlerhafte logische Verknüpfung passieren, und diesem Feld seien noch einige Zeilen gewidmet.

In den Fünfziger Jahren konnte man nicht ahnen, welche Sicherheit darin die Halbleitertechnik auch bei traumhaft hohen Geschwindigkeiten gewährleisten könnte. Zeitweilig machten mir amerikanische Bedenken über die Fehlersicherheit von Transistoren ziemliche Angst vor einem Fehlschlag meines Mailüfterl-Unternehmens (die sich als völlig grundlos erwies). Nicht grundlos waren die Besorgnisse natürlich hinsichtlich der Relais – aber es war wohl damals nicht zu erkennen, wie rasch sie für kritische Zwecke durch Halbleiter ersetzt werden würden. Moore und Shannon schrieben eine Arbeit über die Zusammensetzung verläßlicherer Kontaktnetzwerke aus weniger verläßlichen Relais [76].

John von Neumann verallgemeinerte dieses Problem auf eine Wahrscheinlichkeitslogik [77], die auf den Aufbau relativ fehlerfreier Strukturen aus fehlerhaften Bauelementen abzielte. Dieses Kunststück bringt ja das organische Nervensystem fertig, mit dem sich schon die – mittlerweile widerlegte – Arbeit von Mc Culloch und Pitts beschäftigt hatte: es war eine Art Schaltalgebra der Neuronen [78]. Von Neumanns Theorie sollte die technischen Möglichkeiten imperfekter Bauelemente abschätzen. Die Information ist dann redundant über Leitungsbündel zu übertragen, und John von Neumann schlug logische Funktionen zur Mehrheitsbildung vor (die im Organismus eher durch parallel wirkende Effektoren realisiert sind). Als Grundelemente wählte er NOR-Funktionen mit einer vorgegebenen Fehlerwahrscheinlichkeit p. Die Theorie ergab Bündelstärken von 10^4.

Ich kann hier auf meine Habilitation von 1959 hinweisen [79, 80]; ich erweiterte von Neumanns Strukturen um Rückkopplungskreise (wie sie in Organismen die Regel sind) und das Ergebnis sind viel realistischere Bündelstärken von 10^2.

Zum Glück mußte die informationstechnische Praxis niemals auf solche Verfahren zurückgreifen.

Programmierlogik

Dem Programmierer tritt die Logik in vielen Formen entgegen; eine elementare davon ist der bedingte Befehl (im Mailüfterl konnte jeder Befehl von einer Bedingung abhängig gemacht werden – es standen 15 verschiedene zur Verfügung).

Die bedingte Programmfortführung if ... then ... else von McCarthy oder in der verallgemeinerten Form als Vielfachverzweigung von Dijkstra ermöglicht die allgemeinsten logischen Netze des Programmablaufs.

Daß derartige Abläufe hinüberführen zur Graphentheorie und sich auf die Theorie der Dialoge mit Programmsystemen erweitern lassen, gehört zu den weiteren Aufgabengebieten der heutigen Informatik.

Schlußgedanken – Das Ende der Schaltalgebra

Die Organisation logischer Prozesse, wobei man an die Datenflüsse ebenso denken kann wie an die Betriebsorganisation, die mit Computerhilfe automatisiert werden soll, weist auf ein noch fehlendes Lehrgebäude hin, auf eine allgemeine Theorie der Organisation, in welcher das Verhältnis zwischen Serien- und Parallelbetrieb ebenso zu erfassen wäre wie weitere Begriffspaare, zum Beispiel Überfluß- und Mangelwirtschaft, Zentralisation und Dezentralisation, strenge Vorschrift oder freie Entscheidung. Vom Programmiersystem über Betrieb und Volkswirtschaft bis zur Regierung von Städten, Ländern, Staaten und Staatengemeinschaften fehlt hier noch eine logische Grundlage, die nach meiner Meinung zu den drängensten Aufgaben für die nächste Generation gehört.

Nur ein bißchen davon ist in den Expertensystemen in Gang gekommen (für welche der Name *Wissensbasierte Systeme* besser, aber auch noch irreführend ist). Sie begründen sich heute noch vorwiegend auf die Implikation. Es hat sich aber gezeigt, daß Fakten und Regeln, verkoppelt durch etliche tausend Wenn-Dann-Regeln, sehr rasch in unlösbare Wartungsprobleme geraten. Wenn-Dann ist eben ein Trivialfall einer Organisationstheorie und erst recht ein trivialer Elementarbereich des menschlichen Wissens.

Es bleibt noch genug zu tun für die Geschlechterfolge der Informatiker, denen F. L. Bauer Vater, Großvater, Urgroßvater und Urahn ist.

Man könnte ein Diagramm der Bedeutung der Schaltalgebra aufgetragen über Zeit aufzeichnen; es hätte nach den sporadischen Anfängen einen ersten Anstieg in der Dreißiger Jahren und einen zweiten steilen Anstieg in den Fünfziger Jahren. Der Höhepunkt läge bei 1960, als man Programme für 20 und noch mehr Variable entwarf und benützte. Von da an sank die Bedeutung wieder ab.

Während der Wert als Entwicklungs- und Einsichtswerkzeug bleibt, nahm der Chip die Triebkraft der Ersparnis von Bauteilen, die man auf ihm mit einem Schlag zu Tausenden herstellen kann – da kommt es auf raffinierte Kleineinsparungen nicht mehr an. Das Minimisierungsproblem verlagerte sich auf den Chipentwurf und auf die Anschlußpunkte, auf die erforderlichen Stecker. Die komplizierten Algorithmen für diese Art der Optimisierung sind zwar faszinierend, es fehlt ihnen aber die elementare erzieherische Komponente.

Eine umfassende Geschichte der Schaltalgebra im engeren Sinn wäre also schreibbar und abschließbar. Nimmt man hingegen ihre Erweiterungen und Umgebungen hinzu, dann erscheint sie offen für Pioniere der zweiten bis fünften Generation.

Abschluß (Nach-Rede)

Habe ich Ihnen wirklich eine Geschichte der Schaltalgebra vorgetragen? Eher war es eine Folge von Aperçus oder von Skizzen für einen Essay.

An meinen Bemerkungen aber spiegelt sich, ob es nun auf dem Tagungsprogramm steht oder nicht, das Lebenswerk eines Mannes, der dieser Tage vielleicht doch Geburtstag hat. Bei den folgenden Vorträgen dieses Kolloquiums wird es nicht anders sein.

Es zeigt sich mehr als eine endliche Punktmenge, es zeigt sich ein Universum der Beziehungen. Am Lebenswerk jener Pioniere, die Ihre Entwicklung der Informatik gewidmet haben – die meisten sind zwischen 1910 und 1930 geboren – spiegelt sich die Geschichte unseres Fachgebietes. Und die Vernetzung ihrer Bemühungen gibt ein weit besseres Bild als eine chronologische Liste von Ereignissen. Kurz gesagt: Informatik an Fritz Bauer gespiegelt ist informativer als Fritz Bauer an der Informatik gespiegelt. So rechtfertigt sich, daß wir alle uns bei diesem Kolloquium auf wissenschaftliche Absichten beschränken. Es ist nicht erforderlich, den Namen Bauer zu erwähnen (ich habe es ja auch nicht getan), er kommt von selbst zum Vorschein.

Literatur

[1] A. Eddington: Philosophie der Naturwissenschaft – Der Existenzbegriff. Humboldt Verlag Wien – Sammlung *Die Universität* Band 6, 206. Englisch: The Philosophy of Physical Science. Cambridge Univ Press 1949, p. 162

[2] P. Ehrenfest: Buchbespr. *L. Couturat, L'algèbre de la logique*. Žurnal russkogo fizikochimičeskogo obščestva 42 (1910) 382–387

[3] P. & T. Ehrenfest: Begriffliche Grundlagen der statistischen Auffassung in der Mechanik. In: Encyklopädie der mathematischen Wissenschaften IV,2,II Heft 6, 3–80 – B.G. Teubner, Leipzig 1912. Auch in: Collected Papers by P. Ehrenfest (M. Klein, Ed.) North Holland, Amsterdam 1959; 632 pp

[4] H. Zemanek: Information und Ingenieurwissenschaft. In: Der Informationsbegriff in Technik und Wissenschaft. Festschrift zum 65. Geburtstag von Prof. Dr. Karl Ganzhorn. (O.G. Folberth, C. Hackl, Hrsg.) – Fachberichte & Referate Band 18 R. Oldenbourg Verlag, München 1986; 17–52

[5] I.M. Bochenski: A History of Formal Logic. Univ. of Notre Dame Press, Notre Dame IN 1961; 567 pp. Deutsch: Formale Logik. Karl Alber Verlag, Freiburg i.B. 1956

[6] G. Boole: The Mathematical Analysis of Logic. McMillan, Cambridge 1847. Neudruck: Blackwell, Oxford 1948
G. Boole: An Investigation of the Laws of Thought. (1854). Reprint Dover Publ. New York 1958
[7] N. Whitehead, B. Russell: Principia Mathematica. Cambridge Univ Press 1913; 3 Bände
[8] M. Kline: Mathematics – The Loss of Certainty. Oxford Univ Press, New York 1980; 366 pp.
[9] H. Zemanek: Hollerith und Schäffler – Datenverarbeitung um 1890. Drei Nationen werden elektrisch gezählt. In: Elektrotechnik im Wandel der Zeit (H.A. Wessel, Hrsg.) VDE-Kolloquium 1986, VDE-Verlag Berlin 1986; 95–115
[10] D. Hilbert, W. Ackermann: Grundzüge der theoretischen Logik. Grundlehren der mathematischen Wissenschaften, Band 27. Springer Berlin 1928
[11] K. Zuse: Der Plankalkül. Berichte der GMD Band 63 1972; 285 pp.
F.L. Bauer, H. Wössner: Zuses „Plankalkül", ein Vorläufer der Programmiersprachen – gesehen vom Jahre 1972. Elektron. Rechenanlagen 14 (1972) 111–118
[12] A. Nakasima: Theory of Relay Circuit Composition. Nippon Electric Communication Engineeering 3 (1936) 197–226. Japanisch: JITTEJ 150, September 1935
[13] A. Nakasima: Some properties of the Group of Simple Partial Paths in the Relay Circuit. Nippon Electric Communication Engineeering 5 (1937) 70–71. Japanisch: JITTEJ 1936
A. Nakasima, M. Hanzawa: The Theory of Equivalent Transformation of Simple Partial Paths in the Relay Circuit. Nippon Electric Communication Engineeering 9 (1938) 32–39. Japanisch: JIECE 165, 167 1937 (J Inst El Commun Engrs)
[13] A. Nakasima: The Theory of Four-Terminal Passive Networks in Relay Circuits. Nippon Electric Communication Engineeering 9 (1938) 178–179. Japanisch: JIECE IV–VI 1937
A. Nakasima: Algebraic Expressions Relative to Simple Partial Paths in the Relay Circuit. Nippon Electric Communication Engineering 12 (1938) 310–314. Japanisch: JIECE 173,VIII 1937
A. Nakasima: The Theory of Two Point Impedance of Passive Networks in the Relay Circuit. Nippon Electric Communication Engineeering 13 (1938) 405–412. Japanisch: JIECE 177, XII 1937 & 178, I 1938
A. Nakasima: The Transfer Impedance of Four-Terminal Passive Networks in the Relay Circuit. Nippon Electric Communication Engineeering 14 (1938) 459–466. Japanisch: JIECE 179, II 1938
A. Nakasima: Expansion Theorem and Design of Two-Terminal Relay Networks (Part I). Nippon Electric Communication Engineeering 24 (1941) 203–210. Japanisch: JIECE 206, V 1940
[14] C.E. Shannon: A Symbolic Analysis of Relay and Switching Circuits. Transact. AIEE 57 (1938) Suppl. 713–723
[15] C.E. Shannon: The Synthesis of Two-terminal Switching Circuits. Bell System Techn. J. 28 (1949) 59–98
[16] Staff of Harvard Computation Laboratory: Synthesis of Electric Computing and Control Circuits. Annals of the Computation Laboratory Vol. XXVII Harvard Univ Press, Cambridge MA 1951; 278 pp.
[17] H. Piesch: Begriffe der allgemeinen Schaltungstechnik. Archiv El 33 (1939) 678–686
H. Piesch: Über die Vereinfachung von allgemeinen Schaltungen. Archiv El 33 (1939) 733–746
[18] O. Plechl: Die Kombinatorik der Strompfade elektromechanischer Schaltungen. Diss. TH Wien, 1944
O. Plechl, A. Duschek: Grundzüge einer Algebra der elektrischen Schaltungen. Österr. Ing. Archiv 1 (1946) 203–230

A. Duschek: Über eine neue Art von algebraischen Bereichen. Monatsh. f. Math. 52 (1947) 89
[19] O. Plechl (ergänzt von W. Rieder): Elektromechanische Schaltungen und Schaltgeräte. Springer Verlag Wien 1956; 224 pp.
[20] A. Ritter: Beiträge zur Schaltlehre. Dissertation an der TH Wien 1938
A. Ritter: Verfahren zur Entwicklung von Kehrschaltungen. Archiv El. 35 (1941) 299
[21] J. Piesch, H. Sequenz: Österreichische Wegbereiter der Theorie der elektrischer Schaltungen. EuM 75 (1958) 241–245
[22] M. Boda: Die Stromlaufformeln und ihre Anwendung. ZS des Österr. Ing & Arch Vereins 49 (1897) 620
[23] R. Lischke: Schaltlehre. Hachmeister & Thal, Leipzig 1911
[24] R. Edler: Schaltlehre. M. Jänecke Verlag, Hannover 1905; 192 pp. 3. Aufl. Deuticke Verlag, Wien 1952; 208 pp.
[25] M.G. Cimbalisty: K voprosu o racional'nom sostavlenij relejnych schem. (Über den ökonomischen Entwurf von Relaisnetzwerken) Trudy Leningradskoj Eksperimental'noj Elektrotechničeskoj Laboratorij 8 (1928) 18–31
[26] V.I. Schestakov: Algebra dvuchpoljusnych schem postroennych isklučitel'no iz dvuchpoljusnikov (Die Algebra der Zweipole aus zweipoligen Elemten). A.i.T. 2 (1941) 532–549
V.I. Schestakov: Ob odnom simboličeskom... (Über einen symbolischen Kalkül, der auf die Theorie elektrischer Relaisschaltungen anwendbar ist). Utčenye Zapisky MGU 73 (1944) 45–48
[27] M.A. Gavrilov: Metody sinteza relejno-kontaktnych schem (Methoden der Synthese von Kontaktschaltungen). Elektricestvu 2 (1945) 54–59
[28] A.G. Lunc (Lunts): Priloženie matricnoj bulevoj algebry k analizu i sintezu kontaktnych schem (Die Anwendung Boole'scher Matrixalgebra für die Analyse und Synthese von Relaiskontaktschaltungen) D.A.N. 70 (1950) 421–423
[29] H. Zemanek: Logische Algebra und Theorie der Schaltnetzwerke. In: Taschenbuch der Informatik (H. Steinbuch, W. Weber, Hrsg.) Band II, 3. Auflage; Springer-Verlag, Heidelberg 1974; 1–63
[30] H. Zemanek: Schaltalgebra. NTF 3 (1956) 93–113
[31] H. Zemanek: Schaltalgebra. Radio Technik 31 (1955) 201–209
[32] H. Zemanek: Die Lösung von Gleichungen in der Schaltalgebra. Archiv El. Übertr. 12 (1958) 35–44
[33] A. Macfarlane: Application of the Method of the Logical Spectrum to Boole's Problem. Proc. Amer. Assoc. for the Advancement of Science (1891) 57–60
[34] L. Couffignal: Les machines à penser. Editions du minuit, Paris 1952. Deutsch: Denkmaschinen. Kilpper Verlag, Stuttgart 1955; 186 pp.
[35] M. Karnaugh: The Map Method for Synthesis of Combinatorial Logic Circuits. Comm. & Electronics 9 (1953) 593–599
[36] E.W. Veitch: A Chart Method for Simplifying Truth Functions. Proc. Ass. Comp. Machinery 1952, 128–133
[37] W. Händler: Ein Minimisierungsverfahren zur Synthese von Schaltkreisen (Minimisierungsgraphen). Dissertation TH Darmstadt 1958.
[38] W.V. Quine: The Problem of Simplifying Truth Functions. American Math. Monthly 59 (1952) 521–531
W.V. Quine: A way to Simplify Truth Functions. American Math. Monthly 62 (1955) 627–631
[39] E.J. McCluskey Jr.: Minimization of Boolean Functions. Bell System Techn. J. 35 (1956) 1417–1444

[40] V. Kudielka: Programmierung von Minimisierungsverfahren für zweistellige Logik. In: 2. Kolloquium über Schaltkreis und Schaltwerktheorie Saarbrücken 1961 (J. Dörr et al., Hrsg.) 49–65 Birkhäuser, Basel-Stuttgart 1963
V. Kudielka: Ein Verfahren zur Ermittlung aller nichtredundanten zweistufigen Darstellungen einer logischen Funktion. Elektron. Rechenanlagen 5 (1963) 11–21
[41] M. Gardner: Logic Machines and Diagrams. McGraw-Hill Book Comp., New York 1958; 157 pp
[42] H. Zemanek: Logistische Rechenmaschinen unter besonderer Berücksichtigung der LRR 1 des Instituts für Niederfrequenztechnik der TH Wien. NTF 4 (1956) 247–212
[43] R. Tarján: Logische Maschinen. In: Digitale Informationswandler (W. Hoffmann, Hrsg.) Vieweg, Braunschweig 1962; 110–159

Weiteres Schrifttum über logische Maschinen

[44] A. Pastore: Logica formale, dedotta della considerazione di modelli meccanici. Torino 1906. Buchbesprechung A. Lalande Revue phil. de la France et de l'étranger 63 (1907) 268
[45] B. Burack: An Electrical Logic Machine. (gebaut 1936!) Science 109 (1949) 610
[46] W. Burkhart: Electrical Analysis of Truth Functions. Thesis Harvard 1947
E.C. Berkeley: Giant Brains or Machines That Think. Chapter 9. The Logical Truth Calculator by Kalin Burkhart J. Wiley, New York 1949; 144–166
[47] D.H. Prinz, J.B. Smith: Machines for the Solution of Logical Problems. In: Faster Than Thought (B.V. Bowden, Ed.) Pitman & Sons, London 1953; 181–198
[48] M.D. McCallum, J.B. Smith: Mechanized Reasoning: Logical Computers and Their Design. Electronic Engineering 23 (1951) No. 278, 126–133
[49] M.D. McCallum, J.B. Smith: Feedback Logical Computers. Electronic Engineering 23 (1951) No. 286, 458–461
[50] D. Bobrow: A Symbolic Logic Machine to Minimize Boolean Functions. Scientific Project, Bronx Highschool of Science, 1953
[51] C.E. Shannon, E.F. Moore: Machine Aid for Switching Circuit Design. Proc. I.R.E. 41 (1953) 1348–1351
[52] T. Nemes: Logical Machine for Recognizing Class and Causal Relations Genetically. Acta Technica Acad. Sci. Hung. VII (1953) 3–17 Proc. I.R.E. 41 (1953) 1348–1351
[53] J. Weipoltshammer: Die logistische Relaisrechenmaschine LRR 1. Staatprüfungsarbeit an der TH Wien 1954
[54] A.W. Burks, D.W. Warren, J.B. Wright: An Analysis of a Logical Machine Using Parenthesis-free Notation. Math. Tables and other Aids to Computation 8 (1954) 53–57
W. Miehle: Bourroughs Truth Functions Evaluator. J. ACM 4 (1957) 189–192
[55] L. Kalmár: A New Principle of Construction of Logical Machines. In: Proc. 2nd Internat. Congress on Cybernetics, Naumur 1958 Gauthier Villars, Paris 1960; 458–463
[56] V.N. Rodin: Elektronischer Analysator für Kontaktschaltungen. Automatika i Telemechanika 18 (1958) 438–443
[57] A.A. Archangelskaya: Eine Maschine für die Synthese von Kontaktnetzwerken. Sbornik problemy peredači informacii 1 (1959) 41–52
[58] V.N. Roginsky: Eine Maschine für den Entwurf von Relaisschaltungen. Vestnik Akademii Nauk SSSR 10 (1958) 71–73
[59] R. Tarján: On the Instrumentation of Logical Problems. Acta Technica Acad. Sci. Hung. XXVII (1959) 371–383
[60] B. Madarász: Logical Machine for Automatically Setting Up an Equivalent Relay Network. Acta Technica Acad. Sci. Hung. XXXII (1961)
[61] H. Sedlaček: Demonstrationsmodell für logische Algebra. Staatsprüfungsarbeit an der TH Wien 1961

[62] F.L. Bauer: The Cellar Principle of State Transition and Storage Allocation. Annals of the History of Computing 12 (1990) 41–49
[63] F.L. Bauer: The Formula-controlled Logical Computer STANISLAUS. Math. Tables and Other Aids to Comp. 14 (1960) 64–67. Deutsch: Der formelgesteuerte Computer STANISLAUS. Elektron. Rechenanlagen 25 (1983) 36–38
[64] F.L. Bauer, K. Samelson: The Cellar Principle for Formula Translation. In: ICIP 1959 – UNESCO/Oldenbourg/Butterworth 1960; 154–155
[65] K. Samelson und F.L. Bauer: Verfahren zur automatischen Verarbeitung von codierten Daten und Rechenmaschinen zur Ausübung des Verfahrens. Deutsches Patent Nr. B 44 122 IX 42m vom 30 März 1957
[66] R. Feldtkeller: Die Gruppenlaufzeit elektrischer Übertragungssysteme. Veröfftl. aus d. Gebiet der Nachrichtentechnik 5 (1935) 21–29
[67] H. Zemanek: Sequentielle asynchrone Logik. Elektron. Rechenanlagen 4 (1962) 248–253
[68] D.A. Huffman: Design of Hazard-free switching Circuits. J. ACM 4 (1957) 47–62
[69] D.A. Huffman: The Synthesis of Sequential Switching Circuits. J. Franklin Institute 257 (1954) 161–190, 275–303
[70] C.A. Petri: Kommunikation mit Automaten. Schriften des Rhein. Westf. Institutes für Instrumentelle Mathematik an der Universität Bonn 2 (1962)
C.A. Petri: Fundamentals of a Theory of Asynchronous Information Flow. In: IFIP Congress 62 – North Holland, Amsterdam 1963; 386–390
K. Zuse: Petri-Netze aus der Sicht des Ingenieurs. Vieweg, Braunschweig 1980; 93 pp.
[71] A. Holt: Introduction to Occurrence Systems. Manuskript 1968, 62 pp.
[72] H. Reichenbach: Wahrscheinlichkeitslogik. Sitzungsberichte Preuss. Akad., Phys. Math. Klasse (1932) 476–488
[73] R.W. Hamming: Error Detecting and Error Correcting Codes. Bell System Techn. J. 29 (1950) 147–160
[74] C.E. Shannon: Communication Theory of Secrecy Systems. Bell Syst. Techn. J. 28 (1949) 656–716
[75] F.L. Bauer: Cryptology – Methods and Maxims. In: Cryptography (Th. Bath, Ed) Lecture Notes in Computer Sciences Vol. 149 Springer-Verlag, Berlin 1983
[76] E.F. Moore, C.E. Shannon: Reliable Circuits Using Less Reliable Relays. J. Franklin Inst. 262 (1956) 191–208, 281–297
[77] J. von Neumann: Probablistic Logics and the Synthesis of Reliable Systems From Unreliable Components. In: Automata Studies, Annals of Math. Studies 34; 43–98 Princeton Univ. Press, Princeton NJ 1956.
[78] W.S. McCulloch, W. Pitts: A Logical Calculus of the Ideas Immanent in Nervous Activity. Bull. Math. Biophysics 5 (1943) 115–133
[79] H. Zemanek: Zur Störverminderung imperfekter Schaltnetzwerke. Habilitationsarbeit, Techn. Hochschule Wien 1958; 96 pp.
[80] H. Zemanek: A Contribution to the Theory of Unreliable Logical Networks. In: Proc. of the First IFAC Congress, Moscow 1960. Butterworths, London 1961; 845–852. Auch auf Russisch erschienen

F. L. Bauer (sowie K. Samelson) und die IFIP

Es gehört nicht zu den Beiträgen zu diesem Kolloquium, wohl aber zu den persönlichen Beziehungen zwischen F. L. Bauer und mir, seine internationale Tätigkeit zu erwähnen, reduziert auf die IFIP (International Federation for Information Processing), die uns viele Jahre lang gemeinsames Feld war. Im zweiten Teil werden Gelegenheiten gemeinsamer Aktivitäten aufgezählt.

Teil I: IFIP

1959 F.L. Bauer nimmt (wie H.Z.) an der ersten internationalen Tagung für Informationsverarbeitung (ICIP) in Paris teil, die zwar nur ein Vorläufer der IFIP-Kongresse ist, aber als erster Kongreß gezählt wird, weil ja auch die gleiche Gruppe von Personen führend beteiligt war.

1961 Bauer wird deutscher Vertreter in TC 2 ab der Gründung des Technischen Komitees für Programmiersprachen (Vorsitz H.Z.) und als ALGOL-Vater erscheint er ebenso von Beginn an als Mitglied von WG 2.1

1962 2. IFIP-Kongreß in München

1964 Erste IFIP Arbeitstagung (Working Conference) "Formal Language Definition Languages" in Baden bei Wien (H.Z. OC Chairman);
Bauer nimmt teil, gibt aber keinen Beitrag. Dafür sprechen Eickel und Paul über "The Parsing and Ambiguity Problem for Chomsky-Languages" [2]

1965 Nach dem Ausscheiden von A. Walther übernimmt Bauer den Vorsitz der DARA (der deutschen IFIP Mitgliedsorganisation) und wird deutscher Vertreter der IFIP General Assembly

1969 Bauer übernimmt (bis 1972) den Vorsitz des IFIP Komitees für internationale Liaison

1970 Am 23. Oktober feiert die IFIP in Amsterdam ihren 10. Geburtstag.
Bauer spricht über "From Scientific Computation to Computing Science" [3] (H.Z. Editor)

1972 Mit der Organisation des IFIP Councils in München nimmt Bauer Abschied von der IFIP und übergibt die Vertretung an K. Samelson

1985 Auf Bitte des IFIP Executive Body organisiert Bauer den 25. Geburtstag der IFIP in München und trägt seinen Beitrag "Ratiocination and Intuition in the Programming Process" [7] vor. (H.Z. Editor)

Teil II: Weitere gemeinsame Unternehmungen

1962 W. Hoffmann bringt den Band *Digitale Informationswandler* bei Vieweg heraus; F.L. Bauers (und K. Samelsons) Beitrag heißt *Maschinelle Verarbeitung von Programmsprachen* [1]
H.Z. steuert ebenfalls einen Aufsatz bei

1976 Tagung über die *Geschichte des Computerwesens* in Los Alamos NM
Bauer hält einen Vortrag *Von Zuse bis Rutishauser* [4]
H.Z. hält ebenfalls einen Vortrag

1979 Tagung über *Algorithmen* in Urgentsch
Bauer hält einen Vortrag *Algortithms and Algebra* [5]
H.Z. hält ebenfalls einen Vortrag

1983 Beim Wiener Symposim *Die Rolle abstrakter Modelle in der Informationsverarbeitung* (65. Geburtstag H.Z.) hält Bauer einen Vortrag *Woher kommt und wohin geht die Informatik?*

1987 Bauer wird Ehrenmitglied der GI (Laudatio von H.Z.) [8]

1980–1988 Bauer betreibt die neue Abteilung *„Information und Automation"* des Deutschen Museums und H.Z. gehört dem Team an. Eröffnung am 8. Mai 1988

Literatur

[1] F.L. Bauer, K. Samelson: Maschinelle Verarbeitung von Programmsprachen. In: Digitale Informationswandler (W. Hoffmann, Hrsg.) Vieweg, Braunschweig 1962; 227–268

[2] J. Eickel, M. Paul: The Parsing and Ambiguity Problem for Chomsky-Languages. In: Formal Language Description Languages for Computer Programming (T.B. Steel, Jr, Ed) North Holland, Amsterdam 1966; 52–75

[3] F.L. Bauer: From Scientific Computation to Computer Science. In: A Skyline of Information Processing. Proc. Tenth Anniv. Celebrations of IFIP, Amsterdam 1970 North Holland, Amsterdam 1972; 57–71

[4] F.L. Bauer: Between Zuse and Rutishauser. In: A History of Computing in the Twentieth Century (Proc. Los Alamos Conference, N. Metropolis et al, Eds.) Academic Press, New York 1980; 505–524

[5] F.L. Bauer: Algorithms and Algebra. In: Algorithms in Modern Mathematics and Computer Science (Urgench Conference 1979, A. Ershov, D. Knuth, Eds.) Springer LN in Computer Sciences Vol. 183 1981; 421–429

[6] F.L. Bauer: Woher kommt und wohin geht die Informatik? In: Die Rolle abstrakter Modelle in der Inf. Verarbeitung (Heinz Zemanek – Ein Computerpionier, G. Chroust, Hrsg.) R. Oldenbourg Wien 1985; 41–53 Englisch: Where Does Computer Science Come From and Where is it Going? In: Formal Models in Programming – Proceedings of the IFIP TC Conference on The Role of Abstract Models in Information Processing, Vienna JAN 1985 (E.J. Neuhold, G. Chroust, Eds.) North Holland, Amsterdam 1985; 31–44

[7] F.L. Bauer: Ratiocination and Intuition in the Programming Process. In: A Quarter Century of IFIP – The IFIP Silver Summary Proc. 25th Anniv. Celebration of IFIP, Munich 1985 North Holland, Amsterdam 1986; 177–186

[8] H. Zemanek: Laudatio für F.L. Bauer. Anläßlich der Verleihung der Ehrenmitgliedschaft der GI am 22. Oktober 1987 Informatik Spektrum 11 (1988) 3–8

Fixpoints and Flipflops

Carlos Delgado Kloos

Abstract. We study the formal functional description of digital circuits. As an example, we characterize the behaviour of simple flipflops under several assumptions by giving recursion equations. To this end, we give the domains in which to solve these equations using fixpoints, namely a flat domain of Boolean values, a domain of streams (or infinite sequences), and a domain of signals (or functions with real argument).

1. Introduction

Consider the following combinational net consisting of just an equivalence gate:

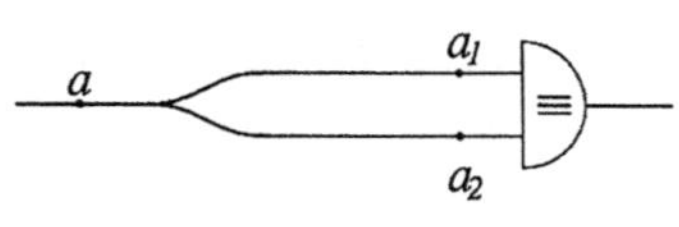

In a first approximation, the output will always be 1. If we assume that there are no delays, we may use the laws of Boolean Algebra to model the behaviour of this net.

But if we consider a medium that is not order preserving, the output may become 0 momentarily. In non-order-preserving media the order of the reception of signals may not coincide with the order of their generation. Therefore, if the value at a changes in the net above, this change may propagate faster to a_1 than to a_2, with the output becoming 0 until the change has propagated also to a_2. Such an effect is called a *hazard*. It is not desired in combinational nets, and even less so in sequential nets because a momentary erroneous value may cause completely erroneous sequences of values.

VLSI is such a medium, because the connection paths cannot be considered of zero delay. Discrete nets also fall under this category, if we consider gates with delays. In this case, two inverters connected in series are not equivalent to the identity, as we could derive from Boolean Algebra. In order to describe this, ternary logic has been used, where the additional value models the uncertain situation.

In this paper, we will take the idea of ternary modelling to define a fixpoint semantics for circuits. To this end, we will define the appropriate domains over which we will write fixpoint equations. We will study several cases:

- Static behaviour
  Stable situations with no change of input will be modelled by fixpoint equations over a Boolean domain that includes the undefined value $\perp$.
- Dynamic behaviour
  Now we allow the change of values through time. We take first the simplifying assumption of discrete time and then study continuous time. Discrete time will be modelled by defining fixpoint equations over the domain of (discrete) streams, and for continuous time we use a domain of functions with real arguments. For the discrete time we consider two different assumptions, namely:
  - ⋆ all gates have equal delay,
  - ⋆ the delays of the gates may differ (they are finite but unknown).

For an introduction to fixpoint semantics, we refer to [Stoy 77] and [Loeckx, Sieber 87].

2. Static Behaviour

In this first case, we want to obtain all the possible values at the output of a circuit that can be obtained when the input has stayed long enough, so that the output doesn't change any further. In other words, we want to forget about the transitory response and find out all possible steady state outputs.

2.1 Values

We consider the domain $\mathcal{B} = \{0, 1, \perp\}$, where $\perp$ represents an unknown value. This knowledge about the values is represented by the following ordering $\sqsubseteq$:

$$\perp \sqsubseteq 0, \quad \perp \sqsubseteq 1 .$$

Among the several functions that could be defined over $\mathcal{B}$, we will consider only those that preserve this ordering, i.e., the monotonic and continuous functions. The intuition for this is that more defined input cannot cause more undefined output. Thus, if the knowledge we have about the input increases, so can the knowledge about the output (it might also stay the same). The formal reason for this is that for monotonic functions, there exist unique least solutions to the recursive equations we will have to solve. Continuity is not strictly necessary, although it allows to compute the solutions by fixpoint iteration (see [Tarski 55], [Stoy 77] for more details).

For instance, we have for the negation:

X	$\overline{X}$
0	1
1	0
$\bot$	$\bot$

It can be seen, that both monotonicity and continuity are satisfied (as a notational convention, we use capital letters for identifiers representing values):

$$X \sqsubseteq X' \Rightarrow \overline{X} \sqsubseteq \overline{X'}$$

$$\bigsqcup_i \overline{X_i} = \overline{\bigsqcup_i X_i}$$

$\bigsqcup_i X_i$ is the least upper bound of the chain $\{X_i\}$ in the ordering $\sqsubseteq$.

We extend the functions with more than one argument over $\{0, 1\}$ to functions over $\mathcal{B}$ so that they have a regular table ([Kleene 52], [Broy 82]), i.e., if for all $i \in \{1, n\}$ and for given $X_j \in \{0,1\}(1 \leq j \leq n-1)$ (n is the number of arguments),

$$\begin{aligned} f(X_1, \ldots, X_{i-1}, 0, X_i, \ldots, X_{n-1}) &= f(X_1, \ldots, X_{i-1}, 1, X_i, \ldots, X_{n-1}) \\ &= Y \ , \end{aligned}$$

we make

$$f(X_1, \ldots, X_{i-1}, \bot, X_i, \ldots, X_{n-1}) = Y \ .$$

Otherwise, we set the value to $\bot$. These functions are monotonic and continuous.

With this definition we get the so-called parallel versions (in the case that these versions exist), i.e., not the strict (or $\bot$-preserving) or sequential ones. This means that in some cases knowing only one of the inputs allows us to know the value of the output. This is ultimately due to how the gates are implemented with transistors. For instance, the nor-gate will be modelled by the function with the following table:

$\overline{\vee}$	0	1	$\bot$
0	1	0	$\bot$
1	0	0	0
$\bot$	$\bot$	0	$\bot$

The other possible monotonic extensions that we will not consider have the following tables:

$\overline{\vee}_{strict}$	0	1	$\bot$
0	1	0	$\bot$
1	0	0	$\bot$
$\bot$	$\bot$	$\bot$	$\bot$

$\overline{\vee}_{l-seq}$	0	1	$\bot$
0	1	0	$\bot$
1	0	0	0
$\bot$	$\bot$	$\bot$	$\bot$

$\overline{\vee}_{r-seq}$	0	1	$\bot$
0	1	0	$\bot$
1	0	0	$\bot$
$\bot$	$\bot$	0	$\bot$

2.2 Pairs

The domain considered for modelling pairs (and therefore also general tuples of values) is the direct product of the component domains. The intuition behind it is that the values at different lines may become undefined independently of each other. The pair constructor is a parallel, non-strict, function. This is consistent with the approach taken for functions with more than one argument. In fact, we may consider that these functions take one argument that is a tuple of values.

As operations we consider the homomorphic extensions of the basic operations to pairs. We don't use any symbol for this lifting; functions over a domain $\mathcal{B}$ and over the domain $\mathcal{B} \times \mathcal{B}$ are denoted by the same symbol.

Given a Boolean function of type $\mathcal{F}(\mathcal{B})$, the lifting functional has the following type:

$$: \mathcal{F}(\mathcal{B}) \rightarrow \mathcal{F}(\mathcal{B} \times \mathcal{B}) .$$

For instance, if we lift the function $\overline{} : \mathcal{B} \rightarrow \mathcal{B}$ that negates values, we get the function $\overline{} : \mathcal{B} \times \mathcal{B} \rightarrow \mathcal{B} \times \mathcal{B}$ that negates pairs of values. The new type was obtained by substituting $\mathcal{B}$ by $\mathcal{B} \times \mathcal{B}$ in the original type.

This homomorphic extension applies also to the ordering relation:

$$(V_1, V_2) \sqsubseteq (V_1', V_2') :\Leftrightarrow (V_1 \sqsubseteq V_1') \wedge (V_2 \sqsubseteq V_2') .$$

Some examples of how the ordering and the functions extend to pairs are the following:

$$(\bot, 1) \sqsubseteq (0, 1)$$

$$\overline{(0, \bot)} = (1, \bot)$$

$$(\bot, 1) \overline{\vee} (0, \bot) = (\bot, 0)$$

By convention, we will put an arrow on top of all identifiers for tuples, e.g., $\vec{V}$.

2.3 Static Modelling

Over the above domains we may define fixpoint equations to describe the static behaviour of nets. From fixpoint theory, we know that monotonicity (and continuity) of the functions guarantee that these equations have least solutions.

As an example we take the simple RS-flipflop or latch:

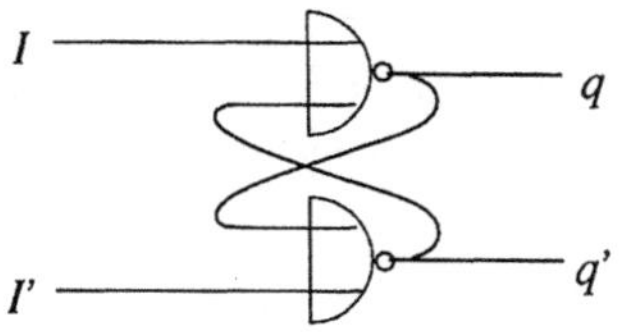

The static behaviour can easily be obtained by associating variables with the lines and writing down the straightforward recursive equations that result from this picture:

$$\begin{cases} q = I \overline{\vee} q' \\ q' = I' \overline{\vee} q \end{cases}$$

We then solve the equation system in the domain of Boolean values. In this case, we have to look for fixpoints of the function

$$\text{ff}(I, I') = \lambda q, q'.(I \overline{\vee} q', I' \overline{\vee} q) .$$

Given an input pair (I, I'), we are interested in the set of fixpoints of $\text{ff}(I, I')$. There are four cases:

$$\begin{array}{lclcl} \textsf{fixs}\ \text{ff}(0,1) & = & \textsf{fixs}\ \lambda q, q'.(\overline{q'}, 0) & = & \{(1,0)\} \\ \textsf{fixs}\ \text{ff}(1,0) & = & \textsf{fixs}\ \lambda q, q'.(0, \overline{q}) & = & \{(0,1)\} \\ \textsf{fixs}\ \text{ff}(1,1) & = & \textsf{fixs}\ \lambda q, q'.(0,0) & = & \{(0,0)\} \\ \textsf{fixs}\ \text{ff}(0,0) & = & \textsf{fixs}\ \lambda q, q'.(\overline{q'}, \overline{q}) & = & \{(\bot,\bot), (0,1), (1,0)\} \end{array}$$

The interpretation of these results is that if the input stays long enough at $(0, 1)$, the output will eventually stay at $(1, 0)$. Analogously, for inputs $(1, 0)$ and $(1, 1)$ with results $(0, 1)$ and $(0, 0)$, resp. $\text{ff}(0, 0)$ has three fixpoints of which

$$\textsf{fix}\ \text{ff}(0,0) = (\bot, \bot)$$

is the least defined. $\bot$ as a result means that the circuit doesn't impose any value on its own, and thus we have no knowledge from this information alone. Either there exists no defined steady-state value (e.g., in the case of an oscillation) or it depends on the history (i.e., on the previous values).

In general, we may view a logic circuit as follows:

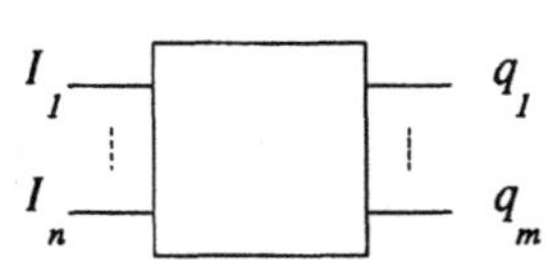

The tuple $\vec{I} = (I_1, \ldots, I_n)$ consists of the values at all the input ports, and the tuple $\vec{q} = (q_1, \ldots, q_m)$ includes the values at all the output ports and all the feedback paths (i.e., we may be interested only in a subset of $\vec{q}$ as output, and only some of the paths are fed back; of course these two subsets might have a non-empty intersection, as in the case of the flipflop).

We also have a tuple of functions $\vec{f} = (f_1, \ldots, f_m)$ mapping $\vec{I}$ and $\vec{q}$ to $\vec{q}$. Under these assumptions, the equation system is

$$\begin{cases} q_1 = f_1(\vec{I}, \vec{q}) \\ \quad \vdots \\ q_m = f_m(\vec{I}, \vec{q}) \end{cases}$$

or more compactly $\vec{q} = \vec{f}(\vec{I}, \vec{q})$, and the function characterizing the circuit is

$$F_{st} = \lambda\vec{I}.\lambda\vec{q}.\vec{f}(\vec{I}, \vec{q}) ,$$

which leads to the following set of stable state values:

$$\mathsf{fixs}(F_{st}(\vec{I})) = \mathsf{fixs}(\lambda\vec{q}.\vec{f}(\vec{I}, \vec{q})) .$$

3. Dynamic Discrete Behaviour

If we define the dynamic discrete behaviour as a succession of static independent situations, we aren't able to take into account the history sensitivity. Therefore, we need to introduce a richer domain in which to express history dependences.

3.1 Streams

We define streams as infinite sequences over a given domain D. This domain is isomorphic to the domain of functions over the natural numbers, where function application corresponds to value selection in the streams. In particular, we are interested in Boolean streams:

$$\mathcal{S}(\mathcal{B}) = \mathcal{N} \to \mathcal{B} .$$

We consider again a homomorphic extension of the Boolean functions to the domain of streams (with no symbol for denoting it):

$$: \mathcal{F}(\mathcal{B}) \to \mathcal{F}(\mathcal{S}(\mathcal{B}))$$

and a new operation that appends a Boolean value at the beginning of a stream:

$$\triangle : \mathcal{B} \times \mathcal{S}(\mathcal{B}) \to \mathcal{S}(\mathcal{B}) .$$

Therefore, 0 represents a Boolean value and also the stream with an infinite number of 0's, obtained by applying the (invisible) lifting operator to the 0-ary function 0. $1 \triangle 0$ is the stream containing one 1 followed by infinite 0's. The lifting operator is just the map functional existing in many functional languages.

Representing the streams as functions, we may define (we denote streams with lower case letters)

$$V \triangle v = \lambda X.\ \mathsf{if}\ X = 0\ \mathsf{then}\ V\ \mathsf{else}\ v(X-1)\ \mathsf{fi}\ .$$

$\triangle$ is a non-strict function (e.g., $1 \triangle \bot \neq \bot$, this can also be explained in terms of the non-strict if . then . else . fi function), and therefore we may define recursive equations with non-trivial results (not undefined).

By $\overline{\vee}$ we represent the NOR operation on Booleans:

$$\overline{\vee} : \mathcal{B} \times \mathcal{B} \to \mathcal{B}\ ,$$

but also its pointwise repeated application to the values of streams:

$$\overline{\vee} : \mathcal{S}(\mathcal{B}) \times \mathcal{S}(\mathcal{B}) \to \mathcal{S}(\mathcal{B})\ .$$

Thus, there are two ways to read the equation:

$$0 \overline{\vee} 1 = 0\ .$$

Other valid equations are, for instance:

$$0 \triangle 0 = 0 \qquad (1 \triangle 0) \overline{\vee} 0 = 0 \triangle 1\ .$$

We also lift the ordering pointwise to streams; hence:

$$V \triangle v \sqsubseteq V' \triangle v' :\Leftrightarrow V \sqsubseteq V' \wedge v \sqsubseteq v'\ .$$

It is sensible to use the same symbol as for values, because both readings of $V \sqsubseteq V'$ are consistent with one another, e.g., $\bot \sqsubseteq 1$ holds for values as well as for streams.

3.2 Modelling with the Assumption of Equal Delays

Over the domain of streams we will define fixpoint equations that model the dynamic behaviour of circuits. As a first assumption we will take that all gates have equal delays. In this way we can map real time to a discrete succession of values and forget about real time issues.

Coming back to the flipflop, we know that the new output (q, q') may depend on the last stable output (D, D'). Formally, we write the equations:

$$\begin{cases} q = I \overline{\vee} (D' \triangle q') \\ q' = I' \overline{\vee} (D \triangle q)\ . \end{cases}$$

They comprise the static modelling as a special case: In a stationary situation, the output doesn't change any more (a regular oscillation is statically modelled by the constant value $\bot$, and also represents a stationary situation), therefore we have $(D, D') = (q, q')$[1]. In this case, taking into account that $D \triangle q = q$ and $D' \triangle q' = q'$, we have the same equations as for the static modelling. Starting from such a static situation with constant output (D, D'), we suppose now that the input changes to (I, I') Then, the above equations will compute the output (q, q').

As an example, let the flipflop be in steady state with input $(I, I') = (1, 1)$ and output $(D, D') = \mathsf{fix}(\mathsf{ff}(1, 1)) = (0, 0)$. Then, assume that the input changes to $(0, 0)$. According to the above equations, we have:

$$\begin{cases} q = 0 \overline{\vee} (0 \triangle q') \\ q' = 0 \overline{\vee} (0 \triangle q) . \end{cases}$$

We may simplify this to:

$$\begin{cases} q = 1 \triangle \overline{q'} \\ q' = 1 \triangle \overline{q} . \end{cases}$$

In this case, we obtain even independent recursive equations for both outputs by substituting the right-hand sides for q and q' once:

$$\begin{cases} q = 1 \triangle 0 \triangle q \\ q' = 1 \triangle 0 \triangle q' . \end{cases}$$

As a result, we obtain that both outputs oscillate, they are both equal to the infinite stream

$$1 \triangle 0 \triangle 1 \triangle 0 \triangle 1 \triangle 0 \triangle 1 \triangle 0 \triangle 1 \triangle 0 \ldots .$$

This oscillation is very improbable, but the assumptions were also. In reality, one of the gates will be a bit faster, so that the flipflop eventually stays at $(1, 0)$ or $(0, 1)$.

In the general case, we assume the same notational conventions as in the previous section plus a tuple $\vec{D} = (D_1, \ldots, D_m)$ of stable state values. Then, the equation system in compact notation reads as follows:

$$\vec{q} = \vec{f}(\vec{I}, \vec{D} \triangle \vec{q}) ,$$

where $\triangle$ has been straightforwardly extended to tuples. The function modelling the input-output behaviour starting in a state $\vec{D}$ is:

$$F_{eq}(\vec{D}) = \lambda \vec{I}.\mathsf{fix}\lambda \vec{q}.(\vec{I}, \vec{D} \triangle \vec{q}) .$$

3.3 Modelling with the Assumption of Unknown Delays

We now assume that we don't know the delays of the gates. They are unkown but finite. We model this uncertainty with the undefined value $\perp$.

[1] when reading this equation, don't forget to apply the invisible lifting operator to D and D' to convert the values to streams!

Again we will examine first an example with the flipflop, and afterwards state the general equations. We take the same example as in the previous subsection, but now instead of taking the input stream $(i, i') = (1,1) \triangle (0,0)$ for modelling it, we take $(i, i') = (1,1) \triangle (\bot, \bot) \triangle (0,0)$. This is the idea behind the so-called ternary model (see e.g., [Brzozowski, Yoeli 79]). It turns out that it matches well with the fixpoint approach.

We have now two transitions, the first from $(1,1)$ to $(\bot, \bot)$:

$$\begin{cases} q = \bot \,\overline{\vee}\, (0 \triangle q') \\ q' = \bot \,\overline{\vee}\, (0 \triangle q) \,. \end{cases}$$

This may be simplified to $\begin{cases} q = \bot \triangle (\bot \,\overline{\vee}\, q') \\ q' = \bot \triangle (\bot \,\overline{\vee}\, q) \end{cases}$ and further to $\begin{cases} q = \bot \\ q' = \bot \end{cases}$.

With this transition, we have seen how the undefinedness at the input affects the output. With the next transition from $(\bot, \bot)$ to $(0,0)$, we will see whether the circuit can recover:

$$\begin{cases} q = 0 \,\overline{\vee}\, (\bot \triangle q') \\ q' = 0 \,\overline{\vee}\, (\bot \triangle q) \end{cases} \quad \text{or} \quad \begin{cases} q = \bot \triangle \overline{q'} \\ q' = \bot \triangle \overline{q} \end{cases} \quad \text{i.e.,} \quad \begin{cases} q = \bot \\ q' = \bot \end{cases} .$$

We get $(\bot, \bot)$ as the result. This is a more undefined result than the one in the previous section, but it is a better approximation to reality. Now the actual results of the circuit ($(1,0)$ or $(0,1)$) are special cases of our result. We don't get this result, because our assumption was too liberal.

For any circuit in general, given an input stream $V_1 \triangle V_2 \triangle v$, we must first compute the stream with the intermediate values between each two. We define this value as $V_1 \sqcup V_2$, where $\sqcup$ is the join of two values according to the partial ordering $\sqsubseteq$. If the two values differ, the result is $\bot$, and if they are the same, the result is equal to them. Thus, $\bot$ as a result can mean a transition between defined values. If the result is defined, there is no change.

Formally, we can define:

$$\mathsf{Del}(V_1 \triangle V_2 \triangle v) = V_1 \triangle (V_1 \sqcup V_2) \triangle \mathsf{Del}(V_2 \triangle v) \,.$$

Function Del inserts the join of two consecutive values in a stream between them. Thus, each transition from a value to a different one is converted into two transitions passing through $\bot$. It can be easily shown that $\mathsf{Del}(V) = V$.

Further, we have to solve the recursive equations for each transition. It can be proved (see [Delgado Kloos 87], pp. 79–87), that the results of these two transitions are always streams that eventually become constant. Under this circumstance, we may compute this stable value with function Sta:

$$\begin{cases} \mathsf{Sta}(V \triangle v) = \mathsf{Sta}(v) \\ \mathsf{Sta}(V) = V \,. \end{cases}$$

Otherwise, this definition could lead to divergence.

We may now write the recursive equation that models the dynamic behaviour for a circuit in general under the assumption of unknown delays:

$$F_{un}(\vec{D})(\vec{I} \,\Delta\, \vec{i}) = \mathsf{Sta}(F_{eq}(\vec{D})(\vec{D} \sqcup \vec{I})) \,\Delta\, \mathsf{Sta}(F_{eq}(\vec{D} \sqcup \vec{I})(\vec{I})) \,\Delta\, F_{un}(\vec{I})(\vec{i})\,.$$

Note that there are two fixpoint operators, one hidden in F_{eq} and another one for solving the above recursive definition. The first one corresponds to the transitory microoscillation for fixed input until the output has stabilized, and the second one corresponds to the changing input as time passes by.

4. Dynamic Continuous Behaviour

We now want to be a bit more detailed and consider continuous instead of discrete time. We will see that the fixpoint approach is not limited to discrete domains only.

4.1 Signals

The domain used will be that of (Boolean) functions over the real numbers:

$$\mathcal{K}(\mathcal{B}) = \mathcal{R} \rightarrow \mathcal{B}\,.$$

We call these functions, signals. Again, we consider the homomorphic extension of the basic operations with the lifting functional:

$$: \mathcal{F}(\mathcal{B}) \rightarrow \mathcal{F}(\mathcal{K}(\mathcal{B}))\,.$$

Now, we consider a family of delay operators, one for each real number:

$$\Delta : \mathcal{R} \rightarrow (\mathcal{B} \times \mathcal{K}(\mathcal{B}) \rightarrow \mathcal{K}(\mathcal{B}))\,.$$

For simplicity we denote $\Delta(T)$ by Δ^T:

$$\Delta^T : \mathcal{B} \times \mathcal{K}(\mathcal{B}) \rightarrow \mathcal{K}(\mathcal{B})\,.$$

We may define this operator referring to functions:

$$(V \,\Delta^T\, v) = \lambda t.\ \mathsf{if}\ t < T\ \mathsf{then}\ V\ \mathsf{else}\ v(t-T)\ \mathsf{fi}\,.$$

Again we use overloading, so that

$$0 = \lambda t.0\,.$$

We may also abbreviate:

$$(0 \,\Delta^T\, 0 \,\Delta^{T'}\, v) = (0 \,\Delta^{T+T'}\, v)\,.$$

4.2 Real Time Behaviour

With the aid of signals, we may reason about real time.

Let's consider again an example: Assume that the flipflop is in the stationary situation $(I, I') = (0, 0)$, $(q, q') = (0, 1)$ and that we apply a pulse of length τ at input i':

$$i' = 1 \triangle^{\tau} 0 .$$

The equations are similar to the discrete modelling, now with the new interpretation:

$$\begin{cases} q = 0 \overline{\vee} (1 \triangle^{T'} q') \\ q' = (1 \triangle^{\tau} 0) \overline{\vee} (0 \triangle^{T} q) . \end{cases}$$

T and T' represent the delays of the gates (and the wires). We may simplify the above equations:

$$\begin{cases} q = 0 \triangle^{T'} \overline{q'} \\ q' = (1 \triangle^{\tau} 0) \overline{\vee} (0 \triangle^{T} q) . \end{cases}$$

For q' we have now:

$$\begin{aligned} q' &= (1 \triangle^{\tau} 0) \overline{\vee} (0 \triangle^{T} (0 \triangle^{T'} \overline{q'})) \\ &= (1 \triangle^{\tau} 0) \overline{\vee} (0 \triangle^{T+T'} \overline{q'}) \end{aligned}$$

or, in terms of functions:

$$q'(t) = \text{if } t < \tau \text{ then } 0 \text{ else if } t < T + T' \text{ then } 1 \text{ else } q'(t - T - T') \text{ fi fi}$$

which is equivalent to:

$$q'(t) = \text{if } t < \tau \text{ then } 0 \text{ else if } \tau \leq t < T + T' \text{ then } 1 \text{ else } q'(t - T - T') \text{ fi fi} .$$

We may study now two special cases:

- $\tau < T + T'$
  In this case we get an oscillation. The interpretation is that the pulse is not long enough to set the circuit. It enters a metastable state.
- $\tau \geq T + T'$
  In this case we may further simplify the expression to

  $$q'(t) = \text{if } t < \tau \text{ then } 0 \text{ else } q'(t - T - T') \text{ fi}$$

  which is equivalent to

  $$q'(t) = 0$$

  and so the flipflop is set.

For any circuit in general, let's assume a tuple of real values $\vec{T} = (T_1, \ldots, T_m)$ corresponding to the delays of the tuple $\vec{q}$. The equation system that fully describes its behaviour beginning in state $\vec{D}$ would then be:

$$\vec{q} = \vec{f}(\vec{i}, \vec{D} \triangle^{\vec{T}} \vec{q}) .$$

The function is now

$$F_{rt}(\vec{D}) = \lambda\vec{i}.\mathsf{fix}\lambda\vec{q}.\vec{f}(\vec{i}, \vec{D} \triangle^{\vec{T}} \vec{q}) ,$$

which is very similar to F_{eq}.

5. Conclusion

We have functionally modelled several aspects of hardware systems, thus taking a uniform approach for software and hardware. Depending on the assumptions taken, we have different systems of equations describing the behaviour. We have seen how uniformly the modelling in discrete and continuous time can be achieved. Streams are on the one hand related to the chains obtained in the fixpoint iteration when solving a recursive equation system over a flat domain. On the other hand, they are the discrete counterparts of the continuous signals. It has been shown, that the fixpoint approach is equally valid for the domain of signals. Cardelli has already used a similar approach in a framework related to CCS ([Cardelli 82]).

Having a closed expression fully characterizing the circuit has the advantage that this expression can be used to derive further properties of the circuit using formal methods. This is better than making logical proofs that have to repeatedly refer to the picture of the circuit. With the recursive equation system, we have captured the structure of the circuit. With its interpretation, i.e., its solution by fixpoint semantics, we obtain its behaviour including some timing characteristics. Therefore, with one notation we have captured different aspects that in some frameworks need separate languages.

Acknowledgements. This research was partially supported by the Spanish CICYT and the German DAAD in the project "Contribución a la descripción formal de circuitos digitales/Formale Beschreibung digitaler Schaltungen" within the programme "Acciones integradas hispano-alemanas/Projekt zur Förderung des wissenschaftlichen Austausches mit Spanien". I wish to thank W. Dosch, H. Ehler, B. Möller, and F. Corella for many valuable remarks and E. Kellet for linguistic corrections. Prof. F.L. Bauer – together with H. Wössner – has provided over the last years encouragement and support for research in this field. To him my very special thanks.

References

[Brzozowski, Yoeli 79]
J. Brzozowski, M. Yoeli: "On a Ternary Model of Gate Networks", IEEE Transactions on Computers *C–28:3*, 1979, 178–183

[Broy 82]
M. Broy: "A Theory for Nondeterminism, Parallelism, Communication, and Concurrency", Habilitation, Fakultät für Mathematik und Informatik, Technische Universität München, 1982. Revised version in: Theoretical Computer Science *45*, 1986, 1–61

[Cardelli 82]
L. Cardelli: "An Algebraic Approach to Hardware Description and Verification", Ph. D. Thesis, Dept. of Computer Science, University of Edinburgh, July 1982

[Delgado Kloos 87]
C. Delgado Kloos: "Semantics of Digital Circuits", Berlin: Springer 1987, LNCS *285*

[Kleene 52]
S.C. Kleene: "Introduction to Metamathematics", New York: Van Nostrand 1952

[Loeckx, Sieber 87]
J. Loeckx, K. Sieber: "The Foundations of Program Verification", Chichester, UK: Wiley 1987

[Stoy 77]
J.E. Stoy: "Denotational Semantics: The Scott-Strachey Approach to Programming Language Theory", Cambridge, MA: MIT Press 1977

[Tarski 55]
A. Tarski: "A lattice theoretical fixpoint theorem and its applications", Pacific J. Math. *5*, 1955, 285–309

Computer-Schach – Was ist es wert?

Horst Remus

Zusammenfassung. Schach-Computer haben sich in den letzten 10 Jahren zu einem eigenen Zweig der „angewandten Informatik" entwickelt. Bei der Beurteilung ihres Wertes ist es von Bedeutung von welchem Gesichtspunkt man ausgeht. Für den Schachspieler verliert das Spiel mit wachsender Spielstärke der Computer-Schach Programme möglicherweise an Wert, für den Informatiker versprechen die Erfolge bestimmter Methoden (z. B. der Such-Strategien, Beschränkung der betrachteten Zugfolgen, „Pattern Recognition") Anwendungs-Möglichkeiten auf andere ähnlich komplexe Probleme.

1. Einleitung

Im November 1988 hat ein Schach-Programm, „Deep Thought", erstmals in einem Schach-Turnier, „Software Toolworks Open" in Long Beach, Kalifornien, einen Großmeister, Bent Larsen, Dänemark besiegt. Der einzige Großmeister, der vorher gegen einen Computer verloren hatte, Arnold Denker, spielte zur Zeit seines Verlustes unterhalb der Großmeister-Spielstärke. (Im „Blitzschach" – beschränkte Dauer einer Partie, z. B. 5 Minuten Gesamt-Bedenkzeit für jede Seite – dominieren Computer schon seit einiger Zeit). In Schach-Kreisen der USA ist seit der Larsen-Niederlage eine intensive Diskussion im Gange, ob und wann ein Computer-Programm den Schach-Weltmeister schlagen kann (andere Computer-Erfolge, die einen Anspruch auf den Weltmeister Titel ahnen lassen, sind die Zunahme der Spielstärke bei Micro-Computern und Erfolge anderer Programme wie zum Beispiel von „Belle", geschrieben von Joe Condon und Ken Thompson, das bei der US Open Meisterschaft 1983 in Pasadena, Kalifornien, einen Schach-Meister nach dem anderen schlug). Ein Backgammon Computer-Programm schlug den Backgammon-Weltmeister bereits 1979 [Berliner 1980]. Die US Schach-Organisation (USCF) hat für ihre Turniere vor einiger Zeit (1983) beschlossen, daß der jeweilige Turnier-Organisator entscheiden kann, ob Computer für das entsprechende Turnier überhaupt zugelassen sind, und daß jeder Spieler vor Turnier-Beginn den Computer als Gegner ablehnen kann. Schach-Computer Hersteller sind vor allem wegen des mit der zu erreichenden Klassen-

Einstufung verbundenen Werbe-Effekts interessiert, ihre Computer an Turnieren teilnehmen zu lassen. Um Computer-Programme bewerten zu können, sind daher jetzt außerhalb der offiziellen Turniere spezielle Wettkämpfe zwischen Computern und menschlichen Spielern eingeführt worden. Außerdem werden reine Computer-Schach Turniere, z. B. von der ACM (Association for Computing Machinery), veranstaltet. Preise werden an Computer (oder deren Betreuer) im allgemeinen nicht ausgezahlt. Die internationale Schach-Organisation (FIDE) lehnt die Zulassung von Computern zu ihren Turnieren mit der Begründung ab, ihre Satzung erfordere „Spieler" [Welsh 1988].

„Deep Thought" ist ein Programm mit spezieller Hardware. Das Programm wurde von einer Reihe von „Graduate-Students" der Carnegie-Mellon-Universität in Pittsburgh geschrieben. Es verlor in der nach dem Larsen-Sieg folgenden Runde gegen einen anderen Großmeister, Walter Browne, USA.

Eine Kernfrage ist, wie weit kann Schach mit Hilfe des Computers vollständig (oder nahezu vollständig) erforscht werden. In einer Vorlesungs-Reihe „Alte und neue Spiele" stellte Lothar Collatz 1954/55 in Hamburg eine Reihe von Spielen in einem Dreiecks-Nomogramm dar. Die drei Koordinaten waren: Geistige Fähigkeiten, Körperliche Fähigkeiten und Glück oder äußere Umstände. Die Darstellung beruhte auf einer Umfrage bei ca. 200 Personen. Turnier-Schach wurde mit 90 % beruhend auf geistigen Fähigkeiten und 10 % beruhend auf Glück oder äußeren Umständen angegeben (Go 95 % geistige Fähigkeiten, 5 % Glück; determinierte Rechen-Spiele wie Mühle 100 % geistige Fähigkeiten). Beim Spiel mit dem Computer fällt natürlich das Glücks-Element fort. Schach hat eindeutige vollständige Regeln. In jeder Situation gibt es eine Fortsetzung oder Entscheidung. (Wegen einiger Bestimmungen, wie zum Beispiel, daß eine Partie bei dreimaliger Wiederholung derselben Stellung mit demselben Spieler am Zug „remis" ist, ist es notwendig, die Züge zu protokollieren. Teil jeder Stellung ist auch die Menge der zulässigen Züge, z. B. sind zwei Stellungen nicht gleich, wenn im ersten Fall „en passant"-Schlagen erlaubt ist.) Wegen der Fülle der möglichen verschieden artigen Partien führen die Schach-Regeln jedoch praktisch (noch) nicht zu vollständiger Determiniertheit. Unter der Annahme einer mittleren Partielänge von 42 Zügen (= 84 Halbzügen) und einer mittleren Zahl von 38 Zug-Alternativen per Stellung ergeben sich 38^{84} und bei einer Einschränkung der durchschnittlichen Zügezahl je Stellung auf 1.76 „gute Züge" $1.76^{84} = 4.2 * 10^{20}$ verschiedene Partien [Charness 1977].

Falls ein Computer Weltmeister würde, wäre das keinesfalls das Ende für Schach-Turniere. Es hieße nur, daß dieser Computer (möglicherweise allein oder mit anderen Computern) in der höchsten Klasse spielt. Die Verdienstmöglichkeiten für Berufs-Spieler würden allerdings vermindert werden, da der theoretische Wert ihrer eigenen Partien durch die Überlegenheit der Computer geringer wird. Es bleibt auch zu fragen, was der Schach-Computer für die Ausbildung von guten Schach-Spielern leistet oder leisten kann. Sicherlich ermöglicht er durch die dauernde Verfügbarkeit erheblich mehr Trainings-Möglichkeiten. Auf der anderen

Seite ist die Versuchung groß, die eigene „Denkarbeit“ vom Computer ausführen zu lassen (z. B. beim Fernschach, wo die Zugübermittlung auf dem Postweg erfolgt). Es gibt heutzutage kaum noch jemanden, der lernt, wie man eine Quadratwurzel ziehen kann, da man das Ergebnis sehr einfach mit dem Taschenrechner erhalten kann. Welchen Einfluß werden auf die Dauer „Schach-Taschenrechner“ haben, die in der Lage sind, die Ausführung von Zügen und/oder elementaren taktischen und strategischen Überlegungen abzunehmen. Das bedeutet weniger sorgfältiges Training und beschränkt den Spieler-Nachwuchs und damit die Entwicklung von potentiellen Meisterspielern.

2. Geschichte des Computer-Schachs

Farkas Kempelen (deutsche Namensversion: Wolfgang von Kempelen) demonstrierte 1769 am Hof der Kaiserin Maria Theresia einen Schach-Automaten, den „Türken“. In dem Automaten war jedoch ein menschlicher Spieler verborgen, der die Züge ausführte. Wie bei Magic-Veranstaltungen wurde dem Publikum ein leerer Raum unter dem Schachbrett vorgetäuscht. Napoleon soll einmal gegen den Automaten (operiert von dem auch sonst bekannten Schachspieler Allgaier) gespielt und verloren haben. Kempelen war auch anderweitig als Erfinder tätig. Bei dem Automaten war er besonders stolz auf den Mechanismus zum Bewegen der Arme des Türken.

Ein Robot zur Bewältigung des Endspiels König und Turm gegen König wurde um 1910 von dem spanischen Ingenieur Torres Y Quevedo gebaut. Die Maschine arbeitete mit elektro-mechanischen Relais und war in der Lage die Rechtmäßigkeit der Königszüge des Opponenten zu prüfen und sechs Operationen auszuführen. Die Maschine gewinnt immer (mit König und Turm), wenn auch nicht auf dem kürzesten Wege [Vigneron 1914].

Der wegweisende Artikel für Computer-Schach wurde 1950 von Claude Shannon geschrieben [Shannon 1950]. (Konrad Zuse hat 1945/49 einige Gedanken zur Computer-Behandlung des Schachspiels mittels seines „Plankalküls“ veröffentlicht und auch ein paar einfache Beispiele angegeben [Bauer, Wössner 1972]. Zuse hat auch bereits 1938 vorausgesagt, daß ein Computer ca. 1988 erstmalig den Schachweltmeister schlagen würde [Zuse 1984].) Shannon beschreibt die später angewandten Methoden der Verwendung einer Bewertungs-Funktion für Einschränkung der zu betrachtenden Züge und das Minimax-Verfahren für die Zugauswahl (nach von Neumann/Morgenstern). Die Bewertungs-Funktion bei Shannon betrachtet vor allem Material, dann Bauern-Formationen, gewisse Positionen für die Figuren, Fesselungen, Beweglichkeit der Figuren. Das Minimax-Verfahren wählt unter den Zugmöglichkeiten den auszuführenden Zug unter der Annahme aus, daß jeder Spieler die im Sinne obiger Bewertungs-Funktion bestmöglichen Züge ausführt. Turing veröffentlichte 1953 zusätzliche Gedanken [Turing 1953]. Von ihm stammt das Konzept der „dead positions“, d.h. von Stellungen in denen keine taktischen Möglichkeiten vorhanden sind (z. B. kein Schlagabtausch). Diese Stellungen spielen eine Rolle bei der Beschränkung der Anzahl der zu untersuchenden Zugfolgen.

Seit Mitte der sechziger Jahre werden für die Schach-Spieler (zunächst in den Vereinigten Staaten, dann aber auch international) Einstufungs-Zahlen verwendet [Elo 1978]. Diese Zahlen werden bei noch nicht eingestuften Spielern gemäß erzielter Resultate gegen bereits bewertete Gegner errechnet. Später werden sie nach jedem Wettkampf gemäß Resultat und Einstufung des Gegners verändert. Die Einteilung der Spieler nach Klassen in den USA ist in Tabelle 1 wiedergegeben. Da international und zwischen verschiedenen Ländern die zur Bewertung herangezogenen Turniere verschieden sind, hat ein Spieler unter Umständen mehrere voneinander abweichende Bewertungen. Mittelwert aller Turnier-Spieler in den USA (wobei insbesondere in den höheren Klassen auch viele Ausländer, unter anderem die meisten Berufsspieler, spielen) ist eine Einstufung von etwa 1470.

Das erste in Schach-Turnieren auftretende Programm war das von Greenblatt [Greenblatt, R.D. et al. 1967], das im Januar 1967 in der Massachusetts Amateur Meisterschaft spielte und eine Einstufung als D-Klasse Spieler (1240)

Tabelle 1. Wertzahl-Kategorien (USA)

Wertzahl	Spielergruppe	% der Turnier Spieler
Über 2600	Kandidaten für Weltmeisterschaft	0.1
2400–2599	Groß- und internationale Meister	0.5
2200–2399	Nationale Meister	2.4
2000–2199	Meisterschaft-Anwärter, Experten	7.4
1800–1999	Spieler der A-Klasse (Amateur)	12.3
1600–1799	Spieler der B-Klasse	15.7
1400–1599	Spieler der C-Klasse	18.0
1200–1399	Spieler der D-Klasse	18.7
Unter 1200	Anfänger	24.9

Tabelle 2. Bewertungs-Geschichte der Schach-Computer

	Programm	Bewertungszahl
1967	Greenblatt	1240
1975	Chess 4.4 (David Slate, William Blanchard)	1650
1983	Belle (Joe Condon, Ken Thompson)	2200
1987	Hitech (Hans Berliner)	2407
1988	Spitzen-Microcomputer – „Mephisto“	2206
1988	Deep Thought (Pittsburgh)	2500 +

erhielt. Das Schach-Programm mit der höchsten derzeitig veröffentlichten Bewertung ist „Hitech“ mit 2407. Für „Deep Thought“ wird eine Bewertung in den hohen 2500 erwartet. Tabelle 2 gibt einen Überblick über die Verbesserung der Spielstärke der (jeweils am höchsten bewerteten) Computer seit ihrer ersten Teilnahme an einem Turnier.

3. Implementierung

Ein Schach-Programm besteht aus den drei Hauptkomponenten:

A. Einem Zug-Generator,
B. einer Stellungs-Bewertungsfunktion (gleichbedeutend mit einer Bewertungs-Funktion des Zuges, der von einer Ausgangsstellung zu dieser Stellung führt),
C. einem Mechanismus für die Auswahl zu betrachtender zukünftiger Stellungen und Züge.

Im Rahmen dieser Komponenten haben sich bestimmte Techniken entwickelt und/oder Anwendung gefunden. Als Implementierungs-Sprachen treten meist PASCAL, ALGOL, C und Assembler oder Microcode auf.

Die Zugfolgen werden durch einen Baum (Tree) dargestellt. Ein Halbzug-Level wird als „Ply“ bezeichnet. Programme können daran gemessen werden, wieviele solcher Level sie untersuchen. Dabei ist die Anzahl dieser untersuchten Halbzüge im allgemeinen nicht fest vorgegeben. Sie hängt von den zu untersuchenden Möglichkeiten per Level und der zur Verfügung stehenden Zeit (und unter Umständen dem zur Verfügung stehenden Speicherplatz) ab. Um Analyse-Zeit zu sparen werden untersuchte Stellungen und Zugfolgen gespeichert, damit man später auf sie zurückgreifen kann. Diese Speicherung erfolgt in „Hash-Tables“, um ein schnelles Auffinden infrage kommender Stellungen zu ermöglichen.

Eine wesentliche Vereinfachung für das Suchen bedeutet das Auftreten „erzwungener Züge“ (Schlagabtausch, Beantwortung von Schachgeboten). In diesen Fällen, allerdings nicht immer bei Abtausch, können alternative Züge vermieden, d.h. verschiedenen Verzweigungen des Baumes als Fortsetzungen ausgeschlossen werden.

Während eines nicht beendeten Schlagabtauschs ist die Betrachtung der folgenden Züge unter Umständen fortzusetzen, bis kein weiterer Abtausch mehr möglich und/oder keine anderen taktischen Möglichkeiten vorhanden sind. Erst diese Beruhigung rechtfertigt ein Abbrechen der Analyse („Quiescing“).

Der Material-Impakt nach der Stellungsberuhigung kann so entscheidend sein, daß die Partie entschieden ist und weitere Analysen überflüssig werden.

Gebräuchlich für die Auswahl infrage kommender Züge in beruhigten Stellungen ist eine Bewertungsfunktion. Die Evaluierung erfolgt heuristisch und hängt davon ab, welcher Spieler am Zug ist. Die Durchführung der Bewertungen muß aus Zeitgründen einfach sein. Die Bewertungsfunktion bezieht sich auf Stellungen. Der Wert eines Zuges wird durch die Bewertung der durch den Zug erzielten Stellung erhalten. Eine solche (statische) Funktion betrachtet zum Beispiel die Parameter:

A. Material,
B. Bedrohung von gegnerischen Figuren,
C. Mangel an Deckung von eigenen Figuren,
D. Beweglichkeit aller Figuren,
E. Bauernstruktur.

Diese Parameter werden entweder der Reihe nach betrachtet und es wird die Bewertung abgebrochen, wenn sich bezüglich des Bewertungszweckes eine klare Differenzierung zwischen den Stellungen/Zügen ergibt oder es wird eine Linear-Kombination der Parameter-Werte gebildet. Für die Material-Bewertung werden die auch den Turnier-Spielern bekannten Faustregeln über den Wert der Figuren verwendet. Bedrohung und Beweglichkeit der Figuren werden durch Abzählen (z. B. der erlaubten Züge als Maß für Beweglichkeit oder der für Schutz-Zwecke benötigten Steine bei Bedrohung) und Zuordnung von Gewichten für die betroffenen Figuren erhalten. Ein Maß für die Bauernstruktur ergibt sich, indem man etwa Bonus-Punkte für vorgerückte und Minus-Punkte für isolierte Bauern vergibt. Es gibt also unter Umständen mehrere Bewertungen für ein und dieselbe Stellung. Ein Ansatz eines einheitlichen Maßes für alle Parameter wäre die Transformation der Parameter-Werte in Gewinn-Wahrscheinlichkeiten, doch würde hierdurch ein zusätzlicher Ungenauigkeitsfaktor eingeführt werden (außerdem ist die erforderliche Statistik aufwendig).

Eine Anwendung obiger Heuristik ist die Beschränkung der Anzahl der betrachteten Züge von jeder betrachteten Stellung aus auf eine gegebene Zahl („selective search"). Hier werden jeweils nur diejenigen Züge, die zu Stellungen mit den (z. B. sieben) höchsten Bewertungszahlen führen, weiter untersucht. Die Annahme ist, daß Computer und Gegner nur bestmögliche Züge gemäß obiger (heuristischer) Bewertung ausführen. Die Forderung nach Differenzierung in der Bewertung kann es erforderlich machen, an einzelnen Punkten des Baumes mehr als die vorgegebene Anzahl von Fortsetzungen zu betrachten.

Wird ein Zug nicht durch Zwang bestimmt oder kann er nicht durch taktische Möglichkeiten ausgewählt werden so wird zur Zug-Entscheidung das Minimax-Verfahren angewandt. Zunächst wird von der Ausgangs-Position aus der Baum aller Züge mit allen zulässigen Folge-Zügen betrachtet. Die Anzahl der Verzweigungen wird unter Beachtung erzwungener Züge und entscheidender Material-Überlegenheit eingeschränkt. Möglicherweise wird dann die Anzahl der betrachteten Züge in jeder Stellung gemäß Höhe der Zug-Bewertungen weiter beschränkt. Zweige werden unter Berücksichtigung eventuell notwendiger Stellungs-Beruhigungen für eine je nach der verfügbaren Zeit variable Anzahl von Halbzügen entwickelt. Die Stellungen des höchsten (am weitesten voraus betrachteten) Levels (Abbruchlevels) werden (statisch) bewertet. Diese Evaluierungen werden den letzten Zügen, die zu dieser Stellung geführt haven, als Bewertung zugeordnet. Die Züge, die von derselben Stellung ausgehen, werden jeweils als Gruppe betrachtet. Für die Gruppen, die zum Abbruchlevel geführt haben, wird jeweils der Zug mit dem Maximum der Bewertungen herausgesucht. Dieses Maximum wird der Ausgangs-Stellung und dem vorhergehenden Zug als Bewertung zugeordnet. Für den Gegner (oder Computer) ergibt sich in jeder Stellung des vorhergehenden Levels der günstigste Zug als derjenige, bei dem mit dem folgenden Zug am wenigsten erreicht werden kann, d.h. derjenige, der bei jeder entsprechenden Gruppe das Minimum unter den Maxima der Folgegruppen erreicht. Das Verfahren wird dann für die weiteren Halbzug-Level mit abwechselnder Betrachtung von Maxima und Minima rückwärts bis zur endgültigen Auswahl des Zuges fortgesetzt („backward pruning"). Eine weitere Analyse einzelner Zweige kann auf Grund von Differenzen in der Bewertung bereits frühzeitig überflüssig werden (α-β Algorithmus, wobei α der Zugwert für Weiß und β der Zugwert für Schwarz ist). Das Verfahren funktioniert auch (unter Umständen mit einer Modifikation bezüglich Maxima und Minima) bei unterschiedlicher Anzahl von Leveln für einzelne Zweige. Verschiedene Programme nehmen den Abbruch der Analyse an drei verschiedenen Stellen vor. Erstens Auswahl gemäß höchst-bewerteter Stellungen nach heuristischen Bewertungs-Kriterien für eine bestimmte Anzahl von Halbzügen. Zweitens Stillegung der Zweige die zu „dead positions" geführt haben und Fortsetzung der Analyse für die Stellungen mit taktischen Möglichkeiten für einige weitere Halbzüge. Danach Fortsetzung der Analyse für Stellungen, bei denen das zur Stellungs-Beruhigung erforderlich ist. (Bei einzelnen Programmen werden die Züge, die zu „dead positions" führen, bei der Zugauswahl ausgeschlossen.)

Newell und Simon [Newell, Simon 1972] faßten die vor 1972 geschriebenen Programme so zusammen, „sie seien alle von derselben Struktur, Vorwärtssuchen durch einen Unterbaum des Baums von erlaubten Zügen, Auswahl-Heuristik, statische Evaluierung, Minimax-Verfahren".

Werden zukünftige Züge nicht nach heuristischen Bewertungs-Methoden ausgeschlossen, d.h. erfolgt das Vorwärts-Beschneiden eines Baumes nur mittels Beschränkung auf erzwungene Züge und/oder entscheidende Material-Überlegenheit, so spricht man von „Brute Force" oder „Full Width Search". Die Analyse erfolgt hier mehr in der Breite als in der Tiefe.

Die bisher erfolgreichsten Programme, „Hitech" und „Deep Thought" sind „Brute Force"-Programme. Entscheidend ist dann Hardware-Geschwindigkeit und damit die Möglichkeit der Analyse vieler Halbzug-Level (Analyse-Tiefe zusätzlich zur Breite). „Deep Thought" ist dem Programm „Hitech" durch

Programmierungs- und Hardware-Vorteile einen Halbzug Analyse voraus (resultierend in ca. 100–150 Wertungspunkten).

Verschiedene Hilfs-Tabellen helfen bei der schnellen Analyse. Gebräuchlich sind z. B. Tabellen für von Figuren erreichbare Felder (oder indirekt erreichbare Felder, wenn andere Figuren die Beweglichkeit blockieren).

Für die Eröffnung sind spezielle Datenbanken eingeführt worden. Die Anzahl der gespeicherten Eröffnungs-Stellungen werden im allgemeinen als Parameter der Programme angegeben. Diese Datenbanken enthalten 10 bis 300 Tausend Stellungen und sind bereits im Handel erhältlich. Speicherung erfolgt wiederum in Form von „Hash-Tables".

Computer sind traditionsgemäß schwach im Endspiel. Das hängt mit der Tiefe der notwendigen Analysen zusammen, die für ein Endspiel ohne weiteres 20-30 Halbzüge betragen kann. Es sind also entweder zusätzliche Kriterien zur Stillegung von Zweigen des Zugbaums oder andere Verfahren (spezielle Endspiel-Heuristik) erforderlich. Ein Erfolg versprechender Ansatz besteht z. B. bei reinen Bauern-Endspielen in der „Koordinierung" [Church 1978] der beiden Könige, sodaß der verteidigende König sich nach Möglichkeit innerhalb des je nach Position des gegnerischen Königs variablen „Verteidigungs-Raumes" aufhält, während der angreifende diesen Aufenthalt zu verhindern strebt. Diese Räume bestehen aus den Feldern, die Durchbruch oder entscheidenden Materialgewinn verhindern. Sie werden als „maps" gespeichert und wirken als Filter für die zu betrachtenden Züge. Entsprechende Filter sind von verschiedenen Schachbuch-Autoren angegeben. Mit Hilfe Boole'scher Matrizen und unter Ausnutzung von zwei der drei Schachbrett-Symmetrien analysierte Ströhlein eine Reihe von 3- und 4-Figuren-Endspielen (z. B. König und Dame gegen König und Turm). Weitere Verkürzung der Rechenzeiten wurde durch temporäre Einführung illegaler Stellungen und dadurch ermöglichte Simultan-Behandlung mehrerer Züge erzielt. Das Programm lieferte interessante Ergebnisse über maximale Zugzahl bei bestimmten Endspielen (z. B. 31 im Fall Dame gegen Turm), erforderte aber immer noch erhebliche Rechenzeiten [Ströhlein 1970]. Eine verbesserte Methode [van den Herick 1980] besteht darin, Klassen bekannter oder vom Computer analysierter Stellungen mit den dazu gehörigen Gewinn-Wegen oder zumindest der stärksten Verteidigung in Datenbanken zu speichern und Spielstellungen nach diesen Klassen abzusuchen („Pattern Recognition"). Ist die augenblickliche Stellung nicht in der Datenbank enthalten, werden Datenbank-Klassen als Hilfsziele angestrebt. In der Computer-Schach Literatur werden solche Datenbanken für die verschiedensten Endspiel-Kombinationen beschrieben. (Es ist die Hoffnung ausgesprochen worden [Herschberg, van den Herick 1989], ein Programm zur Erzeugung einer beliebigen Endspiel-Datenbank herzustellen. Damit wären Endspiele vollständig determiniert.) Praktisch handelt es sich hier um Experten-Systeme, die natürlich für alle Probleme mit nicht Prozedur-orientierten Lösungen angebracht sind.

Analyse-Performance ist von Bedeutung für die Möglichkeit, viele Halbzüge im voraus zu untersuchen (bei einer Untersuchung von sieben Zügen von jeder Ausgangs-Stellung ergeben sich bei sechs Plies ungefähr eine Million – 960 800 – zu betrachtende Stellungen im Zügebaum). Außer Sophistikation der Methoden ist natürlich die Hardware von Bedeutung. Viele Schritte bieten sich zur gleichzeitigen (parallelen) Ausführung an. Das Schach-Programm „Cray Blitz" benutzt ein Multi-Processing System, „Belle", „Deep Thought" und „Hitech" benutzen eigens entwickelte Chips. (Hardware zur Unterstützung der Programmierung.) Außerdem ist es für den Computer erforderlich, die Denkzeit des Gegenspielers für eigene Analysen zu nutzen.

4. Spezielle Betrachtungen

Computer sind naturgemäß erfolgreich in der fehlerfreien Analyse, wenn diese zu einem im Schach-Sinne klaren Ergebnis führt. Computer sind schwach, wenn es darauf ankommt, Ideen zu haben. Die auftretende Frage ist, welche Ideen Großmeister haben und wie diese in Programmen beschrieben werden können. Mit dieser Frage hat sich der frühere Schach-Weltmeister Botvinnik [Botvinnik 1970] beschäftigt. Er kommt zu dem Schluß, daß der Schachspieler seine Strategie fortlaufend ändern muß. Die Techniken der Großmeister sind in ihren Spielen festgehalten und kaum auf andere Art formal zu beschreiben. Botvinnik gibt als meist versprechende Strategien Materialgewinn und Beschränkung des Problems an. Ein nützliches Experiment wäre es, Computer gegen die stärksten Spieler (einschließlich Weltmeister) spielen zu lassen und den Computer durch Experten bei der Auswahl auszuführender Analysen zu unterstützen. Ein solches Experiment würde erstens Schach-theoretisch gute Partien ergeben und zweitens gestatten, die Denkweise des Schach-Experten zu studieren und für ein entsprechendes Expert-System auszunutzen.

Bezüglich der heuristischen Parameter ergeben sich gegenüber dem Endzweck („Schachmatt") Hilfsziele, d. h. der Computer begünstigt Fortsetzungen, bei denen diese Parameter die höchsten Werte aufweisen (strebt nach Material-Gewinn, bedroht Figuren, deckt und sorgt für Beweglichkeit eigener Figuren, strebt die am höchsten bewerteten Bauernformationen an). Die Verfolgung solcher Hilfsziele kann zu einer Computer-spezifischen Strategie führen. Viele Bücher geben darauf aufbauend Ratschläge, wie man Schach-Computer schlagen kann (z. B.: spiele geschlossene Spiele). Veränderung eines Schach-Programms während eines Turniers (nicht jedoch während einer Partie) wird von der ACM und der USCF erlaubt mit der Begründung, daß jedes an einem Turnier teilnehmende Programm ein experimentelles Programm ist (ohne laufende Veränderung und ohne Zufalls-Element wie zum Beispiel zur Auswahl der Eröffnung würde der Computer bei gleicher Spielweise des Gegners auch immer dieselben

Spiele spielen, d.h. immer zu schlagen sein). Hans Berliner (Autor von „Hitech" und früherer Fernschach-Weltmeister) kommentierte während der TV-Übertragung der letzten Schach-Weltmeisterschaft: „Man muß mit dem Computer arbeiten". Versuche mit Selbst-Verbesserungen von Computer-Programmen bei Spielen sind zum Beispiel Speicherungen von vom Computer selbst ausgeführten Endspiel-Analysen und die statistischen Verbesserungen heuristischer Parameter gemäß Erfolg oder Mißerfolg von von der Maschine selbst gespielten Zügen [Samuel 1959], [Remus 1962]. Ich hatte in meinem Programm für ein auf einem verkleinerten (11 * 11) Brett gespielten Go außerdem versucht, (heuristische) Teil-Erfolgskriterien einzuführen. Mit diesen wurden vom Computer selbst gespielte „erfolgreich" Züge (für Klassen von Stellungen) in einem „Lexikon" gespeichert. Während des Spiels wurde dann eine Zugentscheidung zunächst vom Lexikon erfragt. War die Stellung nicht im Lexikon vorhanden, trat der heuristische Zug-Generator in Aktion. War auch hier keine Entscheidung möglich, entschied ein Zufalls-Generator. Nach Spielende wurden Lexikon und die Werte der heuristischen Parameter gemäß Spielausgang und Teil-Erfolgskriterien aufgearbeitet. Damit wurden Züge, die zunächst nur von einem Zufalls-Generator ausgewählt werden konnten, später häufiger vom heuristischen Zug-Generator und zuletzt vom Lexikon ausgeführt, womit eine Zunahme der Spielstärke erhofft wurde. Das Programm scheiterte an der schwachen und inflexiblen Heuristik.

5. Bedeutung

Für den Turnier-Spieler haben Schach-Programme positive und negative Auswirkungen. Die positiven haben mit der durch Computer ermöglichten gründlicheren Erforschung des Spiels zu tun. Ein anderer Vorteil ist die finanzielle Unterstützung von Schach-Turnieren durch Schach-Computer Hersteller. Es ist jedoch schwierig, die Überlegenheit des Computers im Bereich bisheriger menschlicher Domäne anzuerkennen. So präsentierte beim Jahrestreffen der USCF 1983 in Pasadena eine Organisation, WOCIT („we oppose computers in tournaments"), einen Antrag, Computer von Turnieren auszuschließen. Die USCF reagierte mit oben angeführten Kompromissen (Option für Turnierleiter und Spieler, den Computer als Teilnehmer/Gegner abzulehnen).

Bedeutend sind die möglichen Beiträge zur Schach Theorie oder Analyse. Eine Analyse des Belle-Programms eines Turm und Läufer gegen Turm Endspiels hat zur Modifikation der Regel geführt, daß eine Partie remis ist, wenn in 50 Zügen kein Bauernzug, kein Schach-Matt oder keine Material-Veränderung erfolgt. Diese Zugzahl wurde im Dezember 1984 von der Schach Welt-Organisation auf 100 erweitert (50 Mehrzüge bedeuten im Turnier-Schach eine Spieldauer von 5 Stunden, daher gibt es z. Zt. eine Reihe Einwände gegen diese Änderung). Von einer bestimmten Stellung ausgehend wurde von „Belle" im obigen Endspiel das Matt in 59 Zügen erzwungen (in den meisten Fällen ist obiges Endspiel remis). Die Computer-Analyse wurde von einem Schach-Großmeister nachvollzogen und bestätigt [Mednis 1989]. Weitere Computer-Analysen ergaben für einzelne Stellungen Gewinne in mehr als 50 Zügen für Dame gegen zwei Läufer verschiedener Farbe, Dame und Turm gegen Dame, Dame gegen zwei Springer und zwei Läufer gegen Springer. Allerdings hat schon der Schachbuch-Autor Chéron [Chéron 1952] auf Beispiele hingewiesen (Turm und Bauer gegen Läufer und Bauer), in denen in mehr als 50 Zügen Gewinn aber weder Matt noch Bauernzug oder Material-Reduktion in weniger als 50 Zügen erfolgt, und eine Änderung der 50-Züge Regel vorgeschlagen.

Von Computern angewandte Methoden sind für Spieler u. U. lehrreich und nützlich. Ich persönlich habe z. B. von der Beschränkung auf erzwungene Züge zur Vereinfachung des Spiels gelernt.

Im Sinne der Spieltheorie ist Schach ein endliches Spiel mit vollständiger Information. Computer-Programme haben ähnliche Charakteristiken. Die Zahl der möglichen verschiedenen Programme (wenn Redundanz nicht zugelassen ist) für die Lösung eines Problems ist sicher endlich, aber praktisch zu groß, um von Determiniertheit zu sprechen. (Die Zahlen für Programme dürften um einiges größer sein als beim Schach, wenn man z. B. für eine Maschinen-Instruktion 4 bytes = 32 bits und für eine typische Programmlänge 10–16 Tausend Instruktionen heranzieht.)

Es ist eine interessante Aufgabe, ein Schach-Programm zu schreiben und/oder Techniken/Methoden zu entwickeln/anzuwenden, die eine tiefere Analyse erlauben (abgesehen davon, daß für verschiedenen Computer-Erfolge, wie zum Beispiel Schlagen des Weltmeisters, attraktive Geldpreise ausgesetzt sind). Einer der Autoren von „Belle", das lange Zeit das stärkste Programm war, Ken Thompson, ist gleichzeitig Co-Autor des „Unix"-Systems. „Belle" ist immer noch eines der stärksten Programme, insbesondere sind obige Endspiel-Analysen von diesem Programm ausgeführt worden. Thompson erhielt 1983 für seine Beiträge zur Informatik den Turing-Award der ACM. Die Erstellung eines Schach-Programms ist ein Beispiel für die Fälle, in denen der Zweck des Programms bekannt ist, aber die Technologie zur Erzielung dieses Zweckes erst erforscht/erfunden werden muß. Der größte Erfolg wäre natürlich, wenn Computer Schach so in den Griff bekämen, daß es auch praktisch determiniert ist. Das würde bedeuten, daß die Frage des spiel-theoretischen Wertes $\{+1, 0, -1\}$ für Schach entschieden ist („+1": Weiß kann immer gewinnen; „0": bei bestem beiderseitigen Spiel endet die Partie unentschieden; „–1": Schwarz kann immer gewinnen). Der frühere Schach-Weltmeister Robert Fischer glaubt, die Antwort sei „0".

Schach hat den Vorteil klarer Ergebnisse. Damit wird die Möglichkeit der Erforschung gewisser Strukturen und des Testens von Methoden gegeben. Schach-Programme repräsentieren ein abgeschlossenes System. Ergebnisse lassen Schlüsse auf das Verhalten größerer und offener Modelle erhoffen.

Referenzen

Bauer, F.L. and Wössner, H.: „The Plankalkül" of Konrad Zuse: A Forerunner of Today's Programming Languages. Communications of ACM (Association of Computing Machinery), Vol. 15, 1972, S. 678–685.

Berliner, Hans J.: „Backgammon Computer Program Beats World Champion". Artificial Intelligence, Vol. 14, 1980, S. 205–220.

Botvinnik, M.M.: „Computers, Chess and Long Range Planning". Springer 1970.

Charness, Neil: „Human Chess Skill". Chess Skill in Man and Machine (Peter W. Frey editor), Springer 1977, S. 34–53.

Chéron, André: „Lehr- und Handbuch der Endspiele". Band III, 1952, 2. Auflage 1969, Engelhardt, Berlin-Frohnau.

Church, Kenneth: „Co-ordinate Squares: A Solution to many Chess Pawn Endgames". Computer Chess Compendium (David Levy editor), Springer 1988, S. 295–315.

Elo, Arpad E.: „The Rating of Chessplayers, Past & Present". Arco, New York 1978.

Greenblatt, Richard D., Eastlake III, Donald E., and Crocker, Stephen D.: „The Greenblatt Chess Program". Proceedings of the FJCC, 1967, S. 801–810.

van den Herick, Jaap: „Goal-Directed Search in Chess End Games". Computer Chess Compendium (David Levy editor), Springer 1988, S. 316–329.

Herschberg, Bob and van den Herick, Jaap: „Rank Discrimination". ICCA (International Computer Chess Association) Journal Vol. 12, 1989, S. 1–2.

Mednis, Edmar: „Rook and Bishop versus Rook: The controversial Endgame". ICCA (International Computer Chess Association) Journal Vol. 12, 1989, S. 30–36.

Newell, Allen and Simon, Herbert A.: „Human Problem Solving". Prentice-Hall 1972.

Remus, Horst: „Simulation of a Learning Machine for Playing Go". Proc. IFIP Congress, North-Holland 1962, S. 428–432.

Samuel, Arthur L.: „Some Studies in Machine Learning Using the Game of Checkers". IBM Journal of Research and Development, Vol. 3, 1959, S. 210–229.

Shannon, Claude E.: „Programming a Computer for Playing Chess". Philosophical Magazine, Vol. 41, 1950, S. 256–275.

Ströhlein, Thomas: „Untersuchungen über kombinatorische Spiele". Dissertation, TU München, 1970.

Turing, Alan M.: „Chess". Faster Than Thought (B.V. Bowden editor), Pitman, London 1953, S. 286–295.

Vigneron, Henri: „Robots". Erstmals in La Nature, 1914, S. 56–61 (Franz.). Engl. Übersetzung in Computer Chess Compendium (David Levy editor), Springer 1988, S. 273–278.

Welsh, David: „Bona Fide?". ICCA (International Computer Chess Association) Journal Vol. 11, 1988, S. 126–127.

Zuse, Konrad: „Der Computer, Mein Lebenswerk". Springer, 1984.

Relationen und Programme

Gunther Schmidt

1. Einführung

Man studiert sehr unterschiedliche Relationen im Zusammenhang mit Programmen, etwa

- statische und dynamische Aufrufbeziehungen zwischen Prozeduren,
- die conformant-Relation in PASCAL,
- Abkömmlingsrelationen zwischen Programmversionen,
- Relationen in der Programmierung relationaler Datenbanken,

um nur einige zu nennen.

Hier soll von einem anderen – direkteren – Aspekt die Rede sein. Dafür nehme ich als Zwischenglied zwischen Relation und Programm den *Graphen*. Graphen sind – von einem genügend hohen Abstraktionsniveau herab betrachtet – kaum etwas anderes als Relationen. Ein Unterschied ist vielleicht der:

- Mit Relationen *rechnet* man.
- Graphen *zeichnet* man.

Als Bezug Programm – Graph fällt dann sofort das Flußdiagramm ins Auge:

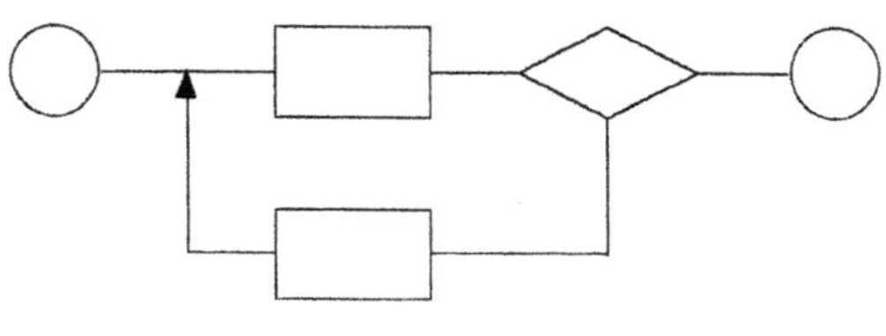

Aus verschiedenen Gründen möchte ich lieber eine weniger gewohnte Darstellung verwenden.

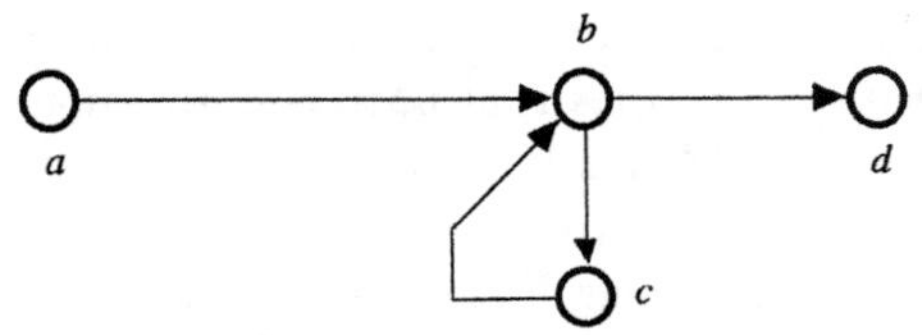

Den hierin enthaltenen Graphen stellt man leicht als eine Relation dar und erhält die folgende boolesche Matrix:

$$
B = \begin{array}{c} \\ a \\ b \\ c \\ d \end{array}
\begin{array}{c} \begin{array}{cccc} a & b & c & d \end{array} \\ \begin{pmatrix} \mathbf{0} & \mathbf{1} & \mathbf{0} & \mathbf{0} \\ \mathbf{0} & \mathbf{0} & \mathbf{1} & \mathbf{1} \\ \mathbf{0} & \mathbf{1} & \mathbf{0} & \mathbf{0} \\ \mathbf{0} & \mathbf{0} & \mathbf{0} & \mathbf{0} \end{pmatrix} \end{array}
$$

Natürlich ist dies eine sehr vereinfachende Darstellung des Programms. Sie läßt völlig außer Acht, was das Programm eigentlich leistet, und es liegt nahe zu versuchen, auch das noch im Flußdiagramm, im Graphen und in der Relation unterzubringen.

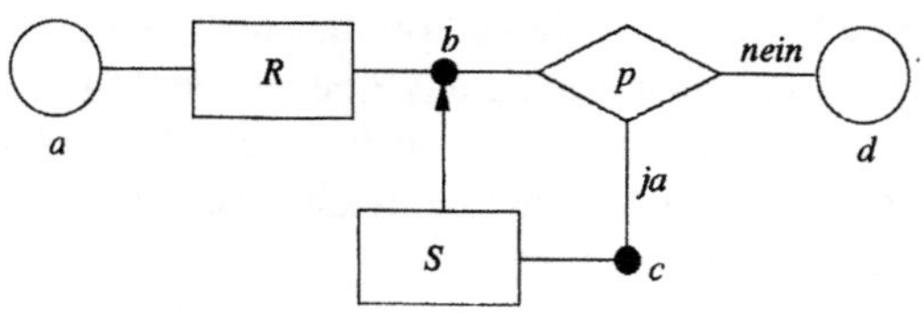

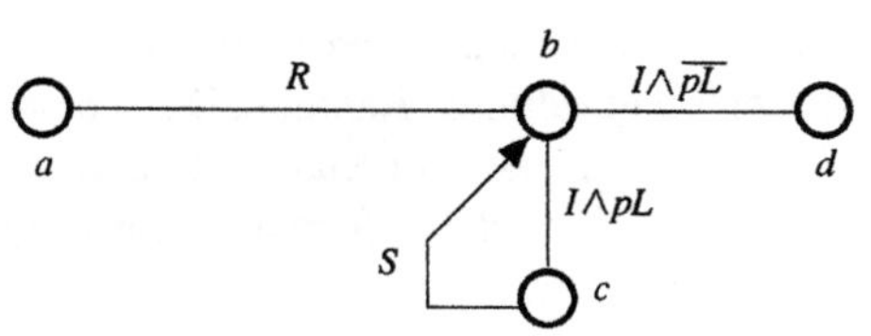

$$
B' = \begin{array}{c} \\ a \\ b \\ c \\ d \end{array}
\begin{array}{c} \begin{array}{cccc} a & b & c & d \end{array} \\ \begin{pmatrix} O & R & O & O \\ O & O & p & \overline{p} \\ O & S & O & O \\ O & O & O & O \end{pmatrix} \end{array}
$$

Zu diesem Zwecke schreiben wir diese Information einfach in das Flußdiagramm oder in den Graphen, bzw. anstelle von **0** und **1** in die Matrix hinein. Dabei schreiben wir aus Platzgründen p statt $I \wedge pL$ für den mit der Abfrage p verbundenen „partiell identischen" Zustandsübergang. Ist dies aber noch eine Relation? Wir haben gelernt, eine Relation R auf einer Menge V zu sehen als eine Teilmenge $R \subset V \times V$. Auf der Punktmenge $V := \{a, b, c, d\}$ war die gezeigte **0-1**-Matrix sicherlich geeignet, eine solche Teilmenge R auszuzeichnen. Ist aber die neue Matrix, in die wir bei gleicher äußerer Gestalt einfach die Einzelschritte des Programms hineingeschrieben haben, auch eine Relation? Im eben geschilderten Sinne zunächst nicht. Immerhin gibt es ein Indiz dafür, daß man dennoch so rechnen kann wie mit Relationen: Man gehe zur charakteristischen Funktion über. Es war $B \in \mathbb{B}^{V \times V}$, was sich nun leicht zu $B' \in (\mathbb{B}^{Z \times Z})^{V \times V}$ verallgemeinern läßt, worin Z irgendeine Zustandsmenge sei und $\mathbb{B}^{Z \times Z}$ die Menge der Relationen auf Z. Daß man damit so rechnen kann, wie mit Relationen, überlegt man sich am einfachsten durch eine „Auffelderung" der Matrix B', was der Auffassung $B' \in \mathbb{B}^{(V \times Z) \times (V \times Z)}$ entspricht.

Man hat natürlich die Gesetze, die in einer Relationenalgebra gelten, nachzuweisen. Ich will sie mit wenigen Worten skizzieren; dazu brauchen wir jedoch ein wenig Notation. Ich notiere die Null-Relation, auch leere Relation genannt, mit O und die All- oder Universalrelation mit L. Bei homogenen Relationen *auf* einer Menge, entsprechend den quadratischen Matrizen, gibt es auch noch die identische Relation oder die Identität, notiert mit I. Für Relationen als Teilmengen sind auf ganz natürliche Weise die Vereinigung $\vee$, der Durchschnitt $\wedge$ und das Komplement $\overline{}$ erklärt. Außerhalb der Mengenlehre kommen nur noch zwei Operationen hinzu. Das ist zum einen die Transposition, das Spiegeln der Matrix, mit einem hochgestellten ^{T} gekennzeichnet, und die Komposition oder Multiplikation von Relationen, die ich durch $\circ$ oder meist durch einfaches Nebeneinandersetzen, wie für Matrizen gewohnt, notiere.

Als Rechenregeln hat man in einer Relationenalgebra zunächst alle Regeln der booleschen Algebra; sie können als bekannt gelten. Auch die Tatsache, daß die Relationenmultiplikation assoziativ ist und in Gestalt der identischen Relation I ein Einselement besitzt, bleibt vollkommen im gewohnten Rahmen. Das Transponieren eines Produktes gemäß $(RS)^{\mathrm{T}} = S^{\mathrm{T}} R^{\mathrm{T}}$ ist aus der Matrizenrechnung geläufig. Neu ist hingegen, daß man nach der Schröder-Umformung wie folgt verfahren kann

$$R \circ S \subset Q \quad \Longleftrightarrow \quad R^{\mathrm{T}} \circ \overline{Q} \subset \overline{S} \quad \Longleftrightarrow \quad \overline{Q} \circ S^{\mathrm{T}} \subset \overline{R}.$$

Dabei wird etwas „negativ auf die andere Seite gebracht". Das ist aber nur zulässig, falls das Produkt auf der kleineren Seite der Inklusion steht; falls nicht, gibt es so gut wie keine Umformungsmöglichkeit. Neu ist außerdem die sog. Tarski-Regel

$$R \neq O \quad \Longrightarrow \quad L \circ R \circ L = L.$$

Ich habe vor, nach dieser Einführung auf zwei Dinge einzugehen:

- auf Begriffsbildungen aus der Theorie der partiellen und der totalen Korrektheit sowie der dynamischen Logik. Ich werde sie relationenalgebraisch formulieren und damit in die gewohntere Umgebung der – nun allerdings booleschen – Matrizenrechnung verlagern.
- auf eine interessante modelltheoretische Frage, bei deren Lösung ich wichtige Impulse für einige Probleme der Semantik und der Informatik im allgemeinen erwarte.

Zunächst bespreche ich wie angekündigt die relationenalgebraischen Analoga zur partiellen und totalen Korrektheit.

2. Wirkung und Semantik

Als ein erstes einfaches Beispiel betrachten wir das folgende Programm, welches eine nicht notwendig deterministische Verzweigung im Eingangspunkt e_G enthält, und in dem auf dem einen Weg in einem Schritt auf dem anderen dagegen in drei hintereinandergesetzten Schritten zum Ausgabepunkt a_G fortgeschritten wird.

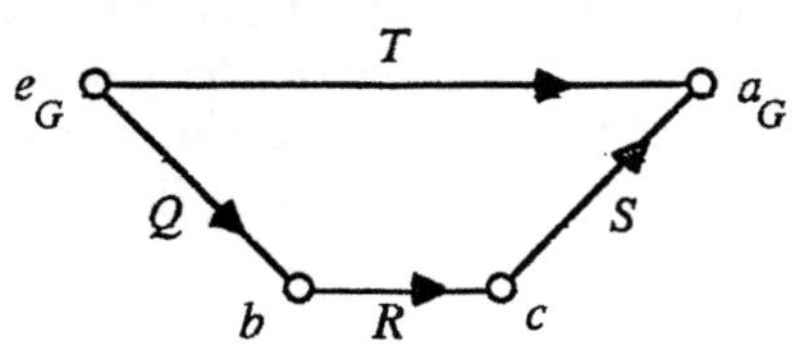

Ihm entspricht als Relation der eben erwähnten neuen Art

$$B = \begin{array}{c} \\ e_G \\ b \\ c \\ a_G \end{array} \begin{array}{c} \begin{array}{cccc} e_G & b & c & a_G \end{array} \\ \begin{pmatrix} O & Q & O & T \\ O & O & R & O \\ O & O & O & S \\ O & O & O & O \end{pmatrix} \end{array}.$$

Wir beobachten nun, wie sich durch Multiplikation der Matrix mit sich selbst erst zwei, dann drei Schritte dieses Programms darstellen lassen.

$$B^2 = \begin{array}{c} \\ e_G \\ b \\ c \\ a_G \end{array} \begin{array}{c} \begin{array}{cccc} e_G & b & c & a_G \end{array} \\ \begin{pmatrix} O & O & QR & O \\ O & O & O & RS \\ O & O & O & O \\ O & O & O & O \end{pmatrix} \end{array}, \quad B^3 = \begin{array}{c} \\ e_G \\ b \\ c \\ a_G \end{array} \begin{array}{c} \begin{array}{cccc} e_G & b & c & a_G \end{array} \\ \begin{pmatrix} O & O & O & QRS \\ O & O & O & O \\ O & O & O & O \\ O & O & O & O \end{pmatrix} \end{array}.$$

Jetzt nehmen wir alles, was auf Wegen verschiedener Länge $n \geq 0$ an Relationsübergängen entstanden ist, zusammen und vereinigen diese Relationen. Es ergibt sich die reflexiv-transitive Hülle $B^* = I \vee B \vee B^2 \vee \ldots$.

$$B^* = \begin{array}{c} \\ e_G \\ b \\ c \\ a_G \end{array} \begin{array}{c} \begin{array}{cccc} e_G & b & c & a_G \end{array} \\ \begin{pmatrix} I & Q & QR & T \vee QRS \\ O & I & R & RS \\ O & O & I & S \\ O & O & O & I \end{pmatrix} \end{array} \qquad e = \begin{pmatrix} I \\ O \\ O \\ O \end{pmatrix} \qquad a = \begin{pmatrix} O \\ O \\ O \\ I \end{pmatrix}$$

Hierin können wir bei Auszeichnung von e_G als Einstiegspunkt und von a_G als Ausgabepunkt sehr leicht die zwischen diesen herrschende *Wirkung* $\Sigma = T \vee QRS$ des Programms ablesen. In sauberer algebraischer Form betrachten wir zusätzlich die Relationen e, a und definieren $\Sigma := e^{\mathrm{T}} B^* a$.

3. Partielle Korrektheit

Hat man sich einmal entschlossen, in dieser Art vorzugehen, so liegt es nahe, auch mit den üblichen Regeln der Relationenalgebra zu *rechnen* und auf diese Weise die bekannten Sätze zur partiellen und zur totalen Korrektheit zu analysieren. Ich werde versuchen, im Begriff der Programm-Invarianten die von den reellwertigen Matrizen her wohlbekannten Eigenwertbegriffe wiederzuerkennen. Bekanntlich ist λ Eigenwert und x Eigenvektor der reellwertigen Matrix $B \in \mathbb{R}^{n \times n}$, falls

$$(B - \lambda I)x = x \qquad \text{bzw.} \qquad Bx = \lambda x.$$

Statt über $\mathbb{R}$ rechnen wir jetzt allerdings mit Matrizen über $\mathbb{B}$, also mit booleschen Koeffizienten. Für λ bleibt da nur die Wahl zwischen $\mathbf{1}$ oder $\mathbf{0}$. Wir arbeiten zunächst im Falle der partiellen Korrektheit und wiederholen als erstes die formale Definition, die übrigens auch im nichtdeterministischen Falle gilt:

Für ein Programm B mit der Wirkung $\Sigma = e^{\mathrm{T}} B^* a$ und zwei als Vorbedingung v und Nachbedingung n bezeichnete Prädikate auf der Zustandsmenge wird die Kurzform $\{v\}\ B\ \{n\}$ der Aussage definiert, die besagt, es sei B in bezug auf die Vorbedingung v und die Nachbedingung n *partiell korrekt*.

$\{v\}\ B\ \{n\} \quad :\Longleftrightarrow$ Alle ordnungsgemäß terminierenden Berechnungsfolgen, die mit erfüllter Vorbedingung beginnen, enden mit erfüllter Nachbedingung.

Eine Umschreibung in relationenalgebraische Form erbringt

$$\{v\}\ B\ \{n\} \quad :\Longleftrightarrow \quad \Sigma^{\mathrm{T}} v \subset n,$$

womit ausgedrückt ist, daß, sofern man vom erreichten Endzustand auf den Anfangspunkt zurückblickt und dieser die Vorbedingung erfüllte, stets auch die Nachbedingung erfüllt ist.

Die nach der Schröder-Regel äquivalente Form

$$\Sigma\overline{n} \subset \overline{v}$$

der Bedingung liest sich so: Führt die Wirkung des hinsichtlich v und n partiell korrekten Programms zu einem Zustand, der die Nachbedingung verletzt, so war stets bereits die Vorbedingung verletzt. Schließlich kann man

$$\Sigma \subset \overline{v\overline{n}^{\mathrm{T}}}$$

dahingehend interpretieren, daß es *nicht* möglich ist, durch die Wirkung des Programmablaufs eines hinsichtlich v und n partiell korrekten Programms von Zuständen mit erfüllter Vorbedingung zu Zuständen mit *nicht* erfüllter Nachbedingung zu gelangen.

Man braucht nur wenig Training, um solche Formeln ähnlich wie die der booleschen Algebra mehr oder weniger direkt in eine umgangssprachliche Form umzusetzen.

Es ist vergleichsweise schwer, an der B nur mittelbar enthaltenden Form

$$\Sigma^{\mathrm{T}}v \subset n$$

die partielle Korrektheit zu entscheiden. Wir brauchen einen Satz, der diese Entscheidung auf die Ebene des ursprünglichen Programms B zurückverlegt. So etwas leistet der

Kontraktionssatz. Ist v eine Vor- und n eine Nachbedingung und B ein Programm, so gilt

$$\{v\}\ B\ \{n\} \quad\Longleftrightarrow\quad \begin{array}{c}\text{Es gibt ein Prädikat } q \text{ mit}\\ B^{\mathrm{T}}q \subset q, \quad v \subset e^{\mathrm{T}}q, \quad a^{\mathrm{T}}q \subset n.\end{array}$$

Der eigenwertähnliche Charakter dieser Bedingung ist offensichtlich; die Vorstellung vom sich selbst füllenden Trichter gibt eine gute anschauliche Deutung. Anfangs-, End- oder Zwischenzustände, die von einem Zustand mit erfülltem q in einem Schritt gemäß B erreicht wurden, erfüllen q erneut.

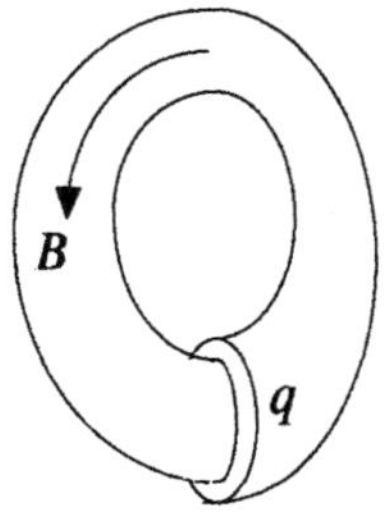

Der formale Beweis erfordert nur wenige Zeilen; er kann in [1, 2] nachgelesen werden. Statt ihn hier auszuführen, verfolgen wir die Wirkungsweise des Kontraktionssatzes an zwei Beispielen.

3.1 Hintereinanderschaltung

Zunächst betrachten wir zwei hintereinandergeschaltete Programmschritte D und E. Die Graphenrepräsentation hat die folgende Gestalt:

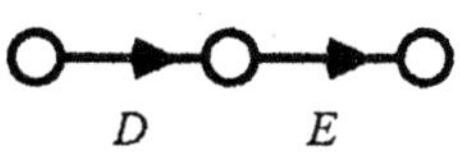

In Relationengestalt hat man die Relation B sowie die Ein- und Ausgaberelationen e resp. a.

$$B = \begin{pmatrix} O & D & O \\ O & O & E \\ O & O & O \end{pmatrix} \quad q = \begin{pmatrix} x \\ y \\ z \end{pmatrix} \qquad e = \begin{pmatrix} I \\ O \\ O \end{pmatrix} \quad a = \begin{pmatrix} O \\ O \\ I \end{pmatrix}.$$

Für die Korrektheitsuntersuchung wird nun das bereits erwähnte „interpolierende“ Prädikat q auf allen Zwischensituationen angesetzt und die Beziehungen $B^{\mathrm{T}}q \subset q$ sowie $v \subset e^{\mathrm{T}}q$ und $a^{\mathrm{T}}q \subset n$ ausgewertet. Es ergibt sich

$$D^{\mathrm{T}}x \subset y, \quad E^{\mathrm{T}}y \subset z, \quad v \subset x \quad \text{und} \quad z \subset n.$$

Wenn es ein solches q resp. das Tripel x, y, z gibt, dann gibt es offensichtlich auch eines, welches speziellere Gestalt hat. Man sieht nämlich leicht, daß statt z ohne weiteres n gewählt werden kann, ohne die Gültigkeit der Beziehungen zu verletzen. Weiter darf man x solange verkleinern, bis es gleich v ist. Dann hat man

$$D^{\mathrm{T}}v \subset y \quad \text{und} \quad E^{\mathrm{T}}y \subset n.$$

Schreibt man nun auch noch die übliche Notation mit den geschweiften Klammern, so ergibt sich in der Tat die für die partielle Korrektheit gewohnte Schlußregel

$$\{v\}\,D; E\,\{n\} \quad \Longleftrightarrow \quad \begin{array}{c}\text{Es gibt ein Prädikat } y \text{ mit} \\ \{v\}D\{y\},\ \{y\}E\{n\}.\end{array}$$

3.2 repeat-Schleife

Der gleiche Weg führt in dem etwas schwierigeren Fall der **repeat**-Schleife zum Ziel, die der folgenden Abbildung entspricht.

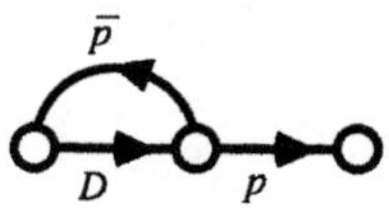

Wieder geben wir die Relationenform an

$$B = \begin{pmatrix} O & D & O \\ \overline{p} & O & p \\ O & O & O \end{pmatrix} \quad q = \begin{pmatrix} x \\ y \\ z \end{pmatrix} \qquad e = \begin{pmatrix} I \\ O \\ O \end{pmatrix} \quad a = \begin{pmatrix} O \\ O \\ I \end{pmatrix}$$

und überprüfen für das angesetzte Prädikat q die Bedingungen des Kontraktionssatzes. Dabei ergibt sich unter Beachtung der verkürzt notierten partiell identischen Zustandsübergänge („Diagonalmatrizen") folgendes:

$$(I \wedge \overline{pL})^{\mathrm{T}} y = \overline{p} \wedge y \subset x, \quad D^{\mathrm{T}} x \subset y,$$
$$(I \wedge pL)^{\mathrm{T}} y = p \wedge y \subset z, \quad v \subset x, \quad z \subset n.$$

Auch hier gibt es, wenn überhaupt ein q existiert, sogar eines mit einer etwas spezielleren Gestalt. Man darf nämlich z so lange vergrößern, bis es gleich n ist. Versucht man aber, x zu verkleinern, so kann die erste Bedingung dabei verletzt werden. Insgesamt ergibt sich nach Übergang zur Schreibweise mit den geschweiften Klammern die Schlußregel

$$\{v\}\ \textbf{repeat}\ D\ \textbf{until}\ p\ \{n\} \iff \begin{array}{l} \text{Es gibt Prädikate } x, y \text{ mit} \\ \{x\}D\{y\}, \quad p \wedge y \subset n, \\ \quad \overline{p} \wedge y \subset x, \quad v \subset x. \end{array}$$

Erwähnt sei noch, daß häufig nur die folgende *hinreichende* Bedingung für die partielle Korrektheit verwendet wird. Man erhält sie offenbar mit der Wahl $x := v \vee (\overline{p} \wedge n)$, $y := n$.

$$\{v\}\ \textbf{repeat}\ D\ \textbf{until}\ p\ \{n\} \quad \Longleftarrow \quad \{\overline{p} \wedge n\}D\{n\}, \ \{v\}D\{n\}.$$

4. Totale Korrektheit

Viel mehr interessiert als an der partiellen Korrektheit ist man an der totalen Korrektheit eines Programms; sie ist aber nur mit höherem Aufwand zu beweisen.

Die verbalen Formulierungen unterscheiden sich nur in einer Nuance. Zum Vergleich gebe ich noch einmal an, was es heißt, wenn partielle Korrektheit eines Programms in bezug auf eine Vorbedingung v und eine Nachbedingung n zugesichert ist:

> *Wenn* das Programm mit erfüllter Vorbedingung v beginnt,
> *und* eine der Berechnungsfolgen terminiert,
> *dann* endet sie mit erfüllter Nachbedingung n.

Dem stelle ich nun die Definition der totalen Korrektheit gegenüber.

B **total korrekt bzgl.** v und n

> *Wenn* das Programm mit erfüllter Vorbedingung v beginnt,
> $:\Longleftrightarrow$ *dann* terminieren alle Berechnungsfolgen
> *und* enden mit erfüllter Nachbedingung n.

Hier wird also von der Vorbedingung her bereits die Terminierung des (nicht notwendig deterministischen) Programms mit garantiert. Die relationenalgebraische Fassung dieses Begriffes ist wesentlich aufwendiger als im vorausgegangenen Fall

$$v \subset e^{\mathrm{T}} \mathtt{inf}\,\{q \mid \overline{q} \subset B\overline{q}\} \wedge e^{\mathrm{T}}\overline{B^*(\overline{an} \wedge \overline{BL})}$$

Die Interpretation dieser Beziehung beginne ich mit dem Eigenvektor-ähnlichen Anteil $\overline{q} \subset B\overline{q}$. Er besagt, daß das Verletztsein der Bedingung q zur Folge hat, daß es einen Programmschritt gemäß B gibt, wonach q wieder verletzt ist. Hierin kann man für das *Komplement* von q die Möglichkeit zum unendlich langen Programmlauf erkennen. Der Anteil $\overline{BL}$ beschreibt, daß es nicht möglich ist, mit einem Programmschritt nach B noch irgendwo (Universalrelation) hin zu gelangen; damit sind die terminalen Zustände ausgezeichnet. Es soll nun *nicht* so sein, daß die Wirkung von B zu einem terminalen Zustand führt, der gemäß $\overline{an}$ *nicht* nach Ausgabe die Nachbedingung n erfüllt; mit anderen Worten: Es soll keine Abortion vorkommen.

Übrigens wird die Totalitätsbedingung viel einfacher, falls man sich auf deterministische Programme einschränkt; sie hat dann eine äußerliche Ähnlichkeit mit dem früheren $\Sigma^{\mathrm{T}}n \subset v$ und lautet:

$$v \subset \Sigma n.$$

Man darf aber nicht übersehen, daß dennoch die algebraische Manipulierbarkeit der Totalitätsbedingung $v \subset \Sigma n$ schwieriger ist als die von $\Sigma^{\mathrm{T}}n \subset v$. Es gibt in der Relationenalgebra prinzipiell kaum eine Handhabe zur Umformung eines Produktes auf der *größeren* Seite einer Inklusion.

Auch im Fall der totalen Korrektheit wäre es schwierig, die Bedingung an der Definition direkt zu überprüfen. Ich gebe daher auch hier an, wie man zu einer sich direkt auf B stützenden Bedingung gelangen kann. Man beachte vor allem den Übergang zum Komplement und die Tatsache, daß *alle* Prädikate q

heranzuziehen sind. Der nicht mehr ganz so einfache Beweis findet sich ebenfalls in [1, 2].

Komplement-Expansionssatz.

B total korrekt bzgl. v und n	$\Longleftrightarrow$	Für alle Prädikate q mit $\overline{q} \subset B\overline{q} \vee \overline{an \vee BL}$ gilt $v \subset e^{\mathrm{T}}q$.

Statt eines Beweises geben wir zunächst eine Illustration für dieses Resultat. Danach zerfällt die Gesamtmenge der Zustände bei Verwendung eines beliebigen Prädikates q in drei Teile. Wichtig ist die Unterteilung des Anteils $\overline{q}$, je nachdem, ob man mit B wieder in $\overline{q}$ hineingelangen (also im Prinzip unendlich lange laufen) kann oder nicht.

Die totale Korrektheit wird oft mit dem Mechanismus der schwächsten Vorbedingungen beschrieben. Es ist ja immer schwer, mit dreistelligen (hier booleschen) Funktionen zu arbeiten. Man verfiel daher auf die Idee, nicht mehr für jedes Tripel von Vorbedingung, Programmschritt und Nachbedingung die Korrektheitsaussage zu beschreiben. Da hinsichtlich des ersten Argumentes v nur darauf zu achten ist, daß v in $e^{\mathrm{T}}q$ enthalten ist, läßt sich alles mit zwei Argumenten formulieren: Man gibt zum Programmschritt und der Nachbedingung an, welches die schwächste (liberalste, am wenigsten einschränkende) Vorbedingung ist, unter der immer noch totale Korrektheit herrscht. Es war eine wichtige Entdeckung, daß man die dabei inhärent nötige Rückwärtsrichtung erkannte, die dem Fortschreiten des Programmablaufes zuwider zu laufen scheint.

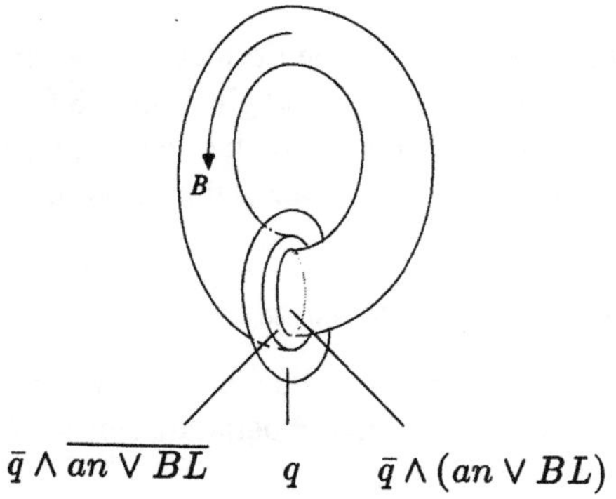

Wir illustrieren die Möglichkeit, auch die Regeln für die schwächsten Vorbedingungen zu erhalten, an zwei einfachen Beispielen.

4.1 Schwächste Vorbedingung für den Einzelschritt

Ein einzelner Programmschritt hat ein besonders simples Analogon als Graph.

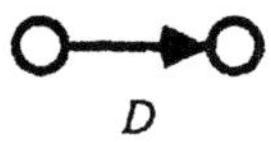

Die assoziierte Relation B, das zu studierende Prädikat q sowie die Ein- und die Ausgaberelation haben folgende Gestalt:

$$B = \begin{pmatrix} O & D \\ O & O \end{pmatrix} \quad q = \begin{pmatrix} x \\ y \end{pmatrix} \quad e = \begin{pmatrix} L \\ O \end{pmatrix} \quad a = \begin{pmatrix} O \\ L \end{pmatrix}.$$

Hierfür schreibt sich die Bedingung des Komplement-Expansionssatzes so:

$$\text{Wenn für } x, y \text{ gilt } \begin{pmatrix} \overline{x} \\ \overline{y} \end{pmatrix} \subset \begin{pmatrix} O & D \\ O & O \end{pmatrix} \begin{pmatrix} \overline{x} \\ \overline{y} \end{pmatrix} \vee \overline{\begin{pmatrix} O \\ n \end{pmatrix} \vee \begin{pmatrix} \overline{DL} \\ O \end{pmatrix}}, \text{ dann auch } v \subset x.$$

Einfache boolesche Umformungen ergeben als Bedingung für x, y

$$\begin{pmatrix} \overline{D\overline{y}} \wedge DL \\ n \end{pmatrix} \subset \begin{pmatrix} x \\ y \end{pmatrix}.$$

Nun ist die schwächste unter allen Vorbedingungen v gesucht, für die bei gegebenem D und n noch totale Korrektheit herrscht. Man sucht mithin nach der schärfsten Einschränkung für x, y und erhält im ersten Schritt $y := n$, womit sich an der ersten Komponente die linke Seite weiterhin verkleinert, sowie $x := \overline{D\overline{n}} \wedge DL$. In der gewohnten Schreibweise lautet das Ergebnis

$$\mathtt{wp}(D, n) = \overline{D\overline{n}} \wedge DL.$$

Umsetzung in die Umgangssprache führt zu der einsichtigen Form, daß es *nicht* bei einem Übergang gemäß D so sein darf, daß danach n *nicht* gilt, und daß ferner ein Übergang mit dem Programmschritt D überhaupt möglich sein muß, hier ausgedrückt dadurch, daß man mit D irgendwohin (Universalrelation) kommt.

4.2 Schwächste Vorbedingung für die Hintereinanderschaltung

Auf den nächsteinfacheren Fall gehe ich auch noch ein und gebe als erstes den Übergangsgraphen für die Hintereinanderschaltung zweier Programmschritte D und E an.

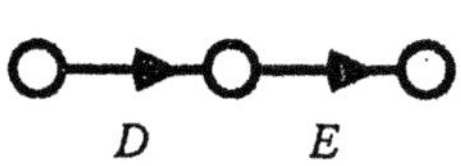

In der nun bereits bekannten Form lauten die Relationen

$$B = \begin{pmatrix} O & D & O \\ O & O & E \\ O & O & O \end{pmatrix} \quad q = \begin{pmatrix} x \\ y \\ z \end{pmatrix} \quad e = \begin{pmatrix} L \\ O \\ O \end{pmatrix} \quad a = \begin{pmatrix} O \\ O \\ L \end{pmatrix}.$$

Die Bedingung des Komplement-Expansionssatzes lautet:

$$\text{Wenn für } x, y \text{ gilt} \quad \begin{pmatrix} \overline{x} \\ \overline{y} \\ \overline{z} \end{pmatrix} \subset \begin{pmatrix} O & D & O \\ O & O & E \\ O & O & O \end{pmatrix} \begin{pmatrix} \overline{x} \\ \overline{y} \\ \overline{z} \end{pmatrix} \vee \overline{\begin{pmatrix} O \\ O \\ n \end{pmatrix} \vee \begin{pmatrix} DL \\ EL \\ O \end{pmatrix}},$$

dann ist $v \subset x$.

Einfache boolesche Umformungen überführen die Bedingung für x, y, z in

$$\begin{pmatrix} \overline{D\overline{y}} \wedge DL \\ \overline{E\overline{z}} \wedge EL \\ n \end{pmatrix} \subset \begin{pmatrix} x \\ y \\ z \end{pmatrix}.$$

Gefragt wird nach dem schwächsten v. Also ist zu überlegen, welches das einschränkendste x unter diesen Voraussetzungen ist. Es wird zusammen mit y kleiner, und dieses wiederum zusammen mit z. Allerdings kann man z nur verkleinern bis zu n. Damit ändert sich nichts an der Gültigkeit der Beziehung, weil das Vorkommnis von z in der zweiten Zeile links unter doppelter Negation ebenfalls zu einer Verkleinerung führt. O. E. darf man also $z = n$ wählen. Mit der gleichen Begründung darf $y = \overline{E\overline{n}} \wedge EL$ und danach $x = \overline{D\overline{\overline{E\overline{n}} \wedge EL}} \wedge DL$ gesetzt werden. Nun interpretiere ich die erhaltene Bedingung für x, welche die schwächste Vorbedingung für den Programmschritt $D; E$ in bezug auf die Nachbedingung n angibt, und setze dabei die Kenntnis des vorangegangenen Beispiels ein:

$$\begin{aligned} \mathtt{wp}\,((D;E),n) &= \overline{D\overline{\overline{E\overline{n}} \wedge EL}} \wedge DL = \overline{D\overline{\mathtt{wp}(E,n)}} \wedge DL \\ &= \mathtt{wp}\,(D, \mathtt{wp}(E,n)). \end{aligned}$$

Im Endergebnis erhalte ich die bekannte Bedingung

$$\mathtt{wp}\,((D;E),n) = \mathtt{wp}\,(D, \mathtt{wp}(E,n)).$$

Es versteht sich von selbst, daß ich hier nur die einfachsten Fälle vorführen konnte, um den Vortrag überschaubar zu halten. Man kann in gleicher Weise vorgehen und die verschiedenen Versionen der Fallunterscheidung, der nichtdeterministischen Verzweigung untersuchen; man findet dies in [1, 2]. Bei der Untersuchung von Systemen rekursiver Rechenvorschriften im Beisein von Nichtdeterminismus ergeben sich in einer sehr kompakten Form die tieferliegenden Deriviertensätze aus [3].

5. Dynamische Logik

Vielfach wird die sog. dynamische Logik für die theoretische Untersuchung von Programmen eingesetzt. Man hat dann beispielsweise die hier gleich mit einer relationenalgebraischen Interpretation versehene Begriffsbildung

$$[B]n := \overline{\Sigma \overline{n}},$$

um Zustände vor Eintritt in das Programm zu charakterisieren, für die jede terminierende aber nicht abortierende Ausführung des (nichtdeterministischen) Programms zu Zuständen führt, die n erfüllen. Oder man setzt

$$<B> n := \Sigma n,$$

um Zustände vor Eintritt in das Programm zu charakterisieren, für die wenigstens eine terminierende, jedoch nicht abortierende Ausführung des Programms existiert, die zu n führt. Es ist auch möglich, mit

$$\text{loop}_B := e^{\mathrm{T}} \overline{\mathtt{inf}\,\{q \mid \overline{q} \subset B\overline{q}\}}$$

Zustände zu charakterisieren, von denen aus es unendlich lange Berechnungsfolgen gibt, oder mit

$$\text{fail}_B := e^{\mathrm{T}} B^* \overline{aL},$$

Zustände zu charakterisieren, von denen aus man in eine Abortion geraten kann.

Die typische Vorgehensweise der dynamischen Logik wäre es dann, die Interdependenz dieser vier Konstrukte

$$[B]n \quad <B>n \quad \text{loop}_B \quad \text{fail}_B$$

und ähnlicher in einem Formelmechanismus zusammenzufassen. Die hier angegebene Interpretation legt nahe, solche Überlegungen auf einen einfacheren „Matrixmechanismus" abzustützen und somit auch anderen als dem wissenschaftlich tätigen Informatiker zugänglich zu machen.

6. Zusammenfassung und Ausblick

Im Vortrag wurden drei Mechanismen für die theoretischen Untersuchungen von Programmen beleuchtet

- Theorie der partiellen Korrektheit
- Theorie der totalen Korrektheit und der schwächsten Vorbedingungen
- Dynamische Logik

Dabei haben wir gesehen, daß es eine vernünftige Vorgehensweise ist, von den drei zu sehr unterschiedlichen Zeiten entstandenen und sehr unterschiedliche Mittel verwendenden Methoden über das Vehikel der Relationenalgebra zu einer gemeinsamen Basis zu kommen. Relationenalgebra erlaubt ein präzises, an die auch Ingenieuren geläufige Matrizenrechnung angelehntes Arbeiten, das gegebenenfalls mit Hilfe von Formelmanipulatoren zu bewältigen ist. Ein solcher, graphisch interaktives Arbeiten erlaubender Formelmanipulator namens RALF (relationenalgebraischer Formelmanipulator) wurde in den vergangenen Jahren mit der Hilfe von Diplomanden gebaut.

Bemerkenswert erscheint mir auch die Tatsache, daß für die verschiedenen Programmkonstrukte die jeweiligen Regeln aus derselben äußerlich so simplen Regel – Kontraktionssatz im einen oder Komplement-Expansionssatz im anderen Fall – die Aussagen *deduziert* werden konnten. Das übergeordnete Fixpunkt- oder Eigenwert-Prinzip läßt sich noch *innerhalb* der Relationenalgebra formulieren. Wenn mir morgen ein weiteres Programmkonstrukt einfällt, habe ich zumindest die Hoffnung, daß ich in gleicher Weise auch dessen Korrektheitsregeln aus diesem Prinzip deduzieren kann.

An einer wichtigen Stelle empfindet man bei dieser Vorgehensweise noch eine Lücke. Es wird aufgefallen sein, daß ich bei den Programmkonstrukten die parallele Komposition von Programmschritten nicht erwähnt habe. Es läge doch so nahe, gerade bei diesem schwierigen (und bisher im Vergleich mit den anderen geradezu stümperhaft beherrschten) Konstrukt mit der hier vorgestellten Methode vorzugehen.

Ich will Ihnen Gründe nennen, weshalb ich hier sicher bin, daß ein Fortschritt möglich ist. Allerdings geht es dabei um schwierige modelltheoretische Betrachtungen.

Ich habe Ihnen hier links die *Theorie* der Relationenalgebra skizziert, das ist die Menge der Gesetze für die Definition einer Relationenalgebra zuzüglich aller Formeln, die sich daraus herleiten lassen. Auf der anderen Seite stehen *Interpretationen*, die Menge aller denkbaren Wertetafeln für das (matrixartige) Rechnen mit Relationen auf konkret gegebenen Mengen.

Der Logiker weiß, daß eine Vermehrung der Gesetze links meist zur Folge hat, daß weniger Wertetafeln diese Gesetze auch erfüllen. Andererseits hat eine Vergrößerung der Menge der Wertetafeln i. a. zur Folge, daß weniger Formeln *in allen zugleich* gültig sind[1].

Besonders „abgerundet" sind nun solche Theorien resp. solche Klassen von Modellen, zwischen denen die folgende eineindeutige Beziehung besteht: Einerseits sind genau die Formeln der Theorie für alle Wertetafeln der Klasse von

[1] Wenn man zu drei Wertetafeln für kommutative Gruppen eine weitere einer nichtkommutativen dazulegt, so kann das Kommutativgesetz **nicht** mehr in allen vier Wertetafeln gelten.

Interpretationen erfüllt und andererseits läßt die Theorie genau alle diese Interpretationen zu.

Im Gegensatz zu anderen bekannten mathematischen Theorien haben wir diese schöne Situation für die Relationenalgebra leider nicht! Man hat in der Tat Algebren, also Wertetafeln, gefunden, die den Gesetzen der Relationenalgebra genügen, die aber nachweislich *nicht* mit Matrizen darstellbar sind. Die kleinste ist im folgenden angegeben; sie hat sogar nur 16 Elemente. Im Ordnungssinne handelt es sich um den vierdimensionalen Würfel.

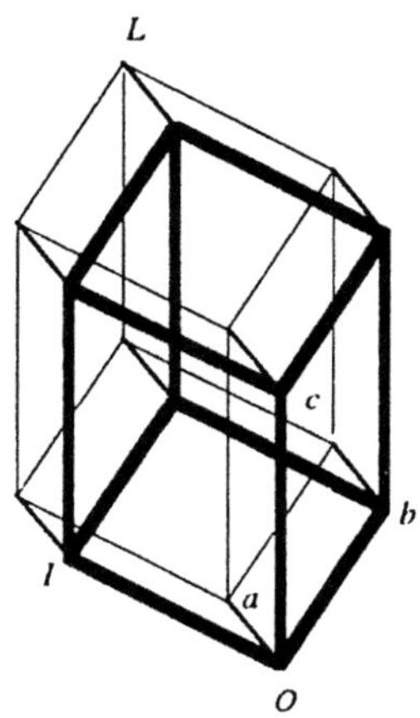

$$\begin{aligned}
I^{\mathrm{T}} &= I \\
a^{\mathrm{T}} &= c \\
b^{\mathrm{T}} &= b \\
c^{\mathrm{T}} &= a \\
a^2 &= a \\
b^2 &= \overline{b} = I \vee a \vee c \\
c^2 &= c \\
ac &= ca = L \\
ab &= ba = a \vee b \\
cb &= bc = c \vee b
\end{aligned}$$

Die daneben angegebenen Gleichungen stellen in kompakter Form dar, wie man sich Wertetafeln für Transposition und Multiplikation errechnen kann. Alle Gesetze einer Relationenalgebra sind erfüllt. Der Versuch allerdings, in dem Element a eine boolesche Matrix irgendeiner Reihenzahl zu sehen, führt mit verhältnismäßig elementaren Mitteln zu einem Widerspruch. Wegen $a^2 = a$ wäre a transitiv, wegen $a \wedge a^{\mathrm{T}} = a \wedge c = O$ asymmetrisch, zusammen also eine Striktordnung. Wegen $aa^{\mathrm{T}} = ac = L$ haben je zwei Elemente in dieser Ordnung eine gemeinsame obere Schranke, usw. Wenn man das ganz zuende führt, erhält man Widersprüche.

Dadurch ist nachgewiesen, daß es **mehr** Modelle der Relationenalgebra gibt, als nur die booleschen Matrizen. Alles, was nur mit Herleitung aus den Gesetzen der Relationenalgebra bewiesen worden ist, gilt aber auch in jedem dieser unerwartet aufgetretenen Modelle. Durch die axiomatisch deduzierende Vorgehensweise haben wir also allgemeiner interpretierbare Resultate erzielt, als wir ursprünglich im Sinne hatten.

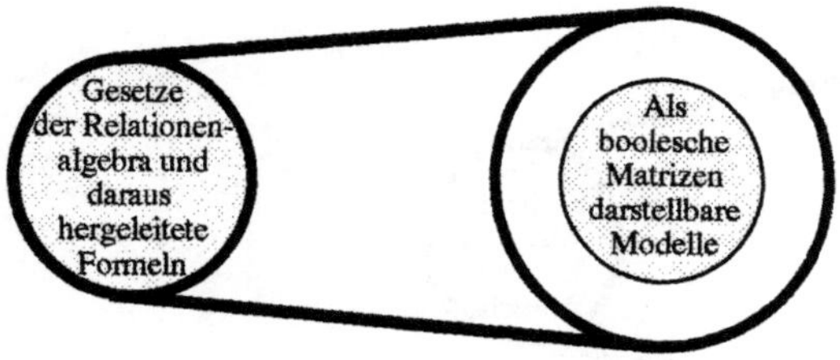

Dem steht auf der anderen Seite folgendes entgegen: Man kennt Formeln, die sich bei Zugrundelegung einer matrixartigen Struktur der Relationenalgebra sehr leicht beweisen lassen, für die aber keine Deduktion aus den Gesetzen der Relationenalgebra existiert. Ein Beispiel gebe ich hier an: Gegeben seien die beiden Projektionen π, ρ eines kartesischen Produktes $X \times Y$ zweier Mengen auf die Komponenten, sowie die Relationen P, Q auf X und die Relationen R, S auf Y. Aus P und R – man denke an auf X und Y *parallel ablaufende* Prozesse – entstehe Φ als Relation auf $X \times Y$ vermöge

$$\Phi := \pi P \pi^{\mathrm{T}} \wedge \rho R \rho^{\mathrm{T}},$$

sowie analog

$$\Psi := \pi Q \pi^{\mathrm{T}} \wedge \rho S \rho^{\mathrm{T}}.$$

Entgegen der Erwartung ist für die Hintereinanderschaltung von Φ und Ψ nur

$$\Phi\Psi \subset \pi P Q \pi^{\mathrm{T}} \wedge \rho R S \rho^{\mathrm{T}},$$

nicht aber die Gleichheit, aus den Axiomen deduzierbar.

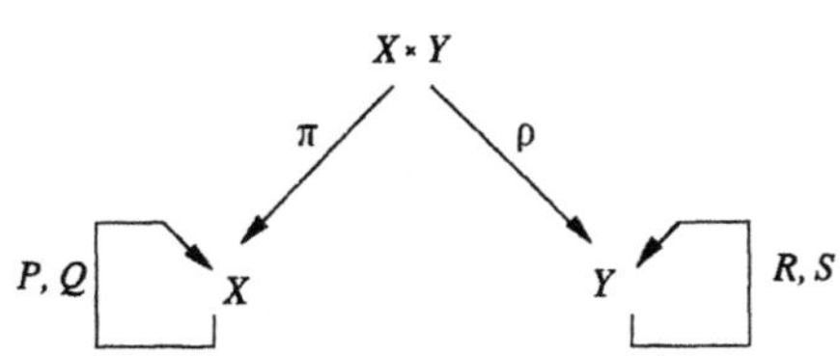

Um im obigen Bilde zu bleiben: Es kommen zu den aus den Axiomen der Relationenalgebra deduzierbaren Formeln weitere nichtdeduzierbare Formeln hinzu, die für die (matrixartig aufgebauten) Relationen auf einer Menge gelten.

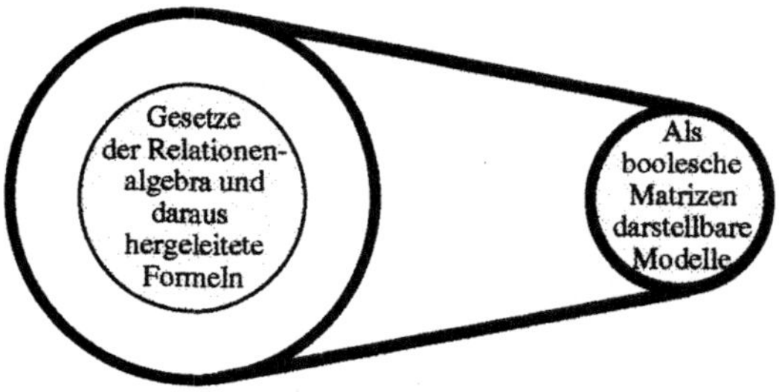

Es lohnt sich, meine ich, eine Klasse von Modellen zu suchen, die die matrixartigen umfaßt und in einer engeren Beziehung zum Formelapparat der Theorie der Relationenalgebra steht. Ich möchte noch einen Schritt weiter gehen und die Vermutung äußern, daß es unter Erweiterung des Matrixbegriffs zur Definition einer neuen Klasse von Modellen kommen wird. Vermutlich ist sie in der Gegend der heute viel studierten *Netze* angesiedelt. Lohnen würde sich eine Arbeit in dieser Richtung. Vielleicht könnte man einige Probleme des Umgangs mit parallelen oder konkurrierenden Prozessen in der Informatik besser verstehen. Auch quantenlogische Probleme, für die schon bisher schwierige verbandstheoretische Argumentationen nötig sind, oder relativistische Fragen ließen sich möglicherweise einfacher darstellen.

Literaturhinweise

[1] SCHMIDT, G., STRÖHLEIN T.: *Relationen und Graphen.* Reihe Mathematik für Informatiker. Springer: Berlin Heidelberg New York Tokyo (1989)

[2] SCHMIDT, G.: *Programs as partial graphs I: Flow equivalence and correctness.* Theoret. Comput. Sci. *15* (1981) 1–25.

[3] SCHMIDT, G.: *Programs as partial graphs II: Recursion.* Theoret. Comput. Sci. *15* (1981) 159–179.

Relationale Datenbanken mit multiplen Werten

Stephan Braun

Zusammenfassung: Die Betrachtung mengenwertiger Attribute in relationalen Datenbanken erlaubt eine algebraische Charakterisierung dieser und auch der herkömmlichen relationalen Datenbanken durch Moduln mit booleschen Ringen. Die üblichen Begriffsbildungen des Relationenmodells können damit in einheitlicher Weise erfaßt und algebraisch gedeutet werden.

Abstract: Considering set-valued attributes in a relational database allows an algebraic characterization of these and of conventional relational databases by means of modules with boolean rings. The usual concepts of the relational model can thus be presented in a uniform way and interpreted algebraically.

1. Definition

Im Relationenmodell für Datenbanken, wie es Codd 1970 eingeführt hat, werden alle Daten in Tabellenform gehalten, etwa wie in folgendem anschaulichen Beispiel:

ANG	Ang-Nr.	Name	Ort	Beruf	Abt-Nr.
	3115	Meyer	München	Stud	35
	3207	Müller	Stuttgart	Progr	30
	2814	Klein	Stuttgart	Stud	32
	3190	Seeler	München	Syst-A	30
	2314	Schmidt	München	Org	35

Anschaulich wird eine Zeile der Tabelle als Tupel bezeichnet, der Bezeichner einer Spalte als Attribut, der Bereich möglicher Werte einer Spalte als Domain und die Tabelle als Relation.

Formal hat man

- eine endliche Menge $\mathcal{A}$ von Attributen
- für jedes Attribut $A \in \mathcal{A}$ eine endliche Menge dom(A) als Domain
- für eine Teilmenge $Y \subseteq \mathcal{A}$ von Attributen eine Relation

$$R \subseteq \bigtimes_{A \in Y} \mathrm{dom}(A)$$

mit Trägermenge Y

- Tupel $t \subseteq R$, mit „einfachen“ Werten: $t[A] \in \mathrm{dom}(A)$ für die $A \in Y$

Die Menge

$$E := \bigcup_{Y \subseteq \mathcal{A}} \times_{A \in Y} \mathrm{dom}(A)$$

ist dann die Menge aller „einfachen“ Tupel aller Trägermengen $Y \subseteq \mathcal{A}$; sie enthält insbesondere ein „Nullelement“ n mit Trägermenge $\varnothing$. Charakteristisch für diese herkömmliche Form des Relationenmodells ist unter anderem

- die Domain $\mathrm{dom}(A)$ eines Attributs $A \in \mathcal{A}$ ist lediglich irgendeine Menge; sie besitzt keinerlei Struktur;
- jedes Tupel $t \in R$ hat für ein einzelnes Attribut genau einen „einfachen Wert“ $t[A] \in \mathrm{dom}(A)$.

Es liegt nahe, dies zu verallgemeinern zu

$$t[A] \subseteq \mathrm{dom}(A)$$

$t[A]$ ist dann eine *Menge* von Werten aus $\mathrm{dom}(A)$, was auch ausgedrückt werden kann als

A hat in t einen „multiplen“ Wert
oder
t ist ein „multiples“ Tupel

Solche multiplen Werte kommen in der Praxis vor, beispielsweise bei Attributen wie „Sprachkenntnisse“ oder „Hobbies“ einer Person oder „Medikamente“ für einen Patienten; das Datenbanksystem ADABAS unterstützt (als einziges) ihre explizite Verwendung.

Man kann damit definieren

- R heißt *multiple Relation* (multRel)
  $:\Leftrightarrow$ für sämtliche $A \in \mathcal{A}$ ist $t[A] \subseteq \mathrm{dom}(A)$
- eine *relationale Datenbank mit multiplen Werten* (mult RelDB) ist eine Menge von multiplen Relationen

und

- $T := \times_{A \in \mathcal{A}} 2^{\mathrm{dom}(A)}$, mit $2^{\mathrm{dom}(A)}$ Potenzmenge von $\mathrm{dom}(A)$
  heißt *Menge aller multiplen Tupel*
  wobei dann $t[A] \in 2^{\mathrm{dom}(A)}$ für $t \in T$

Es gibt noch weitergehende Verallgemeinerungen:

Der Wert eines Attributs in einem Tupel kann wieder eine *Relation* sein, ihrerseits evtl. wieder mit Relationen als Wert ihrer Attribute usw. Dies führt zu den geschachtelten Konstruktionen der “non-first-normal-form” (NFNF). Eine multiple Relation ist offenbar ein Spezialfall einer NFNF-Relation, nämlich nur mit einstelligen Relationen als $t[A]$. Es erscheint jedoch lohnend, diesen Spezialfall für sich zu betrachten.

2. Motivierung

Die Betrachtung multipler Relationen erscheint aus zwei Gründen algebraisch interessant. Zum einen haben die Domains eine reichhaltige algebraische Struktur:

$2^{\mathrm{dom}(A)}$ ist ein Mengenverband, also ein boolescher Verband, also ein boolescher Ring (über $a \sqcap b = a \cdot b$, $a \sqcup b = a + b + a \cdot b$ sowie $\bar{a} = 1 + a$ für das Komplement), folglich ist auch T, als direktes Produkt boolescher Ringe, ein boolescher Ring, mit Nullelement $0_T = (\varnothing, \ldots, \varnothing)$ und Einselement $1_T = \times_{A \in \mathcal{A}} \mathrm{dom}(A)$. Zum anderen zeigt das herkömmliche Relationenmodell, mit nur „einfachen" Werten, eine algebraisch unschöne Eigenschaft:

Sei Π die Operation „Projektion" auf E, wie üblich definiert durch (mit $t \in E$, Trägermenge $Y, X \subseteq Y$)

$$\Pi_x(t) := s \in E \text{ mit (für } A \in \mathcal{A})$$

$$s[A] := \left\{ \begin{array}{ll} t[A] & \text{für } A \in X \\ \text{undef} & \text{für } A \notin X \end{array} \right\}$$

Durch diese Projektion wird eine Ordnungsrelation $\dot{\sqsubseteq}$ auf E erzeugt: $s \dot{\sqsubseteq} t$ für $s = \Pi_x(t)$ und jedes $X \subseteq Y$. Auf E besteht somit eine Ordnungsstruktur, jedoch *keine* Verbandsstruktur: das Infimum $a \sqcap b$ für $a, b \in E$ ist zwar immer definiert, das Supremum $a \sqcup b$ jedoch nur für „verträgliche" a und b, wie das folgende Beispiel zeigt:

Sei $\mathcal{A} = \{A, B, C\}, Y_1 = \{A, B\}, Y_2 = \{B, C\}$,

$$\mathrm{dom}(A) = \{a, a', \ldots\}, \quad \mathrm{dom}(B) = \{b, b', \ldots\}, \quad \mathrm{dom}(C) = \{c, c', \ldots\}$$

und seien Tupel

$$t_1 = (a, b), \quad t_2 = (b, c), \quad t_3 = (b', c) \quad \text{gegeben.}$$

Dann ist

$t_1 \sqcup t_2 = (a, b, c)$ definiert, jedoch $t_1 \sqcup t_3$ nicht definiert, da kein Wert für B angegeben werden kann:

$$t_1 \sqcup t_3 = (a, \genfrac{}{}{0pt}{}{b'}{b}, c) \;\; ?$$

Die Infima sind übrigens

$$t_1 \sqcap t_2 = (b), \quad t_1 \sqcap t_3 = n$$

In T jedoch wäre das Supremum definiert:

$$t_1 \sqcup t_3 = (\{a\}, \{b, b'\}, \{c\})$$

sofern man für die Ordnungsrelation auch – im Beispiel –

$$(\{a\}, \{b\}, \{c\}) \mathrel{\dot{\sqsubseteq}} (\{a\}, \{b, b'\}, \{c\})$$

zuläßt.

3. Rechenregeln für die Projektion

Im folgenden wird (bisher als einzige Operation) die Projektion auf T untersucht.

Zunächst gilt: für $t \in T$ ist $t[A]$ definiert für *alle* $A \in \mathcal{A}$,

ggf. ist $t[A] = \varnothing$

Dann hat man für $X \subseteq \mathcal{A}$

$$\Pi_X(t) := \left\{ \begin{array}{c} t[A] \text{ für } A \in X \\ \varnothing \text{ für } X \in \mathcal{A} - X \end{array} \right\}$$

Beachtet man nun, daß auch die $X \subseteq A$ einen Mengenverband bilden, also einen booleschen Verband, also einen booleschen Ring (mit Nullelement $0_B = \varnothing$, Einselement $1_B = \mathcal{A}$), so kann man Rechenregeln für die Projektion angeben:

Sei $B := 2^{\mathcal{A}}$, T die Menge aller multiplen Tupel;

B, T sind beides boolesche Ringe. Seien $X, Y \in B$ und $a, b \in T$. Dann gilt, wie durch Nachrechnen zu bestätigen, unter Benutzung der Rechenoperationen + und $\cdot$ im booleschen Ring

(1) $\Pi_X(a + b) = \Pi_X(a) + \Pi_X(b)$

(2) $\Pi_{X+Y}(a) = \Pi_X(a) + \Pi_X(b)$

(3) $\Pi_{X \cdot Y}(a) = \Pi_X(\Pi_Y(a))$

(4) $\Pi_{\mathcal{A}}(a) = a$

(5) $\Pi_X(a) \cdot \Pi_Y(b) = \Pi_{X \cdot Y}(a \cdot b)$

Diese Rechenregeln nehmen eine bekannte Form an, wenn man

$$Xa := \Pi_X(a)$$

als äußere Verknüpfung auf T, mit B als Operatorenbereich, definiert:

(1) $X(a+b) = Xa + Xb$

(2) $(X+Y)a = Xa + Ya$

(3) $(X \cdot Y)a = X(Ya)$

(4) $1_B a = a$

(5) $(Xa) \cdot (Yb) = (X \cdot Y)(a \cdot b)$

(1) bis (4) sind die Modulgesetze, für T als additive Gruppe, und (5) nimmt Bezug darauf, daß T daneben auch eine multiplikative Struktur hat.

Damit entsteht die folgende mathematische Situation: Gegeben seien zwei boolesche Ringe B und T sowie die Rechengesetze (1) bis (5); welche Aussagen kann man hieraus folgern? Es zeigt sich, daß man allein aus dieser Situation (und den üblichen Rechenregeln boolescher Ringe) die üblichen Begriffe des Relationenmodells, die sonst eher anschaulich und einigermaßen unabhängig voneinander eingeführt werden, algebraisch charakterisieren und somit auch in einen Zusammenhang bringen kann. Insbesondere lassen sich die üblichen Tupel mit nur „einfachen" Werten algebraisch charakterisieren und Besonderheiten angeben, die nur bei multiplen Tupeln existieren.

4. Erste Aussagen; „Projektionslücke"

Aus dem Operieren von B auf T ergeben sich zunächst zwei Abbildungen:

$$\Pi_X : T \to T \text{ mit } t \stackrel{\Pi_X}{\longmapsto} Xt, X \text{ fest}$$

und

$$\Pi_t : B \to T \text{ mit } X \stackrel{\Pi_t}{\longmapsto} Xt, t \text{ fest}$$

d.h. anschaulich

Π_X projiziert alle Element von T auf festes $X \in \mathcal{A}$

Π_t liefert alle Elemente von T, die durch irgendeine Projektion aus festem $t \in T$ entstehen

Nach (1) bis (5) sind Π_X und Π_t beides Ringhomomorphismen. $\Pi_X(T) \subseteq T$ ist darüberhinaus Ideal in T, nicht jedoch $\Pi_t(B) \subseteq T$. Letzteres hängt mit einer Besonderheit multipler Tupel zusammen (die für einfache Tupel nicht existiert):

Sei die Ordnungsrelation $\sqsubseteq$ in T mittels der Ringmultiplikation wie üblich definiert durch

$$s \sqsubseteq t :\Leftrightarrow st = s$$

dann gilt zwar

$$s \in \Pi_t(B) \Rightarrow s \sqsubseteq t$$

d.h. was durch Projektion entsteht, ist kleiner, aber bemerkenswerterweise nicht die Umkehrung: Es gibt, außer in trivialen Fällen (und bei einfachen Tupeln) stets $s \sqsubset t$, die nicht durch Projektion aus t erhältlich sind. Diese Erscheinung sei als die „Projektionslücke" in T bezeichnet.

5. Trägermenge und Trägerabbildung

Zur Beschreibung des Phänomens der Projektionslücke benutzt man mit Vorteil den Begriff der Trägermenge Y_t eines $t \in T$; anschaulich ist Y_t die Menge der Attribute $A \in \mathcal{A}$ mit $t[A] \neq \emptyset$. Zur algebraischen Charakterisierung der Trägermenge benutzt man den Kern von Π_t:

$$\text{Kern}\,\Pi_t := \{X \in B \mid Xt = 0_T\}$$

Da Π_t Ringhomomorphismus ist, ist Kern Π_t Ideal in B, insbesondere boolescher Ring, also boolescher Verband, also auch Mengenverband. Folglich besitzt Kern Π_t ein größtes Element (bezüglich der Mengeninklusion) K_t. Dann läßt sich die Trägermenge Y_t definieren als das Komplement von K_t in B:

$$Y_t := 1 + K_t;$$

sie ist (neben anderen Eigenschaften) die kleinste Attributmenge, welche t auf sich selbst projiziert.

Dann gilt: Verschiedene Elemente von T mit derselben Trägermenge können nicht durch Projektion auseinander hervorgehen – es kann aber sehr wohl $s \sqsubset t$ sein bei $Y_s = Y_t$ (jedenfalls bei multiplen Tupeln). Auch bei verschiedenen Trägermengen $Y_s \neq Y_t$ für $s, t \in T$ kann $s \sqsubset t$, aber s nicht projektiv erreichbar aus t sein. Diese Situation wird vollständig beschrieben durch den

Satz von der projektiven Erreichbarkeit.

Seien $s, t \in T$ und $X \in B$; sei die „Trägerklasse" für $Z \in B$ definiert als $\hat{T}_z := \{t \in T \mid Y_t = Z\}$. Dann gilt:

$$s = Xt \Leftrightarrow X \in Y_s + K_t B,\ t \in s + \bigcup_{Z \subseteq K_s} \hat{T}_z$$

d.h. anschaulich

$Y_s \subseteq Y_t$

$t = s$ + evtl. irgendein Zusatz mit Trägermenge außerhalb von Y_s

$X = Y_s$ + evtl. irgendein Zusatz außerhalb von Y_t (wobei $Y_t \supseteq Y_s$)

bzw. graphisch verdeutlicht

$$t: \ \boxed{S \mid \text{Zusatz}} \quad ; \quad X: \ \underbrace{\boxed{Y_s \mid \quad}}_{Y_t}\boxed{\text{Zusatz}}$$

Ein weiteres Phänomen in diesem Zusammenhang ist, daß die „Trägerabbildung"

$$\gamma : T \to B \quad \text{mit} \quad t \overset{\gamma}{\longmapsto} Y_t$$

kein Ringhomomorphismus auf ganz T ist, sondern daß i.a. nur gilt

$$\gamma(a \cdot b) \subseteq \gamma(a) \cdot \gamma(b)$$
$$\gamma(a + b) \supseteq \gamma(a) + \gamma(b)$$

wobei nur erwähnt sei, daß die Ungleichheit im ersten Fall auf der Existenz von Nullteilern in T beruht, im zweiten Fall auf der Erscheinung der „Verträglichkeit" von a und b in gewissen Attributen.

6. Atome, Struktursatz, „Verkleinerung"

Die bereits kurz erwähnte algebraische Charakterisierung der üblichen Begriffsbildungen ergibt sich nun, wenn man beachtet – was bisher nicht benutzt wurde –, daß jedes Element eines booleschen Ringes B als Summe von *Atomen* von B darstellbar ist, wobei bekanntlich gilt

$$A \in B \text{ Atom} \Leftrightarrow \text{aus } o_B \subseteq X \subseteq A \text{ folgt entweder } X = o_B \text{ oder } X = A$$

und ferner für Atome A_1, A_2, daß entweder $A_1 \cdot A_2 = o_B$ oder $A_1 = A_2$.
Dann kann man zeigen den

Struktursatz für T

1. T ist eine (disjunkte) Vereinigung der Trägerklassen $\hat{T}_z$ für alle $Z \in B$:

$$T = \bigcup_{Z \subseteq 1_B} \hat{T}_z$$

2. Jede Trägerklasse $\hat{T}_Z$ ihrerseits ist die direkte Summe „atomarer" Trägerklassen $\hat{T}_A$ mit A Atom in B:

$$\hat{T}_Z = \sum_{\substack{A \subseteq Z \\ A \text{ atomar}}} \hat{T}_A$$

3. Jede Menge $D_A := \hat{T}_A \cup \{o_T\}$ ist ein boolescher Ring (und wird somit von *ihren* Atomen erzeugt)

Wichtigste Aussage dieses zentralen Satzes ist Nr. 3. Sie gilt im übrigen ausschließlich für atomares A; $\hat{T}_Z \cup \{o_T\}$ für nichtatomares Z ist kein boolescher Ring.

Dieser Struktursatz erlaubt eine anschauliche Deutung mittels der üblichen Begriffe des Relationenmodells:

- Die Atome von B sind die *Attribute*
- die Menge D_A (im wesentlichen also $\hat{T}_A$) ist die *Domain* von A
- jede Domain D_A entsteht durch Teilmengenbildung aus der Menge $E_A \subseteq D_A$ der Atome von D_A
- die Atome von D_A sind die *Einzelwerte*
- sonstige Elemente von D_A sind die *multiplen Werte*
- speziell $o_T \in D_A$ ist der *Leerwert* (in der Bedeutung „Kein Wert für dieses Attribut")

Die atomare Zerlegung von B erlaubt noch weitere Aussagen:

(a) Sei $t \in T, \mathcal{A}$ die Menge aller Atome von B und sei der „A-Wert von t" definiert als

$$t[A] := At$$

Dann entsteht mit $X \in B$ für die Projektion Xt des t auf X die Darstellung

$$(Xt)[A] = \left\{ \begin{array}{ll} t[A] & \text{für } A \subseteq X \\ o_T & \text{für } A \subseteq 1 + X \end{array} \right\}$$

also genau die Form, die sonst als *Definition* der Projektion angegeben wird.

(b) auch die Erscheinung der Projektionslücke läßt sich genauer charakterisieren:
Seien $s, t \in T$ mit $s \sqsubseteq t$. Dann entsteht s aus t dadurch, daß für jedes $A \in \mathcal{A}$ jedes $t[A] \in D_A$ ersetzt wird durch ein $s[A] \in D_A$ mit $s[A] \sqsubseteq t[A]$.

Dieser Übergang von t zu s werde als „Verkleinerung" bezeichnet. Dann ist die Projektion eine spezielle Verkleinerung:

Entweder ist $s[A] = t[A]$ oder $s[A] = o_T$, und weiterhin läßt sich der Übergang von t zu $s \sqsubset t$ zerlegen in eine Projektion und eine (spezielle) Verkleinerung unter Beibehaltung der Trägermenge, wobei die beiden Operationen vertauschbar sind:

Sei $t \in T, X \in B, v = Xt$ und $s \sqsubset v$ mit $Y_S = Y_V$. Dann existiert ein $u \in T$ mit $u \sqsubset t, Y_u = Y_t$ und $s = Xu$, graphisch darzustellen als

$$\begin{array}{ccc} t & \xrightarrow{Y_t=Y_u} & u \\ X\big\downarrow & & \big\downarrow X \\ v & \xrightarrow{Y_t=Y_u} & s \end{array}$$

Die Operation „Verkleinerung bei gleicher Trägermenge" ist typisch für multiple Werte; bei einfachen Werten tritt sie nicht auf.

7. „Einfache Elemente"

Die Verwendung von Atomen gestattet schließlich, auch Tupel mit nur „einfachen" Werten, also die Tupel des herkömmlichen Relationenmodells, algebraisch zu charakterisieren:

$$t \in T \text{ heiße „einfach"} \;:\Leftrightarrow\; \begin{array}{l} \text{für jedes } A \in \mathcal{A} \text{ ist} \\ \text{entweder } t[A] \textit{ atomar} \text{ in } D_A \\ \text{oder } t[A] = o_T \end{array}$$

und es sei

$$E := \{t \in T \mid t \text{ einfach}\}$$

der *einfache Teil* von T, anschaulich die Menge aller Tupel mit Attributen aus $\mathcal{A}$ und nur Einzelwerten.

Dann kann man einige Eigenschaften von E angeben:

(a) E ist abgeschlossen gegen Projektion sowie gegen Multiplikation, nicht aber gegen Addition.

(b) Die Addition ist innerhalb E definiert nur für „verträgliche" Elemente, wobei $a, b \in E$ verträglich sind, sofern sie bei nichtverschwindenden Werten gemeinsamer Attribute identisch sind.

Die Addition läßt sich jedoch nicht auf ganz E erweitern (jede Erweiterung wäre keine Gruppenoperation auf E), und die auf E stets definierte Multiplikation ist nicht die Multiplikation eines booleschen Ringes (es gibt kein Einselement in E).

Der einfache Teil $E \subseteq T$, also die Menge der herkömmlichen Tupel, hat somit keine brauchbaren algebraischen Eigenschaften, ganz im Gegensatz zur Menge T aller Tupel mit multiplen Werten.

Gleichwohl kann man durch Einbetten von E in T sinnvolle Aussagen über E erhalten, beispielsweise

(c) in E sind kleinere Elemente stets mittels Projektion erreichbar (d.h. es gibt keine Projektionslücke in E), wobei echt kleinere Elemente auch eine echt kleinere Trägermenge haben. Eine Trägerklasse in E kann durchaus mehrere Elemente erhalten; diese sind aber paarweise unvergleichbar bezüglich der Ordnungsrelation $\sqsubseteq$.

Aussagen dieser Art geben Anlaß zur Aufstellung der folgenden These:

Für algebraische Untersuchungen am Relationenmodell sollte man stets T betrachten und Aussagen über E durch Spezialisierung von Aussagen über T gewinnen.

Numerische Mathematik

Anfänge des „elektronischen Rechnens“

Richard Baumann

Der Ausdruck „elektronisches Rechnen“ ist eine sprachliche Extrapolation auf der Linie: Elektronik → elektronische Rechenanlage → elektronisches Rechnen.... Anfang der fünfziger Jahre konnte und wollte man, aus Erfinder- oder Besitzerstolz, die Verwendung elektronischer Rechenhilfsmittel gegenüber den bis dahin gebräuchlichen elektromechanischen oder mechanischen Rechenhilfsmitteln ausdrücklich hervorheben. Heute ist es selbstverständlich, daß Digitalrechner aus elektronischen Schaltelementen aufgebaut sind. Darauf besonders hinzuweisen, ist überflüssig. Wenn, dann müßte man heute wohl von „mikroelektronischem“ Rechnen sprechen.

Für Verfechter einer strengeren Praxis wissenschaftlich-technischer Begriffsbildung ist die Unterteilung (der in der Mathematik beheimateten Tätigkeit) des Rechnens in einen elektronischen und einen nichtelektronischen Teil ohnedies nicht annehmbar. Der Unterschied liegt nur in der Organisation des Ablaufes, nicht im mathematischen Gehalt der Rechnung. Der mit einer Tischrechenmaschine ausgestattete menschliche Rechner mußte jeden Rechenschritt selbst überwachen und konnte, abhängig von seinem Ausgang, den weiteren Verlauf und das Tempo des Rechenprozesses selbst bestimmen. Die hohe Rechengeschwindigkeit der elektronischen Rechenanlagen verlangte dagegen, den Ablaufes eines Rechenprozesses unter Berücksichtigung aller möglichen Verzweigungssituationen vor Beginn der Rechnung vollständig festzulegen und dem Rechner in Form eines Programms mitzuteilen. Der programmgesteuerte Rechenprozeß selbst lief ohne Eingriffsmöglichkeit unerbittlich automatisch ab. Man mußte deshalb alles, was während der Rechnung passieren konnte, vorher überlegen und dem bei der Formulierung des Programms Rechnung tragen.

„Elektronisch“ rechnen bedeutete also, im Unterschied zum rechnen von Hand, programmgesteuert und automatisch rechnen, ohne zwischendrin anhalten und über den weiteren Verlauf der Rechnung nachzudenken zu können. Wir wollen versuchen, uns zu erinnern, wie sich die Landschaft des Numerischen Rechnens dadurch verändert hat.

*

Die Anfänge waren durchaus bescheiden. Über die erforderliche Speicherkapazität elektronischer Rechenanlagen sagte J. v. Neumann 1946 [1]:

We consequently plan on a fully automatic electronic storage facility of about 4000 numbers of 40 binary digits each ...

We believe that this memory capacity exceeds the capacities required for most problems that one deals with at present by a factor of about 10 ...

Den Bedarf an Rechenanlagen dieser Größenordnung schätzten Marktexperten der IBM 1951 so ein [2]:

... sometime in 1951, IBM management called in its top planners and field experts to study the market potential for machines the size of the tape processing machine (TPM).

Their considered conclusion: the total marketplace could probably support, in all, 25 machines of that size ...

Der Zusammenarbeit von Hans Piloty und Robert Sauer war es zu verdanken, daß an der Technischen Hochschule München Anfang der fünfziger Jahre die PROGRAMMGESTEUERTE ELEKTRONISCHE RECHENANLAGE MÜNCHEN (PERM) entworfen und gebaut wurde. Im Rahmen dieses Projektes bildete sich beim Mathematischen Institut eine sehr lebendige Arbeitsgruppe für Rechenanlagen, die sich mit „Programmierung" im weitesten Sinn beschäftigte. Ihr Tätigkeitsbereich umfaßte nicht nur die Entwicklung maschinengeeigneter Standardverfahren und die Betreuung von Anwendern, sondern auch die Mitwirkung beim PERM-Entwurf hinsichtlich der funktionalen Aspekte.

Diese Arbeitsgruppe, bestehend aus F. L. Bauer, K. Samelson (1918–1980) und H. Schecher (1922–1984), wurde zur Keimzelle der Münchener Informatik. Die vollständig verdrahtete Gleitpunktarithmetik der PERM und der mikrocodierte Befehlssatz mit den für eine ökonomische Programmierung erforderlichen Adreßrechenoperationen und einer zweckmäßigen Unterprogramm-Anschlußtechnik tragen bereits ihre Handschrift.

Bei der Entwicklung maschinengeeigneter Verfahren für die Standardaufgaben der Numerischen Mathematik leistete sie wichtige Pionierarbeit. Strikt algorithmische Formulierung, simultaner Ablauf vektorieller Operationen, numerische Stabilität und einfache Programmierung waren dabei wichtiger als ein Minimum von Rechenoperationen und Zwischenergebnissen, das man durch elegantes und trickreiches Rechnen erreichen konnte. Die neue Schule hatte es anfangs schwer, sich zu behaupten. Mathematiker schätzten die Anwendung von Rechengeräten nicht hoch ein, für Ingenieure war software schlechthin eine quantité negligable. Die möglichen Anwender in Technik und Industrie zweifelten, ob das „elektronische Rechnen" überhaupt zur Lösung ihrer praktischen Probleme taugen würde. Vor der Auswahl geeigneter Lösungsverfahren mußten meist erst die Aufgaben mathematisch exakt formuliert werden. Endgültig zu überzeugen waren die Praktiker nur durch brauchbare Lösungen und eine entscheidende Verbesserung des Kosten/Nutzen-Verhältnisses gegenüber der bisherigen Situation.

⋆

Der Jubilar, dessen Geburtstag mit diesem Kolloquium gefeiert wird, hat sich den Herausforderungen des „elektronischen" Rechnens vom Anfang seiner wissenschaftlichen Tätigkeit an gestellt. Die Beschäftigung mit Problemen der Codierungstheorie führte ihn auf eine Methode zur Codesicherung, die als Bauer-Code in die Literatur eingegangen und Gegenstand eines Deutschen Patentes und zweier Zusatzpatente ist, die am 8. Okt. 1953, am 22. Nov. 1954 und am 3. März 1955 erteilt wurden [3]. Ein mindestens vierstelliger Block-Binärcode mit dem Hammingabstand 1 wird dabei durch geschickte Verdoppelung der Zeichenzahl in einen Code mit dem Hammingabstand 4 umgewandelt. Aus einem Vorschlag von H. Angstl, die Wohlgeformtheit aussagenlogischer Ausdrücke mechanisch festzustellen, entwickelte Bauer einen Relaisrechner zur Auswertung logischer Ausdrücke in klammerfreier Notation, der die Wohlgeformtheitsprüfung gleich miterledigte [4].

Wichtigstes Kennzeichen dieses Entwurfes war die erstmalige Anwendung des Kellerprinzips zur Speicherung von Zwischenresultaten. Zu Ehren von Jan Lukasiewicz, dem Urheber der polnischen klammerfreien Aufschreibung von Ausdrücken erhielt der Rechner den Namen STANISLAUS. Für diese Pionierleistung wurde F. L. Bauer 1989 mit dem Computer Pioneer Award der IEEE Computer Society ausgezeichnet. In der Laudatio heißt es:

Bauer designed his first computer in the fall of 1951. It was a small relay computer for evaluating propositional formulas in parenthesis-free notation using keyboard input. An essential part of it was a relay-switched stack for storing intermediate results. This effort led him into the new field of binary computation.

Das Kellerprinzip wurde zu einem grundlegenden Prinzip der sequentiellen Programmierung [5]. In Zusammenarbeit mit Klaus Samelson und Heinz Rutishauser wurden daraus die Grundlagen für eine universelle algebraische Formelsprache und deren Übersetzung in die Maschinensprache entwickelt [6]. Für diese Methode der sequentiellen Formelübersetzung wurde am 31. Juli 1962 ein amerikanisches und am 12. Aug. 1971 ein deutsches Patent erteilt. Unter Mitwirkung von Hermann Bottenbruch entstand der GAMM-Entwurf für eine universelle algebraische Sprache, der in die GAMM/ACM Konferenz in Zürich, Mai 1958 eingebracht wurde. Resultat dieser Konferenz war ALGOL 58.

Auch heute sehr einfach anmutende numerische Aufgaben waren damals echte Herausforderungen, z. B. die simultane Auflösung eines linearen Gleichungssystems mit vielen Unbekannten, die Berechnung der Eigenwerte und

Eigenvektoren einer vollbesetzten Matrix oder die numerische Berechnung der Nullstellen eines Polynoms. F. L. Bauer erkannte als einer der ersten, daß „Elektronisches Rechnen“ in erster Linie eine sichere Automatisierung der Rechenprozesse verlangte. Das erforderte unter anderem, alle heuristischen Komponenten aus den Prozessen zu eliminieren. Deshalb untersuchte er systematisch die Fortpflanzung der Rundungsfehler bei Gleitpunktarithmetik, das Konvergenzverhalten und die Möglichkeiten zur Konvergenzbeschleunigung bei Iterationsprozessen. Dabei stieß er auf das Phänomen der numerischen Instabilität und erkannte deren fatale Auswirkungen. Einer Anregung von H. Rutishauser folgend, entwickelte er selbstkorrigierende Verfahren, mit denen Rundungsfehler und sporadische Rechenfehler auf elegante Weise unschädlich gemacht werden konnten.

Aus einer Reihe bedeutsamer Arbeiten seien die Beiträge zur Entwicklung numerischer Verfahren für programmgesteuerte Rechenanlagen
1. Quadratisch konvergente Durchführung der Bernoulli-Jakobischen Methode,
2. Direkte Faktorisierung eines Polynoms

hervorgehoben [7]. Sie fanden unmittelbare Anwendung bei der Berechnung nachrichtentechnischer Filter nach der Betriebsparametermethode, deren Hauptteil die Hurwitz-Zerlegung des durch die Betriebsparameter bestimmten Polynoms ist. An Stelle der Zerlegung durch Nullstellenbestimmung, die mit instabilen Verfahren durchgeführt werden mußte, entwickelte Bauer ein numerisch stabiles Iterationsverfahren zur direkten Ermittlung der Koeffizienten des Hurwitz-Polynoms [8]. Die Anforderungen an maschinengeeignete Verfahren beschreibt er selbst so:

Das im folgenden angegebene Verfahren liefert die unmittelbare Zerlegung nach einer einheitlichen Iterationsvorschrift. Hinzu kommt, daß es „selbstkorrigierend" ist, also auch unter dem fortgesetzten Einfluß von Rundungsfehlern gegen die exakte Lösung strebt; die Iteration kann abgebrochen werden, wenn das Ergebnis in der gewünschten Anzahl von Stellen „steht". Diese Stabilität gegen Rundungsfehler macht das Verfahren auch für Polynome hohen Grades anwendbar; sie liegt darin begründet, daß die Ausgangsdaten fortgesetzt wiederverwendet werden und die erzielte Approximation überprüfen bzw. eine Korrektur bewirken.

⋆

Ausgerüstet mit diesem Instrumentarium an hardware und software konnten frühzeitig verschiedene Anwenderprobleme für das elektronische Rechnen aufbereitet werden. Ein Jahr nach Inbetriebnahme der PERM, waren bereits an die 30, zum Teil hochkarätige Probleme in Bearbeitung [9]. Zwei dieser Probleme wollen wir etwas näher betrachten.

Beim ersten Beispiel handelt es sich um eine simultane Ausgleichung nach der Gaußschen Methode der kleinsten Quadrate für 50 Unbekannte. Die Aufgabenstellung stammte aus der Astronomie, genauer Astrometrie und hatte eine lange Vorgeschichte.

Basis terrestrischer astrometrischer Beobachtungen ist das Horizontsystem des Beobachtungsortes. Der Meridiankreis ist gemeinsamer Großkreis mit dem Äquator- oder Deklinationssystem, dessen Ursprung im Erdmittelpunkt liegt und dessen Achse mit der Erdachse zusammenfällt. Theoretisch gibt es nur ein absolutes Deklinationssystem; in der Praxis dagegen weichen die Deklinationssysteme verschiedener Beobachtungsorte zum Teil erheblich voneinander ab. Um herauszufinden, ob die Abweichungen den Beobachtern, den Instrumenten, unterschiedlichen klimatischen Bedingungen oder sonstigen Einflüssen anzulasten waren, wurde schon 1926 von Zaleski und später von Dneprovski vorgeschlagen, die Deklinationen gleicher Sterne mit dem gleichen Instrument vom gleichen Beobachter auf je einer Station der nördlichen und der südlichen Hemisphäre zu beobachten.

Eine solche Beobachtungsreihe mit insgesamt 8849 Einzelmessungen an großen und kleinen Planeten und ausgewählten Fixsternen wurde von F. Schmeidler unter Benutzung des Münchener Vertikalkreises in München vom Dezember 1940 bis Januar 1954 und vom Juli 1956 bis Mai 1957, in Canberra, Australien vom Mai 1954 bis Sept. 1955 durchgeführt [10]. Die darin enthaltenen Planetenbeobachtungen sollten zu Korrekturen der Bahnelemente der Planeten und der Erde herangezogen werden. F. Schmeidler hatte bereits durch geeignete Auswahl und Zusammenfassung der Marsbeobachtungen mit einem geschickt angesetzten Iterationsprozeß vertrauenswürdige Korrekturen einzelner Bahnelemente bestimmt. Zur Beschreibung des Verhaltens des Iterationsprozesses genügte ihm die Feststellung [11]:

Das Verfahren wurde solange iteriert, bis sich die Werte der Unbekannten nicht mehr änderten ...

Die aktuelle, von W. Petri initiierte Aufgabenstellung war die simultane Ausgleichung der Bahnelemente sämtlicher beteiligter Planeten einschließlich der Erde und der Systemkorreekturen unter gleichmäßiger Berücksichtigung des gesamten Beobachtungsmaterials. Diese Ausgleichung wurde 1957 auf der PERM gerechnet. Zur Auflösung des 50-reihigen Normalgleichungssystems und zur Bestimmung der Inversen wurde das Gaußsche Eliminationsverfahren mit Spalten-Pivotsuche und Spaltenumwälzung verwendet [12].

Die Codierung der Beobachtungswerte und der Werte der Koeffizienten der 241 Bedingungsgleichungen auf Lochstreifen im CCIT2-5-Kanalcode zog sich mit gelegentlichen Temperamentsausbrüchen der Beteiligten über mehrere Wochen hin. Nach Aussage von Herrn Petri fühlten sie sich einerseits als Pioniere, andererseits im Hinblick auf den Kampf mit den Papierlochstreifen als Neandertaler des „elektronischen Rechnens“ und Opfer einer überholten Technologie.

Die Rechnung selbst, zusammengesetzt aus Einlesen aller Daten, Aufstellung und Auflösung des Normalgleichungssystems und Bestimmung der Inversen dauerte 69.4 Minuten. Sie erbrachte vertrauenswürdige Korrekturen für alle beteiligten Bahnelemente und die Konstanten des Münchener Deklinationssystems. Die mittleren Fehler der Unbekannten allerdings waren, wie zu erwarten, mit höheren Werten ausgewiesen als in der von F. Schmeidler gerechneten selektiven Einzelausgleichung.

Kennzeichnend für die damalige Betriebssituation der PERM war das sporadische Auftreten von Lese- bzw. Schreibfehlern am Magnettrommelspeicher in einem mittleren zeitlichen Abstand von weniger als fünf Minuten. Im Verlauf der Rechnung waren etwa 14 derartige Fehler zu erwarten. Ein erfolgreicher Abschluß der Rechnung war demnach nur bei fehlertoleranter Programmierung möglich. In den Eliminationsprozeß wurde deshalb eine Spaltensummenprobe mit automatischer Wiederholung der Spaltenberechnung im Fehlerfall eingebaut (roll back). Dadurch wurde nicht nur der störungsfreie Ablauf der Rechnung gesichert, sondern auch die Fehlerfolge als Ereignisfolge unwiderlegbar dokumentiert. Was das bedeutete, kann nur ermessen, wer je versucht hat, einem überzeugten hardware-Mann das Auftreten von sporadischen Fehlern nachzuweisen, die bei den täglichen Routinetests nicht erkannt wurden.

Ob in der Astronomie die simultane Ausgleichung mit direkter Auflösung des Normalgleichungssystems gegenüber der gezielten Einzelausgleichung Boden gewonnen hat, sei dahingestellt. Beim Steuern und Regeln von technischen Prozessen nach mehrdimensionalen Zustandsmodellen ist die simultane Ausgleichung heute das Standardverfahren zur Schätzung des momentanen Prozeßzustandes.

⋆

Das zweite Beispiel stammt aus der im Vergleich zur Astronomie sehr jungen und rasch sich entwickelnden Technik der Übertragung elektrischer Energie.

1882 wurde auf der „Internationalen Elektrizitäts-Ausstellung, verbunden mit elektrotechnischen Versuchen“ im Münchener Glaspalast zum ersten Mal elektrische Energie über eine Distanz von 57 km (Miesbach-München) über eine Telegraphenleitung übertragen [13].

1891 wurde auf der „Internationalen Elektrizitäts-Ausstellung“ in Frankfurt am Main die erste Drehstromübertragung einer Leistung von 234 PS mit einer Spannung von 25 000 Volt über eine Distanz von 178 km (Lauffen/Neckar–Frankfurt) gezeigt [13]. 1896 fährt in Buffalo bereits eine Straßenbahn mit elektrischer Energie aus einem Kraftwerk am Niagarafluß.

Trotzdem dachte um 1900 noch niemand an die Möglichkeit großräumiger Übertragung elektrischer Energie.

Der Strom mußte im Haus oder in der nächsten Umgebung erzeugt werden, soferne Akkumulatoren nicht ausreichten. Die Vorstellung, ihn über Land zu schicken, erschien ähnlich phantastisch wie uns vor wenigen Jahren noch der Gedanke, die Erde im Weltraum-Satelliten zu umkreisen. [14]

In Deutschland werden erst ab 1920 die Landesnetze ausgebaut, ab 1930 das gesamte deutsche Netz zusammengeschlossen. Ab 1948 wird zwischen den westeuropäischen Ländern regelmäßig Strom ausgetauscht. In der Bundesrepublik wird zur Pflege der Zusammenarbeit mit ausländischen Energieversorgungsunternehmen die Deutsche Verbundgesellschaft mit Sitz in Heidelberg gegründet.

1951 wird die Union für die Koordination der Erzeugung und des Transportes elektrischer Energie (UCPTE) gegründet. 1958 ist im Verbundsystem europaweit eine Leistung von 32.5 GW (Gigawatt) zusammengeschlossen.

Da einerseits elektrische Energie nicht gespeichert werden kann, andererseits der Bedarf im Tagesverlauf stark schwankt, erfordert die sichere und gleichmäßige Versorgung der Verbraucher mit elektrischer Energie konstanter Spannung und konstanter Frequenz ständig wechselnden Kraftwerkseinsatz und großräumige Leistungstransporte. Ihre Steuerung ist eine technisch und wirtschaftlich sehr anspruchsvolle Aufgabe, die heute ohne den Einsatz leistungsfähiger Rechnersysteme nicht mehr gelöst werden kann [15, 16]. So ist es zu verstehen, daß Lastfluß-,Kurzschluß-, und Wirtschaftlichkeitsberechnungen an Hochspannungsnetzen von Anfang an zu wichtigen Anwendungen des „elektronischen Rechnens“ zählten.

Wie kam diese Aufgabe auf die Münchener Arbeitsgruppe zu? Im Frühjahr 1956 erreichte Prof. Sauer folgende Anfrage seines Kollegen von der Starkstromtechnik: „Werden Sie auf der PERM 35 Determinanten vom Rang 34 ausrechnen können?“ Gegenfrage: „Sie wollen ein lineares Gleichungssystem lösen?“ Antwort (sehr überrascht): „Woher wissen Sie das?“ Wie sich herausstellte, handelte es sich um die Berechnung der Stoßkurzschlußleistungen nach dem Prinzschen NSW-Verfahren im Rahmen der Elektrifizierung der Rheinstrecken der Bundesbahn.

Die Aufgabe wurde nach Umformulierung auf Auflösung eines linearen Gleichungssystems nach dem Eliminationsverfahren in Angriff genommen und sollte unmittelbar nach Inbetriebnahme der PERM im Mai 1956 ausgeführt werden. Da die PERM jedoch aus technischen Gründen für längere Zeit ausfiel, mußte im August und September 1956 auf zwei Tischrechenmaschinen von Hand gerechnet werden. Manfred Paul und Ferdinand Peischl übernahmen diese Aufgabe und benötigten für die Elimination an einem 17-reihigen (genäherte reelle Darstellung des Netzes) und an einem 34-reihigen (komplexe Darstellung) linearen Gleichungssystem insgesamt 6 Wochen. Die Kontrollrechnung auf der PERM lief später in weniger als 10 Minuten ab.

Unser heimisches, von Oskar von Miller zum Betrieb des Walchenseekraftwerkes und der Verteilung der dort erzeugten elektrischen Energie gegründetes

Energieversorgungsunternehmen gab den Anstoß zu den Netzberechnungen auf folgende Weise: Anfrage: „Können Sie auf der PERM B_{ik}-Koeffizienten für unseren Netzverlust-Analogrechner für verschiedene Betriebssituationen ausrechnen?" Gegenfrage: „Warum wollen Sie statt der groben Näherung durch eine vorausberechnete Verlustformel nicht jeweils die genauen Werte der Übertragungsverluste durch eine exakte Lastflußberechnung durchführen?" Antwort: „Ja, geht denn das?" Das war der Anfang einer langjährigen Zusammenarbeit auf dem Gebiet der Hochspannungs-Netzberechnungen [17]. Grundbaustein war die Lastflußberechnung, d. h. die Bestimmung sämtlicher Knotenpunktsspannungen und der auf den Leitungen des Netzes fließenden Leistungen in Abhängigkeit von den in den Knotenpunkten in das Netz eingespeisten und aus ihm entnommenen Leistungen.

Bis dahin wurden dafür rein iterative Verfahren verwendet. Sie waren der Netzmodellpraxis nachgebildet. Ausgehend von geschätzten Anfangswerten, wurden die Spannungswerte in einem Knotenpunkt, unter Einbeziehung der Spannungswerte der Nachbarpunkte, schrittweise verbessert. Nachteilig waren dabei das schlechte Konvergenzverhalten und die mögliche Inkonsistenz der resultierenden Spannungen und Leistungen. Für Nicht-Numeriker war schwer zu verstehen, daß die berechnete Spannungsverteilung ungenau sein sollte, selbst wenn so lange iteriert wurde, bis die Spannungswerte durch die Iteration nicht mehr verbessert werden konnten.

Das in München entwickelte Lastflußberechnungsverfahren war in erster Linie auf gutes Konvergenzverhalten abgestellt. Es baute auf einem exakten mathematischen Modell auf. Jede Leitung des Übertragungsnetzes wurde durch einen Π- oder T-Vierpol mit Längs- und Querimpedanzen wiedergegeben, das ganze System in komplexer Schreibweise durch ein algebraisches nichtlineares Gleichungssystem dargestellt [18]. Nach Durchführung des Gaußschen Eliminationsprozesses genügten wenige Iterationsschritte, um eine Lösung des nichtlinearen Gleichungssystems zu finden, die innerhalb vorgegebener Schranken für die Differenz von Ist- und Sollwert der Knotenpunktsleistungen lag. Ein besonderer Vorteil war, daß jeder Iterationsschritt einen konsistenten Satz von Knotenpunktsspannungen und Zweigleistungen lieferte. Außerdem wurden in jedem Schritt für jede Leitung die exakten Werte der Ohmschen Verluste und der Blindleistungsanteile ausgewiesen.

Die Genauigkeit der Ergebnisse überzeugte die Anwender. Dank der exakten Modellbildung bekamen sie erschöpfende Auskunft über das Blindleistungsverhalten der Netze mit mehreren Spannungsebenen, über die Auswirkung der Zuschaltung einzelner Netzzweige mit stark abweichenden Impedanzen und über die jeweils verlustminimale Blindleistungsverteilung [19]. Auch die tatsächlichen Kosten des Transportes von Fremdenergie durch das Netz eines Unternehmens hindurch wurden exakt ermittelt. Für die Kaufleute war die Aussicht ausschlaggebend, Anschaffungs- und Betriebskosten einer „elektronischen Rechenanlage“ schon in kurzer Zeit aus den Kosteneinsparungen bei den Übertragungsverlusten finanzieren zu können.

Die algebraische automatische digitale Netzberechnung (ALADIN) fand das Interesse der Deutschen Verbundgesellschaft und setzte über Jahre hinweg in deren Wirkungsbereich den Standard für Lastflußberechnungen [20]. Selbstverständlich wurde auch auf Benutzerfreundlichkeit Wert gelegt. Die Programme für die einzelnen Arbeitsgänge:

- Einlesen der Netz- oder Betriebsdaten,
- Eliminationsprozeß am linearen Gleichungssystem,
- Änderung eines Netzzweiges
- Lastflußiteration
- Blindleistungsminimierung
- Ausdruck der Daten eines Betriebsfalles

waren zu einem Programmsystem gebündelt, dessen Teile menügesteuert aufgerufen werden konnten. Das Programmsystem – abgesehen von der ersten 1956 codierten Fassung in ALGOL geschrieben – war auf allen mit ALGOL-Übersetzern ausgestatteten Rechnern verfügbar und innerhalb der ALCOR-Gruppe direkt austauschbar. Ein- und Ausgabe über Fernschreibgeräte ermöglichte sogar Rechenbetrieb mit Datenübertragung über das Fernschreibnetz. Zwischen Mainz und München bzw. Mainz und Hannover wurde diese Frühform der Datenfernübertragung ausgiebig genutzt.

Auf dem Siemensrechner 2002 dauerte damals eine Erstberechnung eines Lastflusses für ein Netz mit 60 Knoten in komplexer Darstellung 60 Minuten, Netzänderungen oder Betriebsfallrechnung je 1 Minute, Ergebnisdruck auf Fernschreiber 7 Minuten. Heute dauert eine vergleichbare Lastflußberechnung einige Millisekunden und ist elementarer Baustein jedes Programmsystems zur automatischen Netzbetriebsführung.

*

Der kurze Rückblick sollte zeigen, daß schon bei den ersten Ansätzen des „elektronischen Rechnens“ in München zielstrebig subjektives Wissen in objektive, stets in gleicher Weise wiederholbare Rechenvorschriften, in Algorithmen, umgesetzt, d. h. flüchtiges Wissen in eine feste Form gebracht wurde. Es zeigte sich auch, wie eng diese Entwicklung mit der Person und dem Werk von F. L. Bauer verbunden ist. Er hat wesentlich dazu beigetragen, daß das „elektronische Rechnen“ in München von Anfang an in umfassendem Sinn als Formgebung des flüchtigen Wissens – informatio scientiae fugacis – aufgefaßt und damit der Boden für die Entwicklung der Informatik bereitet wurde.

Literatur

[1] J. v. Neumann Logical Design of Electronic Computing Instruments. Collected Works, vol. 5, Oxford, Pergamon 1963
[2] Byron E. Phelps Early Electronic Computer Developments at IBM Annals of the History of Computing vol. 2, Nr. 3, Juli 1980
[3] F.L. Bauer „Verfahren zur Sicherung der Übertragung von Nachrichtenimpulsgruppen gegenüber Störungen." Deutsches Patentamt Nr. 892767, ausgg. am 8.10.1953
[4] The Formula-Controlled Logical Computer „Stanislaus". Math. Tables and other Aids to Comp. vol. 14 (1960) p. 64–67
[5] F.L. Bauer (zusammen mit K. Samelson) Sequentielle Formelübersetzung. El. Rechenanlagen, 1 (1959), S. 176–182
[6] F.L. Bauer (zusammen mit H. Bottenbruch, H. Rutishauser, K. Samelson) Proposal for a universal language for the description of computing processes. In: Computer Programming and Artificial Intelligence, ed. J.W. Carr, University of Michigan, Summer School 1958
[7] F.L. Bauer Beiträge zur Entwicklung numerischer Verfahren für programmgesteuerte Rechenanlagen.
1. Quadratisch konvergente Durchführung der Bernoulli-Jakobischen Methode.
Sitz. Ber. Bayer. Akad. d. Wiss. 1954
2. Direkte Faktorisierung eines Polynomes
Sitz. Ber. Bayer. Akad. d. Wiss. 1956 S. 163–203
[8] F.L. Bauer Ein direktes Iterationsverfahren zur Hurwitz-Zerlegung eines Polynomes. Archiv für elektrische Übertragung, 9 (1956), S. 285–290
[9] Interne Mitteilung des Rechenzentrums der Technischen Hochschule München, Mai 1957
[10] F. Schmeidler Messungen fundamentaler Deklinationen auf beiden Hemisphären. Veröffentlichungen der Sternwarte München Bd. 4 (1957)
[11] F. Schmeidler Über die Bestimmung absoluter Koordinatensysteme mit Hilfe von Planetenbeobachtungen. Astron. Nachr., Band 284, Heft 5
[12] W. Petri Praktische Auswertung von Meridianbeobachtungen Kleiner Planeten. Astron. Nachr., Band 284, Heft 5
[13] F. Lehmhaus Von Miesbach-München 1882 zum Strom-Verbundnetz. Deutsches Museum, Abhandlungen und Berichte, 51. Jahrgang 1983, Heft 3
[14] W.L. Kristl Elektrizität in Bayern 1919–1969. Verband Bayerischer Elektrizitätswerke e.V. 1969
[15] Deutsche Verbundgesellschaft, Entwicklung des Verbundbetriebes 1948–1958. DVG e.V., Heidelberg 1959
[16] G. Boll Geschichte des Verbundbetriebes. VWEW, Frankfurt am Main 1969
[17] F.L. Bauer, R. Baumann Mathematische Behandlung von Netzwerksaufgaben mit Hilfe elektronischer Ziffernrechenanlagen. Elektrizitätswirtschaft, Bd. 57 (1958), S. 181
[18] R. Baumann Automatisierte digitale Netzberechnung. El. Rechenanlagen, Bd. 2 (1960), S. 75
[19] R. Baumann Lastflußberechnung in Hochspannungsnetzen bei optimaler Blindleistungsverteilung. Archiv für Elektrotechnik, Bd. 68 (1963), S. 213
[20] R. Baumann Mathematische Behandlung von Aufgaben der Netzplanung und des Netzbetriebes. ETZ-A, Bd. 87 (1966), H. 11, S. 351–357

Innere-Punkt-Verfahren zur Lösung quadratischer Optimierungsprobleme und ihre Komplexität

Josef Stoer

Wir betrachten im folgenden konvexe Optimierungsprobleme der Form

$$\lambda_* := \min\{f_0(x) \mid x \in \mathbb{R}^n : f_i(x) \le 0, \quad i = 1, 2, \ldots, m\}, \tag{1}$$

wobei wir annehmen, daß das Innere P^o der Menge P der zulässigen Lösungen nichtleer und beschränkt und die Funktionen $f_i \in C^2$ konvex seien. Insbesondere betrachten wir den Fall, daß alle f_i affin (lineare Programme) oder konvex und quadratisch (*verallgemeinerte quadratische Programme*) sind. Die zu untersuchenden Methoden benutzen den Begriff des *analytischen Zentrums*

$$\begin{aligned}\bar{x} &:= \arg\max_{x \in P} \psi(x) :\equiv \left[\prod_{i=1}^{m}(-f_i(x))\right]^{1/m} \\ &= \arg\min_{x \in P^o} \phi(x) :\equiv -m \log \psi(x)\end{aligned}$$

von P, man verfolgt in ihnen den *zentralen Pfad* $\{x(\lambda)\}_{\lambda > \lambda_*}$ der analytischen Zentren

$$\begin{aligned}x(\lambda) &:= \arg\max_{x \in P_\lambda} \psi(x, \lambda) :\equiv \left[(\lambda - f_0(x)) \prod_{i=1}^{m}(-f_i(x))\right]^{1/(m+1)} \\ &= \arg\min_{x \in P_\lambda^o} \phi(x, \lambda) :\equiv -(m+1) \log \psi(x, \lambda)\end{aligned}$$

der Mengen $P_\lambda := P \cap \{x \mid f_0(x) \le \lambda\}$ für $\lambda \downarrow \lambda_*$ mit Hilfe geeigneter Homotopietechniken. Führt man statt λ den neuen Parameter $r = r(\lambda) := \lambda - f_0(x(\lambda))$ ein, so stimmt der Pfad mit dem Pfad $\tilde{x}(r)$, $r \downarrow 0$, der Minimalpunkte der logarithmischen Barriere-Funktion von Frisch $F(x, r) := f_0(x) - r \sum_{i \ge 1} \log(-f_i(x))$ auf P^o überein. Die Analytizitätseigenschaften von $x(.)$ sind wohlbekannt (s. z.B. Fiacco [1]): $x(\lambda)$ ist (für analytische f_i) analytisch für $\lambda > \lambda_*$, hängt analytisch von den Daten f_i von P ab und konvergiert gegen das analytische Zentrum x_* der Menge P_{λ_*} der Optimallösungen von (1), $\lim_{\lambda \downarrow \lambda_*} x(\lambda) = x_*$.

Auf Grund der Zentralitätseigenschften des analytischen Zentrums $\bar{x}$ von P kann man P gut von innen und außen durch konzentrische Ellipsoide mit Mittelpunkt $\bar{x}$ approximieren:

SATZ 1. *Falls alle f_i, $i = 0, 1, \ldots, m$, konvex und quadratisch sind (affine f_i sind nicht ausgeschlossen), dann gilt*

$$\bar{x} + r_1 E \subset P \subset \bar{x} + r_2 E,$$

wobei $r_1 := 1/(2\sqrt{m})$, $r_2 := \sqrt{2m}$, $\bar{x}$ das analytische Zentrum von P und E folgendes Ellipsoid ist

$$E := \{z \mid \frac{1}{2} z^T D^2 \phi(\bar{x}) z \leq m\}.$$

Wir wollen hier den Beweis nur skizzieren, einen vollständigen Beweis findet man in [5]. Nach Voraussetzung ist jedes f_i konvex quadratisch, etwa

$$f_i(x) := \frac{1}{2} x^T B_i x + b_i^T x - \beta_i, \quad B_i \text{ positiv semidefinit,}$$

so daß

$$P = \bigcap_{i=1}^{m} K_i, \quad K_i := \{x \mid \frac{1}{2} x^T B_i x + b_i^T x \leq \beta_i\},$$

Durchschnitt von m Ellipsoiden K_i ist. Wir nehmen o.B.d.A. $\bar{x} = 0$ an, also ist $0 \in K_i^o$ für alle i. Elementare Abschätzungen zeigen dann die Inklusion

$$P \subset \bar{E} := \{x \mid \frac{1}{2} x^T C x \leq m^2\}, \quad C := \sum_{i=1}^{m} \left(\frac{B_i}{\beta_i} + \frac{b_i b_i^T}{2\beta_i^2} \right),$$

wobei man ausnutzt, daß $\sum_i b_i/\beta_i = 0$ wegen $\bar{x} = 0$ gilt. Man überlegt sich dann, daß die dualen Mengen (im Sinne von Minkowski)

$$K_i^D := \{y \mid y^T x \leq 1 \text{ für alle } x \in K_i\}$$

der K_i wieder Ellipsoide mit $0 \in (K_i^D)^o$ sind, die man explizit berechnen kann. Aufgrund allgemeiner Sätze über duale Mengen folgt

$$P = \bigcap K_i \Longrightarrow P^D = \operatorname{conv} \bigcup K_i^D.$$

Bezeichnet man mit $c_i (= b_i/(2\beta_i))$ das Zentrum von K_i^D, so sind die Mengen

$$\hat{K}_i^D := K_i^D - c_i$$

Ellipsoide mit dem Zentrum 0. Aus $0 \in K_i^D = \hat{K}_i^D + c_i$ folgt $-c_i \in \hat{K}_i^D$ und daher aus Symmetriegründen auch $c_i \in \hat{K}_i^D$. Man erhält so

$$K_i^D = \hat{K}_i^D + c_i \subset 2\hat{K}_i^d = 2(K_i^D - c_i),$$

also

$$P^D \subset \operatorname{conv} \bigcup_i K_i^D \subset 2 \operatorname{conv} \bigcup_i (K_i^D - c_i).$$

Durch Dualisieren erhält man

$$\frac{1}{2}\bigcap(K_i^D - c_i)^D \subset P,$$

wobei eine kurze Rechnung die einfache Formel

$$(K_i^D - c_i)^D = \{x \mid \frac{1}{2}x^T A_i x \leq 1\}, \quad A_i := \frac{B_i}{\beta_i} + \frac{b_i b_i^T}{2\beta_i^2},$$

ergibt. Wegen $C = \sum_i A_i$ folgt sofort

$$\frac{1}{2m}\bar{E} = \frac{1}{2}\{x \mid \frac{1}{2}x^T C x \leq 1\} \subset \frac{1}{2}\bigcap(K_i^D - c_i)^D \subset P \subset \bar{E}.$$

Der Satz ist damit im wesentlichen bewiesen, da die Matrix C eng mit der Hesse-Matrix

$$D^2\phi(\bar{x}) = \sum_{i=1}^{m}\left(\frac{B_i}{\beta_i} + \frac{b_i b_i^T}{\beta_i^2}\right)$$

von ϕ in $\bar{x}$ zusammenhängt.

Für verallgemeinerte quadratrische Programme hat Jarre [2] eine erste Approximation dieser Art mit $r_2/r_1 = O(m)$ (mit geringfügig schlechteren Konstanten) bewiesen; von ihm stammt auch eine Verallgemeinerung von Satz 1 auf nichtquadratische konvexe $f_i \in C^2(\mathbb{R}^n)$, die für ein $M \geq 0$ einer *relativen* Lipschitz Bedingung

$$|z^T(D^2 f_i(x_1) - D^2 f_i(x_2))z| \leq M\|x_1 - x_2\|_{D^2 f(x_2)} z^T D^2 f_i(x_2) z \tag{2}$$

für alle $z \in \mathbb{R}^n$, $x_1, x_2 \in P$ genügen (Hier bedeutet $\|.\|_H$ für eine positiv semidefinite Matrix H die Norm $\|x\|_H^2 := x^T H x$).

Man kann die entsprechende zweiseitige Approximation von P_λ durch konzentrische Ellipsoide um das analytische Zentrum $x(\lambda)$ benutzen, um alle Nebenbedingungen f_i zu bestimmen, die an der Optimallösung von (1) inaktiv sind. Resultate dieser Art spielen ebenfalls eine Rolle, um die Komplexität von Homotopieverfahren zur Verfolgung des zentralen Pfades $x(\lambda)$, $\lambda \downarrow \lambda_*$ zu untersuchen. Solche Untersuchungen wurden von Renegar [4] für lineare Programme (1) vorgenommen; seine Resultate wurden von Jarre [2] auf verallgemeinerte quadratische Programme und auf konvexe Programme (1) mit Funktionen f_i, die (2) genügen, verallgemeinert. Genauer, falls die f_i der Bedingung (2) genügen, $f_0(x) := c^T x$ affin ist, und das analytische Zentrum $x(\lambda)$ etwas anders durch

$$x(\lambda) := \arg\min_{x \in P_\lambda^o} \bar{\phi}(x, \lambda) :\equiv -m\log(\lambda - c^T x) - \sum_{i \geq 1}\log(-f_i(x))$$

definiert wird (die Nebenbedingung $c^T x \leq \lambda$ in P_λ wird m-fach gewichtet), dann gilt der folgende Satz (wir benutzen für $x \in P_\lambda^o$ die Abkürzungen $g(x, \lambda) := \nabla\bar{\phi}(x, \lambda)$, $H(x, \lambda) := D_x^2\bar{\phi}(x, \lambda)$, $d(x, \lambda) := \|g(x, \lambda)\|_{H(x,\lambda)^{-1}}$):

Satz 2. *Es gibt universale Konstanten $\sigma_i > 0$ (die nur von der Konstanten M in (2) aber im übrigen unabhängig von dem Problem (1) sind) mit den folgenden Eigenschaften: Für jedes $\lambda_0 > \lambda_*$ und jedes $y_0 \in P^o_\lambda$, das genügend nahe bei $x(\lambda_0)$ liegt, $d(y_0, \lambda_0) \leq \sigma_1$, gilt für alle $k \geq 0$:*
Die Größen

$$\lambda_{k+1} := (1 - \frac{\sigma_2}{\sqrt{m}})\lambda_k + \frac{\sigma_2}{\sqrt{m}} c^T y_k$$

$$y_{k+1} := y_k - H(y_k, \lambda_{k+1})^{-1} g(y_k, \lambda_{k+1})$$

sind wohldefiniert, genügen ebenfalls den Bedingungen $\lambda_{k+1} > \lambda_*$, $y_{k+1} \in P^o_{\lambda_{k+1}}$, $d(y_{k+1}, \lambda_{k+1}) \leq \sigma_1$, und es gilt zusätzlich

$$0 < \lambda_{k+1} - \lambda_* \leq (1 - \frac{\sigma_3}{\sqrt{m}})(\lambda_k - \lambda_*). \tag{3}$$

Die Approximation y_{k+1} für $x(\lambda_{k+1})$ erhält man also durch einen Schritt des Newton-Verfahrens, um die Lösung $x(\lambda_{k+1})$ der Gleichung $g(x, \lambda_{k+1}) = 0$ zu berechnen, wenn man als Startwert die Approximation y_k für $x(\lambda_k)$ benutzt. Die Abschätzung (3) beschreibt die Komplexität eines Homotopieverfahrens: Wenn man $\nabla f_i(x)$, $D^2 f_i(x)$ mit $O(n^2)$ arithmetischen Operationen berechnen kann, benötigt man $O((m + n)n^2)$ Operationen, um einen Schritt $(\lambda_k, y_k) \to (\lambda_{k+1}, y_{k+1})$ des Verfahrens durchzuführen und, wegen (3) $k(\epsilon) = O(\sqrt{m}|\log \epsilon|)$ Verfahrensschritte, um den Startfehler $\lambda_0 - \lambda_*$ um den Faktor ϵ zu reduzieren, so daß das Verfahren eine polynomiale Komplexität besitzt.

Der Beweis Jarres in [2] beruht auf einer sorgfältigen Analyse des Newtonschen Verfahrens, um das analytische Zentrum $\bar{x}$ von P durch Lösung des Gleichungssystem $\nabla\phi(x) = 0$ zu gewinnen. Ein wesentliches Hilfsmittel ist dabei das folgende Lemma, in dem die Differenz zwischen $\phi(x)$ und der quadratischen Approximation

$$q_y(x) := \phi(y) + D\phi(y)(x-y) + \frac{1}{2}(x-y)^T H(y)(x-y), \quad \text{mit } H(y) := D^2\phi(y),$$

an $\phi(x)$ in der Nähe eines Punktes $y \in P^o$ abgeschätzt wird (man beachte, daß das Minimum von $q_y(.)$ gerade den Newton-Nachfolger von y liefert):

Lemma. *Unter der Voraussetzung, daß (1) ein verallgemeinertes quadratisches Programm ist, gilt*

$$|q_y(x) - \phi(x)| < \|x - y\|^3_{H(y)}$$

für alle $y \in P^o$ und alle x mit $\|x - y\|_{H(y)} \leq 0.2$.

Man beachte, daß die Konstanten des Lemmas *nicht* von dem zu lösenden Problem (1) abhängen: Die Daten des Problems (1) gehen nur in die Norm $\|.\|_{H(y)}$ über die Matrix $H(y)$ ein.

ANMERKUNG: Die Resultate dieser Arbeit wurden in Zusammenarbeit mit den Herren Dr. Sonnevend und F. Jarre an der Universität Würzburg innerhalb des „Schwerpunktprogramms Anwendungsorientierte Optimierung und Steuerung“ der Deutschen Forschungsgemeinschaft gefunden.

Literatur

[1] Fiacco, A.V.: *Introduction to Sensitivity and Stability Analysis in Nonlinear Programming*. Academic Press, New York 1983.

[2] Jarre, F.: On the convergence of the method of analytic centers when applied to convex quadratic programs. *Math. Programming*. 49, 341–358 (1991).

[3] Jarre, F., Sonnevend, Gy., Stoer, J.: An implementation of the method of analytic centers. In: A. Bensoussan, J.L. Lions (eds.): Lecture Notes in Control and Information Sciences 111, Springer, New York 1988, pp. 297–307.

[4] Renegar, J.: A polynomial–time algorithm based on Newton's method for linear programming. Report MSRI 07 118–86, Mathematical Sciences Research Institute, Berkeley, California, 1986.

[5] Sonnevend, Gy., Stoer, J.: Global ellipsoidal approximations and homotopy methods for solving convex analytic programs. *J. Applied Math. and Opt.* 21, 139–165 (1990).

[6] Vaidya, P.M.: An algorithm for linear programming which requires $O(((m + n)n^2 + (m + n)^{1.5})L)$ arithmetic operations. Preprint, AT&T Bell Laboratories, Murray Hill, N.J., 1987.

Hierarchische Datenstrukturen für glatte Funktionen mehrerer Veränderlicher

Christoph Zenger

1.

Hierarchische Datenstrukturen und darauf arbeitende rekursive Algorithmen spielen für die Informatik eine zentrale Rolle. Um ein Beispiel herauszugreifen, im Bereich der "Computational Geometry" sind praktisch alle effizienten Algorithmen rekursiv auf hierarchischen Datenstrukturen definiert. Für den Bereich der Numerik stellt man demgegenüber fest, daß hierarchische Strukturen und rekursive Algorithmen nur eine bescheidene Rolle spielen, in der Tat sind die meisten Verfahren der numerischen Mathematik in übersichtlicher Weise ohne explizite Verwendung der Rekursion formulierbar. So erschien auch das Fehlen der Rekursion und hierarchischer Datenstrukturen in der für numerische Anwendungen verbreiteten Programmiersprache FORTRAN für viele kaum als Mangel. Dort, wo natürlicherweise Bäume als Datenstrukturen angemessen wären, etwa im Bereich der adaptiven Approximation, behilft man sich mit der expliziten Abbildung auf Vektoren, und bei in natürlicher Weise rekursiv definierten Algorithmen (z. B. W-Zyklus beim Mehrgitterverfahren) wird der Rekursions-Keller explizit verwaltet. Die Verwendung von regelmäßigen Datenstrukturen wie Vektoren und Matrizen macht numerische Algorithmen auch für Vektorrechner besonders attraktiv.

In diesem Beitrag soll nun exemplarisch gezeigt werden, daß hierarchische Datenstrukturen nicht nur im Bereich diskreter Probleme nützlich sind, sondern auch bei Aufgaben, die aus der Analysis stammen, wo also topologische Begriffe wie Stetigkeit und Glattheit zentral sind, große Vorteile bieten und zu sehr übersichtlich formulierbaren, effizienten rekursiven Algorithmen führen. Die Arbeit behandelt Speicherung und Manipulation glatter Funktionen mehrerer Veränderlicher, wie sie etwa als Parameter und Lösungen partieller Differentialgleichungen eine wichtige Rolle spielen.

2.

Eine weit verbreitete Technik, die Approximation einer reellen Funktion einer reellen Veränderlichen $f(x)$ auf einem Intervall $[a, b]$ zu speichern, ist die

Repräsentation auf äquidistanten Stützstellen

$$x_i = a + hi, y_i = f(x_i), i = 0, \ldots, n$$

mit der konstanten Gitterweite $h = (b - a)/n$, wobei dann die Zwischenwerte durch lineare Interpolation erhalten werden. (Diese Methode wurde z. B. bei Logarithmentafeln oder allgemeineren Funktionstafeln benutzt.) Bei dieser Technik kann die Glattheit der Funktion bei der Speicherung nicht direkt genutzt werden, sie wird erst bei der Interpolation auf Zwischenwerte implizit ausgenutzt.

In der Sprechweise der Finite-Elemente-Methode verwendet man eine lokale Basis mit Basisfunktionen $w_i^{(h)}(x)$, wobei $w_i^{(h)}(x)$ definiert ist als die stetige, zwischen je zwei Stützstellen lineare Funktion mit Stützwerten $w_i^{(h)}(x_i) = 1$, $w_i^{(h)}(x_j) = 0$ für $j \neq i$.

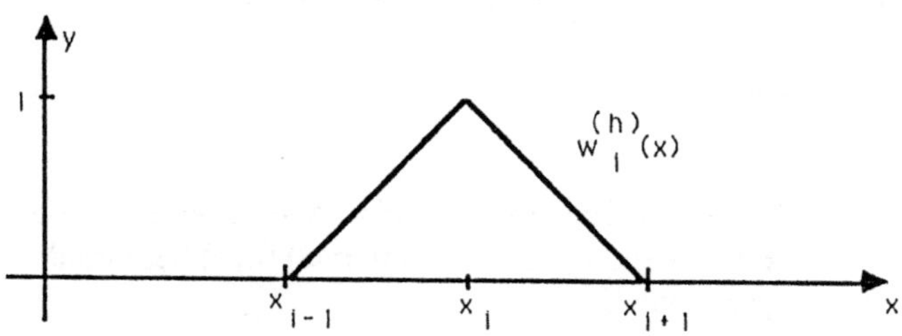

Abb. 1. Lokale Basis

Der stückweise lineare Interpolant g von f ergibt sich dann zu $g(x) = \sum_{i=0}^{n} y_i w_i^{(h)}(x)$. Für $n = 2^m$ ersetzen wir nun die Basisfunktionen $w_1^{(h)}, \ldots, w_{n-1}^{(h)}$ durch eine hierarchische Basis $v_1, \ldots, v_{n-1}$, die durch folgende Beziehungen charakterisiert wird:

$$v_i = w_k^{(h)} \quad \text{für} \quad i = 2^l + j,\ h = (b-a)/2^{l+1},\ k = (1+2j)n/2^{l+1}$$
$$\text{und} \quad l = 0, \ldots, m-1,\ j = 0, \ldots, 2^l - 1.$$

Dies ergibt die Basisfunktionen in Abb. 2.

Im folgenden setzen wir der Einfachheit halber $f(a) = f(b) = 0$ voraus. Dann läßt sich der Interpolant g in der neuen Basis durch

$$g(x) = \sum_{i=1}^{n-1} \bar{y}_i v_i(x)$$

ausdrücken. Für die Koeffizienten $\bar{y}_i$ erhalten wir

$$\bar{y}_i = f(x_k) - (f(x_k + h) + f(x_k - h))/2,$$

wobei zwischen i, k und h die obigen Beziehungen gelten sollen.

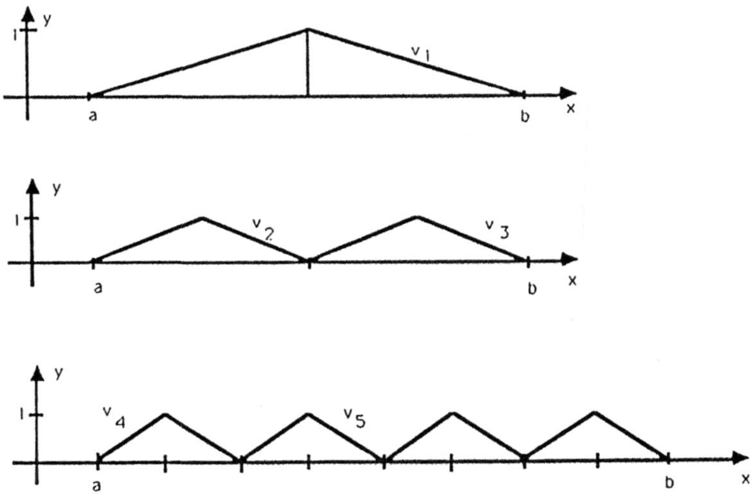

Abb. 2. Stückweise linearer Interpolant

Diese Koeffizienten sind also bis auf den Faktor $\frac{1}{2}h^2$ zweite Differenzenquotienten der Funktion f. Ist die 2. Ableitung von f im Intervall $[a, b]$ beschränkt, so gilt $| \bar{y}_i | \leq C \cdot h^2$ für ein geeignetes C.

Gibt man sich nun bei der Approximation von f mit einer vorgegebenen Genauigkeit ϵ zufrieden, so kann man hinreichend kleine Koeffizienten $\bar{y}_i$ durch 0 ersetzen. Die natürliche Datenstruktur für die Koeffizienten $\bar{y}_i$ ist dann ein Baum, der die nicht verschwindenden Koeffizienten als Knoten enthält.

Je kleiner ϵ, desto tiefer wird der Baum. Funktionen mit stark variierender zweiter Ableitung führen zu unbalancierten Bäumen. Man hat damit eine Darstellung gewonnen, die sich an die gegebene Funktion anpaßt und bei vorgegebener Genauigkeit keine überflüssigen Stützstellen verwendet. Die Funktionswerte y_i können aus den Koeffizienten $\bar{y}_i$ rekursiv aus der Beziehung

$$y_k = (f(x_k + h) + f(x_k - h))/2 + \bar{y}_i$$

berechnet werden, d. h. die rechte Seite muß mit dieser Formel solange substituiert werden, bis y_i auf die Randwerte y_o und y_n und die Koeffizienten $\bar{y}_j$ zurückgeführt wird. Der Rechenaufwand dafür ist proportional zur Länge des Pfades vom Knoten $\bar{y}_i$ bis zur Wurzel. Werden alle Funktionswerte ausgewertet, so sind eine Addition und eine Division durch 2 pro Knoten erforderlich, ein Aufwand, der in den meisten Anwendungen vernachlässigbar ist.[1]

[1] Diese Auswertung kann natürlich auf den Knoten derselben Ebene des Baumes parallel ausgewertet werden.

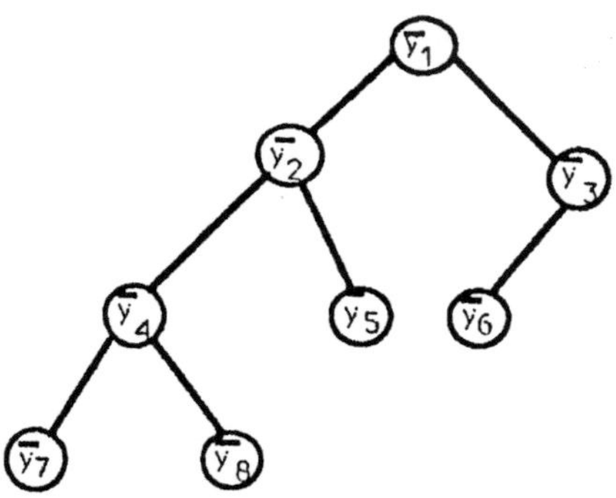

Abb. 3. Baum

Bereits in diesem einfachen Fall ist diese Datenstruktur nützlich. Betrachtet man etwa ein Differenzenverfahren für das Randwertproblem

$$y'' = f(x), \quad y(a) = y(b) = 0,$$

so erhält man bei der üblichen FE-Basis ein Tridiagonalsystem, in der hierarchischen Basis aber ein dreieckiges Gleichungssystem, das keine Eliminationen, sondern nur noch Rücksubstitutionen erfordert.

Entscheidendere Vorteile ergeben sich aber bei Funktionen mehrerer Veränderlicher, die im folgenden betrachtet werden.

3.

Sei $f(x)$ nun eine reelle Funktion zweier Veränderlicher, wobei wir als Definitionsbereich der Einfachheit halber das Einheitsquadrat $[0, 1] \times [0, 1]$ wählen.

Man kann nun für jedes x_1 $f(x_1, x_2)$ als Funktion von x_2 in der erläuterten Weise hierarchisiert in einem Baum speichern und erhält dann, wenn x_1 äquidistant hierarchisiert ist, einen Vektor von Bäumen. Es liegt nun natürlich nahe, diesen Vektor wieder hierarchisch in einem Baum zu speichern.

Man erhält dabei einen (Super)-Baum von Bäumen, wobei der Superbaum in einem Knoten zu einem festen x_1-Wert den jetzt hierarchisierten Baum der Funktion $f(x_1, x_2)$ als Funktion von x_2 enthält. Durch die Hierarchisierung werden dabei die Werte in den Knoten i. a. kleiner, und bei Vernachlässigung von hinreichend kleinen Werten wird der Baum dadurch i. a. weniger tief.

Die Situation ist in den folgenden Tabellen exemplarisch für die harmonische Funktion $f(x_1, x_2) = 4096 * (x_1^4 + x_2^4 - 6\, x_1^2 x_2^2)$ dargestellt. Die erste Tabelle zeigt die Werte der Funktion auf einem äquidistanten Gitter mit den Gitterweiten $h_1 = 1/8$ in x_1-Richtung und $h_2 = 1/8$ in x_2-Richtung im Quadrat $[-1/2, 1/2] \times [-1/2, 1/2]$.

Tabelle 1.

-1024	-527	-112	161	256	161	-112	-527	-1024
-527	-324	-119	28	81	28	-119	-324	-527
-112	-119	-64	-7	16	-7	-64	-119	-112
161	28	-7	-4	1	-4	-7	28	161
256	81	16	1	0	1	16	81	256
161	28	-7	-4	1	-4	-7	28	161
-112	-119	-64	-7	16	-7	-64	-119	-112
-527	-324	-119	28	81	28	-119	-324	-527
-1024	-527	-112	161	256	161	-112	-527	-1024

Die nächste Tabelle zeigt die Werte nach Hierarchisierung in x_2-Richtung,

Tabelle 2.

-1024	41	272	89	1280	89	272	41	-1024
-527	-1	104	47	608	47	104	-1	-527
-112	-31	-16	17	128	17	-16	-31	-112
161	-49	-88	-1	-160	-1	-88	-49	161
256	-55	-112	-7	-256	-7	-112	-55	256
161	-49	-88	-1	-160	-1	-88	-49	161
-112	-31	-16	17	128	17	-16	-31	-112
-527	-1	104	47	608	47	104	-1	-527
-1024	41	272	89	1280	89	272	41	-1024

und die letzte Tabelle die Werte, nachdem auch in x_1-Richtung hierarchisiert wurde.

Tabelle 3.

-1024	41	272	89	1280	89	272	41	-1024
41	-6	-24	-6	-96	-6	-24	-6	41
272	-24	-96	-24	-384	-24	-96	-24	272
89	-6	-24	-6	-96	-6	-24	-6	89
1280	-96	-384	-96	-1536	-96	-384	-96	1280
89	-6	-24	-6	-96	-6	-24	-6	89
272	-24	-96	-24	-384	-24	-96	-24	272
41	-6	-24	-6	-96	-6	-24	-6	41
-1024	41	272	89	1280	89	272	41	-1024

Setzt man $\epsilon = 96$, so sind in dem Gitter nur noch Werte an den Stellen zu speichern, die in Abb. 4 mit einem + gekennzeichnet sind.

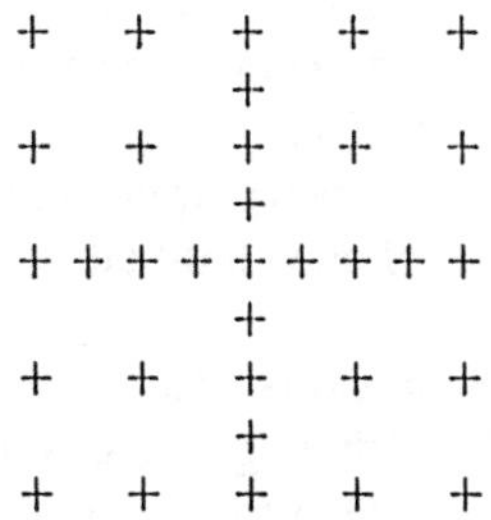

Abb. 4.

Dieses Muster ist asymptotisch typisch für alle Funktionen mit beschränkter gemischter Ableitung $\frac{\partial^2}{\partial x_1^2}\frac{\partial^2}{\partial x_2^2}f(x_1, x_2)$. Auf die mathematische Präzisierung dieser Tatsache soll an dieser Stelle verzichtet werden. Zur Illustration sind im folgenden noch die entsprechenden Muster für feineres Gitter und kleineres ϵ für die eben betrachtete Funktion (Abb. 5) und für $y = \text{Re}\,(x_1 + ix_2)^{\frac{1}{2}}$ (Abb. 6) dargestellt, wobei die Singularität in der linken oberen Ecke liegt. Es wird deutlich, daß an der Singularität sich die Stützstellen häufen (hier ist der Baum am tiefsten), in den glatten Gebieten sich aber die bereits bekannten Muster einstellen.

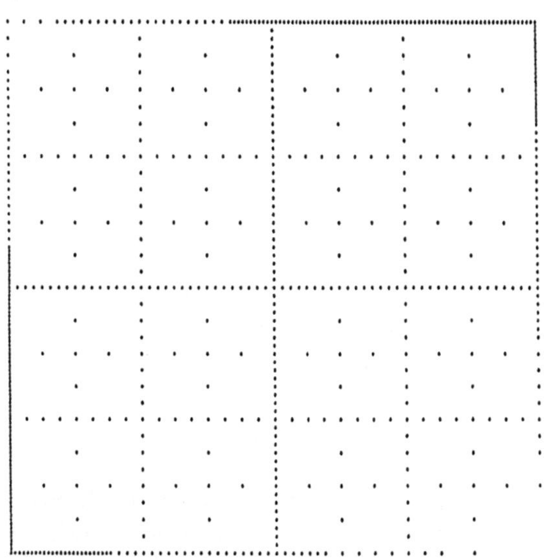

Abb. 5.

Durch die Hierarchisierung hat sich nun die Zahl der zu speichernden Gitterpunkte erheblich reduziert, ohne daß dadurch die Approximationsgenauigkeit wesentlich reduziert wurde. Asymptotisch läßt sich zeigen, daß statt der bei bilinearer Interpolation in einem regelmäßigen $n \times n$ Gitter benötigten n^2 Stützstellen nur noch $O(n \cdot \log n)$ hierarchisierte Werte gespeichert werden müssen, wobei die Genauigkeit von $O(1/n^2)$ auf $O(\log(n)/n^2)$ sinkt. Dies bringt ohne wesentlichen Genauigkeitsverlust eine erhebliche Ersparnis an Speicherplatz mit sich, mit dem zusätzlichen Vorteil, daß die lokal unterschiedliche Glattheit der Funktion f adaptiv berücksichtigt wird.

Es ist nun natürlich wieder naheliegend, dieses Vorgehen rekursiv für Funktionen von mehr als 2 Veränderlichen fortzusetzen. Es läßt sich zeigen, daß im m-dimensionalen Raum statt des regelmäßigen Gitters mit n^m Gitterpunkten nur $O(n \cdot (\log n)^{m-1})$ Baumknoten zu speichern sind. Je größer die Zahl der Unbekannten und die Dimension des Raumes, desto größer der Speicherplatzgewinn.

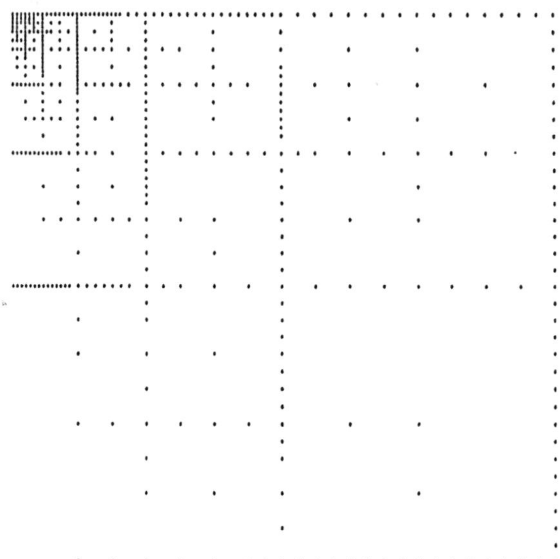

Abb. 6.

4.

Es ist nun bemerkenswert, daß es möglich ist, Lösungsverfahren für elliptische Differentialgleichungen in interessanten Fällen von den üblichen, regelmäßigen Gittern auf die eben eingeführten, dünn besetzten Gitter zu übertragen. Dabei kommt zur Speicherplatzersparnis eine entsprechende Rechenzeitersparnis, da jetzt statt $O(n^2)$ Unbekannten nur $O(n \ \log n)$ Unbekannte berechnet werden müssen. Als Beispiel sei hier die Laplace-Gleichung im Einheitsquadrat mit Dirichlet-Randbedingungen betrachtet.

$$\begin{aligned} \Delta\, u &= 0 \quad \text{auf } [0,1] \times [0,1], \\ \text{wobei } u(x_1, x_2) &= \sin(\pi \cdot x_1) \quad \text{für } x_2 = 0 \quad \text{und } 0 \le x_1 \le 1 \\ &= 0 \quad \text{sonst auf dem Rand.} \end{aligned}$$

Ein experimentelles Programm zur Lösung dieses Problems zeigt in der Tat, daß die Genauigkeit bei $O(n \ \log n)$ Gitterpunkten die Genauigkeit eines Finite-Element-Programms mit n^2 regelmäßigen bilinearen Finiten Elementen fast erreicht.

Die beobachtete Konvergenzrate für das Gauß-Seidel-Verfahren zeigt eine mit kleiner werdendem h langsam schlechter werdende Konvergenz, wie sie auch bei anderen auf üblichen hierarchischen Basen arbeitenden Verfahren beobachtet wurde. Es war damit möglich, für $n = 1000$ bei einem Speicherbedarf von weniger als $1/2$ MB auf einem PC die obige Differentialgleichung zu lösen. Mit dem üblichen Verfahren wäre dazu die Bestimmung von 10^6 Unbekannten erforderlich, was ein Vielfaches an Speicherbedarf und Rechenaufwand erfordert. Die Folge der adaptiven Gitterverfeinerungen für einen typischen Testlauf für die obige Differentialgleichung ist in Abb. 7 dargestellt.

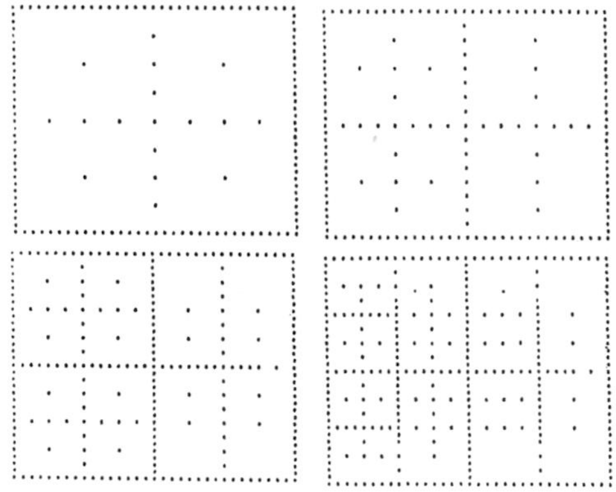

Abb. 7.

Die Übertragung auf allgemeinere, krummlinig berandete Gebiete und allgemeinere Systeme von Differentialgleichungen ist in Vorbereitung. Noch viel signifikantere Einsparungen sollten in 3-dimensionalen Problemen bzw. zeitabhängigen Aufgaben erreichbar sein.

Literatur

[1] *Bank R., Dupont T., Yserentant H.*: The hierarchical basis multigrid. Numer. Math. **52**, 427-458 (1988)

[2] *Yserentant H.*: On the multi-level splitting of finite element spaces. Numer. Math. **49**, 379-412 (1986)

Eine schnell konvergierende Block-Iteration für die Konstruktion des Form-erhaltenden Spline-Interpolanten

Christian Reinsch

Zusammenfassung. Die Stützpunkte eines Interpolanten $f : [a, b] \to \mathbb{R}$ können *positiv* oder *monoton steigend* oder *konvex* sein. f heißt Form-erhaltend, wenn es in solchen Fällen selbst positiv oder monoton steigend oder konvex ist. Bei der Interpolation mit kubischen Splinefunktionen ist diese Form-Erhaltung möglich im Falle positiver oder monoton steigender Daten. Allerdings ist diese Konstruktion teurer als ohne diese Nebenbedingungen und die Lösung ist nur iterativ zu erhalten. In diesem Referat wird ausgeführt, wie sich ein bewährter und zuverlässiger Algorithmus für positive Daten durch Block-Iteration wesentlich beschleunigen läßt. Das ergänzt einen ähnlichen, aber auf anderen Prinzipien beruhenden Vorschlag für monotone Daten. Die neue Methode ist geeignet für die Aufnahme in eine Algorithmen-Sammlung oder Programm-Bibliothek wie zum Beispiel der von F. L. Bauer herausgegebenen *Handbuch-Serie.*

1 Einführung

Die Interpolation von diskreten Stützpunkten ist nicht nur *per se* wichtig, sondern auch die Grundlage für viele Approximations-Methoden, welche beim Einsatz von numerischen Methoden fast immer unvermeidlich sind. Typische Beispiele dafür sind

- Optimale Approximation linearer Funktionale im Sinn von Sard und Schoenberg,
- Abminderungsfaktoren bei der numerischen Fourier-Transformation,
- Prädiktor-Korrektor-Methoden bei der Integration von Anfangswertproblemen mit gewöhnlichen Differentialgleichungen,
- Kollokations-Methoden für Randwertprobleme,
- Mehrgitter-Verfahren.

Bekanntlich gibt es sehr viele Interpolations-Methoden. Wir erinnern uns, daß man früher bei n gegebenen Interpolations-Bedingungen den Interpolanten meist in einem *a priori* gewählten n-dimensionalen Funktionsraum gesucht hat, zum Beispiel den Polynomen. Heute zieht man es meist vor, den *besten* Interpolanten in einem unendlich-dimensionalen Funktionsraum zu suchen, also irgend ein Gütemaß zu maximieren bzw. eine Fehlerschranke zu minimieren. Im heutigen Beispiel sei es der Raum

$$\mathfrak{F} := \{f : [a,b] \to \mathbb{R} \mid f' \text{ abs.stet.}, \ f'' \text{ quadr.integr.}, \\ f(x_i) = y_i \ (i = 1, \dots, n)\},$$

der eventuell noch durch Randbedingungen eingeschränkt wird, wie zum Beispiel fixierte Ableitungen an den Endpunkten: $f'(a)$ und $f'(b)$ gegeben, oder Periodizität: $f(a) = f(b)$ und $f'(a) = f'(b)$. In diesem Funktionsraum empfiehlt sich als (reziprokes) Gütemaß das quadratische Funktional

$$\mathbf{J}(f) := \int_a^b f''(x)^2 dx.$$

Bekanntlich ist der eindeutige Minimierer $\hat{f}$ von $\mathbf{J}$ über $\mathfrak{F}$ eine kubische Splinefunktion, also auf jedem Teilintervall der Partition

$$a = x_1 < \cdots < x_n = b$$

das Segment eines kubischen Polynoms und global zweimal stetig differenzierbar. Zu den vielen Vorzügen dieses Spline-Interpolanten gehört es, daß er für beliebig großes n mit höchster Genauigkeit und Aufwand $O(1)$ pro Datenprodukt berechnet werden kann. Er ist eindeutig festgelegt durch die beiden Vektoren

$$y := (y_1, \dots, y_n)^T \in \mathbb{R}^n \ \text{ und } \ \hat{p} := (\hat{p}_1, \dots, \hat{p}_n) \in \mathbb{R}^n \ \text{ mit } \ \hat{p}_i := \hat{f}'(x_i).$$

y ist gegeben und $\hat{p}$ genügt einem tridiagonalen, positiv-definiten Gleichungssystem mit Konditionszahl ≤ 3. Gleiches gilt für einen Ansatz mit $\hat{u}_i := \hat{f}''(x_i)$ anstelle der $\hat{p}_i$.

Form-Erhaltung ist ein Oberbegriff für Zusatzwünsche an den Interpolanten wie

Positivität:	$y > 0 \Rightarrow f \geq 0,$
Monotonie:	$\Delta_1 y > 0 \Rightarrow f' \geq 0,$
Konvexität:	$\Delta_2 y > 0 \Rightarrow f'' \geq 0,$ usw.

(Δ_1 und Δ_2 bezeichnet die erste und zweite dividierte Differenz der Ordinaten.) Es sei erwähnt, daß Konvexität und die in $\mathfrak{F}$ vorgeschriebene Glattheitsklasse in Widerspruch stehen können, so etwa wenn die Stützpunkte x_i, y_i im Scheitel und auf den *beiden* Schenkeln des Winkels $y = |x|$ liegen, so daß letzterer der einzige konvexe Interpolant ist. Bei Positivität und Monotonie sind Lösungen in $\mathfrak{F}$ offensichtlich.

Block-Iteration für monotone Daten wurde an anderer Stelle behandelt, deshalb betrachten wir im Folgenden nun den Fall der Positivität. Diese ist bei vielen Anwendungen zwingend vorgeschrieben, wie zum Beispiel bei der Interpolation von Stützpunkten für Häufigkeitsverteilungen oder von physikalischen Größen wie Druck und Energie, die ihrer Natur gemäß nicht negativ sein können.

Im Folgenden sei $y \in \mathbb{R}_+^n$ und die Menge der zugelassenen Interpolanten eingeschränkt auf

$$\mathfrak{F}_+ := \{f \in \mathfrak{F} \mid f \geq 0\}.$$

Gesucht werde der Minimierer von **J** über diese Teilmenge. Dieses Vorgehen hat gegenüber den vielen *ad hoc* Vorschlägen den Vorteil, daß der dadurch definierte Form-erhaltende Interpolant in einem bestimmten Sinn optimale Fehlerschranken besitzt. $\mathfrak{F}_+$ ist im Gegensatz zu $\mathfrak{F}$ keine lineare Mannigfaltigkeit und das Problem ist nicht mehr linear.

2 Charakterisierung des Minimierers

Die Existenz und Eindeutigkeit des Minimierers von **J** über $\mathfrak{F}_+$ ist durch allgemeine Prinzipien sofort gesichert, denn $\mathfrak{F}_+$ ist eine nicht leere, abgeschlossene und konvexe Menge, die somit ein kürzestes Element besitzt. In dem unterliegenden Hilbertraum ist

$$\|f\|^2 = \mathbf{J}(f) + f(x_1)^2 + \cdots + f(x_n)^2$$

als Norm gewählt und die Quadratsumme hier ist konstant auf $\mathfrak{F}$ und $\mathfrak{F}_+$. Somit ist die Minimierung von $\|f\|$ und $\mathbf{J}(f)$ äquivalent.

Eine sehr kurze Überlegung führt auf eine Charakterisierung der Lösung, die die Grundlage für eine brauchbare Konstruktion abgibt. Mit $\hat{f} \in \mathfrak{F}_+$ ist auch $\hat{p}_i := \hat{f}'(x_i)$ $(i = 1, \ldots, n)$ wohldefiniert und als globaler Minimierer muß $\hat{f}$ neben **J** auch alle Teilintegrale minimieren:

$$\int_{x_i}^{x_{i+1}} f''(x)^2 dx \geq \int_{x_i}^{x_{i+1}} \hat{f}''(x)^2 dx$$

unter den Nebenbedingungen $f_{|[x_i, x_{i+1}]} \geq 0$

$$f(x_i) = y_i, \quad f(x_{i+1}) = y_{i+1}, \quad f'(x_i) = \hat{p}_i, \quad f'(x_{i+1}) = \hat{p}_{i+1}.$$

Dieses *2-Punkt-Problem* ist einfach genug, um seine Lösung sofort anzugeben. Es ist eine kubische Splinefunktion mit maximal zwei Knoten im Inneren von $[x_i, x_{i+1}]$, wo dann $\hat{f}$ und $\hat{f}'$ verschwinden. Anzahl und Lage dieser zusätzlichen Knoten bzw. Nullstellen lassen sich genau angeben in Abhängigkeit der beiden Steigungen $\hat{p}_i$ und $\hat{p}_{i+1}$ (vgl. Fig. 1). Darüber hinaus läßt sich zeigen, daß der Minimierer $\hat{f}$ zweimal stetig differenzierbar ist. Insgesamt hat man somit folgendes Resultat:

Der eindeutige Minimierer von $\mathbf{J}$ *über* $\mathfrak{F}_+$ *ist eine kubische Splinefunktion* S*; ihre Knoten sind die gegebenen Stützstellen* x_i $(i = 1, \ldots, n)$ *und zusätzlich bis zu zwei Knoten pro Intervall* $[x_i, x_{i+1}]$, *wo* S *und* S' *verschwinden.*

Diese zusätzlichen Knoten werden im folgenden als die *Nullstellen* von S bezeichnet. Tatsächlich jedoch verschwindet S überall zwischen einem Paar solcher Nullstellen in einem gemeinsamen Intervall. Das bewirkt dann eine vollständige Entkoppelung des linken und rechten Segmentes einer solchen kubischen Splinefunktion.

3 Zur Konstruktion des Minimierers

Die obige Charakterisierung ist Ausgangspunkt für verschiedene Konstruktions-Verfahren. Zur Herleitung der Block-Iteration betrachtet man zunächst die besonders einfache Situation, bei der nur ein einziges aktives Intervall vorliegt, etwa $[x_k, x_{k+1}]$, und dort ein Nullstellenpaar ξ und η:

$$S(x) > 0 \text{ für } x < \xi \text{ oder } x > \eta,$$
$$s(x) = 0 \text{ für } \xi \le x \le \eta, \quad x_k < \xi < \eta < x_{k+1}.$$

Wegen der Entkoppelung hat man zwei unabhängige Splinefunktionen zu bestimmen, mit Randbedingungen zum Beispiel im Teil links von ξ

$$S'(x_1) \text{ oder } S''(x_1) \text{ gegeben}, \quad S(\xi) = S'(\xi) = S''(\xi) = 0.$$

Stellt man das schon erwähnte zugehörige Tridiagonalsystem auf und eliminiert dort wie üblich die Subdiagonalelemente, so ergibt sich eine quadratische Gleichung für ξ bzw. für $\lambda := \xi - x_k$, nämlich

$$y_k \cdot (\lambda^{-2} + c_1\lambda^{-1}) - c_2 = 0. \tag{1}$$

Hier sind c_1 und c_2 bestimmte Koeffizienten in dem reduzierten Gleichungssystem, zum Beispiel ist $3/c_1$ das letzte Pivotelement und somit positiv. Also ist die linke Seite monoton fallend und besitzt höchstens eine positive Wurzel λ. Analog bestimmt sich $\varrho := x_{k+1} - \eta$ und das rechte Segment von S aus der quadratischen Gleichung.

$$y_{k+1} \cdot (\varrho^{-2} + c_3\varrho^{-1}) - c_4 = 0 \tag{2}$$

mit bekannten Koeffizienten $c_3 > 0$ und c_4. Notwendige und hinreichende Bedingung für das Vorliegen dieser Situation ist

$$x_k + \lambda \le x_{k+1} - \varrho.$$

Fast genauso einfach ist der Fall eines einzigen aktiven Intervalls, welches nur *eine* Nullstelle, ξ, enthält. Hier sind die beiden Segmente von S auf $[x_1, \xi]$

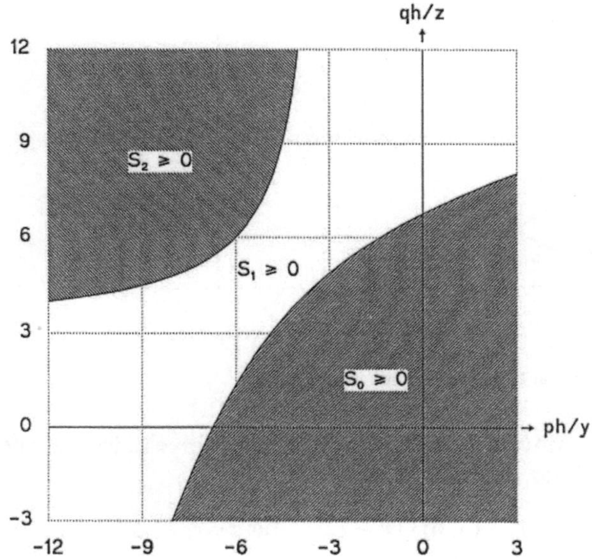

Fig. 1. Die Lösung des *2-Punkt-Problems* ist eine kubische Splinefunktion $S_m(x)$ mit $m \in \{0,1,2\}$ inneren Knoten, festgelegt durch $h := x_{i+1} - x_i$ und die Randwerte $y := y_i$, $z := y_{i+1}$, $p := p_i$, $q := p_{i+1}$. Die Grenze zwischen S_0 und S_1 ist hier dargestellt für den Fall $y = z$. Andernfalls ist sie etwas gestreckt oder gestaucht in horizontaler und vertikaler Richtung.

und $[\xi, x_n]$ nicht vollständig unabhängig, sondern lose verkoppelt durch die Stetigkeitsbedingung $S''(\xi - 0) = S''(\xi + 0)$. Der linke Grenzwert wird als Funktion von $\alpha := \xi - x_k$ betrachtet und der rechte Grenzwert als Funktion von $\beta := x_{k+1} - \xi$:

$$S''(\xi - 0) = [6/(2 + c_1\alpha)] \cdot [y_k \cdot (\alpha^{-2} + c_1\alpha^{-1}) - c_2] \equiv \mathfrak{L}(\alpha),$$
$$S''(\xi + 0) = [6/(2 + c_3\beta)] \cdot [y_{k+1} \cdot (\beta^{-2} + c_3\beta^{-1}) - c_4] \equiv \mathfrak{R}(\beta).$$

Beide Faktoren auf der rechten Seite sind monoton fallend (vgl. Fig. 2), und deshalb sind auch $\mathfrak{L}(\alpha)$ und $\mathfrak{R}(\beta)$ monoton fallend, wo sie nicht negativ sind:

$$\mathfrak{L}(\alpha) \geq 0 \text{ für } 0 < \alpha \leq \min(\lambda, x_{k+1} - x_k),$$
$$\mathfrak{R}(\beta) \geq 0 \text{ für } 0 < \beta \leq \min(\varrho, x_{k+1} - x_k).$$

$x_k + \lambda > x_{k+1} - \varrho$ ist notwendig und hinreichend dafür, daß die Gleichung für ξ,

$$\mathfrak{L}(\xi - x_k) = \mathfrak{R}(x_{k+1} - \xi), \tag{3}$$

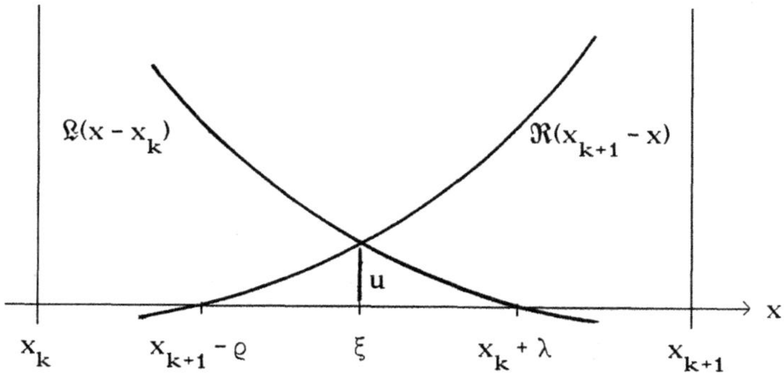

Fig. 2. Der monotone Verlauf von $\mathfrak{L}$ und $\mathfrak{R}$ oberhalb der x-Achse

genau eine Lösung mit positivem $u := S''(\xi)$ besitzt. Ein positives u ist äquivalent zu $S \geq 0$ auf $[x_k, x_{k+1}]$, das zeigt der Ansatz

$$S(x) = \begin{cases} (u/2) \cdot (x - \xi)^2 + (v/6) \cdot (x - \xi)^3 & \text{für } x_k < x < \xi, \\ (u/2) \cdot (x - \xi)^2 + (w/6) \cdot (x - \xi)^3 & \text{für } \xi < x < x_{k+1}. \end{cases}$$

Die Bestimmungsgleichung (3) für ξ kann leicht mit einer Newton-Iteration aufgelöst werden. Sie verläuft auf der einen Seite immer monoton und läßt sich auf der anderen Seite in naheliegender Weise gegen Ausbrechen schützen. Mit einem guten Startwert (siehe unten) braucht man im Schnitt wenig mehr als zwei Newton-Schritte bis zur Konvergenz im Rahmen einer etwa siebenstelligen Rechengenauigkeit.

Als Minimierer von **J** muß S übrigens noch die Bedingung $S'''(\xi + 0) \geq S'''(\xi - 0)$ erfüllen, daß heißt $w \geq v$, sonst liegt im Intervall $[x_k, x_{k+1}]$ *keine* Nullstelle vor. Diese Koeffizienten v und w im Ansatz für S auf $[x_k, x_{k+1}]$ bestimmen sich aus den Interpolationsbedingungen an den Intervallenden. Eine kurze Rechnung ergibt

$$v = [u \cdot (1 + 2c_1\alpha) - 6c_2]/[\alpha \cdot (1 + c_1\alpha)], \tag{4}$$

$$w = [6c_4 - u \cdot (1 + 2c_3\beta)]/[\beta \cdot (1 + c_3\beta)], \tag{5}$$

Insgesamt ergibt sich so unter der Annahme $S > 0$ auf $[x_1, x_k] \cup [x_{k+1}, x_n]$

Der Algorithmus für höchstens ein aktives Intervall, $[x_k, x_{k+1}]$:

(a) Aufstellen der Tridiagonalsysteme für $i = 1$ bis k und für $i = k + 1$ bis n.
(b) Gauß-Elimination und Berechnung der Koeffizienten c_1, c_2, c_3, c_4.
(c) $h := x_{k+1} - x_k$.
(d) Falls $\mathfrak{L}(h) \geq 0$ dann $\lambda := h$, sonst berechne λ aus (1).
(e) Falls $\mathfrak{R}(h) \geq 0$ dann $\varrho := h$, sonst berechne ϱ aus (2).
(f) Falls $\lambda + \varrho \leq h$ dann *zwei* Nullstellen, $\xi := x_k + \lambda$ und $\eta := x_{k+1} - \varrho$.
(g) Sonst: berechne ξ und u aus (3), v aus (4), w aus (5).

(h) falls $v < w$: *eine* Nullstelle, ξ.
(i) sonst *keine* Nullstelle, das Intervall ist inaktiv.

4 Block-Iteration

In der allgemeinen Situation ist mehr als ein Intervall aktiv. $\{\xi\}$ sei der Satz der zugehörigen Nullstellen. Startend mit der leeren Menge wird $\{\xi\}$ zyklisch verbessert nach folgender Methode.

(A) Zu Beginn des Zyklus wird der kubische Spline-Interpolant zu allen gegebenen Stützpunkten und den momentanen Nullstellen-Approximationen berechnet. Intervalle, auf denen S strikt positiv ist, gelten als inaktiv, die übrigen als aktiv. Insbesondere sind Intervalle aktiv, die eine oder zwei der momentanen Nullstellen enthalten. In jedem anderen aktiven Intervall (Neuzugang) wird das lokale Minimum des Spline-Interpolanten berechnet und in $\{\xi\}$ aufgenommen. Auf diese Weise ist jedes aktive Intervall in der Nullstellenliste vertreten.

(B) Jetzt wird nacheinander jedes aktive Intervall $[x_k, x_{k+1}]$ behandelt wie im vorangegangenen Abschnitt festgelegt, jedoch sind die Randbedingungen für S' oder S'' bei x_1 und x_n zu ersetzen durch $S' = 0$ an den augenblicklichen Nullstellen der beiden benachbarten aktiven Intervalle, etwa $\xi' := \max\{\xi : \xi < x_k\}$ und $\xi'' := \min\{\xi : \xi > x_{k+1}\}$. Die Newton-Iteration im Teilschritt (g) wird gestartet an der momentan vorhandenen Approximation der Nullstelle.

Auf Grund der ausgeprägten Dämpfungs-Eigenschaften der kubischen Spline-Interpolation haben die Positionen von ξ' und ξ'' einen viel geringeren Einfluß auf S im Intervall $[x_k, x_{k+1}]$ als die Werte von $S'(x_k)$ und $S'(x_{k+1})$ oder die Werte von $S''(x_k)$ und $S''(x_{k+1})$. Diese wurden in zwei früher diskutierten Punkt-Iterationen benutzt, deren globale Konvergenz sichergestellt ist. Die geringere Wechselwirkung zwischen den aktiven Intervallen führt zu einer wesentlich besseren Konvergenzrate. Das bestätigt sich in numerischen Experimenten. Der Einfluß der übernächsten aktiven Intervalle ist gering genug, um vernachlässigt zu werden, so daß eine Konvergenz-Analyse auf den Fall dreier aktiver Intervalle beschränkt werden darf.

In diesem 20-Minuten Referat war keine Zeit für eine Rundschau. Deswegen sei hier nur verwiesen auf die ausführlichen Literatur-Angaben in

H. Dauner, C.H. Reinsch: *An Analysis of Two Algorithms for Shape-Preserving Cubic Spline Interpolation.* IMA J. of Num. Anal. 9 (1989) 299-314.

Zerteilungs- und Erkennungsprobleme

Graphen, Sprachen, Automaten
Unter dem Blickwinkel der Spezifikation verteilter Systeme betrachtet

Wilfried Brauer

Kurzfassung. Endliche akzeptierende Automaten, Zweiwegautomaten, Standardmengen und reguläre Mengen, sowie Syntaxdiagramme, Kellerautomaten und kontextfreie Sprachen werden von einem allgemeinen Standpunkt aus betrachtet und in Beziehung zur Spezifikation verteilter, nicht notwendig sequentieller Systeme gebracht. Auch auf eine in diesen Zusammenhang gehörige Verallgemeinerung der Petrinetze wird hingewiesen.

1. Einleitung

Anders als heute in Lehrbüchern meist üblich werden im folgenden endliche Automaten und ihre Sprachen nicht vornehmlich im Hinblick auf Fragen des Übersetzerbaus oder der Beschreibung formaler Aspekte von natürlichen Sprachen betrachtet; auch der früher stärker betonte Bezug zur Hardware (genauer: zu Schaltwerken) soll uns nicht besonders interessieren. Wir wollen vielmehr Automaten und Graphen sowie die durch sie darstellbaren Mengen von Zeichenfolgen im Hinblick auf Aufgaben der *Spezifikation* und des *Entwurfs* von *Systemen*, d. h. als Mittel zur Beschreibung von Struktur oder Verhalten von Systemen behandeln.

Mit dieser Skizze soll gezeigt werden, wie für die vielfältigen Anwendungen der klassischen Theorie der Automaten und formalen Sprachen (die ja seit langem weit über Hardware-Entwurf und Syntaxanalyse hinausgehen) ein besserer formaler Zugang geschaffen werden kann, und es soll zu mehr Flexibilität im Umgang mit diesen Formalismen angeregt werden. Daß diese gesamte Theorie sich als der Spezialfall der sequentiellen Systeme in die Theorie verteilter, nichtsequentieller Systeme einordnen läßt (und von daher neue Aspekte gewinnt) kann nur knapp angedeutet werden. Außerdem zeigt sich, daß eine Reihe von meist in den Hintergrund gedrängten Begriffen und Resultaten der klassischen Theorie interessante Anwendungen haben; ferner ergeben sich einige neue Beweise bekannter Resultate.

Zunächst betrachten wir endliche verteilte sequentielle Aktionssysteme, d. h. Systeme aus endlich vielen aktiven Elementen (*Akteuren*), bei denen für gewisse Paare von Elementen festgelegt ist, in welcher Reihenfolge sie Aktionen ausführen dürfen. Man stelle sich dazu z. B. Teams von Personen vor, die an einer gemeinsamen Aufgabe arbeiten, oder Firmen mit mehreren Produtionsstätten oder (verteilte) Rechensysteme mit ihrem Funktionseinheiten oder Rechnernetze, aber auch andere Netzwerke, sowie Auftragssysteme, Syntaxdiagramme, etc.

2. Sequentielle Systeme

2.1 Schlichte Systeme

Die *Struktur* eines schlichten Systems ist bestimmt durch

- Eine endliche Menge X von Akteuren
- Eine Reihenfolgerelation $R \subseteq X \times X$; dabei bedeute $(x, x') \in R$, daß die Aktivität von x' erst nach der von x erlaubt ist
- Teilmengen $A, O \subseteq X$ von Start- bzw. Stop-Akteuren, d. h. von Akteuren, deren Aktivitäten einen Arbeitsablauf beginnen bzw. beenden dürfen.

Die Relation R unterliegt keinen Einschränkungen; dabei bedeutet

- $(x, x') \in R$ und $(x, x'') \in R$ mit $x' \neq x''$, daß nach der Aktion von x eine nichtdeterministische Auswahl zwischen x' und x'' möglich ist.
- $(x, x) \in R$, daß x immer wieder aktiv sein darf.

Wir können solche schlichten Systeme daher als gerichtete Graphen $G = (X, R, A, O)$ mit X als Ecken- und R als Pfeilmenge darstellen.

Solche Systeme können also konstruiert werden mittels folgender *Operationen* zur Bildung von Systemen

- Nacheinander
- Nichtdeterministische Auswahl
- Wiederholung
- Start, Stop.

Fragen wir nun drittens nach der *Semantik* solch eines Systems. Wir wollen darunter einfach das beobachtbare Verhalten verstehen, d. h. uns interessiert am System nur, welche endlichen Folgen von Aktionen ein einzelner externer Beobachter, der jede einzelne Aktivität jedes Akteurs bemerken und notieren kann (und sonst nichts), im Laufe der Arbeit eines Systems feststellen könnte. Offenbar ist das die Wegemenge

$$W(G) = \{x_1 x_2 \ldots x_n | x_1 \in A, x_n \in O, (x_i, x_{i+1}) \in R, \\ i = 1, \ldots, n-1, n \in \mathbb{N}\}$$

aller Folgen von Ecken auf Wegen von Start- zu Stop-Ecken in G.

Eine kurze Rückbesinnung auf die Automatentheorie (vgl. [B1]) zeigt, daß wir ein klassisches Konzept vor uns haben: den Begriff des Myhillgraphen (MG) über einer Menge X.

Ein Satz von Myhill (vgl. [B1], Kap. 7) liefert auch sofort eine Antwort auf eine Standardfrage zur Semantik: Gibt es eine Termdarstellung für die (i.a. unendlichen) Verhaltensmengen?

> **Satz 1** (Myhill 1957). Die Semantiken schlichter Systeme, d. h. die Wegemengen von MG'en über X, sind genau die Standardmengen über X, d. h. die Mengen der Form
>
> $$(AX^* \cap X^*O) \setminus X^*VX^*$$
>
> mit $A, O \subseteq X$ und $V \subseteq X^2$.

Standardmengen haben die schöne Eigenschaft, lokal testbar zu sein: Es reicht, ein 2-Zeichen-Fenster über eine Folge zu schieben um festzustellen, ob die Folge zur Menge gehört oder nicht. Unter dem Gesichtspunkt des Systementwurfs ist der Satz jedoch recht unbefriedigend, weil wir zur Semantikbeschreibung Operationen verwendet haben, die bei der Systemkonstruktion nicht vorgesehen sind ($\cap, \setminus$); wir werden also (später) untersuchen, ob diese Operationen auch dafür erlaubt werden dürfen.

Ferner bemerken wir: Nicht einmal jede endliche Menge von endlichen Folgen über X ist Semantik eines Systems (z. B. $\{ab, ac, bc\}$ nicht). Es ist also vernünftig, den Systembegriff zu erweitern.

2.2 Allgemeine sequentielle Systeme

Die *Grundstruktur* dieser Systeme entspricht der von schlichten Systemen – die Verallgemeinerung besteht darin, daß jetzt mehrere Akteure (an verschiedenen Orten) gleiche Aktivitäten (aus der Menge X) ausüben dürfen. Formal erhalten wir also einen beschrifteten Myhillgraphen (BMG)

> $G = (E, R, A, O, X, \beta)$,wobei $G' = (E, R, A, O)$ ein MG und $\beta : E \to X$ die Beschriftungsabbildung der Ecken ist.

Bei solch einer Systembeschreibung unterscheiden wir also *Struktur* und *Aufgabenverteilung*.

Als *Operationen* zur Systemkonstruktion haben wir also *zusätzlich* zwei Abstraktionsoperationen, nämlich das

- (Um-) Benennen ($\beta(a) = x$) und das
- Verbergen ($\beta(a) = \Lambda$), wenn wir bei BMG'en auch zulassen, daß Ecken mit dem leeren Wort Λ beschriftet werden.

Die *Beobachtungssemantik* eines solchen Systems läßt sich in zwei Schritten bestimmen:

- aus der Struktur, d. h. dem zugrundeliegenden $MG\ G'$, ergibt sich die Menge $W(G')$ der Folgen von aktiven Akteuren,
- aus der Aufgabenverteilung β erhält man die tatsächlich beobachtbaren Aktivitätenfolgen $\beta(W(G'))$, wobei β jetzt als Homomorphismus von E^* in X^* aufgefaßt wird.

Ein weiterer Satz von Myhill (vgl. [B1], Kap. 7), ergibt nun eine Termdarstellung der Semantik:

> **Satz 2** (Myhill 1957). Die Bilder der Standardmengen unter alphabetischen Homomorphismen (d. h. als Bilder von Zeichen sind nur Zeichen oder Λ erlaubt) liefern genau alle Beobachtungssemantiken (d. h. Wegemengen von BMG'en) allgemeiner sequentieller Systeme.

Ein Rückblick auf die klassische Methode der Spezifikation des Verhaltens von Systemen, d. h. auf Programmiersprachen, zeigt, daß ein BMG nichts anderes als ein Syntaxdiagramm ist, in dem keine Namen von Syntaxdiagrammen vorkommen, das also eine rechtslineare Grammatik darstellt. Ferner sehen wir, daß gewisse Programmschemata, nämlich die Ianovschemata, nichts anderes als BMG'en sind (vgl. [B1], Kap. 7).

2.3 Das Verhalten sequentieller Systeme

Wir suchen jetzt bessere Operationen für die *Termdarstellung* der Beobachtungssemantik eines sequentiellen Systems; und zwar sollen die Operationen zur Termbildung denen zur Systemkonstruktion so entsprechen, daß das *Fregesche Kompositionsprinzip* gilt, so daß wir eine kompositionelle Semantik erhalten.

Wir kümmern uns jetzt nicht mehr um die Akteure sondern nur um ihre Aktivitäten, d. h. genauer um das, was ein Beobachter davon feststellen kann. Den Konstruktionsoperatoren Nacheinander, Auswahl und Wiederholung ordnen wir die Semantikoperationen Konkatenation, Vereinigung und Untermonoidbildung in X^* zu. Das ergibt

> **Satz 3.** Die Semantiken allgemeiner sequentieller Systeme sind genau die rationalen Mengen (die oft auch reguläre Mengen genannt werden).

Den Beweis kann man ohne Verwendung automatentheoretischer Begriffe mit graphentheoretischen Methoden führen (durch leichte Modifikation von Beweisen in [B1], Kap. 5). Als direkte Folgerung der Sätze 2 und 3 erhalten wir einen klassischen Satz der Automatentheorie: Die rationalen Mengen sind genau die homomorphen Bilder von Standardmengen.

Zu jedem allgemeinen sequentiellen System können wir eine Maschine bauen, die das System kontrolliert: Die Maschine ist ein endlicher akzeptierender Automat, der genau die (bei korrekter Arbeitsweise) beobachtbaren Aktivitätenfolgen akzeptiert. Wir stellen uns dazu eine Maschine vor, die einen Zeiger auf dem BMG, der das System beschreibt, entlang der Pfeile bewegt – und zwar jeweils zu einer mit x beschrifteten Ecke, wenn er die Eingabe x erhält. Den Graphen des Automaten erhalten wir also aus dem des BMG durch Verschieben der Beschriftung einer Ecke auf alle zu dieser Ecke hinführenden Pfeile. Offensichtlich kann solch eine Maschine auch zu einem Simulator eines Systems umfunktioniert werden.

Erinnern wir uns an die Syntaxdiagramme: Die soeben skizzierte Konstruktion liefert den zum Diagramm äquivalenten Automaten. Man sieht auch leicht, daß sich diese Konstruktion (mit gewissen Modifikationen) umkehren läßt (vgl. [B1], Kap. 7).

2.4 Zur Spezifikation sequentieller Systeme

Neben den drei rationalen Operationen (Konkatenation, Vereinigung, Untermonoidbildung) können wir zur Spezifikation des Verhaltens sequentieller Systeme auch Monoidhomomorphismen verwenden (wie aus Satz 3 und der Tatsache, daß homomorphe Bilder rationaler Mengen rational sind, folgt) – man überlegt sich auch leicht, wie man aus solch einer Spezifikation ein System (einen BMG) konstruiert: Eine mit einem Wort $h(y) = x_1 x_2 \ldots x_n$ beschriftete Ecke wird in eine Folge von Ecken (mit Pfeilen von x_i nach x_{i+1}) zerlegt.

Zur Darstellung von Standardmengen wurden zwei weitere Operationen (in eingeschränkter Weise) verwendet: Durchschnitt und Komplement. Wir fragen uns nun: Kann man diese Operationen ganz uneingeschränkt zur Systemspezifikation verwenden, d. h. ist z. B. der Durchschnitt der Semantiken zweier allgemeiner sequentieller Systeme wiederum das Verhalten eines sequentiellen Systems, dh. ist der Durchschnitt rationaler Mengen rational. Den Fall der Komplementbildung behandlen wir etwas später.

Zur Beantwortung der Frage zur Durchschnittsbidlung nehmen wir zunächst eine Verallgemeinerung vor: Wir betrachten *zweistufige sequentielle Systeme*. Sie bestehen aus zwei Teilen S_1 und S_2. Zunächst arbeitet S_1; ist es fertig, prüft S_2 das Verhalten von S_1 und scheidet gewisse Aktionsfolgen (die nicht als Verhalten eines zweiten sequentiellen Systems S_2' auftreten können) aus. Das System realisiert also den Durchschnitt der Verhalten von S_1 und S_2'.

Gehen wir nun über zu den zugehörigen Kontrollautomaten. Wir können diese wie folgt zu einem etwas allgemeineren Automaten zusammenschalten: Zuerst liest der Automat A_1 zu S_1 ein Wort (eine Aktionsfolge); dann, wenn A_1 am Wortende angekommen ist (wir stellen uns vor, das Wort stehe auf einem Eingabeband und ist durch Anfangs- und Endmarken begrenzt) liest der Spiegelautomat $sp(A_2)$ zu A_2 (der die Prüfungen von S_2 rückwärts ausführt) das Wort rückwärts. Sind also $L(A_i), i = 1, 2$, die Leistungen der Automaten A_i (die akzeptierten Wortmengen) und ist $sp(L)$ die Menge der Spiegelworte zu den Worten aus L, so benutzen wir folgende Gleichung

$$L(A_1) \cap L(A_2) = L(A_1) \cap sp(L(sp(A_2))).$$

Wir stellen fest: Der Durchschnitt zweier rationaler Mengen kann von einen Automaten akzeptiert werden, der auf dem Eingabeband vorwärts und rückwärts lesen darf. Solch ein Automat ist ein endlicher nichtdeterministischer Zweiwegautomat (NZWA) – eine Verallgemeinerung des bekannten (vgl. [B1], Kap. 7) deterministischen Zweiwegautomaten. Unsere Frage nach der Durchschnittsabgeschlossenheit der Familie der rationalen Mengen erweitern wir nun zur Frage nach der Mächtigkeit dieses Automatenbegriffs. Mit den bisher eingeführten Konzepten und Resultaten können wir zeigen:

Satz 4. Endliche NZWA'en akzeptieren nur rationale Mengen, sind also nicht mächtiger als endliche Einwegautomaten.

Folgerung: Der Durchschnitt rationaler Mengen ist rational.

Beweisskizze für Satz 4: Der traditionelle Beweis des Spezialfalls deterministischer Automaten scheint nicht ohne weiteres übertragbar zu sein. Wir verwenden hier das oben eingeführte Konzept der Beschreibung der Verhaltens eines Systems mittels Standardmengen und Homomorphismen und verallgemeinern den in [B1] angegebenen Beweis.

Zunächst fassen wir den NZWA als (allerdings unendliches) sequentielles System auf, dessen Aktionen darin bestehen, bestimmte Situationen des NZWA (in erlaubten Reihenfolgen) herzustellen. Eine Situation (z, w, x) eines NZWA besagt, daß z ein Zustand ist, den der Automat erreicht, nachdem er w zum ersten Male nach rechts verläßt und daß x das dann zu lesende Zeichen ist. Wir erhalten einen unendlichen Myhillgraph, dessen Wegemenge das Akzeptierungsverhalten des NZWA vollständig beschreibt.

Im nächsten Schritt reduzieren wir diesen Myhillgraphen durch einen Graphenhomomorphismus auf einen endlichen Myhillgraphen, indem wir je zwei Situationen (z, w, x) und (z, v, x) identifizieren, wenn die Abbildungen r_w und r_v gleich sind, wobei $r_u(z, x)$ die Menge der Folgezustände von z beim Lesen von x nach dem erstmaligen Nach-rechts-Verlassen von u ist. Es ist klar, daß die Menge dieser Abbildungen für einen endlichen NZWA endlich ist. Die Projektion der Elemente der Wegemenge dieses MG auf die dritten Komponenten liefert genau die vom NZWA akzeptierte Wortmenge – als homomorphes Bild einer Standardmenge ist sie rational.

Die Durchschnittsabgeschlossenheit haben wir also ohne Verwendung deterministischer Automaten bewiesen; um die Komplementabgeschlossenheit zu zeigen, müssen wir zu deterministischen Automaten übergehen – diese Konstruktionen sind bekannt (vgl. [B1], Kap. 5,6).

Zweiwegautomaten zur Akzeptierung rationaler Mengen lassen sich häufig einfacher konstruieren als äquivalente Einwegautomaten; außerdem benötigen sie i.a. wesentlich weniger Zustände (vgl. [B1], Kap. 7).

3. Sequentielle Kooperation von sequentiellen Systemen

Nun wollen wir Systeme betrachten, bei denen eine weitere Art von Verteiltsein und von Zusammenarbeit der Komponenten möglich ist. Solche Systeme bestehen aus endlichen Mengen von (etwas verallgemeinerten) sequentiellen Systemen (kurz Komponenten genannt), die dadurch miteinander kooperieren, daß sie sich gegenseitig aufrufen. Auf die Details der Kommunikation wollen wir hier nicht eingehen (vgl. [B2]) – für den Aufruf genüge die Angabe des (eindeutigen) Namens des Systems; nach Beendigung der Arbeit des aufgerufenen Systems setzt das aufrufende System seine Arbeit fort.

Die *Grundstruktur* einer Komponente ist die eines schlichten Systems – nur bei der Aufgabenverteilung ergibt sich eine Aufteilung in zwei Klassen von Akteuren: solche die „normale" Aktionen ausführen und solche die andere Komponenten aufrufen. Der Deutlichkeit halber verwendet man zur formalen Darstellung beschriftete bipartite Myhillgraphen (BBMG), wobei ein Eckentyp nur mit Aktionsbezeichnern oder Λ und der andere Eckentyp nur mit Namen von (aufzurufenden) Komponenten beschriftet werden darf.

Als neue *Operation* zur Systemspezifikation kommt also die des (natürlich auch rekursiven) Aufrufs hinzu. Für die Aufruforganisation gibt es zwei beträchtlich verschiedene Möglichkeiten:

- Jeder Aufrufer legt einen (lokalen) Keller an (damit modellieren wir gleichberechtigte Partner und verteilte Verantwortung)
- In einem Zentralkeller werden alle Aufrufe (mit den zugehörigen Informationen) gespeichert. (Das ist die traditionelle Vorgehensweise der zentralen Kontrolle.)

Entsprechend der Aufruforganisation gibt es zwei verschiedene Möglichkeiten der Bestimmung der Beobachtungssemantik: In beiden Fällen braucht man für jede Komponente einen Beobachter für die normalen Aktionen. Außerdem wird an jedem Keller ein Beobachter plaziert, der die Beobachtungen der aufgerufenen Komponenten sammelt. Welche Art von Wortmengen *Semantiken* solcher Systeme sind, ergibt sich aus Untersuchungen, die schon 1967 W. Kuich (vgl. [KU]) durchführte (unabhängig davon 1970 nochmals L. Reeker (vgl. [R1]) – außerdem sind die (viel später und wohl wiederum vom früheren unabhängig) von N. Wirth eingeführten Syntaxdiagramme genau die BBMG'en im obigen

Sinne. Ferner können wir BBMG'en auch als rekursive Programmschemata auffassen (vgl. etwa [EN]). Wir erhalten also

Satz 5 (Kuich). Die Semantiken von sequentiell kooperierenden sequentiellen Systemen sind genau die kontextfreien Sprachen.

Als Maschinen zur *Verhaltenskontrolle* (oder zur Simulation) solcher Systeme verwenden wir eine Verallgemeinerung der Formularmaschinen von F.L. Bauer (vgl. [BA]). Für jeden Graphen einer Komponente verwenden wir ein Formular, auf dem der Automat wie ein Automat für einen BMG arbeitet – bei Ecken, die Aufrufe bezeichnen, legt er eine Kopie des Graphen der aufgerufenen Komponente auf den Keller. Aus solch einer Maschine erhält man auch schnell den klassischen Kellerautomaten, der die die Semantik darstellende kontextfreie Sprache akzeptiert.

Kalküle und Termdarstellungen für die Semantik dieser Systeme findet man schon früh in der Theorie kontextfreier Sprachen (vgl. etwa [SA], Part II, Section 11). Wir wollen uns nur kurz der Darstellung mittels Homomorphismen und Standardmengen zuwenden: Die Standardmengen geben wieder die Wege in den zugrundeliegenden unbeschrifteten Myhillgraphen an, die Homomorphismen die Beschriftungen. Um die Sequentialität des Ablaufs bei rekursiven Aufrufen sicherzustellen, ist es hilfreich, für jede Aktion x und jeden Aufruf α nicht nur den Beginn (x bzw.α) sondern auch die Beendigung ($\overline{x}$ bzw. $\overline{\alpha}$) zu notieren. Jetzt können wir die Komponenten (sozusagen mit Standleitungen) zu einen System verbinden (Pfeile von α zur Komponente, die α aufruft, und von dieser Komponente zurück zum zugehörigen $\overline{\alpha}$); das ergibt einen Myhillgraphen. Von den durch die entsprechende Standardmenge dargestellten Wegen in diesem Graphen stellen nur diejenigen tatsächlich mögliche Abläufe in Systemen dar, die dem Kellerungsverfahren für die Aufrufe entsprechen, die also eine korrekte Klammerstruktur aufweisen (wenn man x bzw. α als öffnende, $\overline{x}$ bzw. $\overline{\alpha}$ als zugehörige schließende Klammer auffaßt), d. h. die in der Dycksprache über $\{x, \overline{x}, \ldots, \alpha, \overline{\alpha}, \ldots\}$ liegen. Wir erhalten damit ein wichtiges Resultat der Theorie kontextfreier Sprachen (vgl. etwa [SA], Part I, Section 7).

Satz 6 (Chomsky / Schützenberger). Die Semantiken sequentiell kooperierender Systeme sind genau die homomorphen Bilder von Sprachen, die Durchschnitt einer Standardmenge mit einer Dycksprache sind.

Weitere Fragestellungen zu dieser Art von Systemen können hier nicht behandelt werden – es sei nur noch auf das interessante Problem der Definition des Begriffs deterministisch für solche Systeme hingewiesen, das auf Fragen der Syntaxanalyse, insbesondere auf rekursiven Abstieg mit Vorausschau führt (was auch schon bei endlichen Automaten interessante Ergebnisse ergibt (vgl. [B1], Kap. 7).

4. Nichtsequentielle Systeme

Bisher haben wir von der Verteiltheit der Akteure im System noch keinen wesentlichen Gebrauch gemacht, weil ihre Aktionen stets in eine Reihenfolge gezwängt wurden. Verteilte Akteure sollte man auch teilweise unabhängig voneinander (parallel / nebenläufig) arbeiten lassen. Da wir natürlich in der Strukturbeschreibung Nebenläufigkeit von nichtdeterministischer Auswahl unterscheiden müssen, ist eine grundlegende Erweiterung des Formalismus nötig, die auch die für kooperative Parallelarbeit notwendige Kommunikation der Akteure untereinander zu modellieren gestattet. Diesen Formalismus hat bereits 1962 C.A. Petri vorgeschlagen – aufbauend auf seinen Ideen hat sich eine umfangreiche Theorie mit vielen Anwendungen entwickelt (vgl. etwa [B2], [R2]).

Die von unserem Gesichtspunkt aus wesentlichen Ideen bestehen darin

- das Konzept des Zustands aus der Automatentheorie gleichberechtigt neben dem des Akteurs (im obigen Sinne) als Mittel der Systembeschreibung zu verwenden – aber in anderer Weise als bei Automaten: es werden nicht Gesamtzustände des Systems sondern nur lokale Zustände notiert, die die Bedingungen dafür angeben, daß gewisse Akteure aktiv werden können,
- den für die Koordination nebenläufiger Aktivitäten nötigen Nachrichtenaustausch durch asynchrone Kommunikation zu organisieren und den Nachrichtentransport als Zustandsänderung (und umgekehrt) zu interpretieren.

Die *Struktur* eines solchen Systems (*Petrinetz* genannt) ist also zu beschreiben mittels eines beschrifteten bipartiten gerichteten Graphen: Ecken für die (lokalen) Zustände, beschriftete Ecken für die Akteure (bzw. ihre Aktionen) und Pfeile von Zustandsecken (Aktivierungsvoraussetzungen) zu Akteuren und von Akteuren zu Zustandsecken (Konsequenzen).

Ein Akteur mit der Aktivität x ist also jetzt ein Tripel (Z, x, Z') wobei Z (bzw.Z') die Menge aller Zustandsecken ist, von (bzw. zu) denen ein Pfeil zu (bzw. von) der mit x beschrifteten Akteursecke führt. Zu den bisherigen *Operationen* der Systemkonstruktion kommt nun das Nebeneinander von Akteuren (hierbei haben die Akteure keine gemeinsamen Voraussetzungen – im Gegensatz zur Auswahl, bei der eine gemeinsame Voraussetzung vorhanden ist).

Um die Semantik solcher Systeme zu beschreiben, ist ein einzelner Beobachter überfordert; er kann nebenläufige Aktionen nur nacheinander registrieren und unterscheidet deshalb nicht zwischen Nebenläufigkeit und Nichtdeterminismus. Auf Details dieser Theorie kann hier jedoch nicht mehr eingegangen werden (vgl. [B2], [R2] und die dort angegebene Literatur).

Erst kürzlich ist die in Abschnitt 3 angedeutete Idee der Kooperation von Systemen durch gegenseitigen Aufruf auch auf Petrinetze angewendet worden (vgl. [KI]). Welche Anwendungen für die Spezifikation nichtsequentieller Systeme sich daraus ergeben, ist noch zu untersuchen. Klar ist immerhin, daß sich

Kellerautomaten und kontextfreie Sprachen als Spezialfälle dieser verallgemeinerten Petrinetze und ihrer Semantik ansehen lassen (so wie endliche Automaten und rationale Mengen Spezialfälle gewöhnlicher Petrinetze und ihrer Semantiken sind).

Literaturhinweise

[BA] Bauer, F.L., Goos, G.: Informatik, Eine einführende Übersicht, Erster Teil, Dritte Auflage, Springer-Verlag, Berlin, etc., 1982.

[B1] Brauer, W.: Automatentheorie, Eine Einführung in die Theorie endlicher Automaten, Teubner, Stuttgart 1984.

[B2] Brauer, W.: Von der sequentiellen zur parallelen Verarbeitung, HMD – Theorie und Praxis der Wirtschaftsinformatik, 26. Jahrgang, Heft 150, November 1989, SS. 15–25

[EN] Engelfriet, J.: Simple Program Schemes and Formal Languages, Lect. Notes in Comp. Science, Bd. 20, Springer-Verlag, Berlin, etc., 1974

[KI] Kiehn, A.: A Structuring Mechanism for Petri Nets, Bericht TUM-I 8902, Institut für Informatik, Technische Universität München, 1989.

[KU] Kuich, W.: Systems of Pushdown Acceptors and Context-Free Grammars, Techn. Report TR 25.077, IBM Laboratory Vienna, August 1967.

[R1] Reeker, L.H.: State graphs and context-free languages, in: Kohavi, Z., Paz, A. (eds.): Theory of Machines and Computations, Proc. Internat. Symp., Technion, Haifa Israel, Aug. 1971, Academic Press, New York, 1971, pp. 143–151

[R2] Reisig, W.: Petrinetze, 2. Auflage, Springer-Verlag, Berlin, etc., 1986.

[SA] Salomaa, A.K.: Formale Sprachen, Springer-Verlag, Berlin, etc., 1978.

Partielle Auswertung und semantisch gesteuerter Compilerbau am Beispiel von LISP

Henner Kröger Uwe Meyer Andreas Mischnick*

Als ältester der drei Autoren möchte ich (H. K.) mich mit dieser Vortragsausarbeitung bei zweien meiner akademischen Lehrer bedanken: bei Herrn Prof. Dr. Dr.h.c. Friedrich L. Bauer anläßlich seinen 65sten Geburtstages, daß er im Rahmen meiner Diplomarbeit, Dissertation etc. einen großen Teil meiner (damals jugendlichen) Neugier in wissenschaftliche Bahnen gelenkt hat; bei Herrn Prof. Dr. Hans Langmaack anläßlich seines 55sten Geburtstages, daß er meine (inzwischen wissenschaftliche) Neugier auf die vorliegende Thematik gelenkt hat.

Zusammenfassung. Partielle Auswertung eines Programmes p einer Sprache L kann man als totale Auswertung eines modifizierten (markierten) Programmes p′ einer um einen Verzögerungsoperator erweiterten Sprache L′ auffassen. Das Resultat ist ein residuales Programm, welches überwiegend aus „eingefrorenen Befehlen" besteht; residuale Auswertung kann man ebenfalls als totale Auswertung im Rahmen einer geeigneten Sprachmodifikation auffassen. Die Möglichkeit, auch Meta-Programme (wie Interpretierer, partielle Auswerter etc.) partiell oder residual auszuwerten, eröffnet Anwendungen im semantisch gesteuerten Compilerbau, indem funktionale Aussagen des λ-Kalküls algorithmisiert werden. § 1 skizziert diese Thematik und schließt mit einem kurzen, historischen Überblick. § 2 begründet die Verwendung der Programmiersprache LISP im Bereich der partiellen und residualen Auswertung und stellt verschiedene Hilfsmittel von LISP bereit, insbesondere begriffliche Grundlagen für die verschiedenen Meta-Sprach-Ebenen. Die speziellen Eigenschaften einzelner Verzögerungsoperatoren (z.B. des Verzögerungsoperators φ_K auf dem das Kieler PART-RESI-System basiert) werden so lange wie möglich zurückgestellt. Stattdessen werden gemeinsame Begriffsbildungen für verschiedene Verzögerungsoperatoren behandelt. § 3 zeigt allgemein die Anwendbarkeit der partiellen und residualen Auswertung im Compilerbau: Abb. 3 gibt den funktionalen Kern der Arbeitsweise von Compiler-erzeugenden Systemen wieder, welche auf Methoden der partiellen und residualen Auswertung abgestützt sind. § 4 beschreibt die erforderliche Spracherweiterung der Metasprache, um partielle und residuale Auswertung zu betreiben. In Abb. 4 wird ein Algorithmus zur residualen Auswertung bereitge-

*DFG-Projekt Kr 915/1-1.

stellt. Der Zusammenhang zwischen partieller Auswertung und Spezialisierung von Funktionen wird in § 5 hergestellt. Einschränkungen bei der Markierung (vor der partiellen Auswertung) sorgen für die korrekte Zusammenarbeit von partieller und residualer Auswertung. Erst § 6 geht auf konkrete Verzögerungsoperatoren als Basis verschiedener Realisierungen der partiellen Auswertung ein, wobei der „nicht-totale" Verzögerungsoperator φ_K in Abb. 5 eine besondere Rolle spielt.

§ 1 Einführung

Partielle Auswertung eines Programmes p einer Programmiersprache L kann man als totale Auswertung eines (geringfügig) modifizierten Programmes p′ einer um einen Verzögerungsoperator (hier φ genannt) erweiterten Sprache L′ auffassen: alle jene Ausdrücke/Befehle des Programmes p ∈ L, die (oder von denen gewisse Inkarnationen) nicht vollständig ausgewertet werden können oder nicht vollständig ausgewertet werden sollen, werden mit einem φ gekennzeichnet und so vor totaler Auswertung geschützt. Dies wird als statische Markierungsmethode bezeichnet. Bei der dynamischen Markierungsmethode (welche hier nicht weiter behandelt wird) werden nur jene Stellen markiert, welche nicht ausgewertet werden sollen, etwa um Terminierung zu erzwingen; die anderen Stellen müssen während der partiellen Auswertung automatisch erkannt werden. Man erhält so grob skizziert zu p ∈ L ein modifiziertes Programm p′ ∈ L′. Die partielle Auswertung des L-Programmes p wird nun zurückgeführt auf die bezüglich der L′-Semantik totale Auswertung des L′-Programmes p′. Als Resultat dieser totalen L′-Auswertung erhält man ein sogenanntes residuales Programm p″, welches sich aus (hier durch Φ gekennzeichneten) Befehlsresten des L-Programmes p ∈ L und L-Konstanten/werten zusammensetzt. Residuale Auswertung des residualen Programmes p″ bezüglich der ursprünglichen Sprache L wird wieder durch totale Auswertung des residualen Programmes p″ bezüglich der zugehörigen residualen Sprache L″ realisiert. Die verschiedenen Auswertungsarten können also als jeweils totale Auswertung bezüglich verschiedener Sprachhierarchien aufgefaßt werden. Eine solche zweistufige, zunächst partielle und anschließend residuale Auswertung soll insgesamt das gleiche Resultat liefern wie die ursprüngliche totale Auswertung. Die Zerlegung der totalen Auswertung in eine erste partielle Auswertungsphase und eine anschließende residuale Auswertungsphase kann man sich am Beispiel des Berechnungsbaumes arithmetischer Ausdrücke sehr schön veranschaulichen, vgl. Abb. 1.

Eines der z. Zt. faszinierendsten Anwendungsgebiete der partiellen Auswertung ist der Bereich der Erzeugung von Code, Compilern und Compiler-Compilern: Faßt man Interpretierer als in einer Metasprache geschriebene Meta-Programme auf, welche andere Programme mit zugehörigen Programmdaten verarbeiten, so muß man auch Interpretierer für vorgegebenes Programm p und

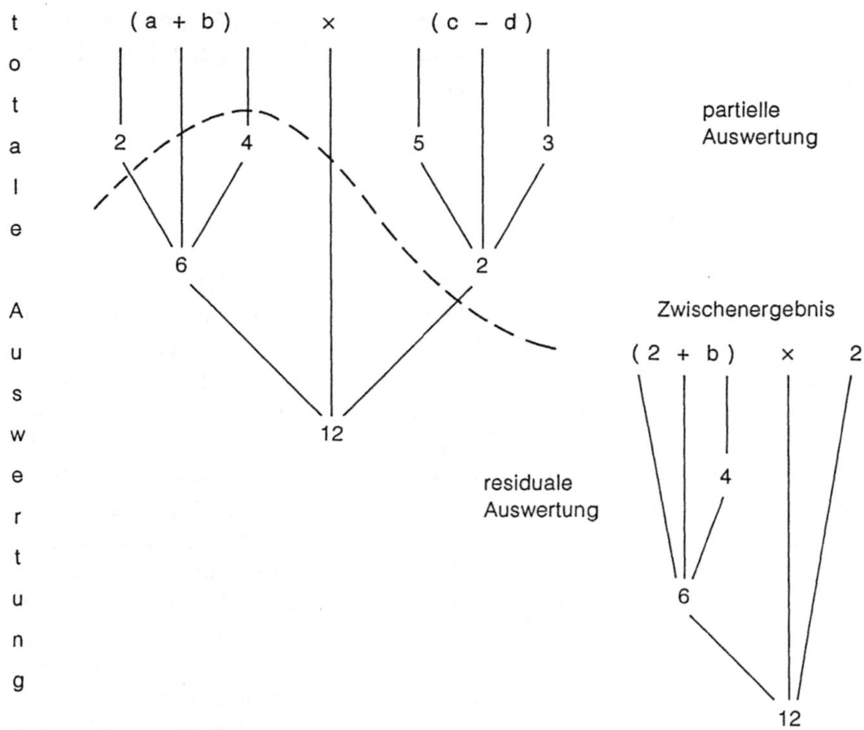

Abb. 1. Berechnungsbaum arithmetischer Ausdrücke
totale Auswertung = partielle Auswertung ⊕ residuale Auswertung

vorenthaltene Programmdaten partiell auswerten können: dieser Auswertungsprozeß wird als partielle Interpretation von p bezeichnet und liefert als Resultat ein (gewissermaßen übersetztes) Programm, welches sich aus (hier durch Φ gekennzeichneten) Befehlsresten des Interpretierers und syntaktischen p-Programmstücken als Konstanten/werten der Metasprache zusammensetzt. Obwohl die Zielsprache bei dieser Übersetzungsmethode durch die Beschreibungssprache des Interpretierers weitgehend festgelegt wird, werden partielle Auswertungsmethoden im Sinne der folgenden Verallgemeinerung interessant für den semantisch gesteuerten Compilerbau.

Als Gegenstück zur algorithmischen Seite der partiellen Auswertung hat man auf der Funktionsebene die Aussage des λ-Kalküls, daß sich jede mehrstellige Funktion durch Currifizierung prinzipiell auf einstellige Funktionen zurückführen läßt. Das bedeutet im Programmiersprachenbereich, daß man zu einem universellen Computer auf Funktionsebene

$$\text{Univ} \quad : \quad L \times P \times D \longrightarrow R$$

(wobei L eine Menge von Sprachbeschreibungen, P eine Menge von Programmen dieser Sprachen, D eine Menge von Datensätzen zu diesen Programmen und R die Menge der möglichen Resultate sei) auch Compiler-Compiler, Compiler und Code auf Funktionsebene angeben kann:

$$\begin{aligned} \text{Coco} &: \text{L} \longrightarrow (\text{P} \rightarrow (\text{D} \rightarrow \text{R})) \\ \text{Comp} &: \text{P} \longrightarrow (\text{D} \rightarrow \text{R}) \\ \text{Code} &: \text{D} \longrightarrow \text{R} \end{aligned}$$

das sind weder algorithmische und schon gar nicht effizienzielle Aussagen, sondern reine Existenzaussagen über Funktionen. Eine wesentliche Aufgabe des Bereiches „partielle Auswertung etc." ist es, die konkreten, algorithmischen Realisierungsmöglichkeiten solcher Existenzaussagen zu untersuchen und insbesondere die algorithmisch effiziente Seite zu beleuchten. Dazu muß ein partieller/residualer Auswertungsmechanismus bereitgestellt werden, der auch bei der partiellen Interpretation und, wie später offensichtlich wird, auch bei der partiellen Auswertung von partiellen Auswertern etc. noch effiziente Ergebnisse liefert.

L.A. Lombardi und B. Raphael (1964) behandeln die algorithmische Seite der partiellen Auswertung (vgl. Abb. 2) und geben eine Implementierung in LISP an, bei der das Einsetzen von Parameterwerten und die Ausführung elementarer Rechnungen berücksichtigt werden, damals eine Pionierleistung. Y. Futamura (1971) wird die Idee zugeschrieben, die partielle Auswertung von Meta-Programmen (wie z.B. von Interpretierern) im Compilerbau zu verwenden. Eine schwedische Gruppe um E. Sandewall (1976) beschäftigte sich mit LISP-Implementierungen der Ideen von Y. Futamura; die konkrete Konstruktion eines Compiler-Compilers gelang allerdings noch nicht – das dürfte nur teilweise in der Kapazität damaliger LISP-Systeme und der verfügbaren Rechner begründet gewesen sein. Die Arbeiten von P. Henderson (1976, 1980) über „Lazy Evaluation" und von D.P. Friedman und D.S. Wise (1976) über „CONS Should Not Evaluate Its Arguments" haben auch der partiellen Auswertung zu Publizität verholfen. Verschiedene russische Gruppen, insbesondere um A.P. Ershov (1977), beschäftigen sich mit der partiellen Auswertung imperativer Programme, was bei den heute vorherrschenden von-Neumann-Rechnern und der durch die Beschreibungssprache des Interpretierers weitgehend festgelegten Zielsprache zumindest praxisbezogen erscheint; ob in diesem Rahmen bereits Compiler bzw. Compiler-Compiler für nicht-triviale Sprachen erzeugt werden können, ist uns nicht bekannt. Die partielle Auswertung imperativer Programme ist nach unseren Erfahrungen erheblich komplizierter als die partielle Auswertung funktional geschriebener Programme.

Der dänischen Gruppe N.D. Jones, P. Sestoft und H. Søndergaard (1985) gelang es vermutlich zuerst, einen Compiler-Compiler im funktionalen Sprachbereich (LISP) mit Methoden der partiellen Auswertung praktisch zu erzeugen. Daß partielle Auswertungsmethoden bis dahin trotz oder gerade wegen ihrer ele-

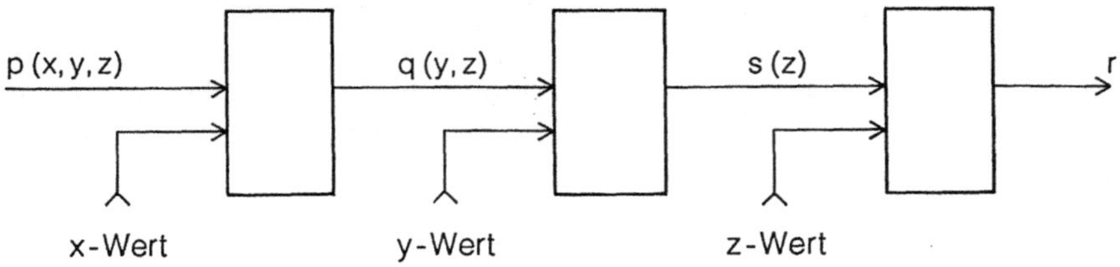

Abb. 2. "Incremental Computation" nach L.A. Lombardi

mentaren Einfachheit häufig unverstanden blieben, als zu unkonventionell nicht akzeptiert wurden, zeigt u.a. das Schicksal der Arbeiten von V.F. Turchin. Die von D. Björner, A.P. Ershov und N.D. Jones im Oktober 1987 auf Fünen organisierte Tagung über „Partial Evaluation and Mixed Computation" hat diesen Themenkreis salonfähig gemacht und interessierte Wissenschaftler mit theoretischen und praktischen Arbeit zusammengeführt.

Unsere Untersuchungen begannen 1975 in Kiel auf Anregungen von H. Langmaack, einen vorgegebenen Interpretierer in Übersetzeranteil (= alle jene Interpretiererhandlungen, die keinen Zugriff auf die Programmdaten erfordern) und Laufzeitanteil (= alle jene Interpretiererhandlungen, die nicht nur vom Programm sondern wesentlich von den Programmdaten gesteuert werden) zu zerlegen. 1980/81 lag eine auf einem Verzögerungsoperator (hier φ genannt) basierende Theorie der partiellen/residualen Auswertung vor, welche auch die Compilierung (partielle Interpretation) und anschließende Code-Ausführung von LISP-Programmen erlaubte: geschachtelte LAMBDA- oder LABEL-Funktionen und FUNCTION-Argumente von „PURE LISP", wahlweise mit Dynamic-Scope- oder mit Static-Scope-Semantik. Als 1984/85 die praktischen Erfolge der dänischen Gruppe N.D. Jones et al. bekannt wurden, wurde unsere Theorie in relativ kurzer Zeit auf dem INTERLISP-System eines Rechners SIEMENS 7.760 an der Universität Kiel implementiert und es zeigte sich, daß dieses PART-RESI-System auch zur Compiler-Erzeugung und zur Konstruktion von Compiler-Compilern erweitert werden kann, ohne daß wesentlich neue Probleme auftreten. Die dabei erforderliche partielle Interpretation 1-stufiger LABEL-Pakete führt (gegenüber geschachtelten LABEL-Funktionen) zu verschiedenen Vereinfachungen und letztlich zu schnelleren Laufzeiten. Die partielle Interpretation mehrstufiger LABEL-Pakete wurde bereits in H. Kröger (1982) theoretisch gelöst. Zur Zeit werden die Kieler Ergebnisse in Gießen auf das COMMON-LISP-System für Apollo Domain Workstations DN-3500 übertragen und weiterentwickelt.

In den folgenden Abschnitten wird der allgemeine (theoretische) Hintergrund des Kieler PART-RESI-Systems skizziert; die algorithmische Seite, Implementierungsprobleme und ein ausführlicher Vergleich mit dem System von N.D. Jones et al. (1985) müssen aus Platzgründen zurückgestellt werden. Hier wird stattdessen bewußt versucht, die speziellen Eigenschaften des speziellen

Verzögerungsoperators, auf dem dieses System basiert, möglichst lange zurückzustellen: grundlegende Begriffe wie φ-Form, Φ-Wert, gemischter Wert etc. sowie ein Algorithmus zur residualen Auswertung lassen sich unabhängig davon formulieren; es bleibt zu prüfen, wie effizient Systeme sind, die auf andere Verzögerungsoperatoren abgestützt werden.

§ 2 LISP-Szenerie

Um Programme p der Datensprache L0 (= Sprache der Meta-0-Ebene) zu interpretieren, benötigt man einen Interpretierer int0, der L0-Programme verarbeitet und selbst in einer Sprache L1 der Meta-1-Ebene geschrieben ist. Um L0-Programme p partiell zu interpretieren, muß man den Interpretierer int0 $\in$ L1 für p $\in$ L0 partiell auswerten: das geschieht mittels eines partiellen Auswerters part1, welcher in einer Sprache L2 der Meta-2-Ebene geschrieben ist. Für die Konstruktion von Compiler-Compilern mittels Methoden der partiellen Auswertung muß diese Sprachhierarchie bis zur Meta-4-Ebene fortgesetzt werden. Wenn man diese Sprachhierarchie in einer einzigen Sprachebene zusammendrängt, verwischt man die Differenzierung der einzelnen Ebenen. Wenn man bis zu fünf wesentlich verschiedene Sprachen verschiedener Meta-Ebenen einführt, könnte man prinzipiell die Arbeitsweise auf den verschiedenen Meta-Ebenen schön differenzieren; vermutlich wird man jedoch in einem solch babylonischen Sprachgewirr den Überblick verlieren.

LISP bietet bereits den Begriff der Datensprache als Meta-0-Sprache und den der Metasprache als Meta-1-Sprache sowie einen zusätzlichen Trick: Man kann jedes Programm der Metasprache durch eine semantik-treue, syntaktische Übertragungsfunktion eineindeutig in die Datensprache abbilden und umgekehrt. Statt mit dem Interpretierer int0 von der Meta-1-Ebene aus das Programm p in der Meta-0-Ebene zu verarbeiten, kann man int0 in die Meta-0-Ebene herunterziehen und dort auf dem Programm p operieren lassen. Dann kann man aber von der Meta-1-Ebene aus mit einem partiellen Auswerter auf dem in die Meta-0-Ebene herabgezogenen Interpretierer arbeiten. Hebt man den Interpretierer int0 wieder von der Meta-0-Ebene in die Meta-1-Ebene hoch, so muß man den partiellen Auswerter ebenfalls hochziehen, in eine neue (fiktive) Meta-2-Ebene, von wo aus Programme der Meta-1-Ebene behandelt werden können. In rekursiver Fortsetzung dieser Idee, kann man beliebige Meta-i-Ebenen aufeinander aufbauen und erhält eine Familie eng verwandter Sprachen. Diese müssen nicht alle im Detail angegeben werden: man arbeitet in der Regel mit Programmen der Meta-$(i + 1)$-Ebene auf Programmen der Meta-i-Ebene; wenn man ihre Arbeitsweise detailliert untersuchen will, ohne die Sprachen präzise zu definieren, kann man eine Absenkung bis in die Metasprache beziehungsweise bis in die Datensprache von LISP durchführen.

Die Metasprache von LISP bietet dem etwas mathematisch trainierten Leser eine adäquate Sprachebene, die entsprechend für prinzipielle Betrachtungen günstig ist. Bei Implementierungen werden alle erforderlichen Meta-i-Ebenen bis in die Meta-0-Ebene heruntergezogen um die vorhandenen Realisierungen der Datensprache von LISP, z.B. als COMMON-LISP oder INTERLISP etc., ausnutzen zu können. Mit diesem Trick wird einmal das babylonische Sprachgewirr heterogener Sprachhierarchien vermieden; andererseits können die erforderlichen Meta-i-Ebenen immer noch nach Bedarf ausgenutzt werden, das heißt, man ist nicht auf die Verwendung von selbst-applizierbaren partiellen Auswertern (Autoprojektoren) eingeschränkt. Zumindest für das begriffliche Verständnis ist es mitunter wesentlich, die Sprachebene der Programme und die (höhere) Sprachebene der Beschreibungssprache des zugehörigen Interpretierers oder partiellen Auswerters unterscheiden zu können.

Darüber hinaus ist LISP eine im Kern funktional konzipierte Sprache, so daß praktische LISP-Systeme starke dynamische Funktionsschachtelungen besser bewältigen als dies bei Systemen für imperativ orientierte Sprachen der Fall ist. Schließlich stellt LISP mit den S-Ausdrücken und den zugehörigen Standardoperationen hervorragende Hilfsmittel bereit, um syntaktische Programmstücke zu zerlegen oder zusammenzufügen.

§ *2.1 S-Ausdrücke*

Die Menge $\boldsymbol{A}$ der Atome ist eine fest vorgegebene Menge; üblicherweise wählt man dazu die Menge der Identifikatoren über Großbuchstaben und Ziffern:

> Zi := $\{1, 2, 3, \ldots, 9, 0\}$ sei die Menge der Ziffern,
> Bu := {A, B, C,..., Z} sei die Menge der Großbuchstaben;
> $\beta\xi$ ist genau dann ein Identifikator oder Atom über Bu und Zi, wenn $\beta \in$ Bu und $\xi \in (\mathrm{Bu} \cup \mathrm{Zi})^*$.

Die Menge $\boldsymbol{S}$ der S-Ausdrücke ist folgendermaßen rekursiv definiert:

1) $\boldsymbol{A} \subset \boldsymbol{S}$
2) $\alpha, \beta \in \boldsymbol{S} \Rightarrow (\alpha \,.\, \beta) \in \boldsymbol{S}$ (dotted pair)
3) andere S-Ausdrücke gibt es nicht.

Für spezielle S-Ausdrücke benutzt man eine Listennotation

4) $(\,) \equiv \mathrm{NIL}$
5) $\mathrm{S}_n, \mathrm{S}_{n-1}, \ldots, \mathrm{S}_2, \mathrm{S}_1 \in \boldsymbol{S} \Rightarrow$
$(\mathrm{S}_n - \mathrm{S}_{n-1} - \ldots - \mathrm{S}_2 - \mathrm{S}_1) \equiv (\mathrm{S}_n \,.\, (\mathrm{S}_{n-1} \,.\, (\ldots(\mathrm{S}_2 \,.\, (\mathrm{S}_1 \,.\, \mathrm{NIL}))\ldots)))$

als Kurzschreibweise. Syntaktisch relevante Zwischenräume sind hier mit – gekennzeichnet. Gemischte Listen/Punkt-Notationen sind ebenfalls zulässig.

§ 2.2 *Meta-Sprache*

Die Meta-Sprache stellt Standardoperationen, Deklaration von benutzer-definierten Funktionen etc. bereit, um auf S-Ausdrücken zu operieren. Wir beschränken uns hier auf das Konzept 1-stufiger label-Pakete, das heißt, alle deklarierten Funktionen sind auf äußerstem Niveau parallel zueinander deklariert und können sich gegenseitig aufrufen. Es handelt sich bereits um ein recht mächtiges Sprachkonzept, mit dem sich z.B. Interpretierer, partielle Auswerter etc. für umfangreiche LISP-Dialekte formulieren lassen.

Syntax 1-stufiger label-Pakete der Meta-Sprache:

Es werden nur die Produktionen in BNF angegeben; die Mengen der terminalen beziehungsweise der nicht-terminalen Zeichen sowie ausgezeichnete Identifikatoren lassen sich daraus ablesen; das Axiom ist ⟨program⟩.

⟨program⟩ ::= ⟨label package⟩
⟨label package⟩ ::= label [⟨pairs⟩]
⟨pairs⟩ ::= ⟨pair⟩ | ⟨pair⟩ ; ⟨pairs⟩
⟨pair⟩ ::= ⟨fid⟩ ; ⟨lambda function⟩
⟨fid⟩ ::= ⟨identifier⟩
⟨identifier⟩ ::= $\{\beta\xi : \beta \in \text{bu} \wedge \xi \in (\text{bu} \cup \text{Zi})^*\}$
wobei bu := $\{a, b, c, \ldots, z\}$ Zi := $\{1, 2, \ldots, 9, 0\}$
⟨lambda function⟩ ::= lambda [⟨varlist⟩ ; ⟨form⟩]
⟨varlist⟩ ::= [ ] | [⟨variable⟩] | [⟨variable⟩ ; . . . ; ⟨variable⟩]
⟨variable⟩ ::= ⟨identifier⟩
⟨form⟩ ::= ⟨pure form⟩
⟨pure form⟩ ::= ⟨constant⟩ | ⟨variable⟩ | ⟨function call⟩ | ⟨conditional⟩
⟨constant⟩ ::= ⟨S-expr⟩
⟨function call⟩ ::= ⟨fun⟩ [ ] | ⟨fun⟩ [⟨args⟩]
⟨fun⟩ ::= ⟨standard function⟩ | ⟨fid⟩
⟨standard function⟩ ::= car | cdr | cons | atom | eq
⟨args⟩ ::= ⟨arg⟩ | ⟨arg⟩ ; ⟨args⟩
⟨arg⟩ ::= ⟨form⟩
⟨conditional⟩ ::= cond! [⟨form⟩ → ⟨arg⟩ ; . . . ; ⟨form⟩ → ⟨arg⟩]

Durch Hinzunahme der folgenden Produktionen kann man 1-stufige label-Pakete in eine der mathematischen Notation angelehnte Kurzform übertragen:

⟨program⟩ ::= ⟨package⟩
⟨package⟩ ::= ⟨declaration list⟩
⟨declaration list⟩ ::= [⟨function declaration⟩] |
[⟨function declaration⟩ ; . . . ; ⟨function declaration⟩]
⟨function declaration⟩ ::= ⟨fid⟩ ⟨varlist⟩ = ⟨form⟩

Informelle Semantik 1-stufiger label-Pakete der Meta-Sprache:

1-stufige label-Pakete der Meta-Sprache werden den Paketen der Meta-Sprache semantik-treu eineindeutig zugeordnet, indem jedem Paar

$$\langle \text{fid} \rangle \text{ ; lambda [} \langle \text{varlist} \rangle \text{ ; } \langle \text{form} \rangle \text{]}$$

eines label-Paketes der Meta-Sprache die entsprechende Funktionsdeklaration

$$\langle \text{fid} \rangle \ \langle \text{varlist} \rangle = \langle \text{form} \rangle$$

eines Paketes der Kurzform der Meta-Sprache zugeordnet wird und umgekehrt. Damit liegt es nahe, die in der Mathematik für solche Funktionsdeklarationen übliche Semantik zu übernehmen; insbesondere verarbeiten Funktionen ihre aktuellen Argumente bei Funktionsaufrufen nach der call-by-value-Regel. Die Standardfunktionen: car, cdr, cons, atom, eq haben wie in LISP üblich für beliebige S, S1, S2 $\in \boldsymbol{S}$ und beliebige A1, A2 $\in \boldsymbol{A}$ folgende Bedeutung:

$$\text{car [(S1 . S2)]} = \text{S1}$$
$$\text{cdr [(S1 . S2)]} = \text{S2}$$
$$\text{cons [S1 ; S2]} = \text{(S1 . S2)}$$
$$\text{atom [S]} = \begin{cases} \text{TRUE} & \text{falls S} \in \boldsymbol{A} \\ \text{FALSE} & \text{falls S} \in \boldsymbol{S} \setminus \boldsymbol{A} \end{cases}$$
$$\text{eq [A1 ; A2]} = \begin{cases} \text{TRUE} & \text{falls } A1 \equiv A2 \\ \text{FALSE} & \text{falls } A1 \not\equiv A2 \end{cases}$$

Die LISP-Spezialität, daß NIL den Wahrheitswert „falsch" repräsentiert und daß alle anderen S-Ausdrücke als Wahrheitswert „wahr" aufgefaßt werden, soll hier nicht nachvollzogen werden. Konditionale können als Aufrufe einer ausgezeichneten Standardfunktion cond! aufgefaßt werden, die eine gerade aber sonst nicht näher festgelegte Anzahl Argumente hat, die nach der call-by-need-Regel verarbeitet werden: Wenn die Formen $\beta_1, \ldots, \beta_{i-1}$ den Wahrheitswert „falsch" liefern und β_i den Wahrheitswert „wahr" liefert, dann bestimmt der Wert der α_i-Form den Wert von

$$\text{cond! [} \beta_1 \to \alpha_1; \ldots; \beta_i \to \alpha_i; \ldots; \beta_n \to \alpha_n \text{]}$$

Die erste Funktion eines Paketes soll als sogenannte Haupt- oder Startfunktion die Programmdaten als aktuelle Parameterwerte übernehmen. Die im Rumpf einer Funktion angewandt auftretenden Variablen müssen in der statisch zugehörigen Variablenliste deklariert sein (dynamic-scope-Verbot).

§ 2.3 *Datensprache*

Spezielle S-Ausdrücke können als Programme in der Datenebene aufgefaßt werden: Zunächst werden 1-stufige LABEL-Pakete in syntaktischer Analogie zu den obigen 1-stufigen label-Paketen angegeben.

Syntax 1-stufiger LABEL-Pakete der Datensprache:

Es werden nur die BNF-Produktionen angegeben; die Mengen der terminalen und der nicht-terminalen Zeichen sowie ausgezeichnete Identifikatoren lassen sich daraus ablesen; das Axiom ist ⟨Program⟩. Syntaktisch relevante Zwischenräume sind hier mit – gekennzeichnet.

⟨Program⟩ ::= ⟨Label Package⟩
⟨Label Package⟩ ::= (LABEL – ⟨Pairs⟩)
⟨Pairs⟩ ::= ⟨Pair⟩ | ⟨Pair⟩ – ⟨Pair⟩
⟨Pair⟩ ::= ⟨Fid⟩ – ⟨Lambda Function⟩
⟨Fid⟩ ::= ⟨Identifier⟩
⟨Identifier⟩ ∈ $\boldsymbol{A}$ vgl. Menge der atomaren S-Ausdrücke
⟨Lambda Function⟩ ::= (LAMBDA – ⟨Varlist⟩ – ⟨Form⟩)
⟨Varlist⟩ ::= ( ) | (⟨Variable⟩) | (⟨Variable⟩ – · · · – ⟨Variable⟩)
⟨Variable⟩ ::= ⟨Identifier⟩
⟨Form⟩ ::= ⟨Pure Form⟩
⟨Pure Form⟩ ::= ⟨Constant⟩ | ⟨Variable⟩ | ⟨Function Call⟩ | ⟨Conditional⟩
⟨Constant⟩ ::= (QUOTE – ⟨S-expr⟩)
⟨Function Call⟩ ::= (⟨Fun⟩) | (⟨Fun⟩ – ⟨Args⟩)
⟨Fun⟩ ::= ⟨Standard Function⟩ | ⟨Fid⟩
⟨Standard Function⟩ ::= CAR | CDR | CONS | ATOM | EQ
⟨Args⟩ ::= ⟨Arg⟩ | ⟨Arg⟩ – ⟨Args⟩
⟨Arg⟩ ::= ⟨Form⟩
⟨Conditional⟩ ::= (COND! – (⟨Form⟩ – ⟨Arg⟩) · · · – (⟨Form⟩ – ⟨Arg⟩))

Programme der Datenebene können entweder als semantik-treue Projektion von Programmen der Meta-Ebene in die Datenebene aufgefaßt werden, oder als Programme einer eigenständigen Programmiersprache, deren Semantik z.B. durch einen in der Metasprache geschriebenen Interpretierer definiert werden kann. Auf die Diskussion zirkulärer Semantikdefinitionen wollen wir uns hier nicht einlassen. Zunächst werden die 1-stufigen LABEL-Pakete der Datensprache als semantik-treue Projektion der 1-stufigen label-Pakete der Metasprache aufgefaßt. Die Übertragungsfunktion *Ü* von der Meta- in die Datensprache kann aus Platzgründen nur skizziert werden.

Projektion von der Meta- in die Datensprache:

Meta-Sprache:	]	;	[	Ziffern	Kleinbuchstaben
Datensprache:	)	–	(	Ziffern	Großbuchstaben

Wenn geschweifte Klammern {. . .} die Argumente zur Funktion Ü einschließen und ξ, η, ζ Identifikatoren oder „eckige [. . .]-Listen" der Meta-Sprache sind, setzt man

$$\text{Ü}\{\xi\ \zeta\} := (\text{Ü}\{\xi\} \,.\, \text{Ü}\{\zeta\})$$
$$\text{Ü}\{\xi\ \zeta\ \eta\} := (\text{Ü}\{\xi\zeta\} \,.\, \text{Ü}\{\eta\}) \quad \text{links-assoziativ}$$

In der Meta-Sprache werden Identifikatoren, Funktionsaufrufe und Konditionale einerseits und S-Ausdrücke andererseits durch den Schriftsatz (Klein/Großschreibung) unterschieden; diese Unterscheidung muß in der Datensprache durch künstliche QUOTE-ierung simuliert werden:

$$\text{Ü}\{\ \langle\text{S-expr}\rangle\ \} := (\ \text{QUOTE} - \langle\text{S-expr}\rangle\ )$$

Die Semantik der LABEL-Pakete ist durch die Projektion der entsprechenden label-Pakete festgelegt. Dabei muß man allerdings berücksichtigen, daß der Wert einer Konstanten der Meta-Ebene die Konstante selbst ist; der Wert einer Konstanten (QUOTE ⟨S-expr⟩) der Datenebene ist dagegen der cadr-Teil der Konstanten, also der in der Konstanten enthaltene S-Ausdruck.

§ 3 Partielle und residuale Auswertung im Compilerbau

In der Einführung wurde duch Curryfizierung die Existenz von Funktionen gezeigt, welche das Verhalten von Code, Compilern oder Compiler-Compilern haben. Hier sollen die funktionalen Zusammenhänge weiter präzisiert werden und auf die Eigenschaften von Interpretierern, partiellen Auswertern und residualen Auswertern abgestützte werden.

Um notationelle Probleme zu vermeiden, sind in den Formeln (0) bis (∗) der Abb. 3 alle Meta-Ebenen bis in die Datenebene projiziert. Zur besseren Lesbarkeit wird bei Identifikatoren nur der Anfangsbuchstabe groß geschrieben. Wenn von Programmen, Programmdaten, Interpretierern, partiellen Auswertern oder residualen Auswertern gesprochen wird, muß man sich dabei stets bewußt sein, daß es sich mit P, D, Int, Part, Resi etc. nicht um die Objekte selbst sondern um ihre Bezeichnungen handelt: die Objekte selbst sind als S-Ausdrücke dargestellt. List bezeichnet entsprechend eine Hilfsfunktion, welche aus den Argumentwerten eine Liste bildet; sie wird benötigt, da die Interpretierer genau zwei Argumente verarbeiten wollen: ein Programm und die zu einer Liste zusammengefaßten Programmdaten.

P sei ein Programm einer in S-Ausdrücken geschriebenen, sonst frei wählbaren Programmiersprache Q: die Quellsprache beim Übersetzen. Q sei durch den Interpretierer Int definiert. In (0) verarbeitet das Programm P die Daten D. Man erhält das gleiche Resultat eventuell etwas umständlicher gemäß (1), wo der Interpretierer Int das Programm P für die Daten D verarbeitet; oder noch umständlicher gemäß (2), wo der Interpretierer Int1 den Interpretierer Int für die durch (List P D) gebildete Argumentliste verarbeitet. Diese Sequenz läßt sich beliebig umständlich fortsetzen.

Man erhält jedoch einen wesentlich neuen Effekt, wenn man die Interpretierer ab einschließlich Int_1 nicht mehr 1-stufig arbeiten läßt, sondern 2-stufig in einer ersten, partiellen und einer anschließenden, zweiten, residualen Phase: das jeweils anfallende Zwischenergebnis läßt sich, zumindest bezüglich des funktionalen Verhaltens, im Sinne des Compilerbaus als Code, Compiler oder Compiler-Compiler auffassen; die einzelnen Formelübergänge in Abb. 3 ergeben sich nach folgenden Schemata:

0/1, 1/2, 4/5, 7/8: direkte Verarbeitung durch Programme, Interpretierer oder partielle Auswerter wird durch explizite Interpretation der Programme, Interpretierer oder partiellen Auswerter ersetzt.

2/3, 5/6, 8/9: die gerade eingefügte Interpretation wird in partielle und residuale Auswertung aufgespalten. Int^{μ}, Part^{μ} etc. erhält man aus Int beziehungsweise Part etc., indem jene Stellen markiert werden, welche von dem darauf operierenden partiellen Auswerter „nicht ausgewertet“ werden können oder „nicht ausgewertet“ werden sollen.

(0) $(\mathrm{P}\ \mathrm{D})$

(1) $(\mathrm{Int}\ \mathrm{P}\ \mathrm{D})$

(2) $(\mathrm{Int}_1\ \mathrm{Int}\ (\mathrm{List}\ \mathrm{P}\ \mathrm{D}))$

(3) $(\mathrm{Resi}_1^{*}\ (\mathrm{Part}_1\ \mathrm{Int}^{\mu}\ \mathrm{P})\ \mathrm{D})$

(4) $(\mathrm{Resi}_1\ (\mathrm{Part}_1\ \mathrm{Int}^{\mu\pi}\ \mathrm{P})\ \mathrm{Int}^{\rho}\ \mathrm{D})$

(5) $(\mathrm{Resi}_1\ (\mathrm{Int}_2\ \mathrm{Part}_1\ (\mathrm{List}\ \mathrm{Int}^{\mu\pi}\ \mathrm{P}))\ \mathrm{Int}^{\rho}\ \mathrm{D})$

(6) $(\mathrm{Resi}_1\ (\mathrm{Resi}_2^{*}\ (\mathrm{Part}_2\ \mathrm{Part}_1^{\mu}\ \mathrm{Int}^{\mu\pi})\ \mathrm{P})\ \mathrm{Int}^{\rho}\ \mathrm{D})$

(7) $(\mathrm{Resi}_1\ (\mathrm{Resi}_2\ (\mathrm{Part}_2\ \mathrm{Part}_1^{\mu\pi}\ \mathrm{Int}^{\mu\pi})\ \mathrm{Part}_1^{\rho}\ \mathrm{P})\ \mathrm{Int}^{\rho}\ \mathrm{D})$

(8) $(\mathrm{Resi}_1\ (\mathrm{Resi}_2\ (\mathrm{Int}_3\ \mathrm{Part}_2\ (\mathrm{List}\ \mathrm{Part}_1^{\mu\pi}\ \mathrm{Int}^{\mu\pi}))\ \mathrm{Part}_1^{\rho}\ \mathrm{P})\ \mathrm{Int}^{\rho}\ \mathrm{D})$

(9) $(\mathrm{Resi}_1\ (\mathrm{Resi}_2\ (\mathrm{Resi}_3^{*}\ (\mathrm{Part}_3\ \mathrm{Part}_2^{\mu}\ \mathrm{Part}_1^{\mu\pi})\ \mathrm{Int}^{\mu\pi})\ \mathrm{Part}_1^{\rho}\ \mathrm{P})\ \mathrm{Int}^{\rho}\ \mathrm{D})$

(*) $(\mathrm{Resi}_1\ (\mathrm{Resi}_2\ (\mathrm{Resi}_3\ (\mathrm{Part}_3\ \mathrm{Part}_2^{\mu\pi}\ \mathrm{Part}_1^{\mu\pi})\ \mathrm{Part}_2^{\rho}\ \mathrm{Int}^{\mu\pi})\ \mathrm{Part}_1^{\rho}\ \mathrm{P})\ \mathrm{Int}^{\rho}\ \mathrm{D})$

(4)
$$(\mathrm{Resi}_1\ \underbrace{(\mathbf{Part}_1\ \mathbf{Int}^{\mu\pi}\ \mathbf{P})}_{\text{Code}}\ \mathrm{Int}^{\rho}\ \mathrm{D})$$

(7)
$$(\mathrm{Resi}_1\ \underbrace{(\mathrm{Resi}_2\ \underbrace{(\mathbf{Part}_2\ \mathbf{Part}_1^{\mu\pi}\ \mathbf{Int}^{\mu\pi})}_{\text{Compiler}}\ \mathrm{Part}_1^{\rho}\ \mathrm{P})}_{\text{Code}}\ \mathrm{Int}^{\rho}\ \mathrm{D})$$

(*)
$$(\mathrm{Resi}_1\ \underbrace{(\mathrm{Resi}_2\ \underbrace{(\mathrm{Resi}_3\ \underbrace{(\mathbf{Part}_3\ \mathbf{Part}_2^{\mu\pi}\ \mathbf{Part}_1^{\mu\pi})}_{\text{Compiler-Compiler}}\ \mathrm{Part}_2^{\rho}\ \mathrm{Int}^{\mu\pi})}_{\text{Compiler}}\ \mathrm{Part}_1^{\rho}\ \mathrm{P})}_{\text{Code}}\ \mathrm{Int}^{\rho}\ \mathrm{D})$$

Abb. 3. Funktionaler Aufbau des Kieler PART-RESI-Systems

3/4, 6/7, 9/∗: Int^{μ} beziehungsweise Part^{μ} etc. werden (nicht notwendig disjunkt) zerlegt in $\text{Int}^{\mu\pi}$ und Int^{ρ} beziehungsweise in $\text{Part}^{\mu\pi}$ und Part^{ρ} etc. sie enthalten jene Funktionen von Int^{μ} oder Part^{μ} etc., welche in der darauf operierenden partiellen (π) beziehungsweise residualen (ρ) Auswertung benötigt werden, stellen also den Compileranteil (π) und Laufzeitanteil (ρ) von Int^{μ} beziehungsweise von Part^{μ} etc. dar. Dementsprechend ist das 2-stellige Resi* durch ein 3-stelliges Resi zu ersetzen. Mit dieser Konstruktion muß man die Laufzeitsysteme Int^{ρ}, Part^{ρ} etc. nur einmal ermitteln und nicht bei jeder Erzeugung von Code, Compilern oder Compiler-Compilern.

Man beachte, daß (0) bis (∗) geschachtelte Funktionsaufrufe in LISP sind; sie sind selbst weder Code, Compiler noch Compiler-Compiler sondern enthalten Teilformen, wie (Part_3 $\text{Part}_2^{\mu\pi}$ $\text{Part}_1^{\mu\pi}$) etc., deren Auswertung erst Compiler-Compiler, Compiler oder Code liefert. Die Darstellung in Abb. 3 erfolgte in der Datensprache von LISP. Sie läßt sich aber auch in verschiedene Meta-Sprachebenen auffächern; diese lassen sich anschließend auch durch geeignete heterogene Sprachen ersetzen. In Abb. 3 unterbleibt jeder Bezug auf eine spezielle Formulierung der einzelnen Algorithmen Int etc., Part etc., Resi etc.; ebensowenig werden Eigenschaften eines speziellen Verzögerungsoperators ausgenutzt.

§ 4 Partielle und residuale Auswertung in LISP

LISP-Formen, welche nicht total sondern nur teilweise ausgewertet werden können, bzw. sollen, müssen in geeigneter Weise markiert werden, z.B. indem ein Verzögerungsoperator φ der Form vorangestellt wird. So markierte Formen heißen φ-Formen, ihre Werte heißen Φ-Werte, wobei die Wahl (der Wirkungsweise) des Verzögerungsoperators, wieviel Auswertung er wo noch erlauben oder ganz verhindern soll, noch offen bleiben möge.

Erweiterung der Meta-Sprache

Die Erweiterung der LISP-Syntax wird für 1-stufige label-Pakete der Meta-Sprache angegeben. Die ⟨form⟩-Produktion wird dazu erweitert zu:

⟨form⟩ ::= ⟨pure form⟩ | ⟨φ-form⟩
⟨φ-form⟩ ::= φ ⟨pure form⟩

Damit können φ-Operatoren zwar geschachtelt aber nicht unmittelbar hintereinander auftreten; im Gegensatz zu früher können „pure Formen" jetzt z.B. im Inneren auf Argumentposition φ-Operatoren enthalten. Wenn einer puren Form ein φ-Operator vorangeht, sagt man, die Form sei blockiert, eingefroren, suspendiert oder formalisiert. Der Φ-Wert einer φ-Form ξ setzt sich je nach Wahl des φ-Operators (§ 6) in unterschiedlicher Weise zusammen aus:

1) einem anführenden Φ-Zeichen, um Φ-Werte von anderen zu unterscheiden;

2) ausgewerteten Teilformen von ξ;
3) nicht ausgewerteten Restausdrücken von ξ, wobei z.B. auf Argumentposition wieder Φ-Werte etc. auftreten können.

Die Menge $\boldsymbol{S}$ der S-Ausdrücke (nicht die Menge der Konstanten!) wird zur Menge $\boldsymbol{S\Phi}$ der SΦ-Ausdrücke erweitert. Dabei ist $\boldsymbol{A}$ die Menge der Atome wie bisher; $\boldsymbol{\Phi}$ ist die Menge der Φ-Werte.

1) $\boldsymbol{A} \cup \boldsymbol{\Phi} \subset \boldsymbol{S\Phi}$
2) $\alpha, \beta \in \boldsymbol{S\Phi} \Rightarrow (\alpha \,.\, \beta) \in \boldsymbol{S\Phi}$
3) andere SΦ-Ausdrücke gibt es nicht.

Listennotation ist ähnlich wie bisher erlaubt. Die Standardoperationen car, cdr, cons werden gemäß 2) auf SΦ-Ausdrücken fortgesetzt, für S1, S2 $\in \boldsymbol{S\Phi}$ gilt:

car [(S1 . S2)] := S1
cdr [(S1 . S2)] := S2
cons [S1 ; S2] := (S1 . S2)

Die bisherigen S-Ausdrücke werden auch als reine, echte oder konkrete Werte bezeichnet. $\boldsymbol{Mix} := \boldsymbol{S\Phi} \backslash (\boldsymbol{S} \cup \boldsymbol{\Phi})$ ist die Menge der gemischten Werte; sie werden durch Ausführung von cons-Operationen gebildet, beginnen also mit einer runden Klammer und enthalten mindestens einen Φ-Wert als Teilausdruck.

Residuale Auswertung:
Die partielle Auswertung einer LISP-Form liefert jetzt einen SΦ-Ausdruck:

a) ein reiner Wert stellt bereits das Endergebnis (auch der residualen Auswertung) dar,
b) Φ-Werte oder gemischte Werte müssen in einer residualen Auswertungsphase weiter ausgewertet werden.

Die residuale Auswertung wird durch den Algorithmus von Abb. 4 skizziert. Die Funktionen `resi`, `ignore`, `eval` der Meta-2-Ebene werten $\boldsymbol{S\Phi}$-Ausdrücke und Formen der Meta-1-Ebene aus; die Auswertung erfolgt bezüglich der Speicher-Belegung α. Geschweifte Klammern fassen die Argumente zusammen. Es wird ein in Meta-2-Sprache geschriebener Interpretierer für 1-stufige label-Pakete der Meta-Sprache vorausgesetzt; dabei soll die Funktion `eval` (analog zur klassischen eval-Funktion des LISP-Interpretierers) „pure Formen" der Meta-1-Ebene bereits total auswerten können; in Abb. 4 wird `eval` zur (residualen) Auswertung von SΦ-Ausdrücken mittels `ignore` erweitert. Die Zeilen 3), 8) und 9) der Abb. 4 haben besondere Bedeutung:

`resi` sorgt mit 2) dafür, daß jeder Φ-Wert des residualen Programmes residual ausgewertet wird; wenn `ignore` dabei einen Φ-Wert oder einen gemischten Wert zurückgibt, sorgt das umfassende `resi` in 3) für die erneute residuale Auswertung.

`ignore` entfernt das anführende Φ-Zeichen des Φ-Wertes und stößt die `eval`uierung der verbliebenen puren Form an.

Zeile 8) verhindert die `eval`uierung gemischter Werte; sie werden entweder nach Zeile 3) zurückgegeben oder übergeordnete car-/cdr-Operationen brechen die Klammerstruktur auf und stoßen über 9) die `eval`uierung der frei werdenden Φ-Werte an. Mittels gemischter Werte können Φ-Werte so über Bindungsgrenzen hinweg weitergereicht werden, bis in die für ihre Auswertung „richtige" Umgebung.

Wenn die `eval`uierung eines Φ-Wertes über `ignore` wieder einen Φ-Wert zurückliefert, wird dieser gemäß 9) durch das umfassende `eval` einer erneuten `eval`uierung unterworfen.

resi

1) $\sigma \in \boldsymbol{S} \Rightarrow \mathtt{resi}\{\sigma; \alpha\} := \sigma$
2) $\sigma = (\xi \,.\, \eta) \in \boldsymbol{Mix} \Rightarrow$
   $\mathtt{resi}\{(\xi \,.\, \eta); \alpha\} := (\mathtt{resi}\{\xi; \alpha\} \,.\, \mathtt{resi}\{\eta; \alpha\})$
3) $\sigma \in \boldsymbol{\Phi} \Rightarrow$
   $\mathtt{resi}\{\sigma; \alpha\} := \mathtt{resi}\{\mathtt{ignore}\{\sigma; \alpha\}; \alpha\}$

ignore

4) $\sigma \in \boldsymbol{S} \Rightarrow \mathtt{ignore}\{\Phi\sigma; \alpha\} := \sigma$
5) x sei eine Variable auf ⟨form⟩-Position $\Rightarrow \mathtt{ignore}\{\Phi x; \alpha\} := \mathtt{eval}\{x; \alpha\}$
6) $\mathtt{ignore}\{\Phi f[a_1; \ldots; a_n]; \alpha\} := \mathtt{eval}\{f[a_1; \ldots; a_n]; \alpha\}$
7) $\mathtt{ignore}\{\Phi \mathit{cond!}[a_1 \rightarrow b_1; \ldots; a_n \rightarrow b_n]; \alpha\} :=$
   $\mathtt{eval}\{\mathit{cond!}[a_1 \rightarrow b_1; \ldots; a_n \rightarrow b_n]; \alpha\}$

eval

8) $\sigma \in \boldsymbol{S} \cup \boldsymbol{Mix} \Rightarrow \mathtt{eval}\{\sigma; \alpha\} := \sigma$
9) $\sigma \in \boldsymbol{\Phi} \Rightarrow \mathtt{eval}\{\sigma; \alpha\} := \mathtt{eval}\{\mathtt{ignore}\{\sigma; \alpha\}; \alpha\}$
10) σ sei eine „pure Form" $\Rightarrow$
   $\mathtt{eval}\{\sigma; \alpha\} :=$ „rekursive Auswertung einer Meta-1-Form durch in Meta-2-Sprache geschriebenen Interpretierer"

Abb. 4. Algorithmus zur residualen Auswertung von SΦ-Ausdrücken der Metasprache

§ 5 Spezialisierung von 1-stufigen label-Paketen der Meta-Sprache

Die partielle Auswertung einer Funktion, für nur teilweise bekannte Eingabedaten, wird oft als Spezialisierung der Funktion bezeichnet und liefert eine spezialisierte Funktion, welche nur noch von den restlichen (unversorgten) Eingabeparametern abhängt; diese spezialisierte Funktion gehört einer erweiterten (residualen) Sprache an. Entsprechendes gilt für die Spezialisierung von label-Paketen oder Programmen, vgl. Abb. 2. Zu dem einstufigen label-Paket P1:

label [start ; lambda [[x; y; . . . ; z] ; "start-form"] ;

⋮

fid_i ; lambda [[. . .] ; "form_i"] . . .]

erhält man durch Spezialisierung für den bekannten Eingabewert x = a das spezialisiert label-Paket P2:

label [start-rest ; lambda [[y; . . . ; z] ; "rest"] ;

⋮

fid_j ; lambda [[. . .] ; "form_j"] . . .]

Der SΦ-Ausdruck "rest" wird durch partielle Auswertung (für x = a) aus der "start-form" bestimmt. Um diese partielle Auswertung steuern zu können, setzt man in den Funktionsrümpfen von P1 zunächst an geeigneten Stellen φ-Operatoren; insbesondere muß in der "start-form" jedes angewandte Auftreten der Variablen y, . . . ,z mit φ-Operatoren blockiert werden, was lawinenartig weitere φ-Blockaden an anderen Stellen der Rümpfe zur Folge hat.

Im label-Paket P2 sind außer der spezialisierten Startfunktion alle jene Funktionen aus dem ursprünglichen label-Paket P1 übernommen, die bei der residualen Auswertung des SΦ-Ausdruckes "rest" noch benötigt werden. Die residuale Auswertung des SΦ-Ausdruckes "rest" wird mit der Funktion `resi` gestartet; die dabei erforderliche Speicher-Belegung enthält die Variablen y, . . . ,z samt Werten sowie die Funktionsdeklarationen für das label-Paket P2; in den Formeln der Abb. 3 wurden diese residualen Funktionsdeklarationen abgetrennt und in den residualen ρ-Teil Int^ρ, Part^ρ etc. des partiell ausgewerteten Int, Part etc. gesammelt.

Um Komplikationen (z.B. fehlerhafte Bindung etc.) zu vermeiden, wird bei der φ-Markierung des label-Paketes P1 gefordert:

1) die Startfunktion start des label-Paketes P1 darf aus keinem der Funktionsrümpfe des Paketes aufgerufen werden;
2) in den Funktionsrümpfen des label-Paketes P1 dürfen höchstens
   a) angewandte Auftreten von Variablen y, . . . ,z der Startfunktion,
   b) Aufrufe von Standardfunktionen,

c) Aufrufe deklarierter Funktionen des Paketes,
d) Konditionale markiert werden.

Die genauen Markierungsvorschriften hängen von den speziellen Eigenschaften des jeweiligen φ-Operators ab. Um die residuale Auswertung nicht nochmals in eine (zweite) partielle und eine (dritte) residuale Phase aufzuspalten, wird zusätzlich gefordert, daß die Funktionsrümpfe des neuen label-Paketes P2 keine φ-Markierungen enthalten (müssen). Es zeigte sich im Kieler PART-RESI-System, daß auf diese Weise (mit einer gewissen Modifikation bzw. Ergänzung) trotz dieser scheinbar harten Einschränkungen Compiler-Compiler etc. erzeugt werden können.

§ 6 Konkrete Verzögerungsoperatoren

In diesem Abschnitt werden einige Verzögerungsoperatoren für verschiedene Konzepte der partiellen Auswertung vorgestellt.

Die Datensprache von LISP enthält mit dem QUOTE-Konzept einen Verzögerungsoperator φ_Q; er sorgt dafür, daß die markierten S-Ausdrücke nicht als Formen ausgewertet sondern als Konstantenwerte (Text) weitergereicht werden. Übergeordnete Operationen können den Konstantenwert verarbeiten, aber an eine residuale Auswertung als Form ist nicht unmittelbar gedacht.

Der auf dem FUNCTION-Konzept von LISP basierende Verzögerungsoperator φ_F arbeitet ähnlich: der markiert S-Ausdruck ξ wird zunächst der Auswertung als Form ξ entzogen und stattdessen als Text ξ (bei Static-Scope-Semantik zusammen mit der zugehörigen, aktuellen Speicher-Belegung α) weitergereicht, bis die residuale Auswertung in einem Funktionsaufruf ausgelöst wird: Die Interpretation des S-Ausdruckes ξ hat sich von einer Form über einen Text zu einer Funktion gewandelt.

Das QUOTE- wie das FUNCTION-Konzept wurden nicht zur Modellierung von Verzögerungsoperatoren oder partieller Auswertung eingeführt sondern aus syntaktischen Erfordernissen der als S-Ausdrücke geschriebenen Programme der LISP-Datensprache. SNOBOL enthält einen $*$-Operator, der schon wesentlich deutlicher die Rolle eines Verzögerungsoperators hat.

D.P. Friedmann und D.S. Wise (1976) denken bereits bewußt an verzögerte Auswertung von Formen, wenn sie die „Suspendierung" von Formen einführen: dadurch wird ein Verzögerungsoperator φ_{FW} charakterisiert, der ähnlich dem FUNCTION-Operator die zugehörige Speicher-Belegung rettet, aber die Verwandlung von Form zu Funktion unterläßt. Eine φ_{FW}-Form: $\varphi_{FW}\,\xi$ wird bezüglich der zugehörigen Speicher-Belegung α zu einer zwei-elementigen Liste $(\xi\ \alpha)$ als φ_{FW}-Wert ausgewertet: die erste Komponente ξ ist der Text der (von der Auswertung) zu suspendierenden Form, die zweite Komponente α ist die Speicher-Belegung während des Zeitpunktes der Suspendierung. Damit ist es jederzeit möglich, ξ bezüglich der zugehörigen, korrekten Speicher-Belegung (residual) auszuwerten; die Verwaltung der diversen erforderlichen Speicher-Belegungen ist nicht so aufwendig, wie es zunächst erscheinen mag.

Das delay-Konzept von P. Henderson (1976, 1980) ähnelt dem QUOTE-Konzept, allerdings werden konsequent Formen der Auswertung zunächst entzogen und einer späteren, residualen Auswertung wieder als Formen zugeführt. Interessant ist die Implementierung des φ_H-Verzögerungsoperators:

$$\varphi_H : \langle\text{form}\rangle \mapsto (\ \lambda\ (\ )\ \langle\text{form}\rangle\ )$$

die markierte Form wird zu einer 0-stelligen λ-Funktion ergänzt und damit der Auswertung entzogen; die residuale Auswertung wird einfach durch einen Aufruf dieser Funktion ausgelöst.

Partielle Auswertung kann man einerseits mit dem Ziel der verzögerten Auswertung andererseits mit dem Ziel der vorgezogenen Auswertung betreiben. Entsprechend unterschiedlich ist die Wahl und Handhabung der Verzögerungsoperatoren. D.P. Friedman und D.S. Wise (1976) sowie P. Henderson (1976, 1980) betreiben partielle Auswertung, um Auswertungsschritte nur durchzuführen, wenn es unbedingt sein muß; so kann man sogar auf (endlichen Abschnitten von) unendlichen Objekten endliche Rechnungen durchführen. Die bis auf L.A. Lombardi (1964) zurückgehende Philosophie der (eigentlichen?) partiellen Auswertung möchte möglichst viele Auswertungsschritte vorziehen, was schließlich z.B. zu Anwendungen im Übersetzerbau führt.

Die bisherigen Verzögerungsoperatoren können als „total" charakterisiert werden: die markierten Formen werden insgesamt als Text (ohne jede Auswertung von Teilformen etc.) weitergereicht. Die Konzepte partieller Auswertung von H. Kröger (1980/81 etc.) und von N.D. Jones et al. (1984/85) benutzen dagegen nicht-totale Verzögerungsoperatoren (die in ihrem Kern identisch sind): Diese Eigenschaft „nicht-total" dürfte ganz erheblich zum algorithmischen Erfolg der jeweiligen Systeme (der partiellen und residualen Auswertung bis hin zur Erzeugung von Compiler-Compilern) beigetragen haben.

Der in H. Kröger (1980/81 etc.) syntaktisch und semantisch eingeführte Verzögerungs- oder Formalisierungsoperator ϕ wird hier mit φ_K bezeichnet. Der Operator φ_K ist adäquat zur call-by-value-Parameterübergabe bei Funktionsaufrufen in LISP: bei markierten Funktionsaufrufen werden die Argumentausdrücke bereits in der partiellen (ersten) Phase ausgewertet, die Applikation der Funktion auf die Argumentwerte (ja selbst die Kenntnisnahme, welche Funktion hätte appliziert werden sollen) wird in die residuale (zweite) Auswertungsphase hinausgeschoben. Zur genauen Definition der Semantik des φ_K-Operators in Abb. 5 wird wie in früheren Abschnitten eine in Meta-2-Sprache formulierte `eval`-Funktion zur Auswertung von puren Formen der Meta-1-Ebene vorausgesetzt und hier zur Auswertung von φ_K-Formen erweitert; α bezeichnet die Speicher-Belegung, in welcher die Auswertung stattfinden soll. Da sich der Verzögerungsoperator φ_K an call-by-value-Parameterübergabe orientiert, aber Konditionale andererseits call-by-need-Parameterübergabe verwenden, können bei markierten Konditionalen gefährliche semantische Verfälschungen auftreten; die Markierung von Konditionalen sollte äußerst behutsam verwendet werden.

Konstanten:

$$\mathtt{eval}\{\varphi_K\,\mathrm{S};\alpha\} := \Phi_K\,\mathrm{S}$$

Variable:

$$\mathtt{eval}\{\varphi_K\,\mathrm{x};\alpha\} := \Phi_K\,\mathrm{x}$$

Funktionsaufrufe:

$$\mathtt{eval}\{\varphi_K\,\mathrm{f[arg_1;\ldots;arg_n]};\alpha\} := \Phi_K\,\mathrm{f}[\mathtt{eval}\{\mathrm{arg_1};\alpha\};\ldots;\mathtt{eval}\{\mathrm{arg_n};\alpha\}]$$

Konditionale:

$$\mathtt{eval}\{\varphi_K\,\mathrm{cond![a_1 \to b_1;\ldots;a_n \to b_n]};\alpha\} := \Phi_K\,\mathrm{cond!}[\mathtt{eval}\{\mathrm{a_1};\alpha\} \to \mathtt{eval}\{\mathrm{b_1};\alpha\};\ldots; \mathtt{eval}\{\mathrm{a_n};\alpha\} \to \mathtt{eval}\{\mathrm{b_n};\alpha\}]$$

Abb. 5. Semantik des „nicht-totalen" Verzögerungsoperators φ_K

N.D. Jones et al. (1985) verwenden einen Verzögerungsoperator φ_{JSS} (dort als Markierung „callr" von Funktionsaufrufen: d.h. Aufruf führt zu einem residualen Aufruf), welcher zu den Verzögerungseigenschaften von φ_K noch zusätzliche Spezialisierungseigenschaften hat: im residualen Funktionsaufruf wird nicht die ursprüngliche Funktion aufgerufen sondern eine (aufgrund der in der partiellen (ersten) Phase bekannten Argumente) spezialsierte Funktion der restlichen Argumente. Die automatische Spezialisierung für jeden residualen Aufruf führt zu meist schnelleren aber eventuell sehr umfangreichen residualen Programmen, insbesondere sind die Verwaltung der spezialisierten Funktionen und zusätzliche Terminierungsprobleme zu beachten. Darüber hinaus werden sowohl die partielle Auswertungsphase als auch der partielle Auswerter etc. umfangreicher, so daß es nicht überrascht, wenn das Kopenhagener System anfänglich mit „Compilern von monströser Größe, viel zu groß für die Druckerausgabe" (P. Sestoft 1985) zu kämpfen hatte.

Das Kieler PART-RESI-System spezialisiert generell nur die Hauptfunktion des partiell auszuwertenden label-Paketes; andere kritische Stellen, an denen eine Spezialisierung notwendig ist, werden zur Spezialisierung (oder zu analogen Konstruktionen) extra angestoßen; es wird gewissermaßen ein von dem Verzögerungsoperator abgetrennter, eigener Spezialisierungsoperator benutzt: Terminierungsprobleme können so detaillierter behandelt und besser abgefangen werden und die prinzipiellen Einsichten in die Arbeitsweise des PART-RESI-Systems bleiben sehr übersichtlich.

§ 7 Schlußbemerkungen

Das Gebiet der partiellen/residualen Auswertung ist ein sehr junges Gebiet der Informatik, sowohl mit praktischen Anwendungen und Implementierungen (nicht nur im Compilerbau oder der Programm-Optimierung) als auch mit theoretischen Fragestellungen wie Korrektheit der Methoden, semantische Beschreibung, Terminierungsprobleme, Komplexitätsfragen und optimierende Transformationen, Klassifikation von Verzögerungsoperatoren, Sprachklassen und Interpretierertypen etc.

Eine stärkere Theoretisierung oder Formalisierung dieser Thematik muß insbesondere erfolgen, um programmiertechnische Realisierungen auf sicherere Beine zu stellen. Die partielle Auswertung eines Programmes kann man sich sehr gut vorstellen; auch die partielle Interpretation (Compilierung) eines Programmes kann man noch halbwegs nachvollziehen. Man kann durch partielle Auswertung eines (markierten) partiellen Auswerters bezüglich eines anderen (markierten) partiellen Auswerters gemäß

$$(\mathrm{Part}_3\ \mathrm{Part}_2^{\mu\pi}\ \mathrm{Part}_1^{\mu\pi})$$

heute sogar konkrete Compiler-Compiler erzeugen; aber die Einzelschritte eines so komplexen Rechenprozesses laufen praktisch noch im „Blindflug" mit etwas Radar-Unterstützung ab: im Kieler PART-RESI-System war es oft eine große Hilfe, die verschiedenen Meta-Ebenen zumindest begrifflich zur Verfügung zu haben. Selbst wenn die Implementierung des Systems letztlich doch komprimiert in der Datensprache von LISP stattfand, hat das Schema der Abb. 3 über das Zusammenspiel und die Differenzierung der verschiedenen Auswertungsprozesse die Programmierarbeit wesentlich durchsichtiger werden lassen.

Literatur

L. Beckman, A. Haraldson, Ö. Oskarsson, E. Sandewall: "A Partial Evaluator and Its Use as a Programming Tool", Artif. Intellig. 7 (1976), 319–357.

D. Björner, A.P. Ershov, N.D. Jones (eds.): "Partial Evaluation and Mixed Computation", Proceedings of a Workshop at Fyn/Denmark, 1987.

A.P. Ershov: "On the Partial Computation Principle", Information Processing Letters 6 (1977), 38–41.

A.P. Ershov: "On the Essence of Compilation", in: E.J. Neuhold (ed.): 'Formal Description of Programming Concepts', North-Holland 1978, 391–420.

D.P. Friedman, D.S. Wise: "CONS should not evaluate its arguments", in: 'Automata, Languages and Programming', Proceedings 3. ICALP, Edinburgh 1976, 257–284.

Y. Futamura: "Partial Evaluation of Computation Process: an Approach to a Compiler-Compiler", Systems, Computers, Controls 2 (1971), 45–50.

P. Henderson: "Functional Programming, Application and Implementation", Prentice Hall Int., 1980.

P. Henderson, J.H. Morris jr.: "A Lazy Evaluator", in: Conference Record of the III ACM Symposium on 'Principles of Programming Languages', Atlanta, Georgia, January 1976, 95–103.

N.D. Jones, P. Sestoft, H. Søndergaard: "An Experiment in Partial Evaluation: The Generation of a Compiler Generator", in: J.-P. Jouannaud (ed.): 'Rewriting Techniques and Applications', Proceedings, Lecture Notes in Computer Science LNCS 202, Springer-Verlag 1985, 124–140.

H. Kröger: "Ein Code erzeugender Formalisierungsoperator und seine Anwendung auf LISP-Interpretierer", (1980/81), Bericht Nr. 1/82, Institut für Informatik und Praktische Math., Universität Kiel, 1982.

H. Kröger: "Static-Scope-LISP: Zerlegung eines Interpretierers in Übersetzer und Laufzeitsystem", in: Proceedings der "11. GI-Jahrestagung (München Oktober 1981)", Informatik-Fachberichte 50, Springer-Verlag 1981, 20–31.

H. Kröger:"Compiling of a Generalized LISP-LABEL-Concept by Partial Evaluation", Institut für Informatik und Prakt. Math., Universität Kiel 1985.

H. Kröger: "A summary of a system for Partial Evaluation, Residual Evaluation,Code Generation and Semantics Directed Compiler Generation", Bericht Nr. 8505, Institut für Informatik und Praktische Math., Universität Kiel, 1985.

H. Kröger: "Report on a ϕ-Based Method for Partial Evaluation and Residual Evaluation", Bericht Nr. 8710, Institut für Informatik und Praktische Math., Universität Kiel, 1987.

L.A. Lombardi, B. Raphael: "LISP as the Language for an Incremental Computer", in: E.C. Berkeley, D.G. Bobrow (eds.): 'The Programming Language LISP: Its Operation and Applications', The MIT Press 1964, fourth printing 1974, 204–219.

L.A. Lombardi: "Incremental Computation", in: F.L. Alt, M. Rubinoff (eds.): 'Advances in Computers', Volume 8, Academic Press 1967, 247–333.

P. Sestoft: "The Structure of a Self-Applicable Partial Evaluator", Rap. 85/11 (ISSN 0107-8283), DIKU, Datalogisk Institut, Københavns Univ., 1985.

V.F. Turchin: "A Supercompiler System Based on the Language REFAL", SIGPLAN Notices 14 (1979), 46–54.

Strukturerkennung mit Graphgrammatiken

Jürgen Eickel

1. Einleitung

Graphgrammatiken werden bereits seit zwanzig Jahren [13,14] als Spezifikationsmodell untersucht und angewandt. Anwendungsbereiche sind etwa Semantik von Programmiersprachen, inkrementelle Übersetzung, Musterverarbeitung, Bilderkennung, Benutzerschnittstellen oder Chemie. Da Strukturen in der Regel nicht linear sind, bieten sich Graphgrammatiken zur Modellierung häufiger in natürlicher Weise an als lineare Grammatiken. Auch Parallelität läßt sich eher über sie modellieren. Attributierte Graphgrammatiken [7] bieten darüber hinaus die Möglichkeit, die Verarbeitung von Klassen von Graph-Strukturen einheitlich zu spezifizieren.

Daß dennoch bisher lineare Grammatiken eher herangezogen werden, liegt u.a. mit daran, daß im Gegensatz zum linearen Fall keine mächtigen und effizienten Verfahren zur Verfügung stehen, wenn syntaktische Zerteilungsprobleme gelöst werden sollen. Bisher kennt man nur die Übertragung von einfachen Präzedenzverfahren [5,6,9]; d.h. man ist im Vergleich zu linearen Grammatiken auf dem anfänglichen Stand, der Anfang der sechziger Jahre erreicht war und der nur eine sehr schwache Klasse von Grammatiken effizient (d.h. mit linearem Aufwand) zu zerteilen gestattet.

Das Ziel dieser Arbeit besteht darin, den Unterschied beim Zerteilungsproblem zwischen linearen Grammatiken und Graphgrammatiken zu analysieren und dabei neben Übertragungsmöglichkeiten solche Punkte herauszustellen, die einer natürlichen Übertragung mächtigerer Verfahren (wie etwa LR-Verfahren) im Wege stehen. Die Arbeit basiert auf der Erfahrung mit einem neuartigen Verfahren für die Zerteilung von Graphgrammatiken [17]. Hierbei wurde ein 1963 entwickeltes bottom-up-Syntaxverfahren [1] auf Graphgrammatiken übertragen. Dieses Verfahren, in der Literatur auch als „Reducing Transition"-Verfahren bezeichnet, ist ein bounded-context (1,1) Verfahren im Sinne von Floyd und Irons [4,8] und war das erste Verfahren, welches die volle Klasse der deterministischen Sprache mit linearem Aufwand zu zerteilen ermöglichte [16,11]. Es wurde in [2,3] auf bounded-context-(m,n) und eine entsprechende Unterklasse uneingeschränkter Grammatiken erweitert und unterscheidet sich gegenüber LR-Verfahren [10] im wesentlichen darin, daß nur Kontextbetrachtung zum sackgassenfreien Zerteilen herangezogen wird; es wird jedoch nicht die MYHILL-Methode zum Deterministischmachen endlicher Automaten bei der Behandlung aller Kellerinhalte durchgeführt, wodurch die Erkennung von Zuständen in rechten Seiten bis zu deren voller Verarbeitung verzögert wird. Gerade dieses sehr schwache Vorgehen, welches die Klasse der LR-Grammatiken sehr mächtig werden läßt, bereitet bei Graphgrammatiken wegen der großen Anzahl von Erkennungszuständen kombinatorische Effizienzprobleme und läßt sich nur übertragen, wenn man a-priori-Strategien für das Durchlaufen der Rechte-Seiten-Graphen in Produktionen festlegt. Dagegen bereitet die Übertragung des hier zugrunde liegenden Verfahrens [1] keine Probleme.

Aus Platz- und Lesbarkeitsgründen werde hier auf den aufwendigen Begriffsapparat bei Graphgrammatiken verzichtet, und es sei hierzu auf das Standardbuch von M. Nagl über Graphgrammatiken [12] verwiesen. Die Ideen werden exemplarisch anhand eines einfachen aber bereits repräsentativen Beispiels entwickelt.

2. Kontextfreie Graphgrammatiken

2.1 Graphsprachschatz

Graphgrammatiken dienen zur Definition einer i.a. unendlichen Menge von markierten Graphen („Graphsprachschatz") durch ein endliches Regelsystem Π. Im folgenden Beispiel soll etwa eine Menge von Netzwerken beschrieben werden, die durch Parallel- und Serienschaltung entstehen, wobei als Markierung elementarer Netzelemente der Einfachheit wegen nur „Widerstand" [r], Spannungsquelle [q], „Linksverzweigung" [⊣] und „Rechtsverzweigung" [⊢] angenommen werden sollen.

Bei der Beschreibung derartiger Sprachschätze kommt man häufig mit kontextfreien Regeln (auch „Produktionen" genannt) aus. Diese haben die Form

$$A ::= G, \mathit{Ein}$$

wobei A eine nichtterminale Markierung wie [Schaltung], [Parallelschaltung], [Serienschaltung] ist. Die Markierung bezeichnet einen Begriff, der in der rechten Seite durch einen Graphen G zusammen mit einer Einbettungsvorschrift „Ein" detailliert wird. Die Menge aller terminaler Elemente (Markierungen) sei mit T, die Menge aller Markierungen mit V bezeichnet.

Neben den zu beschreibenden Graphen betrachtet man noch Graphformen F, in denen außer terminalen Elementen wie „r", „q" auch noch nichtterminale als Knotenbezeichnungen auftreten dürfen. Die Interpretation der Regelanwendung führt zum Begriff der „direkten Ableitbarkeit" von Graphformen (in Zeichen: $F_1 \rightarrow F_2$):

> F_2 ist direkt aus F_1 ableitbar, wenn sie aus F_1 dadurch entsteht, daß ein Vorkommen eines Knotens mit nichtterminaler Bezeichnung A in F_1 vermöge einer Produktion $A ::= G,\ Ein$ durch den Graphen G ersetzt wird. G muß noch zusätzlich mit dem Restgraphen von F_1 gemäß der Einbettungsvorschrift *Ein* verknüpft werden.

Die Art der Einbettung kann noch sehr unterschiedlich vorgeschrieben sein. Es bedeutet für die hier untersuchten Problemstellungen jedoch keine wesentliche Einschränkung, wenn man *Ein* in der Form formalisiert, daß man bei dem Graphen G der rechten Seite gewisse Knoten als „Randknoten" kennzeichnet. Die Einbettungsvorschrift besagt, daß genau diese Randknoten mit den Knoten des Restgraphen (F_1 ohne A-Knoten) zu verbinden sind, mit denen der A-Knoten verbunden war.

Handelt es sich um Graphen mit gerichteten und/oder markierten Kanten, so sind die Randknoten entsprechend zu klassifizieren und die Einbettungsvorschrift auf jede Markierung bzw. die Richtung zu beziehen. Für die Problematik der Graph-Syntaxanalyse bedeutet eine solche Detaillierung sogar eine Vereinfachung im Gegensatz zur Möglichkeit, bei der Einbettung auch noch Ummarkierungen der Kanten zuzulassen. Diese Einbettungsmöglichkeit sei im folgenden explizit ausgeschlossen.

Die Ableitbarkeit „ $\rightarrow^+$ " zwischen Graphformen wird als transitive Hülle der direkten Ableitbarkeit „$\rightarrow$" definiert. Der durch eine Graphgrammatik $\Gamma = (V, T, \Pi, S)$ definierte Sprachschatz ist dann die Menge aller Graphen, die aus dem Axiom ableitbar sind, wobei das Axiom S ein ausgezeichnetes nichtterminales Element ist.

$$\{G \mid S \rightarrow^+ G, G \text{ enthält keine nichtterminalen Elemente aus } V \setminus T\}$$

Bei der Grammatik zur Beschreibung von Parallel-Serien-Netzen ist das Axiom mit „Schaltung" bezeichnet. Das Regelsystem Π ist in Figur 1 angegeben. Die Regeln mit gleicher linker Seite sind dabei wie üblich zusammengefaßt und durch „|" voneinander getrennt. Die Kanten sind gerichtet, Randknoten mit Richtung versehen.

2.2 *Struktur eines Graphen*

Dadurch daß alle Graphen des Sprachschatzes und alle Graphformen über ein Regelsystem definiert werden, ergibt sich wie bei linearen Grammatiken der Begriff der Ableitung und der der syntaktischen Struktur eines Graphen. Da die Objektmenge bei Graphen zweidimensional ist, bietet es sich an, die Struktur dreidimensional zu sehen. Figur 2 deutet an, wie die Struktur einer speziellen Graphform als „Plateauschema" dargestellt werden kann.

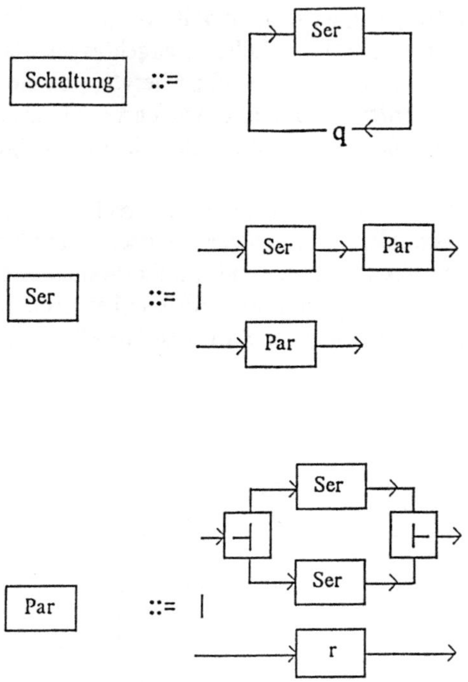

Fig. 1. Graphgrammatik

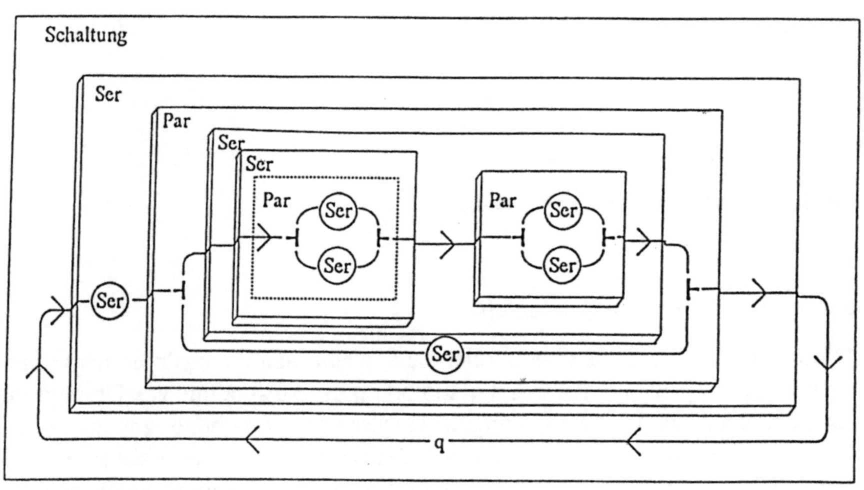

Fig. 2. Plateauschema einer Graphform

Die einzelnen Plateaus enthalten Graphen der rechten Seite von Produktionen, bei denen die nichtterminalen Knoten durch ein höheres zugehöriges Plateau ersetzt sein können etc. Aus der Struktur geht unmittelbar hervor, wie eine Graphform aus dem Axiom abgeleitet werden kann, und umgekehrt erhält man einfach aus einer Ableitung (Folge direkter Ableitungsschritte) die zugehörige syntaktische Struktur.

Gelegentlich ist die Beziehung zwischen den Elementen der rechten Seite der Produktionen irrelevant, und es interessiert nur die Vater-Sohnbeziehung bei einer Graphableitung, d.h. die Relation zwischen linker und rechter Produktionsseite. Dann hat man den üblichen baumartigen Strukturbegriff wie bei linearen Grammatiken. Figur 3 zeigt ein Beispiel für eine solche Strukturdarstellung für eine weitere Graphform.

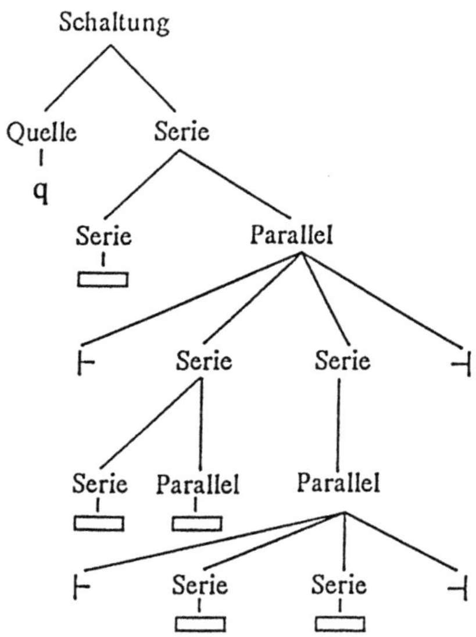

Fig. 3. Vater-Sohn-Struktur einer Graphform

2.3 Attributierte Graphgrammatiken

Diese vereinfachte Struktursicht reicht aus, wenn man zu attributierten Graphgrammatiken [7] übergehen will. Diese sind für die Anwendung von Graphgrammatiken von besonderer Bedeutung, da sie gestatten, Verarbeitung induktiv über hierarchische Graphen zu spezifizieren. Bei Schaltnetzen interessieren etwa an bzw. zwischen den verschiedenen Punkten die Werte für Stromstärke, Widerstand und Spannung.

Die Spezifikation für die Klasse aller Netze besteht darin, den nichtterminalen Elementen diese Größen als Attribute zuzuordnen und die Produktionen um entsprechende Attributauswertungsregeln zu ergänzen. (So wird der nichttrivialen Produktion für Parallelschaltung für das Attribut ‚Widerstand' die Regel zugeordnet, daß der reziproke Wert für die linke Seite Summe der reziproken Werte der Widerstandsattribute der rechten Produktionsseite ist.) Die Bestimmung aller Werte für ein spezielles Netz geschieht induktiv über die (attributierte) Vater-Sohn-Struktur, gemäß den Attributauswertungsregeln. Effiziente Algorithmen hierzu lassen sich direkt aus der Spezifiktion mit Standardtechniken für attributierte Grammatiken generieren.

Die Attributauswertung eines Graphen kann in Spezialfällen mit der Erkennung seiner Struktur verschränkt durchgeführt werden. Bei komplexeren Attributabhängigkeit muß jedoch die Vater-Sohn-Struktur wenigstens teilweise explizit aufgebaut werden, da dann Knoten mehrmals besucht werden müssen.

Es sei betont, daß der Übergang von Graphgrammatiken zum Konzept der attributierten Graphgrammatik ohne Schwierigkeit direkt von linearen Grammatiken übernommen werden kann, wenn wie gewöhnlich dabei die Kanten der rechten Produktionsseiten irrelevant sind.

3. Nicht-sackgassenfreie Strukturerkennung

3.1 Bottom-up-Verfahren

Bei der Verarbeitung von Graphen, die über eine Grammatik definiert wurden, stellt deren Strukturerkennung (Zerteilung) eine wesentliche Teilaufgabe dar. Ein erster Ansatz zu einem Lösungsverfahren hierfür ergibt sich direkt aus dem Begriff der Ableitbarkeit und der rekursiven Definition der transitiven und reflexiven Hülle:

$$S \rightarrow^* F$$

genau dann, wenn $S = F$ oder wenn es eine Graphform F_1 gibt mit

$$S \rightarrow^* F_1 \text{ und } F_1 \rightarrow F$$

Verfahren

(gegeben ist eine Graphgrammatik und ein spezieller Graph;
gesucht ist die Struktur des Graphen, falls er von der Grammatik beschrieben wird;
andernfalls soll festgestellt werden, daß er „falsch" ist;
S sei das Axiom der Grammatik,
F eine Hilfsstruktur vom Typ Graphform)

Ausgangspunkt:

F ist der zu zerteilende Graph

Iterationsschritte:

a) Suche in F einen vollen Untergraphen FG, der isomorph ist zum Graphen G der rechten Seite einer Produktion $A ::= G, Ein$
b) Ersetze dann den Untergraphen FG durch einen Knoten, der mit der linken Seite A bezeichnet ist. Verbinde diesen neuen Knoten gemäß der Einbettungsvorschrift Ein mit den Knoten aus $F - FG$, die vorher mit (Rand)knoten von FG verbunden waren.

Ablauf und Terminierung:

Verfahre mit dem sich neu ergebenen Graphen weiter nach a) solange, bis er aus einem mit dem Axiom bezeichneten Knoten besteht.

Problematisch beim Algorithmus ist der nicht determinierte Schritt a). Im allgemeinen gibt es mehrere Untergraphen, die zu irgendwelchen rechten Seiten isomorph sind und sich sogar gegenseitig überlappen können. Bei einem korrekten Graphen führt der Algorithmus nur zu einer korrekten Zerlegung, wenn jeweils bei a) die Auswahl nicht in eine Sackgasse führt in dem Sinne, daß die dann bei b) entstehende Satzform nicht aus dem Axiom herleitbar ist. Dieser Punkt wird im vierten Kapitel ausführlich behandelt und stellt das zentrale Anliegen bei der Syntaxanalyse dar.

Die Wahl des Faktorisierens der transitiven und reflexiven Hülle

$$\rightarrow^* \text{ ist } = \text{ oder } \rightarrow^*\rightarrow$$

führte zu einem bottom-up Verfahren: Ausgehend vom zu zerteilenden Graphen wird versucht, durch inverses Anwenden von Produktionen zum Axiom zu kommen. Schon im Fall linearer Grammatiken sind solche Verfahren mächtiger als top-down Verfahren, die sich aus der Faktorisierung

$$\rightarrow^* \text{ ist } = \text{ oder } \rightarrow\rightarrow^*$$

ergeben.

3.2 Verfeinerung des Verfahrens

Da der Schritt a) des Verfahrens nicht lokal ist, ist eine Verfeinerung erforderlich: der Untergraph FG wird Knoten für Knoten gesucht. Um die Problematik hierbei einzuschränken, setzen wir von jetzt an voraus, daß die Graphen in den rechten Produktionsseiten zusammenhängend sind. Anstatt FG in einem Schritt a) zufinden, versucht man eine Folge von Knoten der Reihe nach zu finden, so daß jeder Knoten mit mindestens einem der vorhergehenden durch eine Kante verbunden ist und daß jeder Anfang der Folge (auch „Erkennungszustand" der Produktionsanwendung genannt) einen Teilgraphen der rechten Produktionsseite repräsentiert. Ein Erkennungszustand heißt „Reduktionszustand", falls er alle den Knoten des Rechten-Seiten-Graphens G entsprechenden Knoten von F enthält und der dadurch gegebene volle Untergraph von F auch tatsächlich isomorph zu G ist. Im Reduktionszustand läßt sich also der Schritt b) des Algorithmus anwenden. („Reduktionsschritt").

Bei Graphgrammatiken hat man keine natürlichen Strategien, die der Links-Rechts- bzw. Rechts-Links-Strategie bei linearen Grammatiken entsprechen. Wir lassen daher im folgenden offen, in welcher Reihenfolge die Knoten und Kanten der rechten Seite erkannt werden.

Problematisch bei der Knoten-für-Knoten-Erkennung von Rechten-Seiten-Graphen ist, daß im allgemeinen mit einem Knoten in F nicht auch schon die ganze rechte Seite der notwendigen Produktionsanwendung in F vorhanden ist, daß dies jedoch nach inverser Anwendung von anderen Produktionen auf F der Fall ist. Anschaulich heißt das, daß der Knoten nicht auf einem lokal höchsten Plateau liegt.

3.3 Anwendung des Kellerprinzips

Hier sind wir bei einer für die Verarbeitung hierarchischer Strukturen typischen Situation, wo es aus Effizienzgründen darum geht, im Augenblick nicht weiter auswertbare Teilerkenntnisse festzuhalten und später, sobald es möglich ist, weiter zu verwerten. Ein allgemeines Lösungsprinzip hierfür wurde 1957 von F.L.Bauer und K.Samelson [15] angegeben und in [1] folgendermaßen formuliert:

> In our own experience an important general principle in processing formal languages was the cellar principle introduced in 1957 by F.L. Bauer und K. Samelson in the design of a formal language- controlled computer. This principle has been described in [15]. The essential features are as follows: The incoming information is analyzed sequentially, the meaning of each symbol already being established insofar as it can be determined from previous history. Corresponding information is stored into a state pushdown store, the "cellar". In this way the momentary top levels of the cellar always reflect previous history to the extend necessary to analyze the next incoming symbol.

Als Hilfsdatenstruktur zur Lösung führt man also in unserem Fall wie bei linearen kontextfreien Grammatiken einen Keller ein. Die zentrale Frage im Zusammenhang mit Graphgrammatiken ist jedoch, wie hierbei „corresponding information" formal festzulegen ist. Nach dem Obigen sind es die Erkennungszustände, so daß wir also bei der Verfeinerung des Zerteilungsverfahren mit einem Keller von Erkennungszuständen arbeiten. Die Hilfsstruktur F wird also so zu KF erweitert, daß ein Teil davon als Keller Ke von Erkennungszuständen gekennzeichnet ist. KF kann als Kellerkonfiguration betrachtet werden und gestattet drei Fälle von Operationen die wieder zu (Folge-)Konfigurationen führen:

1. (Weiter:)
   Ein nicht zum Keller gehörender („Eingabe-")Knoten wird mit zum obersten Kellerelement genommen, falls dadurch der Erkennungszustand erweitert wird.
2. (Ansprung:)
   Ein neues Kellerelement wird mit nur einem, bisher nicht zum Keller gehörenden Knoten eröffnet.
3. (Reduktion:)
   Das oberste Kellerelement ist ein Reduktionszustand. Es wird aus FG entfernt und ein Knoten, der mit der linken Seite der angewandten Produktion markiert ist, wird mit dem Rest von FG nach den Einbettungsvorschriften verknüpft. (Reduktionsschritt b) im obigen Verfahren; nun aber an KF anstelle von F durchgeführt, wobei F jedoch mitverändert wird).

Damit die Verknüpfung beim Reduktionsschritt 3.) immer durchführbar ist muß bei 2) dafür gesorgt werden, daß der gewählte Knoten in einem Untergraphen liegt, der aus einem Knoten abgeleitet werden kann, der zu einer Erweiterung des obersten Kellerelementes führt. (Ansprungbedingung)

4. Sackgassenfreie bottom-up-Syntaxanalyse

4.1 Präzedenzen

Das bisher angegebene Verfahren zur bottom-up-Zerlegung von Graphformen arbeitet nicht sackgassenfrei. In der groben Fassung weiß man bei Überlappung von Vorkommen Rechter-Seiten-Graphen in einer Graphform nicht, welchen Untergraphen man zur Reduktion auswählen soll. Bei dem verfeinerten Knoten-für-Knoten-Vorgehen weiß man nicht, welcher der drei Fälle (Weiter, Ansprung, Reduktion) jeweils vorliegt. Bei sehr eingeschränkten Grammatiken, den Präzedenzgrammatiken, läßt sich aus der Grammatik eindeutig festlegen, wie eine beliebige Kante in irgendeiner Graphform zu verarbeiten ist. Im allgemeinen ist jedoch das richtige Vorgehen bei Hinzunahme einer weiteren Kante vom Graphform-Kontext abhängig. Wir wollen nun zunächst für die drei Fälle im einzelnen untersuchen, wie man sie aus der Grammatikbeschreibung her charakterisieren kann.

Im Falle 1. (Weiter) wird der Erkennungszustand k, der durch das oberste Kellerelement gegeben ist, an einem (etwa mit K bezeichneten) Knoten erweitert; d.h. es wird ein hiermit durch eine Kante verbundener Eingabeknoten (etwa mit E bezeichnet) zu k hinzugenommen. Dann muß die Kante von K nach E (mit entsprechender Richtung und Markierung) in dem Graphen der rechten Seite einer Produktion vorkommen. (In Zeichen: $K \doteq\rightarrow E$)

Man kann also „Erweiterungskanten" direkt aus der Grammatik ablesen. Im Beispiel von Figur 1 sind etwa

$$\text{Ser} \quad \rightarrow \quad \text{Par} \qquad\qquad q \quad \rightarrow \quad \text{Ser} \qquad\qquad \vdash \quad \rightarrow \quad \text{Ser}$$

aber auch

$$\text{Ser} \quad \leftrightarrows \quad q$$

mögliche „Erweiterungskanten". Das letzte Beispiel zeigt, daß ein Knoten im Graphen auch durch mehrere Kanten mit einem anderen verbunden sein kann, was entsprechend zu berücksichtigen ist.

Im Falle 2. (Ansprung) gibt es den „direkten" Ansprung auf ein nächsthöheres Plateau bzw. den allgemeinen Ansprung auf ein höheres Plateau. Es wird ein neuer Erkennungszustand mit einem (mit E bezeichneten) Knoten eröffnet. Dieser muß →Randknoten des Graphen G einer Produktion $A ::= G, Ein$ sein. [In Zeichen: $A\ \alpha\ \rightarrow E$].

Bei direktem Ansprung muß wegen der Ansprungbedingung ein Knoten K des obersten Kellerelements mit einem A-Knoten über eine Kante verbunden sein. Die Richtung dieser Kante muß die des mit E bezeichneten Randknotens sein:

$$K \quad \doteq \quad \rightarrow A \qquad \text{und} \qquad A \quad \alpha \quad \rightarrow E$$

Der allgemeine Ansprung wird durch die Relation „⋖" charakterisiert:

$$\lessdot \quad = \quad \doteq \ \alpha^*,$$

die sich als Produkt der (nichtsymmetrischen) Relation $\doteq$ mit der transitiven und reflexiven Hülle von α darstellen läßt.

Elemente der Ansprungrelation ⋖ bei unserem Beispiel sind etwa:

$$q \quad \lessdot \quad \rightarrow Ser$$
$$q \quad \lessdot \quad \rightarrow Par \qquad\qquad q \quad \lessdot \quad \rightarrow\dashv$$
$$q \quad \lessdot \quad \leftarrow Par \qquad\qquad q \quad \lessdot \quad \leftarrow\vdash$$

Anmerkungen:

α) Im folgenden ist die zweite Komponente einer Relation immer mit einer Richtung →, ← oder auch mit beiden Richtungen versehen. Bei markierten

Kanten müßte man auch noch die Markierung hinzunehmen. Das Relationenprodukt, etwa für α, β, ist dann folgendermaßen zu verstehen:

$$A \;\alpha\beta\; \rightarrow C$$

g.d.w. ein B exisistiert, so daß

$$A \;\alpha\; \rightarrow B \quad \text{und} \quad B \;\beta\; \rightarrow C.$$

Bei Definitionen wird $\rightarrow$ jeweils als repräsentatives Beispiel für die Richtungsangabe bei der zweiten Relationskomponente gewählt.

β) Die Relation $\doteq$ ist bei gerichteten Graphen nicht symmetrisch aber „fast-symmetrisch", d.h. es gilt mit

$$K \doteq \rightarrow E \quad \text{auch} \quad E \doteq \leftarrow K \quad \text{bzw.}$$
$$K \doteq \leftarrow E \quad \text{auch} \quad E \doteq \rightarrow K.$$

Ebenso sind die Relationen $\alpha, \alpha^+, \alpha^*$ und $\lessdot$ fast-symmetrisch. Dieses liegt daran daß die Strategie des Durchlaufs des Rechte-Seite-Graphen anders als bei linearen Grammatiken nicht apriori festgelegt ist. (Aus dem gleichen Grund fällt bei der Verallgemeinerung auf Graphgrammatiken auch die im linearen Fall mit ω bezeichnete Relation „Ansprung von rechts" mit der Relation α „Ansprung von links" zusammen.)

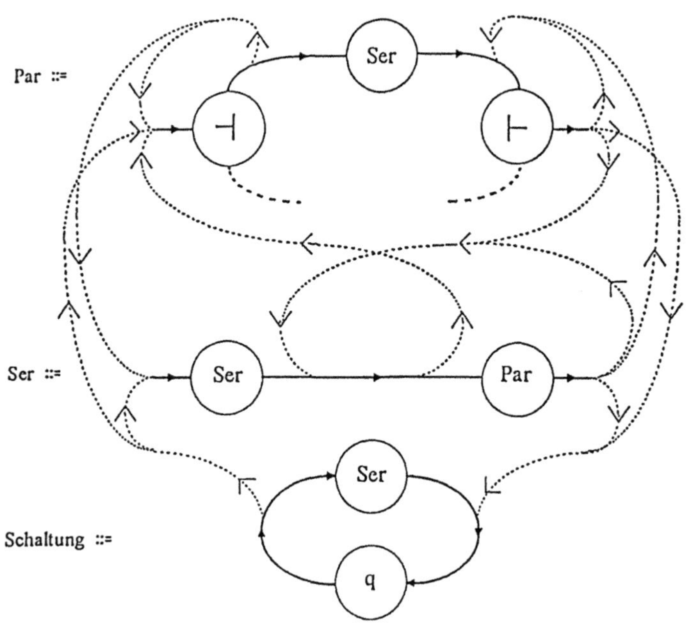

Fig. 4. LR(0)-Automat

Figur 4 zeigt die $\doteq$ Relation durch durchgezogene und einen Teil der $\lessdot$ Relation durch gestrichelte Linien an. Um die volle $\lessdot$ Relation zu erhalten, muß man (wegen der Kettenproduktionen) noch solche Elemente hinzunehmen, bei denen eine zweite Komponente „Ser" durch „Par" oder „r" oder eine zweite Komonente „Par" durch „r" ersetzt ist. Ferner darf man nur Kanten betrachten, die nicht vom Par-Graphen zum Ser-Graphen oder zum Schaltung-Graphen oder vom Ser-Graphen zum Schaltung-Graphen gehen, da solche Kanten wie etwa $\vdash \rightarrow$ q Absprünge statt Ansprünge kennzeichnen.

Es sei angemerkt, daß Figur 4 das Graphgrammatik-Analogon einer weniger bekannten Form eines nichtdeterministischen LR(0)-Automaten darstellt. Dieser ergibt sich auch bei linearen Grammatiken, wenn man dort die rechten Seiten als Graphen sieht, in einfacher und natürlicher Form durch Hinzunahme von Ansprungkanten zu den rechten Produktionsseiten. Durch die MYHILL-Konstruktion erhält man den für den Fall linearer Grammatiken bekannten LR(0)-Automaten, der Ausgangspunkt für das von D.E. Knuth [10] zuerst 1965 angegebene LR-Verfahren ist.

4.2 Präzedenzverfahren

Nach Charakterisierung der Fälle 1. und 2., die für die sukzessive Erkennung rechter Seiten (Schritt a) relevant sind, läßt sich nun relativ schnell einsehen, wie sich Präzedenzverfahren direkt auf Graphgrammtiken übertragen lassen.

Diese Übertragung wurde erstmals 1975 von R. Franck [5] angegeben und 1986 von M. Kaul [9] genauer präzisiert. Analog zu linearen Grammatiken (wobei jetzt aber natürlich nicht zwischen Ansprung von rechts und Ansprung von links unterschieden wird) muß für eine Kante K→E in einer Graphform gelten:

$$K \qquad (\alpha^*)^{-1} \doteq \alpha^* \qquad \rightarrow E$$ (auch mit K $<\!\!\cdot\!\!>$ →E bezeichnet

[Entsprechendes gilt für K←E, bzw. wenn Kantenmarkierungen hinzukommen]

Die Zerlegung

$$<\!\!\cdot\!\!> \;=\; (\alpha^*)^{-1} \doteq \alpha^* \;=\; \doteq \;\bigcup\; \lessdot \;\bigcup\; \gtrdot,$$

$$\text{mit} \quad \lessdot \;=\; \doteq \alpha^+$$

$$\text{und} \quad \gtrdot \;=\; (\alpha^+)^{-1} \doteq \alpha^*$$

führt zur Relation $\gtrdot$, die anzeigt, daß (eventuell) durch weitere Reduktionsschritte b) weiter gearbeitet werden muß, bevor der mit E bezeichnete Knoten bearbeitbar wird.

Eine Graphpräzedenzgrammatik hat im wesentlichen die Eigenschaft, daß die Relationen $\doteq$, $\lessdot$ und $\gtrdot$ paarweise disjunkt sind. Ist das der Fall, so arbeitet man mit dem verfeinerten Verfahren sackgassenfrei. Gilt K $\doteq$ →E, so kann nur der Fall 1(Weiter) und bei K $\lessdot$ →E nur der Fall 2(Ansprung) vorliegen.

Findet man keinen Knoten K im obersten Kellerelement der mit einem Eingabeknoten E so verbunden ist, daß Fall 1 oder Fall 2 vorliegt, so ist man in einem Reduktionszustand, oder die betrachtete Graphform ist nicht aus dem Axiom herleitbar.

Im Fall eines Reduktionszustandes bleibt noch das Problem, die linke Seite der entsprechenden Produktion zu bestimmen. Man kann im Begriff der Präzedenz-Graphgrammatik festlegen, daß das eindeutig bestimmbar ist, oder man verfeinert die Relationen α, α^+ und $\lessdot$ durch zusätzliche Angabe der linken Seite der (letzten) Produktion.

4.3 Kontextbetrachtungen zur sackgassenfreien Syntaxanalyse

Die Disjunktheit der Präzedenzrelationen $\doteq$, $\lessdot$ und $\gtrdot$ ist eine sehr starke Forderung, die bei praktischen Beispielen meistens nicht erfüllt wird. Mächtigere Verfahren erhält man, wenn man bei der Frage wie das Eingabezeichen E zu behandeln ist, noch zusätzlich berücksichtigt, in welcher weiteren Umgebung es vorkommt oder wie der momentane Zustand des Kellers ist.

Im Falle linearer Grammatiken führte bereits im Gegensatz zu den bis dahin bekannten Präzedenzverfahren das erste derartige Verfahren [1] zur Möglichkeit, die volle Klasse der deterministischen Grammatiken sackgassenfrei zu analysieren [16]. Im Gegensatz zu LR-artigen Verfahren, läßt sich dieses Verfahren direkt auf Graph-Grammatiken übertragen. U. Vollath führte im Rahmen einer Diplomarbeit [17] diese Übertragung durch und implementierte das Verfahren.

Im folgenden soll die Idee der Berechnung von Umgebungsinformation (Zeichenvorausschau eines weiteren Knoten L) angegeben und an unserem Beispiel erläutert werden. Zunächst sei angemerkt, daß die Beispielgrammatik keine Präzedenzgrammatik darstellt. Sie enthält etwa den weiter/Ansprung-Konflikt:

$$\dashv \;\doteq\; \rightarrow \mathrm{Ser} \qquad\qquad \dashv \;\lessdot\; \rightarrow \mathrm{Ser},$$

da Ser α →Ser gilt.

Im ersten Fall ist man bei dem Ser in der Produktion Par ::=. . . (Vergleiche Fig. 4), und man kann von dort als nächstes von ⊣ verschiedenes Element nur → ⊢ bekommen.

Im zweiten Fall ist man bei dem Ser in der rechten Seite der nichttrivialen Produktion Ser ::=. . ., und mögliche weitere Elemente sind →Par, →r (wegen der Kettenproduktion Par ::=→r→) und →⊣.

Damit läßt sich also der Konflikt durch Betrachtung eines dritten Knotens lösen:

(K ist die Bezeichnung des augenblicklich betrachteten Knotens des obersten Kellerelements; E die des Eingabeknotens, der aus der restlichen Graphform gewählt wird und mit K über eine Kante verbunden ist; L ist die Bezeichnung eines weiteren vom K-Knoten verschiedenen Knotens, der auch im Keller liegen darf)

K	E	L	Übergang
⊣	→Ser	→⊢	weiter
⊣	→Ser	→Par	Ansprung
⊣	→Ser	→r	Ansprung
⊣	→Ser	→⊢	Ansprung

Es gilt

Ser α ← Par

sowohl wegen der Kettenproduktion Ser ::=→Par → als auch wegen der nichttrivialen Produktion für Ser.

Konflikte mit Kettenproduktionen sollen hier so gelöst werden wie in [1]. Man berücksichtigt sie zwar bei der Definition von α, nicht aber bei der Konstruktion aller Tripel K E L. Nachträglich ergänzt man die Tripel um weitere Tripel mit einer vierten Übergangsart (4. Kette):

Für alle E_1, für die es eine Kettenableitung von E nach E_1 gibt, fügt man zu jedem Tripel (K,E,L) noch (K,E_1,L) mit dem Übergang „Kette nach E" hinzu.

Die für Par angegebene Situation führt dann zu folgendem Kette/Ansprung-Konflikt der sogleich mit seiner Lösung durch Zeichenvorausschau angegeben wird. Diese Lösung ist wieder direkt aus der Figur 4 ablesbar.

K	E	L	Übergang
Par	←Par	←q	Kette nach Ser
Par	←Par	←⊣	Kette nach Ser
Par	←Par	←Ser	Ansprung
Par	←Par	←Par	Ansprung
Par	←Par	←r	Ansprung
Par	←Par	←⊢	Ansprung

In den beiden ersten Zeilen ist man von Par aus der Ser-Produktion zum linken Ende vor Ser (wegen der Kettenproduktion Ser→Par) gekommen und gelangt von da nach q und ⊣. In den letzten vier Zeilen ist das erste Par (≙ K) und das zweite Par (≙ E) (wegen des Ansprungs) das Par in der nichttrivialen Ser-Produktion. Als weiteres Zeichen L erhält man ⊢, Ser und (wegen der Kettenproduktionen) Par und r.

Diese Beispiele verdeutlichen, daß der nichtdeterministische LR(0)-Automat so interpretiert werden kann, daß er zusammen mit den Kettenproduktionen alle Tripel-Informationen liefert.

Der Vollständigkeit wegen sollen noch kurz die Regeln zur Gewinnung aller möglichen Zeichen L in Abhängigkeit von der Überführungsart von K nach E angegeben werden. Sie lassen sich durch geringfügige Modifikation aus dem Fall linearer Grammatiken [1] übertragen. Die Markierung der zweiten Komponente sei fortgelassen, da sie keine relevante Bedeutung für die Regeln hat.

(Weiter) $K \doteq E$

A sei die linke Seite einer Produktion, in der die Kante von K nach E vorkommt. Bedingungen für alle möglichen L:

$$E \doteq L \quad \text{oder} \quad E \lessdot L$$
$$\text{oder} \quad A \lessdot\!\!\gtrdot L, \quad \text{falls} \quad A \;\alpha\; E \;.$$

(Ansprung) $K \lessdot E$

d.h. es gibt ein B mit $K \doteq B$, B α^+ E.

A sei wie bei 4.1 die linke Seite einer Produktion, in der die Kante von K nach B vorkommt.

Bedingung für alle möglichen L:

$$C \doteq L \quad \text{oder} \quad C \lessdot L \quad \text{für alle} \quad C \quad \text{mit} \quad B\,\alpha^* C\,\alpha^* E$$
$$\text{oder} \quad A \lessdot\!\!\gtrdot L, \quad \text{falls} \quad A \;\alpha\; B \;\text{ gilt}$$

(Reduktion) $K \gtrdot E$

d.h. es gibt B und D, so daß B α^+ K, $B \doteq D$ und D α^* E gilt.

A sei wie oben bezüglich $B \doteq D$ definiert.

Bedingung für alle möglichen L:

$$F \doteq L \quad \text{oder} \quad F \lessdot L \quad \text{für alle} \quad F \quad \text{mit} \quad D\,\alpha^*\,F\,\alpha^*\,E$$
$$\text{oder} \quad A \lessdot\!\!\gtrdot L, \quad \text{falls} \quad A\,\alpha\,D.$$

4.4 Bemerkung zu LR-Verfahren

Lineare Grammatiken stellen einen Spezialfall dar, bei dem der Rechte-Seite-Graph eine Kette und der erste und der letzte Knoten Randknoten sind. Für das Durchlaufen der rechten Seite bei Produktionanwendung ist a priori eine Standardstrategie (Durchlaufen von links nach rechts) festgelegt, so daß die Auswertungszustände immer Anfänge dieser Kette sind. Bei LR-Verfahren wird nun im Gegensatz zu bounded-context- oder zu Präzedenzverfahren nicht zwischen „weiter" und „Ansprung" unterschieden. Bei Erreichen des letzten Knotens der rechten Seite ist nämlich aus deren Länge auch der gesamte Erkennungszustand und damit die „Ansprungstelle“ bestimmbar.

Im Gegensatz zum hier besprochenen Graphgrammatik-Keller vereinfacht man im linearen Fall den Keller von Erkennungszuständen (die Folgen von Knoten der rechten Seiten sind) zu einem Keller von Knoten aus rechten Seiten. Die Mengen aller dieser Folgen wird durch den LR(0)-Automaten beschrieben. Eine nicht-deterministische Version davon läßt sich auch im Fall von Graphgrammatiken einfach aus den Graphen der rechten Seiten durch Hinzunahme aller direkten Ansprungkanten gewinnen. (vgl. Figur 4)

LR-Verfahren arbeiten nun aber mit dem deterministischen LR(0)-Automaten, d.h. sie versuchen gewisse Konflikte wie „Ansprung/Weiter“ durch Zusammenfassen von Knoten und Kanten gemäß der MYHILL-Konstruktion zu lösen. Damit ist aber erst bei Erreichen eines Reduktionsknotens klar, welche Kellerelemente zum obersten Erkennungszustand des Kellers im Sinne der Graphgrammatiken gehören. Aus diesem Grunde kann man den MYHILL-Schritt bei Graphgrammatiken nicht durchführen, da ja dort im Schritt a) bzw. dessen Knoten-für-Knoten-Verfeinerung ständig untersucht werden muß, ob der Erkennungszustand an irgendeinem seiner Knoten noch erweitert werden kann.

So wie im linearen Fall ein links-rechts-Durchlaufen keine einschränkende Strategie darstellt, könnte man auch bei Graphgrammatiken die Knoten im Graphen der rechten Seiten linear anordnen und diese Ordnung bei der Erweiterung der Erkennungszustände berücksichtigen. Da jedoch die entstehenden Konflikte und die Effizienz der Verfahren stark abhängig von der Wahl der Anordnung des Knotens in Rechten-Seiten-Graphen ist, bedingt ein solches Vorgehen wohl nur in speziellen Fällen Vorteile.

Literatur

1. Eickel, J., Paul, M., Bauer, F.L. Samelson, K.: A syntax controlled generator of formal language processors. Comm. ACM 6.8, 451-455 (1963)
2. Eickel, J: Generation of parsing algorithms for Chomsky 2-type languages. Bericht Nr. 6401, Math. Inst., T.U. München, 1964
3. Eickel, J., Paul, M.: The parsing and ambiguity problem for Chomsky-languages. Proceedings of the IFIP Working conference on Formal Language Description languages. Steel jr., T.B. (ed) North-Holland (1966)
4. Floyd, R.W.: Bounded context syntactic analysis. Comm. ACM 7.2, 62–67 (1964)
5. Franck, R.: Syntaxanalyse von Präzedence-Graph-Grammatiken; Diss., TU Berlin (1975)
6. Franck, R.: A class of linearly parsable graph grammars, Acta Inform. 10, 175–201 (1978)
7. Göttler, H.: Attributed Graph Grammars for Graphics, in: Lecture Notes in Computer Science Vol. 153, Ehrig, H., Nagl, M., Rozenberg, G. (ed), 130–142 (1983)
8. Irons, E.T.: Structural connections in formal Languages. Comm. ACM 7.2, 67–72 (1964)
9. Kaul, M.: Syntaxanalyse von Graphen bei Präzedenz-Graph-Grammatiken; Diss., Univ. Passau (1985)

10. Knuth, D.E.: On the translation of languages from left to right. Information 8 Controll 8, 607–639 (1965)
11. Morris, J.B.: A result on the relationship between simple precedence languages and reducing transition languages. Proc. Symp. on theory of Computing, ACM, 73–80, (1970)
12. Nagl, M.: Graph-Grammatiken; Theorie, Implementierung, Anwendungen. Vieweg (1979)
13. Pfaltz, J.L., Rosenfeld, A.: Web Grammars, Proc. Int. Joint Conf. Art. Intelligence, Washington, 609–619 (1969)
14. Pratt, T.W.: A hierarchical graph model of the semantics of programs. Proc. SJCC, 813–825 (1969)
15. Samelson, K., Bauer, F.L.: Sequentielle Formelübersetzung. Elektronische Rechenanlagen 1, 176–182 (1959); Sequential Formula Translation, Comm. ACM 2, 76–83 (1960)
16. Schkolnick, M.: The equivalence of reducing transition languages and deterministic languages. Comm. ACM 17.9, 517–519 (1974)
17. Vollath, U.: Implementierung eines Syntaxanalyseverfahrens für Wortgrammatiken und Erweiterung auf Graphgrammatiken. Diplomarbeit, Institut für Informatik, T.U. München (1988)

Büchis reguläre kanonische Systeme und Analyse kontextfreier Grammatiken

Hans Langmaack

Den Rahmen dieses Festkolloquiums zu Ehren unseres verehrten Jubilars Prof. Dr. Drs. h.c. F.L. Bauer halte ich für eine gute und würdige Gelegenheit, uns auch unseres Kollegen J.R. Büchi zu erinnern. Er wurde im gleichen Jahr 1924 wie Herr Bauer geboren und starb leider schon 1984. Zuletzt war er Professor am Computer Science Department der Purdue University in Lafayette, Indiana, USA. 1961/62 hatte Herr Bauer ihn als Gastprofessor an die Universität Mainz eingeladen. Herr Bauer und unser leider auch schon früh verstorbener Mentor und Kollege K. Samelson waren dort Professoren für Mathematik. Sie befaßten sich mit einer damals sehr neuartigen Angewandten Mathematik, nämlich mit dem Programmieren und Einsatz elektronischer Rechenmaschinen. Diese an sich schon für uns wissenschaftliche Assistenten äußerst stimulierende Arbeitsumgebung erfuhr durch Herrn Büchi eine weitere Bereicherung. Seine Vorlesung „Mathematische Theorie der Automaten und ihres Verhaltens" ist gewiß eine der ersten Automatentheorievorlesungen in Deutschland gewesen.

Wie Herr Bauer faßte Herr Büchi Forschungsprobleme nicht nur technisch an. Er hatte ein tiefes Interesse an der Geschichte von Problemen, an dem Leben von Forschern, an ihrem Ringen mit Gedanken, Ergebnissen und deren Darstellung und an ihrem Ringen um Aufmerksamkeit, Verstandenwerden und Anerkennung.

Seine sehr gediegene mathematisch-logische Ausbildung hat Herr Büchi an der ETH Zürich erfahren. P. Bernays und H. Hopf sind die Referenten seiner Dissertation gewesen. Herrn Büchis Interessen haben stets auf dem Grenzgebiet von Mathematik, Logik und Informatik gelegen. Unbestritten ist, daß er über äußerst schwierige Probleme nachgedacht, beachtenswerte Lösungswege aufgedeckt und renommierte Forscher zu weiteren erfolgreichen Untersuchungen angeregt hat.

Auch Herr Büchi ist nicht immer verstanden worden, was mit an seiner eigenwilligen Sprech- und Notationsweise gelegen hat. Seine Intuitionen sind aber durchweg wegweisend und richtig gewesen. Das von L. Wittgenstein aufgestellte Prinzip „Was sich überhaupt sagen läßt, läßt sich klar sagen; und wovon man nicht reden kann, darüber muß man schweigen" stimmt in meinen Augen nicht. Die großen wissenschaftlichen und auch rein geistigen, mathematischen Erkenntnisse sind beileibe nicht nur den Weg klarer Formulierung gegangen. Auch verschwommene Aussagen und Ahnungen über tiefliegende Probleme verdienen es, mitgeteilt zu werden, damit gegebenenfalls andere Forscher den Faden aufgreifen und die Probleme einer Klärung zuführen können. L. Wittgenstein selbst hat seinen jugendlichen, apodiktischen Ausspruch später gründlich revidiert.

Das gesammelte wissenschaftliche Werk von J.R. Büchi mit Kommentierungen, herausgegeben von S. MacLane und D. Siefkes, wird im Springer-Verlag erscheinen [5]. Auch ein nachgelassenes Buch "Finite Automata, Their Algebras and Grammars" erscheint in Kürze im gleichen Verlag [2]. Auch hierum hat sich vor allem Herr Siefkes gekümmert. In diesem Buch behandelt Herr Büchi mit den von ihm erdachten eleganten und anschaulichen Methoden der regulären kanonischen Systeme [1] u.a. das von Knuth herrührende LR(k)-Analyseproblem für kontextfreie Grammatiken [3]. Analyseprobleme haben uns im Kreise um Herrn Bauer und Herrn Samelson in den sechziger und Anfang der siebziger Jahre sehr beschäftigt. Darauf möchte ich nun in dem etwas technischeren Teil meines Vortrages eingehen.

Herr Büchi gelangt zu seinen regulären kanonischen Systemen über die *kanonischen Systeme* von E.L. Post [6]. Spezielle kanonische Systeme sind die *normalen Systeme* $\mathfrak{N}$. Sie sind gegeben durch einen endlichen *Zeichenvorrat* V mit einer Teilmenge $\bar{V} \subseteq V$ sogenannter *terminaler Zeichen*, durch eine endliche Menge $U \subseteq V^*$ von *Startworten*, durch eine weitere endliche Menge $W \subseteq V^*$ von *Suffixen* und schließlich durch eine Menge P endlicher vieler *normaler Produktionen* der Gestalt $a\xi \to \xi b$, wo a und b Worte aus V^* und das Symbol ξ im Grunde ein Positionskennzeichen ist, das manchmal auch *Variable* über V^* genannt wird. Das Produktionssystem $\mathfrak{N}$ definiert den Begriff der *direkten Ableitbarkeit* für Worte r, s aus V^*:

$$r \vdash s \Leftrightarrow_{\mathrm{Df}} \exists x \in V^* : r = ax, s = xb, a\xi \to \xi b \in \mathfrak{N} .$$

Zu $\vdash$ gibt es zwei indirekte Ableitbarkeitsrelationen, die transitive und die transitiv-reflexive Hülle $\overset{+}{\vdash}$ und $\overset{*}{\vdash}$. Ein normales System $\mathfrak{N}$ *erzeugt* folgende terminale Wortmenge, die sogenannte *Sprache*

$$\tau(\mathfrak{N}) =_{\mathrm{DF}} \{\bar{v} \in \bar{V}^* \mid u \overset{*}{\vdash} \bar{v}w, u \in U, w \in W\} .$$

Beim Ableiten werden also sukzessiv Präfixe a weggestrichen und Suffixe b angefügt. Es gilt der folgende

Satz 1 von Post: 1. Jedes kanonische System kann effektiv in ein *äquivalentes* normales System verwandelt werden, d.h. eines, das die gleiche Sprache erzeugt.

2. Die erzeugte Sprache eines kanonischen und damit auch eines normalen Systems ist rekursiv aufzählbar.

3. Jede rekursiv aufzählbare Menge von Worten über einem endlichen Zeichenvorrat $\bar{V}$ kann durch ein normales kanonisches System erzeugt werden.

Die von J.R. Büchi so genannten *regulären kanonischen* Systeme $\mathfrak{R}$ sind schon E.L. Post bekannt gewesen. Sie unterscheiden sich von den normalen Systemen äußerlich nur geringfügig in der Gestalt der Produktionen. Diese haben die Gestalt $\xi a \rightarrow \xi b$, beim Ableiten werden also sukzessiv Suffixe a weggestrichen und durch Suffixe b ersetzt. Schon E.L. Post wußte, daß regulär kanonische Systeme $\mathfrak{R}$ aber nicht so mächtig sind wie die normalen kanonischen Systeme, denn es gilt der

Satz 2 von Post: Die erzeugte Sprache $\tau(\mathfrak{R})$ eines regulären kanonischen Systems ist rekursiv.

Herr Büchi hat diese Aussage wesentlich verschärfen können:

Satz 3 von Büchi [1]: 1. Die erzeugt Sprache $\tau(\mathfrak{R})$ eines regulären kanonischen Systems ist regulär.

2. Zu jedem regulären kanonischen System $\mathfrak{R}$ kann man effektiv einen endlichen Automaten $\mathfrak{A}$ konstruieren, der $\tau(\mathfrak{R})$ akzeptiert.

Herr Büchi hat seine bekannte Arbeit [1] 1962 von Mainz aus zur Veröffentlichung eingereicht.

Nun zum Analyseproblem kontextfreier Grammatiken. Eine *kontextfreie Grammatik* ist ein Quadrupel $\mathfrak{G} = (\bar{A}, T, \Pi, S)$ wo $\bar{A}$ ein endlicher Zeichenvorrat, $T \subset \bar{A}$ der terminale Zeichenvorrat, $S \in N =_{\mathrm{Df}} \bar{A} \backslash T$ das sogenannte *Axiom* und Π ein endliches System *kontextfreier Produktionen* ist, d.h. Wortpaaren $A ::= b$ mit $A \in N$ und $b \in \bar{A}^*$. In wohlbekannter Weise ist definiert, wann ein Wort $u \in \bar{A}^*$ *direkt* bzw. *indirekt* aus einem Wort $v \in \bar{A}^*$ *abgeleitet* werden kann ($v \rightarrow u$ resp. $v \xrightarrow{+} u$ oder $v \xrightarrow{*} u$). Ein Wort u mit $S \xrightarrow{+} u$ heißt *Satzform*; eine Satzform $u \in T^*$ heißt *Satz*. Die Menge aller Sätze ist die *Sprache* $\lambda(\mathfrak{G})$, die von $\mathfrak{G}$ *erzeugt* wird. Wir können o. w. B. d. A. annehmen, daß $\mathfrak{G}$ *reduziert* ist, d.h. für jedes nicht terminale Symbol $s \in N$ existieren terminale Worte $x, y, t \in T^*$ mit $S \xrightarrow{*} xsy \xrightarrow{+} xty$. Reduzierte Grammatiken erzeugen nicht leere Sprachen.

Der Weg von den kontextfreien Grammatiken zu den regulären kanonischen Systemen führt zunächst über den Begriff des kanonischen Reduktionsschrittes. Unter einem *Reduktionsschritt* verstehen wir ein Tripel $(x, A ::= b, y)$, wo $A ::= b$ eine Produktion und x, y Worte in $\bar{A}^*$ sind. Eine *Reduktionsfolge* ist eine endliche, nicht leere Folge von Reduktionsschritten

$$(x_1, A_1 ::= b_1, y_1), \ldots, (x_n, A_n ::= b_n, y_n)\,,$$

mit $n \geq 1, x_i A_i y_i = x_{i+1} b_{i+1} v_{i+1}$ für $i = 1, \ldots, n-1$. Diese Reduktionsfolge *reduziert* von $u = x_1 b_1 y_1$ nach $v = x_n A_n y_n$. Eine Reduktionsfolge heißt *kanonisch* wenn $|y_i| \geq |y_{i+1}|$ für $i = 1, \ldots, n-1$ ist. Für jede Satzform u existiert eine kanonische Reduktionsfolge von u nach S. Eine Reduktionsfolge von einem Satz

$u \in \lambda(\mathfrak{G})$ nach S ist genau dann kanonisch, wenn $y_i \in T^*$ für $i = 1, \ldots, n$ ist. Ein Reduktionsschritt heißt *kanonisch*, wenn er in wenigstens einer kanonischen Reduktionsfolge von einem Satz $u \in \lambda(\mathfrak{G})$ nach S vorkommt. Wenn $(x, A ::= b, y)$ kanonischer Reduktionsschritt ist, dann heißt $u = xby$ die *assoziierte kanonische Satzform*. *Eindeutig* ist eine kontextfreie Grammatik genau dann, wenn es für jeden Satz $u \in \lambda(\mathfrak{G})$ genau eine kanonische Reduktionsfolge von u nach S gibt.

Obwohl man den Begriff der von links nach rechts mit der Vorausschauschranke $k \geq 0$ analysierbaren Grammatiken (LR(k)-Grammatiken) gar nicht erst so einführen sollte, wie D. Knuth es in [3] getan hat, wollen wir es aus historischen Gründen hier doch tun, um später die elegantere, am analysierenden Kellerautomaten ausgerichtete Definition kennenzulernen, die den Bezug zu Büchis regulären kanonischen Systemen unmittelbarer hervortreten läßt und die dem praktischen Umgang mit dem Analyseproblem gerechter wird.

Wir ergänzen ein rechtes Randsymbol $\dashv \notin \bar{A}$ zum terminalen Zeichenvorrat und erhalten $T_{\dashv} =_{\text{Df}} \bar{A} \cup \{\dashv\}$ und $\bar{A}_{\dashv} =_{\text{Df}} \bar{A} \cup \{\dashv\}$. Wenn $(x, A ::= b, y)$ ein kanonischer Reduktionsschritt ist, nennen wir $(x, A ::= b, y \dashv^k)$ einen *k-kanonischen Reduktionsschritt* und $xby \dashv^k$ eine *k-kanonische Satzform*. k-kanonische Satzformen in $T_{\dashv}^*$, d.h. Worte in $\lambda(\mathfrak{G}) \dashv^k$ heißen *k-Sätze*. Jeder k-kanonische Reduktionsschritt kann offensichtlich in der Form $(x, A ::= b, y'\, y'')$ mit $y', y'' \in T_{\dashv}^*$, $|y'| = k$ geschrieben werden. Klar ist, was *k-Reduktionsfolgen* sind.

Eine kontextfreie Grammatik heißt nach D.E. Knuth *LR(k)-Grammatik*, wenn die folgenden Bedingungen erfüllt sind:

1. S ist keine kanonische Satzform, und im Falle $k = 0$ ist jedes St mit $t \in T^*$ es auch nicht.
2. Wenn $(x, A ::= b, y'y'')$ und $(\tilde{x}, \tilde{A} ::= \tilde{b}, \tilde{y}'\tilde{y}'')$ k-kanonische Reduktionsschritte mit $|y'| = |\tilde{y}'| = k$ sind und wenn ein terminales Wort $t \in T_{\dashv}^*$ mit $xby't = \tilde{x}\tilde{b}\tilde{y}'$ existiert, dann haben wir $x = \tilde{x}$ und $A ::= b = \tilde{A} ::= \tilde{b}$ (und folglich $y' = \tilde{y}'$).

LR(k)-Grammatiken sind eindeutig, wie man sofort sieht. Den

Satz 4 von Knuth: Für gegebene Schranke $k \geq 0$ kann algorithmisch entschieden werden, ob eine kontextfreie Grammatik LR(k)-Grammatik ist.

wollen wir aber nicht anhand der ursprünglichen Definition zeigen. Vielmehr wollen wir uns der angedeuteten zweiten Definition zuwenden.

Wir betrachten einen *k-Kellerautomaten* mit einem *Kellerspeicher* für Worte aus $\bar{A}^*$ und einen *Lesespeicher* für Worte aus $T^* \dashv^k$. Der Automat dient dazu, k-Sätze $u \dashv^k$ aus $\lambda(\mathfrak{G}) \dashv^k$ zu analysieren, wobei anfänglich der Keller leer ist und $u \dashv^k$ im Lesespeicher steht. Aufgabe des Automaten ist es, einer (bei eindeutiger Grammatik die) zugehörige k-kanonische Reduktionsfolge von $u \dashv^k$ nach $S \dashv^k$ zu konstruieren, indem er sukzessive eine der folgenden Handlungen ausführt:

Entweder wird mit einer Produktion $A ::= b \in \Pi$ am rechten Kellerrand *reduziert*, oder es wird das linkeste terminale Zeichen $t \in T$ im Lesespeicher in den Keller geschoben (es wird *„geshiftet"*), oder der Automat *stoppt* bei dem Axiom S im Kellerspeicher und $\dashv^k$ im Lesespeicher.

Uns interessiert nun die Klasse $\mathfrak{r}^{(k)}$ aller Wortpaare von $l.r \in \bar{A}^*.T^* \dashv^k$ mit $. \notin \bar{A}_\dashv$, die bei solchem Analysieren im Keller- und Lesespeicher auftreten können. $\mathfrak{r}^{(k)}$ zerfällt in $|\Pi|+2$ Teilklassen, die durch diejenigen Keller- und Lesespeicherinhalte gegeben sind, die die eben genannten $|\Pi|+2$ Analysehandlungen jeweils vor ihrer Ausführung vorfinden:

$$\mathfrak{r}^{(k)} = \bigcup_{A::=b\in\Pi} \mathfrak{r}^{(k)}_{A::=b} \cup \mathfrak{r}^{(k)}_{sh} \cup \mathfrak{r}^{(k)}_{st}$$

Die rechts genannten $|\Pi| + 2$ Klassen nennen wir die zu $\mathfrak{G}$ gehörigen *k-Reduktionsklassen.* Deren genaue Definition sieht so aus:

$$l.r \in \mathfrak{r}^{(k)}_{A::=b} \Leftrightarrow_{\text{Df}} \text{ es gibt einen } k\text{-kanonischen Reduktionsschritt } (x, A ::= b, r) \text{ mit } l = xb,$$

$$l.r \in \mathfrak{r}^{(k)}_{sh} \Leftrightarrow_{\text{Df}} \text{ es gibt ein Wortpaar } l'.r' \text{ aus einer Klasse } \mathfrak{r}^{(k)}_{A::=b} \text{ mit } lt = l', r = tr', t \in T^+,$$

$$l.r \in \mathfrak{r}^{(k)}_{st} \Leftrightarrow_{\text{Df}} l = S \text{ und } r = \dashv^k$$

Man überlegt sich leicht folgendes

Lemma 1 [4]: $\mathfrak{G}$ ist genau dann eindeutig, wenn die $|\Pi|+2$ 0-Reduktionsklassen paarweise disjunkt sind.

Das Lemma gilt natürlich auch, wenn man ein beliebiges $k \geq 0$ statt 0 nimmt.

Die k-Reduktionsklassen $\mathfrak{r}^{(k)}_\iota$ führen uns zu den $|\Pi| + 2$ *k-Kellerklassen* $\mathfrak{k}^{(k)}_\iota$:

$$l.\bar{r} \in \mathfrak{k}^{(k)}_\iota \Leftrightarrow_{\text{Df}} \text{ es gibt } l.r \in \mathfrak{r}^{(k)}_\iota \text{ mit } \bar{r} = \text{first}_k(r)\,.$$

Stets ist $|r| \geq k$ und $\text{first}_k(r)$ bezeichnet das Anfangswort von r der Länge k.

Nun kann man den nachfolgenden Satz zeigen, dessen Beweis wir auslassen:

Satz 5 [4]: $\mathfrak{G}$ ist LR(k)-Grammatik genau dann, wenn die $|\Pi|+2$ k-Kellerklassen paarweise disjunkt sind.

Wegen Lemma 1 sehen wir wiederum, daß LR(k)-Grammatiken eindeutig sind. Mit Satz 5 haben wir unsere gewünschte praktisch einleuchtende Charakterisierung der LR(k)-Grammatiken. Jetzt geht es für den Beweis von Satz 4 noch um die Entscheidbarkeit der Disjunktheit von k-Kellerklassen. Daß es sich bei

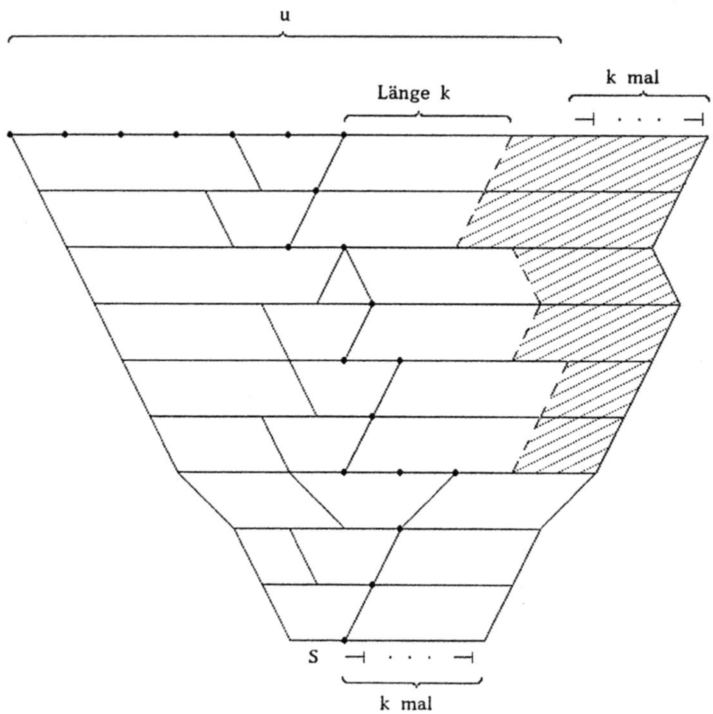

ihnen um reguläre Mengen handelt, sieht man am deutlichsten, wenn man eine k-kanonische Reduktionsfolge von einem k-Satz nach $S\dashv^k$ veranschaulicht.

Denken wir uns den schraffierten Bereich fort, erkennen wir sofort eine reguläre kanonische Ableitung. Wie hier reguläre kanonische Systeme $\mathfrak{R}_W$ wirken, um die $|\Pi|+2$ k-Kellerklassen zu erzeugen, sieht man unmittelbar. Die verschiedenen Systeme $\mathfrak{R}_W$ stimmen in den wesentlichen Komponenten überein, lediglich die Suffixmengen W sind verschieden, weshalb wir $\mathfrak{R}$ mit W indizieren:

Der für alle $\mathfrak{R}_W$ gemeinsame Zeichenvorrat ist $V =_{\mathrm{Df}} \bar{A}_\dashv \cup \{\,.\,\}$, der terminale Zeichenvorrat $\bar{V} =_{\mathrm{Df}} V$, das einzige Startwort ist $S.\dashv^k$, die Menge $P^{(k)}$ der regulären kanonischen Produktionen ist

$$\begin{aligned} P^{(k)} =_{\mathrm{Df}} & \{\xi A.c \to \xi b.c \mid A ::= b \in \Pi, c \in T^k_\dashv\} \\ & \cup \{\xi t. \to \xi. \mid k = 0, t \in T\} \\ & \cup \{\xi t.c\bar{t} \to \xi.tc \mid k > 0, t \in T, \bar{t} \in T_\dashv, c \in T^{k-1}_\dashv\} \end{aligned}$$

Die Zeichnung legt nun nahe, wie sich die k-Kellerklassen darstellen lassen:

$$\mathfrak{k}^{(k)}_{A::=b} = \bigcup_{c \in T^k_\dashv} \tau(\mathfrak{R}_{A.c})b.c\,,$$

$$\mathfrak{k}_{sh}^{(0)} = \bigcup_{t \in T} \tau(\mathfrak{R}_{t.}).\,,$$

$$\mathfrak{k}_{sh}^{(k)} = \bigcup_{\substack{t \in T \\ \bar{t} \in T_{\dashv} \\ c \in T_{\dashv}^{k-1}}} \tau(\mathfrak{R}_{t.c\bar{t}}).tc \text{ für } k > 0\,,$$

$$\mathfrak{k}_{st}^{(k)} = \{S.\dashv^k\}\,.$$

Bemerkung: Die Suffixmengen W sind alle einelementig, darum schreiben wir z.B. $A.c$ statt $\{A.c\}$.

Aufgrund von Büchis Satz 3 sind die k-Kellerklassen also reguläre Mengen, und es können Automaten effektiv konstruiert werden, die die k-Kellerklassen $\mathfrak{k}_{\iota}^{(k)}$ akzeptieren. Die in Satz 4 gewünschte Entscheidbarkeit ergibt sich nun mit Satz 5 in bekannter Weise aus der Theorie der endlichen Automaten.

In unserer Arbeit [4] haben wir im Prinzip dargelegt, wie man den Automaten konstruieren kann, der den analysierenden k-Kellerautomaten steuert. In seinem Buch [2] führt Herr Büchi diese Parserkonstruktion im einzelnen durch. Sie ist eingebettet in seine sehr geschlossene Schau von Grammatiken, Kellerautomaten und endlichen Automaten.

LL(k)-Grammatiken, d.h. von links nach rechts in top down-Manier mit der Vorausschauschranke $k \geq 0$ analysierbare kontextfreie Grammatiken, lassen sich mit ähnlichen Methoden wie LR(k)-Grammatiken behandeln. Herr Büchi vermerkt das in seinem Buch [2] auch, ohne selbst das Wort „LL(k)-Grammatik" zu benutzen.

In dieser Sitzung über Zerteilungs- und Erkennungsprobleme im Rahmen des Festkolloquiums zu Ehren von Herrn Professor Bauer habe ich durch meinen kurzen Vortrag beispielhaft darlegen wollen, welch gute Einsicht in diese Probleme und welch großen und eleganten Beitrag zu ihrer Lösung Herrn Büchis Methoden zu liefern vermögen und wie Herr Büchi unsere Untersuchungen damals in Mainz und München unter unseren verehrten Lehrern F.L. Bauer und K. Samelson nachhaltig befruchtet hat. Herrn Büchis nachgelassenes Werk sei allen Informatikern zum Studium empfohlen.

Literatur

[1] Büchi, J.R.: Regular Canonical Systems. Arch. Math. Logik Grundlagenforsch. 6, 91–111 (1964).
[2] Büchi, J.R.: Automata, Their Algebras and Grammars. D. Siefkes (Ed.), Springer-Verlag (1989).
[3] Knuth, D.E.: On the Translation from Left to Right. Inform. Contr. 8, 607–639 (1965).

[4] Langmaack, H.: Application of Regular Canonical Systems to Grammars Translatable from Left to Right. Acta Informatica 1, 111–114 (1971).
[5] MacLane, S., Siefkes, D. (Eds.): The Collected Works of J. Richard Büchi. Springer-Verlag (1990).
[6] Post, E.L.: Formal Reductions of the General Combinatorial Decision Problem. American Journal of Mathematics 65, 197–215 (1943).

Automatische Klassifikation und graphische Darstellung von Polyedertopologien in Silikaten

Peter Kandzia   Kai Goetzke   Hans-Joachim Klein

Persönliche Vorbemerkung. Als ich die Einladung zu einem Vortrag im Rahmen des Kolloquiums ‚Informatik im Kreuzungspunkt von Numerischer Mathematik, Rechnerentwurf, Programmierung, Algebra und Logik' erhielt, war mein noch unbekannter Beitrag unter den Stichworten ‚Zerteilungs- und Erkennungsprobleme' eingeordnet. Das passendste Thema, das ich zu diesem Komplex anbieten konnte, war die automatische Klassifikation von Silikaten, mit der wir uns in meiner Forschungsgruppe seit einiger Zeit beschäftigten.

Das Thema wirft auch ein Licht auf die im Programmheft genannte Informatik der Münchner Schule. Wenn ich meine Zeit als wissenschaftliche Hilfskraft in Mainz hinzurechne, kann ich auf eine zehnjährige wissenschaftliche Arbeit unter Leitung von F.L. Bauer und K. Samelson zurückblicken. In dieser Zeit lernte ich, mich auch um Anwendungen der Informatik und der Numerischen Mathematik in Nachbardisziplinen zu kümmern. Dies geschah teils durch Betreuung von zahlreichen externen Benutzern der Rechenanlagen teils durch Beantworten von Anfragen, die von außerhalb an das Institut herangetragen wurden. Das auf diese Weise geweckte Interesse an Problemen, die nicht unbedingt der Kerninformatik zuzurechnen sind, ist erhalten geblieben.

Das im folgenden vorgestellte Klassifikationssystem wurde aufgrund einer Anregung von Kollegen aus dem Mineralogisch-Petrographischen Institut der Universität Kiel entwickelt.

P. Kandzia

1. Einleitung

Bei der Untersuchung von Kristallen spielen häufig diejenigen Strukturen eine wichtige Rolle, die sich aus sogenannten Koordinationspolyedern und deren Verknüpfungen in den Kristallen ergeben. Koordinationspolyeder repräsentieren gewisse Atomlagen und Bindungen zwischen Atomen. Benachbarte Polyeder in einem Kristall können Ecken, Kanten oder Flächen gemeinsam haben, indem sie sich Atome ‚teilen'. Die Analyse der Topologien, die durch solche Verbindungen gebildet werden, eröffnet interessante Möglichkeiten für die Klassifikation von Kristallen. Für Silikate wird eine derartige Klassifikation in [6] angegeben; die dort entwickelte Methode erlaubt es, durch Analyse von Polyedertopologien Parameter zu bestimmen, die Rückschlüsse auf kristallchemische Eigenschaften von Silikaten zulassen.

Die Bestimmung der Parameter ‚von Hand' unter Zuhilfenahme von Plots ist zeitaufwendig, fehleranfällig und bei komplexen Strukturen kaum noch durchführbar. In enger Zusammenarbeit mit Kollegen aus der Mineralogie konnte ein integriertes System entwickelt werden, das die Analyse von Silikaten gemäß der genannten Methode automatisch durchführt und klassifizierte Strukturen im dreidimensionalen Flächenmodell in geeigneter Form graphisch darstellt [2,4].

Als Grundlage für die Entwicklung der Analysealgorithmen wurde die Methode zunächst mit graphentheoretischen Hilfsmitteln formal exakt beschrieben. Eine zentrale Position nimmt hierbei ein spezieller Typ eines endlichen Graphen ein. Er repräsentiert die für die Klassifikation relevanten Charakteristika von unendlichen Polyedertopologien in kompakter Form. Die entwickelte Methodik findet auch bei der formalen Betrachtung und algorithmischen Umsetzung anderer Analysemethoden Verwendung [3,5].

Der graphische Darstellungsteil orientiert sich in der Auswahl der Teilstrukturen und in der Reihenfolge ihrer Präsentation an der Vorgehensweise beim Klassifizieren. Zur Verdeutlichung der ermittelten Klassifikationsparameter werden entsprechende Bildausschnitte geeignet markiert und für den Betrachter günstige Ausrichtungen der gezeigten Objekte berechnet. Insgesamt steht damit ein System zur Verfügung, das Kristallographen bei der Untersuchung von Kristallstrukturen effizient unterstützt, das aber auch in der Ausbildung eingesetzt werden kann, um sowohl die Klassifikationsmethode zu demonstrieren als auch allgemein Kenntnisse über Aufbau und Eigenschaften von Polyedertopologien in Kristallen zu vermitteln.

2. Die Klassifikation von Silikaten nach F. Liebau

Für die Klassifikation von Kristallen wird üblicherweise von der Vorstellung eines ‚perfekten Kristalls' ausgegangen. Ein derartiger idealer Kristall läßt sich als dreidimensionaler Raum auffassen, der sich aus Zellen zusammensetzt, die den Raum in gitterförmiger Anordnung vollständig ausfüllen und die bezüglich ihrer atomaren Struktur identisch sind. Zur Beschreibung eines Kristalls genügt es daher, die Parameter und den atomaren Inhalt einer sogenannten Elementarzelle zu spezifizieren. Durch Translation kann aus der Elementarzelle der unendliche Idealkristall erzeugt werden. Statt der Elementarzelle wird häufig eine sogenannte asymmetrische Einheit angegeben, aus der sich die Elementarzelle durch Anwendung von Symmetrieoperatoren ergibt.

In Silikaten sind im allgemeinen Si-O-Bindungen stärker als andere Bindungen. Daher werden bei einigen Klassifikationsmethoden für Silikate nur die durch diese Bindungen entstehenden [SiO_n]-Polyeder berücksichtigt. Die in [6] angegebene Methode klassifiziert Silikate durch Bestimmung von Parametern für ihre Polyedertopologie.

Der erste Parameter, die *Koordinationszahl* des Siliziums, gibt die Anzahl der Sauerstoffatome an, die an ein Siliziumatom gebunden sind; es kommen nur [SiO_4]-Tetraeder und – seltener – [SiO_6]-Oktaeder vor, d.h. der Wert des Parameters ist stets 4 oder 6. Polyeder können durch gemeinsame Sauerstoffatome mit Nachbarpolyedern verknüpft sein. Die beiden Parameter *Verknüpfungstyp* und *Verknüpfungszahl* charakterisieren die Anzahl gemeinsamer Sauerstoffatome zweier Polyeder bzw. die Anzahl der mit einem Polyeder verknüpften Nachbarpolyeder.

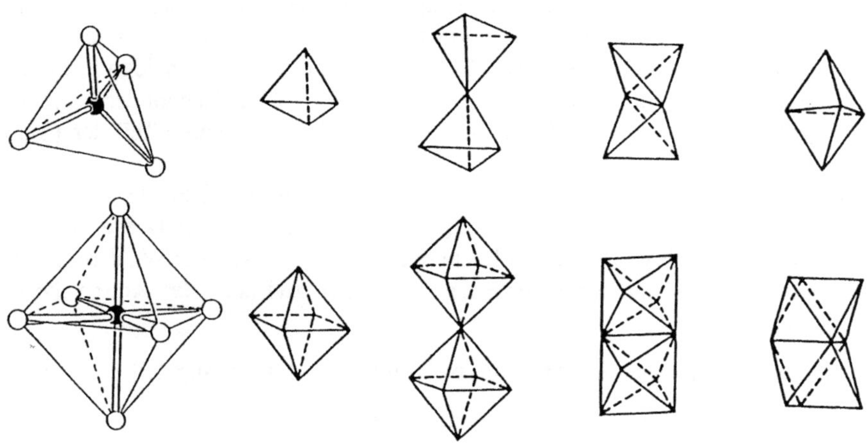

Abb. 1. Tetraeder, Oktaeder und Polyederpaare mit verschiedenen Verknüpfungstypen

Durch die Verknüpfungen entstehen zusammenhängende Strukturen, die endlich sein können oder sich in Form von Ketten, Schichten oder Gerüsten in ein, zwei bzw. drei Dimensionen unendlich ausdehnen. Der Parameter *Dimensionalität* gibt den entsprechenden Wert an. Als Beispiele für die Dimensionalitäten 1, 2 und 3 betrachte man die Abbildungen 2, 3 bzw. 6.

Der Grundgedanke der Klassifikationsmethode besteht darin, in den zusammenhängenden unendlichen Strukturen spezielle Ketten, sogenannte Fundamentalketten, zu bestimmen, in welche die Strukturen partitioniert werden können. Durch die Partitionierung sind dann die restlichen Klassifikationsparameter für eine Struktur festgelegt. Treten in einem Silikat mehrere zusammenhängende Strukturen auf, die nicht translationsäquivalent sind, werden sie getrennt klassifiziert. Wir wollen uns im folgenden nur mit unendlichen Strukturen beschäftigen. Endliche Strukturen sind einfacher zu behandeln.

Der Begriff einer Kette im Sinne der beabsichtigten Partitionierung unendlicher zusammenhängender Strukturen umfaßt folgende Grundideen:

a) Eine Kette besteht aus einer unendlichen linearen Folge von zusammenhängenden Polyedern, dem sogenannten linearen Teil der Kette, aus dem eventuell Zweige herausragen. Zweige sind endliche Folgen von zusammenhängenden Polyedern, die zum linearen Teil zurückführen können (geschlossene Zweige) oder nicht (offene Zweige). Bei einem geschlossenen Zweig gibt es genau zwei Verknüpfungspunkte mit dem linearen Teil der Kette.
b) Eine Kette besitzt die folgende Periodizitätseigenschaft: Beim Durchlaufen des linearen Teils von einem Polyeder p aus wird nach endlich vielen Schritten ein zu p translationsäquivalentes Polyeder p′ erreicht, wobei der Kettenteil zwischen p und p′ kein Paar translationsäquivalenter Polyeder enthält. Durch p und p′ ist eine Richtung festgelegt. Diese Richtung wird ebenso wie ihr Komplement *Wiederholrichtung* genannt. Der Kettenteil zwischen p und p′ wiederholt sich im linearen Teil der Kette periodisch in beiden Richtungen. Analoges gilt für eventuelle Zweige der Kette. Die Anzahl der Polyeder von p bis zum unmittelbaren Vorgänger von p′ im linearen Teil der Kette heißt *Periodizität.*
c) Zu p und p′ gehört ein Euklidischer Abstand. Ist dieser Abstand minimal gegenüber anderen Ketten, dann liegt eine Kette *mit kürzester Wiederholrichtung* vor. Falls es Ketten mit linear unabhängigen kürzesten Wiederholrichtungen gibt, bestehen Symmetriebeziehungen zwischen den Ketten dieser Richtungen.

Ketten werden je nach Art ihrer Verzweigungen in Klassen eingeteilt:

- ‚unverzweigt‘: es sind keine Zweige vorhanden;
- ‚geschlossen verzweigt‘: es gibt nur geschlossene Zweige;
- ‚offen verzweigt‘: es gibt nur offene Zweige;
- ‚gemischt verzweigt‘: es gibt Zweige von beiden Sorten.

Mit den eingeführten Begriffen kann die Zerlegung zusammenhängender Strukturen in Ketten genauer gefaßt werden. Folgende Kriterien sind dabei der Reihe nach zu beachten:

a) Es wird eine kürzeste Wiederholrichtung ausgewählt, und es werden nur Ketten mit dieser Richtung betrachtet. Wegen der oben erwähnten Symmetriebeziehungen ist das Ergebnis der Klassifikation unabhängig von der Wahl der kürzesten Wiederholrichtung.
b) Die Periodizität soll minimal sein.
c) Die Anzahl der nicht translationsäquivalenten Ketten in der angestrebten Zerlegung soll minimal sein.

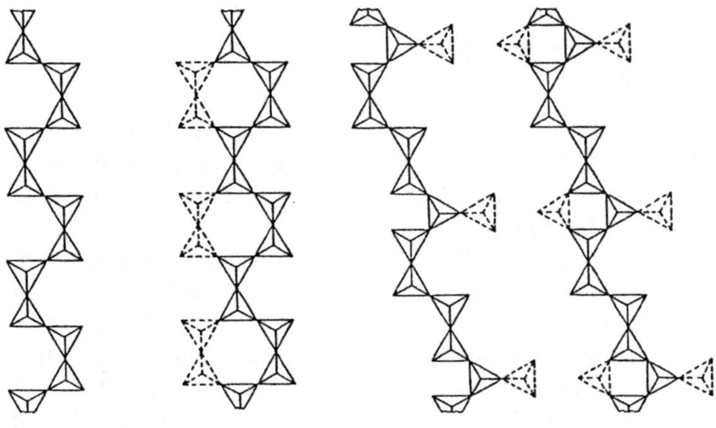

Abb. 2. Ketten verschiedener Verzweigungsarten: a)unverzweigt, Periodizität: 4; b) geschlossen verzweigt, Periodizität: 4; c) offen verzweigt, Periodizität: 5; d) gemischt verzweigt, Periodizität: 5

d) Die folgenden Prioritäten der Verzweigungsarten von Kettenmengen sind zu beachten:
unverzweigt > geschlossen verzweigt > offen verzweigt > gemischt verzweigt > hybrid.

In den ersten drei Fällen besitzen alle Ketten die genannte Verzweigungsart. Im letzten Fall enthält die Menge offen, geschlossen oder gemischt verzweigte Ketten zusammen mit mindestens einer unverzweigten Kette. Alle übrigen Mengen von Ketten werden ‚gemischt verzweigt' genannt.

Zusatzbedingung: Da sich die Kriterien c) und d) im allgemeinen widersprechen – Minimierung der Kettenzahl impliziert eine Bevorzugung von verzweigten Ketten – ist zusätzlich zu beachten, daß Zweige von Ketten in einer Zerlegung niemals weitere Ketten mit der in a) festgelegten Wiederholrichtung und der in b) bestimmten Periodizität überdecken dürfen.

Die *Verzweigungsart* der in der Zerlegung gefundenen Kettenmenge ist ein weiterer Parameter der Klassifikation. Der letzte Parameter der Klassifikation, die *Multiplizität*, ergibt sich aus der Zerlegung in Abhängigkeit von der Dimensionalität der Struktur. Im Fall der Dimensionalität 1 ist dieser Parameter bestimmt durch die Anzahl der nicht translationsäquivalenten Fundamentalketten der ermittelten Zerlegung. Bei Dimensionalität 2 gibt die Multiplizität die Anzahl der Schichten an, aus denen sich eine einzelne Zusammenhangskomponente aufbaut. Für Strukturen mit Dimensionalität 3 ist der Parameter ohne Bedeutung.

3. Graphentheoretische Hilfsmittel und Präzisierung der Klassifikationsparameter

Die oben geschilderte Klassifikationsmethode legt es nahe, bei der Formalisierung der Methode auf graphentheoretische Hilfsmittel zurückzugreifen. Dabei beschränken wir uns im folgenden auf eckenverknüpfte Tetraeder, da diese in Silikaten weitaus am häufigsten vorkommen.

Als erstes wird der zu einem Silikat gehörende *Polyedergraph* eingeführt. Knoten und Kanten dieses Graphen entsprechen den Polyedern bzw. den Verknüpfungen zwischen benachbarten Polyedern; außerdem enthält der Polyedergraph Angaben über die Einteilung des Kristalls in Zellen und Information darüber, welche Knoten translationsäquivalent sind. In Abbildung 3 sind ein Teil einer Schicht von Semenovit und der entsprechende Ausschnitt des zugehörigen Polyedergraphen angegeben. Die Zelleinteilung ergibt sich durch den Verlauf der unterbrochenen Linien und durch die Numerierung der entstehenden Gebiete mit $\mathbb{Z}^3$-Koordinaten entsprechend der Lage der Zellen im Raum. Translationsäquivalente Polyeder sind durch die gleiche Lage relativ zur Zellstruktur erkennbar.

Von den unendlichen Polyedergraphen geht man in natürlicher Weise zu endlichen Graphen über. Die Knotenmenge eines derartigen endlichen Graphen entspricht der Knotenmenge einer einzelnen Zelle des Polyedergraphen, etwa der Zelle mit der Nummer (0,0,0), die im folgenden Einheitszelle genannt wird. Kanten des Polyedergraphen zwischen Knoten der Einheitszelle werden direkt übernommen, während Kanten von einem Knoten der Einheitszelle zu einem Knoten einer Nachbarzelle dadurch übertragen werden, daß statt des letztgenannten Knotens der in der Einheitszelle vorhandene translationsäquivalente Knoten hergenommen wird. Der auf diese Weise entstehende endliche Graph ist offensichtlich ein homomorphes Bild des zugrundeliegenden Polyedergraphen.

Da unter anderem mit Wiederholrichtungen gearbeitet wird, muß der endliche Graph auch die übrige im Polyedergraphen enthaltene Information aufnehmen. Diese wird dadurch übertragen, daß im endlichen Graphen statt der ungerichteten Kanten jeweils ein Paar von einander entgegengesetzten, markierten Kanten eingeführt wird. Kanten, die aus Kanten der Einheitszelle entstanden sind, erhalten in beiden Richtungen die Markierung (0,0,0). Die übrigen Kanten werden folgendermaßen markiert: Läßt sich die Kante aus der Verbindung eines (0,0,0)-Knotens mit einem (a,b,c)-Knoten herleiten, $(a,b,c) \neq (0,0,0)$, erhalten die zugehörigen gerichteten Kanten des endlichen Graphen die Markierung (a,b,c) bzw. $(-a,-b,-c)$. Diese Markierungen entsprechen unter anderem den Übergängen von der Einheitszelle in die Zelle (a,b,c) bzw. umgekehrt. Der endliche Graph wird *dl-Graph* (*d*irection *l*abeled) genannt. Er stimmt in seinem Informationsgehalt mit dem in [1] eingeführten Quotientengraphen von dreiperiodischen Netzen überein.

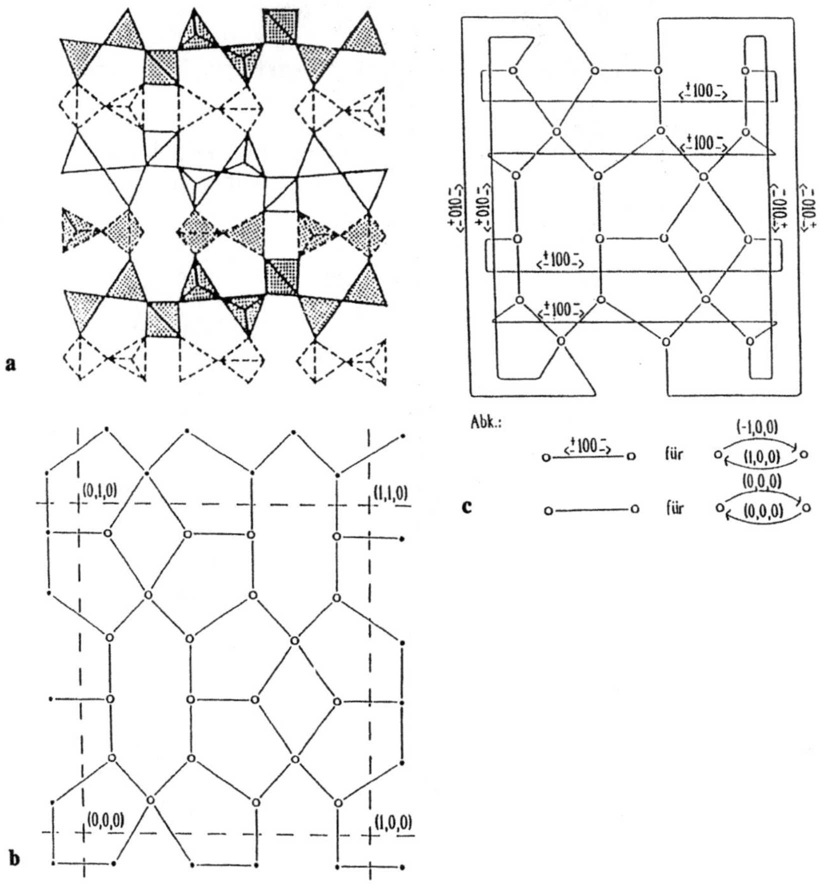

Abb. 3a-c. (**a**) Teil einer Schicht von Semenovit mit angedeuteter Zerlegung (zwei nicht translationsäquivalente Fundamentalketten, Verzweigungsart: geschlossen verzweigt, Periodizität: 6). (**b**) Ausschnitt des Polyedergraphen von Semenovit. (**c**) dl-Graph von Semenovit.

Um den dl-Graphen bei der automatischen Klassifikation verwenden zu können, müssen die oben eingeführten Begriffe auf diesen Graphen übertragen werden. Die Verknüpfungszahl eines Polyeders stimmt offenbar mit der Anzahl der Kanten des dl-Graphen überein, die vom entsprechenden Knoten ausgehen. Der Wert des Parameters Dimensionalität einer Struktur ist durch die Anzahl linear unabhängiger Wiederholrichtungen von Ketten in dieser Struktur gegeben. Im dl-Graphen entspricht einer Kette ein Zyklus, bei dem die Summe der Kantenmarkierungen mit einer Wiederholrichtung der Kette übereinstimmt. Wird die Summe der Markierungen eines Zyklus als seine Richtung bezeichnet, läßt sich die Dimensionalität einer zusammenhängenden Polyedertopologie als Anzahl von linear unabhängigen Richtungen von Zyklen im zugeordneten dl-Graphen definieren.

Für die Definition von Ketten sind unter anderem folgende Entsprechungen von Bedeutung:

- unverzweigte Ketten mit kürzester Wiederholrichtung ≙ Zyklen, deren Richtung gleich der kürzesten Wiederholrichtung ist (wir werden diese Zyklen wieder Ketten nennen);
- Zweige ≙ spezielle Pfade
- Periodizität von Ketten ≙ Länge von Zyklen

Die genaue Definition von Ketten mit Zweigen im dl-Graphen ist recht aufwendig und kann in [3] nachgelesen werden.

Eine *Kettenzerlegung* eines dl-Graphen G = (V,E) läßt sich definieren als eine Menge $K = \{k_1, \ldots, k_n\}$ von Ketten in G mit kürzester Wiederholrichtung, kleinster Periodizität und der Eigenschaft

- $\{V(k_1), \ldots, V(k_n)\}$ ist eine Partition von V, so daß es keine Kette gleicher Richtung und Periodizität gibt, deren Knoten in V_{ZW} enthalten sind. Dabei sind $V(k_i)$ die Menge der Knoten der Kette k_i, $i = 1, \ldots, n$ und V_{ZW} die Menge aller Knoten, die in irgendwelchen Zweigen von k_i, $i = 1, \ldots, n$, (außerhalb der linearen Teile) vorkommen.

Eine Kettenzerlegung K von G ist *zulässig*, falls es keine Kettenzerlegung K′ gibt mit

$$|K'| < |K| \text{ oder } |K'| = |K| \text{ und Verzweigungsart}_{K'} < \text{Verzweigungsart}_K.$$

Jede Kette einer zulässigen Kettenzerlegung heißt *Fundamentalkette*.

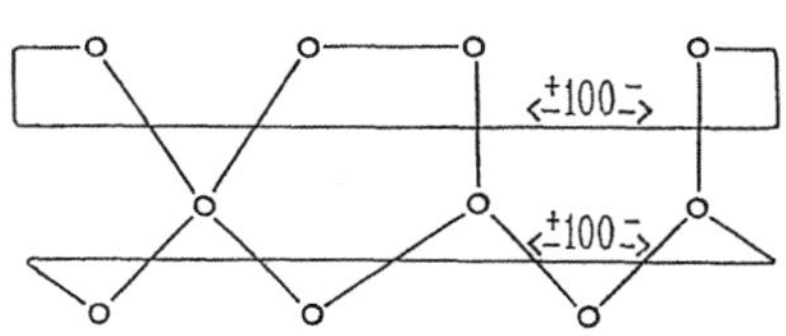

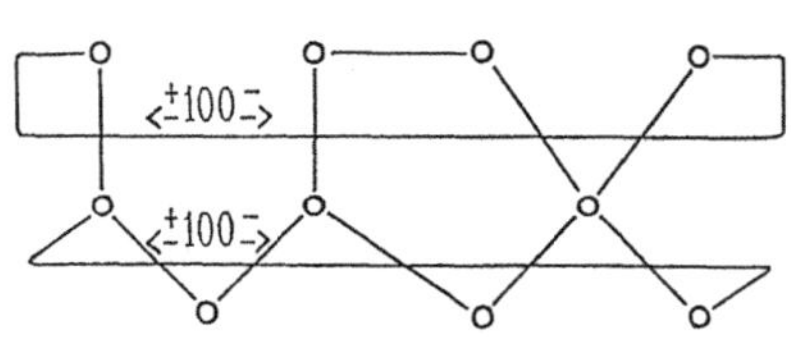

Abb. 4. Zulässige Kettenzerlegung für den dl-Graphen von Semenovit (vgl. Abb. 3a)

Im Fall der Dimensionalität 1 ist der Wert des Parameters Multiplizität durch die Kettenanzahl n gegeben. Für Strukturen mit Dimensionalität 2 müssen

Verknüpfungen zwischen Fundamentalketten untersucht werden. Dabei finden wiederum dl-Graphen Verwendung, wobei in diesem Fall die Knoten eines dl-Graphen Fundamentalketten entsprechen und die Kanten durch Verknüpfungen zwischen den Fundamentalketten bestimmt sind.

4. Algorithmische Realisierung

Zur Berechnung der Silizium-Sauerstoff-Abstände konnte ein in der Kristallographie bekannter Algorithmus eingesetzt werden. Die Bestimmung der Koordinationszahl des Siliziums und der Verknüpfungsart und -zahl erfolgt dann in elementarer Weise.

Aus Abschnitt 3 folgt, daß der Wert des Parameters Dimensionalität über die Bestimmung der Richtungen aller Zyklen berechnet werden kann. Die Untersuchung aller Zyklen ist jedoch im allgemeinen viel zu aufwendig; es läßt sich nämlich zeigen, daß die Betrachtung der Zyklen in einer beliebigen Zyklenbasis ausreicht. Dies führt zu folgendem Algorithmus:

1) Bestimme einen beliebigen aufspannenden Baum des dl-Graphen.
2) Betrachte die Kanten des Graphen, die nicht zum aufspannenden Baum gehören; sie schließen jeweils genau einen Zyklus im Baum, wobei im allgemeinen eine Invertierung der Orientierungen und Markierungen einiger Kanten notwendig ist. Bestimme die Anzahl der linear unabhängigen Richtungen dieser Zyklen.

Die Bestimmung zulässiger Kettenzerlegungen, der aufwendigste Teil des Klassifikationsalgorithmus, zerfällt in folgende Teilschritte:

1) Bestimme zulässige Mengen von Linearteilen:
   - Untersuche die Zyklen des dl-Graphen in aufsteigender Länge und betrachte ihre Richtungen, bis der erste Zyklus mit kürzester Wiederholrichtung gefunden ist. Dieser Zyklus legt die Periodizität fest.
   - Bestimme die Menge Z aller Zyklen mit kürzester Wiederholrichtung und der oben festgelegten Periodizität.
   - Bestimme aus der gefundenen Zyklenmenge Z zulässige Mengen $L \subseteq Z$ von Linearteilen von Ketten, d.h. Mengen L mit folgenden Eigenschaften:

     a) $(\forall l,l' \in L)\ (l \neq l' \Rightarrow V(l) \cap V(l') = \emptyset)$ (Unabhängigkeit)

     b) $(\forall l \in Z)\ (\exists l' \in L)\ (V(l) \cap V(l') \neq \emptyset)$ (Vollständigkeit)
2) Ordne die zulässigen Mengen L aufsteigend nach Kardinalität.
3) Falls nötig, versuche die zulässigen Mengen von Linearteilen von Ketten geringster Kardinalität so durch Zweige zu ergänzen, daß Kettenzerlegungen entstehen. Gibt es derartige Ergänzungen, bestimme eine mit höchster

Verzweigungspriorität. Gibt es keine Kettenzerlegung der betrachteten Kardinalität, wiederhole Schritt 3) mit den zulässigen Mengen von Linearteilen der nächst höheren Kardinalität.

Die Verzweigungsart einer betrachteten Silikatstruktur und deren Multiplizität im Falle der Dimensionalität 1 ergeben sich unmittelbar aus einer Zerlegung in Fundamentalketten, sofern eine derartige Zerlegung existiert.

Die Analysealgorithmen sind in einem interaktiven System realisiert. Bei Aufruf des Systems werden die notwendigen Eingabedaten (Zellparameter, Raumgruppe und Atomkoordinaten) im Dialog erfragt oder von einer Datei eingelesen. Die Analyse ist meist nach wenigen Sekunden abgeschlossen; Ausnahmen treten bei einigen Zeolithen auf. Bei diesen komplexen Strukturen (siehe z.B. Abbildung 6 im Anhang) kann die Überprüfung zahlreicher Zerlegungsmöglichkeiten notwendig sein. Das Auftreten von Komplexitätsproblemen bei der Analyse ist nicht weiter überraschend, da einige der zu bearbeitenden Teilprobleme NP-vollständig sind [4]. Als Beispiel sei die folgende Fragestellung genannt: Existiert für gegebenen dl-Graphen G eine zulässige Menge L von Linearteilen von Ketten $|L| \leq k$?

Die Ergebnisse der Klassifikationsalgorithmen werden zusammen mit den vorgegebenen Daten der Elementarzelle bzw. der asymmetrischen Einheit in einer Datei abgelegt, die dem Darstellungsprogramm als Eingabe dient.

5. Graphische Darstellung

Für die graphische Darstellung wurde unter Beteiligung von Kristallographen eine Bildschirmoberfläche entworfen, die Teile einer klassifizierten Struktur in einer der Klassifikationsmethode angepaßten Form zeigt und geeignete Funktionen für die Manipulation und die Verwaltung der im dreidimensionalen Flächenmodell abgebildeten Polyedertopologien bereitstellt. Nach der Auswahl einer gewünschten Struktur erfolgt die Interaktion ausschließlich durch Anwählen von Funktionen. Abbildung 5 zeigt einen möglichen Bildschirminhalt während einer Sitzung.

Der Bildschirm ist im wesentlichen in drei Bereiche aufgeteilt, und zwar in zwei Menüleisten und einen Ausgabebereich. In der linken Menüleiste erfolgt die Auswahl der darzustellenden Teilstrukturen in vorgegebener Reihenfolge sowie die Festlegung der Ausgabeform. Über die rechte Menüleiste können neben Verwaltungsfunktionen graphische Funktionen wie Drehen, Verschieben und Klippen angewählt werden, wobei beliebige Winkel bzw. Schrittweiten eingestellt werden können. Der Ausgabebereich setzt sich im Normalmodus aus 4 Teilbereichen zusammen, in denen für ein zuvor ausgewähltes Silikat nacheinander die Elementarzelle, 8 benachbarte Zellen (2 in jeder Zellachsenrichtung), ein für das

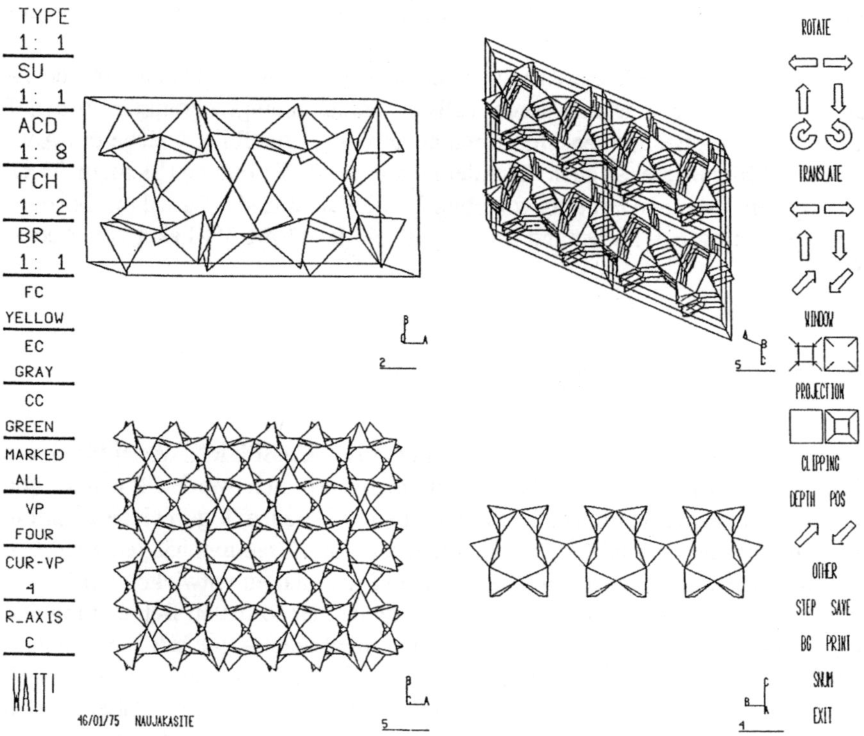

Abb. 5. Oberfläche des graphischen Darstellungsteils

Darstellen von Fundamentalketten geeigneter Ausschnitt einer Zusammenhangskomponente sowie einzelne Fundamentalketten gezeigt werden können.

Jede Teilstruktur wird zunächst in einer kristallographisch günstigen Blickrichtung dargestellt, die vom System berechnet wird. Außerdem werden zu jedem Bild die zur Blickrichtung gehörende Achsenaufstellung und eine Vergleichsstrecke in Ångströmeinheiten hinzugefügt. Durch einfaches Umschalten können einzelne Zusammenhangskomponenten, Fundamentalketten, lineare Teile von Ketten und Kettenverzweigungen farbig markiert werden, wobei die Farbänderungen in Bildschirmwiederholzeit erfolgen. Damit lassen sich alle Parameter der Klassifikationsmethode in den Bildern gut erkennen. Falls eine Teilstruktur genauer betrachtet werden soll, kann auch der ganze Ausgabebereich für ihre Darstellung benutzt werden.

Die angebotenen graphischen Funktionen erlauben die Betrachtung jeder Struktur aus beliebigen Blickrichtungen und Entfernungen. Sie können auf einzelne Teilbereiche oder auf alle Teilbereiche zusammen angewandt werden. Da Kristallographen häufig an Blickrichtungen entlang von Zellachsen oder

-diagonalen interessiert sind, können diese Blickrichtungen auch direkt eingestellt werden.

Das System wurde auf Arbeitsplatzrechnern von Apollo Domain mit hochauflösenden Raster-Farbmonitoren realisiert. Es ist in eingeschränkter Form auf Geräten mit monochromen Monitoren ablauffähig. Die Teile, welche die Analyse durchführen, stehen auch für andere Rechner zur Verfügung (Siemens, Vax). Das System hat einen Umfang von etwa 20000 Zeilen Code (Pascal mit Fortran-Unterprogrammen). Es benutzt im Graphikteil das GMR 3D-Paket von Apollo Domain.

6. Schlußbemerkungen

Bisher wurden mehr als 1500 Silikate automatisch klassifiziert, wobei für einige Silikate die Klassifikationsparameter erstmalig ermittelt werden konnten. Die Daten der analysierten Kristalle werden in einer Datenbank gespeichert, für die eine graphische Oberfläche zum Untersuchen von Zusammenhängen zwischen topologischen Merkmalen und chemischen Eigenschaften entwickelt wird.

Die eingeführten Hilfsmittel finden auch bei der formalen Betrachtung und algorithmischen Umsetzung anderer Analysemethoden – wie z.B. der Analyse von Kreis- oder Ringstrukturen [3,5] – Verwendung. Sie werden zur Zeit erweitert im Hinblick auf Strukturuntersuchungen beliebiger Kristalle. Dabei müssen neben Tetraedern vielfältige andere Typen von Polyedern und Verknüpfungsarten zwischen Polyedern berücksichtigt werden.

Literatur

[1] Chung, S.J., Hahn, Th., Klee, W.E.: Nomenclature and Generation of Three-Periodic Nets: the Vector Method. Acta Cryst. A 40, S. 42–50 (1984)

[2] Goetzke, K., Först, H., Klein, H.-J., Liebau, F., Bissert, G.: A program system for crystal chemical classification of silicates and graphical display of their structures. Eleventh European Crystallographic Meeting, Zeitschrift f. Kristallographie 185, 719 (1988)

[4] Goetzke, K., Klein, H.-J.: Properties and efficient algorithmic determination of different classes of rings in finite and infinite polyhedral networks. Journal of Non-Crystalline Solids 127, S. 215–220 (1991)

[4] Goetzke, K., Klein, H.-J., Kandzia, P.: Automatic Crystal Chemical Classification of Silicates using Direction-labeled Graphs. In: H. Göttler, J. Schneider (Hrsg.): Proc. WG 87, LNCS 314, S. 242–254 (1988)

[5] Klein, H.-J., Goetzke, K.: Rings in Polyhedra Topologies of Crystals. Bericht Nr. 8906, Inst. f. Informatik u. Prakt. Mathematik, Univ. Kiel, 1989

[6] Liebau, F.: Structural Chemistry of Silicates: Structure, Bonding and Classification. Springer-Verlag, Berlin, 1985

Anhang

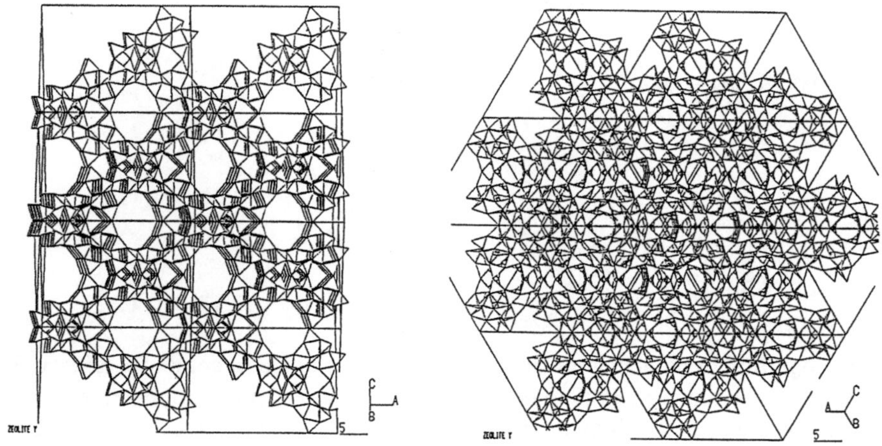

Abb. 6. Zeolith Y aus zwei verschiedenen Blickrichtungen

Efficient Recognition of Context-free Languages Without Look-ahead

Herbert Ehler

1 Introduction

Recognition of context-free languages has been studied in computer science for a long time due to its importance for the translation of programming languages. The family of recognition algorithms, which is most important for practical applications, uses so-called context-information or look-ahead in order to resolve ambiguities while scanning a string from left to right. This concept was originally introduced in [Eickel, Paul 64]. For a large subclass of context-free languages the recognition problem has found a widely accepted and for many applications very satisfiable solution by the LR-recognition technique, which also makes use of pre-processed look-ahead information. It was first introduced in [Knuth 65] and has been further developed in many aspects. A basic treatment can be found in [Harrison 78], for example. This sequential recognition technique allows one to recognize deterministic context-free languages online in time $O(n)$ on random access machines, where n is the length of the input string. Though it is the most commonly used technique, it still suffers from a few essential problems in practical applications.

- LR-recognition resolves so-called conflicts by a look-ahead of a certain number k of symbols. The proper use of the look-ahead is encoded in a recognition table. Realistic programming languages are usually of a size that forbids k to be much greater than 0 because of the enormous size of the LR(k) recognition table for a larger k. Hence, the respective language must in general be described by an LR(k)-grammar with $k \leq 1$.
- It is known that for every LR(k)-grammar there exists an equivalent LR(1)-grammar, but the technique used to construct it 'blows up' the grammar exponentially. Hence, in practical applications it is still a difficult task to construct an LR(1)-grammar of reasonable size from a given LR(k)-grammar with $k > 1$.
- Even for small k the recognition tables reach a considerable size for realistic languages.

In practical applications the second problem is mostly avoided by splitting the given grammar into a (hopefully small) part which is not LR(1) and the rest which is LR(1). But this causes extra inconvenience and special treatment.

General context-free language recognition algorithms like those due to Cocke-Kasami-Younger, Earley, or Valiant, however, are not of time complexity $O(n)$ for deterministic grammars. Moreover, besides the larger asymptotic complexity they also show larger constant factors in complexity which make them less attractive.

For these reasons an algorithm would be desirable that solves the recognition problem uniformly (i.e. without adaptations) for general context-free grammars in time $O(n^3)$, for unambiguous grammars in time $O(n^2)$, and for all deterministic grammars in time $O(n)$ without look-ahead and therefore without the need for recognition tables. In this paper such an algorithm is presented. To be more specific, it is of time complexity $O(n)$ for a superset of the deterministic grammars (including even some grammars for inherently ambiguous languages), of $O(n^2)$ for a superset of boundedly ambiguous grammars, and of $O(n^3)$ for general context-free grammars.

Leo has independently obtained another recognition algorithm with this complexity characteristic by a modification of Earley's algorithm. It is described in [Leo 88]; however, neither proofs of the correctness nor estimates of the complexity constants are given.

In the following section we briefly explain the used notation. In section 3 the language of a fixed but arbitrary context-free grammar G is characterized as the set of words accepted by those computations of a certain finite automaton $\mathcal{A}$ the state sequence of which is contained in a generalized Semi-Dyck language.

In section 4 from $\mathcal{A}$ a certain pushdown automaton $\mathcal{K}$ is derived which just accepts the language generated by G. It behaves like $\mathcal{A}$ but uses its pushdown to check the Semi-Dyck property of its sequence of states.

In section 5 the new notion of pushdown graph automaton is introduced. It is shown how to construct from an arbitrary, not necessarily deterministic pushdown automaton an equivalent deterministic pushdown graph automaton. In this sense it is the analogue to Myhill's construction of a deterministic powerset automaton from a given nondeterministic finite automaton.

Finally in section 6 we show that this construction applied to the pushdown automaton $\mathcal{K}$ of section 4 yields a pushdown graph automaton $\mathcal{G}$ that has the desired complexity characteristic without using look-ahead. Moreover the time and space complexities with respect to the length of the input and the size of the grammar are proved for the various language classes.

2 Notations

Let A be an alphabet. A^* denotes the set of strings over A and $|w|$ the length of $w \in A^*$. Furthermore let $|\varepsilon| = 0$, and $A^+ \stackrel{\text{def}}{=} A^* \setminus \{\varepsilon\}$. For $i, j \in \mathbb{Z}$ and $w = w_1 \ldots w_{|w|} \in A^*$ let

$$w]i,j] \stackrel{\text{def}}{=} \begin{cases} w_{\max\{1,i+1\}} \cdots w_{\min\{j,|w|\}} & \text{if } \max\{1, i+1\} \leq \min\{j, |w|\} \\ \varepsilon & \text{else} \end{cases}$$

v being prefix of w for $v, w \in A^*$ is denoted by $v \leq w$. Further, not explicitely defined notations and terms will be used with the meaning as in [Harrison 78], for example.

Let $G' = (N', T, P', S')$ be a context-free grammar with the set of nonterminals N', the set of terminals T, the set of productions $P' = \{p_1, \ldots, p_r\}$, and the axiom $S' \in N'$. For all $i \in [1, r]$ let p_i be of the following (not unique) form $p_i = \alpha_{(i,0)} \to \alpha_{(i,1)} \ldots \alpha_{(i,s_i)}$ where $s_i > 0$ and $\alpha_{(i,j)} \in N' \cup T^*$ for $j \in [1, s_i]$. This is called a *decomposition* of p_i. Moreover, let $p_0 \stackrel{\text{def}}{=} \alpha_{(0,0)} \to \alpha_{(0,1)}\alpha_{(0,2)}$ with $\alpha_{(0,0)} = S \notin N'$, $\alpha_{(0,1)} = S'$, $\alpha_{(0,2)} = \varepsilon$, $s_0 = 2$, $N = N' \cup \{S\}$, $P = P' \cup \{p_0\}$, and $G = (N, T, P, S)$. Then

$$S' \Rightarrow^*_{G'} x \iff S \Rightarrow_G S' \Rightarrow^*_G x$$

for all $x \in (N \cup T)^*$. The size of G (with respect to the above decomposition of the productions) is $s(G) \stackrel{\text{def}}{=} s \stackrel{\text{def}}{=} \sum_{i=0}^{r} s_i$.

$\vartheta_N : (N \cup T)^* \to T^*$ denotes the homomorphism which erases the symbols in N.

3 Finite Automaton and Semi-Dyck Language

The first goal will be to express $L(G)$ as the set of those words which are accepted by a finite automaton $\mathcal{A}$ in a computation of a certain form. To this end states are introduced according to the above decomposition of the productions.

$$N_s \stackrel{\text{def}}{=} \{(i,j) \mid i \in [0, r], j \in [1, s_i]\}$$

Every production $p_i = \alpha_{(i,0)} \to \alpha_{(i,1)} \ldots \alpha_{(i,s_i)} \in P$ leads to a whole set of possible transitions of the finite automaton to be defined:

$$\begin{aligned} \delta_i \stackrel{\text{def}}{=} & \{((g,h), \varepsilon, (i,1)) \mid g \in [0, r], h \in [1, s_g], \alpha_{(g,h)} = \alpha_{(i,0)} \in N\} \cup \\ & \{((i,j), \alpha_{(i,j)}, (i,j+1)) \mid j \in [1, s_i[, \alpha_{(i,j)} \in T^*\} \cup \\ & \{((i,s_i), \alpha_{(i,s_i)}, (g,h)) \mid g \in [0, r], h \in]1, s_g], \alpha_{(i,s_i)} \in T^*\} \end{aligned}$$

$$\delta_{\mathcal{A}} \stackrel{\text{def}}{=} \bigcup_{i \in [0,r]} \delta_i \subseteq N_s \times T^* \times N_s$$

$$\mathcal{A} \stackrel{\text{def}}{=} (N_s, T, \delta_{\mathcal{A}}, (0,1), \{(0,2)\})$$

As against conventional finite automata with $\delta \subseteq N_s \times T \times N_s$ we allow here $\delta \subseteq N_s \times T^* \times N_s$. Such generalized automata can, however, easily be reduced to conventional finite, nondeterministic automata by the introduction of intermediate states.

Definition 1
Let $\mathcal{A} = (Q, T, \delta, q_0, F)$ be a generalized finite automaton. A sequence $C = (n_0, q_0) \dots (n_k, q_k) \in (\mathbb{N} \times N_s)^+$ is called a *computation of $\mathcal{A}$ for $w \in T^*$*, if

1. $(n_0, q_0) = (0, q_0)$
2. $\forall\, i \in]0, k] : n_{i-1} \le n_i \;\wedge\; (q_{i-1}, w]n_{i-1}, n_i], q_i) \in \delta$

C is called *accepting*, if additionally $(n_k, q_k) = (|w|, q_k)$ with $q_k \in F$. Furthermore let *states*$(C) \stackrel{\text{def}}{=} q_0 \dots q_k$. □

Definition 2
Let $\equiv$ denote the congruence on N_s^* induced by the $r+1$ equations $(i,1) \dots (i,s_i) \equiv \varepsilon$ for $i \in [0, r]$. Then the congruence class $D_s \stackrel{\text{def}}{=} [\varepsilon]$ is the *generalized Semi-Dyck language*. $w \in N_s^*$ is called *reducible* (wrt. $\equiv$), if $w = uxv$ with some $\varepsilon \not\equiv x \equiv \varepsilon$, and it is called *irreducible* otherwise. $\overline{w}$ denotes the irreducible string with $w \equiv \overline{w}$. □

The following lemma relates the leftmost derivations in G with certain computations of $\mathcal{A}$.

Lemma 1
Let $w \in T^*$. Then the following are equivalent:

1. $(n_0, q_0) \dots (n_k, q_k)$ is a computation of $\mathcal{A}$ for w and $y = y_0 \dots y_l \in N_s^*$ is irreducible with $q_0 \dots q_k y \equiv \varepsilon$.
2. $\alpha_{(0,0)} \Rightarrow_G^+ w]0, n_k]\alpha_{q_k}\alpha_{y_0} \dots \alpha_{y_l}$ is a leftmost derivation in G with corresponding derivation tree D, such that a preorder traversal of D yields $\alpha_{(0,0)}\alpha_{q_0} \dots \alpha_{q_k}\alpha_{y_0} \dots \alpha_{y_l} \in (N \cup T)^*$ and $\vartheta_N(\alpha_{q_i}) = w]n_i, n_{i+1}]$ for $i \in [0, k[$.

Proof
1. $\Rightarrow$ 2.: We use induction on k.
Induction base for $k = 0$: $q_0 = (0,1)$ implies $y = (0,2)$. Then $\alpha_{(0,0)} \Rightarrow_G \alpha_{(0,1)}\alpha_{(0,2)}$ is a leftmost derivation in G. The corresponding preorder traversal

yields $\alpha_{(0,0)}\alpha_{(0,1)}\alpha_{(0,2)} = \alpha_{(0,0)}\alpha_{q_0}\alpha_{y_0}$.
Induction step for $k+1$: Let $q = q_0 \dots q_{k+1}$ and $d = (q_k, w]n_k, n_{k+1}], q_{k+1}) \in \delta_{\mathcal{A}}$. Two cases need to be distinguished wrt. d.

1. $\alpha_{q_k} \in N$: By definition of $\delta_{\mathcal{A}}$ we get $n_{k+1} = n_k$, $\alpha_{q_k} = \alpha_{(i,0)}$, $q_{k+1} = (i,1)$ for some $i \in [0, r]$, and $\vartheta_N(\alpha_{q_k}) = \varepsilon = w]n_k, n_{k+1}]$. As $qy \equiv \varepsilon$ and y irreducible, we conclude

   $$q_{k+1}y_0 \dots y_l = (i,1)\dots(i,s_i)y_{l'} \dots y_l \equiv y_{l'} \dots y_l = y'$$

   where y' is irreducible. Hence by the induction hypothesis there is a leftmost derivation

   $$\alpha_{(0,0)} \Rightarrow_G^+ w]0, n_k]\alpha_{q_k}\alpha_{y_{l'}} \dots \alpha_{y_l}$$

   with preorder traversal $\alpha_{(0,0)}\alpha_{q_0} \dots \alpha_{q_k}\alpha_{y_{l'}} \dots \alpha_{y_l}$. Since $\alpha_{q_k} = \alpha_{(i,0)} \in N$, this derivation can be extended to the leftmost derivation

   $$\alpha_{(0,0)} \Rightarrow_G^+ w]0, n_k]\alpha_{q_k}\alpha_{y_{l'}} \dots \alpha_{y_l} \Rightarrow_G^1$$
   $$w]0, n_k]\alpha_{(i,1)} \dots \alpha_{(i,s_i)}\alpha_{y_{l'}} \dots \alpha_{y_l} = w]0, n_{k+1}]\alpha_{q_{k+1}}\alpha_{y_0} \dots \alpha_{y_l}$$

2. $\alpha_{q_k} \in T^*$: Let $q_k = (i,j)$ for some $i \in [0, r]$, $j \in [1, s_i]$. By definition of $\delta_{\mathcal{A}}$ we get $\alpha_{q_k} = \vartheta_N(\alpha_{q_k}) = w]n_k, n_{k+1}]$ and $q_{k+1} = (g,h)$ with $h > 1$. As $qy \equiv \varepsilon$ and y irreducible, we conclude that $q_{k+1}y$ is irreducible. By the induction hypothesis there is a leftmost derivation

   $$\alpha_{(0,0)} \Rightarrow_G^+ w]0, n_k]\alpha_{q_k}\alpha_{q_{k+1}}\alpha_{y_0} \dots \alpha_{y_l} = w]0, n_{k+1}]\alpha_{q_{k+1}}\alpha_{y_0} \dots \alpha_{y_l}$$

   with preorder traversal $\alpha_{(0,0)}\alpha_{q_0} \dots \alpha_{q_k}\alpha_{q_{k+1}}\alpha_{y_0} \dots \alpha_{y_l}$.

2. $\Rightarrow$ 1.: We use induction on the length n of the leftmost derivation in G.
Induction base for $n = 1$: For $\alpha_{(0,0)} \Rightarrow_G \alpha_{(0,1)}\alpha_{(0,2)} = w]0, 0]\alpha_{q_0}\alpha_{y_0}$ there is the computation $(0, q_0)$ of $\mathcal{A}$ for w with $q_0y_0 \equiv \varepsilon$ and irreducible $y = y_0 = (0,2)$.
Induction step for $n + 1$: Let

$$\alpha_{(0,0)} \Rightarrow_G^n w]0, n_{k'}]\alpha_{q_{k'}}\alpha_{y_{l'}} \dots \alpha_{y_l} \Rightarrow_G w]0, n_k]\alpha_{q_k}\alpha_{y_0} \dots \alpha_{y_l}$$

be the given leftmost derivation with the last step being an application of the production $p_i : \alpha_{(i,0)} \rightarrow \alpha_{(i,1)} \dots \alpha_{(i,s_i)}$ where $\alpha_{q_{k'}} = \alpha_{(i,0)} \in N$. Moreover, let $q_k = (i,j)$ with $j \in [1, s_i]$. By the induction hypothesis there is a computation

$$(n_0, q_0) \dots (n_{k'}, q_{k'})$$

of $\mathcal{A}$ for w with $q_0 \dots q_{k'}y' \equiv \varepsilon$ for irreducible $y' = y_{l'} \dots y_l$. As $w]n_{k'}, n_k] = \alpha_{(i,1)} \dots \alpha_{(i,j-1)}$, we conclude $\alpha_{(i,m)} \in T^*$ for all $m \in [1, j[$. According to the definition of $\delta_{\mathcal{A}}$ we get then

$$(q_{k'}, \varepsilon, (i,1)), \quad ((i,1), \alpha_{(i,1)}, (i,2)), \quad \dots \quad , ((i,j-1), \alpha_{(i,j-1)}, (i,j)) \in \delta_{\mathcal{A}}$$

Moreover, $\alpha_{(i,m)} = \vartheta_N(\alpha_{(i,m)}) = w]n_{k'+m}, n_{k'+m+1}]$ for $m \in [1, j[$ and $\varepsilon = \vartheta_N(\alpha_{q_{k'}}) = w]n_{k'}, n_{k'+1}]$. Hence the above computation can be extended to

$$(n_0, q_0) \dots (n_{k'}, q_{k'})(n_{k'+1}, (i,1)) \dots (n_{k'+j}, (i,j))$$

where $(n_{k'+j}, (i,j)) = (n_k, q_k)$. Furthermore, $y = (i,j+1) \dots (i,s_i)y'$ is irreducible and $q_0 \dots q_{k'}(i,1) \dots (i,j)y \equiv \varepsilon$. □

Corollary 1
Let $w \in T^*$. Then the following are equivalent:

1. $w \in L(G)$
2. $\exists$ accepting computation $(n_0, q_0) \dots (n_k, q_k)$ of $\mathcal{A}$ for w with $q_0 \dots q_k \equiv \varepsilon$

Proof

$$\begin{aligned} w \in L(G) &\iff \exists \text{ leftmost derivation } \alpha_{(0,0)} \Rightarrow_G^+ w = w]0, |w|]\alpha_{(0,2)} \\ &\qquad \text{with preorder traversal } \alpha_{(0,0)}\alpha_{q_0}\alpha_{q_1} \dots \alpha_{q_{k-1}}\alpha_{(0,2)} \\ &\iff \exists \text{ accepting computation } (n_0, q_0) \dots (n_k, q_k) \text{ of } \mathcal{A} \text{ for } w \\ &\qquad \text{with } q_0 \dots q_k \equiv \varepsilon \qquad \text{(by lemma 1)} \end{aligned}$$

□

4 Pushdown Automaton

Motivated by corollary 1 we immediately obtain a generalized nondeterministic pushdown automaton $\mathcal{K}$ from $\mathcal{A}$ which just accepts $L(G)$.

$$\mathcal{K} \stackrel{\text{def}}{=} (N_s, T, N_s, \delta_{\mathcal{K}}, (0,1), (0,1), \{(0,2)\})$$

$$\delta_{\mathcal{K}} \stackrel{\text{def}}{=} \{(q_1, w, z, q_2, \gamma) \mid (q_1, w, q_2) \in \delta_{\mathcal{A}}\} \subseteq N_s \times T^* \times N_s^* \times N_s \times N_s^*$$

where

$$(z, \gamma) = \begin{cases} (\varepsilon, \varepsilon) & & 1 = j = s_i \quad (1) \\ (\varepsilon, q_2) & \text{if } q_2 = (i,j) \text{ and} & 1 = j < s_i \quad (2) \\ ((i,j-1), (i,j-1)q_2) & & 1 < j < s_i \quad (3) \\ ((i,1) \dots (i,s_i - 1), \varepsilon) & & 1 < j = s_i \quad (4) \end{cases}$$

Thus the pushdown store of $\mathcal{K}$ keeps the, according to $\equiv$ completely reduced, sequence x of states of a computation of $\mathcal{A}$ as long as there exists some $y \in N_s^*$ with $xy \equiv \varepsilon$. $\mathcal{K}$ accepts by final state (0,2) and empty store.

Again, by the introduction of intermediate states one obtains an equivalent conventional, nondeterministic pushdown automaton from $\mathcal{K}$ which reads at most one input symbol and at most the topmost pushdown symbol in each step.

Definition 3
Let $\mathcal{K} = (Q, T, X, \delta, q_0, x_0, F)$ be a generalized pushdown automaton. A sequence $C = (n_0, q_0, x_0) \ldots (n_k, q_k, x_k) \in (\mathbb{N} \times N_s \times N_s^*)^+$ is called a *computation of $\mathcal{K}$ for $w \in T^*$*, if

1. $(n_0, q_0, x_0) = (0, q_0, x_0)$
2. $\forall\, i \in]0, k] : n_{i-1} \leq n_i \;\wedge\; (\exists\, y \in N_s^*, (q_{i-1}, w]n_{i-1}, n_i], z, q_i, \gamma) \in \delta :$ $x_{i-1} = yz \wedge x_i = y\gamma)$.

C is called *accepting*, if additionally $(n_k, q_k, x_k) = (|w|, q_k, \varepsilon)$ with $q_k \in F$. Furthermore let *states*$(C) \stackrel{\text{def}}{=} q_0 \ldots q_k$. □

The following lemma relates the computations of $\mathcal{A}$ with the computations of $\mathcal{K}$.

Lemma 2
Let $w \in T^*$. Then the following are equivalent:

1. $(n_0, q_0, \overline{q_0}) \ldots (n_k, q_k, \overline{q_0 \ldots q_k})$ is a computation of $\mathcal{K}$ for w
2. $(n_0, q_0) \ldots (n_k, q_k)$ is a computation of $\mathcal{A}$ for w and there is a $y \in N_s^*$ with $q_0 \ldots q_k y \equiv \varepsilon$

Proof
Let $C_\mathcal{K}$ and $C_\mathcal{A}$ denote the computations of $\mathcal{K}$ resp. $\mathcal{A}$ for w.
1. ⇒ 2.: As $C_\mathcal{K}$ is a computation of $\mathcal{K}$ for w, we conclude from the definition of $\delta_\mathcal{K}$ that $(q_{i-1}, w]n_{i-1}, n_i], q_i) \in \delta_\mathcal{A}$ for all $i \in [1, k]$. Hence $C_\mathcal{A}$ is a computation of $\mathcal{A}$ for w. We prove by induction on k that there exists a $y \in N_s^*$ with $q_0 \ldots q_k y \equiv \varepsilon$.
Induction base for $k = 0$: Choose $y = (0,2)$.
Induction step for $k+1$: Let $d = (q_k, w]n_k, n_{k+1}], z, q_{k+1}, \gamma) \in \delta_\mathcal{K}$ be the rule being applied last in $C_\mathcal{K}$ and $q_0 \ldots q_k y' \equiv \varepsilon$ by induction hypothesis. For d the cases (1) – (4) have to be distinguished. In cases (1) and (2) choose $y = (i,2) \ldots (i, s_i) y'$ and in cases (3) and (4) choose y such that $q_{k+1} y = y'$.
2. ⇒ 1.: We use induction on k.
Induction base for $k = 0$: Obvious.
Induction step for $k + 1$: We know $d = (q_k, w]n_k, n_{k+1}], q_{k+1}) \in \delta_\mathcal{A}$ and by induction hypothesis

$$(n_0, q_0, \overline{q_0}) \ldots (n_0, q_k, \overline{q_0 \ldots q_k}) \text{ is a computation of } \mathcal{K} \text{ for } w \tag{5}$$

Again the cases (1) – (4) are to be distinguished wrt. d. With $q_{k+1} = (i,j)$ we get due to $d \in \delta_\mathcal{A}$
in (1): $(q_k, w]n_k, n_{k+1}], \varepsilon, q_{k+1}, \varepsilon) \in \delta_\mathcal{K}$
in (2): $(q_k, w]n_k, n_{k+1}], \varepsilon, q_{k+1}, q_{k+1}) \in \delta_\mathcal{K}$
in (3): $(q_k, w]n_k, n_{k+1}], (i,j-1), q_{k+1}, (i,j-1)q_{k+1}) \in \delta_\mathcal{K}$

in (4): $(q_k, w]n_k, n_{k+1}], (i,1) \ldots (i,s_i - 1), q_{k+1}, \varepsilon) \in \delta_{\mathcal{K}}$
Since $q_0 \ldots q_{k+1} y \equiv \varepsilon$ there exists an $x \in N_s^*$ in case (3) resp. (4) such that $\overline{q_0 \ldots q_k} = x(i,j-1)$ resp. $\overline{q_0 \ldots q_k} = x(i,1) \ldots (i,s_i - 1)$. Hence, the computation (5) can be extended in all four cases. □

Corollary 2
$L(G) = L(\mathcal{K})$

Proof
Let $w \in T^*$.

$w \in L(G) \iff \exists$ accepting computation $(n_0, q_0) \ldots (n_k, q_k)$ of $\mathcal{A}$ for w with $q_0 \ldots q_k \equiv \varepsilon$ (corollary 1)

$\iff \exists$ accepting computation $(n_0, q_0, \overline{q_0}) \ldots (n_k, q_k, \overline{q_0 \ldots q_k})$ of $\mathcal{K}$ for w (Lemma 2)

$\iff w \in L(\mathcal{K})$ □

5 Pushdown Graph Automaton

In a further step $\mathcal{K}$ should be made deterministic. If G were deterministic, the traditional way would be to introduce look-ahead. This, however, should be avoided here. Moreover, an approach applicable to arbitrary context-free grammars is desired here.

For a nondeterministic finite automaton the well-known construction due to Myhill yields an equivalent deterministic one (see [Myhill 57]). The "new" states are sets of "old" states. The same construction for pushdown automata is not possible since the pushdown store, which in case of $\mathcal{K}$ contains the reduced sequence of states, can not pursue several "old" computations simultaneously. However, this problem can be overcome if the linear store is replaced by a certain kind of graph. In the sequel the notion of pushdown automaton is therefore generalized to pushdown graph automaton which works deterministically for any context-free grammar. In order to have simpler formulas in the definition, we assume in the sequel for $\mathcal{K}$ that in each step at most one push or pop of one symbol is executed on the pushdown store. This can always be achieved by the introduction of auxiliary states. This assumption only serves for easier synchronization of the set of possible computations.

Definition 4
Let V be a set and $E \subseteq V \times V$. For $v \in V$ let $pred(v) \overset{\text{def}}{=} \{u \in V \mid (u, v) \in E\}$. □

Definition 5
Let $\mathcal{K} = (Q, T, X, \delta, q_0, x_0, F)$ be a pushdown automaton satisfying the above assumption. The same tuple $\mathcal{G} = \mathcal{K}$ is called a *pushdown graph automaton*; however, it is given a different interpretation. A *configuration* of $\mathcal{G}$ for $w \in T^*$ is of form (n, R, E), where $n \in [0, |w|]$, $V_n = ([0, n] \times Q \times X) \cup \{\bot\}$, $R \subseteq Q \times V_n$, and $E \subseteq V_n \times V_n$.

- n means that $w]0, n]$ has already been read.
- R is the set of possible states of $\mathcal{G}$ after n steps; each state is accompanied by some element $v \in V_n$, the corresponding topmost element of the pushdown store.
- E is called *pushdown graph*. Its paths starting from $\bot$ determine the set of possible pushdown contents of $\mathcal{G}$.

On the set of configurations of $\mathcal{G}$ the relation $\vdash$ is defined as follows:

$$(n, R_n, E_n) \vdash (n+1, R_{n+1}, E_{n+1})$$

if

$$\begin{aligned}
R_{n+1}^0 &= \{(q_2, v_2) \mid (q_1, v_1) \in R_n, (q_1, w]n, n+1], z, q_2, \gamma) \in \delta\} \\
R_{n+1}^{i+1} &= R_{n+1}^i \cup \{(q_2, v_2) \mid (q_1, v_1) \in R_{n+1}^i, (q_1, \varepsilon, z, q_2, \gamma) \in \delta\} \\
R_{n+1} &= \bigcup_i R_{n+1}^i \\
E_{n+1}^0 &= E_n \cup \{(v_1, v_2) \mid (q_1, v_1) \in R_n, (q_1, w]n, n+1], z, q_2, \gamma) \in \delta, \\
&\qquad\qquad\qquad\qquad\qquad\qquad\qquad\qquad\qquad\qquad zx_2 = \gamma\} \\
E_{n+1}^{i+1} &= E_{n+1}^i \cup \{(v_1, v_2) \mid (q_1, v_1) \in R_{n+1}^i, (q_1, \varepsilon, z, q_2, \gamma) \in \delta, zx_2 = \gamma\} \\
E_{n+1} &= \bigcup_i E_{n+1}^i
\end{aligned}$$

where for $v_1 = (n_1, p_1, x_1)$

$$v_2 \in \begin{cases} \{v_1\} & \text{if } (z, \gamma) \in \{(\varepsilon, \varepsilon), (x_1, x_1)\} \\ & \quad \text{(no push, no pop)} \\ pred(v_1) & \text{if } (z, \gamma) = (x_1, \varepsilon) \\ & \quad \text{(pop of one symbol)} \\ \{(n+1, q_2, x_2)\} & \text{if } (z, \gamma) \in \{(\varepsilon, x_2), (x_1, x_1 x_2)\} \\ & \quad \text{(push of one symbol)} \end{cases}$$

□

Since Q and V_n are finite, only finitely many iterations are needed to get R_{n+1} and E_{n+1} from R_n resp. E_n. The linear pushdown store of $\mathcal{K}$ has in $\mathcal{G}$ been replaced by a pushdown graph. In the $(n+1)$-st step an element $(q_1, v_1) \in R_n \cup R_{n+1}$ yields in the case of

- "no push, no pop" the new element (q_2, v_1) and causes no change in

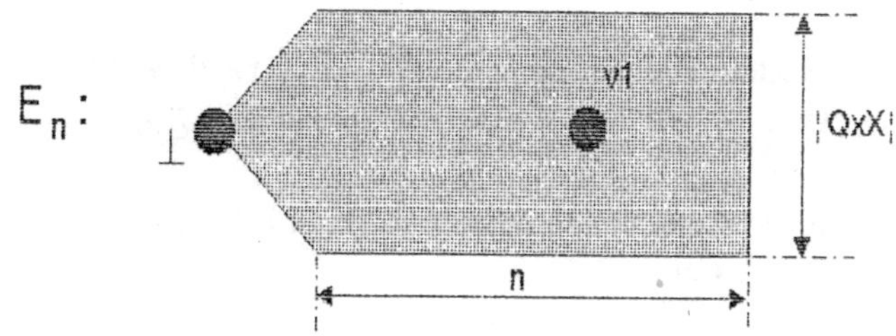

- "pop of one symbol" the set $\{(q_2, v_2) \mid v_2 \in pred(v_1)\}$ of new elements and causes no change in

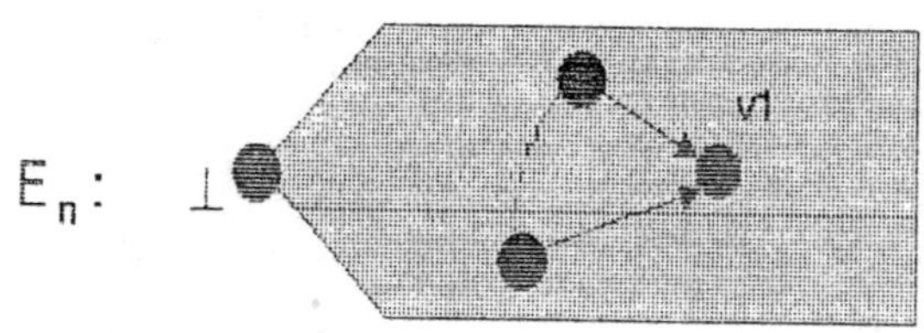

- "push of one symbol" the new element $(q_2, (n+1, q_2, x_2))$ and causes a new edge in E_{n+1}

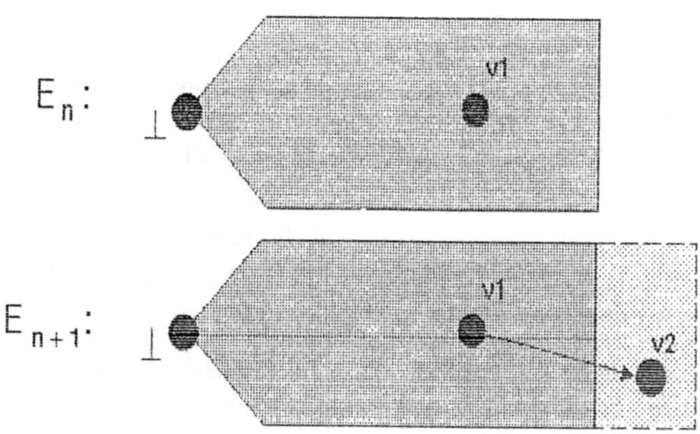

Note that $|Q \times X|$ determines the "breadth", n the "length" of E_n. Additional auxiliary states due to the assumption made above do not really contribute to the "breadth" of E_n as they only occur in linear chains.

Definition 6
A sequence $C = K_0 \ldots K_k$ of configurations is called the *k-th computation of $\mathcal{G}$ for $w \in T^*$*, if

1. $K_0 = (0, R_0, E_0)$ where $R_0^0 = \{(q_0, (0, q_0, x_0))\}$ and $E_0^0 = \{(\bot, (0, q_0, x_0))\}$.
2. $\forall\, i \in]0, k] : K_{i-1} \vdash K_i$

C is called *accepting*, if additionally $K_k = (|w|, R_{|w|}, E_{|w|})$ and $(q, \bot) \in R_{|w|}$ for some $q \in F$. $L(\mathcal{G}) \stackrel{\text{def}}{=} \{w \in T^* \mid \exists$ accepting computation of $\mathcal{G}$ for $w\}$. □

The following lemma relates the computations of an arbitrary $\mathcal{K}$ with the computations of its corresponding $\mathcal{G}$.

Lemma 3
Let $w \in T^*$ and $(0, R_0, E_0) \ldots, (n, R_n, E_n)$ be the n-th computation of $\mathcal{G}$ for w. Then the following are equivalent:

1. $\bot(n_1, q_1, x_1) \ldots (n_k, q_k, x_k)$ is a path in E_n and $(q, (n_k, q_k, x_k)) \in R_n$ (resp. $(q, \bot) \in R_n$ if $k = 0$).
2. $\exists$ computation

$$C_0(n_1, q_1, x_1)C_1(n_2, q_2, x_1x_2)C_2 \ldots C_{k-1}(n_k, q_k, x_1 \ldots x_k)C_k$$

of $\mathcal{K}$ for w with last element $(n, q, x_1 \ldots x_k)$ such that for all $i \in [0, k]$ the part C_i has, if not empty, last pushdown store $x_1 \ldots x_i$ and all others prefixed by it.

Proof
Let p and $C_{\mathcal{K}}$ denote the path in E_n resp. the computation of $\mathcal{K}$ for w.
1. $\Rightarrow$ 2.: Let $m = \min\{i \mid (q, (n_k, q_k, x_k)) \in R_n^i,\ p \text{ in } E_n^i\}$. Now we use induction on the lexicographic ordering on (n, m).
Induction base for $(n, m) = (0, 0)$: $(q_0, (0, q_0, x_0))$ is the only element in R_0^0 with the only path $\bot(0, q_0, x_0)$ in E_0^0. $C_{\mathcal{K}} = (0, q_0, x_0)$ verifies 2.
Induction step for $(n, m+1)$: Let $(q, (n_k, q_k, x_k)) \in R_n^{m+1}$ (resp. $(q, \bot) \in R_n^{m+1}$) be obtained from $(q', (n'_k, q'_k, x'_k)) \in R_n^m$ due to rule $d = (q', \varepsilon, z, q, \gamma) \in \delta$. Three cases need to be distinguished wrt. (z, γ).

1. $(z, \gamma) \in \{(\varepsilon, \varepsilon), (x'_k, x'_k)\}$ (no push, no pop): In this case $(n_k, q_k, x_k) = (n'_k, q'_k, x'_k)$. Hence p is also in E_n^m. By induction hypothesis we get a computation

$$C'_{\mathcal{K}} = C_0(n_1, q_1, x_1)C_1 \ldots C_{k-1}(n_k, q_k, x_1 \ldots x_k)C'_k$$

with last element $(n, q', x_1 \ldots x_k)$ satisfying the conditions of 2. It can be extended to $C'_{\mathcal{K}}(n, q, x_1 \ldots x_k)$ by d. Then let $C_k = C'_k(n, q, x_1 \ldots x_k)$.
2. $(z, \gamma) = (x'_k, \varepsilon)$ (pop of one symbol): In this case $(n_k, q_k, x_k) \in pred(n'_k, q'_k, x'_k)$ (resp. $\bot \in pred(n'_k, q'_k, x'_k)$). Hence $p' = p(n'_k, q'_k, x'_k)$

is a path in E_n^m. By induction hypothesis we get a computation

$$C'_K = C_0(n_1, q_1, x_1)C_1 \ldots C_{k-1}(n_k, q_k, x_1 \ldots x_k)C_k^{(1)}$$
$$(n'_k, q'_k, x_1 \ldots x_k x'_k)C_k^{(2)}$$

with last element $(n, q', x_1 \ldots x_k x'_k)$ satisfying the conditions of 2. It can be extended to $C'_K(n, q, x_1 \ldots x_k)$ by d. Then let

$$C_k = C_k^{(1)}(n'_k, q'_k, x_1 \ldots x_k x'_k)C_k^{(2)}(n, q, x_1 \ldots x_k)$$

3. $(z, \gamma) \in \{(\varepsilon, x_k), (x'_k, x'_k x_k)\}$ (push of one symbol): In this case $(n_k, q_k, x_k) = (n, q, x_k)$ and $(n'_k, q'_k, x'_k) = (n_{k-1}, q_{k-1}, x_{k-1})$ resp. $\perp$. Hence

$$p' = \perp(n_1, q_1, x_1) \ldots (n_{k-1}, q_{k-1}, x_{k-1})$$

is a path in E_n^m. By induction hypothesis we get a computation

$$C'_K = C_0(n_1, q_1, x_1)C_1 \ldots C_{k-2}(n_{k-1}, q_{k-1}, x_1 \ldots x_{k-1})C_{k-1}$$

with last element $(n, q', x_1 \ldots x_{k-1})$ satisfying the conditions of 2. It can be extended to $C'_K(n, q, x_1 \ldots x_k)$ by d. Then let $C_k = \varepsilon$.

Induction step for $(n+1, 0)$: Let $(q, (n_k, q_k, x_k)) \in R^0_{n+1}$ (resp. $(q, \perp) \in R^0_{n+1}$) be obtained from $(q', (n'_k, q'_k, x'_k)) \in R_n$ due to rule $d = (q', w]n, n+1], z, q, \gamma) \in \delta$. The rest proceeds as in the above induction step with E_n^m substituted by E_n, $(n, q, x_1 \ldots x_k)$ by $(n+1, q, x_1 \ldots x_k)$, and (n, q, x_k) by $(n+1, q, x_k)$.
2. $\Rightarrow$ 1.: We use induction on the length l of C_K.
Induction base for $l = 1$: The only possible C_K is $(0, q_0, x_0)$. Hence $n = 0$. $\perp(0, q_0, x_0)$ is a path in $E_0^0 \subseteq E_0$ and $(q_0, (0, q_0, x_0)) \in R_0^0 \subseteq R_0$.
Induction step for $l + 1$: Let

$$C_K = C'_K(n, q, x_1 \ldots x_k), \qquad C'_K = C''_K(n', q', x')$$

and $d = (q', w]n', n], z, q, \gamma) \in \delta$ be the rule applied last in C_K. Due to the assumptions about C_K we know $x_1 \ldots x_{k-1} \leq x'$ and $n \in [n', n'+1]$.

1. $x_1 \ldots x_{k-1} = x'$ (push of one symbol): Then

$$C'_K = C_0(n_1, q_1, x_1)C_1 \ldots C_{k-2}(n_{k-1}, q_{k-1}, x_1 \ldots x_{k-1})C_{k-1}$$

$(n, q) = (n_k, q_k)$, and $(z, \gamma) \in \{(\varepsilon, x_k), (x_{k-1}, x_{k-1}x_k)\}$. By induction hypothesis there is a path $\perp(n_1, q_1, x_1) \ldots (n_{k-1}, q_{k-1}, x_{k-1})$ in $E_{n'}$ and $(q', (n_{k-1}, q_{k-1}, x_{k-1})) \in R_{n'}$. According to the construction of E_n and R_n and due to $d \in \delta$ we get $((n_{k-1}, q_{k-1}, x_{k-1}), (n, q, x_k)) \in E_n$ and $(q, (n, q, x_k)) \in R_n$. As $E_{n'} \subseteq E_n$, this yields the desired path.

2. $x_1 \ldots x_k = x'$ (no push, no pop): Then

$$C'_K = C_0(n_1, q_1, x_1)C_1 \ldots C_{k-1}(n_k, q_k, x_1 \ldots x_k)C'_k$$

and $(z,\gamma) \in \{(\varepsilon,\varepsilon),(x_k,x_k)\}$. By the induction hypothesis there is a path $\perp(n_1,q_1,x_1)\dots(n_k,q_k,x_k)$ in $E_{n'}$ and $(q',(n_k,q_k,x_k)) \in R_{n'}$. As $E_{n'} \subseteq E_n$, this path is also in E_n. According to the construction of R_n and due to $d \in \delta$ we get $(q,(n_k,q_k,x_k)) \in R_n$.

3. $x_1 \dots x_k x_{k+1} = x'$ for some $x_{k+1} \in X$ (pop of one symbol): Then

$$C'_{\mathcal{K}} = C_0(n_1,q_1,x_1)C_1 \dots C_{k-1}(n_k,q_k,x_1 \dots x_k)C_k^{(1)}$$
$$(n_{k+1},q_{k+1},x_1 \dots x_{k+1})C_k^{(2)}$$

for some $C_k^{(1)}$ and $C_k^{(2)}$ such that, if $C_k^{(1)}$ is not empty, its last pushdown store is $x_1 \dots x_k$ and all pushdown stores in $C_k^{(2)}$ are prefixed by $x_1 \dots x_{k+1}$. Additionally, due to the assumptions about $C'_{\mathcal{K}}$ the last pushdown store of it is $x' = x_1 \dots x_{k+1}$ and all pushdown stores in $C_k^{(1)}$ are prefixed by $x_1 \dots x_k$. Furthermore $(z,\gamma) = (x_{k+1},\varepsilon)$. Hence by the induction hypothesis there is a path $\perp(n_1,q_1,x_1)\dots(n_{k+1},q_{k+1},x_{k+1})$ in $E_{n'}$ and $(q',(n_{k+1},q_{k+1},x_{k+1})) \in R_{n'}$. As $E_{n'} \subseteq E_n$, this path is also in E_n. According to the construction of R_n, and due to $d \in \delta$ and $(n_k,q_k,x_k) \in$ *pred*$(n_{k+1},q_{k+1},x_{k+1})$ we get $(q,(n_k,q_k,x_k)) \in R_n$. □

Corollary 3
$L(\mathcal{K}) = L(\mathcal{G})$

Proof
Let $w \in T^*$.

$$\begin{aligned} w \in L(\mathcal{K}) &\iff \exists \text{ accepting computation } (n_0,q_0,x_0)\dots(n_k,q_k,x_k) \\ &\qquad \text{of } \mathcal{K} \text{ for } w \\ &\iff \perp \text{ is a path in } E_{|w|} \text{ and } (q,\perp) \in R_{|w|} \text{ for some } q \in F \\ &\iff w \in L(\mathcal{G}) \end{aligned}$$

□

For later proofs the following lemma on pushdown graph automata will be needed.

Lemma 4
Let $w \in T^*$ and $(0,R_0,E_0)\dots(n,R_n,E_n)$ be the n-th computation of $\mathcal{G}$ for w. Then

$$\begin{aligned} (q,(t,p,x)) \in R_n &\implies \exists \text{ path from } \perp \text{ to } (t,p,x) \text{ in } E_n \\ &\implies (p,(t,p,x)) \in R_t \end{aligned}$$

Proof
A simple induction on (n, m) as in the proof of Lemma 3 yields the two implications. □

It should be noted here that for all vertices $(v_1, v_2) = ((n_1, q_1, x_1), (n_2, q_2, x_2))$ in a pushdown graph E_n we observe $n_1 \leq n_2$. E_n may very well contain cycles due to ε-transitions in δ; but from this observation we conclude $n_1 = n_2$ whenever (v_1, v_2) lies on a cycle.

6 Time and Space Complexity Results

In this section the time and space complexity wrt. RAM-machines of the specific pushdown graph automaton $\mathcal{G}$ constructed from the pushdown automaton $\mathcal{K}$ of section 4 will be investigated. Since the time needed for the computation of E_n is, up to some constant which is independent of the size of G, bound by the time needed for R_n, we consider the time complexity of the computation of R_n only. In order to allow constant time computation of the operation *pred*, we presume an implementation of E_n by predecessor lists, i.e. for each $v \in V_n$ we have a linear list of its immediate predecessors. For the set R_n we also presume an implementation by lists.

Before we go on, we realize a possible simplification of $\mathcal{G}$. Since $Q = X = N_s$ and since the symbol pushed onto the stack of $\mathcal{K}$ is always equal to the current state, only nodes (n, q, q) participate in the graph E_n. Therefore the configurations can be simplified. $V_n = ([0, n] \times N_s) \cup \{\perp\}$ is chosen as node set in the sequel.

Theorem 1
The computation of $\mathcal{G}$ for $w \in T^*$ requires

$O(s^4 \, |w|^3)$ RAM-time and $O(s^2 \, |w|^2)$ RAM-space.

Proof (sketch)
$V_n = ([0, n] \times N_s) \cup \{\perp\}, |V_n| \leq s(n+2), R_n \subseteq N_s \times V_n \Longrightarrow |R_n| \leq s^2(n+2)$. Hence each element $(q_1, (n_1, p_1)) \in R_n$ leads to at most $s^2(n + 3)$ elements $(q_2, (n_2, p_2)) \in R_{n+1}$. In order to avoid multiple occurrences of $(q_2, (n_2, p_2))$ in the list of R_{n+1} and looping due to possible cycles in E_n, one can keep a table indexed by $N_s \times V_n$ with entries $m \in \mathbb{N}$ telling that $(q_2, (n_2, p_2))$ has last been added to R_m. During the entire computation of $\mathcal{G}$ for w this bookkeeping table requires $O(s^2 \, |w|)$ space and $\sum_{i=0}^{|w|} |R_i|$ operations. Thus the computation of R_{n+1} from R_n requires $O(s^4 n^2)$ operations and hence the computation of $\mathcal{G}$ for

w takes $O(s^4 |w|^3)$ operations. The storage of E_{n+1} by predecessor lists requires $O(s^2 n^2)$ space. □

Theorem 2

Let G be reduced and ambiguous of degree g. Then the computation of $\mathcal{G}$ for $w \in T^*$ requires

$$O(gs^2 |w|^2) \text{ RAM-time and } O(s^2 |w|^2) \text{ RAM-space.}$$

Proof (sketch)

Each element $(q_1, (n_1, p_1)) \in R_n$ leads to at most $s^2(n+3)$ different elements $(q_2, (n_2, p_2)) \in R_{n+1}$. Now consider a list l obtained by appending

$$\begin{cases} ((n+1, q_2), (n_2, p_2)) & \text{if } n_2 < n+1 \quad \text{(no push)} \\ ((n+1, q_2), (n_1, p_1)) & \text{if } n_2 = n+1 \quad \text{(push)} \end{cases}$$

to it for all such elements $(q_1, (n_1, p_1)) \in R_n$ over all n. It will be shown that l has at most $gs^2(|w|+1)^2$ elements. Then all R_n can be computed in $O(gs^2 |w|^2)$ RAM-operations. The storage of the R_n and E_n requires again $O(s^2 |w|^2)$ RAM-space.

Assumption: The list l contains more than $gs^2(|w|+1)^2$ elements. Then some element $((n+1, q_2), (n_2, p_2))$ resp. $((n+1, q_2), (n_1, p_1))$ must occur $(g+1)$ times. Note that in the second case $(n_2, p_2) = (n+1, q_2)$. Then the element $(q_2, (n_2, p_2)) \in R_{n+1}$ is obtained from $g+1$ different $(q_1^{(i)}, (n_1^{(i)}, p_1^{(i)})) \in R_n$ for $i \in [1, g+1]$. Let $p = \bot(m_1, t_1) \dots (m_k, t_k)$ with $(m_k, t_k) = (n_2, p_2)$ be a path in E_{n+1} according to lemma 4. According to lemma 3 there exist $g+1$ different computations of $\mathcal{K}$ for w with last element $(n+1, q_2, t_1 \dots t_k)$ for $i \in [1, g+1]$. According to lemmata 1 and 2 there exist $g+1$ different derivation trees corresponding to $g+1$ different leftmost derivations

$$S \Rightarrow_G^+ w]0, n+1]\alpha_{q_2}\alpha_{y_0^{(i)}} \dots \alpha_{y_{l_i}^{(i)}}$$

with $g+1$ irreducible $y^{(i)} = y_0^{(i)} \dots y_{l_i}^{(i)} \in N_s^*$ such that $t_1 \dots t_k y^{(i)} \equiv \varepsilon$. But then $y^{(1)} = \dots = y^{(g+1)} = y_0 \dots y_l = y$. As G is reduced, there is a $w' \in T^*$ with $\alpha_{q_2}\alpha_{y_0} \dots \alpha_{y_l} \Rightarrow_G^* w'$. Thus $w]0, n+1]w'$ has $g+1$ different leftmost derivations contradicting the fact that the degree of G is g. □

For the very important class of LR(k)-grammars one can show that $\mathcal{G}$ recognizes a word $w \in T^*$ in linear time, if a technical assumption about G is made.

Definition 7

G is called *right ε-free*, if there exists a decomposition of the productions of G as described in section 2 for which $\alpha_{(i,s_i)} \neq \varepsilon$ for all $i \in [1, r]$. It is called *ε-free* if $\alpha_{(ij)} \neq \varepsilon$ for all $i \in [1, r]$, $j \in [1, s_i]$. □

From a non right ε-free G one easily obtains a right ε-free G' by a standard technique. If $\alpha_{(i,s_i)} = \varepsilon$ for some $i \in [1,r]$ with $s_i \neq 1$, then the new decomposition $p_i = \alpha_{(i,0)} \to \alpha_{(i,1)} \ldots \alpha_{(i,s_i-1)}$ is chosen for p_i. If $\alpha_{(i,s_i)} = \varepsilon$ for some $i \in [1,r]$ with $s_i = 1$, which means $p_i = \alpha_{(i,0)} \to \varepsilon$, then p_i is removed from P and for each p_j of the form $p_j = \alpha_{(j,0)} \to \beta_1 \alpha_{(i,0)} \beta_2$ the new production $\alpha_{(j,0)} \to \beta_1\beta_2$ is added to P. Repeating this step one finally gets a right ε-free G'. Analogously, one would obtain an ε-free G' from a non ε-free G. If G is LR(k), so is G', since every reduction in G' corresponds to at least one reduction in G. Moreover G and G' generate the same language. Hence the restriction to (right) ε-free grammars in the following theorem is immaterial.

Theorem 3
Let G be LR(k) and right ε-free resp. ε-free. Then the computation of $\mathcal{G}$ for $w \in T^*$ requires

$$O((|T|^k + s)s\,|w|) \text{ RAM-time and space}$$

resp.

$$O((s^k + s)s\,|w|) \text{ RAM-time and space.}$$

Proof (sketch)
Let $t = |T| + 1$. Consider the same list l as in the proof of theorem 2. As G is unambiguous, each element of l can occur only once. Therefore it suffices to show that the number of different elements $((n+1, q_2), (n_2, p_2))$ respectively $((n+1, q_2), (n_1, p_1))$ in l is bound by $(t^k + s)s\,|w|$ resp. $(s^k + s)s\,|w|$. Two cases have to be distinguished.

1. First we assume G to be right ε-free, i.e. $\alpha_{(i,s_i)} \neq \varepsilon$ for all $i \in [1,r]$. Then assume there are at least $(t^k + s)s\,|w| + 1$ elements of kind $((n+1, q_2), (n_2, p_2))$ in l. Among these there must be $t^k + 1$ different elements $((n+1, q), (n^{(m)}, p^{(m)}))$ with equal n and q and $n^{(m)} < n+1$ for $m \in [1, t^k+1]$. Due to lemmata 3 and 4 there are $t^k + 1$ different computations $C_{\mathcal{K}}^{(m)} = C_1^{(m)}(n^{(m)}, p^{(m)}, x^{(m)}) C_2^{(m)}(n+1, q, x^{(m)})$ with $\overline{\mathit{states}(C_1^{(m)})} < x^{(m)}$, $\overline{\mathit{states}(C_1^{(m)})p^{(m)}} = x^{(m)}$, $\mathit{states}(C_2^{(m)})q \equiv \varepsilon$ for all $m \in [1, t^k+1]$. Assume $C_{\mathcal{K}}^{(u)}$ is prefix of $C_{\mathcal{K}}^{(v)}$ for some $u \neq v$, $u, v \in [1, t^k+1]$. This means

$$C_{\mathcal{K}}^{(v)} = C_1^{(u)}(n^{(u)}, p^{(u)}, x^{(u)}) C_2^{(u)}(n+1, q, x^{(u)}) C_3^{(u)} \qquad (6)$$

$$= C_1^{(v)}(n^{(v)}, p^{(v)}, x^{(v)}) C_2^{(v)}(n+1, q, x^{(v)}) \qquad (7)$$

We distinguish two cases.

   (a) Assume $\underline{x^{(u)}} = \underline{x^{(v)}}$. From $\mathit{states}(C_2^{(u)})q \equiv \mathit{states}(C_2^{(v)})q \equiv \varepsilon$ and $\overline{\mathit{states}(C_1^{(u)})} < x^{(v)}$, $\overline{\mathit{states}(C_1^{(v)})} < x^{(u)}$ we can conclude that neither

$(n^{(u)}, p^{(u)}, x^{(u)})$ can occur in $C_1^{(v)}$ nor $(n^{(v)}, p^{(v)}, x^{(v)})$ in $C_1^{(u)}$. Hence $(n^{(u)}, p^{(u)}) = (n^{(v)}, p^{(v)})$. But this is a contradiction.

(b) Assume $x^{(u)} \not\equiv x^{(v)}$. As $n^{(v)} < n+1$, the element $(n+1, q, x^{(u)})$ in equation (6) can only occur in $C_2^{(v)}$. Then equation (7) can be refined to

$$C_{\mathcal{K}}^{(v)} = C_1^{(v)}(n^{(v)}, p^{(v)}, x^{(v)}) \underbrace{C_{2,1}^{(v)}(n+1, q, x^{(u)}) C_{2,2}^{(v)}(n+1, q, x^{(v)})}_{C_2^{(v)}}$$

Due to $x^{(u)} \not\equiv x^{(v)}$, $x^{(u)} = \overline{x^{(v)} \mathit{states}(C_{2,1}^{(v)})q}$, and

$$\mathit{states}(C_2^{(v)})q = \mathit{states}(C_{2,1}^{(v)})\, q\, \mathit{states}(C_{2,2}^{(v)})\, q \equiv \varepsilon$$

the sequence $x^{(v)}$ must be a proper prefix $x^{(u)}$, i.e. a pop operations takes place in $C_{2,2}^{(v)}(n+1, q, x^{(v)})$. However, a pop operation is impossible in a sequence of ε-transitions starting and ending with the same state, if $\alpha_{(i,s_i)} \not\equiv \varepsilon$. In order to show this let and $y = \mathit{states}(C_{2,2}^{(v)})$. According to lemma 2 there is a computation of $\mathcal{A}$ for w with subsequence

$$(n+1, q)(n+1, y_1) \ldots (n+1, y_{|y|})(n+1, q)$$

with $\mathit{states}(C_{2,1}^{(v)})qyq \equiv \varepsilon$. According to the definition of $\delta_{\mathcal{A}}$ this is only possible if a rule $((i,s_i), \alpha_{(i,s_i)}, (g,h+1))$ is applied. But this means $\alpha_{(i,s_i)} = \varepsilon$ contradicting the assumption.

Thus $C_{\mathcal{K}}^{(u)}$ is not a prefix of $C_{\mathcal{K}}^{(v)}$. Therefore, by lemmata 1 and 2 there must be $t^k + 1$ different derivation trees corresponding to the computations $C_{\mathcal{K}}^{(m)}$. Let $q = (i,j)$ and $\alpha_{(ij)} \ldots \alpha_{(i,s_i)} \Rightarrow_G^* z$ for some $z \in T^*$ (G is LR(k) and hence reduced). Then every $C_{\mathcal{K}}^{(m)}$ can be extended to a computation of $\mathcal{K}$ for $w]0, n+1]z$:

$$\tilde{C}_{\mathcal{K}}^{(m)} = C_1^{(m)}(n^{(m)}, p^{(m)}, x^{(m)}) C_2^{(m)}(n+1, q, x^{(m)}) C_3^{(m)} \\ (n+1+|z|, y_0^{(m)}, \tilde{x}^{(m)})$$

with irreducible $y^{(m)} = y_1^{(m)} \ldots y_{f_m}^{(m)} \in N_s^*$ such that $\tilde{x}^{(m)} y^{(m)} \equiv \varepsilon$. With $\beta^{(m)} = \alpha_{y_0^{(m)}} \ldots \alpha_{y_{f_m}^{(m)}}$ the computation $\tilde{C}_{\mathcal{K}}^{(m)}$ corresponds to the derivation

$$S \Rightarrow_G^+ w]0, n+1]\alpha_{(ij)} \ldots \alpha_{(i,s_i)} \beta^{(m)} \Rightarrow_G^* w]0, n+1] z \beta^{(m)}$$

according to lemmata 1 and 2. Since these are all different and since there are only t^k different words over T with length at most k, there must be $u \neq v$, $u, v \in [1, t^k{+}1]$, and $a, b \in T^*$ with $\beta^{(u)} \Rightarrow_G^* a$, $\beta^{(v)} \Rightarrow_G^* b$ and $a]0,k] = b]0,k]$. Considering the two rightmost derivations corresponding to these two derivations, one can show an LR(k)-conflict. This contradicts the assumption.
If G is even ε-free, then we proceed analogously. Among $s^k + 1$ different $\beta^{(m)}$ there must be $\beta^{(u)}$ and $\beta^{(v)}$ with $u \neq v$, $u, v \in [1, s^k + 1]$, such that $\beta^{(u)}]0,k] = \beta^{(v)}]0,k]$. Due to $\alpha_{(ij)} \not\Rightarrow_G^* \varepsilon$ one also gets an LR(k)-conflict in this case.

2. Assume there at least $(t^k + s)s\,|w| + 1$ elements of kind $((n+1, q_2), (n_1, q_1))$ in l. One proceeds as in case 1. but with $(n+1, q, x^{(m)}q)$ substituted for $(n+1, q, x^{(m)})$ and with *states*$(C_2^{(m)})q \equiv q$ instead of *states*$(C_2^{(m)})q \equiv \varepsilon$.

□

The following example shows that $\theta((|T|^k + s)s\,|w|)$ resp. $\theta((s^k + s)s\,|w|)$ RAM-operations may indeed be necessary.

Example 1
For $k, t \in \mathbb{N}$ let

$$
\begin{aligned}
G_{k,t} &= (N_k, T_t, P_{k,t}, A^{(0)}), \quad \text{where} \\
N_k &= \{A^{(j)} \mid j \in [0,k]\} \\
T_t &= \{a, b_0, \ldots, b_{t-1}\} \quad \text{with } |T_t| = t+1 \\
P_{k,t} &= \{A^{(j-1)} \to a^{i*t^{j-1}} A^{(j)} b_i \mid j \in]0,k], i \in [0,t[\} \\
&\quad \cup \{A^{(k)} \to aA^{(k)}, A^{(k)} \to a\}
\end{aligned}
$$

For these grammars we find

$$
\begin{aligned}
L(G_{k,t}) = \{a^{i_0} a^{i_1 * t} \ldots a^{i_{k-1} * t^{k-1}} a^{i_k} b_{i_{k-1}} \ldots b_{i_0} \mid\ & i_0, \ldots, i_{k-1} \in [0,t[, \\
& i_k \geq 1\}
\end{aligned}
$$

$G_{k,t}$ is LR(k) and allows a decomposition with $s = s(G_{k,t}) = 3(kt+1)$. Automaton $\mathcal{G}$ takes $\theta((s^k + s)s\,|w|) = \theta((|T_t|^k + s)s\,|w|)$ RAM-operations in order to recognize $w \in T_t^*$. In this example, however, s^k is still less than the length of G. □

$\mathcal{G}$ is also linear for some non LR(k)-grammars, even for some grammars generating inherently ambiguous languages as the following example shows:

Example 2

$$G = (\{S, A, L, R\}, \{a, b\}, P, S) \quad \text{where}$$
$$P = \{S \rightarrow LA, S \rightarrow AR, A \rightarrow Aa, A \rightarrow \varepsilon, L \rightarrow aLb, L \rightarrow \varepsilon, R \rightarrow bRa, R \rightarrow \varepsilon\}$$

$L(G) = \{a^i b^j a^k \mid i, j, k \in \mathbb{N}, i = j \vee j = k\}$ is known to be inherently ambiguous, but $\mathcal{G}$ recognizes $L(G)$ in linear time. □

Finally we mention that theorem 3 also holds for all grammars which are (right) ε-free and the union of finitely many LR(k)-grammars with pairwise disjoint sets of nonterminals.

References

[Eickel, Paul 64]
Eickel, J., Paul, M.: The parsing and ambiguity problem for Chomsky-languages. In: Steel, T.B. (ed.): Formal language description languages for computer programming. Proc. IFIP Working Conference on Formal Language Description Languages, Vienna, September 15–18, 1964, p. 52–75

[Harrison 78]
Harrison, M.A.: Introduction to formal language theory. Reading, Massachusetts: Addison-Wesley 1978

[Knuth 65]
Knuth, D.E.: On the translation of languages from left to right. Information and Control **8**, 607–639 (1965)

[Leo 88]
Leo, J.: A general context-free parsing algorithm running in linear time on every LR(k) grammar without using lookahead. Private communication 1988

[Myhill 57]
Myhill, J.: Finite automata and the representation of events. WADD Technical Report 57-624, Wright-Patterson Air Force Base, November, 1957

Algebraische Logik

Primitive Recursion on the Partial Continuous Functionals

*Helmut Schwichtenberg**

We investigate Gödel's notion of a primitive recursive functional of higher type [5] in the context of partial continuous functionals as introduced by Kreisel in [7] and developed mainly by Scott (see [13], [3]). To make this paper readable for people not familiar with the theory of partial continuous functionals we have included a short exposition of the basic material, in a form convenient for our later arguments.

The primitive recursive functionals are defined to be the values of primitive recursive terms, which are built up from constants R_ρ denoting the primitive recursion operator and constants $[\{(u_i, v_i): i \in I\}]$ denoting finite functionals (also called finite approximations or consistent finite sets of data objects, in Scott's terminology). These constants give rise to certain new conversion rules introduced below. It is shown that, for any primitive recursive term of arbitrary type, the leftmost (or standard) reduction sequence terminates. The proof is done by transfinite induction up to ε_0; it uses a method of Howard [6] which in turn is based on earlier work of Sanchis [10] and Diller [2]. Standard machinery from Recursion Theory can then be applied to obtain bounds for the length of the leftmost reduction sequence.

The Sanchis/Diller/Howard method for termination proofs is rather flexible and can be adapted to many situations where it is of (theoretical or practical) interest to have bounds on the lengths of reduction sequences. This is in contrast to Tait's method of computability predicates (employed e. g. by Plotkin in [8]),

---

* Part of the research reported here was done while I was visiting Carnegie-Mellon-University (Pittsburgh, Pennsylvania, USA) in the academic year 1987/88. Thanks are due to the Stiftung Volkswagenwerk for a grant which made this visit possible. I further want to thank Ulrich Berger, Steve Brookes, Daniel Leivant, Frank Pfenning, Dana Scott and Rick Statman for helpful discussions.

This paper is based on a talk entitled "Programme und Beweise" given June 13th, 1989, in a "Kolloquium über Informatik im Kreuzungspunkt von Numerischer Mathematik, Rechnerentwurf Programmierung, Algebra und Logik" honoring F. L. Bauer. In this talk I have tried to put the result elaborated in the present paper into a broader historical perspective. In particular, I have reviewed work of Gödel, Herbrand and Kleene on recursion equations and associated termination proofs, taking into account an unpublished letter from Herbrand to Gödel. This subject was central for the early development of the theory of computability. Since what I have said on the historical development will essentially appear in [11], I did not include it in the present paper.

which uses ordinary (ω–) induction on logically complex predicates and hence does not provide a comparably direct analysis of the recursions involved.

It is somewhat unusual to treat the primitive recursion operators directly when one works with the partial continuous functionals; usually they are defined from the fixed point operators Y. Inclusion of the general fixed point operators Y in a term system will, however, always lead to the full notion of computability, since Y corresponds to unbounded search. Hence from the present point of view to give an informative analysis of restricted notions of computability it seems appropriate to replace Y by some of its special cases.

1. Finite Functionals

The sets $|D_\rho|$ of partial continuous functionals of type ρ are the proper domains for computable functionals (Kreisel in [7] and Ersov in [3] give convincing arguments for this) and also for the partial primitive recursive functionals we want to study here. In Section 2 we will give a definition of the sets $|D_\rho|$, in a form convenient for our later arguments. The elements of $|D_\rho|$, i.e. the partial continuous functionals of type ρ, can be viewed as limits of certain finite functionals; such finite functionals are the subject of the present Section 1. It seems best to treat them in the context of Scott's information systems of [13].

Definition 1.1. *An information system consists of a set D of (concrete) data objects, a set* Con *of finite subsets of D such that*

$$u \subseteq v \in \text{Con} \Rightarrow u \in \text{Con} \tag{1.1}$$

and for any $X \in D$

$$\{X\} \in \text{Con}, \tag{1.2}$$

and a reflexive and transitive relation $\sqsupseteq$ on Con *such that for all $X_1, \dots, X_m \in D$ and $u \in$* Con

$$u \sqsupseteq \{X_1, \dots, X_m\} \iff u \sqsupseteq \{X_1\} \wedge \dots \wedge u \sqsupseteq \{X_m\}. \tag{1.3}$$

Note that (1.3) implies that from $u \sqsupseteq v_1, \dots, u \sqsupseteq v_m$ we can conclude $v := v_1 \cup \dots \cup v_m \in \text{Con}$ and $u \sqsupseteq v \sqsupseteq v_i$ for $i = 1, \dots, m$. The $u \in \text{Con}$ are called *consistent finite sets of data objects*, or just (finite) *approximations*. $u \sqsupseteq v$ is read as "u *extends* v".

Our basic information system is D_ι, whose data objects are the natural numbers $0, 1, 2, \dots$, whose approximations are the singletons $\{0\}, \{1\}, \{2\}, \dots$ together with the empty set $\emptyset$, and whose extension relation $\sqsupseteq$ is just the set theoretic inclusion $\supseteq$. Similarly we construct the information system D_o based on the boolean data objects `ff` and `tt`.

Given information systems D and E, we now construct a new information system $D \to E$, as in [13]. Its data objects are the pairs (u, v) with $u \in \mathrm{Con}_D$ and $v \in \mathrm{Con}_E$. A finite set $\{(u_i, v_i): i \in I\}$ of data objects is consistent in $D \to E$ if

$$\forall I' \subseteq I(\bigcup_{i \in I'} u_i \in \mathrm{Con}_D \Rightarrow \bigcup_{i \in I'} v_i \in \mathrm{Con}_E). \tag{1.4}$$

In order to define the extension relation $\sqsupseteq$ for $D \to E$ we first define the result of an *application* of $W = \{(u_i, v_i): i \in I\} \in Con_{D \to E}$ to $u \in \mathrm{Con}_D$:

$$\{(u_i, v_i): i \in I\}u := \bigcup\{v_i: u \sqsupseteq u_i\}. \tag{1.5}$$

Then by (1.4) we know that $Wu \in \mathrm{Con}_E$. Obviously, application is monotone in the second argument, i.e.

$$u \sqsupseteq u' \Rightarrow Wu \sqsupseteq Wu'. \tag{1.6}$$

Now define $W \sqsupseteq W'$ by

$$W \sqsupseteq \{(u'_j, v'_j): j \in J\} :\Longleftrightarrow \forall j \in J. Wu'_j \sqsupseteq v'_j. \tag{1.7}$$

Lemma 1.2. *If D and E are information systems, then so is $D \to E$.*

Proof. We first show the transitivity of $\sqsupseteq$. So let

$$W \sqsupseteq \{(u'_j, v'_j): j \in J\} \sqsupseteq \{(u''_k, v''_k): k \in K\}.$$

Then we have for all $k \in K$ by (1.6) and (1.7)

$$Wu''_k \sqsupseteq \bigcup\{Wu'_j: u''_k \sqsupseteq u'_j\} \sqsupseteq \bigcup\{v'_j: u''_k \sqsupseteq u'_j\} \sqsupseteq v''_k.$$

It remains to show (1.3) for $D \to E$. Since $\Rightarrow$ is obvious we only deal with $\Leftarrow$. So let $\{(u_i, v_i): i \in I\} \sqsupseteq \{(u'_j, v'_j)\}$ for all $j \in J$. It suffices to show that $\{(u'_j, v'_j): j \in J\}$ is consistent. So assume $J' \subseteq J$ and $\bigcup_{j \in J'} u'_j \in \mathrm{Con}_D$. By (1.4) we have to show that $\bigcup_{j \in J'} v'_j \in \mathrm{Con}_E$. But this follows from

$$\bigcup\{v_i: \bigcup_{j \in J'} u'_j \sqsupseteq u_i\} \sqsupseteq \bigcup\{v_i: u'_j \sqsupseteq u_i\} \sqsupseteq v'_j.$$

This concludes the proof. □

Note that with the above definition of the extension relation $\sqsupseteq$ in $D \to E$ application is also monotone in the first argument, i.e.

$$W \sqsupseteq W' \Rightarrow Wu \sqsupseteq W'u. \tag{1.8}$$

To see this observe that

$$Wu \sqsupseteq \bigcup\{Wu'_j : u \sqsupseteq u'_j\} \sqsupseteq \bigcup\{v'_j : u \sqsupseteq u'_j\} = W'u.$$

We will exclusively deal with the information systems built up from D_ι and D_o by the $\to$-operation. More formally, define the notion of a *type symbol* and its *level* inductively by the clauses

1. ι and o are type symbols, and $\mathrm{lev}(\iota) = \mathrm{lev}(o) = 0$.
2. If ρ and σ are type symbols, then so is $(\rho \to \sigma)$, and $\mathrm{lev}((\rho \to \sigma)) = \max(\mathrm{lev}(\rho) + 1, \mathrm{lev}(\sigma))$.

As usual we write $\rho_1, \ldots, \rho_m \to \sigma$ for $(\rho_1 \to (\rho_2 \to \ldots (\rho_m \to \sigma)\ldots))$. Note that any type symbol can be written uniquely in the form $\rho_1, \ldots, \rho_m \to \iota$ or $\rho_1, \ldots, \rho_m \to o$. For any type symbol ρ define the information system D_ρ as follows. D_ι and D_o have already been defined, and $D_{\rho\to\sigma} := D_\rho \to D_\sigma$. The D_ρ are called *standard information systems*.

Note that for standard information systems the exponential test (1.4) for consistency of a finite set of data objects can be replaced by a quadratic test. To see this call an information system *coherent* (see Plotkin [9, p. 210]) if for any finite set $\{X_i : i \in I\}$ of data objects

$$\forall i, j \in I.\{X_i, X_j\} \in \mathrm{Con} \Rightarrow \{X_i : i \in I\} \in \mathrm{Con}. \tag{1.9}$$

Obviously D_ι and D_o are coherent. Now the coherence of all standard information systems D_ρ follows from

Lemma 1.3. *If D and E are information systems and E is coherent, then so is $D \to E$.*

Proof. Let $\{(u_i, v_i) : i \in I\}$ be finite and assume

$$\forall i, j \in I.\{(u_i, v_i), (u_j, v_j)\} \in \mathrm{Con}_{D\to E}. \tag{1.10}$$

We have to show $\{(u_i, v_i) : i \in I\} \in \mathrm{Con}_{D\to E}$. So, by (1.4), assume $I' \subseteq I$ and $\bigcup_{i\in I'} u_i \in \mathrm{Con}_D$. We have to show $\bigcup_{i\in I'} v_i \in \mathrm{Con}_E$. Now since E is coherent by assumption, it suffices to show $v_i \cup v_j \in \mathrm{Con}_E$ for all $i, j \in I'$. So let $i, j \in I'$. By assumption we have $u_i \cup u_j \in \mathrm{Con}_D$ and hence by (1.10) and the definition of $\mathrm{Con}_{D\to E}$ also $v_i \cup v_j \in \mathrm{Con}_E$. □

The elements of $\mathrm{Con}_\rho := \mathrm{Con}_{D_\rho}$, i.e. the consistent finite sets of data objects or approximations in D_ρ will be called *finite functionals* of type ρ. They are of central importance for our study. In Section 2 they will be used to define the partial continuous functionals as limits of finite functionals. Finite functionals will also be special partial primitive recursive functionals. Furthermore, the primitive recursive terms to be defined in Section 3 to denote partial primitive recursive functionals will contain (constants for) such finite functionals, and consequently they take part in the definition of conversion for such terms, to be given in Section 4.

These conversion rules require at certain points to form the union of finite functionals. This (set theoretic) union will however keep data objects whose information is superseded by others. From the point of view of achieving a reasonably effective implementation of e.g. the leftmost (or standard) reduction strategy it seems necessary to eliminate such superfluous data objects. This can be done as follows.

Write $u \sim u'$ (u is *equivalent* to u') if $u \sqsupseteq u' \sqsupseteq u$. Call any finite functional in D_ι and D_o in normal form, and define a finite functional $\{(u_i, v_i): i \in I\} \in D_{\rho\to\sigma}$ to be in *normal form* if all u_i, v_i are in normal form and for all $i, j \in I$ with $i \neq j$ we have

1. $u_i \not\sim u_j$.
2. $v_j \sqsupset \bigcup\{v_i : u_j \sqsupset u_i\}$.

Here $v \sqsupset v'$ means $v \sqsupseteq v' \not\sqsupseteq v$. Now it is not hard to prove the following (see [12, p.91–92]):

Theorem 1.4. *We have a quadratic algorithm which assigns to any finite functional $w \in \mathrm{Con}_{\rho\to\sigma}$ an equivalent finite functional w^* in normal form. This normal form is uniquely determined, i.e. any two finite functionals in normal form which are equivalent must be equal (as sets).*

The normal forms of finite functionals can be used to extend the natural well-ordering of the finite functionals of the ground types ι and o ($\emptyset$, $\{0\}$, $\{1\}$, $\{2\}, \ldots$ and $\emptyset$, $\{\mathtt{ff}\}$, $\{\mathtt{tt}\}$) to higher types, as follows.Assuming that Con_ρ and Con_σ are already well-ordered, first observe – using Theorem 1.4 – that any finite functional of type $\rho \to \sigma$ can be written uniquely as a list of pairs (u, v) with $u \in \mathrm{Con}_\rho$ and $v \in \mathrm{Con}_\sigma$, where the pairs are listed according to their lexicographic order. Now those lists can again be ordered lexicographically. For example, $\wedge_{\text{strict}} \in \mathrm{Con}_{o\to(o\to o)}$ is given by the following list of pairs of 1. constants for finite functionals of type o and 2. lists of pairs of constants for finite functionals of type o:

$$((\mathtt{ff}, ((\mathtt{ff}, \mathtt{ff}), (\mathtt{tt}, \mathtt{ff}))), (\mathtt{tt}, ((\mathtt{ff}, \mathtt{ff}), (\mathtt{tt}, \mathtt{tt}))))$$

and $\wedge_{\text{nonstrict}} \in \mathrm{Con}_{o\to(o\to o)}$ is given by

$$((\bot^o, ((\mathtt{ff}, \mathtt{ff}))), (\mathtt{ff}, ((\bot^o, \mathtt{ff}))), (\mathtt{tt}, ((\mathtt{ff}, \mathtt{ff}), (\mathtt{tt}, \mathtt{tt})))),$$

where all pairs appear in their natural order as just defined. These well-orderings will be used in Section 4 to make our conversion rules unique.

2. Limits of Finite Functionals

We now give the definition (due to Scott [13]) of the partial continuous functionals of type ρ, in a form suitable for our later arguments. They are taken as limits (or, more precisely, as ideals) of finite functionals.

Definition 2.1. *An ideal x in an information system D (written $x \in |D|$) is a set x of data objects which is consistent in the sense that any finite subset of x is in* Con_D, *and closed against $\sqsupseteq$, i. e. if $u \sqsupseteq \{X\}$ for some finite subset u of x, then $X \in x$.*

The crucial fact about ideals in $D \to E$ is that they can be identified with *continuous* functions from $|D|$ to $|E|$, defined as follows.

Definition 2.2. *Let $D_1, \ldots, D_m := \vec{D}$ and E be information systems. A function $f\colon |\vec{D}| \to |E|$ is called continuous if it is monotone, i. e. for all $\vec{x}, \vec{y} \in |\vec{D}|$*

$$\vec{x} \subseteq \vec{y} \Rightarrow f(\vec{x}) \subseteq f(\vec{y}) \tag{2.1}$$

and satisfies the approximation property, i. e. for all $\vec{x}, \vec{y} \in |\vec{D}|$ and $v \in \mathrm{Con}_E$

$$v \subseteq f(\vec{x}) \Rightarrow \exists \vec{u} \in \mathrm{Con}_{\vec{D}}(\vec{u} \subseteq \vec{x} \wedge v \subseteq f(\overline{\vec{u}})), \tag{2.2}$$

where $\overline{u}$ denotes the closure of u under $\sqsupseteq$, i. e. $\overline{u} := \{X : u \sqsupseteq \{X\}\}$.

It is well known that this notion of continuity is the same as the ordinary one with respect to the *Scott-topologies* of $|\vec{D}|$ and $|E|$, defined as follows. For any consistent (finite or infinite) set y of data objects in an information system D let

$$\check{y} := \{x \in |D| : x \supseteq y\}$$

Then $\{\check{u} : u \in \mathrm{Con}_D\}$ is the basis of a T_0-topology (the Scott-topology) on $|D|$, which has the properties

$$\exists u \in \mathrm{Con}_D . x = \overline{u} \iff \check{x} \text{ is open}$$

and

$$x \subseteq y \iff x \in \{y\}^- \iff \forall u \in \mathrm{Con}_D(x \in \check{u} \Rightarrow y \in \check{u}).$$

For the proofs we refer the reader to [13].

We now show how ideals in $D \to E$ can be considered as continuous functions from $|D|$ to $|E|$.

Lemma 2.3. *Let D and E be information systems. To any ideal $z \in |D \to E|$ we can associate a continuous function*

$$\mathrm{fct}_z\colon |D| \to |E|$$

by

$$\mathrm{fct}_z(x) := zx := \bigcup\{v : \exists u \subseteq x.(u,v) \in z\}. \tag{2.3}$$

Also, to any continuous function $f\colon |D| \to |E|$ *we can associate an ideal*

$$\mathrm{ideal}(f) \in |D \to E|$$

by

$$\mathrm{ideal}(f) := \{(u,v) : v \subseteq f(\overline{u})\}. \tag{2.4}$$

The assignments given by (2.3) and (2.4) are inverse to each other.

The proof is rather straightforward and not given here.

The ideals $x \in |D_\rho|$ are called *partial continuous functionals* of type ρ. Application of $z \in |D_{\rho\to\sigma}|$ to $x \in |D_\rho|$ is given by (2.3). Note that this application operation zx is continuous in both arguments, in the sense of Definition 2.2.

An important consequence of the identification of ideals $z \in |D \to E|$ with continuous functions from $|D|$ to $|E|$ given in Lemma 2.3 is the following *extensionality* property

Lemma 2.4. *Let D and E be information system and* $z, z' \in |D \to E|$. *Then from* $z\overline{u} \subseteq z'\overline{u}$ *for all* $u \in \mathrm{Con}_D$ *we can conclude* $z \subseteq z'$.

Proof. $z = \mathrm{ideal}(\mathrm{fct}_z) = \{(u,v) : v \subseteq z\overline{u}\}$. □

Hence the sets $|D_\rho|$ of partial continuous functionals together with the application operators given by (2.3) form a *pre-structure* in the sense of Friedman [4, p. 23]. (Statman calls this a *frame* in [14, p. 331])

Any $z \in |D \to (E \to F)|$ can be viewed as a binary function fct^2_z : $|D|, |E| \to |F|$ defined by

$$\mathrm{fct}^2_z(x,y) := \mathrm{fct}_{\mathrm{fct}_z(x)}(y).$$

We want to characterize the functions which can be obtained in this way. It turns out that these are exactly the binary continuous functions in the sense of Definition 2.2 [1]. This is a consequence of Lemma 2.3 together with the following

Lemma 2.5. *Let* $D_1, \ldots, D_m, E$ *and F be information systems. To any continuous* $f\colon |D_1|, \ldots, |D_m|, |E| \to |F|$ *we can associate a continuous*

$$f_-\colon |D_1|, \ldots, |D_m| \to |E \to F|$$

[1] This is the essential step in proving that information systems with continuous functions as morphisms form a cartesian closed category.

by

$$f_-(x_1,\dots,x_m) = \text{ideal}(f(x_1,\dots,x_m,\cdot)), \tag{2.5}$$

where $f(x_1,\dots,x_m,\cdot)\colon |E| \to |F|$ *is defined by* $f(x_1,\dots,x_m,\cdot)(y) = f(x_1,\dots,x_m,y)$*. Also to any continuous* $g : |D_1|,\dots,|D_m| \to |E \to F|$ *we can associate a continuous*

$$g_+\colon |D_1|,\dots,|D_m|,|E| \to |F|$$

by

$$g_+(x_1,\dots,x_m,y) = \text{fct}_{g(x_1,\dots,x_m)}(y). \tag{2.6}$$

The assignments given by (2.5) and (2.6) are inverse to each other.

Proof. Monotonicity and the approximation property can be verified easily, for f_- as well as for g_+. Furthermore, we have

$$(f_-)_+(\vec{x},y) = \text{fct}_{f_-(\vec{x})}(y) = \text{fct}_{\text{ideal}(f(\vec{x},\cdot))}(y) = f(\vec{x},y)$$

and

$$(g_+)_-(\vec{x}) = \text{ideal}(g_+(\vec{x},\cdot)) = \text{ideal}(\text{fct}_{g(\vec{x})}) = g(\vec{x}),$$

where, in both cases, the last equation follows from Lemma 2.3. □

We now show that the sets $|D_\rho|$ of partial continuous functionals together with the application operators (2.3) form a *model* of the typed λ-calculus (or a *structure*, in the terminology of Friedman [4, p. 23]) [2].

The *terms*, their *types* and their sets of *free variables* are given by

1. Any variable x_i^ρ $(i = 0,1,2,\dots)$ is a term of type ρ, $\text{FV}(x_i^\rho) = x_i^\rho$.
2. If r is a term of type σ, then $\lambda x_i^\rho.r$ is a term of type $\rho \to \sigma$, $\text{FV}(\lambda x_i^\rho.r) = \text{FV}(r) \setminus \{x_i^\rho\}$.
3. If t is a term of type $\rho \to \sigma$ and s is a term of type ρ, then (ts) is a term of type σ, $\text{FV}((ts)) = \text{FV}(t) \cup \text{FV}(s)$.

We write $ts_1s_2\dots s_m$ for $(\dots((ts_1)s_2)\dots s_m)$, and $\lambda x_1x_2\dots x_m.r$ for $\lambda x_1.\lambda x_2.\dots\lambda x_m.r$. A term is called *closed* if $\text{FV}(r) = \emptyset$.

For any term r of type σ and any list $\vec{x}$ of variables of types $\vec{\rho}$ containing all the variables free in r we define a continuous function

$$|\vec{x} \mapsto r|\colon |D_{\rho_1}|,\dots,|D_{\rho_m}| \to |D_\sigma|$$

by induction on r, as follows.

1. $|\vec{x} \mapsto x_i|$ is the i-th projection function, which is clearly continuous.

[2] This holds generally for cartesian closed categories.

2. $|\vec{x} \mapsto \lambda y.r| := |\vec{x}, y \mapsto r|\_$ (cf. Lemma 2.5).
3. $|\vec{x} \mapsto ts|$ is the result of substituting the functions $|\vec{x} \mapsto t|$ and $|\vec{x} \mapsto s|$ in the continuous binary application function. Clearly the resulting function is continuous.

Now we can define the *value* of a term r with free variables among $\vec{x}$ under an assignment of partial continuous functionals $\vec{x}$ to the variables $\vec{x}$ to be just $|\vec{x} \mapsto r|\vec{x}$. In particular, for any closed term r of type ρ we have defined its value $|r| \in |D_\rho|$.

3. Primitive Recursion

There are far more continuous functions $f\colon |D_{\vec{\rho}}| \to |D_\sigma|$ than just those given by terms r of the typed λ-calculus. Of special importance (and much studied in the literature, e.g. in [13], [3], [8]) are the *computable* ones, which by definition are those given by recursively enumerable ideals of finite functionals (in $|D_{\vec{\rho}\to\sigma}|$). Here we want to deal with more restricted (and hence better to analyze) notions of computability. As a paradigm we consider Gödel's famous notion of a primitive recursive functional and adapt it to our present context, i.e. we define what it means for a continuous function $f\colon |D_{\vec{\rho}}| \to |D_\sigma|$ to be primitive recursive. Other restricted notions of computability (like polynomial time computability) can be treated similarly.

Now what are primitive recursive functions $f\colon |D_{\vec{\rho}}| \to |D_\sigma|$? It seems best to define them by means of an extension of the notion of a term in the typed λ-calculus.

For any type symbol ρ, let countably many variables x_i^ρ be given. Also, for any finite functional $u \in \mathrm{Con}_\rho$, we introduce a constant $[u]^\rho$. The constant $[m]^\iota$ (denoting the numeral m) is abbreviated by m^ι or just m, and the constant $[\emptyset]^\rho$ (denoting the totally undefined finite functional in Con_ρ) is abbreviated by $\perp^\rho$. We further introduce a constant N for the successor function. Finally, for any type symbol ρ, we introduce a recursion constant R_ρ. The *primitive recursive terms*, their *types* and their sets of *free variables* are given by

1a. x_i^ρ is a primitive recursive term of type ρ, $\mathrm{FV}(x_i^\rho) = x_i^\rho$.
1b. $[u]^\rho$ is a primitive recursive term of type ρ, $\mathrm{FV}([u]^\rho) = \emptyset$.
1c. N is a primitive recursive term of type $\iota \to \iota$, $\mathrm{FV}(N) = \emptyset$.
1d. R_ρ is a primitive recursive term of type $\iota, \rho, (\iota, \rho \to \rho) \to \rho$, $\mathrm{FV}(R_\rho) = \emptyset$.
2. If r is a primitive recursive term of type σ, then $\lambda x_i^\rho.r$ is a primitive recursive term of type $\rho \to \sigma$, $\mathrm{FV}(\lambda x_i^\rho.r) = \mathrm{FV}(r) \setminus \{x_i^\rho\}$.
3. If t is a primitive recursive term of type $\rho \to \sigma$ and s is a primitive recursive term of type ρ, then (ts) is a primitive recursive term of type σ, $\mathrm{FV}((ts)) = \mathrm{FV}(t) \cup \mathrm{FV}(s)$.

In order to define the *value* of a primitive recursive term we first have to define a value $|R_\rho| \in |D_{\iota,\rho,(i,\rho\to\rho)\to\rho}|$ for each recursion constant R_ρ. This can be done as follows. For any nonnegative integer m, define a function

$$h_m\colon |D_\rho|, |D_{\iota,\rho\to\rho}| \to |D_\rho|$$

by

$$h_0(y,z) = y$$
$$h_{m+1}(y,z) = z\{m\}(h_m(y,z)).$$

Clearly each h_m is continuous , by induction on m. Now define a function

$$f\colon |D_\iota| \to |D_{\rho,(\iota,\rho\to)\to\rho}|$$

by

$$f(\emptyset) = \emptyset$$
$$f(\{m\}) = (h_m)_{--},$$

using Lemma 2.5. Obviously f is continuous. Finally let $|R_\rho| := f_-$. We then have $|R_\rho|_{+++}(x,y,z) = f_{++}(x,y,z)$, and from the definition of f we obtain

$$|R_\rho|_{+++}(\emptyset, y, z) = \emptyset,$$
$$|R_\rho|_{+++}(\{0\}, y, z) = h_0(y,z) = y,$$
$$|R_\rho|_{+++}(\{m+1\}, y, z) = h_{m+1}(y,z) = z\{m\}(|R_\rho|_{+++}(\{m\}, y, z)).$$

Exactly as for terms of the typed λ-calculus (in Section 2) we can now define, for any primitive recursive term r of type σ and any list $\vec{x}$ of variables of types ρ containing all the variables free in r, a continuous function $|\vec{x} \mapsto r|\colon |D_{\rho_1}|, \ldots, |D_{\rho_m}| \to |D_\sigma|$, by induction on r. Just add, in clause 1, that $|\vec{x} \mapsto [u]^\rho|$ is the constant function with value $\overline{u} \in |D_\rho|$, $|\vec{x} \mapsto N|$ is the constant function with value the successor function $\in |D_{\iota\to\iota}|$ (which is clearly continuous), and $|\vec{x} \mapsto R_\rho|$ is the constant function with value $|R_\rho| \in |D_{\iota,\rho,(\iota,\rho\to\rho)\to\rho}|$ defined above.

Now we define the *value* of a primitive recursive term r with the free variables among $\vec{x}$ under an assignment of partial continuous functionals $\vec{x}$ to the variables $\vec{x}$ to be just $|\vec{x} \mapsto r|\vec{x}$. In particular, for any closed primitive recursive term r of type ρ we have defined its value $|r| \in |D_\rho|$. Let

$$|D_\rho|^{pr} := \{|r|\colon r \text{ closed primitive recursive term of type } \rho\} \subseteq |D_\rho|.$$

The elements of $|D_\rho|^{pr}$ are called *partial primitive recursive functionals.* Note that any element of $|D_{\rho\to\sigma}|^{pr}$ can be viewed – via Lemma 2.5 – as a continuous function $|D_\rho| \to |D_\sigma|$.

It seems worthwile to also note that any partial primitive recursive functional when viewed as a function $f\colon |D_\rho| \to |D_\sigma|$ is defined on all of $|D_\rho|$, i. e. on all partial continuous functionals of type ρ, not just on the subset $|D_\rho|^{pr}$. This seems to be desirable, since e. g. a primitive recursive operation on the reals like the exponential function e^x should be defined on arbitrary Cauchy sequences of rationals, not just on the primitive recursive ones.

The sets $|D_\rho|^{pr} \subseteq |D_\rho|$ are closed against application, since the primitive recursive terms are. Now consider any system $\{\mathfrak{M}_\rho\}$ of sets satisfying $|D_\rho|^{pr} \subseteq \mathfrak{M}_\rho \subseteq |D_\rho|$ and closed against application. By Lemma 2.4 we know that the extensionality condition holds for $\{\mathfrak{M}_\rho\}$, i. e. if $x, y \in \mathfrak{M}_{\rho\to\sigma}$ and $\forall z \in \mathfrak{M}_\rho(xz = yz)$ then $x = y$. Hence the sets $\mathfrak{M}_\rho$ form a pre-structure in the sense of Friedman. They also form a model of the typed λ-calculus, since the $|D_\rho|^{pr}$ do. We view such structures $\{\mathfrak{M}_\rho\}$ as the intended models of theories involving primitive recursive terms.

4. Conversion

We now want to show that any primitive recursive term can be "computed", i.e. transformed by repeated conversions into a normal form where no further conversions are possible. The primitive recursive terms may contain variables and need not be of level 0. If, however, a primitive recursive term is of level 0 and is closed, then the normal form must be a numeral (i.e. a constant for a finite functional in D_ι or D_o) and hence we have computed the numerical value of the term.

Our conversion rules certainly contain *β-conversion*

$$(\lambda x.r)s \mapsto r[s].$$

We do not need α-conversion (i.e. renaming of bound variables) since, following deBruijn [1], we can (and do in our implementation) replace bound variables by references to the binding place. We also do not use η-conversion $\lambda x.rx \mapsto r$, for three reasons. First, for closed primitive recursive terms of level 0 η-conversions are not neccessary to transform them into a numeral. Second, for closed primitive recursive terms of type ρ with lev$(\rho) > 0$ their value $|r| \in |D_\rho|$ is already determined by the values $|r[u_1]\dots[u_m]|$ of the closed level-0-terms $r[u_1]\dots[u_m]$ for all finite functionals u_i, which can be computed without η-conversion. Closedness of r can be assumed since we can always λ-abstract free variables. Third, for arbitrary primitive recursive terms we even prefer e.g. $z(\lambda\vec{y}.x\vec{r}\vec{y})$ with $x\vec{r}\vec{y}$ of level 0 over $z(x\vec{r})$, since in the first term the "minimal type" (this corresponds to Gentzen's notion of minimal formula under the Curry-Howard-isomorphism) is of level 0, and this has advantages in certain proof-theoretic arguments.

A special difficulty arises from our inclusion of constants $[\{(u_i, v_i): i \in I\}]$ for finite functionals. We must be able to convert e.g. $[\{(u_i, v_i): i \in I\}]r$, and the result should have as its value the supremum of all v_i with i such that the value of r extends u_i. In order to deal with this difficulty we extend our notion of a primitive recursive term by two more term-forming operations given below.

Here we prove termination of the leftmost (or standard) reduction strategy for primitive recursive terms, by means of transfinite induction of length ε_0. Our proof is by an adaption of a method of Howard [6] to the present situation; ultimately this technique is based on ideas of Sanchis [10] and Diller [2].

We define the *extended primitive recursive terms* r, their *types* and their sets of *free variables* and simultaneously for any list $\vec{x}$ of variables containing all the variables free in r, a continuous function $|\vec{x} \mapsto r|$, by induction on r. The clauses 1a–d, 2 and 3 are as in Sections 2 and 3. We add two more clauses.

1e. Let $s_1, \ldots, s_m$ be extended primitive recursive terms of type o and $v_1, \ldots, v_m \in \mathrm{Con}_\sigma$ $(m \geq 1)$. Assume that for all $\vec{u} \in \mathrm{Con}_{\vec{\rho}}$

$$\bigcup \{v_i \colon |\vec{x} \mapsto s_i|\vec{u} = \{\mathtt{tt}\}\} \in \mathrm{Con}_\sigma \tag{4.1}$$

Then $(([v_1]^\sigma \text{ if } s_1) \cup \ldots \cup ([v_m]^\sigma \text{ if } s_m))$ is an extended primitive recursive term of type σ, $\mathrm{FV}((([v_1]^\sigma \text{ if } s_1) \cup \ldots \cup ([v_m]^\sigma \text{ if } s_m))) = \bigcup_{i=1}^m \mathrm{FV}(s_i)$, and

$$|\vec{x} \mapsto (([v_1]^\sigma \text{ if } s_1) \cup \ldots \cup ([v_m]^\sigma \text{ if } s_m))|\vec{x} = \overline{\bigcup \{v_i \colon |\vec{x} \mapsto s_i|\vec{x} = \{\mathtt{tt}\}\}}.$$

1f. For any $u \in \mathrm{Con}_\rho$, $(\sqsupseteq [u]^\rho)$ is an extended primitive recursive term of type $\rho \to o$, $\mathrm{FV}((\sqsupseteq [u]^\rho)) = \emptyset$ and $|\vec{x} \mapsto (\sqsupseteq [u]^\rho)|$ is the constant function whose value is the continuous function which takes $x \in |D_\rho|$ into $\{\mathtt{tt}\} \in |D_o|$ if $x \supseteq u$, and into $\emptyset \in |D_o|$ otherwise.

For some extended primitive recursive terms, we now define the result of the *conversion* of r, by cases according to the form of r.

a. $(\lambda x.r)s$ converts into $r[s]$.
b. $[\{(u_1, v_1), \ldots, (u_m, v_m)\}]^{\rho \to \sigma} r$ converts into

$$(([v_1]^\sigma \text{ if } (\sqsupseteq [u_1]^\rho)r) \cup \ldots \cup ([v_m]^\sigma \text{ if } (\sqsupseteq [u_m]^\rho)r))$$

c. Nm converts into $m+1$, and $N\bot$ converts into $\bot$.
d. $R0st$ converts into s, $R(m+1)st$ converts into $tm(Rmst)$, and $R\bot st$ converts into $\bot$.
e. $(([v_1]^\sigma \text{ if } b_1) \cup \ldots \cup ([v_m]^\sigma \text{ if } b_m))$ with $b_1, \ldots, b_m \in \{\bot^0, \mathtt{ff}, \mathtt{tt}\}$ (i. e., constants for finite functionals $\in \mathrm{Con}_o$) converts into $[v_{i_1} \cup \ldots \cup v_{i_m}]^\sigma$, where $b_{i_1}, \ldots, b_{i_n}$ are all constants among $b_1, \ldots, b_m$ being $\mathtt{tt}$.
f. $(\sqsupseteq [\{(u, v)\} \cup W]^{\rho \to \sigma})r$ converts into

$$[\wedge_{\text{strict}}]^{o \to (o \to o)}((\sqsupseteq [v]^\sigma)(r[u]^\rho))((\sqsupseteq [W]^{\rho \to \sigma})r).$$

To make this rule unique, we require that (u, v) is the first pair in $\{(u, v)\} \cup W$ (in the well-ordering given in Section 1). $(\sqsupseteq \bot)r$ converts into $\mathtt{tt}$. $(\sqsupseteq m)n$ converts into $\mathtt{tt}$ if $m = n$, and into $\mathtt{ff}$ otherwise. $(\sqsupseteq m)\bot$ converts into

$\bot$. ($\sqsupseteq$ tt)tt, ($\sqsupseteq$ ff)ff convert into tt, ($\sqsupseteq$ tt)ff, ($\sqsupseteq$ ff)tt convert into ff, and ($\sqsupseteq$ tt)$\bot$, ($\sqsupseteq$ ff)$\bot$ convert into $\bot$.

Observe that the conversion rules do not lead out of the class of extended primitive recursive terms, and also preserve the value. Let us verify this for Rules b and f. For Rule b, we must prove (4.1), i. e.

$$\bigcup\{v_i \colon |\vec{x} \mapsto (\sqsupseteq [u_i]^\rho)r|\vec{x} = \{\mathtt{tt}\}\} \in \mathrm{Con}_\sigma.$$

Now this follows from

$$|\vec{x} \mapsto (\sqsupseteq [u_i]^\rho)r|\vec{x} = \{\mathtt{tt}\} \iff |\vec{x} \mapsto r|\vec{x} \supseteq u_i,$$

which also implies the preservation of the value. For Rule f, it suffices to prove that the original term has value $\{\mathtt{tt}\}$ under an assignment of $\vec{x}$ to $\vec{x}$ iff the resulting term has. This can be seen by an easy computation, using

$$|\vec{x} \mapsto r|\vec{x} \supseteq \{(u, v)\} \iff |\vec{x} \mapsto r[u]|\vec{x} \supseteq v.$$

Now let r be an arbitrary extended primitive recursive term. r is called *reducible* if it contains a subterm which is convertible according to the rules above. If r is reducible, we can choose the leftmost one among all convertible subterms and convert it; the result is denoted by lred(r). The sequence

$$r, \mathrm{lred}(r), \mathrm{lred}(\mathrm{lred}(r)), \ldots$$

is called the *leftmost* (or *standard*) reduction sequence for r. We will show that this sequence terminates, for any primitive recursive term r.

Clearly reducing an extended primitive recursive term does not change its value (since conversion doesn't, and the value of a compound term is defined by means of the values of its constituents only). Hence the final element r^* of the standard reduction sequence for r is a term with the same value as r which does not contain any convertible subterms. If, in particular, r is closed and of level 0, then also r^* is closed and hence must be a constant m, $\bot^\iota$, tt, ff or $\bot^o$, i. e. we have computed the value of r.

For any primitive recursive term r of level 0, we define a relation $|r|_k \leq \alpha$ (to be read r *has a tree of degree* k *with height* $\leq \alpha$) inductively, by the following rules.

Rule 1. If $|r[s]\vec{t}|_k \leq \alpha_0 < \alpha$, then $|(\lambda x.r)s\vec{t}|_k \leq \alpha$.

Rule 2. If $|t_i\vec{y_i}|_k \leq \alpha_i < \alpha$ for $i = 1, \ldots, m$, then $|xt_1 \ldots t_m|_k \leq \alpha$. In particular, $|x|_k \leq \alpha$ for any α.

Rule 3. If $|r[w_1]\ldots[w_n]|_k \leq \alpha_{w_1 \ldots w_n} < \alpha$ for all full argument sequences (see below) $w_1, \ldots, w_n$ in any of the u_i ($i \in I$), and $|[\bigcup_{i \in I'} v_i]\vec{t}|_k \leq \alpha_{I'} < \alpha$ for all $I' \subseteq I$ such that $\bigcup_{i \in I'} v_i$ is consistent, then $|[\{(u_i, v_i) \colon i \in I\}]r\vec{t}|_k \leq \alpha$. In particular, $|\bot r\vec{t}|_k \leq \alpha$ for any α. Also, $|c|_k \leq \alpha$ for any constant c of level 0 and any α.

Rule 4. If $|r|_k \leq \alpha_0 < \alpha$, then $|Nr|_k \leq \alpha$.

Rule 5. If $|r|_k \leq \alpha' < \alpha$ and $|Rmst\vec{t}|_k \leq \alpha_m < \alpha$ for all nonnegative integers m, and if r is not a constant of type ι, then $|Rrst\vec{t}|_k \leq \alpha$.

Rule 6. If $|s\vec{t}|_k \leq \alpha_0 < \alpha$, then $|R0st\vec{t}|_k \leq \alpha$.

Rule 7. If $|tm(Rmst)\vec{t}|_k \leq \alpha_0 < \alpha$, then $|R(m+1)st\vec{t}|_k \leq \alpha$.

Rule 8. $|R\bot st\vec{t}|_k \leq \alpha + 1$ for any α.

k-Abbreviation-Rule. If $|r\vec{y}|_k \leq \alpha_0 < \alpha$ and $|t_i\vec{y_i}|_k \leq \alpha_i < \alpha$ for $i = 1, \ldots, m$ ($m \geq 1$), and furthermore lev(r) $\leq k$, then $|rt_1 \ldots t_m|_k \leq \alpha$.

The notion of a *full argument sequence* for a finite functional u in normal form is defined inductively, as follows. Any u of level 0 has no full argument sequences, and for $\{(u_1, v_1), \ldots, (u_m, v_m)\}$ the full argument sequences are all sequences $u_i w_{i1} \ldots w_{in}$ where $w_{i1} \ldots w_{in}$ is a full argument sequence for v_i.

We write $|r|_k < \alpha$ to mean that we know a $\beta < \alpha$ such that $|r|_k \leq \beta$.

Now let r be a primitive recursive term, of arbitrary level. We first show that, for sufficiently big k, it is easy to estimate the height of a tree of degree k for $r\vec{y}$.

Lemma 4.1. *For any variable x we have, with an arbitrary k,*

$$|x\vec{y}|_k \leq \text{lev}(x). \tag{4.2}$$

Now let r be any primitive recursive term. If all subterms of r have levels $\leq k$, then

$$|r\vec{y}|_k < \omega \cdot 2. \tag{4.3}$$

Proof. (4.2) can be seen easily by induction on the level of x:

$$|y_i\vec{z_i}|_k \leq \text{lev}(y_i) < \text{lev}(x)$$

for $i = 1, \ldots, m$ by induction hypothesis , and hence

$$|xy_1 \ldots y_m|_k \leq \text{lev}(x).$$

(4.3) is proven by induction on the height (i. e., the number of symbols) of r.

Case x. The claim follows from (4.2).

Case $[u]$. We show $|[u]y\vec{y}|_k < \omega$, by induction on the length of u. This is obvious (by Rule 3) if u is of level 0. Otherwise, $u = \{(u_i, v_i): i \in I\}$ and we have $|[w_i]\vec{y_i}| < \omega$ for $i = 1, \ldots, m$ by induction hypothesis and hence $|y[w_1] \ldots [w_m]|_k < \omega$ by Rule 2. By Rule 3 we can conclude $|[\{(u_i, v_i): i \in I\}]y\vec{y}|_k < \omega$.

Case N. We have $|Ny|_k \leq 1$, since $|y|_k \leq 0$.

Case R. We first show $|Rmyz\vec{y}|_k < \omega$, by induction on m. Since $|y\vec{y}|_k \leq$ lev(y) by (4.2) we have $|R0y\vec{z}\vec{y}|_k \leq \text{lev}(y) + 1 < \omega$ by Rule 6. For the induction step, assume $|Rmyz\vec{y}|_k < \omega$. Then (by Rule 2 and (4.2)) we also have $|zm(Rmyz)\vec{y}|_k < \omega$ and hence $|R(m+1)yz\vec{y}|_k < \omega$ by Rule 7. We now show $|Rxyz\vec{y}|_k \leq \omega$. This follows from $|Rmyz\vec{y}|_k < \omega$ for all m and $|x|_k \leq 0$ by Rule 5.

Case $\lambda x.r$. By induction hypothesis we have $|r[y]\vec{y}|_k < \omega \cdot 2$, and hence $|(\lambda x.r)y\vec{y}|_k < \omega \cdot 2$ by Rule 1.

Case rs. By induction hypothesis we have $|ryy_1 \dots y_m|_k < \omega \cdot 2$ and $|s\vec{z}|_k < \omega \cdot 2$, and by (4.2) $|y_i\vec{z_i}|_k \leq \text{lev}(y_i) < \omega$ for $i = 1, \dots, m$. By the k-Abbreviation-Rule we can conclude $|rsy_1 \dots y_m|_k < \omega \cdot 2$. □

We now want to show how from an estimate for the height of a tree of degree k we can obtain an estimate for the height of the tree of degree 0.

Lemma 4.2. *Let* $r, s_1, \dots, s_m$ *be primitive recursive terms with* $\text{lev}(r) = 0$. *If* $|r|_k \leq \alpha$ *and* $|s_j\vec{y_j}|_k \leq \beta$ *for* $j = 1, \dots, m$, *and if* $s_1, \dots, s_m$ *have levels* $\leq k$, *then*

$$|r_{x_1,\dots,x_m}[s_1, \dots, s_m]|_k \leq \beta + \alpha.$$

Proof. We use induction on the generation of $|r|_k \leq \alpha$, and – for readability – write t^* for $|t_{x_1,\dots,x_m}[s_1, \dots, s_m]|$.

Rule 1. $|r^*[s^*]\vec{t^*}|_k \leq \beta + \alpha_0 < \beta + \alpha$ by induction hypothesis, hence $|(\lambda x.r^*)s^*\vec{t^*}|_k \leq \beta + \alpha$ by Rule 1.

Rule 2. $|t_i^*\vec{y_i^*}|_k \leq \beta + \alpha_i < \beta + \alpha$ for $i = 1, \dots, m$ by induction hypothesis, hence $|xt_1^* \dots t_m^*|_k \leq \beta + \alpha$. Now if x is one of the variables x_j to be substituted by s_j, we must use the k-Abbreviation-Rule instead of Rule 2. This is possible since by hypothesis s_j has level $\leq k$, and since also by hypothesis $|s_j\vec{z_j}|_k \leq \beta$. Then (if $m > 0$) the k-Abbreviation-Rule yields $|s_jt_1^* \dots t_m^*|_k \leq \beta + \alpha$, as required. In case $m = 0$ there are no t_i's and we have used Rule 2 to generate $|x_j|_k \leq \alpha$. But then $|s_j|_k \leq \beta + \alpha$ holds by hypothesis.

Rule 3. $|r^*[w_1] \dots [w_m]|_k \leq \beta + \alpha_{w_1 \dots w_m} < \beta + \alpha$ for all $w_1, \dots, w_m$ and $|[\bigcup_{i \in I'} v_i]\vec{t^*}|_k \leq \beta + \alpha_{I'} < \beta + \alpha$ for all $I' \subseteq I$ such that $\bigcup_{i \in I'} v_i$ is consistent by induction hypothesis, hence $|[\{(u_i, v_i) : i \in I\}]r\vec{t}|_k \leq \beta + \alpha$ by Rule 3.

Rules 4–8 and the *k-Abbreviation-Rule* can be treated similarly (i. e. as Rules 1 and 3); the claim always follows by induction hypothesis and the same rule. □

Lemma 4.3. *Let* r *be a primitive recursive term of level 0. If* $|r|_{k+1} \leq \alpha$, *then* $|r|_k \leq 2^\alpha$.

Proof. We again use induction on the generation of $|r|_{k+1} \leq \alpha$. The only case where the claim does not follow immediately from the induction hypothesis is where $|rt_1 \dots t_m|_{k+1} \leq \alpha$ was generated from $|r\vec{y}|_{k+1} \leq \alpha_0 < \alpha$ and $|t_i\vec{y_i}|_{k+1} \leq \alpha_i < \alpha$ for $i = 1, \dots, m$ by the k-Abbreviation-Rule, and $\text{lev}(r) \leq k + 1$. By induction hypothesis we then have $|r\vec{y}|_k \leq 2^{\alpha_0}$ and $|t_i\vec{y_i}|_k \leq 2^{\alpha_i}$ for $i = 1, \dots, m$. Using Lemma 4.2 we can conclude $|rt_1 \dots t_m|_k \leq 2^{\max(\alpha_1,\dots,\alpha_m)} + 2^{\alpha_0} \leq 2^\alpha$. □

We now show that, from an estimate α for the height of the tree of degree 0 of a primitive recursive term $r\vec{y}$, we can conclude – by an application of transfinite induction of the same length α – that the leftmost reduction sequence for r terminates.

Lemma 4.4. *Let r be a primitive recursive term of arbitrary level. If $|r\vec{y}|_0 \leq \alpha$, then the leftmost (or standard) reduction sequence for r terminates.*

Proof. We use induction on the generation of $|r\vec{y}|_0 \leq \alpha$, and write $t\downarrow$ to mean that the leftmost reduction sequence for t terminates.

If r is a variable or a constant, then the claim is trivial.

Case $\lambda x.r$. Then $|[\lambda x.r]y\vec{y}|_0 \leq \alpha$ was generated from $|r[y]\vec{y}|_0 \leq \alpha_0 < \alpha$ by Rule 1. By induction hypothesis we know $r[y]\downarrow$, and this obviously implies $(\lambda x.r)\downarrow$.

Case $xt_1 \ldots t_m$. Then $|xt_1 \ldots t_m\vec{y}|_0 \leq \alpha$ was generated from $|t_i\vec{y_i}|_0 \leq \alpha_i < \alpha$ and $|y_j\vec{z_j}|_0 \leq \beta_j < \alpha$ by Rule 2. By induction hypothesis we know $t_i\downarrow$, and this obviously implies $(xt_1 \ldots t_m)\downarrow$.

Case $[\{(u_i, v_i): i \in I\}]r\vec{t}$. Then $|[\{(u_i, v_i): i \in I\}]r\vec{t}\vec{y}|_0 \leq \alpha$ was generated by Rule 3 from $|r[w_1]\ldots[w_m]|_0 \leq \alpha_{w_1 \ldots w_m} < \alpha$ for all full argument sequences $w_1, \ldots, w_m$ in any of the u_i ($i \in I$), and from $|[\bigcup_{i\in I'} v_i]\vec{t}\vec{y}|_0 \leq \alpha_{I'} < \alpha$ for all $I' \subseteq I$ such that $\bigcup_{i\in I'} v_i$ is consistent. By induction hypothesis we know $(r[w_1]\ldots[w_m])\downarrow$ for all $w_1, \ldots, w_m$, and also $([\bigcup_{i\in I'} v_i]\vec{t})\downarrow$ for all $I' \subseteq I$ such that $\bigcup_{i\in I'} v_i$ is consistent. Now from the definition of the leftmost reduction procedure it can be seen easily that this implies $([\{(u_i, v_i): i \in I\}]r\vec{t})\downarrow$.

Case Nr. Then $|Nr|_0 \leq \alpha$ was generated from $|r|_0 \leq \alpha_0 < \alpha$ by Rule 4. By induction hypothesis we know $r\downarrow$, and this obviously implies $(Nr)\downarrow$.

Case $Rrst\vec{t}$ with r not a constant. Then $|Rrst\vec{t}\vec{y}|_0 \leq \alpha$ was generated by Rule 5 from $|r|_0 \leq \alpha' < \alpha$ and $|Rmst\vec{t}\vec{y}|_0 \leq \alpha_m < \alpha$ for all nonnegative integers m. By induction hypothesis we know $r\downarrow$ and $(Rmst\vec{t})\downarrow$ for all m, and this obviously implies $(Rrst\vec{t})\downarrow$.

Case Rrs with r not a constant. Then $|Rrsz\vec{y}|_0 \leq \alpha$ was generated by Rule 5 from $|r|_0 \leq \alpha' < \alpha$ and $|Rmsz\vec{y}|_0 \leq \alpha_m < \alpha$ for all nonnegative integers m. We also know that $|R0sz\vec{y}|_0 \leq \alpha_0$ was generated by Rule 6 from $|s\vec{y}|_0 \leq \alpha'_0 < \alpha_0$. By induction hypothesis we know $r\downarrow$ and $s\downarrow$, and this clearly implies $(Rrs)\downarrow$.

Case Rr with r not a constant. Then $|Ryz\vec{y}|_0 \leq \alpha$ was generated by Rule 5 from $|r|_0 \leq \alpha' < \alpha$ and $|Rmyz\vec{y}|_0 \leq \alpha_m < \alpha$ for all nonnegative integers m. By induction hypothesis we know $r\downarrow$, and this clearly implies $(Rr)\downarrow$.

Case $R0st\vec{t}$. Then $|R0st\vec{t}\vec{y}|_0 \leq \alpha$ was generated from $|s\vec{t}\vec{y}|_0 \leq \alpha_0 < \alpha$ by Rule 6. By induction hypothesis we know $(s\vec{t})\downarrow$. Since lred$(R0st\vec{t}) = s\vec{t}$, we can conclude $(R0st\vec{t})\downarrow$.

Case $R(m+1)st\vec{t}$. Then $|R(m+1)st\vec{t}\vec{y}|_0 \leq \alpha$ was generated from $|tm(Rmst)\vec{t}\vec{y}|_0 \leq \alpha_0 < \alpha$ by Rule 7. By induction hypothesis we know $(tm(Rmst)\vec{t})\downarrow$. Since lred$(R(m+1)st\vec{t}) = tm(Rmst)\vec{t}$, we can conclude $(R(m+1)st\vec{t})\downarrow$.

Case Rms. We first show, by induction on m, that in the generation of $|Rmsz\vec{y}_m|_0 \leq \beta_m$ there must occur $|R0sz\vec{y}_0|_0 \leq \beta_0$ for some $\beta_0 \leq \beta_m$. For $m = 0$ there is nothing to show, and for $m > 0$ $|Rmsz\vec{y}_m|_0 \leq \beta_m$ was generated from $|z(m-1)(R(m-1)sz)\vec{y}_m|_0 \leq \beta'_m < \beta_m$ by Rule 7, and this in turn was generated from (among others) $|R(m-1)sz\vec{y}_{m-1}|_0 \leq \beta_{m-1} < \beta'_m$, whence by induction hypothesis our claim follows. – Hence from $|Rmsz\vec{y}|_0 \leq \alpha$ we can infer $|R0sz\vec{y}|_0 \leq \alpha$. But $|R0sz\vec{y}|_0 \leq \alpha$ was generated from $|s\vec{y}|_0 \leq \alpha_0 < \alpha$ by Rule 6. By induction hypothesis we know $s\downarrow$, and this obviously implies $(Rms)\downarrow$.

Case Rm. This term does not contain a convertible subterm, and hence the claim is trivial.

Cases $R\bot st\vec{t}$, $R\bot s$, $R\bot$. The leftmost reduction sequences for all these terms clearly terminate with $\bot$.

Case $(\lambda x.r)s\vec{t}$. Then $|(\lambda x.r)s\vec{t}\vec{y}|_0 \leq \alpha$ was generated from $|r[s]\vec{t}\vec{y}|_0 \leq \alpha_0 < \alpha$ by Rule 1. By induction hypothesis we know $(r[s]\vec{t})\downarrow$. Since lred$((\lambda x.r)s\vec{t}) = r[s]\vec{t}$, we can conclude $((\lambda x.r)s\vec{t})\downarrow$. □

To summarize, we have proved the following result.

Theorem 4.5. *Let r be a primitive recursive term of arbitrary level, possibly containing free variables and constants for finite functionals. Then we can find an ordinal $\alpha < \varepsilon_0$ (by the constructions in Lemmas 4.1 and 4.3) such that the termination of the leftmost (or standard) reduction sequence for r is provable in elementary arithmetic (more precisely: primitive recursive arithmetic in Skolem's sense) plus tranfinite induction up to α.*

By a well-known result this implies that the length of the leftmost reduction sequence for r is bounded by an α-recursive function in the length of r.

Bibliography

1. de Bruijn, N. G.: Lambda calculus notation with nameless dummies, a tool for automatic formula manipulation, with application to the Church-Rosser theorem. Indagationes Math. *34*, 381–392 (1972)
2. Diller, J.: Zur Berechenbarkeit primitiv-rekursiver Funktionale endlicher Typen. In K. Schütte (ed.): Contributions to Mathematical Logic. North-Holland, Amsterdam 1968, pp. 109–120
3. Ershov, Yu. L.: Model C of partial continuous functionals. In R. Gandy and M. Hyland (eds.): Logic Colloquium 1976. North Holland, Amsterdam 1977, pp. 455–467

4. Friedman, H.: Equality between functionals. In R. Parikh (ed.): Logic Colloquium, Lecture Notes in Math. 453. Springer, Berlin 1975, pp. 22–37
5. Gödel, K.: Über eine bisher noch nicht benützte Erweiterung des finiten Standpunktes. Dialectica *12*, 280–287 (1958)
6. Howard, W. A.: Ordinal analysis of terms of finite type. The Journal of Symbolic Logic, *45* (3), 493–504 (1980)
7. Kreisel, G.: Interpretation of analysis by means of constructive functionals of finite types. In A. Heyting (ed.): Constructivity in Mathematics. North Holland, Amsterdam 1959, pp. 101–128
8. Plotkin, G. D.: LCF considered as a programming language. Theoretical Computer Science. *5*, 223–255 (1977)
9. Plotkin, G. D.: T^ω as a universal domain. Journal of Computer and System Sciences *17*, 209–236 (1978)
10. Sanchis, L. E.: Functionals defined by recursion. Notre Dame Journal of Formal Logic *8*, 161–174 (1967)
11. Schütte, K., Schwichtenberg, H.: Mathematische Logik. In G. Fischer et al. (eds.): Ein Jahrhundert Mathematik 1890–1990. Festschrift zum Jubiläum der DMV. Vieweg, Braunschweig 1990, pp. 717–740
12. Schwichtenberg, H.: Eine Normalform für endliche Approximationen von partiellen stetigen Funktionalen. In J. Diller (ed.): Logik und Grundlagenforschung, Festkolloquium zum 100. Geburtstag von Heinrich Scholz. Aschendorff, Münster 1986, pp. 89–95
13. Scott, D. S.: Domains for denotational semantics. In M. Nielsen, E. M. Schmidt (eds.): Automata, Languages and Programming. Lecture Notes in Computer Science 150, Springer, Berlin 1982, pp. 577–613
14. Statman, R.: Equality between functionals revisited. In L. A. Harrington et al. (eds.): Harvey Friedman's Research on the Foundations of Mathematics. North Holland, Amsterdam 1985, pp. 331–338

Proofs in Structured Specifications

Martin Wirsing

Abstract. Proof rules are developed for a small language that allows to write specifications in a structured and modular way. The language consists of four constructs: one for constructing a flat specification (from a signature and a set of axioms) and three operators for exporting a subsignature, for renaming and for combining specifications. Two different techniques for proving the validity of a formula in such specifications are considered. Moreover, a complete proof system for the refinement relation between specifications is established.

1. Introduction

Algebraic specifications provide means for describing data structures in an abstract property-oriented way. Since the pioneering work of Guttag, Liskov, Zilles and the ADJ-group the concept of data abstraction underlying the algebraic specification method has influenced the design of programming languages such as ADA and the object-oriented language Eiffel. Moreover, the algebraic approach is one of the principal candidates for industrializing formal specifications and the design and development of correct (i.e. zero-fault) software.

F.L. Bauer was one of the first european computer scientists who saw the possibilities and advantages of this approach. Together with K. Samelson, he chose the algebraic approach as theoretical and methodical paradigm for the CIP-project whose goal was the transformational development of software from formal specifications. The wide-spectrum language CIP-L (developed within this project) is the first language which combines procedural programming with algebraic specifications as data abstractions and structuring mechanisms [Bauer et al. 85]. Similar ideas can be found in the languages Larch [Guttag et al. 85] and COLD [Jonkers 89].

This work has been partially sponsored by the ESPRIT project DRAGON, the ESPRIT working group COMPASS, and the DFG-project SPECTRUM. An extended version of this paper has appeared as Technical Report, Universität Passau, MIP-9008.

Proving is one of the principal activities in the process of formal program development. This ranges from proving valid equations of a specification during the prototyping or testing phase for a requirement specification to the proof of program transformations and the correctness proof of implementations. The main proof techniques for algebraic specifications have their origin in equational Horn logic and term rewriting: specifications are tested by using term rewriting (as e.g. in OBJ [Futatsugi et al. 85]) or narrowing (as e.g. in RAP [Geser, Hußmann 86]). These methods are well-studied in the case of simple non-structured specifications (see e.g. [Dershowitz, Jouannaud 90]); for large systems of specifications which are built using the structuring operators of specification languages not so many results are known (for such proof systems see [Leszczylowski, Wirsing 82], [Sannella, Burstall 83], [Harper et al. 89]). The situation for the proof of correct implementations is similar: only a few papers study the implementation of a structured specification by another ([Sannella, Tarlecki 88], [Farres 89]).

The aim of this paper is to present a small formalism which supports the following issues in an integrated way: specification in the small (i.e. simple, non-structured specifications), specification in the large (i.e. operators for combining specifications) and specification development (using a formal notion of implementation of one specification by another). For each part of the formalism, syntax, semantics and proof system will be given.

The formalism can be seen as filtering and an outcome of the ideas of the CIP-project in the areas of formal specification and program transformation: A simple specification consists of a signature and a set of first-order axioms. The semantics is "ultra-loose", (i.e. a generalization of the loose semantics of CIP-specifications) where all structures that satisfy the axioms of a specification are considered as models, including those with non-standard equality. As a further particularity, signatures may contain predicate symbols; the equality symbols and the constructor predicate symbols are considered as specific standard symbols. The specification language contains three operators for exporting a subsignature, for renaming and for combining specifications. The implementation relation is chosen in such a way that modular and local implementation is possible: all specification operators are transitive and monotonic as required in the CIP-project [Broy et al. 80].

Two different techniques for proving the validity of a formula in structured specifications are considered.

First, it is shown that for every specification expression a normal form can be constructed which has the form of a flat specification (containing hidden functions). Given a proof system K for flat specifications, one obtains directly a proof system for structured specifications which is sound and relatively complete if K is so.

A drawback of the system is that it does not respect the modular structure of the specifications. Therefore, a second proof system Π_{spec} is developed such that the inference rules correspond exactly to the formation rules of the language. Π_{spec} is sound and relatively complete.

In the last part, the refinement relation between specifications is studied. A relatively sound and complete calculus is given for proving that one specification is a refinement of a structured specification.

The appendix contains the definitions of some notations which are used in the main text.

2. Simple Specifications

In this section, two variants of simple specifications are shortly presented: simple "first-order" specifications and simple specifications with constructors. The latter are used for the axiomatic description of infinite data structures.

A *simple first-order specification* $SP = \langle \Sigma, E \rangle$ consists of a signature Σ and a (finite) set E of first-order Σ-formulas, the so-called *axioms*; here a *signature* $\Sigma = \langle S, F, P \rangle$ consists of a set of sorts S, a set of function symbols F and a set of predicate symbols P such that for all $f \in F$, f has a type $s_1, \ldots, s_n \to s$ with $s_1, \ldots, s_n, s \in S$ and for all $p \in P$, p has a type $s_1, \ldots, s_n$ with $s_1, \ldots, s_n \in S$.

In general, it is assumed that for each sort $s \in S$ there is an equality symbol $=_s$ of type s, s. These predicate symbols are required to form a Σ-congruence relation, i.e. each $=_s$, $s \in S$, is reflexive, symmetric, transitive and is compatible with all function and predicate symbols of Σ (formally, for each $f : s_1, \ldots, s_n \to s \in F$ we have the axiom

$$\forall x_1, y_1 : s_1, \ldots, x_n, y_n : s_n . \bigwedge_{1 \leq i \leq n} x_i =_{s_i} y_i \Rightarrow$$
$$f(x_1, \ldots, x_n) =_s f(y_1, \ldots y_n)$$

and similarly for each $p \in P$).

Then the semantics of a simple specification $SP = \langle \Sigma, E \rangle$ is given by its signature $\text{sig}(SP) =_{\text{def}} \Sigma$ and the class of all Σ-structures that satisfy the axioms, i.e. the class of models of SP is defined by $\text{Mod}(SP) =_{\text{def}} \{A \in \text{Struct}(\Sigma) : A \models e \text{ for all } e \in E\}$.

As proof system, depending on the forms of axioms under consideration any sound and complete proof system Π for equational Horn clause or first-order logic can be chosen (see e.g. [Padawitz 88]).

This approach of axiomatizing structures is suited to a representation-free view of data types but it does not provide any mechanism for distinguishing denotable objects of a data structure (i.e. the interpretations of ground terms) from "junk" (i.e. from those elements which are not interpretations of ground terms). In the classical algebraic approaches this distinction is achieved by selecting the *initial* or *terminal* algebra or by chosing the class of all *term-generated* models.

Simple specifications

Syntax

spec SP = **sorts** S **func** F **pred** P **axioms** E **endspec**

Semantics

Signature $\text{sig}(SP) = \langle S, F, P\rangle$

Models $\text{Mod}(SP) = \{A \in \text{Struct}(\text{sig}(SP)) : A \models e \text{ for all } e \in E\}$

Proof system

Any many-sorted first-order proof system Π with the standard Σ-congruence axioms for the equality symbols $(=_s)_{s\in S}$.

Figure 1. Simple specifications with ultra-loose semantics

The latter class is defined by F.L. Bauer's principle of "term generation" which says that for each Σ-data structure D and each $s \in S$, any element $d \in D_s$ is the interpretation of a ground term $t \in T(\Sigma)_s$ [Bauer, Wössner 82].

Here we choose an even weaker approach, the so-called "ultra-loose approach" [Wirsing, Broy 89]: *A simple specification with constructors and ultra-loose semantics* is a simple specification where the set of function symbols is divided in a set "Cons" of "*constructor*" symbols and a set of "*non-constructor*" symbols. The axioms may contain additional unary standard predicate symbols $T_{\Sigma'}$ where Σ' is a subsignature of Σ such that for any Σ-structure D, $d \in T^D_{\Sigma'}$ iff $d = t^D$ for some $t \in T(\Sigma')$, i.e. $T_{\Sigma'}$ denotes the set of interpretations of ground Σ'-terms. Quantifiers may range over sets of ground terms: for any subsignature Σ' of Σ, $\forall_{\Sigma'} x{:}s.\ e$ is defined by $\forall x{:}s.\ T_{\Sigma'}(x) \Rightarrow e$. In particular, we write $\forall_{\text{Cons}}$ for universal quantification over the set Cons of constructor terms $T(\langle S, \text{Cons}, \emptyset\rangle)$. Relativized existential quantification is analogously defined.

Example 2.1. (*Sets*) The following specification

> **spec** SET =
> **sorts** {set, data}
> **cons** $\{d1, \ldots, dn{:}\rightarrow\text{data}\} \cup \{\text{empty}{:}\rightarrow\text{set, add: data, set}\rightarrow\text{set}\}$
> **pred** {=:set, set}
> **axioms** $\{\forall_{\text{Cons}} x, y\text{: data}, s\text{: set}.$
> $\text{add}(x, \text{add}(y, s)) = \text{add}(y, \text{add}(x, s)) \wedge \text{add}(x, \text{add}(x, s)) = \text{add}(x, s)\}$
> **endspec**

describes finite sets of data in an ultra-loose way. The structure $\mathcal{P}_{\text{fin}}(\mathcal{D})$ of finite subsets of $D =_{\text{def}} \{d1, \ldots, dn\}$, the structure D^* of finite sequences with elements of D (where $s =^{D^*} s' \Leftrightarrow_{\text{def}} [\forall x \in D.\ x \in s \Leftrightarrow x \in s']$), and also the structure $\mathbb{Z}^*$ of finite sequences of integers (where $d_i^{\mathbb{Z}^*} =_{\text{def}} i$ for $i = 1, \ldots, n$) are particular models of SET. □

The proof system Π_{ul} for specifications with constructors consists of a proof system Π for simple specifications with two additional rules defining relativized universal quantification (Figure 2).

Simple specifications with constructors and ultra-loose semantics

Syntax

spec $SP \equiv$ **sorts** S **cons** C **func** F **pred** P **axioms** E **endspec**

Semantics

Signature sig(SP) = $\langle S, F \cup C, P\rangle$

Models Mod(SP) = $\{A \in \text{Struct}(\text{sig}(SP)) : A \models e \text{ for all } e \in E\}$

Proof system

Π_{ul}: Any proof system Π of simple specifications extended by

infinitary induction: $\frac{e[t/x] \text{ for all } t \in T(\Sigma')_s}{\forall_{\Sigma'} x{:}s.e}$ and

$\forall_{\Sigma'}$-elimination: $\frac{\forall_{\Sigma'} x{:}s.e}{e[t/x]}$ if $t \in T(\Sigma')_s$

Figure 2. Simple specifications with constructors

Theorem 2.2. The proof system Π_{ul} is sound and complete if Π is so.

The proof is analogous to the proof of completeness for ω-logic and uses the omitting type theorem (of [Chang, Keisler 77, p. 81]). □

Note, however, that the infinitary induction rule needs in general infinitely many premisses; thus Π_{ul} is not finitary; any finitary proof system is incomplete w.r.t. the semantics of specifications with constructors.

3. Structured Specifications

For large problems it is convenient to design specifications in a structured fashion by combining and modifying smaller specifications. In this section, three specification operators are presented which combined with simple specifications form a small, powerful specification language.

Let Spec be the sort of all specification expressions. The operator .+.: Spec, Spec → Spec allows one to combine two specifications by forming the union of both signatures and the intersection of the models: The *rename-operator* .•.: Renaming, Spec → Spec renames every symbol of a specification in accordance with a bijective renaming (see Figure 3). The *export-operator* .|.: Spec, Signature → Spec restricts the signature of a specification SP to the indicated subsignature Σ; any model of $SP|_\Sigma$ is the Σ-reduct of a model of SP.

An important derived specification operator is the extension of a specification SP_0 by new sorts S, constructors C, function symbols F, predicate symbols P and axioms E:

Let sig(SP_0) = $\langle S_0, C_0 \cup F_0, P_0\rangle$ where C_0 is the set of constructor symbols. Then

extend SP_0 **by sorts** S **cons** C **func** F **pred** P **axioms** E $=_{\text{def}}$ $SP_0 + SP$

where

spec SP = **sorts** $S \cup S_0$ **cons** $C \cup C_0$ **func** $F \cup F_0$ **pred** $P \cup P_0$ **axioms** E **endspec**

Structured specifications

Syntax

$.+.$: Spec, Spec → Spec 'combine'

$.\bullet.$: Renaming, Spec → Spec 'rename' bijective

$.|_{.}$: Spec, Signature → Spec 'export'

where $r \bullet SP$ is well defined, if $r : \Sigma \to \Sigma'$ is a bijective signature morphism;

$SP|_\Sigma$ is well defined if $\Sigma \subseteq \text{sig}(SP)$.

Semantics

$\text{sig}(SP + SP') = \text{sig}(SP) \cup \text{sig}(SP')$

$\text{sig}(r \bullet SP) = \Sigma'$ if $r : \Sigma \to \Sigma'$

$\text{sig}(SP|_\Sigma) = \Sigma$

$\text{Mod}(SP1 + SP2) = \{A : A|_{\text{sig}(SP_i)} \in \text{Mod}(SP_i), i = 1, 2\}$

$\text{Mod}(r \bullet SP) = \{A : A|_r \in \text{Mod}(SP)\}$

$\text{Mod}(SP|_\Sigma) = \{B|_\Sigma : B \in \text{Mod}(SP)\}$

Figure 3. Syntax and semantics of structured specifications

Example 3.1 (1) (*Sets continued*). The following specification SET1 combines the specification SET of Example 2.2 with a specification BOOL of truth-values and extends this sum by a boolean function symbol "ε" (denoting the "is-element" relation) and a constant "all" (denoting the set of all data). For better readability, "ε" is used as an infix-operator.

spec SET1 =
 extend SET + BOOL **by**
  func $\{.\varepsilon. : \text{data, set} \to \text{bool, all}: \to \text{set}\}$
  axioms $\{\forall_{\text{Cons}} x, y\text{: data}, s\text{: set}.$
  $(x \ \varepsilon \ \text{empty}) = \text{false} \wedge (x \ \varepsilon \ \text{all}) = \text{true} \wedge [(x \ \varepsilon \ \text{add}(y, s)) = \text{true} \Leftrightarrow (x{=}y \vee (x \ \varepsilon \ s))]\}$
endspec

Note, that any model of SET can be expanded to a model of SET1. In particular, the constant "all" is not a constructor; therefore, it does not change the range of the relativized quantifier $\forall_{\text{Cons}}$. □

In order to present a non-trivial example we give a structured specification of a communication medium for several users (as given by M. C. Gaudel during the workshop on "Formal Aspects of Specification" at Imperial College 1985, cf. [Broy, Tarlecki 85, Wirsing 86]).

Example 3.1 (2) (*Continuum*). Informally, a continuum is a structure to which every user can send messages and read them in the following way. In the beginning every user may read the first message that was sent, then the users may independently move on to the next message.

The essential idea of the following specification is to use a queue of messages where each message is associated with the list of those users who have read the message. We assume to be given specifications USER and MESSAGE of the users and messages, a specification SET2 extending SET1 by a boolean function symbol "isfull" (where isfull(s) $\Leftrightarrow$ s = all), a specification PAIR of pairs of data of sort elem1 and elem2 (with constructor $\langle .,. \rangle$), and a specification QUEUE of a memory structure for elements of sort data which is scheduled according to a "first-in, first-out"-strategy (QUEUE contains a sort queue, a constant constructor equeue for the empty queue; elements are appended using the constructor app: data, queue → queue; the first element is accessed via first: queue → data, it is deleted by rest: queue → queue).

Using "rename" and "+" we get further auxiliary specifications SET-U of sets of users, PAIR-UM of sets of users and messages and QUEUE-B of queues of pairs with the sort queue renamed to "board", the sort of "Continuum".

spec SET-U = USER + [set → set user, data → user] • SET2 **endspec**
spec PAIR-UM = SET-U + MESSAGE + [elem1 → set user, elem2 → message] • PAIR
  endspec
spec QUEUE-B = PAIR-UM + [data → pair, queue → board] • QUEUE **endspec**

The specification CONTINUUM extends QUEUE-B by four operations which can intuitively be explained as follows:

send (b, m) adds an additional message m to the board b,
move (b, u) changes the board b so that for the user u the next message becomes the actual message; if there is no next message, then the result is not specified.
allread (b, u) yields true, if user u has "moved" to all the messages contained in b,
read (b, u) yields the message from the board b that is actual for user u; if there is no actual message, then the result is not specified.

Then CONTINUUM exports only the above function symbols together with the signatures of BOOL, USER, MESSAGE.

spec CONTINUUM = NEWS-Q$|_{\Sigma_C}$ **endspec**
where
signature Σ_C =
  extend sig(BOOL) ∪ sig(USER) ∪ sig(MESSAGE) **by**
    sort {board}
    func {allread, send, move, read}
    pred {=: board, board}
endsignature
and where
spec NEWS-Q =
  extend QUEUE-B **by**
    func {allread: board, user → bool,
      send: board, message → board,
      move: board, user → board,
      read: board, user → message}
    axioms {$\forall_{\text{Cons}}$ u: user, s: set user, m: message, b: board.

allread (equeue, u) = true ∧
allread (app(⟨s,m⟩, b), u) = **if** u ε s **then** true **else** false **fi** ∧
((u ε s) = false ⇒ move(app(⟨s,m⟩, b), u) =
  if allread (b, u)
  then if not(isfull(s)) **then** app(⟨add(u, s), m⟩, b) **else** b **fi**
  else app(⟨s,m⟩, move(b, u)) **fi**) ∧
((u ε s) = false ⇒ read(app(⟨s,m⟩,b), u) = **if** allread(b, u) **then** m **else** read(b, u) **fi**) ∧
send(b,m) = app(⟨empty,m⟩, b)}
endspec □

In the remainder of this section, two different techniques for proving the validity of a formula in a structured specification are presented. First, we construct a simple specification (with hidden function symbols) which is equivalent to the original structured specification and prove the formula by using the calculus for simple specifications. A drawback of this method is that the modular structure of the specification is lost and cannot be used for the proof. Therefore, a second proof system will be given such that the inference rules correspond exactly to the formation rules of the specification operators.

The following properties are sufficient to establish a normal form for any structured specification. Most of them can be found in [Bergstra et al. 90].

Theorem 3.2.
Let SP, SP_1, SP_2 be specifications, $\Sigma, \Sigma_1, \Sigma_2$ be signatures without constructors (such that $\Sigma \subseteq \text{sig}(SP)$, $\Sigma_1 \subseteq \text{sig}(SP_1)$ and $\Sigma_2 \subseteq \text{sig}(SP_2)$), E, E_1, E_2 be sets of Σ-, Σ_1-, Σ_2-formulas, r, r' be bijective renamings such that the following expressions are well-defined. Then the following equations hold:

(+1) $SP + SP = SP$
(+2) $SP_1 + SP_2 = SP_2 + SP_1$
(+3) $SP_1 + (SP_2 + SP_3) = (SP_1 + SP_2) + SP_3$
(+4) $\langle \Sigma_1, E_1 \rangle + \langle \Sigma_2, E_2 \rangle = \langle \Sigma_1 \cup \Sigma_2, E_1 \cup E_2 \rangle$

(E1) $SP_1|_{\Sigma_1} + SP_2|_{\Sigma_2} = (SP_1 + SP_2)|_{\Sigma_1 \cup \Sigma_2}$
if $\Sigma_1 \cap \Sigma_2 \supseteq \text{sig}(SP_1) \cap \text{sig}(SP_2)$
(E2) $(SP|_{\Sigma})|_{\Sigma_1} = SP|_{\Sigma_1}$ if $\Sigma_1 \subseteq \Sigma$
(E3) $SP|_{\text{sig}(SP)} = SP$

(R1) $r \bullet \langle \Sigma, E \rangle = \langle r(\Sigma), r(E) \rangle$ if $\Sigma \subseteq \text{dom}(r)$
(R2) $r \bullet (SP_1 + SP_2) = r \bullet SP_1 + r \bullet SP_2$ if $\text{sig}(SP_1 + SP_2) \subseteq \text{dom}(r)$
(R3) $r \bullet (SP|_{\Sigma}) = (r \bullet SP)|_{r(\Sigma)}$ if $\text{sig}(SP) \subseteq \text{dom}(r)$
(R4) $r' \bullet (r \bullet SP) = (r' \circ r) \bullet SP$ if $r(\text{sig}(SP)) \subseteq \text{dom}(r')$

(αh) $SP|_{\Sigma} = (r \bullet SP)|_{\Sigma}$ if $r|_{\Sigma} = \text{id}$

The proof of Theorem 3.2 follows easily from the semantics of the specification operators. □

The equations of Theorem 3.2 can be used to derive the following normal form theorem.

Theorem 3.3 [Bergstra et al. 90]. For any structured specification SP there exists a specification $nf(SP)$ of form $\langle \Sigma'', E'' \rangle|_{\text{sig}(SP)}$ where Σ'' is a signature and E'' is a set of Σ''-formulas such that Mod(SP) = Mod($nf(SP)$) and $nf(SP)$ can be obtained from SP by applying the equations of Theorem 3.1.

Proof. First, the distinction between constructor and non-constructor function symbols is eliminated in SP by replacing the keyword Cons in every quantifier $\forall_{\text{Cons}}\ x{:}s$ by the appropriate signature Σ_{Cons}. Then the theorem can be proven by structural induction on the form of SP as in [Bergstra et al. 90]. □

Example 3.4 (*Continuum continued*). The normal form of CONTINUUM has the form $\langle \Sigma_{\text{Cont}}, E_{\text{Cont}} \rangle|_{\Sigma_C}$, where Σ_{Cont} consists of the union of Σ_C with all sorts, predicate and functions symbols occurring in sig(USER), sig(MESSAGE), and in the *renamed* signatures of SET1, PAIR and QUEUE. The set E_{Cont} consists of the union of the appropriately renamed axioms of these specifications. □

The normal form theorem induces a proof method for structured specifications which consists in proving formulas by using the axioms of the normal form of a specification.

Corollary 3.5. Let SP be a specification with normal form

$$nf(SP) = \langle \Sigma'', E'' \rangle|_{\text{sig}(SP)}$$

and let K be a sound proof system for simple specifications (with relativized quantifiers).

(1) For any sig(SP)-formula G, if G is derivable from E'' using the rules and axioms of K, then G is valid in SP (i.e. $E'' \vdash G$ in $K \Rightarrow$ Mod(SP) $\models G$).

(2) If K is complete, then the converse of (1) holds.

A disadvantage of the proof system above is that the modular structure of the specification is lost. Proofs are performed in a flat theory without structure. This is not problematic for small systems of specifications but for larger ones it may cause difficulties e. g. for detecting the applicable axioms at a certain position in the proof. In the following, a proof system is defined which overcomes some of these difficulties by performing proofs in accordance with the modular structure of the specifications.

The idea is to indicate in the proof of a formula e also that specification SP whose axioms are used for the proof of e; thus we write $SP \vdash e$ for saying that the sig(SP)-formula e is provable from the axioms of SP (or more generally, we write $H \vdash_{SP} e$ for saying that e is provable from the set of hypotheses H and the axioms of SP).

Let K be a proof system for simple specifications (see Section 2). Then following proof system Π_{spec} associates one inference rule with each of the constructs for basic specifications, renaming and export; for sums of specifications there are two (symmetric) rules, (+1) and (+2), as well as the extension of any of the rules of K to Π_{spec}.

$$[\text{basic}]\ \frac{E \vdash e}{\langle \Sigma, E\rangle \vdash e}, \qquad [\text{exp}]\ \frac{SP \vdash e}{SP|_{\Sigma} \vdash e}, \qquad [\text{ren}]\ \frac{SP \vdash e}{r \bullet SP \vdash r(e)},$$

$$[+1]\ \frac{SP \vdash e}{SP + SP' \vdash e}, \qquad [+2]\ \frac{SP' \vdash e}{SP + SP' \vdash e},$$

$$[\text{K}]\ \frac{e_1, \ldots, e_n}{e} \text{ in } K \Rightarrow \frac{SP \vdash e_1, \ldots, SP \vdash e_n}{SP \vdash e}$$

Figure 4. The System Π_{spec} for structured proofs

Theorem 3.6. Let K be sound and complete proof system for basic specifications, let SP be a specification and e a sig(SP)-formula. Then

$SP \vdash e$ if, and only if, Mod(SP) $\models e$; i.e. Π_{spec} is sound and complete, if K is so.

Proof by structural induction on the form of SP. For the case of sum the completeness of K and the normal form theorem 3.2 are used. □

For the extend-operator one obtains directly the following derived rule:

$$[\text{ext}]\ \frac{SP \vdash e}{\textbf{extend } SP \textbf{ by } \Delta \vdash e} \text{ if the new symbols of } \Delta \text{ are disjoint from sig}(SP).$$

Example 3.7 (*Continuum continued*). The proof of the formula

(r) allread (q, u) = true $\Rightarrow$ read (send $(q, m), u) = m$

(where q, m, n, are arbitrary ground constructor terms) in CONTINUUM starts with axioms of SET1 and NEWS-Q:

$$[\text{exp}]\ \dfrac{[\text{K}]\ \dfrac{[+,\text{ext}]\ \dfrac{[\text{ren}]\ \dfrac{\text{SET1} \vdash (\text{u } \varepsilon \text{ empty}) = \text{false}}{\text{SET-U} \vdash (\text{u } \varepsilon \text{ empty}) = \text{false}}}{\text{NEWS-Q} \vdash (\text{u } \varepsilon \text{ empty}) = \text{false}} \qquad [\text{K}]\ \dfrac{\begin{array}{c}\text{NEWS-Q} \vdash (\text{u } \varepsilon \text{ empty}) = \text{false} \wedge \text{allread (q, u)} \\ = \text{true} \Rightarrow \text{read (app}(\langle\text{empty,m}\rangle, \text{q}), \text{u}) = \text{m}\end{array}}{\begin{array}{c}\text{NEWS-Q} \vdash (\text{u } \varepsilon \text{ empty}) = \text{false} \wedge \text{allread (q, u)} \\ = \text{true} \Rightarrow \text{read (send(q,m), u)} = \text{m}\end{array}}}{\text{NEWS-Q} \vdash \text{allread (q, u)} = \text{true} \Rightarrow \text{read (send(q, m),u)} = \text{m}}}{\text{CONTINUUM} \vdash \text{allread (q, u)} = \text{true} \Rightarrow \text{read (send(q, m),u)} = \text{m}}$$

□

4. Refinement of Specifications

Developing a program from a specification means making a series of design decisions. This includes the choice of data representations and algorithms and decisions that select between the various possibilities which a high-level specification leaves open. The algebraic approach provides several concepts for formally defining the correctness of transformations from one (more abstract) specification to a (more concrete) one. In the following a notion of *refinement* [Sannella, Wirsing 83] is chosen as basis for specification development: A specification SP' is called *implementation* (or *refinement*) of a specification SP (written, $SP \rightsquigarrow SP'$), if $\text{sig}(SP') = \text{sig}(SP)$ and $\text{Mod}(SP') \subseteq \text{Mod}(SP)$, i.e. if the implementation has the same signature as SP and each model of SP' is a model of SP. As [Sannella, Tarlecki 88] show, this simple definition is *not* a loss of generality; using the specification operators, many other notions of implementations can be defined and explained in terms of this simple notion.

A direct consequence of the definition is that stepwise refinement preserves the correctness of implementation and that local refinement of a subspecification yields a correct refinement of the complete specification. Mathematically, the former property is expressed by the transitivity of the implementation relation and the latter by the monotonicity of the specification operators.

Fact 4.1. (1) The implementation relation is a partial order, i.e. it is reflexive, antisymmetric and transitive.

(2) All specification operators are monotonic w.r.t. $\rightsquigarrow$, i.e. for any specification SP, SP_1, signature $\Sigma \subseteq \text{sig}(SP)$ and renaming r, the following holds:

$$SP \rightsquigarrow SP' \Rightarrow SP + SP1 \rightsquigarrow SP' + SP1, \quad SP1 + SP \rightsquigarrow SP1 + SP',$$
$$SP|_\Sigma \rightsquigarrow SP'|_\Sigma, \quad r \bullet SP \rightsquigarrow r \bullet SP'.$$

Example 4.2 (*Continuum continued*). The following specification of a continuum [Wirsing 86] does not use hidden symbols except the constant "emptyboard". In contrast to the specification CONTINUUM of Example 3.1 (2), "move" is considered as further constructor.

spec CONTINUUM1 = NEWS1$|_{\Sigma_C}$,
spec NEWS1 =
  extend BOOL + USER + MESSAGE **by**
    sorts {board}
    cons {emptyboard: → board,
      send: board, message → board,
      read: board, user → message,
      move: board, user → board}
    func {allread: board, user → bool}
    axioms {$\forall_{\text{Cons}}$ u, u′: user, m: message, b: board.

allread (emptyboard, u) = true ∧
allread (send (b, m), u) = false ∧
(eq (u, u′) = false ∧ allread (b, u′) = false ⇒ allread (move (b, u′), u)
= allread (b, u)) ∧
(allread (b, u) = true ⇒ allread (move (send (b, m), u), u) = true) ∧
move (move (b, u), u′) = move (move (b, u′), u) ∧
(allread (b, u) = false ⇒ move (send (b, m), u) = send (move (b, u), m)) ∧
(allread (b, u) = false ⇒ read (send (b, m), u) = read (b, u)) ∧
(r) (allread (b, u) = true ⇒ read (send (b, m), u) = m) ∧
(eq (u, u') = false ∧ allread (b, u′) = false ⇒ read (move (b, u′), u) = read (b, u))}
endspec

The specification CONTINUUM is an implementation of CONTINUUM1 (for the structure of the proof see Example 4.5) □

Proofs of implementation can be carried out in a structured way. The following proof system $\Pi_{\rightsquigarrow}$ allows one to prove $SP \rightsquigarrow SP'$ inductively according to the modular structure of SP' as follows: if SP is a basic specification then SP' has to satisfy the axioms of SP; if SP is a (bijective) renaming of $SP1$ then it suffices to prove that $SP1$ is implemented by a renamed SP'; if SP is the sum of $SP1$ and $SP2$, then SP' (restricted to the appropriate signature) has to implement both, $SP1$ and $SP2$. Finally, if SP exports some signature from $SP1$, then $SP1$ has to be implementable by a persistent extension of SP'.

$$[\text{basic}_{\rightsquigarrow}]\ \frac{\Sigma = \text{sig}(SP'), SP' \vdash E}{\langle \Sigma, E\rangle \rightsquigarrow SP'} \qquad [\text{ren}_{\rightsquigarrow}]\ \frac{SP \rightsquigarrow r^{-1} \bullet SP'}{r \bullet SP \rightsquigarrow SP'} \text{ if } r \text{ bijective}$$

$$[\text{exp}_{\rightsquigarrow}]\ \frac{SP \rightsquigarrow \text{extend } SP' \text{ by } \Delta}{SP|_{\Sigma} \rightsquigarrow SP'} \text{ if sig}(SP') = \Sigma \text{ and the extension } \Delta \text{ is persistent}$$

$$[+_{\rightsquigarrow}]\ \frac{SP1 \rightsquigarrow SP'|_{\text{sig}(SP1)}, SP2 \rightsquigarrow SP'|_{\text{sig}(SP2)}}{SP1 + SP2 \rightsquigarrow SP'} \text{ if sig}(SP') = \text{sig}(SP1 + SP2)$$

Figure 5. The proof system $\Pi_{\rightsquigarrow}$ for implementations

For the proof of completeness the following Lemma is used:

Lemma 4.3. For any two specifications SP and SP',

$$SP|_{\text{sig}(SP')} \rightsquigarrow SP' \Rightarrow SP' + SP \text{ is a persistent extension of } SP'.$$

Proof. By definition of $SP' + SP$, the reduct $M|_{\text{sig}(SP')}$ of any model M of $SP' + SP$ is a model of SP'. On the other hand, let M be a model of SP'. Then because SP' is an implementation of $SP|_{\text{sig}(SP')}$, M is a model of $SP|_{\text{sig}(SP')}$. By the definition of export there exists a model $M1$ of SP with $M1|_{\text{sig}(SP')} = M$. Hence $M1$ is an extension of M which is a model of $SP' + SP$.

Thus $SP' + SP$ is a persistent extension of SP. □

Theorem 4.4. The proof system $\Pi_{\rightsquigarrow}$ is sound and complete provided that Π_{spec} is so.

Proof sketch. The proof is done by structural induction on the form of SP. From the definition of $\rightsquigarrow$ it is easy to see that $\Pi_{\rightsquigarrow}$ is sound if Π_{spec} is so. The induction proof of completeness is straightforward for basic specifications, renamings and sums.

In the case of export, one has to construct a persistent extension of SP' which (restricted to Σ) is an implementation of SP. According to Lemma 4.3, $SP' + SP$ itself is persistent w.r.t. SP'. Thus according to the normal form theorem 3.2 one may define Δ to consist of the hidden symbols and axioms of the normal form $nf(SP)$ of SP. □

Example 4.5 (*Continuum continued*). Let "axioms (NEWS1)" denote the axioms of the extension in NEWS1. As shown in Example 3.7 for the axiom (r), the axioms are provable in NEWS-Q (and CONTINUUM). Moreover, it is easy to see that NEWS-Q is a persistent extension of "BOOL + USER + MESSAGE" and therefore BOOL + USER + MESSAGE $\rightsquigarrow$ NEWS-$Q|_{sig(BOOL) \cup sig(USER) \cup sig(MESSAGE)}$ holds. Then using $\Pi_{\rightsquigarrow}$ and the monotonicity of export, the proof of the implementation of CONTINUUM1 by CONTINUUM can be carried out as follows:

$$[+_{\rightsquigarrow}]\dfrac{\begin{array}{c}\text{BOOL} + \text{USER} + \text{MESSAGE} \rightsquigarrow \\ \text{NEWS-Q}|_{sig(\text{BOOL}) \cup sig(\text{USER}) \cup sig(\text{MESSAGE})}\end{array} \qquad [\text{basic}_{\rightsquigarrow}]\dfrac{[\text{exp}_{\rightsquigarrow}]\dfrac{\text{NEWS-Q} \vdash \text{axioms(NEWS1)}}{\text{NEWS-Q}|_{sig(\text{NEWS1})} \vdash \text{axioms(NEWS1)}}}{\begin{array}{c}\langle sig(\text{NEWS1}), \text{axioms(NEWS1)}\rangle \rightsquigarrow \\ \text{NEWS-Q}|_{sig(\text{NEWS1})}\end{array}}}{[\text{monotonicity of export}]\dfrac{\text{NEWS1} \rightsquigarrow \text{NEWS-Q}|_{sig(\text{NEWS1})}}{\text{CONTINUUM1} \rightsquigarrow \text{CONTINUUM}}}$$

5. Concluding Remarks

In the previous sections, syntax, semantics and proof systems for the development of structured specifications are presented. This system may build the basis for a modular approach to specification development.

For applications in practice, it is necessary to extend it in a least two different directions: First, further derived rules and efficient strategies for structured proofs have to be added. One possible strategy is to use the identities of Theorem 3.2 for simplifying structured specifications during a proof. Second, further features have to be added to the specification language such as polymorphism and parameterized specifications.

Acknowledgement. Thanks go to M. Auer, H. Walker, B. Zündorf for careful typing of the manuscript.

Appendix

For any signature $\Sigma = \langle S, F, P\rangle$, a *$\Sigma$-structure* D consists of a family $(D_s)_{s\in S}$ of (carrier) sets, a family $\{f^A : D_{s_1} x \ldots x D_{sn} \to D_s\}_{f:s_1,\ldots,s_n\to s\in F}$ of functions and a family $\{p^D \subseteq D_{s_1} x \ldots x D_{s_n}\}_{p:s_1,\ldots,s_n \in P}$ of relations. The class of all Σ-structures is denoted by Struct(Σ). Σ-terms are built as usual from (typed) variables and the function symbols in F. The set of all ground Σ-terms (i.e. terms without variables) is denoted by $T(\Sigma)$.

For any two signatures $\Sigma = \langle S, F, P\rangle$ and $\Sigma' = \langle S', F', P'\rangle$, a *signature morphism* $r : \Sigma' \to \Sigma$ is a function such that sorts, function and predicate symbols are respected (i.e. $r(S') \subseteq S, r(F') \subseteq F, r(P') \subseteq P$) and types are compatible (i.e. for any $f : s_1, \ldots, s_n \to s \in F$, the type of $r(f)$ is $r(s_1), \ldots, r(s_n) \to r(s)$ and similarly for predicates). The class of all bijective signature morphisms is denoted by "Renaming". By $[a_1 \to b_1, \ldots, a_n \to b_n]$ we denote the signature morphism $r : \Sigma' \to \Sigma$ defined by $r(a_i) = b_i$ for $i = 1 \ldots n$, and $r(x) = x$, otherwise.

For any Σ-structure D, the r-reduct $D|_r$ is a Σ'-structure defined by $(D|_r)_s = D_{r(s)}$ for $s \in S$, $f^{D|_r} = r(f)^D$ for $f \in F$, and $p^{D|_r} = r(p)^D$. For $\Sigma'' \subseteq \Sigma$, $D|_{\Sigma''}$ is defined to be $D|_i$, where $i : \Sigma'' \to \Sigma$ is the canonical injection (i.e. $i(x) = x$ for all $x \in \Sigma''$).

An extension SP' of a specification SP is called *persistent* if Mod(SP) = $\{D|_{\text{sig}(SP)} : D \in \text{Mod}(SP')\}$.

References

[Bauer, Wössner 82] F.L. Bauer, H. Wössner: Algorithmic language and program development. Springer, Berlin, 1982.

[Bauer et al. 85] F.L. Bauer, R. Berghammer, M. Broy, W. Dosch, F. Geiselbrechtinger, R. Gnatz, E. Hangel, W. Hesse, B. Krieg-Brückner, A. Laut, T. Matzner, B. Möller, F. Nickl, H. Partsch, P. Pepper, K. Samelson, M. Wirsing, H. Wössner: The Munich Project CIP, Vol. 1: The Wide Spectrum language CIP-L. Lecture Notes in Computer Science 183, Berlin, Springer, 1985.

[Bergstra et al. 90] J.A. Bergstra, J. Heering, P. Klint: Module algebra. J. ACM 37, 1990, 335–372.

[Broy et al. 80] M. Broy, P. Pepper, M. Wirsing: On relations between programs. In: B.Robinet (ed.): Proc. of the 4th International Symposium on Programming, Paris, Lecture Notes in Computer Science 83. Berlin, Springer, 1980, 59–78.

[Broy, Tarlecki 85] M. Broy, A. Tarlecki: Algebraic specification of the abstract data type "CONTINUUM". EATCS Bulletin 26, June 1985, 32–35.

[Chang, Keisler 77] C.C. Chang, H.J. Keisler: Model Theory. Amsterdam, North-Holland, 1977.

[Dershowitz, Jouannaud 90] N. Dershowitz, J.-P. Jouannaud: Rewriting systems In: J. van Leeuwen (ed.): Handbook of Theoretical Computer Science. Amsterdam, North-Holland, 1990, 243–320.

[Farres 89] J. Farres-Casals: Proving correctness of constructor implementations. University of Edinburgh, Dept. of Computer Science, LFCS-Report Series, ECS-LFCS-89-72, 1989.

[Futatsugi et al. 85] K. Futatsugi, J.A. Goguen, J.-P. Jouannaud, J. Meseguer: Principles of OBJ2. Symposium on Principles of Programming Languages 1985, 52–66.

[Geser, Hußmann 86] A. Geser, H. Hußmann: Experiences with the RAP-system – a specification interpreter combining term rewriting and resolution. In: B. Robinet, R, Wilhelm (eds.): ESOP 86. Lecture Notes in Computer Science 213, Berlin, Springer, 1986, 339–350.

[Guttag et al. 85] J.V. Guttag, J.J. Horning, J.M. Wing: Larch in Five Easy Pieces. Digital, Systems Research Center, Palo Alto, California, 1985.

[Jonkers 89] H.B.M. Jonkers: An introduction to COLD-K. In: J.A. Bergstra, M. Wirsing (eds.): Algebraic Methods: Theory, Tools and Applications. Lecture Notes in Computer Science 394, Berlin, Springer, 1989, 139–205.

[Leszczylowski, Wirsing 82] J. Leszczylowski, M. Wirsing: A system for reasoning within and about algebraic specifications. In: M. Dezani-Ciancaglini, U. Montanari (eds.): 5th International Symposium on Programming, Lecture Notes on Computer Science 137, Berlin, Springer, 1982, 257–282.

[Padawitz 88] P. Padawitz: Computing in Horn Clause Theories: EATCS Monographs on Theoretical Computer Science 16, Berlin, Springer, 1988.

[Sannella, Burstall 83] D.T. Sannella, R.M. Burstall: Structured theories in LCF. In: G. Ausiello, M. Protasi (eds.): 8th CAAP, L'Aquila. Lecture Notes in Computer Science 159, Berlin, Springer, 1983, 377–391.

[Sannella, Tarlecki 88] D.T. Sannella, A. Tarlecki: Towards a formal development of programs for algebraic specifications: Implementations revisited. Acta Informatica 25, 1988, 233–281.

[Sannella, Wirsing 83] D. Sannella, M. Wirsing: A kernel language for algebraic specification and implementation. In: M. Karpinski (ed.): Colloquium on Foundations of Computation Theory. Lecture Notes in Computer Science 158. Berlin, Springer, 1983, 413–427.

[Wirsing 86] M. Wirsing: Algebraic specifications of the abstract data type "continuum" without hidden operations. EATCS Bulletin 29, 1986, 46–55.

Herleitungen als Programme: Ihre Kompilation und Interpretation

Ulf R. Schmerl

Die Einsicht, daß Herleitungen, also formalisierte Beweise, als Programme verwendet werden können, ist nicht neu: Erste Hinweise darauf sind bereits 1945 in einem Artikel von Kleene [3] zu finden. Die grundlegende Idee des Programmierens mit Herleitungen beruht auf der Tatsache, daß aus einer konstruktiven Herleitung D einer Existenzaussage $\exists y B$ in effektiver Weise ein Term t extrahiert werden kann, der als „Zeuge" die Richtigkeit dieser Existenzaussage belegt:

$$D : \vdash \exists y B(y) \Rightarrow \exists_{\text{eff}(D)} \text{Term}\, t \vdash B(t)\,. \tag{1}$$

Um diesen Sachverhalt für die Programmierung nutzbar zu machen, ist es zweckmäßig, die Formel B in (1) als Beschreibung der Beziehung zwischen Eingabe x und Ausgabe y eines gewünschten Programmes zu interpretieren. Der Vorgang des Programmierens besteht dann darin, eine Herleitung D der Formel $\forall x \exists y B(x, y)$ zu konstruieren. Diese Herleitung kann nun als Programm für beliebige Eingabewerte e ausgewertet werden. Dazu wird D zunächst in naheliegender Weise auf eine Herleitung D_e der Formel $\exists y B(e, y)$ spezialisiert. Anschließend wird aus D_e mit dem Verfahren von (1) ein Term t_e extrahiert, so daß auch die Formel $B(e, t_e)$ herleitbar ist. Der Wert von t_e ist dann der gesuchte Ausgabewert.

Die bekannteste Realisierung dieser Idee der Logikprogrammierung ist sicherlich die Programmiersprache Prolog, die Anfang der 70er Jahre von Colmerauer u.a. [1] entwickelt wurde. Ein Prologprogramm ist eine Menge von definiten Hornklauseln, d.h. Formeln der Form

$$A_1, .., A_m \Rightarrow B \tag{2}$$

mit der Bedeutung „aus A_1 und .. und A_m folgt B". Dabei sind $A_1, .., A_m$ und B Primformeln. Zur Beschreibung der Beziehung zwischen Ein- und Ausgabewerten eines Programms sind bei Prolog Formeln B der Form $B_1 \wedge .. \wedge B_n$ zugelassen, wobei die B_i wieder Primformeln sind. Zur Auswertung eines Prologprogramms P werden in B gewisse Variablen mit Eingabewerten belegt, die verbleibenden Variablen gelten als existentiell quantifiziert. Für sie sollen Zeugenterme als Ausgabewerte gefunden werden. Dies leistet ein Prologinterpreter, der wie ein Theorembeweiser arbeitet. Er versucht, die Formel $\exists \bar{y} B$ aus den

Klauseln von P herzuleiten. Das dabei verwendete Beweisverfahren heißt SLD-Resolution. Es arbeitet sehr schematisch, ist jedoch leicht zu implementieren.

Ein Vorteil dieser Art des Programmierens ist zunächst die gute Lesbarkeit der Programme. Die im Programm enthaltenen Informationen sind in den Hornklauseln „deklarativ" niedergelegt. Außerdem suggeriert das Programmieren in Prolog, daß sich der Programmierer weder um die Formulierung eines Algorithmus noch um prozedurale Aspekte des Programmablaufs zu kümmern braucht. Diese Suggestion ist jedoch trügerisch: Trotz der deklarativen Korrektheit der Hornklauseln eines Prologprogramms braucht dieses Programm noch lange nicht zu leisten, was es soll. Um das zu garantieren, können erheblich mehr Informationen nötig sein, als in den Klauseln des Programms enthalten sind. Außerdem kann das korrekte Funktionieren eines Prologprogramms sowohl von der Anordnung der Klauseln im Programm als auch von der Anordnung der Atome in den einzelnen Klauseln abhängen, obgleich beides deklarativ ohne Bedeutung ist.

Im allgemeinen hat ein Programmierer, der ein Prologprogramm für einen Algorithmus schreibt, eine Vorstellung davon, wie dieses Programm ablaufen soll. Er hat jedoch nur wenige Möglichkeiten, dieses prozedurale Wissen in ein Prologprogramm einzubringen. Dazu gehören die genannte Anordnung von Klauseln und Atomen im Programm und der berühmte Schnitt. Beim Programmieren von Algorithmen in Prolog kann somit ein Informationsverlust auftreten, der sich wegen des „blinden" Vorgehens der SLD-Resolution in erhöhtem Aufwand an Zeit und Speicherplatz auswirkt.

Der einfachste Weg, eine Algorithmusidee in ein Logikprogramm einzubringen, besteht darin, aus den Hornklauseln des Programms eine Herleitung der Antwortformel $\exists\bar{y}B$ explizit zu konstruieren – und diese Konstruktion nicht der Suche durch das SLD-Resolutionsverfahren zu überlassen. Die Vorteile dieses Vorgehens liegen auf der Hand:

- syntaktisch korrekte Herleitungen, deren Axiome ebenfalls korrekt sind, liefern garantiert korrekte Programme,
- die „Deklarativität" von Logikprogrammen bleibt erhalten, sie wird durch die Herleitungsstruktur eher noch größer,
- Herleitungen können zielgerichtet, d.h. ihrer Struktur entsprechend, abgearbeitet werden; es findet kein „blindes" Suchen wie bei SLD-Resolution statt.

Im folgenden wird gezeigt, wie Herleitungen als Programme mit Eingabewerten ausgewertet werden können. Dazu ist zuerst das verwendete Herleitungssystem zu beschreiben. Vorab ist klar, daß nicht jede Herleitung ein effizientes Programm bilden kann, denn Herleitungen enthalten im allgemeinen Schritte, die keine operative Bedeutung in einem Programm haben. Bei dem im folgenden verwendeten Herleitungssystem sollen deshalb nur solche Herleitungsschritte vorkommen, die eine bestimmte Bedeutung für die Berechnung haben.

Ausgangspunkt unseres Herleitungssystems ist ein Prologprogramm aus definiten Hornklauseln der Form (2). Sie bilden die Axiome einer Herleitung. Ihre Korrektheit kann dadurch verifiziert werden, daß ihre Erfülltheit in einer Standardstruktur der zugrundeliegenden Sprache nachgewiesen wird, oder auch dadurch, daß die Axiome ihrerseits aus einem als korrekt bekannten Axiomensystem der Mathematik hergeleitet werden. Die hier verwendete Interpretation eines solchen Axioms ist folgende: Die Atome $A_1, .., A_m, B$ in (2) stellen Spezifikationen von Funktionen dar, wobei die durch $A_1, .., A_m$ beschriebenen Funktionen Hilfsfunktionen sind, die zur Berechnung der durch B beschriebenen Funktion benötigt werden. Die Herleitungsstruktur kommt durch Schlußregeln zustande, von denen im folgenden einige als Beispiel aufgeführt werden:

- Regeln zum Einführen von Quantoren, mit denen vor den Atomen der Hornklauseln $\forall\exists$-Blöcke aufgebaut werden können:

$$\frac{\Gamma \Rightarrow \varphi(t)}{\Gamma \Rightarrow \exists y \varphi(y)} \qquad \frac{\Gamma \Rightarrow \varphi(x)}{\Gamma \Rightarrow \forall x \varphi(x)}\,!$$

$$\frac{\Gamma, \psi(y), \Pi \Rightarrow \varphi}{\Gamma, \exists y \psi(y), \Pi \Rightarrow \varphi}\,! \qquad \frac{\Gamma, \psi(t), \Pi \Rightarrow \varphi}{\Gamma, \forall x \psi(x), \Pi \Rightarrow \varphi}\,.$$

  Dabei stehen φ und ψ für Formeln der Form $\forall\bar{x}\exists\bar{y}A(x,y)$ und Γ, Π für endliche Listen solcher Formeln: ! steht für die sog. Varablenbedingung, wonach die durch Quantoreinführung gebundene Variable in der Untersequenz nicht mehr frei vorkommen darf. Durch die Quantoren vor den Atomen einer Klausel wird festgelegt, welche Stellen eines Atoms mit Argumentwerten und welche mit Funktionswerten belegt werden, wobei die Stellen für die Argumente universell, die für die Funktionswerte existentiell quantifiziert werden.
- die der Resolution entsprechende Schnittregel:

$$\frac{\Gamma \Rightarrow \varphi \quad \Pi \Rightarrow \psi}{\Gamma, \Pi^* \Rightarrow \psi} \quad \text{mit} \quad \Pi^* := \Pi \backslash \{\varphi\}$$

- gewisse nichtlogische Schlußregeln, die vom Benutzer dem Zweck eines Programms entsprechend definiert werden können. Sie müssen natürlich korrekt sein und sollen eine festgelegte Bedeutung für die Berechnung im Programm haben. Ein Beispiel einer nichtlogischen Regel ist die folgende Schlußregel für die vollständige Induktion auf den natürlichen Zahlen:

$$\frac{\Gamma \Rightarrow \varphi(0) \quad \Pi, \varphi(x) \Rightarrow \varphi(x+1)}{\Gamma, \Pi \Rightarrow \forall x \varphi(x)}\,!\,.$$

Ziel einer Herleitung in diesem Formalismus ist es, eine Klausel der Form $\Rightarrow \forall\bar{x}\exists\bar{y}A(\bar{x},\bar{y})$ herzuleiten. Eine solche Herleitung kann dann als Programm zur Berechnung der durch A beschriebenen Funktion verwendet werden.

Das folgende Beispiel zeigt eine Herleitung, mit der der größte gemeinsame Teiler zweier natürlicher Zahlen nach dem Euklidischen Algorithmus berechnet werden kann. Dabei ist $A(x, y, z)$ eine arithmetische Formel, die ausdrückt, daß z der g.g.T. von x und y ist. In einem schwachen Axiomensystem der Arithmetik T läßt sich dann zeigen:

1. $T \vdash A(0, b, b)$
2. $T \vdash A(r(b, a+1), a+1, c) \to A(a+1, b, c)$
3. $T \vdash r(b, a+1) < a+1$

Darin ist r die Restfunktion der ganzzahligen Division. Diese drei Formeln beschreiben den Euklidischen Algorithmus. Sie haben bereits die Form einer etwas verallgemeinerten Induktion auf den natürlichen Zahlen. Um die oben angegebene Induktionsregel anwenden zu könne, definieren wir eine Formel B als

$$B(x, y, z, u) :\Leftrightarrow y \leq x \to A(y, z, u)\,.$$

Mit B erhält man aus (1)–(3):

1. $T \vdash d \leq a \wedge B(a, d, b, c) \to B(a+1, d, b, c)$
2. $T \vdash \neg d \leq a \wedge B(a, r(b, a+1), a+1, c) \to B(a+1, d, b, c)$
3. $T \vdash d \leq a \vee \neg d \leq a$
4. $T \vdash B(0, d, b, b)$
5. $T \vdash B(a, a, b, c) \to A(a, b, c)$.

Aus ihnen erhält man folgende Herleitung:

$$\underline{d \leq a, B(a,d,b,c) \Rightarrow B(a+1,d,b,c)} \qquad \underline{\neg d \leq a, B(a,r(b,a+1),a+1,c) \Rightarrow B(a+1,d,b,c)}$$

$$\underline{d \leq a, B(a,d,b,c) \Rightarrow \exists z B(a+1,d,b,z)} \qquad \underline{\neg d \leq a, B(a,r(b,a+1),a+1,c) \Rightarrow \exists z B(a+1,d,b,z)}$$

$$\underline{d \leq a, \exists z B(a,d,b,z) \Rightarrow \exists z B(a+1,d,b,z)} \qquad \underline{b\neg d \leq a, \exists z B(a,r(b,a+1),a+1,z) \Rightarrow \exists z B(a+1,d,b,z)}$$

$$\underline{d \leq a, \forall y \exists z B(a,d,b,z) \Rightarrow \exists z B(a+1,d,b,z)} \qquad \underline{b\neg d \leq a, \forall y \exists z B(a,r(b,a+1),y,z) \Rightarrow \exists z B(a+1,d,b,z)}$$

$$\underline{\vdash d \leq a \vee \neg d \leq a \quad d \leq a, \forall u \forall y \exists z B(a,d,b,z) \Rightarrow \exists z B(a+1,d,b,z)} \quad \underline{\neg d \leq a, \forall u \forall y \exists z B(a,u,y,z) \Rightarrow \exists z B(a+1,d,b,z)}$$

$$\underline{B(0,d,b,b)}$$

$$\underline{\exists z B(0,d,b,z)} \qquad \underline{\forall u \forall y \exists z B(a,u,y,z) \Rightarrow \exists z B(a+1,d,b,z)} \qquad \underline{B(a,a,b,c) \Rightarrow A(a,b,c)}$$

$$\underline{y \exists z B(0,d,y,z)} \qquad \underline{\forall u \forall y \exists x B(a,u,y,z) \Rightarrow \forall y \exists z B(a+1,d,y,z)} \qquad \underline{B(a,a,b,c) \Rightarrow \exists z A(a,b,z)}$$

$$\underline{u \forall y \exists z B(0,u,y,z) \quad \forall u \forall y \exists x B(a,u,y,z) \Rightarrow \forall u \forall y \exists z B(a+1,u,y,z)} \qquad \underline{\exists z B(a,a,b,z) \Rightarrow \exists z A(a,b,z)}$$

$$\underline{\forall y \exists z B(a,a,y,z) \Rightarrow \exists z A(a,b,z)}$$

$$\underline{\forall u \forall y \exists z B(a,u,y,z) \Rightarrow \exists z A(a,b,z)}$$

$$\underline{\Rightarrow \forall x \forall u \forall y \exists z B(x,u,y,z) \qquad \forall x \forall u \forall y \exists z B(x,u,y,z) \Rightarrow \exists z A(a,b,z)}$$

$$\underline{\Rightarrow \exists z A(a,b,z)}$$

$$\underline{\Rightarrow \forall y \exists z A(a,y,z)}$$

$$\Rightarrow \forall x \forall y \exists z A(x,y,z)$$

Wir betrachten nun Verfahren, wie Herleitungen zu Berechnungen herangezogen werden können. Dies kann durch Kompilation oder durch Interpretation von Herleitungen erfolgen. Wir beginnen mit der Kompilation, also der Übersetzung einer Herleitung in ein ablauffähiges Programm, z.B. in Maschinencode. Natürlich genügt es, eine Übersetzung in ein Programm einer konventionellen Programmiersprache anzugeben, welches dann bei Bedarf weiter kompiliert werden kann. Die Idee der Übersetzung beruht darauf, jeder Herleitung D unseres Formalismus ein Programmfragment $P(D)$ zuzuordnen. Wir geben diese Zuordnung an einigen Beispielen an:

- Axiomen wird das leere Programmfragment zugeordnet:

$$D : A_1, .., A_m \Rightarrow B \text{ Axiom} \quad \Rightarrow \quad P(D) := \emptyset$$

- Existenzquantoreinführungen entsprechen Wertzuweisungen:

$$\frac{D' : \Gamma \Rightarrow \exists \bar{y} A(\bar{a}, \bar{t}, t_n, \bar{y})}{D : \Gamma \Rightarrow \exists y_n \exists \bar{y} A(\bar{a}, \bar{t}, t_n, \bar{y})} \quad \Rightarrow \quad \begin{array}{l} P(D) := P(D') \\ \quad A_n := t_n \end{array}$$

$$\frac{D' : \Gamma, \exists \bar{y} B(\bar{t}, \bar{b}, b_n, \bar{y}), \Pi \Rightarrow \varphi}{D : \Gamma, \exists y_n \exists \bar{y} B(\bar{t}, \bar{b}, y_n, \bar{y}), \Pi \Rightarrow \varphi} \quad \Rightarrow \quad \begin{array}{l} P(D) := b_n := B_n(\bar{t}) \\ \quad P(D') \end{array}$$

- Allquantoreinführungen verändern das zugewiesene Programmfragment nicht:

$$\frac{D' : \Gamma \Rightarrow \varphi(a)}{D : \Gamma \Rightarrow \forall x \varphi(x)} \text{ oder } \frac{D' : \Gamma, \psi(t), \Pi \Rightarrow \varphi}{D : \Gamma, \forall x \psi(x), \Pi \Rightarrow \forall x \varphi} \Rightarrow P(D) := P(D')$$

- Die Schnittregel entspricht dem Aufruf eines Funktionsunterprogramms:

$$\frac{D' : \Gamma \Rightarrow \forall x \exists y B \quad D'' : \Pi \Rightarrow \psi}{D : \Gamma, \Pi^* \Rightarrow \psi} \quad \Rightarrow \quad \begin{array}{l} P(D) := \text{function } B \\ \quad \text{begin} \\ \quad P(D') \\ \quad \text{end} \\ \quad P(D'') \end{array}$$

- Zur Induktionsregel gehört folgendes Programmfragment:

$$\frac{D' : \Gamma \Rightarrow \varphi(0) \quad D'' : \Gamma, \varphi(a) \Rightarrow \varphi(a+1)}{D : \Gamma \Rightarrow \forall x \varphi(x)} \Rightarrow \begin{array}{l} P(D) := \text{if } a = 0 \text{ then } P(D') \\ \quad \text{else } a := a - 1 \\ \quad P(D'') \end{array}$$

Bei der Notation der Programmfragmente wurden Funktionsunterprogramme mit demselben Namen bezeichnet wie die Primformeln, die sie repräsentieren. Außerdem wurde derselbe Name auch für die Werte der Funktion verwendet, wobei ein eventuell vorhandener Index die Komponente bei vektorwertigen Funktionen angibt. Das Programmfragment für die Induktion führt im Gesamtprogramm zu einem rekursiven Selbstaufruf.

Das einer Herleitung D einer Klausel $\Rightarrow \forall\bar{x}\exists\bar{y}A(\bar{x},\bar{y})$ zugeordnete Gesamtprogramm P_D wird aus den Programmfragmenten in rekursiver Weise folgendermaßen erzeugt:

$D :\Rightarrow \forall\bar{x}\exists\bar{y}A(\bar{x},\bar{y}) \quad \Rightarrow \quad P_D :=$
```
function A
   begin
   P(D)
   end
begin
read ā
write A(ā)
end.
```

Als Beispiele betrachten wir die Konstruktion eines Programms zur Berechnung des g.g.T. aus der weiter oben angegebenen Beispielherleitung. Aus Raumgründen geben wir jedoch nicht alle Zwischenschritte an:

Sei $D :\Rightarrow \forall\bar{x}\exists\bar{y}A(\bar{x},\bar{y})$ die weiter oben angegebene Herleitung:

- Schritt 0:

$P_D \equiv$
```
program euclid
   function A(a, b: integer): integer
      begin
      P(D)
      end
begin
read a, b
write A(a, b)
end.
```

- Schritt 1: Da D mit einem Schnitt in der Schnittformel $\forall x\forall u\forall y\exists z B(x,u,y,z)$ endet, ist

$P(D) \equiv$
```
function B(a1, d1, b1: integer): integer
   begin
   P(D0)
   end
P(D1)
```

wobei D_0 und D_1 die linke und rechte Teilherleitung von D sind.

⋮

- Nach Auflösen aller Bezeichnungen $P(D_{..})$ für Programmfragmente erhält man aus D schließlich folgendes Gesamtprogramm P_D:

```
program euclid
  function A(a, b: integer): integer
    function B(a1, d1, b1: integer): integer
      begin
      if a1 = 0 then B := b1
        else begin
          a1 := a1 - 1
          if d1 ≤ b1 then B := B(a1, d1, b1)
            else B := B(a1, r(b1, a1 + 1), a1 + 1)
          end
      end
    begin
    A := B(a, a, b)
    end
 begin
 read a, b
 write A(a, b)
 end.
```

Sind alle vom Benutzer definierten Schlußregeln korrekt, so läßt sich zeigen, daß auch die aus Herleitungen in diesem System kompilierten Programme korrekt sind und terminieren.

Satz 1: Sei D eine Herleitung einer Klausel $\Rightarrow \forall \bar{x} \exists \bar{y} A(\bar{x}, \bar{y})$ aus Axiomen, die sämtlich in der Standardstruktur M der zugrunde liegenden Sprache erfüllt sind. Dann gilt für das aus D erhaltene Programm P_D: Für alle Eingabewerte $\bar{e} \in |M|$ passend zu $\bar{x}$ terminiert P_D und liefert Werte $\bar{a}$ passend zu $\bar{y}$, so daß gilt: $M \models A(\bar{e}, \bar{a})$.

Beweis: Induktion über den Aufbau von Herleitungen.

Wenn das Herleitungssystem die Sprache der Arithmetik umfaßt und Regeln für die vollständige Induktion und den μ-Operator auf den natürlichen Zahlen enthält, z.B. in Form einer Schlußregel

$$\frac{\Rightarrow \forall x \forall z \exists y B(x, y, z) \quad M \models \forall x \exists z b(x, z, c) \quad \Gamma, \forall x \exists z B(x, z, c) \Rightarrow \varphi}{\Gamma \Rightarrow \varphi},$$

wobei c eine beliebige Konstante ist, so läßt sich weiter zeigen, daß alle berechenbaren Funktionen durch eine Herleitung in diesem Formalismus berechnet werden können:

Satz 2: Fur jede rekursive Funktion $f : N^k \to N$ gibt es eine Herleitung D einer Klausel $\Rightarrow \forall x_1 .. \forall x_k \exists y A(x_1 .. x_k, y)$, so daß das zugehörige Programm P_D die Funktion f berechnet.

Beweis: Induktion über den Aufbau der rekursiven Funktionen.

Eine weitere Möglichkeit, Herleitungen als Programme auszuwerten, ist die Interpretation. Im folgenden beschreiben wir einen Interpreter für Herleitungen, d.h. einen Algorithmus, der folgendes leistet:

- Eingabe: 1. eine Herleitung D einer Klausel $\Rightarrow \forall\bar{x}\exists\bar{y}A(\bar{x},\bar{y})$
  2. Eingabewerte $\bar{e}$ passend zu $\bar{x}$
- Ausgabe: Werte $\bar{a}$ passend zu $\bar{y}$, so daß gilt: $\Rightarrow A(\bar{e},\bar{a})$ ist herleitbar.

Die unserem Interpreter zugrundeliegende Idee ist folgende: Eine schnittfreie Herleitung – d.h. eine Herleitung, in der keine Anwendung der Schnittregel vorkommt – einer Klausel der Form $\Rightarrow \exists\bar{y}A(\bar{e},\bar{y})$ muß, wie man sich leicht klar macht, folgendermaßen aussehen:

$$\cfrac{\cfrac{\Rightarrow A(\bar{e},t_1(\bar{e}),..,t_n(\bar{e}))}{\Rightarrow \exists y_n A(\bar{e},t_1(\bar{e}),..,t_{n-1}(\bar{e}),y_n)}}{\vdots \atop \Rightarrow \exists y_1..\exists y_n A(\bar{e},y_1..y_n)}\,.$$

Die Werte der Terme $t_1(\bar{e}),..,t_n(\bar{e})$ sind offenbar die gesuchten Ausgabewerte. Sie können somit unmittelbar aus einer schnittfreien Herleitung von $\Rightarrow \exists\bar{y}A(\bar{e},\bar{y})$ herausgelesen werden. Leider sind die uns als Programme interessierenden Herleitungen im allgemeinen nicht schnittfrei. Ein gefeiertes Resultat von Gerhard Gentzen [2] aus den 30er Jahren besagt jedoch: Jede prädikatenlogische Herleitung kann mit Hilfe eines effektiven Verfahrens in eine schnittfreie Herleitung mit gleicher Endformel umgeformt werden. Dieses Gentzensche Resultat ist das Rückgrat unseres wie folgt arbeitenden Interpreters für Herleitungen:

Schritt 1: Spezialisieren der Eingabeherleitung D einer Klausel $\Rightarrow \forall\bar{x}\exists\bar{y}A(\bar{x},\bar{y})$ auf die Eingabewerte $\bar{e}$. Dies kann durch Einführen eines trivialen Schnitts leicht erreicht werden:

$$D^*:\quad \cfrac{\begin{matrix}\vdots\\ D :\Rightarrow \forall\bar{x}\exists\bar{y}A(\bar{x},\bar{y})\end{matrix} \qquad \cfrac{\begin{matrix}\cfrac{A(\bar{e},\bar{y}) \Rightarrow A(\bar{e},\bar{y})}{}\ \text{Axiom}\\ \vdots\end{matrix}}{\forall\bar{x}\exists\bar{y}A(\bar{x},\bar{y}) \Rightarrow \exists\bar{y}A(\bar{e},\bar{y})}}{\Rightarrow \exists\bar{y}A(\bar{e},\bar{y})}$$

Schritt 2: Eliminieren aller Schnitte aus D^* mit Hilfe des Gentzenschen Schnitteliminationsverfahrens.

Schritt 3: Ausgabe der gesuchten Werte $\bar{a}$, so daß $\Rightarrow A(\bar{e},\bar{a})$ herleitbar ist.

Einen Fehler hat der so skizzierte Interpreter allerdings noch: Die Anwesenheit der nichtlogischen Schlußregeln, wie z.B. der für die vollständige Induktion, kann die Eliminierbarkeit der Schnitte zerstören. Im Falle der Induktion hat ein solcher nichteliminierbarer Schnitt folgende Gestalt:

$$\dfrac{\dfrac{\begin{array}{c}D_0\\ \Gamma\Rightarrow\varphi(0)\end{array}\quad \begin{array}{c}D_1\\ \Gamma,\varphi(a)\Rightarrow\varphi(a+1)\end{array}}{\Gamma\Rightarrow\forall x\varphi(x)} \qquad \dfrac{\begin{array}{c}D_2\\ \Pi,\varphi(t)\Rightarrow\psi\end{array}}{\Pi,\forall x\varphi(x)\Rightarrow\psi}}{\Gamma,\Pi\Rightarrow\psi}$$

Aus dieser Schwierigkeit gibt es jedoch einen Ausweg, falls der Term t zu einer natürlichen Zahl n_t ausgewertet werden kann. In diesem Falle ist nämlich die links stehende Induktion gar nicht nötig, sie kann vielmehr durch eine Folge von Schnitten und Substitutionen ersetzt werden:

$$\dfrac{\dfrac{\begin{array}{c}D_0\\ \Gamma\Rightarrow\varphi(0)\end{array}\quad \begin{array}{c}D_1(0)\\ \Gamma,\varphi(0)\Rightarrow\varphi(1)\end{array}}{\Gamma\Rightarrow\varphi(1)} \qquad \begin{array}{c}D_1(1)\\ \Gamma,\varphi(1)\Rightarrow\varphi(2)\end{array}}{\Gamma\Rightarrow\varphi(2)}$$

$$\ddots$$

$$\dfrac{\overline{\Gamma\Rightarrow\varphi(n_t)} \qquad \begin{array}{c}D_2\\ \Pi,\varphi(t)\Rightarrow\psi\end{array}}{\Gamma,\Pi\Rightarrow\psi}$$

Auf diese Weise kann der irreduzible Schnitt beseitigt werden. Es läßt sich nun nachweisen, daß in einer Herleitung, welche mit einer abgeschlossenen, d.h. variablenfreien, Formel endet, bei einem geeigneten Schnitteliminationsverfahren immer nur eliminierbare Schnitte und Induktionen auftreten. Ähnliches ist natürlich auch für andere, eventuell noch vorhandene, nichtlogische Schlußregeln zu zeigen. Dann jedoch kann der Interpreter nach der vorstehenden Skizze betrieben werden.

Als Beispiel betrachten wir einige Schritte der Auswertung der oben angegebenen Herleitung zur Berechnung des g.g.T. mit den Werten 2 und 6:

Sei D die oben angegebene Herleitung der Klausel $\Rightarrow \forall x\forall y\exists z A(x,y,z)$.

0. Spezialisieren von D auf die Werte 2 und 6:

Axiom

$$D_0^*:\quad \dfrac{\dfrac{\dfrac{\begin{array}{c}\vdots\\ D_{00}(a,b) :\Rightarrow \exists z A(a,b,z)\end{array}}{D_0(a) :\Rightarrow \forall y\exists z A(a,y,z)}}{D_1 :\Rightarrow \forall x\forall y\exists z A(x,y,z)} \qquad \dfrac{\dfrac{\dfrac{\dfrac{\overline{A(2,6,e)\Rightarrow A(2,6,e)}}{A(2,6,e)\Rightarrow \exists z A(2,6,z)}}{\exists z A(2,6,z)\Rightarrow \exists z A(2,6,z)}}{\forall y\exists z A(2,y,z)\Rightarrow \exists z A(2,6,z)}}{\forall x\forall y\exists z A(x,y,z)\Rightarrow \exists z A(2,6,z)}}{\Rightarrow \exists z A(2,6,z)}$$

1. Der unterste Schnitt von D_0^* ist reduzibel; nach zwei Reduktionsschritten erhalten wir folgende Herleitung D_1^*:

$$\dfrac{\dfrac{\text{(Ind.)}}{D_{000} :\Rightarrow \forall x\forall u\forall y\exists z B} \quad \dfrac{\begin{array}{c}\vdots\\ D_{0010} : \forall u\forall y\exists z B(2) \Rightarrow \exists z A(2,6,z)\end{array}}{D_{001} : \forall x\forall u\forall y\exists z B(x) \Rightarrow \exists z A(2,6,z)}}{D_{00}(2,6) :\Rightarrow \exists z A(2,6,z)} \quad \dfrac{\dfrac{A(2,6,e \Rightarrow A(2,6,e)}{A(2,6,e \Rightarrow \exists z A(2,6,z)}}{\exists z A(2,6,z \Rightarrow \exists z A(2,6,z)}$$
$$\Rightarrow \exists z A(2,6,z)$$

Die linke Teilherleitung von D_1^* endet wieder mit einem reduziblen Schnitt; wir erhalten durch Reduktion eine neue Herleitung D_2^*:

$$\dfrac{\dfrac{\Rightarrow \forall u\forall y\exists z B(0) \quad \dfrac{\forall u\forall y\exists z B(0) \Rightarrow \forall u\forall y\exists z B(1) \quad \dfrac{\forall u\forall y\exists z B(1) \Rightarrow \forall u\forall y\exists z B(2) \quad \forall u\forall y\exists z B(2) \Rightarrow \exists z A(2,6,z)}{\forall u\forall y\exists z B(1) \Rightarrow \exists z A(2,6,z)}}{\forall u\forall y\exists z b(0) \Rightarrow \exists z A(2,6,z)}}{\Rightarrow \exists z A(2,6,z)} \quad \begin{array}{c}\vdots\\ \exists z A(2,6,z) \Rightarrow \exists z A(2,6,z)\end{array}}{\Rightarrow \exists z A(2,6,z)}$$

Auch in dieser Herleitung ist die linke Teilherleitung reduzierbar; wir erhalten die folgende Herleitung D_3^*:

$$\dfrac{\dfrac{\dfrac{\dfrac{}{\Rightarrow B(0,f,g,g)}}{\begin{array}{c}\vdots\\ \hline \Rightarrow \forall u\forall y\exists z B(0)\end{array}} \quad \dfrac{\dfrac{}{B(0,0,2,e) \Rightarrow A(2,6,e)}}{\begin{array}{c}\vdots\\ \hline \forall u\forall y\exists z B(0) \Rightarrow \exists z A(2,6,z)\end{array}}}{\Rightarrow \exists z A(2,6,z)} \quad \begin{array}{c}\vdots\\ \exists z A(2,6,z) \Rightarrow \exists z A(2,6,z)\end{array}}{\Rightarrow \exists z A(2,6,z)}$$

Diese Herleitung läßt sich nun durch reine Schnittelimination auf die Form $\frac{\Rightarrow A(2,6,2)}{\Rightarrow \exists z A(2,6,z)}$ reduzieren, so daß als Ergebnis der Auswertung von D der Wert 2 ausgegeben wird.

Die Korrektheit des so skizzierten Interpreters ist unmittelbar klar, da immer nur logisch korrekt Transformationen an einer Herleitung vorgenommen werden. Nicht ganz so trivial ist dagegen der Nachweis des Terminierens auf syntaktisch korrekten Herleitungen. Wir fassen zusammen:

Satz 3: Gegeben sei eine Herleitung D einer Klausel $\Rightarrow \forall \bar{x} \exists \bar{y} A(\bar{x}, \bar{y})$ und Werte $\bar{e}$ passend zu $\bar{x}$. Dann terminiert der Interpreter bei Anwendung von D auf $\bar{e}$ und liefert Werte $\bar{a}$ passend zu $\bar{y}$, so daß auch die Klausel $\Rightarrow A(\bar{e}, \bar{a})$ herleitbar ist.

Der Interpreter kann außer zur vollständigen Auswertung von Herleitungen auch zu deren partieller Auswertung verwendet werden. Dies ist interessant, wenn eine Herleitung z.B. auf einen Teilsatz von Eingabewerten spezialisiert werden soll oder wenn die Herleitung zur Modularisierung oder zur besseren Lesbarkeit redundante Schnitte enthält. In diesen Fällen beseitigt der Interpreter alle Schnitte und nichtlogischen Regeln soweit, wie sie beseitigt werden können und läßt nichteliminierbare Schnitte einfach stehen.

Literaturangaben

[1] A. Colmerauer, H. Kanoui, P. Roussel, R. Pasero, Un système de communication homme-machine en français, Groupe de Recherche en Intelligence Artificielle, Université d'Aix-Marseille 1973

[2] G. Gentzen, Untersuchungen über das logische Schließen, Math. Zeitschrift Nr. 39 (1934-5) 176-210, 405–431

[3] S.C. Kleene, On the interpretation of intuitionistic number theory, Journal of Symb. Logic 10(1945) 109–124

Programmierung und Übersetzerbau

On Progress in Programming

David Gries

0. Introduction

The past twenty years have seen an enormous increase in the influence of proof-of-correctness ideas on our ability to write and present programs and algorithms. It started with R. Floyd's paper on assigning meanings to programs in 1967 [2] and C.A.R. Hoare's paper on an axiomatic basis for programming in 1969 [4]. E.W. Dijkstra's 1976 text [1] provided key ideas on the development of proof and program hand-in-hand, with the proof ideas leading the way. Since then, we have been developing and refining the ideas and practicing them more and more. The transformational development system developed under the direction of F.L. Bauer [0] exhibits further advances in the state of the art.

One of the key ideas that continues to be explored is that programming can be viewed to a large extent as a calculational task. The shape of a formal specification of a problem guides the initial development of the algorithm or program, and the formal manipulations one performs at each step of the development provide the insight for asking and answering the next question about the development. Thus, there are fewer "rabbits to be pulled out the hat" or fewer "Eureka" steps as they have been called, during the development.

Now, no one claims that clever ideas and tricks are not needed in developing an algorithm, and no one claims that programming can become a largely mechanical and dull task. It takes education, experience and taste to perform a calculational development. However, the idea that many algorithms can be developed using sound principles, methods, and techniques instead of large rabbits is intriguing. At the least, it offers help in the presentation of algorithms, for it is far easier to present a relatively simple development than it is to memorize the code of an algorithm and argue its correctness in an ad hoc way. Further, an algorithm presented without rabbits is much more easily learned by students; remembering the algorithm requires only remembering its specification and a few important points about the development. We have found the method to be extremely effective in presenting algorithms to students, for example in courses on data structures.

Finally, the method often leads to simpler algorithms and simpler algorithmic presentations.

We present here an illustration of what a calculational-style development can achieve. Our example is an iterative algorithm for performing an inorder traversal of a binary tree. It was developed a few year ago for presentation in a junior-level course on algorithms and data structures, after being frustrated with the complicated presentations of such algorithms in current texts.

1. The Development of the Algorithm

Consider a finite binary tree t (say), which for our purposes is best defined recursively by

$$t = \Phi \quad \text{or}$$
$$t = (t.l, t.d, t.r)$$

where Φ denotes the empty tree, $t.d$ is an integer, called the value of the root of the tree, and $t.l$ and $t.r$ are themselves binary trees. By $\#t$ we denote the number of nodes in tree t, which is defined recursively by

$$\#\Phi = 0$$
$$\#(t.l, t.d, t.r) = 1 + \#(t.l) + \#(t.r)\ .$$

We shall also be dealing with sequences of elements. The empty sequence is denoted by ε. Catenation of sequences and elements is denoted by juxtaposition. For a sequence S, $\#S$ denotes the number of elements in S.

The inorder traversal $in.t$ of binary tree t is a sequence of integers defined by

$$in.\Phi = \varepsilon\ ,$$
$$in.(t.l, t.d, t.r) = in.(t.l)\ t.d\ in.(t.r)\ .$$

We note that $\#t = \#(in.t)$.

We derive an iterative algorithm for storing the inorder traversal of a given finite binary tree t in a sequence variable Z, thus establishing

$$R : in.t = Z\ .$$

It makes sense to begin with $Z = \varepsilon$, the identity of catenation, and to append elements to Z iteratively. To this end, we obtain an invariant P' from postcondition R by replacing Z with $Z\ in.t$ and then replacing constant t with a fresh variable p of type *tree*:

$$P' : in.t = Z\ in.p\ .$$

P' can be established using $Z, p := \varepsilon, \Phi$.

We now turn to the development of the body of the loop. We are looking for an assignment to Z and p – the only variables of the program at this point – that maintains the invariant while making progress in some fashion. Thus, we are looking for expressions e and f that satisfy the following:

$$\{P'\}\ \{P'^{Z,p}_{e,f}\}\ Z,p := e,f\ \{P'\}$$

where $P'^{Z,p}_{e,f}$ denotes conventional textual substitution of e, f for Z, p. This implies that if we can manipulate P' into an equivalent formula that has the same shape except that in place of Z and p are two expressions e and f, then we have determined an assignment to Z and p that will maintain P'. Let us try to perform this manipulation.

If $p \neq \Phi$, using the definition of in, P' expands to

$$in.t = Z\ in.(p.l)\ p.d\ in.(p.r)$$

and, if $p.l \neq \Phi$, to

$$in.t = Z\ in.(p.l.l)\ p.l.d\ in.(p.l)\ p.d\ in.(p.r)\ .$$

Each replacement of a term $in.(\_)$ following Z by its definition introduces the expression $\_.d\ in.(\_.r)$ into the righthand side, and there is no way to manipulate the formula so that it has the same shape as P'. We therefore introduce a fresh sequence variable S to contain the trees $\_$ occurring in the pairs and generalize the loop invariant to

$$P : in.t = Z\ in.p\ x.S$$

where x is defined by

$$\begin{aligned} &x.\varepsilon = \varepsilon\ , \\ &x.(p\ S) = p.d\ in.(p.r)\ x.S\ . \end{aligned}$$

We note that

$$P \wedge p = \Phi \wedge S = \varepsilon \Rightarrow R\ ,$$

so that execution of the loop should continue as long as $p \neq \Phi \vee S \neq \varepsilon$.

The new invariant P is established by $Z, p, S := \varepsilon, t, \varepsilon$. Again, we manipulate the invariant under the condition $p \neq \Phi$:

$$\begin{aligned} in.t &= Z\ in.p\ x.S \\ &= \quad \{\text{definition of } in\} \\ &\quad Z\ in.(p.l)\ p.d\ in.(p.r)\ x.S \\ &= \quad \{\text{definition of } x\} \\ &\quad Z\ in.(p.l)\ x.(p\ S) \end{aligned}$$

Hence, P is maintained and $\#p$, the number of nodes in tree p, is reduced by execution of

$$p, S := p.l, p\ S\ .$$

We have handled the case $p \neq \Phi$, and the remaining case to handle is $p = \Phi \wedge S \neq \varepsilon$. We introduce tree u and sequence U that satisfy $S = u\ U$ and manipulate P.

$$\begin{aligned} in.t &= Z\ in.p\ x.S \\ &= \quad \{S = u\ U\} \\ &\quad Z\ in.p\ x.(u, U) \\ &= \quad \{\text{definition of } in,\ p = \Phi\} \\ &\quad Z\ x.(u\ U) \\ &= \quad \{\text{definition of } x\} \\ &\quad Z\ u.d\ in.(u.r)\ x.U \end{aligned}$$

However, the manipulation is valid only if $u \neq \Phi$. Notice that the first guarded command developed appends only a nonempty tree to S, so that we can introduce a second invariant $P1$:

$$P1 : \forall(u : u \in S : u \neq \Phi)\ .$$

$P1$ is initially true, with $S = \varepsilon$.

Returning now to P, we see that, under the condition $p = \Phi \wedge S \neq \varepsilon$, P is maintained and $\#t - \#Z$ is reduced by execution of

let u, U **sat** $S = u\ U$;
$Z, p, S := Z\ u.d, u.r, U$.

The algorithm is therefore

var p : *tree*; S : *seq*(*tree*) ;
$Z, p, S := \varepsilon, t, \varepsilon$;
do $p \neq \Phi$ $\rightarrow p, S := p.l, p\ S$
[]$p = \Phi \wedge S \neq \varepsilon$ $\rightarrow$ **let** u, U **sat** $S = u\ U$;
$Z, p, S := Z\ u.d, u.r, U$
od

From P it follows that $\#t \geq \#Z$, which implies that the set of pairs assumed by $(\#t - \#Z, \#p)$ is well founded under lexicographic ordering. Since both statements in the loop decrease $(\#t - \#Z, \#p)$, the algorithm terminates.

2. Discussion

The simplicity of the algorithm and its description is a result of several design decisions: the use of a tree instead of its representation using pointers; the introduction of S as a sequence instead of a stack, with its operations *push* and *pop*; the use of the **let** statement, instead of referring to parts of Z and S using subscripting; and the recursive definition of x, which makes the derivations of the guarded commands and proofs of invariance of P almost trivial. Important throughout was, of course, the calculational way of proceeding.

All the steps involved in the development are by-now-standard techniques, which have proved to be useful in many algorithmic developments. The only possible rabbit is the introduction of sequence S, but even this seems straightforward to those who understand this method of programming (particularly since earlier versions of the algorithm used a sequence or stack).

Similar calculational program-development techniques exist for the functional style of programming, which may use a more formal transformational style of development from a specification (see [0]). For example, the equivalent of introducing a new variable, like S of our example or a variable that is used to accumulate a result for purposes of efficiency, would correspond to introducing a new "accumulating" parameter of a recursive function. Thus, whether when uses a functional or imperative style may be simply a matter of taste. We are more familiar and at ease with the imperative style and find that, notationally, it appears simpler, but it may only be a matter of time before the functional approach catches up. The imperative calculational style has been around for much longer, and we have much more experience with it at this point.

The methods used in this paper may never be used by the majority of programmers. Nevertheless, they can (and should) play an extremely important role for those who develop algorithms and those who teach programming, data structures, and similar courses. I have seen countless presentations of algorithms, in journals and in lectures, that could be drastically improved by a good dose of these methods. Further, using the methods in teaching programming and in presenting algorithms in courses makes the presentations far more effective, and with less preparation time.

The author presented this algorithm at the YoP Institute on formal methods in programming [5]. At the Institute, the author and Jan van de Snepscheut inverted the algorithm to yield an algorithm that, from a sequence of distinct values, produces nondeterministically any tree whose inorder sequence is that sequence (see [3].) The inversion was made possible only by the simplicity of our formulation of the algorithm. Van de Snepscheut later extended the inorder-traversal algorithm to produce both the preorder and the inorder of a tree, and then inverted this algorithm, resulting in a simple algorithm that produces a tree from its preorder and inorder traversals.

3. References

[0] Bauer, F.L., et al. The Munich Project CIP. Vol. I: The wide spectrum language CIP-L and Vol II: The Transformation System CIP-S. Springer Verlag LNCS 183 (1985) and 292 (1987).

[1] Dijkstra, E.W. A Discipline of Programming. Prentice Hall, New Jersey, 1976.

[2] Floyd, R. Assigning meanings to programs. Proc. Amer. Math. Soc. Symp. in Applied Mathematics 19 (1967), 139–143.

[3] Gries, D., and J. van de Snepscheut. Iterative inorder traversal of a binary tree and its inversion. TR87-876, Computer Science Department, Cornell University, November 1987.

[4] Hoare, C.A.R. An axiomatic basis for computer programming. CACM 12 (Oct 1969), 576–580, 583.

[5] Dijkstra, E.W. ed. Formal Development of Programs and Proofs. Addison-Wesley, 1990. (Proc. Year of Programming Institute, Austin, Texas, October 1987.)

Programmiertechnische Grundlagen für Verteilte Systeme

Manfred Paul

Es ist interessant zu beobachten, wie viele Fragen paralleler (bzw. verteilter) Programmierung jedem einzelnen aus Erfahrungen, die er tagtäglich macht, geläufig sind. Bei der Hausarbeit z.B. läßt sich viel Zeit sparen, wenn man die Kunst „verteilt zu programmieren" gut beherrscht. Jede erfahrene Hausfrau nützt die Zeit, während der ihr Kuchen im Herd gebacken wird, für weitere nützliche Arbeiten, also etwa gleichzeitig Kaffee im Automaten zu kochen, den Tisch zu decken und sich selbst schön zu machen, die letzteren Tätigkeiten allerdings hintereinander, jedoch parallel zum Kuchenbacken und Kaffekochen. Natürlich gehört dazu Kommunikation und Synchronisation. Wird nämlich die Überwachung des Kuchens versäumt, verbrennt er, während man den Kaffeeautomaten wohl sich selbst überlassen kann.

Wir wissen aus Erfahrung: manche beherrschen diese Kunst der verteilten Bearbeitung besser als andere. Nicht selten sind letztere deshalb abgehetzter als die ersteren, obwohl sie insgesamt nicht mehr gearbeitet haben. Interessant ist auch, daß Herr Prof. Heinz Maier-Leibnitz in seinem *Kochbuch für Füchse* gerade diesen Gesichtspunkt besonders hervorhebt, wie man nämlich die Menus nach seinen Rezepten zeitsparend zubereitet und dadurch auch für die Gäste genügend Zeit zur Verfügung hat: Das ist angewandte „Verteilte Programmierung".

Parallele und verteilte Programmierung als ein Gegenstand breit angelegter Forschung ist entstanden als Folge von Entwicklungsschritten, die die Architekturen von Rechner- und Kommunikationssystemen in den letzten 20 Jahren sprunghaft genommen haben. Dabei waren manche Fragen einfacher Art schon in den frühen 60er Jahren befriedigend behandelt worden; z.B. hat die Einführung von Konzepten wie Prozeß und Unterbrechung erlaubt, die Bearbeitung von Aufträgen durch die programmier- bzw. systemtechnische Aufspaltung in Prozessor-Verarbeitungs- und in Ein/Ausgabe-Schritte wesentlich zu beschleunigen.

Ein Anstoß also war die Forderung, programmiertechnische Hilfsmittel zu entwickeln, mit denen unterschiedliche Teilaufgaben eines Auftrags gleichzeitig abgewickelt werden können, soweit die Voraussetzungen dazu erfüllt sind. Solche Voraussetzungen sind u.a.:

– Verfügbarkeit von Prozessoren zur Ausführung von Teilaufgaben,

- möglichst weitgehende Unabhängigkeit der Teilaufgaben voneinander,
- schnelle Kanäle für die Synchronisation und Kommunikation,
- nicht zu feine Granularität (d.h. ein tragbares Verhältnis zwischen aufgabenspezifischer Verarbeitungsleistung einerseits und Verwaltungs- und Kommunikationsleistung andererseits).

Bevor wir die damit gestellten Fragen etwas weiter verfolgen, soll noch ein zweiter Anstoß beleuchtet werden, den die Forschung erhalten hat: Die Geschwindigkeit der Rechner hat seit ihrer Einführung außerordentlich zugenommen. So hat man um 1960 mit ca. 1000 Gleitpunktoperationen pro Sekunde (IBM 7094: 1,2 msec/Gleitpunktoperation) rechnen können, heute werden bis zu 10^9 Gleitpunktoperationen pro sec erreicht, das ist ein Faktor von 10^6. Dennoch reicht auch diese hohe Rechengeschwindigkeit nicht aus. Bei einer Operation mit Komplexität $O(n^3)$ bedeutet das ja nur den Faktor von ca. 100 in der Größenordnung n eines vorgegebenen Problems. Um eine Reihe von Problemen zu bearbeiten, die von Technik und Naturwissenschaften gestellt werden, etwa Probleme der Strömungsmechanik oder des Entwurfs von VLSI-Bausteinen als zwei von vielen Beispielen, wird eine noch höhere Rechenleistung gefordert.

Sobald man nun die physikalisch-technischen Grenzen für weitere Erhöhungen der Geschwindigkeit erreicht, und davon sind wir nicht mehr allzu weit entfernt, läßt sich ein Problem wie oben erwähnt nur noch dadurch schneller bearbeiten, daß man durch Aufspaltung in Teilaufgaben möglichst viele Prozessoren gleichzeitig daran arbeiten läßt. Die Voraussetzungen dafür sind die nämlichen wie oben: Der Unterschied zwischen beiden Anstößen ist dennoch beträchtlich. Oben gibt die gestellte Aufgabe von vornherein (aus ihrer Benützerspezifikation) Hinweise darauf, wie die Aufspaltung in Teilaufgaben aussehen könnte. In der letzteren Problemstellung dagegen ist eine solche „funktionale" Aufspaltung nicht a priori gegeben, sicherlich jedenfalls nicht mit derselben Deutlichkeit. Das Aufspüren und Finden von geeigneten Zerlegungen ist Gegenstand der Parallelisierung von Algorithmen. Übrigens ist die Granularität der Zerlegung in Teilaufgaben wie schon gesagt ein entscheidende Größe für die erreichbare Verbesserung der Effizienz. Dabei hat sich aus den Erfahrungen der letzten Jahre die Überzeugung durchgesetzt, daß die Granularität nicht feiner sein sollte als es die Ebene kooperierender Prozesse (im Bereich der Betriebssysteme ebenso wie in der universellen Anwenderprogrammierung) [BeGiSchr 88], [Jo 81] nahelegt; mit anderen Worten, der zusätzliche Aufwand für Kommunikation ist für das Starten einer parallel zum Auftraggeber laufenden Auftragnehmeraktivität nur gerechtfertigt, wenn der Auftragnehmer zwischen den Kommunikationsvorgängen eine ausreichend große Zahl von Instruktionen auszuführen hat. Ausnahmen von der genannten Erfahrungsregel für die Granularität bei der Parallelisierung betreffen vor allem die Vektorisierung und das Fließbandprinzip (*pipe lining*). Diese feineren Granularitäten sollen allerdings hier nicht genauer behandelt werden. Wir beschränken uns auf die oben genannte Programmierung mit nicht zu feiner Granularität, die bei funktionaler Verteilung im Vordergrund steht.

Die Programmierebene für den Anwender wird nach allgemein durchgesetzter Auffassung am besten im Sinne objektorientierter Programmierung behandelt. Diese Auffassung entspricht der Erweiterung der Technik der Programmentwicklung im sequentiellen Fall (vergleiche [DaMyNy 70], [DaHoDij 72]) auf verteilte Programmierung am unmittelbarsten. Ein allgemeines Objekt ist dabei ein abstrakter Datentyp sowie seine Implementierung auf einem virtuellen Prozessor. Die Zuordnung von virtuellen Prozessoren zu realen in einem konkret gegebenen HW/SW-System soll dabei für den Anwender soweit wie irgendwie möglich abgeschirmt bleiben. Es ist also für die Programmierung unerheblich, ob ein Mehrprozessorsystem und gegebenenfalls mit wie vielen Prozessoren tatsächlich zur Verfügung steht. Frühe Beispiele für solche programmiertechnischen Objekt sind die *Monitore* von Hoare [Ho 74] und die *Distibuted Processes* von Brinch Hansen [BrHa 78].

Durch die Virtualisierung wird allerdings von einem wichtigen Aspekt zugleich abstrahiert, nämlich wie die Kommunikation und die Synchronisation der Objekt untereinander stattfindet. Da hierbei doch erhebliche Effizienzunterschiede auftreten können, soll eine programmiertechnische Möglichkeit, dies zu beeinflussen, durch entsprechende Konzepte in der verfügbaren Programmiersprache angeboten werden. Die zwei Möglichkeiten der Kommunikation entsprechen wie üblich der Verwendung von

- gemeinsamem Speicher (enge Kopplung) bzw.
- Nachrichtenübertragung (lose Kopplung)

Dabei legen die üblichen Programmiersprachenkonzepte vor allem die Parameteranschlußtechniken für Prozeduraufruf und Rückkehr aus Prozeduren als programmiertechnische Werkzeuge zur Kommunikation zwischen Objekten nahe.

Natürlich werden in der Literatur auch vielfach nachrichten-orientierte Kommunikationskonzepte behandelt, bei denen explizite Sender-Empfänger-Beziehungen in der Programmiersprache und damit in der Benützerschnittstelle verfügbar gehalten werden. Beispiele sind ersichtlich in den *Communicating Sequential Processes* von Hoare [Ho 78] und in [ADA 83]. In beiden Fällen ist allerdings durch das Rendezvous-Konzept eine strenge Synchronisation vorgesehen, die dem Sender keinen Vorsprung vor dem Empfänger erlaubt. In Verbindung mit objektorientierter Programmierung ist dieses Konzept realisiert in SMALLTALK. Läßt man eine Vorsprung des Senders mit dem sogenannten *no-wait-send* zu, so fehlt natürlich auf der Programmierebene die Kontrolle des Senders über den korrekten Empfang oder man muß weitere Maßnahmen zur Sicherung und Kontrolle (z.B. Empfangsbestätigung) vorsehen; so in ADA z.B. *exception*-Behandlung. Im folgenden konzentrieren wir uns auf die prozedur-orientierten Methoden.

Dazu legen wir der Programmierung folgendes Konzept zugrunde:

Ein Objekt besteht aus einer lokalen Datenstruktur und einer Menge von Operationen, die auf den Variablen der Datenstruktur ausgeführt werden können. Die Datenstruktur wird in üblicher Weise durch Artvereinbarungen und Identitätsvereinbarungen von Variablen über den verfügbaren Arten festgelegt. Die Operationen sind dargestellt durch Prozeduren. Beides, Datenstruktur und Operationen werden in einem Modul zusammengefaßt. Dieses Konzept ist in der am Institut für Informatik der TUM entwickelten und implementierten Programmiersprache ParMod realisiert [Ei 86, 87].

1. Beispiel

```
MODULE BegrenzterPuffer;

VAR anz: INTEGER;                {aktuelle Zahl Elemente im Puffer}
   puffer: ARRAY [1:n] OF α,

GLOBAL PROCEDURE put (x:α);
   SEQU Aufrufe;
   ⌈
   AWAIT anz < n REGION anz, puffer DO
      ⌈
      anz := anz+1;
      puffer[anz] := x
      ⌊
   ⌊
 ;

GLOBAL PROCEDURE get (VAR x:α);
   SEQU Aufrufe;
   ⌈
   AWAIT anz > 0 REGION anz, puffer
      ⌈
      x := puffer[anz];
      ANSWER x;
      anz := anz - 1
      ⌊
   ⌊
 ;

INIT
   ⌈
   anz := 0
   ⌊

ENDMODULE
```

Erläuterungen:

Ein Modul wird einer Recheneinheit zugeordnet. Seine globalen Prozeduren können von beliebigen Modulen aus (also auch von anderen Recheneinheiten aus) aufgerufen werden. Deshalb wird als Parameterübergabetechnik für

Eingabe: *value*-Parameter
Ausgabe: *value-result*-Parameter

vorgesehen.

Wäre die unterstellte Technik die eines RPC (*remote procedure call*), so entstünde bei Aufruf keine Parallelität. Deshalb wird zugelassen, daß der aufrufende Prozeß nach dem Aufruf sofort weiterarbeitet.

Die Rückgabe der Ausgabeparameter an den aufrufenden Prozeß erfolgt durch explizite `ANSWER`-Anweisung wie im Beispiel durch implizite Rückgabe am Ende der gerufenen Prozedur. Der Aufrufer unterstellt, daß die Zuweisung an den aktuellen Parameter, wenn die Antwort gesendet wird, mit hoher Priorität erfolgt. Der Aufrufer kann mit `RESULT(x)` jederzeit abfragen, ob `x` auf diese Weise sein Ergebnis erhalten hat. `RESULT: VAR` → `BOOLEAN`.

Mit der `SEQU`-Anweisung werden alle Aufrufe einer globalen Prozedur, die von derselben Inkarnation einer Prozedur kommen, in einer Warteschlange sequentialisiert. Im Beispiel gilt das für `put` und `get` durch **Benennung** der Warteschlange so, daß alle Aufrufe beider Prozeduren von derselben Prozedur-Inkarnation nach Aufruffolge sequentialisiert werden.

Im übrigen erfolgt Synchronisation mit `AWAIT` und `REGION` mit der üblichen Semantik, insbesondere mit sofortiger Freigabe, wenn nicht alle `REGION`-Variablen belegt werden können, sowie erneutem Versuch nach Verzögerung.

Die Initialisierung erfolgt zum Start. Der Modul nimmt keine globalen Aufrufe in dieser Phase entgegen, kann aber globale Prozeduren aufrufen (Verklemmung ist also möglich).

2. Beispiel

```
MODULE LeserSchreiber;          {faire Strategie first-come-first-served}

< Ressourcen-Vereinbarungen >
VAR r, w: INTEGER;                       {Zahl der Leser und Schreiber}

GLOBAL PROCEDURE lies ( < Parameter > );
   SEQU Aufrufe;          {optional, wenn alle Aufrufe von derselben}
                          {Inkarnation sequentialisiert werden sollen}
```

```
   ⌈
   REGION fair DO                {Fairneß durch Semantik für REGION}
      AWAIT w = 0 REGION r, w DO       r := r + 1;
   < Ressourcen lesen >;              {lokale Parallelität möglich}
   r := r-1
   ⌊
;

GLOBAL PROCEDURE schreib (< Parameter >);
   SEQU Aufrufe;                      {optional, vergleiche oben}
   ⌈
   REGION fair DO
      AWAIT r = 0 REGION r, w DO       w := w+1;
   REGION schreiben DO
      < Ressourcen schreiben >;   {nur ein Schreiber zugelassen}
   w := w-1
   ⌊
;

INIT
   ⌈
   r := 0;
   w := 0;
   < Initialisierung der Ressourcen >
   ⌊
ENDMODULE
```

Erläuterungen:

Lokale Parallelität wird für das Lesen der Ressourcen ermöglicht. Globale Parallelität zu Aufrufern ist von vornherein möglich. Fairneß ist gesichert, weil die `REGION-fair`-Anweisung nach der Semantik der `REGION`-Anweisung sicherstellt, daß ein Prozeduraufruf, der bei `REGION` verzögert wird, nach endlicher Zeit zum Zuge kommt, wenn die `REGION`-Bedingung immer wieder erfüllt wird.

Durch `REGION`-schreiben wird sichergestellt, daß nur 1 Schreiber aktiv sein kann.

Lokale Parallelität unterscheidet sich von globaler dadurch, daß innerhalb eines Moduls Prozeduren parallel aufgerufen werden können. Dabei entspricht einem Modul eine zugeordnete Recheneinheit mit beliebig vielen (virtuellen) Prozessoren, die nun aber eng gekoppelt sind, also über gemeinsame Variable kommunizieren können. Hier ist also auch Referenz-Parameter-Übergabe zulässig und sachgemäß. Typische Beispiele ergeben sich für `divide-and-conquer`-

Algorithmen, insbesondere, wenn dabei parallele Prozesse mit disjunkten Teilen der Datenobjekte arbeiten. Ein wohlbekannter Vertreter dieses Algorithmentyps ist Hoares *Quicksort.*

3. Beispiel

```
MODULE Sortieren;

TYPE REIHG = ARRAY [1:n] OF α;

PARALLEL PROCEDURE quick (VAR α: REIHG; p,q: 0..n; r:NAT);
   VAR s: α; i,j: INTEGER;
   ⌈
   i:=p; j:q; s:=a [ (p + q) DIV 2]
   WHILE i ≤ j DO
      ⌈
      WHILE a[i] < s DO i := i+1;
      WHILE a[i] > s DO j := j-1;
      IF i ≤ j THEN
         ⌈
         vertausche (a,i,j); i:=i + 1, j:=j - 1
         ⌊
      ⌊
   ;
   IF j ≥ p+r THEN quick (a, p, j)
   ELSE IF j > p THEN bubble (a, p, j);
   IF i ≤ q-r THEN quick (a, i, q)
   ELSE IF i < q THEN bubble (a, i, q)
   ⌊
 ;

GLOBAL PROCEDURE sortiere (VAR a:REIHG; u,o: 0..n);
⌈
IF o-u ≥ r THEN quick (a, u, o)
ELSE bubble (a, u, o)
⌊

ENDMODULE
```

Erläuterungen:

Hier ist der wesentliche Aspekt, daß neben der globalen Parallelität, wonach mehrere Auftraggeber gleichzeitig mit den gerufenen Sortier-Prozeduren arbeiten können, vor allem lokale Parallelität durch den rekursiven Charakter von `quick` entsteht. Dabei gehört zu jedem globalen Aufruf von `sortiere` ein Parameter `r`.

Letzterer ist interessant: Mit `r` läßt sich bestimmen, wann man von `quick` (mit $O(n * \log n)$) zu `bubble` mit $O(n^2)$ aber geringem *overhead* (keine Rekursion, einfache Anweisungsstruktur), übergeht. Das heißt, hat die Teilreihung `a[p:q]` höchstens `r` Elemente, wird sie mit `bubble`, sonst mit `quick` sortiert. Alle diese Inkarnationen laufen lokal parallel. Die Rückgabe von `a` als *value-result* am Ende eines Ablaufs von `sortiere` ist implizit durch die Semantik gesichert:

1. Ende, wenn die gestartete lokale Prozedur (`quick` oder `bubble`) beendet ist.
2. `quick` ist beendet, wenn seine aufgerufenen Prozeduren beendet sind.
3. Rückgabe durch implizite `ANSWER a`-Anweisung am Ende von `sortiere`.

Bei Parametern für globale Prozeduren ist zu beachten, daß sie per *value* ein- bzw. per *value-result* ausgegeben werden müssen.

Eine wesentliche Unterstützung für die Programmierung wie im sequentiellen Falle liefern Werkzeuge für die Programmentwicklung in verteilten Systemen. Dazu gehören:

1. **Unterstützung** bei der Herstellung der globalen und lokal parallelen Prozeduren, so daß Spezifikationsanforderungen erfüllt sind, insbesondere:
   - Verklemmungsfreiheit
   - Fairneß
   - Abarbeitungsstrategie
2. **Beobachtungswerkzeuge** [EiAb 88]
   Mit diesen läßt sich das Ablaufverhalten unter unterschiedlichen Gesichtspunkten verfolgen. Daraus lassen sich interaktiv und bis zu einem gewissen Grad automatisch Steuerungsparameter beeinflussen, die dann zur Optimierung beitragen.

   Ein Beispiel liefert der Sortierer: Durch Variation des Parameters `r` läßt sich eine optimale Aufteilung auf `quick` und `bubble` z.B. hinsichtlich des Zeitaufwands finden. Dabei soll natürlich die Granularität nicht zu fein werden (etwa für `r = 1` nur `quick`). Ebenso liefert `r` $\geq$ `n` kein optimales Ergebnis, weil dann nur mit $O(n^2)$ und ohne lokale Parallelität (keine Rekursion) gearbeitet wird. Die durch die ParMod-Laufzeitverkürzung nahegelegte Festlegung ist `r` $\simeq 20$ für die μVAX mit UNIX-BS. Die optimale Wahl hängt natürlich von der Programmierumgebung ab. KNUTH gibt eine Analyse und errechnet für `MIX r = 9` als optimal, allerdings ohne die lokale Parallelität, das heißt bei KNUTH stehen sich $n * \mathrm{ld}\, n$ für `quick` und $n^2/2$ für bubble gegenüber. Für 9 heißt das, daß dort der Faktor für den höheren Verwaltungsaufwand bei `quick` beim *break-even-point* 1.43 ist. Bei lokaler Parallelität stehen sich dagegen $n * 3$ und $n^2/2$ gegenüber. Für $n = 20$

heißt das, der Faktor ist hier mit 3,3 um mehr als das Doppelte größer, entsprechend dem weit größeren Verwaltungsaufwand für die Aufspaltung in parallele Prozesse.

Literatur

[ADA 83] Reference Manual for the ADA Programming Language. United States Department of Defense, Washington, ANSI/MIL-STD-1815-1983 (1983).

[BeGiSchr 88] Behr, P.M., Giloi, W.K., Schröder, W.: Synchronous versus Asynchronous Communication in High Performance Multicomputer Systems. GMD Research Center for Innovative Computer Systems and Technology, Internal Report (1988).

[BrHa 78] Brinch Hansen, P.: Distributed Processes: A Concurrent Programming Concept. Communications of the ACM, vol. 21, no. 11, p. 934–941 (1978).

[DaHoDij 72] Dahl, O.J., Hoare, C.A.R., Dijkstra, E.W.: Structured Programming. Academic Press, New York (1972).

[DaMyNy 70] Dahl, O.J., Myhrhaug, B., Nygaard, K.: The Simula 67 Common Base Language. Publication S-22, Norwegian Computing Center, Oslo (1970).

[Ei 86] Eichholz, S.: Parallel Programming with Modules. Berichte des German Chapter of the ACM, vol. 26, p. 154–163, Teubner Verlag, Stuttgart (1986).

[Ei 87] Eichholz, S.: Parallel Programming with ParMod: In: Sahni, S.: Proceedings of the 1987 International Conference on Parallel Processing. The Pennsylvania State University Press (August 1987).

[EiAb 88] Eichholz, S., Abstreiter, F.: Runtime Observation of Parallel Programs. In: Proceedings of the CONPAR 88, Manchester, UK, (12.–16.09.1988).

[Ho 74] Hoare, C.A.R.: Monitors: An Operating System Structuring Concept. Communications of the ACM, vol. 17, p. 549–557 (1974).

[Ho 78] Hoare, C.A.R.: Communicating Sequential Processes. Communications of the ACM, vol. 21, no. 8, p. 666–667 (1978).

[Jo 81] Jones, A.K.: Some Observations about Parallel Languages Based on Experience with Multiprocessor Software. Berichte des German Chapter of the ACM, vol. 7, p. 9–25, Teubner Verlag, Stuttgart (1981).

Zur Entwicklung der Rechentechnik

Gerhard Seegmüller

Fast 40 Jahre Rechentechnik in München! Das ist eine faszinierende Entwicklung, die von wenigen Pionieren begonnen wurde – einen von denen zu feiern wir in dieser Veranstaltung die Ehre haben. Die Rechentechnik war und ist begünstigt von wichtigen Ergebnissen in benachbarten Wissenschaften. Sie ist heute genutzt von vielen. Sie wird oft schon für selbstverständlich gehalten. Sie ist fast immer falsch in die Zukunft prognostiziert worden. Sie ist in ihren äußeren Ausprägungen ein Kind der zweiten Hälfte dieses Jahrhunderts.

Rechentechnik, was soll damit gemeint sein? Wir wollen darunter die Technik der algorithmischen Problemlösung einschließlich ihrer effektiven Durchführung auf den zur Verfügung stehenden Rechnerarchitekturen verstehen.

Was sah man damals als die wichtigsten Probleme der Rechentechnik an, welche allgemeine Problematik verbarg sich dahinter, wie stellt sich angesichts neuer Rechnerarchitekturen und neuer algorithmischer Leitbilder die Frage heute, welche Lösungsmöglichkeiten zeichnen sich dafür ab?

Rechentechnik zwischen 1955 und 1965

Das war anfangs die Zeit des Ein-Prozeß-Betriebes etwa an der PERM. Es war die Zeit des Assemblers, der kellerartigen Verwendung von Bibliotheksprozeduren – meistens waren es neue numerische Verfahren, des Einsatzes eines simulierenden Überwachungsprogramms zur Kontrolle der Programmdurchführung und des Experimentierens mit Varianten der Gleitpunktarithmetik. Es war auch die Zeit der ersten europäischen und atlantischen Kooperation zur Entwicklung der höheren Programmiersprachen, die später ALGOL 58 und ALGOL 60 genannt wurden. Man interessierte sich dafür, welche höheren Sprachelemente angemessen seien, wie ihre Syntax zu formulieren sei und wie man höhere Sprachelemente auf die funktionelle Strukturierung der vorhandenen Hardware abbilden müsse.

Es ging um Programmierung, Programmaufbereitung und -Durchführung. Einerseits dominierte die Numerische Mathematik, andererseits ging es um Fehlerkontrollen mit automatischer Wiederholung fehlerhafter Durchführungen. Die Hardware war damals ja recht fehleranfällig. Man arbeitete an Methoden der syntaktischen Analyse – den Keller hatte man schon etwas früher erfunden – und an intuitiven Praktiken zur Erzeugung von Maschinencode.

Man bemerkte, daß Programme nach einer ganzen Reihe von schon damals erkannten Kriterien umso besser gerieten, je unmittelbarer man sich von der Mathematik führen lassen konnte. Die lineare Algebra und die Syntaktische Analyse waren herausragende Beispiele hierfür. Umgekehrt sah es nicht gut aus bei kaufmännischen Programmen, bei der Realzeitprogrammierung und bei der Koordination mehrläufiger Durchführungen in ersten Betriebssystemen.

Die Führung durch mathematische Vorbilder – soweit diese direkt existierten, war zu einem Qualitätsmoment geworden. Zusammen mit der damals allein verbreiteten von Neumann-Rechnerarchitektur kann man diese Führung als das erste algorithmische Leitbild der Rechentechnik bezeichnen.

Rechentechnik heute

Um es sogleich vorwegzunehmen: die Auseinandersetzung mit der Rechentechnik in den letzten Jahrzehnten hat dazu geführt, daß ihre Vorgehensweisen und ihre Lösungsansätze heute zum herausragenden methodischen Querschnittsphänomen der wissenschaftlichen Arbeit fast über alle Fächer hinweg geworden sind.

Aus kleinen Anfängen heraus ist eine Situation entstanden, die äußerlich durch die Allgegenwärtigkeit von Bildschirmen, Arbeitsplatzrechnern, Netzknotenrechnern, Peripheriegeräten und kleinen und großen Rechenzentren in wissenschaftlichen Einrichtungen gekennzeichnet ist. Es begann mit ein oder zwei Prozessoren auf dem gesamten Campus. Heute sind 1.000 oder 2.000 Prozessoren, in kurzer Zeit wohl 5.000 bis 10.000 ein Durchschnittswert. Wenn man bedenkt, daß in dieser Zeit die Leistung des einzelnen Prozessors um den Faktor 10^5 gesteigert worden ist, bedeutet das einen ungeheueren Angebotszuwachs.

Immer wieder werden neue Anwendungsgebiete erschlossen, oft nicht nur durch neue algorithmische Lösungen und Modellbildungen, sondern auch durch die alleinige Steigerung von Prozessor- und Speicherkapazitäten. Wissenschaftliches Höchstleistungsrechnen ist zu einer wichtigen neuen Größe geworden. Heute dominieren die großen Vektorrechner. In kurzer Zeit werden die Parallelrechner hinzukommen. Die relative Einbuße des klassischen Universalrechners ist nicht zu übersehen. In der beschleunigten Leistungssteigerung der Mikroprozessoren ist ihm ein noch gefährlicherer Konkurrent entstanden. Die starke Dynamik bei der Zunahme der Rechenleistung führt sowohl zur quantitativen Ausweitung des qualitativ Gleichen, als auch zu qualitativ Neuem in großen Quantitäten. Aus den einfachen rechentechnischen Ansätzen vor 30 Jahren ist eine kohäsive, organisationsweite Infrastruktur geworden.

Es ist heute die Regel, die Rechentechnik von vornherein in den Forschungszyklus einzubauen. Dies beginnt bei der Planung, setzt sich fort bei der Erarbeitung des Vorgehens, umfaßt die eigentliche Forschungsdurchführung und endet bei Ergebnisauswertung, Präsentation und Konservierung. Man versucht auf diese Weise, möglichst elegant und ohne unnötige Zwischenarbeiten auf den Ergebnissen anderer aufzubauen.

In ständiger Ausdehnung begriffen sind Umfang und Einsatzfelder der Computer-Simulation. Hier ist eine eigenständige Methodik entstanden, deren Erfolg Experimente oft unnötig macht oder bei gar nicht durchführbaren Experimenten doch zu verläßlichen Erkenntnissen führt. Das belebende Element ist der häufige Wechsel der Ansätze bis zum Durchbruch oder zum Scheitern. Der so steuerbare, kontrollierbare und überhaupt effektiv durchführbare Methodenwechsel ist zu einer neuen Dimension wissenschaftlicher Arbeit geworden. Es ist nur natürlich, daß man dabei stets an der Leistungsgrenze der zur Verfügung stehenden Computer arbeitet. Diese Leistungsgrenze soll in manchen Disziplinen geradezu zur Erkenntnisgrenze geworden sein.

Wissenschaftliche Inhalte werden zu Verarbeitungszwecken im Regelfall durch strukturierte Daten und diese benützende Algorithmen dargestellt. Es handelt sich dabei um eine bestimmte Art von Modellbildung und Abstraktion. Modelle erscheinen als Hilfsmittel und auch Ergebnisse wissenschaftlicher Forschung. Die Modelle haben Rückwirkungen auf die Gewinnung weiterer wissenschaftlicher Erkenntnisse. Es entstehen auch für die Informatik Anregungen zur Schaffung neuer architektureller und algorithmischer Strukturen. Neue Architekturen erschließen andererseits neue Anwendungsfelder.

Zu einem außerordentlich belebenden Element sind auch die Verfahrensweisen geworden, die aus den algorithmischen Modellen von Expertensystemen hervorgegangen sind. Sicherlich stellen sie eine Vorstufe zu den Möglichkeiten dar, die sich ergeben werden, wenn sich die Hoffnungen erfüllen, die man in die Forschungen auf dem Gebiet der Neuronalen Netze setzt.

Ich möchte nun zu dem Kern der rechentechnischen Anliegen zurückkehren, die schon in der geschilderten Anfangszeit erkennbar waren.

Höhe der Programmierung und Problematik der Abbildung

Jede Programmiersprache kann als funktionelle Beschreibung einer abstrakten Maschine aufgefaßt werden. Wenn die Programmiersprache aus der Beschreibung des Befehlscodes einer realen Maschine besteht, ist die Maschine konkret. Programmiersprachen können in intuitivem Sinne mehr oder weniger weit von realen Maschinenarchitekturen entfernt sein. Sie sind in der Absicht konstruiert, dann für gewissen Klassen von Problemlösungen besonders geeignet zu sein. Ihre

Übersetzbarkeit in einem praktisch brauchbaren Sinne ist jedoch bei größerem Abstand in Frage gestellt. Dies wollen wir etwas näher betrachten.

Ein Programm in einer gegebenen Programmiersprache stellt eine Spezialisierung der entsprechenden abstrakten Maschine auf einen Lösungsautomaten für das im Programm behandelte Problem dar. Man kann sich diesen Lösungsautomaten vorstellen als ein Gebilde, das mit bestimmten Operationen nach einem im einzelnen völlig festliegenden Durchführungsplan auf Objekten arbeitet, die für die betreffende Programmiersprache charakteristisch sind.

Die Leistung der Programmkonstruktion besteht somit in der Definition eines Lösungsautomaten. Die Wahl der Programmiersprache beeinflußt inwieweit der Lösungsautomat zur Lösung des anstehenden Problems angemessen ist. Man hätte in einer Sprache wie SNOBOL sicherlich kein Lohnabrechnungsprogramm schreiben wollen und in COBOL kein Betriebssystem.

Die Aufgabe eines Übersetzers für die betreffende Programmiersprache ist es nun, Lösungsautomaten (sprich: Programme) auf eine vorhandene Hardware-Architektur so abzubilden, daß der betreffende Bild-Lösungsautomat, der Hardware-Automat, bedeutungstreu und effizient die Problemlösung durchführen kann. Der Lösungsautomat auf der Ebene der Programmiersprache muß also auf der Hardware-Ebene möglichst effizient simuliert werden.

In den 60er und 70er Jahren bildete sich der Gebrauch einer Klasse von Programmiersprachen heraus, die in ihren Grundstrukturen den effizienten Simulationsmöglichkeiten des rein sequentiellen Rechenautomaten mit Unterbrechungseinrichtung entsprachen. Die einschlägigen Übersetzungstechniken wurden verfeinert. Die Struktur von Übersetzern wurde mit zu den am besten durchgearbeiteten Strukturen von Programmklassen. Für jeden einzelnen Übersetzungsschritt konnte man ein relativ bestes Verfahren angeben. Das Abbildungsproblem schien in Form der automatischen Transformation des Quellprogramms in den Code der Zielmaschine befriedigend gelöst.

Doch dann kamen neuartige Rechnerarchitekturen auf.

Neue Architekturen, neue algorithmische Leitbilder

Aus Überlegungen zur Steigerung der Hardware-Leistung jenseits der regelmäßigen Verbesserung, die sich allein aus den Fortschritten der Schaltkreistechnik ergibt, entstanden neue Architekturen, die in steigendem Maße von der klassischen sequentiellen Struktur abwichen. Allen liegt die Idee zugrunde, durch eine stärkere interne Parallelisierung einen zusätzlichen Leistungsgewinn zu erreichen. Dieses Prinzip war schon in der Vergangenheit erfolgreich zur internen Beschleunigung der sequentiellen Architektur angewendet worden. Ein/Ausgabe-Kanäle, lokale Befehlsausführungsüberlappungen, Speicherverschränkung und Pufferspeicher sind einige Beispiele. Jedoch konnte nach außen der Effekt der sequentiellen Befehlsausführung aufrecht erhalten werden.

Obwohl noch weitgehend mit dem Effekt der sequentiellen Befehlsausführung versehen, haben schon die Vektorrechner die Unangemessenheit der klassischen Programmiersprachen erwiesen. Die durch die architekturelle Maßnahme der extremen Fließbandverarbeitung von Vektorkomponenten erzielte nominale Leistungssteigerung hat als Preis, daß die Abbildung klassischer Programme so kompliziert geworden ist, daß die Einführung neuer Programmiersprachen zur Vektorverarbeitung eine beschlossene Sache ist, nicht nur wegen Vereinfachung der Abbildung an sich, sondern auch wegen der damit verbundenen Durchsichtigkeit und der Sicherheit der Programmierung.

Ein großer Versuch ist bisher die Definition und die Konstruktion von Datenflußmaschinen geblieben. Die faszinierende Idee des Datenflußprinzips, der sich frei entfaltende, inhärente Parallelismus einer Programmdurchführung, hat bisher keine allgemein anerkannte Hardware-Realisierung gefunden. Das Gebiet ist jedoch noch nicht aufgegeben.

Die außerordentliche Dynamik in der Leistungssteigerung und der preisgünstigen Verfügbarkeit von Mikroprozessoren hat schließlich dazu geführt, daß hochparallele Systeme mit hunderten und tausenden von Prozessoren teilweise bereits kommerziell verfügbar sind. Das größte, heute im Angebot befindliche System verfügt über 64.000, wenn auch einfache Prozessoren. Mit diesem System wurden Anwendungen demonstriert, die zeigen, daß derartig hohe Parallelität zu Lösungsqualitäten führen kann, die bisher nicht in Reichweite waren. Die Abbildbarkeit klassischer Programme auf Parallelrechner dieser Art ist abhängig vom Programm selbst, von der Struktur des einzelnen Prozessors, der Natur des Verbindungsnetzes und der Synchronität oder Asynchronität der Gesamtkoordination. Weder bezüglich der in der Zukunft dominierenden Hardware-Architekturen noch bezüglich entsprechender, angemessener sprachlicher Unterstützung können heute verläßliche Aussagen gemacht werden. Sicher ist lediglich, daß hochparallele Rechner und ihre Software in den nächsten Jahren einen beachtlichen Platz einnehmen werden und die Fortentwicklung der Rechentechnik daraus wichtige Impulse erhalten wird.

Von ganz anderer Art, auch weil von tragfähigen strukturellen Ideen gespeist, die nicht aus dem alleinigen Wunsch zur Hardware-Leistungssteigerung geboren sind, erweisen sich die algorithmischen Leitbilder der Prolog-Maschine und der Neuronalen Netz-Maschinen.

Bei der Prolog-Maschine ist es unter anderem die bestechende Art der Problemformulierung. Sie läuft auf eine besondere Darstellung und Strukturierung der Ausgangsdaten hinaus. Damit ist auf eine sehr einleuchtende Weise eine Anhebung des Abstraktionsniveaus der rechentechnischen Formulierung des zu lösenden Problems verbunden.

Viel radikaler ist die sich bei den Neuronalen Netz-Maschinen abzeichnende Möglichkeit. Für eine konkrete Problemlösefähigkeit wesentliche Inhalte können in einem Lernprozeß erworben werden. Die mit dieser Möglichkeit, sollte sie sich als praktikabel erweisen, anstehenden Veränderungen in der Anwendungsprogrammierung für bestimmte Problemklassen sind im einzelnen noch nicht abzusehen. Eine sorgfältige Beschäftigung mit Fragen in diesem Zusammenhang ist recht attraktiv, wie die Bemühungen an vielen Orten zeigen.

Zusammenfassend kann man sagen, daß die Loslösung von der sequentiellen Architektur in vollem Gange ist. Von einer mehr oder weniger direkten Abbildbarkeit klassischer Programme auf die beiden zuletzt erwähnten Architekturen kann ja keine Rede mehr sein. Die eine oder andere Überraschung wird wohl noch ins Haus stehen, und durch diese Entwicklung werden sich sowohl neue interessante Anwendungen, als auch neue Forschungsansätze in der Informatik selbst in Hülle und Fülle auftun.

Nun möchte ich erneut auf das alte Anliegen der Rechentechnik zurückkommen, die Erzielung von Software-Korrektheit weitgehend einem automatischen Prozeß zuzuordnen.

Höhe der Programmierung und Konstruktion korrekter Programme

Das eingangs genannte Leitbild der direkten Führung durch algorithmische Vorbilder aus der Mathematik begann zunehmend zu versagen, als Gebiete bearbeitet wurden, die ganz anderen Aufgabenstellungen entsprachen, etwa aus der betrieblichen Organisation, oder, um ein Extrem zu nennen, globale Realzeit- und Entscheidungsaufgaben. Oft war es schon schwierig, die Grundalgorithmen sicher zu formulieren oder es stellte sich das allgemeine Problem des wohl koordinierten parallelen Einsatzes und der Zusammenarbeit einer großen Anzahl vorhandener oder noch zu erstellender Programme. Komplexität im Kleinen wie im Großen, verbunden mit der Problematik des Vielfachzugriffs über nicht verläßliche Kanäle, führten zu einer Zeitspanne der Unsicherheit. Wie konnte man die allein Sicherheit gebende Mathematik, über ihre ursprüngliche Rolle als Lieferant einzelner verläßlicher Verfahren hinaus, erneut für die allgemeine Zielsetzung ins Spiel bringen?

Es stellte sich bald heraus, daß das nachträgliche Beweisen der Korrektheit gegebener Programme ein nicht ausreichender Ansatz war. Die Programmgröße stellte ein unüberwindliches Hindernis für praktikable Verfahren dar.

Der Ausweg kam aus der Idee, Programme von vornherein so zu konstruieren, daß ihre Korrektheit während des Konstruktionsprozesses Schritt für Schritt gewissermaßen mit bewiesen wird, ja daß man den Konstruktionsprozeß selbst von den Möglichkeiten oder Notwendigkeiten des schrittweisen Mitbeweisens steuern lassen sollte. Damit war die Idee der schrittweisen, bedeutungstreuen Programmtransformation geboren. Worauf aber sollte die erste Transformation, man könnte auch sagen, der erste Konstruktionsschritt, angewendet werden?

Hier kommt nun die formale Spezifikation des Algorithmus ins Spiel, die bisher notwendiges Detail zugunsten einer neuen Abstraktionsebene beiseite läßt. Es handelt sich um eine neue Stufe der Konzentration auf das Wesentliche beim Programmiervorgang, wenn man diese Tätigkeit überhaupt noch so nennen sollte. Sobald man die Spezifikation für korrekt hält, führt die Folge bedeutungstreuer Transformationen zu jeweils korrekten Zwischenergebnissen und schließlich, bei richtiger Steuerung der Transformation, zu einem gewünschten korrekten Programm. Das so gewonnene Programm der herkömmlichen Ebene, also der Ebene der Höheren Programmiersprachen, oder auch einer anderen Ebene, ist sozusagen die Manifestation des bei seiner Konstruktion gelieferten Korrektheitsbeweises. Damit ist die Mathematik wieder zentral im Spiel, und zwar in einer Querschnittsfunktion, die nichts mehr mit speziellen Anwendungsgebieten und Architekturen zu tun hat. Die Praktikabilität des Verfahrens steht und fällt in erster Linie mit der erfolgreichen Steuerbarkeit des Transformationsprozesses. Hier liegen Schwierigkeiten. Darüber ist noch viel zu arbeiten.

Der Abstand der Spezifikationsebene von der Ebene der heutigen Höheren Programmiersprachen und damit erst recht von der Ebene der Maschinensprachen, gleich welcher Hardware-Architektur, ist genügend groß, um die Möglichkeiten der wahlweisen Transformation auf die eine oder andere Rechner-Architektur hin ausschöpfen zu können. Damit scheint sich die Möglichkeit einer durch die Informatik geschaffenen allgemeinen Methodologie der Programmentwicklung abzuzeichnen. Es wäre die Erfüllung des alten, zentralen Anliegens.

Der Praktiker sieht sogleich, daß das Wartungsproblem für große Systeme erheblich einfacher und vor allem sicherer gelöst werden kann. Der Theoretiker freut sich darüber, daß ganze Klassen von heutigen Fehlermöglichkeiten verschwinden

Wird das "Programmieren" auf der Spezifikationsebene zu einem neuen Leitbild? Abgesehen von den soeben skizzierten Schwierigkeiten verbleibt die Frage nach der Korrektheit der formalen Ausgangs-Spezifikation. Es ist zunächst natürlich das Ziel, deren „unmittelbare Einsichtigkeit" zu erreichen. Vermutlich wird man das nicht in allen Teilen schaffen. Wie sehen Sprachen aus, die das leisten können? Auch das bedarf einer längeren Bemühung.

Es geht um notwendige Inhalte, um die Frage, was wesentlich ist und was technisch unerläßlich ist. Es geht um die geeignete notationelle Einbettung, um die geschickte Bindung von Inhalt und Form. Es ist das alte Spiel um Form und Einsichtigkeit. Allerdings findet es auf einer neuen Ebene statt, nach einer großartigen Leistung, welche die Rechentechnik einen wesentlichen Schritt voranbringt.

Lieber Herr Bauer,

es gibt wenige, deren wissenschaftlicher Lebensweg vom Anfang der geschilderten Entwicklung bis heute so intensiv mit diesem Geschehen verbunden ist. Sie haben seit fast 40 Jahren in jeder Phase entscheidende Beiträge geleistet, die das weitere Vorgehen erheblich beeinflußt haben. So wie Sie vor 35 Jahren wesentliche Impulse zur ersten Anhebung des Programmier-Niveaus von der Maschinen-Ebene zu den Höheren Programmiersprachen gegeben haben, so haben Sie mit wohl noch größerer Energie in den letzten 10 Jahren durch eigene Arbeiten und die Ihrer engeren Mitarbeiter eine weltweite Bewegung in Gang gesetzt, welche die zweite Niveau-Anhebung von den Höheren Sprachen zur Spezifikation bringen wird. Sie haben immer wieder die wichtige Rolle der Mathematik beim Fortschritt der Informatik ins Spiel gebracht. Dies findet seinen Höhepunkt in der einmaligen Durchdringung mathematischer und informatischer Elemente in der Theorie der Programmtransformationen, deren Entwicklung mit Ihnen und München untrennbar verbunden ist.

Meinen herzlichen Glückwunsch!

Schnelle Simulation digitaler Systeme durch änderungsgetriebene Auswertung des Entwurfsgraphen

Winfried Hahn

Zusammenfassung. Obwohl heutzutage Rechnerentwerfern eine Vielzahl von Werkzeugen zur Verfügung steht, um die ständig wachsende Komplexität digitaler Entwürfe handhaben zu können, bilden Simulatoren nach wie vor das Kernstück von CAD-Systemen. Dabei kann der ständig wachsende Bedarf an Simulationsleistung nur noch von speziellen Simulationsrechnern befriedigt werden. Dazu wird eine neue Rechnerarchitektur und ihre Implementierbarkeit vorgestellt, nach der Entwurfsgraphen digitaler Systeme als Maschinenprogramme datenänderungsgetrieben ausgewertet werden. Die dabei ereichbare Simulationsleistung liegt je nach Anzahl verfügbarer Prozessoren im Bereich von 10^8 bis 10^{12} Gatterauswertungen je Sekunde.

Einleitung

Obwohl digitale Systeme als Universalrechner von Jahr zu Jahr ihren Nutzern eine immer höhere Rechenleistung bieten, existieren auch weiterhin Anwendungsgebiete, deren Bedarf an Rechenleistung nicht zu befriedigen ist. Andererseits haben in den letzten Jahren immer effizientere Techniken und Werkzeuge für VLSI-Design dazu geführt, daß die Implementierung von Algorithmen in Hardware auch bei geringen Systemzahlen nicht mehr mit zu hohen Einstandskosten belastet ist. Es ist daher zunehmend sinnvoll geworden, anstatt Algorithmen für Anwendungsgebiete mit extremem Rechenbedarf auf einem Universalrechner zu programmieren und den Rechner damit auszulasten, diese Algorithmen direkt in Form eines Spezialrechners zu implementieren.

Ein solches Anwendungsgebiet mit einem durch Universalrechner nicht zu befriedigenden Rechenbedarf ist z.B. die Logik-Simulation in der Entwicklung befindlicher, neuer Rechensysteme, denn bereits die traditionelle Aufgabe eines Logik-Simulators als Werkzeug für das Testen digitaler Teilentwürfe war extrem rechenintensiv. Über das reine Testen hinaus erwarten Entwerfer heute jedoch auch, daß ein simuliertes Rechensystem u.a. bereits Meßgrundlage für Aussagen über die zu erwartende Rechenleistung ist, um z.B. den zeitlichen und den finanziellen Aufwand für den Bau eines realen Prototypen einsparen zu können.

Ein Logik-Simulator [1] operiert auf der Basis diskreter Zeitabschnitte gleicher Länge und ermittelt jeweils für das Ende eines Abschnittes den Signalzustand aller Gatterausgänge. Ein präzises Maß für die Leistungsfähigkeit eines Logiksimulators, allerdings mit der Entwurfskomplexität (z.B. ausgedrückt durch die Anzahl der Gatterfunktionen des Entwurfs) als Parameter, ist daher das Verhältnis von realer Länge dieses Zeitabschnittes zu der Rechenzeit, die der Simulator benötigt, um den Signalzustand des Entwurfs jeweils einmal zu berechnen. Zur Gewinnung eines normierten Leistungsmaßes wird diese Rechenzeit jedoch i.d.R. in Relation zur Anzahl der im Entwurf enthaltenen Gatterfunktionen gesetzt, was zu dem Maß „Gatterauswertungen je Sekunde" führt.

Die oben vorgegebene Aufgabenstellung, ganze Rechensysteme simulieren zu können, verlangt aber von einem Logik-Simulator die Fähigkeit, Entwürfe mit 10^6 .. 10^8 Gatterfunktionen hinreichend schnell, z.B. mit einem Verhältnis von Realzeit zu Simulationszeit nicht schlechter als $1 : 10^4$, zu simulieren. In Gatterauswertungen je Sekunde ausgedrückt bedeutet dies z.B. für die Simulation eines Zentralprozessors mit 10^6 Gatterfunktionen und einer Entwurfstaktfrequenz von 50 MHz, daß eine Simulationsleistung von etwa 10^{10} Gatterauswertungen je Sekunde benötigt wird. Im übrigen lehrt leider die Erfahrung, daß bei weiter steigender Entwurfskomplexität die Rechenzeit für die Simulation selbst quadratisch und nur die Rechenzeiten für die Vorbereitung einer Simulation wie auch für die Aufbereitung der Simulationsergebnisse proportional zur Komplexität des Entwurfs ansteigen, so daß selbst eine Simulationsleistung von etwa 10^{10} Gatterauswertungen je Sekunde noch nicht unbedingt bedarfsgerecht ist. Andererseits ist das oben als Beispiel gewählte Verhältnis von Realzeit zu Simulationszeit von $1 : 10^4$ auch dann nicht mehr bedarfsgerecht, wenn auf dem simulierten Rechensystem bereits Systemsoftware entwickelt werden soll, da nun das System für die Zeitdauer von Ausführungssequenzen mit 10^5 .. 10^7 Maschinenbefehlen simuliert werden muß.

Die Antwort auf diese Herausforderung können nur Spezialrechner [2] sein, die zum einen über eine auf die Bedürfnisse der Logik-Simulation zugeschnittene Funktionalität verfügen, und die zum anderen den Entwurfsgraphen eines neuen Systems direkt als Maschinenprogramm abarbeiten können, denn traditionelle, programmierte Simulatoren für das Testen von Entwürfen leisten auf universellen Monoprozessoren je nach verfügbarer Rechenleistung des Host-Systems maximal nur etwa $2 \cdot 10^4$ Gatterauswertungen je Sekunde, und auch das Leistungspotential moderner Techniken der verteilten Simulation digitaler Systeme auf universellen Parallelrechnern [3] ist auf etwa 10^8 Gatterauswertungen je Sekunde begrenzt.

1. Ereignisfluß-Rechnerarchitektur

Ein Schritt auf dem Weg zu höherer Simulationsleistung ist es, als Spezialrechner nicht ein System kooperierender Von Neumann-Rechner einzusetzen, sondern nach effizienten Alternativen zum Von Neumann-Konzept zu suchen. Eine solche bereits umfassend untersuchte Alternative mit einem leicht herstellbaren Bezug zur Logik-Simulation ist die datengetriebene Auswertung von Programmgraphen [4], denn eine Entwurfsstruktur kann, wie das Fragment in Figur 1.a zeigt, unmittelbar als ein verdrahtetes Datenflußprogramm angesehen werden, in dem zunächst die speichernden Komponenten in Reaktion auf das Eintreffen von Taktwerten ihren Signalzustand als Signalwert an angeschlossene, verknüpfende Komponenten liefern, die ihrerseits wieder Signalwerte nach Evaluierung ihrer Eingangssituation für nachgeordnete Komponenten bereitstellen. Jede Komponente wird dabei periodisch nach dem Versenden neuer Taktwerte genau dann ausgewertet, wenn alle Eingangswerte zugestellt worden sind.

Abstrakter ausgedrückt zeigt sich also, daß die Struktur eines Rechners unmittelbar auf einen gerichteten Datenflußgraphen abbildbar ist. Dabei werden Gatter und Flipflops zu Knoten, Leitungsverbindungen zu gerichteten Kanten des Graphen. Für die gelegentlich in Entwürfen auftretenden, bidirektionalen Leitungen gilt dabei, daß sie entweder eine Verbindungsoptimierung, z.B. bei begrenzter Anschlußzahl hochintegrierter Teilsysteme, darstellen, die im Datenflußgraphen problemlos durch zwei disjunkte, gerichtete Kanten ersetzt werden kann, oder Teil eines Bussystemes sind, das funktional durch ein System von OR-, AND- bzw. Tristate-COPY-Knoten nachgebildet werden kann.

Grundlage für die Simulation ist die formale Definition eines Entwurfs in einer Rechnerbeschreibungssprache [5]. Das Spektrum dieser Sprachen ist sehr weit gespannt und reicht von Sprachen wie z.B. der Sprache ISPS [6] für die Simulation der Architektur eines Rechners durch die formale Definition seines Maschinenbefehlssatzes bis hin zu VLSI-Layout-Sprachen. Als vielseitige Beschreibungsebene für die Simulation von Rechensystemen hat sich die Registertransferebene erwiesen. Die hierfür verwendeten, nicht-prozeduralen Rechnerbeschreibungssprachen erlauben i.d.R. sowohl eine relativ abstrakte Funktionsdarstellung von Rechnerkomponenten als auch eine sehr präzise, gatterbezogene Strukturdarstellung.

Die datengetriebene Auswertung von Registertransferprogrammen wirft keine besonderen Probleme auf, denn:

- Registertransfersprachen sind jeweils für die Dauer eines Simulationsschrittes Single assignment-Sprachen;
- Datenobjekte eines Registertransferprogramms repräsentieren überwiegend Signalvektoren mit einer Länge, die es erlaubt, das jeweilige Datenobjekt einem Nachfolgerknoten in einem „Token“ mittels direkter Kommunikation zuzustellen;

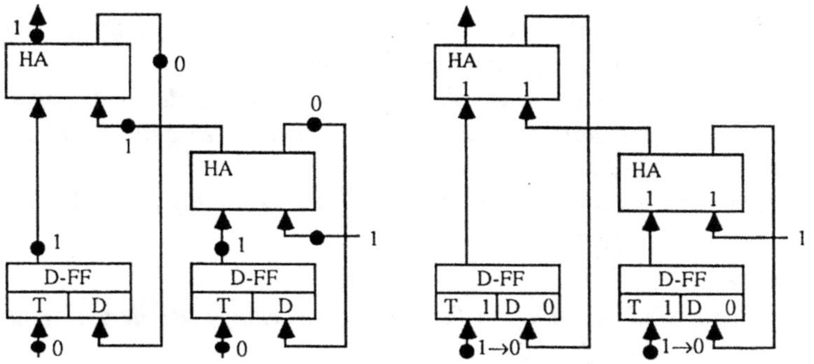

a. Datenwertgetriebene Auswertung

b. Datenänderungsgetriebene Auswertung

Fig. 1. Beispiel eines Entwurfsgraphen mit datenwert- bzw. datenänderungsgetriebener Auswertung

- Größere Signalvektoren, z.B. 64-Bit-Register oder Speicher, kann der Compiler entweder in Teilvektoren hinreichend kleinerer Länge zerlegen (Register) oder einen Teilgraphen erzeugen, für dessen Auswertung spezielle Strukturprozessoren zuständig sind (Speicher).

Für die datengetriebene Auswertung spricht zudem, daß bei der Übersetzung von Registertransferprogrammen aufgrund der Äquivalenz „Gatter = Knoten im Programmgraphen = Maschinenbefehl" das hohe Maß an feinkörniger Parallelität eines Entwurfes erhalten bleibt. Dies gilt insbesondere bei signallaufzeitminimierendem Entwurfsstil ("Two level logic") und bei Bevorzugung regulärer Strukturen wie z.B. PLAs.

Bei datengetriebener Auswertung werden Programmknoten (Maschinenbefehle) dann und nur dann zur Auswertung freigegeben („Feuern" der Programmknoten), wenn alle Operanden verfügbar sind, was hier bedeutet, daß in jedem Simulationszeitintervall Rechenleistung für die Berechnung aller Signale bereitgestellt werden muß, obwohl Simulationsprotokolle die in Figur 1.b exemplarisch dargestellte Situation bestätigen, daß sich innerhalb eines Simulationszeitintervalls eigentlich nur einige Signale, i.d.R nur etwa 2 .. 20% aller Signale, ihren Zustand ändern. Daraus folgt, daß bei datengetriebener Auswertung von Registertransferprogrammen ein entscheidender Effizienzgewinn sicher dann zu erzielen ist, wenn das Auswerten nicht datenwert- sondern *datenänderungsgetrieben* erfolgt.

Diese Überlegung führt letztendlich zur Definition einer Ereignisfluß-Architektur für die datenänderungsgetriebene Simulation digitaler Systeme:

Ein Programmgraph entspricht der Struktur eines Entwurfs. Verknüpfende und speichernde Elemente werden zu Knoten, Verbindungen werden zu gerichteten Kanten des Graphen. Ein Knoten und (in begrenzter Anzahl) die Aus-

gangskanten zu Nachfolgerknoten werden in einem "Function Template", einem Maschinenbefehlstyp des Ereignisflußrechners, codiert.

Permanente Datenobjekte, „alte Werte", geben jeweils den bisherigen Signalzustand an, flüchtige Objekte, „neue Werte", übertragen ggfs. Signalzustandsänderungen von Knoten zu Knoten.

Die Programmabarbeitung basiert auf zyklischer Anwendung folgender Regeln auf den Programmgraphen:

(1) Auswahlregel
Nur die Knoten sind Kandidaten für eine Auswertung, bei denen keine Änderungen mehr eintreffen können.

(2) Feuerungsregel
Nur die Knoten werden für eine Auswertung ausgewählt, bei denen mindestens eine Änderung eingetroffen ist.

(3) Ergebnisverteilregel
Nur Signaländerungen werden Nachfolgerknoten zugestellt.

Dabei

- vermeidet die Auswahlregel die Mehrfachauswertung von Knoten, wenn Signaländerungen einen Knoten mit mehreren Eingängen zu unterschiedlichen Zeiten erreichen,
- legt die Feuerungsregel fest, daß nur Knoten, deren Auswertung aufgrund geänderter Eingangssituation einen geänderten Ausgangswert ergeben kann, Rechenleistung aufnehmen,
- begrenzt die Ergebnisverteilregel die Kommunikation zwischen Knoten auf die Weitergabe von Signaländerungen.

2. Ereignisfluß-Rechnerorganisation

Vorbild für die Organisation des Ereignisflußrechners "Munich Simulation Computer (MuSiC)" [7, 8] ist die einfache Organisationsform eines statischen Datenflußrechners [9], da u.a. gilt, daß bei korrekter Implementierung der Auswahlregel auf einer Kante des Programmgraphen nie mehr als ein Token auftreten kann, und daß alle Datenobjekte während der Simulation umfangskonstant sind.

Wie Figur 2 zeigt, besteht MuSiC demzufolge zunächst einmal aus: Processing Units (PUs), den Prozessoren des Systems, einem Result Packet Communication Net (RPCN), gemäß Figur 3 als mehrstufiges Paketvermittlungsnetz implementiert, über das Prozessoren Ergebnisse als "Result Packets" austauschen und mit hoher Transferrate ihre Ein/Ausgabe abwickeln können, sowie einem Host Computer, der die Schnittstelle zum Benutzer darstellt und als das Betriebssystem von MuSiC gesehen werden kann. Über diese Standardkomponen-

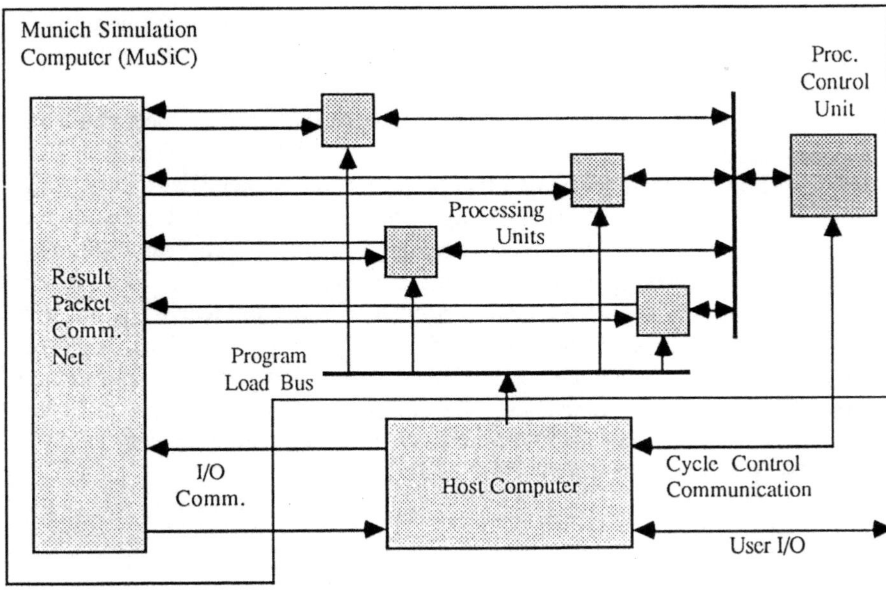

Fig. 2. Struktur eines Ereignisflußrechners

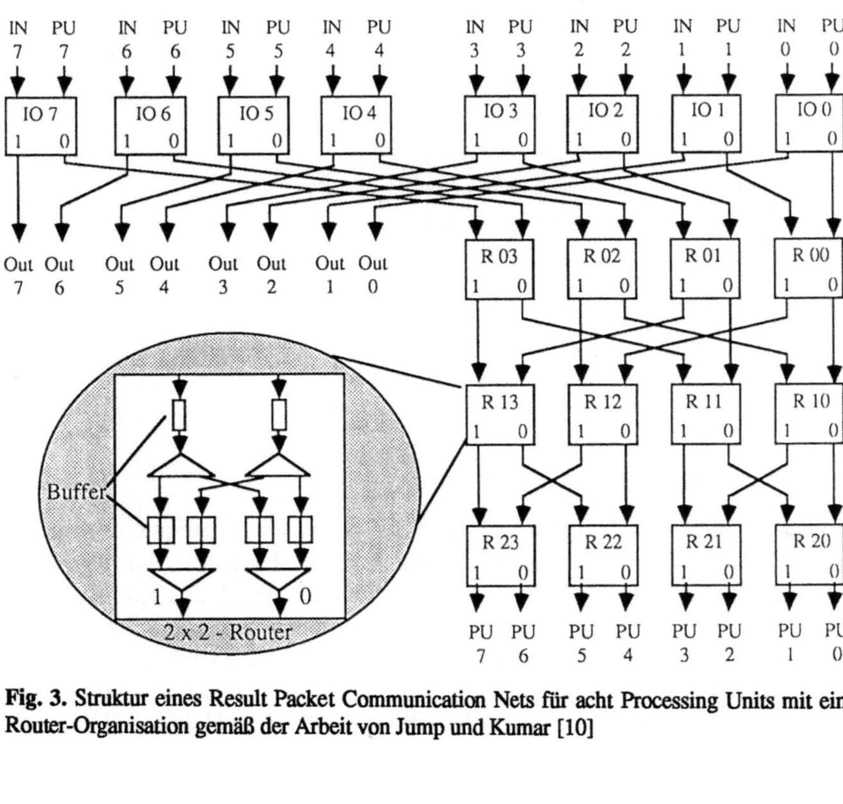

Fig. 3. Struktur eines Result Packet Communication Nets für acht Processing Units mit einer Router-Organisation gemäß der Arbeit von Jump und Kumar [10]

ten hinaus enthält MuSiC eine Processing Control Unit (PCU) zur Steuerung der Prozessoraktionen bei der Auswertung eines Progammgraphen gemäß der Auswahlregel.

Figur 4 zeigt schließlich den modularen Aufbau einer Processing Unit aus den Komponenten Input Distribution Unit (IDU), Update Preparation Unit (UPU), Template Memory Unit (TMU), Operation Packet Distribution Unit (OPDU), Operation Unit (OU) und Output Distribution Unit (ODU). Davon implementieren neben der Progammspeicherung Pipeline-Stufen-Paare UPU und TMU die Feuerungsregel und Operation Units, die Rechenwerke einer Processing Unit, über die MuSiC-Operationen hinaus im Zusammenwirken mit den TMUs die Ergebnisverteilregel, während es Aufgabe der OPDU ist, zu ereignisaktivierten Maschinenbefehlen gebildete "Operation Packets" konform zu deren Funktionsumfang einzelnen OUs zuzuleiten. Eine in Figur 4 nicht gezeigte Load Control Unit (LCU) steuert schließlich das Einlesen eines MuSiC-Maschinenprogramms in die lokalen Speicher.

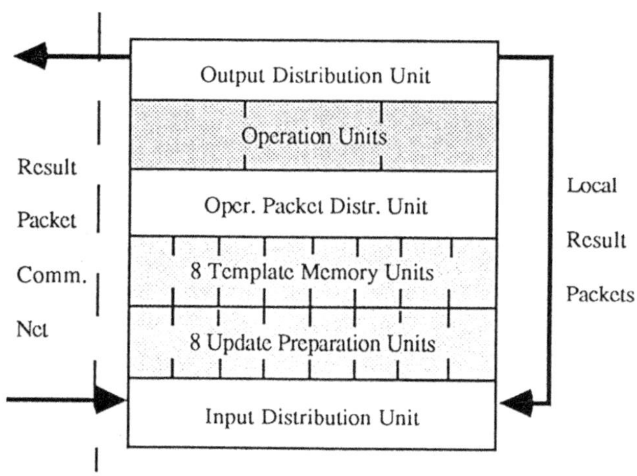

Fig. 4. Struktur einer Processing Unit

2.1 Implementierung der Ergebnisverteilregel

Als Grundlage für die Entscheidung, ob das Ergebnis einer Operation an die im jeweiligen Operation Packet durch Ergebnisadressen benannten Templates als Änderung zu übermitteln ist oder nicht, wäre es naheliegend, in allen Templates ein Feld vorzusehen, in das jeweils der Wert der letzten Ausführung eingetragen wird. Wird dann zu einem Template wieder ein Operation Packet gebildet, so kann dieses neben den Operanden für die in Auftrag gegebene Operation auch das Ergebnis der vorangegangenen Operationsausführung beinhalten und einen

Vergleich des alten Ergebnisses mit dem neuen Ergebnis ermöglichen, das dann bei Ungleichheit zu versenden ist. Der Preis dafür wäre jedoch, daß bei den TMUs Schreib/Lesekonflikte auftreten würden, und daß eine höhere Anzahl von Result Packets zugestellt werden müßte. Beide Effekte würden die Simulationsleistung von MuSiC beträchtlich reduzieren.

Stattdessen wurde entschieden, wie Figur 5 zeigt, im Template-Format den für die Annahme von Operanden bereitgestellten Platz zu verdoppeln, um als „neue Werte" eintreffende Signaländerungen eintragen zu können, ohne den jeweils zuvor zugestellten Signalzustand, den „alten Wert", überschreiben zu müssen.

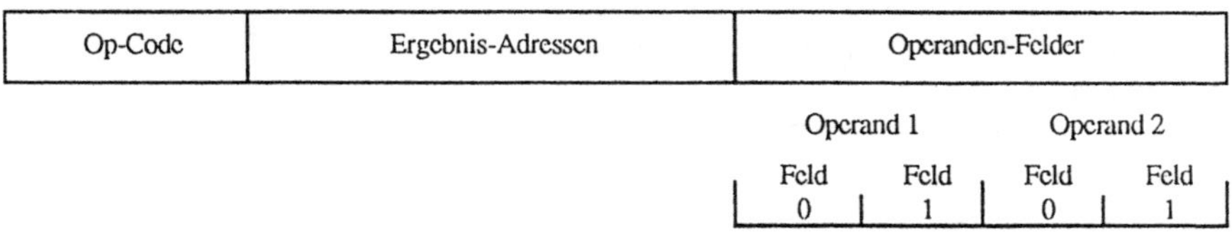

Fig. 5. Struktur eines Function Templates

Zur Verwaltung dieser Operandenfelder führt, wie Figur 6 zeigt, jede TMU zu jedem Operanden einen zweistelligen Feld-Index, der bei Ungleichheit anzeigt, in welches der beiden Felder eines Operanden ein neuer Operandenwert eingetragen worden ist. Wird daraufhin für die Bildung eines Operation Packets auf ein Template zugegriffen, so wird der Index-Wert für den bis dahin alten Oprandenwert auf den des neuen Wertes gesetzt. Gleiche Index-Werte zeigen daher an, daß zu einem Operanden kein neuer Wert eingetroffen ist.

Ein Operation Packet enthält nun neben dem Operationscode und den Nachfolgeradressen, an die ggfs. Result Packets zu senden sind, je Operandenposition entweder den alten und den neuen Wert oder, falls kein neuer Wert für diese Operandenposition eingetroffen ist, zweimal den alten Wert. Dies erlaubt es den Operation Units, parallel mit der Bestimmung des neuen Ausgangssignals den Wert des zuletzt den Nachfolgerknoten zugestellten Signalwertes für einen Änderungstest erneut zu berechnen.

2.2 Implementierung der Feuerungsregel

Bei der Implementierung der Feuerungsregel kooperieren jeweils zwei Pipelinestufen UPU und TMU. Bei ihnen stellt die PCU zunächst die Operationsmodi "Next Update" und "Update" für das Annehmen von Änderungen, die in Result Packets übermittelt werden, ein. Später werden zu einem von der Selektionsregel bestimmten Zeitpunkt die Operationsmodi "Next Fetch" und "Fetch" für das Bilden von Operation Packets für die Operation Units eingestellt.

Davon dient die Operation Next Update dazu, in den jeweils neben dem Template Memory vorhandenen Speichern einen Grundzustand der Figur 7 ein-

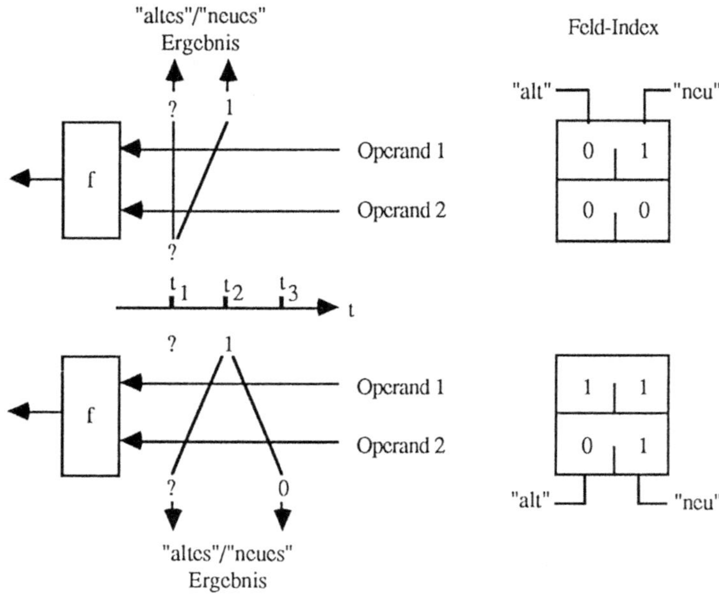

Fig. 6. Verwaltung von eintreffenden Signaländerungen

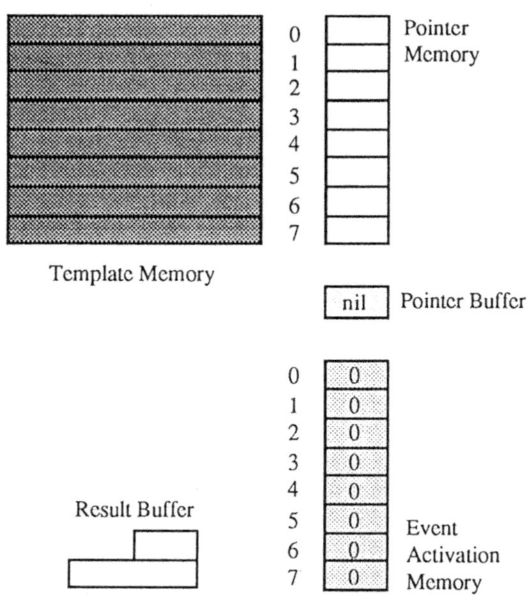

zustellen, in dem ein Event Activation Memory zurückgesetzt und in einem Pointer Register ein Kennwert „nil“ eingetragen worden ist.

Nach Ausführung der Operation Next Update kann die PCU bei einem so vorbereiteten UPU/TMU-Paar die Ausführung der Operation Update einstellen. Dies bedeutet zunächst, in Form von Result Packets als neue Werte ankommende Signaländerungen im adressierten Template in das jeweils dafür freie Operandenfeld einzutragen. Parallel dazu ist aber auch jedes Template, in das im Rahmen einer Update Operation ein neuer Signalwert eingetragen wird, in eine Liste ereignisaktivierter Templates aufzunehmen, denn beim späteren Bilden von Operation Packets soll nur zu den Templates ein Operation Packet gebildet werden, bei denen mindestens ein neuer Signalwert eingetroffen ist. Dabei darf ein ereignisaktiviertes Template aber auch dann nur einmal in dieser Liste enthalten sein, wenn bei mehreren Operanden neue Signalwerte einzutragen waren.

Die Liste der ereignisaktivierten Templates wird gemäß Figur 8 im Pointer Buffer und im Pointer Memory im Zusammenspiel mit dem Event Activation Memory und dessen “Read & Set”-Verhalten geführt. Hat ein Zugriff auf das Event Activation Memory den Wert Null geliefert, so wird der Inhalt des Pointer Buffers unter der Template-Adresse im Pointer Memory eingetragen und zugleich diese Template-Adresse in den Pointer Buffer übernommen. Ist dagegen eine Änderung einzutragen, zu der der Zugriff auf das Event Activation Memory den Wert

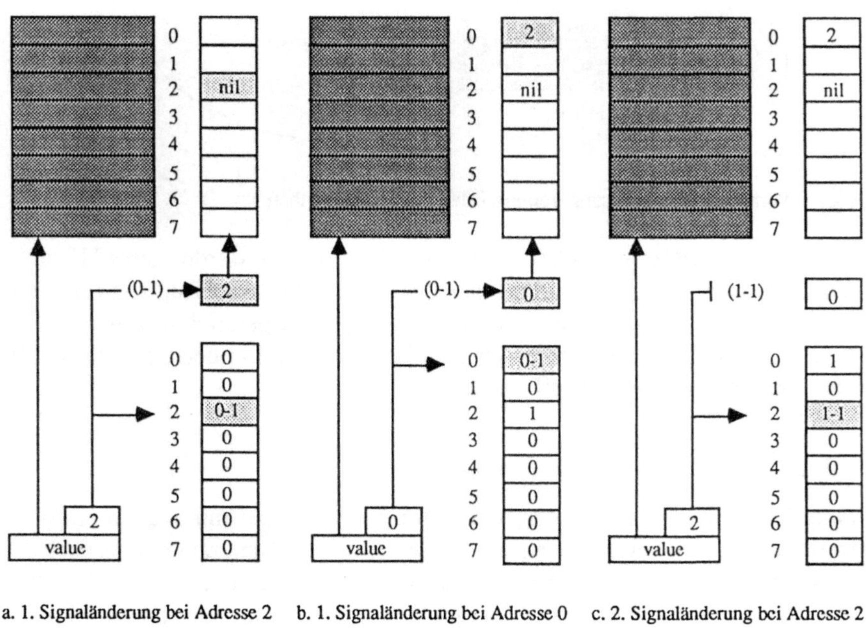

Fig. 8. Reaktion auf eintreffende Signaländerungen

Eins liefert, trifft also zu einem bereits ereignisaktivierten Template ein weiterer, Signalwert ein, so bleibt der Pointer Buffer unmodifiziert und sein Inhalt wird nicht in das Pointer Memory geschrieben.

Nach Abschluß eines Update-Zyklus enthalten Pointer Buffer und Pointer Memory eine verkettete Liste aller ereignisaktivierten Templates. Der Pointer Buffer zeigt auf das zuletzt ereignisaktivierte Template, während das zuerst aktivierte Template im Pointer Memory durch den Pointereintrag „nil" gekennzeichnet ist. Jedes ereignisaktivierte Template ist nur einmal in dieser Liste enthalten.

Die PCU kann nun zu einem der Auswahlregel entsprechenden Zeitpunkt die Operation Next Fetch aufrufen, deren Aufgabe es gemäß Figur 9 ist, den Inhalt des Pointer Buffers in den Next Address Buffer zu transferieren, damit nun dessen Inhalt auf das zuletzt aktivierte Template verweist.

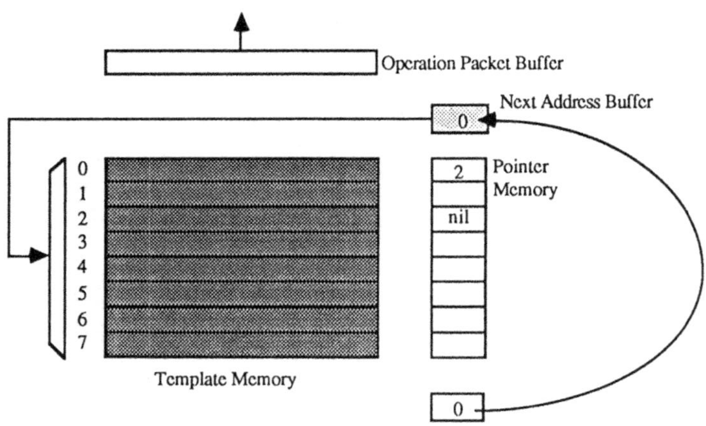

Fig. 9. Vorbereitung des Lesens ereignisaktivierter Maschinenbefehle

Ruft schließlich die PCU die Operation Fetch auf, so werden gemäß Figur 10 aus dem jeweils adressierten Template Operationscode, Nachfolgeradressen und Operandenwerte in ein Operation Packet kopiert und parallel dazu wird in den Next Address Buffer der Inhalt des dem Template zugeordneten Pointer-Feldes übernommen, bis der Wert nil gelesen wird.

2.3 Implementierung der Auswahlregel

Grundlage einer Implementierung der Auswahlregel mit minimalem Aufwand ist das rangstufenweise Ordnen der Templates eines Programmgraphen nach den Datenabhängigkeiten zwischen den Elementen eines Entwurfs. Auf dem Programmgraphen G ist dafür eine Funktion RANG, wie das Beispiel in Figur 11 zeigt, folgendermaßen definiert:

RANG(g) = 0, falls das Template $g \in G$ ein Register repräsentiert,

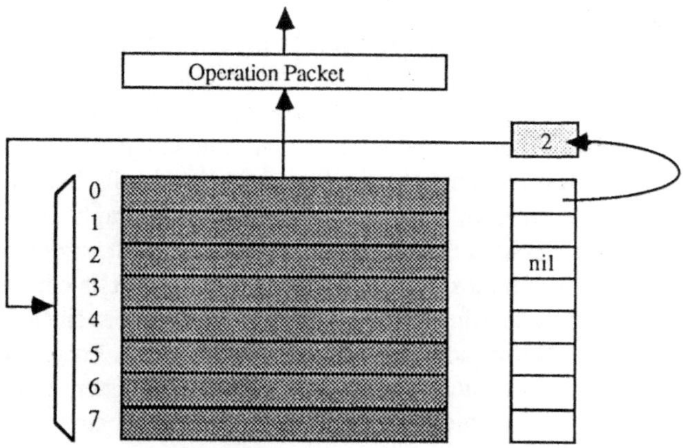

Fig. 10. Lesen ereignisaktivierter Maschinenbefehle

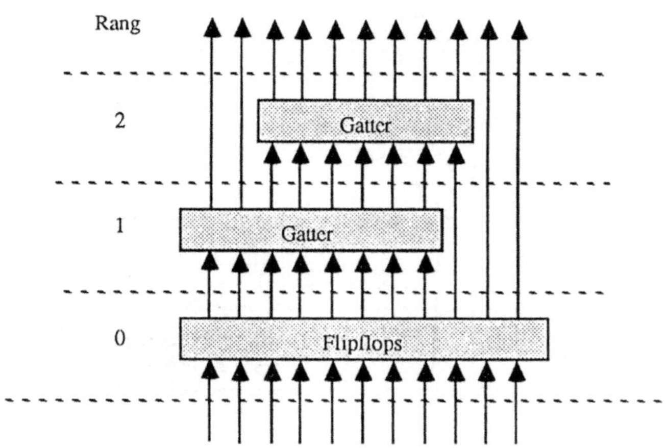

Fig. 11. Gliedern eines Entwurfsgraphen in „Ränge“

$\text{RANG}(g) = n + 1,$ falls das Template g nicht ein Register repräsentiert und falls für mindestens eines seiner unmittelbaren Vorgängertemplates g' $\text{RANG}(g') = n$ und falls für alle anderen seiner unmittelbaren Vorgängertemplates g'' $\text{RANG}(g'') \leq n$ gilt.

Ausgehend von einem so geordneten Programmgraphen kann (bei hinreichend großem Programm) vom Host-Rechner her jeweils mittels der LCUs zunächst in die TMU 0 jeder PU ein gleich großer Anteil an Templates mit dem Rang-Wert 0, danach in die TMU 1 jeder PU ein gleich großer Anteil an Templates mit dem Rang-Wert 1 usw. geladen werden. Dieser einfache Verteilungsalgorithmus greift jedoch nur, solange die Zahl der Rangstufen eines Entwurfs die Zahl der TMUs je PU nicht übersteigt. Jenseits dieser Grenze dürften Templates mit gleichem Rang-Wert nicht mehr alle PUs überdecken, was die Abarbeitungsparallelität unter die Zahl der vorhandenen PUs drücken würde.

Um dem zu begegnen, wurde für MuSiC ein anderer Algorithmus ausgearbeitet, dessen Prinzip in Figur 12 demonstriert ist. Danach wird ein Programmgraph oberhalb von Rang 0 zunächst in Streifen, die jeweils bis zu m (= TMU-Anzahl je PU – 1) umfassen, gegliedert. Der Programmgraph ist dann derart gefaltet, daß Template-Schichten entstehen, die Templates mit ungleichen Rang-Werten enthalten. Die Templates dieser Schichten, denen jeweils ein Ordnungswert zwischen 0 und m zugeordnet ist, können dann gemäß dem einfachen Algorithmus verteilt werden. Damit bei Abarbeitung des gefalteten Programmgraphen die Datenabhängigkeiten nicht zu inkorrekten Ereignislisten führen, müssen in Kanten, die über eine Schichtgrenze und über mehr als einen Rang verlaufen, Copy-Templates eingefügt werden.

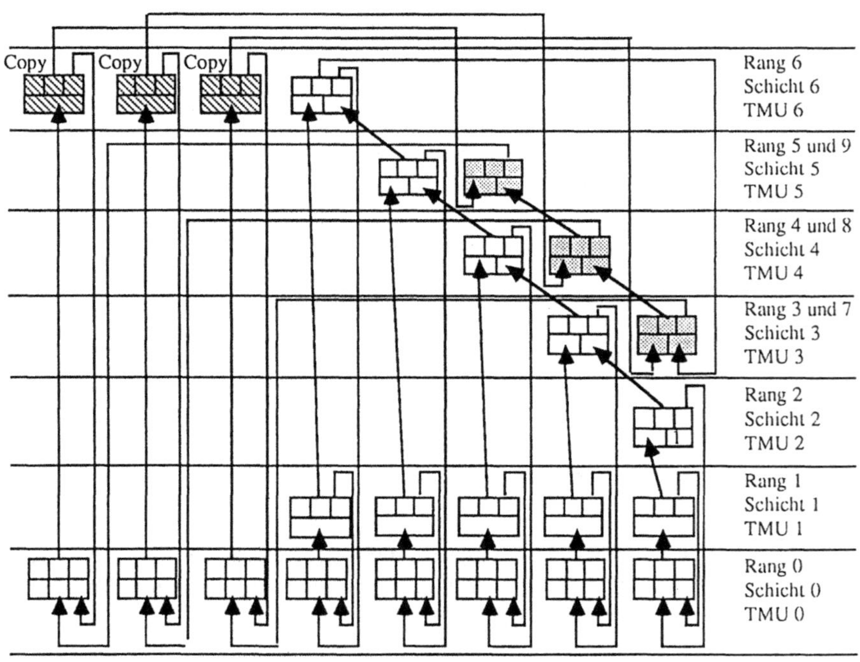

Fig. 12. Falten eines nach Rängen geordneten Programmgraphens in Schichten

Ist das Programm geladen, kann der Host-Rechner im Dialog mit der PCU die für eine Simulation notwendigen Startwerte (Simulationsstimuli) in Operandenpositionen einzelner Templates laden. Ein Aktivierungsvektor zeigt danach der PCU an, in welchen Schichten sich daraufhin ereignisaktivierte Templates befinden. Für den Start der Programmabarbeitung wählt die PCU die Schicht mit der niedrigsten Ordnungszahl aus und läßt von den zugeordneten UPU/TMU-

Paaren aller PUs die Operationen Next Fetch und Fetch ausführen. Alle anderen UPU/TMU-Paare hingegen führen die Operationen Next Update und Update aus.

Nach Abschluß aller Aktionen wird der Aktivierungsvektor aktualisiert und erneut als Entscheidungsgrundlage verwendet. Danach wählt die PCU wiederum die Template-Schicht mit dem niedrigsten Ordnungswert, zu dem ein Aktivierungsbit gesetzt worden ist, für das Generieren von Operation Packets aus, wobei allerdings der Ordnungswert 0 erst dann als Minimum akzeptiert wird, wenn zu keinem höheren Ordnungswert ein Aktivierungsbit gesetzt ist. Dieser Algorithmus führt auch bei einer Faltung des Programmgraphen zu einer korrekten Programmabarbeitung gemäß aufsteigenden Rang-Werten einschließlich einer periodischen Rückkehr nach Rang 0, mit dessen Abarbeitung z.B. die Simulationszeit inkrementiert wird.

3. Ereignisfluß-Leistungspotential

Ausgangspunkt für eine detailierte Ausarbeitung der MuSiC-Organisation war eine Leistungsabschätzung [8] auf der Basis folgender Beziehung für die rangbezogene Elementauswerterate

$$r_e = \frac{n_{el}}{t_l + \frac{n_f \cdot p_f}{N} \cdot t_f} \quad \text{(Elementauswertungen/s)}$$

mit n_{el}= Anzahl der Elemente, Gatter und Flipflops, des jeweiligen Ranges
t_l = Latenzzeit der Kette von MuSiC-Pipelinestufen
n_f = Anzahl der Function Templates für n_{el} Elemente
($n_f = f(v, n_{el}) \leq n_{el}$
v = Grad der Operandenvektorisierung)
p_f = Signaländerungswahrscheinlichkeit je Function Template
($p_f = f(v, p_e) \geq p_e$
p_e = Änderungswahrscheinlichkeit je Signal)
N = Anzahl der Processing Units
t_f = Ausführungszeit je Function Template.

Als gewichtete Summe über alle Rangstufen ergibt sich daraus die Elementauswerterate als Maß für die Simulationsleistung der jeweiligen MuSiC-Version, allerdings nur als Maß für die maximal erreichbare MuSiC-Simulationsleistung, denn leistungsmindernd wirken folgende von dieser Beziehung nicht erfaßten Einflußgrößen:

- Element-Fan-out > Anzahl der verfügbaren Nachfolgeradressen eines Templates:

  Zusätzliche Copy-Templates müssen in den Programmgraphen eingefügt und ausgewertet werden.

– Ungleichmäßige Lastverteilung:
  Die Templates eines Programmgraphen können i.d.R. gleichmäßig auf alle PUs verteilt werden. Dennoch wird die dynamische Last, d.h. die Menge aller ereignisaktivierten Templates, ungleich verteilt sein.
– Blockaden von Result Packets im RPCN:
  Pfadkonflikte in den 2 × 2-Routern des Netzes führen dazu, daß Result Packets verzögert werden, was die Abarbeitungszeit einer Rangstufe verlängert.

Auf der Basis typischer Parameter zeigt Figur 13 für eine MuSiC-Version mit 256 Processing Units als schattiertes Band die 1986 vorausgeschätzte Simulationsleistung [8] als Funktion der Signaländerungswahrscheinlichkeit p_e.

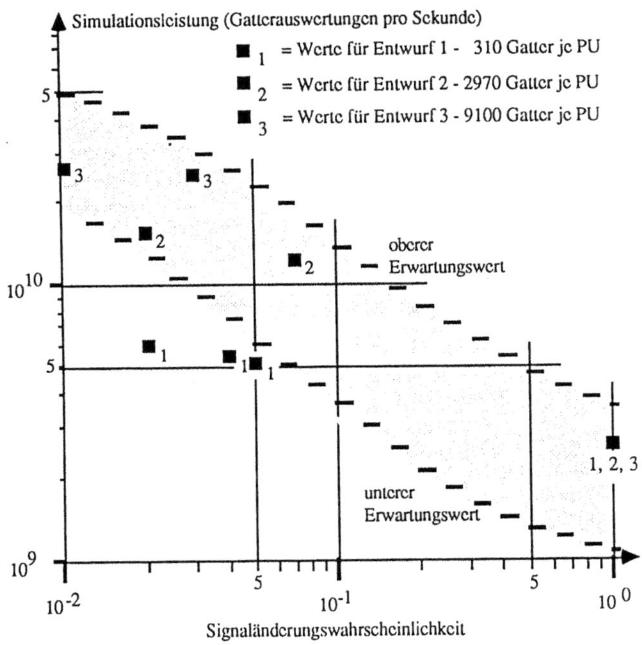

Fig. 13. Vergleich der Leistungsvorhersage mit gemessener Simulationsleistung

Programmiert in OCCAM auf einem Netz mit 55 Transputern, steht seit 1988 ein operationales Modell einer MuSiC-Version mit acht Processing Units für die Überprüfung dieser Leistungsabschätzung anhand realer Ereignisflußprogramme und deren Abarbeitung durch einen MuSiC-Prototypen zur Verfügung. Durch Messung der für einen Simulationsschritt erforderlichen, mittleren Anzahl von MuSiC-Taktzyklen sowie der mittleren Anzahl von Signaländerungen kann die Simulationsleistung ermittelt werden. Erste Messungen unter

Beschränkung des Result Packet-Flusses auf den PU-lokalen Pfad ergeben zunächst für das Leistungspotential einer einzelnen Processing Unit die in Tabelle 1 aufgelisteten Werte.

Tabelle 1. Leistungspotential einer Processing Unit als Funktion der mittleren Signaländerungsfrequenz p_e

Entwurf	1		2		3	
Typ	Serien-parallel Umsetzung		Multiplexer/-Demultiplexer		Operations-werk (Teil)	
Komplexität	310 Gatter		2970 Gatter		9100 Gatter	
Leistung	p_e	10^7 G/s	p_e	10^7 G/s	p_e	10^7 G/s
	0,02	3,7	0,02	9,6	0,01	16,0
	0,04	3,4	0,07	8,6	0,03	15,1
	0,05	3,3	1,00	1,6	1,00	1,6
	1,00	1,6				

Weitere Messungen an einer 8-PU-Version unter Beschränkung des Result Packet-Flusses auf Pfade durch das RPCN zeigen, daß die in [10] angegebenen Durchsatzwerte auch für das RPCN des MuSiC-Entwurfes gelten. Sie zeigen ferner, daß die übrigen, die Leistung mindernden Einflußgrößen in guter Näherung durch den verbesserten Durchsatz des Kommunikationssystems bei kombinierter Nutzung der Pfade durch das RPCN und der lokalen Pfade der PUs kompensiert werden. Dies erlaubt es, von der gemessenen Leistung einer 8-PU-Version mittels der Werte in [10] die Leistung einer 256-PU-Version durch Hochrechnung zu bestimmen. Die sich daraus für die einzelnen Entwürfe der Tabelle 1 ergebenden Leistungswerte sind in Fig. 13 eingetragen.

Literaturverzeichnis

1. d'Abreu, M.A.: Gate-Level Simulation. IEEE Design & Test of Computers *2* (6), pp. 63–71 (1985)
2. Blank, T.: A Survey of Hardware Accelerators Used in Computer-Aided Design. IEEE Design & Test of Computers *1* (3), pp. 21–39 (1984)
3. Hahn, W., Anger, H., Hagerer, A., Schuster, B.: A multi-transputer net as a logic simulation environment. In B. Unger, R. Fujimoto (eds.): Distributed Simulation. Simulation Series *21* (2), 1989, Society for Computer Simulation International, San Diego
4. Treleaven, P.C., Brownbridge, D.R., Hopkins, R.P.: Data-Driven and Demand-Driven Computer Architecture. Computing Surveys *14* (1), pp. 93–143 (1982)
5. Dietmeyer, D.L.: CHDL Driven Simulation. Proc. Intern. Symposium on Computer Hardware Description Languages and Their Application, New York City, 1975, pp. 125–152
6. Barbacci, M.R.: Instruction Set Processor Specifications (ISPS): The Notation and Its Application. IEEE Transactions on Computers *30* (1), pp. 24–40

7. Hahn, W.: MuSiC – An Event-Flow Computer for Fast Simulation of Digital Systems. Proc. 22nd ACM/IEEE Design Automation Conference, Las Vegas, 1885, pp. 338–334
8. Hahn, W.: Event-Flow Computation as Key to Fast Digital Design Simulation. In J. Mølgaard, K. Waldschmidt (eds.): Microarchitectures, Developments and Applications. Microprocessing and Microprogramming *18* (1–5), 1986, pp. 27–38
9. Dennis, J.B., Misunas, D.P: A preliminary Architecture for a Basic Data Flow Processor. SIGARCH Newsletter *3* (4), 1974, pp. 126–132
10. Kumar, M., Jump, J.R.: Performance Enhancement in Buffered Delta Networks Using Crossbar Switches and Multiple Links. Res. Report RC 10450 (#46070), IBM Research Division, San Jose Yorktown Zurich, 1984

Informatik im Kreuzungspunkt von Numerischer Mathematik, Rechnerentwurf, Programmierung, Algebra und Logik – Festkolloquium 12. bis 14. Juni 1989 anläßlich der Emeritierung von Prof. Dr. Dr. h.c. F.L. Bauer

Myhill-Büchis Teilmengenkonstruktion

Peter Deussen

0. Vorbemerkung

Myhill (Myhill 1957) entdeckte die Teilmengenkonstruktion und Richard J. Büchi brachte sie in ihre endgültige Form (Büchi 1964). Sie ist, wenn man so will, eine zutiefst menschliche Vorgehensweise, besteht ihr Witz doch gerade darin, daß Entscheidungen solange hinausgeschoben werden, bis sie gar nicht mehr zu umgehen sind. Sie ist deshalb aber auch eine Metapher für eine Methodik des Programmierens: Entscheidungen zwischen mehreren Alternativen werden erst getroffen, wenn es unbedingt nötig ist.

Die Teilmengenkonstruktion ist in theoretischem Kontext entstanden. Mit ihr konnte das Determinismusproblem für reguläre oder Chomsky-3-Sprachen in dem Sinne entschieden werden, daß jede reguläre Sprache durch einen deterministischen und vollständigen endlichen Akzeptor akzeptiert werden kann.

Da es aber in der Praxis nicht selten geschieht, daß zu regulären Sprachen sich sehr einfach und natürlich *nicht*deterministische endliche Akzeptoren angeben lassen, ist die Teilmengenkonstruktion auch ein Instrument der Praxis, ist sie doch das Werkzeug, um daraus vollständige und deterministische Akzeptoren, also Algorithmen zu machen. Nur wissen das viele gar nicht, auch kann diese Konstruktion gelegentlich sehr versteckt auftreten.

An zwei Beispielen soll im folgenden verdeutlicht werden, an welch unerwarteten Stellen die Teilmengenkonstruktion *die* Basis für den Entwurf eines Algorithmus ist, der nach entsprechender Verfeinerung allen Anforderungen an Effizienz genügt.

1. Ein altes Problem erneut betrachtet

Hier ist ein Zustandsübergangsdiagramm:

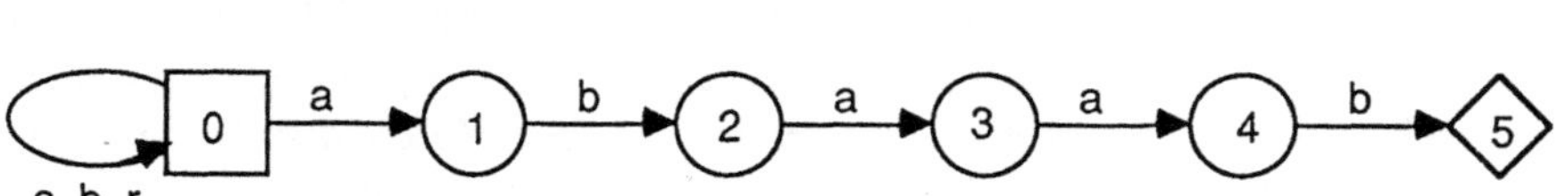

Der Zustand 0 ist der Start und 5 das Ziel, der Finalzustand. Jedesmal, wenn ein Weg durch das – zugegebenermaßen einfache – Labyrinth von 0 nach 5 gefunden worden ist, wurde das Wort, das die durchlaufene Kantenfolge kennzeichnet, akzeptiert. Zum Beispiel

$$\begin{array}{r} abaab \\ ababaab \\ abbaarabaab \\ aaarrrrrabababbbbbbbrrrrrraaaabaab \\ abaaabaab \\ abaababaab \end{array}$$

Offensichtlich werden wir nicht zwangsläufig vom Start 0 zum Ziel 5 geführt: im Zustand 0 haben wir die Qual der Wahl, der Akzeptor ist nicht deterministisch; auch ist er nicht vollständig, denn was machen wir etwa im Zustand 2, wenn ein Zeichen b kommt?

Der so beschriebene Akzeptor akzeptiert die Wortmenge

$$T^*abaab$$

bestehend aus allen Wörtern, die auf $abaab$ enden (Anhang 3.1, (3)). Wegen fehlendem Determinismus und fehlender Vollständigkeit aber ist der Akzeptor noch kein Algorithmus im engeren Sinne, und, um diesen Mißstand zu beheben, setzen wir die Teilmengenkonstruktion (Anhang 3.0) ein.

Wir beginnen allemal mit dem Startzustand, nämlich 0. Kommen die Zeichen b oder r, so bleiben wir, wo wir sind, in 0. Anders aber, wenn a kommt: die Entscheidung zwischen den Wegen nach 0 oder nach 1 wird aufgeschoben und wir merken uns die Sachlage in der Form, daß beide Zustände zusammen einen neuen Zustand, eine Teilmenge $\{0, 1\}$ bilden – daher der Name Teilmengenkonstruktion. So entsteht die erste Zeile einer Zustandsübergangstabelle, wobei wir die Mengenklammern weglassen:

	a	b	r
0	0	0 1	0

Neu ist die aufgeschobene Entscheidung in Form der Alternative $\{0, 1\}$. Was passiert, wenn wir diese Alternative weiter verfolgen? Würde etwa das Zeichen r kommen, nachdem wir uns zuvor nicht für 0 oder 1 entscheiden konnten, so wird uns jetzt die eine Möglichkeit ganz von selbst genommen: hätten wir 1 gewählt, so ginge es mit r nicht weiter, und nur bei der Wahl 0 erhielten wir etwas, nämlich wieder 0. Bei Vorliegen des Zeichens a argumentieren wir genauso: hätten wir vorher 0 genommen, so wären wir wieder in dem schon bekannten Dilemma „0 oder 1“, hingegen eine vorhergehende Wahl 1 bringt mit dem erneuten a nichts! Eine nochmals neue Situation ergibt sich dagegen beim Zeichen b: hätten wir uns vorher für 0 entschieden, so entstünde jetzt wieder 0, hätten wir dagegen 1 gewählt, so erhielten wir jetzt 2: also entsteht die neue Alternative $\{0, 2\}$ und wir haben die zweite Zeile der Zustandsübergangstabelle komplett:

	a	b	r
0	0 1	0	0
0 1	0 1	0 2	0

Betrachten wir jetzt die Alternative $\{0,2\}$: verfolgen wir den gesamten Baum der Möglichkeiten zurück, so bringen die Zeichen b und r nichts neues, nämlich nur 0. Anders das Zeichen a: hätten wir uns früher für 0 entschieden, so hätten wir wieder die bekannte Alternative $\{0,1\}$, hingegen bei 2 erhielten wir jetzt unter a den Zustand 3! Konsequenterweise bewahren wir jetzt, nachdem wir uns schon vorher nicht festgelegt hatten, alle drei Möglichkeiten $\{0,1,3\}$ auf und unsere Zustandsübergangstabelle sieht jetzt so aus:

	a	b	r
0	0 1	0	0
0 1	0 1	0 2	0
0 2	0 1 3	0	0

Das ängstliche Gemüt fragt sich an dieser Stelle, nachdem die Konstruktion einigermaßen klar geworden ist, wie lange das denn noch so weitergehen mag. Aber keine Sorge, es gibt ja höchstens $2^6 = 64$ Teilmengen der Zustände 0–5, weshalb die Konstruktion dieser Tabelle spätestens nach der 64. Zeile abbricht. Sie tut es jedoch schon eher (auf den Grund für den gemusterten Untergrund in der folgenden Tabelle wird später eingegangen):

	a	b	r
0	0 1	0	0
0 1	0 1	0 2	0
0 2	0 1 3	0	0
0 1 3	0 1 4	0 2	0
0 1 4	0 1	0 2 5	0
0 2 5	0 1 3	0	0

Daß sie das tut ist kein Zufall, auch ist es kein Zufall, daß gerade genauso viele Teilmengenzustände entstehen, wie wir urspünglich hatten (Anhang 3.1, (5)). Schließlich ist es drittens kein Zufall, daß wir eine ganz natürliche Zuordnung der neuen Teilmengenzustände zu den alten haben: das größte Element im Teilmengenzustand ist der zugeordnete alte Zustand (Anhang 3.1, (4)).

Wenn wir das so sehen, stellt die eben errechnete Zustandsübergangstabelle lediglich eine Ergänzung des alten Zustandsübergangsdiagramms dar, d.h. die alten Zustandsübergänge bleiben bis auf denjenigen unter a im Zustand 0, der ja gerade den Determinismus störte, erhalten und es kommen eine Reihe von Übergängen hinzu, die das Ganze vollständig machen (Anhang 3.1, (6)):

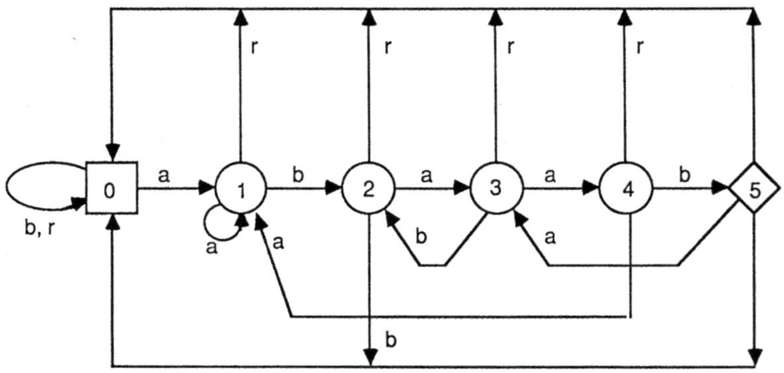

Was leistet der so erhaltene, nunmehr vollständige und deterministische Akzeptor? Starten wir in 0 mit irgendeiner Zeichenreihe aus $\{a, b, r\}^*$, so gelangen wir jedesmal dann in den Finalzustand 5, wenn in dieser Zeichenreihe das Wort *abaab* entdeckt worden ist: trägt der Zustand 5 ein Glöckchen, dann klingelt der Akzeptor genau dann, wenn das Wort *abaab* auftritt. Wir haben also einen allgemeinen Weg gefunden, das *pattern matching*-Problem erneut zu lösen, diesmal über die Angabe des ‚charakteristischen' aber nicht deterministischen Akzeptors, wie wir ihn zu Beginn vorgaben, und nachfolgender Teilmengenkonstruktion (Anhang 3.1, „Das *pattern-matching*-Problem").

Spätestens hier erinnert man sich, daß der altbekannte Algorithmus von KNUTH-MORRIS-PRATT dieses Problem in $O(|t| + |p|)$ Schritten löst, wenn t der Text und p das darin zu suchende Muster ist, und die Frage ensteht, wie hoch denn nun der Aufwand hier ist.

Er ist zweifellos höher: die Anzahl der Teilmengenzustände ist die Länge $|p|$ von p, die ganze Zustandsübergangstabelle hat den Umfang $|V| * |p|$ (V ist das zugrunde liegende Alphabet und $|V|$ sein Umfang) und weil jeder Teilmengenzustand eben eine Teilmenge ist, kommt noch ein weiterer Faktor f hinzu. Alles zusammen benötigt also $O(|t| + |p| * |V| * f)$ Schritte und das ist sicher unbefriedigend, zumal noch der Umfang des Alphabets V mit eingeht! Dies zu bessern dient die folgende Diskussion.

Zunächst soll an Hand des Teilmengenzustands $\{0, 1, 3\}$ verdeutlicht werden, was denn dessen Elemente bedeuten. Wir hatten oben gesehen:

0	akzeptiert	u
1	akzeptiert	ua
3	akzeptiert	$uaba$

wobei u ein beliebiges Wort ist (vgl. Anhang 3.1, (3)), und das tut auch der Teilmengenzustand $\{0, 1, 3\}$. Die Zahlen $0, 1, 3$ entsprechen solchen Suffixen (ε, a, aba) von aba, dem Präfix aus den ersten 3 Zeichen des Musters $abaab$, die zugleich Präfixe dieses Musters sind (Anhang 3.1, Satz 2). Auf den tieferen Sinne dieses komplizierten Zusammenhangs kommen wir bald zu sprechen.

Diesem Umstand entnehmen wir als erstes, daß wir immer wieder einen Teilmengenzustand erhalten, wenn das größte Element eines solchen gestrichen wird: $\{0, 1, 3\}$ liefert $\{0, 1\}$ und dieser wieder $\{0\}$. Das ist auch verständlich, wenn wir die ebengenannte Präfix-/Suffixeigenschaften beachten: wenn ε und a gleichzeitig Präfixe von $abaab$ und Suffixe von aba sind, dann ist natürlich auch ε gleichzeitig Präfix von $abaab$ und Suffix von a – und das liegt nicht, wie wegen des Beispiels zu vermuten wäre, am leeren Wort (Anhang 3.1, (7))! Die Zuordnung von $\{0, 1, 3\}$ zu $\{0, 1\}$ etc. werde durch die Funktion Ψ bezeichnet (Anhang 3.1, (8)).

Als zweites sehen wir an dem Zustand $\{0, 1, 3\}$ folgendes: Für ein ‚richtiges' Fortschreiten erwartet er ein a, also das 4. Zeichen des Musters. Kommt es jedoch nicht, so haben wir zwei Möglichkeiten.

- Es kommt ein r (*R*est des Alphabets V), dann besteht ohnehin keine Chance mehr, das bis dahin erkannte Präfix aba zum Muster $abaab$ zu vervollständigen und der Akzeptor kehrt unter r zum Startzustand $\{0\}$ zurück. So gesehen, brauchen wir bei der Konstruktion der Zustandsübergangstabelle die Spalte für r (oder die Spalten für denjenigen Teil von V, der nicht im Muster $abaab$ vorkommt) gar nicht in der Konstruktionsvorschrift berücksichtigen.
- Es kommt ein b (ein Zeichen also, das zwar im Muster $abaab$ vorkommt, aber im vorliegenden Zustand nicht ‚erwartet' wird), dann heißt das ja, daß bis dato (im Zustand $\{0, 1, 3\}$) $uaba$ akzeptiert wurde und als nächstes ein b kommt: das neue Suffix ab hätte so immerhin die Chance, zu $abaab$ vervollständigt zu werden und wir dürften deshalb sicher nicht ganz von vorne anfangen, sondern müßten bei dem Zustand weiterfahren, der $u'ab$ akzeptiert. Das tut denn auch der Akzeptor, wenn er jetzt unter b in den Zustand $\{0, 2\}$ übergeht.

  Aber – und das ist die entscheidende Beobachtung – wir können in Kenntnis des nicht erwarteten b's auch in den Zustand $\{0, 1\}$ übergehen und *dann* das *nunmehr* erwartete b akzeptieren. Der Zustand $\{0, 1\}$ aber entsteht aus dem betrachteten $\{0, 1, 3\}$ durch weglassen des größten Elements! Ebenso können wir in allen anderen Fällen mit gemustertem Untergrund in der Zustandsübergangstabelle verfahren, bei $\{0, 1, 5\}$ und b muß man das

Streichen sogar zweimal durchführen, bis b ein erwartetes Zeichen ist! Auch das ist nun wieder kein Zufall, sondern kann allgemein bewiesen werden (Anhang 3.1, Satz 3).

Statt der obigen Zustandsübergangstabelle oder des zugehörigen Diagramms benötigen wir nur noch die Information des folgenden Diagramms:

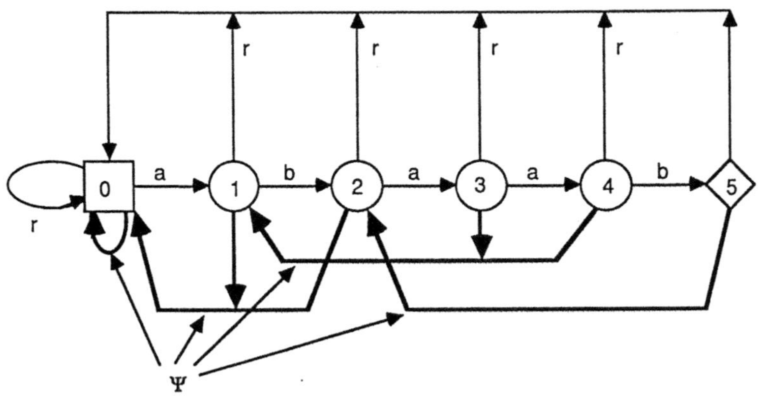

Das heißt aber, von der Zustandsübergangstabelle sind nur die gemustert hinterlegten (Teilmengen-)Zustände wirklich zu konstruieren, und daraus wird auch die Funktion Ψ gewonnen. Die Zustände und Übergänge unter dem Rest r sind selbstverständlich. Die Information über die Funktion Ψ ist etwa

> $\Psi(m_3) = \Psi(\{0,1,3\}) = \{0,1\} = m_1$
> genau dann, wenn
> 1 ist die größte Position im Muster $abaab$, für die das zugehörige Präfix, a, des Musters zugleich Suffix des bis zur Position 3 gehenden Präfix von $abaab$ ist.

und das sind letztlich Aussagen über Prä- und Suffixe des Musters $abaab$ (Anhang 3.1, (8)).

Das aber ist die wesentliche Konstruktionsvorschrift für den Algorithmus von KNUTH-MORRIS-PRATT (Knuth, Morris, Pratt 1977).

Fazit

Wirklich neue Algorithmen sind sehr sehr selten, und es ist, neben der Entdeckung von Neuland, die vornehmste wissenschaftliche Aufgabe der Informatik, die Dinge auf ihren grundlegenden Kern und auf das schon Vorhandene zu reduzieren, damit die Informatik, die vielen zentrifugalen Kräften, die ebenso vielen Anwendungen entstammen, unterworfen ist, ihren ruhenden Pol finde und damit erst ihre Eigenständigkeit wahre.

2. Ein verstecktes Problem bei der Konstruktion von Zerteilern

Bekanntlich ist die kontextfreie Formelgrammatik

$$\mathsf{E ::= E + T | T \quad T ::= T * F | F \quad F ::= v | (E)}$$

LR(1). Um einen Zerteileralgorithmus für diese (oder eine ähnliche) Grammatik zu bauen, benötigt man im wesentlichen eine Zerteilertabelle und dazu wiederum muß man einen vollständigen, endlichen und deterministischen Akzeptor samt Finalzuständen bauen. Ausgangspunkt der Konstruktion aber ist ein *nicht*deterministischer und *un*vollständiger Akzeptor, der ganz genauso wie im vorhergehenden Abschnitt mit einer Teilmengenkonstruktion die erwünschten Eigenschaften erhalten soll.

Seine Zustände, die *Items* oder *dotted* symbols, werden in naheliegender Weise aus obiger kontextfreier Grammatik gewonnen:

[E ::= ♦E + T; c] [E ::= E♦ + T; c] [E ::= E + ♦T; c] [E ::= E + T♦; c]
[E ::= ♦T; c] [E ::= T♦; c]
usf.

c ist dabei die 1-Vorausschau und ist der Vorausschaumenge $\{+, *, \vee, (,), \#\}$ entnommen. Die zeichenschluckenden Produktionen sind ganz systematisch:

[E ::= ♦E + T; c]E ::= [E ::= E♦ + T; c]
[E ::= E♦ + T; c]+ ::= [E ::= E + ♦T; c]
usf.

wogegen die spontanen Übergänge die Form

[E ::= ♦E + T; c] ::= [E ::= ♦E + T; c′]
[E ::= ♦E + T; c] ::= [E ::= ♦T; c″]
usf.

haben. Für Details wird auf die einschlägige Literatur verwiesen, sie sind für die Fragestellung hier auch nicht nötig.

Wichtiger ist, daß man durch einfaches Abzählen insgesamt $18*6 = 108$ verschiedene Items erhält und damit hat man folgendes Problem. Die Teilmengenkonstruktion liefert schlimmstenfalls 2^n Zustände, wenn n die Zahl der Zustände des nichtdeterministischen Akzeptors ist, und diese Schranke ist im allgemeinen leider scharf. In unserem Fall wären wir zunächst einmal mit $2^{108} \approx 10^{32}$ Teilmengenzuständen konfrontiert, welche Zahl das Beispiel absurd machten. Selbst wenn wir die eigentlich relevanten Items zählten – viele braucht man nicht, sie sind vom Startzustand aus nicht erreichbar –, so bleiben ihrer immer noch 68, aber $2^{68} \approx 10^{20}$ (nach allgemeiner Auffassung ist unser Weltall übrigens 10^{17} Sekunden alt). Führt man trotz allem und unerschrocken die Konstruktion durch, so entstehen gerade 22 Teilmengenzustände und das Beispiel ist wieder gerettet!

Ganz ähnlich sieht es bei Programmiersprachen aus: die pessimistische Abschätzung liefert etwa 10^{9000} Teilmengenzustände und faktisch bleiben für den LR(1)-Zerteiler einige 1000 solcher Zustände übrig, wobei es jetzt nicht darauf ankommt, ob das 800 sind oder 5000. Wichtig ist vielmehr, und das wird durch Beispiele unterstützt, daß die Zustandszahl nach der Teilmengenkonstruktion deutlich geringer ist als vor ihr. Ja, man kann plakativ sagen, daß es keine Übersetzer für höhere Programmiersprachen gäbe, wenn es nicht so wäre!

Es muß an der Struktur des nichtdeterministischen Akzeptors liegen, wenn die Teilmengenkonstruktion weniger Zustände liefert als vorher da waren. Woran es nun wirklich liegt, weiß ich nicht, es geht jedoch die *erste Vermutung* dahin, daß bei dieser Beipielklasse die nichtdeterministischen Akzeptoren *zylindrisch* sind, also die folgende Form haben: In der untersten Ebene liegt erstens der Startzustand s und in ihr finden nur spontane Zustandsübergänge (dicke graue Pfeile) statt; andere spontane Zustandsübergänge landen stets in der untersten Ebene. Von einer Ebene in die nächste gelangt man nur zeichengetrieben und auch nur nach oben.

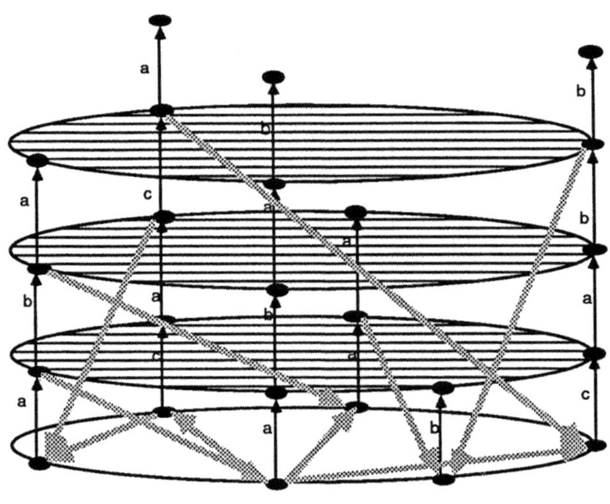

Die *zweite Vermutung* aber betrifft die „Durchmesser" der Akzeptoren. Dabei sei die „Distanz" zweier Zustände die kleinste Zahl von Zeichen, die nötig ist, um von einem zum anderen zu gelangen, sofern das überhaupt geht; entsprechend ist der Durchmesser das Maximum der Distanzen. Die Vermutung besagt, daß für zylindrische nichtdeterministische Akzeptoren

$$D(Z_{\text{det}}) = D(Z_{\text{ind}}),$$

gilt, wobei Z_{det}, Z_{ind} die Zustandsmengen des deterministischen, respektive indeterministischen Akzeptors sind und D der Durchmesser ist. Dann aber gilt (V ist das Alphabet):

$$\text{Card}(Z_{\text{det}}) \leq \text{Card}(V)^{D(Z_{\text{ind}})},$$

Interessant ist dabei, daß die Abschätzung nicht mehr von Card(Z_{ind}) abhängt: kleiner Durchmesser und kleines Alphabet ergeben, unabhängig von Card(Z_{ind}) eine kleine Zustandsmenge nach der Teilmengenkonstruktion.

3. Anhang: Definitionen, Sätze und Beweise

3.0 Die Teilmengenkonstruktion

Ausgangspunkt ist ein endlicher, aber nicht notwendig vollständiger oder gar deterministischer Akzeptor, der als ein spezielles Semi-Thue-System mit der Produktionenmenge Π_Q, bestehend aus Produktionen der Form

$$qv ::= q' \quad \text{bzw.} \quad q ::= q'$$

geschrieben wird. Dabei enstammen q, q' einer endlichen Menge Q von *Zuständen* und v einem *Alphabet* V von Zeichen. Die erste Produktionenart bezeichnet Zustandsübergänge unter dem Zeichen v und die zweite spontane Zustandsübergänge. Die Produktionen lassen sich auch als Zustandsübergangs-Diagramm schreiben:

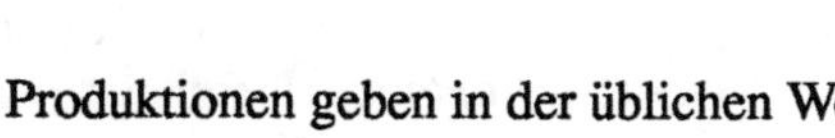

Die Produktionen geben in der üblichen Weise Anlaß zu den Relationen

$\longrightarrow$: direkter Ableitungsschritt

$\stackrel{+}{\Longrightarrow}$: transitive Hülle von $\longrightarrow$

$\Longrightarrow$: reflexive und transitive Hülle von $\longrightarrow$

die uns insbesondere auf der Menge QV^* interessieren.

Für einen Startzustand q_0 und irgendeine Teilmenge $F \subseteq Q$ von Finalzuständen ist

$$L := \{z \in V^* : \exists f \in F : q_0 z \Longrightarrow f\}$$

die (qua q_0 und F) akzeptierte Sprache. Sie ist bekanntlich regulär und man erhält so auch alle regulären Sprachen.

Die Teilmengenkonstruktion (Büchi 1964) erzeugt aus Π_Q einen vollständigen und deterministischen Akzeptor, nunmehr mit einer neuen Zustandsmenge M und einem neuen Produktionensystem Π_M, das nur noch Produktionen der Form

$$mv ::= m'$$

hat und für das überdies gilt

zu jedem m und v gibt es genau ein m', so daß $mv ::= m' \in \Pi_M$ (Determinismus und Vollständigkeit).

Π_M wird daher als Funktion, die

Zustandsübergangsfunktion	$\langle\,\rangle : M \times V \longrightarrow M$
oder gleich in der üblichen Weise auf V^* erweitert	$\langle\,\rangle : M \times V^* \longrightarrow M$

aufgefasst und sollte deshalb jetzt als Tabelle und nicht mehr als Menge von Produktionen geschrieben werden.

Mit diesen beiden Notationen für die Zustandsübergänge gilt ersichtlich

$$mz \underset{\Pi_M}{\Longrightarrow} m' \quad \textbf{gdw} \quad \langle mz \rangle = m'$$

Wichtig ist – konstruieren kann man ja viel! –, daß die akzeptierte Sprache erhalten bleibt, wenn ein neuer Startzustand m_0 und eine Menge $E \subseteq M$ neuer Finalzustände passend definiert werden. Um die Teilmengenkonstruktion zu beschreiben, benötigen wir zwei Hilfsfunktionen:

Hüllenoperation $H : 2^Q \longrightarrow 2^Q$ mit

$$H(m) := \bigcup_{q \in m} \{q' \in Q : q \underset{\Pi_Q}{\Longrightarrow} q'\} \quad \text{für jedes } m \subseteq Q$$

Diese Funktion ist tatsächlich eine Hüllenoperation, ist sie doch extensional, idempotent und monoton. Ihre Hauptaufgabe aber ist es, alle Zustände q' aufzusammeln, die von irgendeinem $q \in m$ aus mittels *spontaner* Übergänge $q_1 ::= q_2$ erreicht werden können. Die Hüllenoperation entspricht der Elimination von Kettenproduktionen bei kontextfreien Grammatiken.

Die zweite Funktion ist der

v-Nachfolger $N_v : 2^Q \longrightarrow 2^Q$ mit

$$N_v(m) := \bigcup_{q \in m} \{q' \in Q : qv ::= q' \in \Pi_Q\} \quad \text{für jedes } m \subseteq Q$$

Der v-Nachfolger sammelt alle q' auf, die mittels einer Produktion $qv ::= q'$ von einem $q \in m$ aus erreichbar sind.

Damit sind wir in der Lage, den Akzeptor zu konstruieren. Das Ungewohnte ist, daß die Zustände dieses neuen Akzeptors *Mengen von Zuständen des alten* sind:

Zustandsmenge $M := \{m \in 2^Q : H(m) = m\}$
Sie besteht aus allen Teilmengen von Q, denen die Hüllenoperation „nichts mehr anhaben" kann, die also abgeschlossen gegen H sind und somit alle von m aus spontan erreichbaren Zustände enthalten.
Diese Menge kann immer noch sehr groß sein, auch wenn sie gelegentlich viel kleiner als 2^Q ist.

Startzustand $m_0 := H(\{q_0\})$
Er besteht aus allen Zuständen q, die von q_0, dem alten Startzustand, aus spontan erreichbar sind.

Produktionen Π_M: $mv ::= H(N_v(m))$ für alle $m \in M$ und $v \in V$
bzw.
Zustandsübergangsfunktion
$\langle mv \rangle = H(N_v(m))$ für alle $m \in M$ und $v \in V$
Der (Teilmengen-)Zustand m hat danach als eindeutig bestimmten v-Nachfolger denjenigen (Teilmengen-)Zustand, der sich durch Anwendung erst der Funktion N_v und dann der Hüllenoperation auf die Teilmenge m ergibt.

Menge der Finalzustände $E := \{m \in M : m \cap F \neq \emptyset\}$
Sie besteht aus allen (Teilmengen-)Zuständen, die wenigstens einen alten Zustand aus F aufweisen.

Da wie erwähnt, die Menge M sehr groß sein kann, ist es zweckmäßig, nur denjenigen Teil

$$\underline{M} := \langle m_0 V^* \rangle$$

M zu betrachten, der mittels der Zustandsübergangsfunktion „$\langle\,\rangle$" (der Produktionen von Π_M) von m_0 aus erreichbar ist. Alle anderen Zustände sind ja uninteressant weil von m_0 aus unerreichbar.

Die wichtige Aussage ist, daß

$$L = \{z \in V^* : \exists e \in E : \langle m_0 z \rangle = e\}$$

gilt: Die vom alten Akzeptor akzeptierte Sprache wird auch vom neuen Akzeptor, seinem Startzustand und seiner Finalmenge akzeptiert.

Diese Gleichheit der Sprachen ist die eigentlich schwere Aussage und um sie (induktiv) zu beweisen, benötigen wir zwei Hilfsresultate, die später auch noch anderweitig von Nutzen sein werden ($z \in V^*$):

$$\textbf{wenn} \quad \langle m_0 z \rangle = m' \quad \textbf{dann} \quad \forall q' \in m' : \quad q_0 z \underset{\Pi_Q}{\Longrightarrow} q' \tag{1}$$

$$\textbf{wenn} \quad q_0 z \Longrightarrow P_Q q' \quad \textbf{dann} \quad \exists m' \in M : q' \in m' \wedge \langle m_0 z \rangle = m' \tag{2}$$

3.1 Das pattern-matching-Problem

Über dem Alphabet V seien gegeben ein

Text	$t \in V^*$	der Länge $\lvert t \rvert = \tau$
Muster	$p \in V^*$	der Länge $\lvert p \rvert = \mu$.

Das Muster $p = v_1 v_2 \ldots v_\mu$ nutzt nicht das gesamte Alphabet, sondern nur den Teil $V_p = \{v \in V : v \text{ kommt in } p \text{ vor}\}$.

Zu p definieren wir das Produktionensystem Π_Q mit $Q = \{0, 1, 2, \ldots, m\}$ durch das Zustandsübergangsdiagramm :

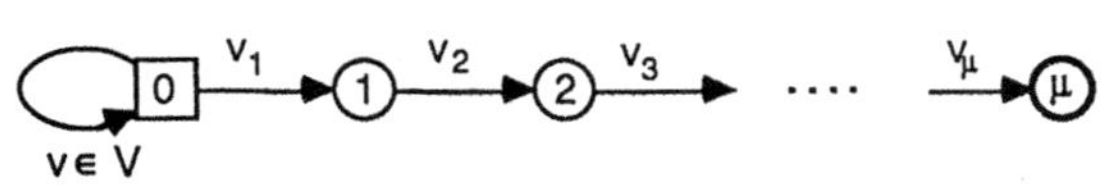

Wir folgen hierbei (Albert und Ottmann 1983, Abschnitt 3.1).

Das Akzeptionsverhalten dieses Akzeptors ist sehr übersichtlich, denn jeder Zustand i akzeptiert genau die Wörter, die mit dem Suffix $v_1 v_2 \cdots v_i$, das ein Präfix des Musters p ist, aufhören:

$$0z \underset{\Pi_Q}{\Longrightarrow} i \quad \textbf{gdw} \quad \exists u \in V^* : z = u v_1 v_2 \ldots v_i \wedge v_1 v_2 \ldots v_i \text{ ist Präfix von } p \tag{3}$$

Π_Q ist nicht deterministisch, denn im Zustand 0 besteht für das Zeichen v_1 ein Konflikt zwischen dem Übergang nach 0 oder nach 1; vollständig ist Π_Q auch nicht. Die Teilmengenkonstruktion behebt diese Defizite und die folgenden Überlegungen dienen lediglich dazu, die (Teilmengen-)Zustände, die so gewonnen werden, allgemein zu charakterisieren.

Da es keine spontanen Zustandsübergänge in Π_Q gibt, ist die Hüllenoperation die Identität, d.h. $H(m) = m$ für jede Teilmenge $m \subseteq Q$, und wir brauchen sie nicht mehr zu berücksichtigen. Der Startzustand ist deshalb

$$m_0 = H(\{0\}) = \{0\}$$

Die allgemeinen Aussagen (1) und (2) lauten für den hier vorliegenden Fall so:

$$\textbf{wenn} \quad \langle m_0 z\rangle = m' \quad \textbf{dann} \quad \forall k \in m' : \quad 0z \underset{\Pi_Q}{\Longrightarrow} k \qquad (1')$$

$$\textbf{wenn} \quad 0z \underset{\Pi_Q}{\Longrightarrow} k \quad \textbf{dann} \quad \exists m' \in M : k \in m' \wedge \langle m_0 z\rangle = m' \qquad (2')$$

Lemma 1
Für alle $z \in V^*$ und $k \geq 0$ sind die folgenden Aussagen äquivalent:
A) $\exists u \in V^* : z = uv_1v_2\ldots v_k \wedge v_1v_2\ldots v_k$ ist Präfix von p
B) $k \in \langle m_0 z\rangle$

Beweis
„$B \rightarrow A$“: Mit (1′) erhalten wir die Π_Q-Ableitung $0z \Rightarrow k$ und daraus mit (3) die Behauptung.
„$A \rightarrow B$“: Hinsichtlich k unterscheiden wir zwei Fälle:

$k = 0$: Hier ist A trivial richtig und wir haben nur zu zeigen, daß stets $0 \in \langle m_0 z\rangle$ gilt. Das sehen wir induktiv:
0) $|z| = 0 : \langle m_0 z\rangle = \langle m_0 \varepsilon\rangle = m_0 = \{0\}$. Folglich gilt die Behauptung.
i) $|z| > 0$: Das letzte Zeichen von z wird abgetrennt: $z = z'v$, und damit gilt:
$\langle m_0 z\rangle = \langle\langle m_0 z'\rangle v\rangle = N_v(\langle m_0 z'\rangle)$. Die Induktionsvoraussetzung sagt $0 \in \langle m_0 z'\rangle$. Da aber stets der Zustandsübergang $0v$ ::= 0 in Π_Q ist, gilt auch $0 \in N_v(\langle m_0 z'\rangle)$, womit die Behauptung folgt.

$k > 0$: Wird induktiv über die Länge von z bewiesen:
0) $|z| = 0$ impliziert $u = \varepsilon, k = 0$ und daher $\langle m_0 z\rangle = \{0\}$. Folglich gilt $k \in \langle m_0 z\rangle$ trivialerweise.
i) $|z| > 0$: Von z wird das rechteste Zeichen abgetrennt: $z = uv_1v_2\ldots v_k = z'v$ und wir unterscheiden zwei Fälle:
i1) $k > 0$: Jetzt ist $v = v_k, z' = uv_1v_2\ldots v_{k-1}$ und auch $v_1v_2\ldots v_{k-1}$ ist Präfix von p. Wir wissen ferner aus der Präfixeigenschaft, daß Π_Q einen Übergang $(k-1)v_k$ ::= k vom Zustand $k-1$ nach k unter v_k enthält. Die Induktionsvoraussetzung besagt, daß $k-1 \in m' = \langle m_0 z'\rangle$, und die Teilmengenkonstruktion liefert $\langle m_0 z' v_k\rangle = N_{v_k}(m')$. Also ist $k \in \langle m_0 z'\rangle$
i2) $k = 0$: Dieser Fall ist bereits oben behandelt. □

Damit haben wir bereits eine anschauliche Charakterisierung aller (Teilmengen-) Zustände m von $\underline{M}$: wird m mit einem Wort z erreicht, das ein Präfix $v_1v_2\ldots v_k$ von p als Suffix hat, dann gehört k zu m und umgekehrt! Da es aber durchaus sein kann, daß dieses Präfix auch Suffix eines anderen Präfix von p ist, hat m auch noch andere Elemente. Durch Maximierung des k erhalten wir aus dem Lemma den entscheidenden

Satz 2
Sei $z \in V^*, s \geq 0$ und $1 \leq i_1 \leq i_2 \leq \ldots i_s$. Die folgenden Aussagen sind äquivalent:

A) s ist die größte Zahl mit der Eigenschaft:
es gibt $u_1, u_2, \ldots u_s \in V^*$ derart, daß

$$\begin{aligned} z &= u_1 v_1 \ldots v_{i_1} \\ &= u_2 v_1 \ldots\ldots v_{i_2} \\ &\vdots \\ &= u_s v_1 \ldots\ldots\ldots v_{i_s} \end{aligned}$$

und alle s Suffixe $v_1 \ldots v_{i_k} (1 \leq k \leq s)$ sind Präfixe des Musters p.
B) $\langle m_0 z \rangle = \{0, i_1, i_2, \ldots, i_s\}$. □

Ein (Teilmengen-)Zustand m enthält somit genau diejenigen Positionen k in p, deren zugehörige Präfixe zugleich Suffixe desjenigen Präfixes sind, das zum maximalen Element von m gehört. Insbesondere gilt daher für positive $i, k \in m$, daß $v_i = v_k$: die Zeichen in p an den Positionen i und k sind gleich. Damit lassen sich nun alle Zustände von $\underline{M}$ übersichtlich charakterisieren. Wir benutzen dazu die Schreibweise

$$\begin{aligned} m_0 &:= \{0\} \\ m_k &:= \langle m_0 v_1 v_2 \ldots v_k \rangle \quad \text{für } 0 < k \leq \mu \wedge v_1 v_2 \ldots v_k \text{ ist Präfix von } p \,. \end{aligned}$$

Nach Satz 2 enthält m_k die Position k als größtes Element:

$$m_k = \{0, i_1, i_2, \ldots, i_{s-1}, k\} \tag{4}$$

und die anderen Elemente i_r entsprechen Suffixen $v_1 v_2 \ldots v_{i_r}$ von $v_1 v_2 \ldots v_k$ derart, daß $v_k = v_{i_r}$ gilt. Infolgedessen gilt auch

$$\underline{M} = \{m_k : 0 \leq k \leq \mu\} \,. \tag{5}$$

Schließlich sind die alten Zustandsübergänge einfach zu übertragen:

$$\langle m_k v_{k+1} \rangle = m_{k+1} \quad \text{für } 0 \leq k \leq \mu \,. \tag{6}$$

Der Aufwand der Konstruktion in dieser, noch naiven Version, ist zu hoch; die Erkennung des Musters p im Text t aber ist bereits linear. Für die weitere Verfeinerung und Beschleunigung der Konstruktion benötigen wir Resultate, die der besonderen Struktur unseres Akzeptors entspringen.

Die Zustände m_i haben eine wichtige Abschlußeigenschaft: man kann stets das größte Element herausnehmen und erhält wieder einen Zustand:

$$\{0, i_1, i_2, \ldots, i_{s-1}, i_s\} \in \underline{M} \quad \textbf{impl} \quad \{0, i_1, i_2, \ldots, i_{s-1}\} \in \underline{M} \tag{7}$$

und das erhält man aus dem Satz 2, man muß ja nur den Zustand untersuchen, der mit dem Präfix $v_1 \ldots v_{i_{s-1}}$ erreicht wird. Wenn das Präfix $v_1 \ldots v_{i_s}$ die Präfixe $v_1 \ldots v_{i_r}$ für $1 \leq r < s$ als Suffixe hat, so gilt das natürlich auch für das verkürzte Präfix $v_1 \ldots v_{i_{s-1}}$. Damit wird eine Funktion

$$\Psi : \underline{M} \longrightarrow \underline{M} \text{ mit } \Psi(\{0, i_1, i_2, \ldots, i_{s-1}, i_s\}) := \{0, i_1, i_2, \ldots, i_{s-1}\} \quad (8)$$

für $s \geq 0$ definiert.

Im Hinblick auf Satz 2 können wir die Vorschrift für die Funktion Ψ auch so formulieren:

$\Psi(m_i) = m_k$ **gdw** $v_1 v_2 \ldots v_k$ ist das größte Präfix von p, das zugleich Suffix des Präfix $v_1 v_2 \ldots v_i$ von p ist.

Für diese Funktion gilt nun der

Satz 3
Sei $v \in V_p$, aber $v \neq v_{i+1}$, dann gilt $\langle m_i v \rangle = \langle \Psi(m_i) v \rangle$.

Beweis
Mit

$$m_i = \{i_0, i_1, i_2, \ldots, i_{s-1}, i_s\}, \quad \text{wobei } i_0 = 0 \text{ und } i_s = i\,,$$

heißt $n \in N_v(m_i)$:

$$\exists r : 0 \leq r \leq s \wedge i_r v ::= n \in \Pi_Q\,.$$

Wenn der Fall $r = s$ gesondert angeschrieben wird, heißt das

$$[\exists r : 0 \leq r \leq s - 1 \wedge i_r v ::= n \in \Pi_Q] \vee [i_s v ::= n \in \Pi_Q]$$

Die erste Klammer ist gleichwertig mit $n \in N_v(\Psi(m_i))$. Die zweite Klammer aber trifft wegen der Voraussetzung $v \neq v_{i_s+1}$ nie zu und kann daher weggelasssen werden! □

Damit können wir die Zustandsübergangsfunktion „⟨ ⟩“ und insbesondere die Zustandsübergangstabelle stark vereinfachen.

$$[m_i, v] := \begin{cases} m_{i+1} & \text{falls } v \in V_p, v = v_{i+1}, i < \mu \\ [\Psi(m_i), v] & \text{falls } v \in V_p, v \neq v_{i+1}, i < \mu \\ m_0 & \text{falls } v \notin V_p \end{cases} \quad (9)$$

Man überzeugt sich für diese neue Funktion von der Eigenschaft, daß es zu jedem v eine natürliche Zahl n so gibt, daß

$$\langle m_i v \rangle = [m_i, v]^n\,,$$

wobei der Exponent andeutet, daß „[,]“ n-fach iteriert wird.

Hat man also erst die Zustände $m_0 \ldots m_m$ aus p entsprechend Satz 2 konstruiert (erste Zeile der neuen Funktion (9)), so bereitet der Rest der Funktion (9) keine Probleme mehr: der Rücksprung nach m_0 in Zeile 3 erfolgt unter der Bedingung $v \notin V_p$ und Ψ ist ebenfalls sehr einfach zu bestimmen.

Literatur

Albert, J., Ottmann Th. (1983) Automaten, Sprachen und Maschinen für Anwender. BI Reihe Informatik / 38

Büchi, J. R. (1964) Regular Canonical Systems. Archiv f. Math. Logik u. Grundlagenforschung **6**, 91–111

Knuth, D. E., Morris, J. H., Pratt, V. R.(1977) Fast Pattern Matching in Strings. SIAM J. Comput. **6**, 323–350

Myhill, J. (1957) Finite Automata and Representation of Events. WADC Report TR 57-624, *Fundamental Concepts in the Theory of Systems*, 112–137

Programmtransformation und Methodik der Programmierung

Methodische Grundlagen der Programmierung

Manfred Broy

Inhaltsübersicht. Es wird ein allgemeiner formaler methodischer Rahmen für die Entwicklung von Programmen vorgestellt. In diesen Rahmen lassen sich gängige Programmiertechniken als spezielle Folgen von Entwicklungsschritten darstellen und durchführen. Die Vorgehensweise wird an Beispielen demonstriert.

1. Einleitung

Beim Programmentwurf sind eine Reihe methodischer Prinzipien zu beachten, die für die Beherrschbarkeit des Entwurfsprozesses, die Zuverlässigkeit des entstehenden Systems, seine Wartbarkeit, Änderbarkeit und auch für die Ökonomie des Entwurfsvorgangs von Bedeutung sind. Wichtig sind insbesondere die Klarheit und Einfachheit der Darstellung der verwendeten Ideen, die Explizitheit ihrer Dokumentation und ihre Überprüfbarkeit auf Korrektheit. Daneben sollten die Ideen in Notationen und Formalismen dargestellt werden, die leicht handhabbar und gut lesbar sind, sowie durch rechnergestützte Werkzeuge unterstützt werden können.

Die Schaffung eines solchen methodischen Rahmens für den Entwurf von Programmen und Programmsystemen ist eines der wichtigsten Anliegen der Informatik. Zahlreiche Forschungen in Industrie und an den Universitäten befassen sich mit dieser Aufgabenstellung. Im folgenden wird ein sehr einfacher logischer Rahmen für die Programmentwicklung vorgestellt und es wird skizziert, wie dieser Rahmen dennoch geeignet ist, das ganze Spektrum von Programmentwicklungsschritten abzudecken.

2. Zur Strukturierung des Programmentwicklungsprozesses

Mittlerweile ist es allseits akzeptiert, daß die Entwicklung umfangreicherer Programme nicht in einem einzigen Entwurfsschritt erfolgen kann, sondern in einer strukturierten Reihe von Einzelschritten durchgeführt werden sollte. Grob läßt sich eine Struktur für den Entwurf von Programmen wie folgt darstellen:

Technischer Rahmen für den Entwurf von Programmen

Erarbeitung der Anforderungen, formale Modellierung durch eine Spezifikation
Wissensakquisition bzgl. des Anwendungsgebiets

Validierung der Spezifikation
Sicherstellung der Adäquatheit des formalen Modells

Konzeption und Strukturierung der Lösungsidee (Entwurfsspezifikation)
Anwendung von Strukturierungsprinzipien auf die Spezifikation
Programmierspezifische Darstellungsformen

Wahl der konkreten Algorithmen
Ableitung von Gleichungen
Induktionsprinzipien

Repräsentationen der Datenstrukturen
Implementierungsrelationen

Codierung
Darstellung durch Programmkonstrukte

Optimierung
Einbeziehung von Effizienzbetrachtungen

Systempflege

Dieser Rahmen gibt natürlich nur eine vage Vorstellung über Wesen und Form der einzelnen Schritte. Diese sind nicht notwendigerweise in sequentieller Folge durchzuführen, sondern können sich überlappen.

Im folgenden geben wir ein formales Konzept an, in das all diese Schritte eingefügt werden können. Wir wählen dazu einen axiomatischen Ansatz. Axiomatische Ansätze haben den Vorteil, daß in ihnen Systeme eigenschaftsorientiert beschrieben werden können. Dies unterstützt und erleichtert insbesondere die Anfangsphase der Systementwicklung, wo es darauf ankommt, Anforderungen und die Struktur von Lösungen klar und gut verständlich zu beschreiben. Allerdings erlaubt dieser Rahmen auch die Formulierung von Algorithmen, also Programmen im klassischen Sinn. Diese entsprechen besonderen Formen von Spezifikationen.

3. Ein allgemeines logisches Schema für den Programmentwurf

Wir betrachten axiomatische Spezifikationen (Σ, E), bestehend aus

- einer Signatur $\Sigma = (S, F)$ mit einer Menge S von Sortensymbolen, einer Menge F von Funktionssymbolen mit fixierter Funktionalität, wobei F in Konstruktor- und Nichtkonstruktorfunktionen aufgespalten ist (Induktionsprinzipien),
- Gesetzen $E = AX \cup TH$, die in
  - Axiome AX und
  - Theoreme TH

  aufgespalten sind.

Wir setzen im weiteren für die betrachteten Spezifikationen voraus, daß alle Theoreme aus den Axiomen beweisbar sind:

Für $e \in TH$ gilt: $AX \vdash e$

Wir betrachten folgende Klassen von *Entwicklungschritten*:

- *Anreicherung*: Beliebige Sorten, Funktionen und Axiome werden zur Spezifikation hinzugefügt.
- *Normalisierung*: Gewisse Axiome werden bewiesen und dadurch der Menge der Theoreme zugeordnet.

Das *Ziel* dieses Ansatzes ist ein flexibler Entwurfsrahmen für die schrittweise, verifizierbare Entwicklung von Programmen.

Die Entwicklung endet, wenn die abgeleitete Spezifikation relativ konstruktiv in der gewünschten Form ist. Eine Gleichung der Form

$$f(t) = r$$

heißt *konstruktiv bzgl.* f, falls der Term t außer Identifikatoren nur Konstruktorfunktionen enthält.

Eine Spezifikation (Σ, E) heißt *konstruktiv* relativ zu einer Teilspezifikation (Σ', E'), wenn alle Axiome für Funktionen, die nicht in Σ' enthalten sind, durch konstruktive Axiome spezifiziert sind. Man beachte, daß Programme als konstruktive Spezifikationen verstanden werden können.

Die zwei aufgeführten Muster von Entwicklungsschritten entsprechen den Klassen von Entwicklungschritten in der Programmentwicklung. Eine Systementwicklung beginnt mit einer im Extremfall leeren Signatur und einer leeren Menge von Axiomen, die durch Anreicherung in der Phase der Anforderungserfassung und Spezifikation solange erweitert wird, bis die Problemstellung und die für die Problemstellung relevanten Strukturen des Anwendungsgebietes formal modelliert sind.

Ausgehend von diesem Meilenstein der Anforderungsdefinition werden dann in schrittweisen Anreicherungen Hilfskonstruktionen hinzugefügt, die einer Erarbeitung einer strukturierten Lösung entsprechen. Dabei werden die Axiome der Anforderungsdefinition schrittweise eleminiert (bzw. als Theoreme nachgewiesen) und durch konstruktive Axiome ersetzt bis schließlich nur noch konstruktive Beschreibungen für die in einer Implementierung erforderlichen Funktionen vorliegen. Die in der Anforderungsdefinition und auch später in der Entwurfsspezifikation lediglich als Hilfskonstruktionen auftretenden Funktionen werden, soweit dies nicht erforderlich ist, nicht auf konstruktive Form gebracht (d.h. nicht implementiert), bzw. soweit es sich um Axiome für Funktionen handelt, für die Implementierungen erwünscht sind, als Theoreme bezüglich der nun konstruktiven axiomatischen Beschreibung weiterhin als Teil der Systembeschreibung betrachtet. Dies hat auch den Vorteil, daß einmal über logische Formeln formulierte Eigenschaften des Systems weiterhin als Theoreme der Systembeschreibung angehören und deshalb für die weitere Entwurfsanalyse und Verifikationsschritte zur Verfügung stehen.

Das Vorgehen in diesem Entwurfsrahmen soll nun an einigen kurzen Beispielen erläutert werden.

4. Beispiele für Programmentwicklungen

Wir betrachten lediglich einige sehr knappe Beispiele für Programmentwicklungen. Trotzdem sei bereits hier betont, daß auch umfangreichere Systembeschreibungen und Systementwicklungen in dem vorgestellten Ansatz zumindest im Prinzip möglich sind.

Als erstes geben wir eine Spezifikation der im folgenden verwendeten Datenstrukturen („Bereichstheorie"). Wir benutzen eine Spezifikation für die generische Sorte der Sequenzen. Der Parameter ist eine Sorte *Data*. Die Spezifikation stützt sich hierarchisch auf die Spezifikationen der natürlichen Zahlen *NAT* und der Wahrheitswerte *BOOL*. Wir legen hierbei besonderen Wert auf die Möglichkeit der Infixnotation, die Länge und Lesbarkeit der Formeln erheblich begünstigt. Aus demselben Grund notieren wir die Funktionsapplikation $f(x)$ für einstellige Funktionen oft durch $f.x$.

Die folgende Spezifikation definiert eine neue generische Sorte von der Sorte *Sequ*. Die Angabe von **cfct** vor der Einführung neuer Funktions- und Operationssymbole drückt aus, daß die entsprechenden Funktionen Konstruktorfunktionen sind.

SPEC *SEQUENCE* =

USES *NAT, BOOL*

generic sort *Sequ* **param** *Data*,

cfct	$\langle\,\rangle$:	$\rightarrow$ *Sequ Data*,
cfct	$\langle \_ \rangle$:	*Data* $\rightarrow$ *Sequ Data*,
cfct	$\_ ^\frown \_$:	*Sequ Data* $\times$ *Sequ Data* $\rightarrow$ *Sequ Data*,
fct	$\#\_$:	*Sequ Data* $\rightarrow$ *Nat*,
fct	ft:	*Sequ Data* $\rightarrow$ *Data*,
fct	rt:	*Sequ Data* $\rightarrow$ *Sequ Data*,
fct	$\_ © \_$:	*Data* $\times$ *Sequ Data* $\rightarrow$ *Sequ Data*,

$x^\frown(y^\frown z) = (x^\frown y)^\frown z,$
$x^\frown\langle\,\rangle = x = \langle\,\rangle^\frown x,$
$\mathrm{ft}(\langle a\rangle^\frown x) = a,$
$\mathrm{rt}(\langle a\rangle^\frown x) = x,$
$a © \langle\,\rangle = \langle\,\rangle,$
$a © (\langle b\rangle^\frown x) =$ **if** $a = b$ **then** $\langle b\rangle^\frown(a © x)$ **else** $a © x$ **fi**,
$\#\langle\,\rangle = 0,$
$\#(\langle a\rangle^\frown x) = 1 + \#x$

ENDSPEC

Wir beginnen nun mit der Spezifikation des eigentlichen Problems. Im Prinzip unterscheidet sich diese Spezifikation nicht von der Spezifikation der Datenstruktur der Sequenzen. Typischerweise wird dabei jedoch häufig keine neue Sorte eingeführt, sondern nur weitere Funktionssymbole.

Wir geben die Spezifikation der Funktion sort durch Angabe ihrer Funktionalität:

fct sort: *Sequ Data* $\rightarrow$ *Sequ Data*.

Wir definieren die Sortiergesetze wie folgt:

$a © \mathrm{sort}.x = a © x,$ *Sortiergesetze*
$\mathrm{sort}.x = z^\frown\langle a\rangle^\frown\langle b\rangle^\frown y \Rightarrow a \leq b.$

Durch diese Gesetze ist die Funktion sort, die das Sortierproblem verkörpert, eindeutig festgelegt. Man beachte, daß wir auf der Sorte der Daten eine lineare Ordnung annehmen, die wir nicht explizit eingeführt haben. Die Spezifikation einer solchen Ordnung in unserem formalen Rahmen ist trivial.

Nachdem nun die Anforderungen in Form der Eigenschaften, die wir von der Funktion sort fordern, festgelegt sind, wollen wir im nächsten Schritt eine stärker algorithmische Spezifikation anstreben oder genauer eine Spezifikation, die bereits die Idee des Sortierens durch „Quicksort" ausdrückt. Dies läßt sich durch eine axiomatische Anreicherung unserer Spezifikation durch folgende zwei Gesetze formulieren:

sort.⟨ ⟩ = ⟨ ⟩, *Quicksortgesetze*
sort(x^⟨a⟩) = sort.lcut(x, a)^(a©x)^⟨a⟩^sort.rcut(x, a).

Diese Gesetze verwenden die Funktionen lcut und rcut der folgenden Funktionalität

fct rcut, lcut: *Data Sequ* $\times$ *Data* $\rightarrow$ *Sequ Data*

Man beachte, daß sich aus den Gesetzen für sort, d.h. aus den gegebenen Sortieraxiomen und aus den Quicksortgesetzen, in denen lcut und rcut in Verbindung mit sort auftreten, sofort eine Reihe von Eigenschaften für die Funktionen lcut und rcut ergeben. Die Formulierung der Idee, daß das Sortierproblem in dieser Art und Weise baumartig rekursiv zerlegt werden kann, impliziert bereits die entscheidenden Eigenschaften für lcut und rcut. Somit impliziert die Idee der algorithmischen Zerlegung die geforderten Eigenschaften für die Hilfsfunktionen auf Basis der Spezifikation des Sortierproblems.

Allerdings wäre es ebenso möglich gewesen, eine „inkonsistente Idee" zu formulieren, d.h. eine Zerlegung anzugeben mit Hilfsfunktionen, die gar nicht existieren. Dann hätten wir insgesamt eine inkonsistente Spezifikation erzeugt. Das Herausfinden der Inkonsistenz gewisser Ideen ist eine inhärente Schwierigkeit der Programmentwicklung und kann zeitraubend und aufwendig sein. Wichtig ist dabei, daß die Methode der Programmentwicklung verhindert, daß inkonsistente Spezifikationen zu „Implementierungen führen", die naturgemäß nicht korrekt sein können. Inkonsistente Spezifikationen besitzen keine Implementierungen.

Die für lcut und rcut aus den Spezifikationen ableitbaren Eigenschaften lassen sich durch folgende zwei Gesetze explizit machen. Man beachte, daß in diesen Gesetzen die Sortierfunktion sort selbst nicht mehr auftritt.

a©lcut(x, b) = **if** a $<$ b **then** a©x **else** ⟨ ⟩ **fi** , *Schnittgesetze*
a©rcut(x, b) = **if** a $>$ b **then** a©x **else** ⟨ ⟩ **fi** ,

Es gilt:

Quicksortgesetze $\wedge$ *Sortiergesetze* $\Rightarrow$ *Schnittgesetze.*

Umgekehrt kann man natürlich die abgeleiteten Schnittgesetze für lcut und rcut als Axiome für diese Funktionen verwenden. Wenn wir also diese Theoreme in redundanter Weise unserer Spezifkation als Axiome hinzufügen, können wir versuchen, die beiden ursprünglich gegebenen Sortiergesetze als Theoreme nachzuweisen. Wir erhalten dementsprechend folgende Verifikationsbedingung:

Quicksortgesetze $\wedge$ *Schnittgesetze* $\Rightarrow$ *Sortiergesetze.*

Diese Beziehung läßt sich unschwer verifizieren. Als Beweistechnik verwenden wir Induktion. Dadurch werden die Sortieraxiome als Theoreme relativ zu den

Quicksortaxiomen und den Schnittaxiomen nachgewiesen. Der Übergang zu konstruktiven Versionen für die Schnittfunktionen ist ohne große Schwierigkeiten möglich.

Als zweites Beispiel behandeln wir die *Konstruktion von Implementierungen* für gegebene Sorten und Funktionen. Wir geben ein Schema für das Vorgehen an und demonstrieren es an einem Beispiel. Für jede abstrakte Sorte

sort *Asort*

setzen wir eine zugehörige Sorte

sort *Rsort*

voraus und führen durch Anreicherung das folgende Paar von Funktionen ein:

fct *rep* : *Asort* → *Rsort* „Repräsentation"
fct *abs* : *Rsort* → *Asort* „Abstraktion"

Für diese Funktionen fügen wir folgendes Gesetz durch Anreicherung zur Spezifikation hinzu:

$abs.rep.x = x$

Über diese Implementierungsbedingung hinaus kann man weitere Gesetze als Axiome für *abs* und *rep* einführen. Das beherrschende Problem bei dieser Vorgehensweise ist wieder die Sicherstellung der Konsistenz.

Die *Implementierung von Funktionen*, die über der Sorte *Asort* arbeiten, kann durch Einführung von analogen Funktionen, die über der Sorte *Rsort* arbeiten, durch folgendes Vorgehen konstruiert werden. Für jede zu implementierende Funktion

fct *f* : *Asort* → *Asort*

definieren wir

fct $\widehat{f}$: *Rsort* → *Rsort*

mit den Axiomen:

$abs.\widehat{f}.rep.x = f.x.$

Dies ergibt eine Spezifikation für $\widehat{f}$. Die Verallgemeinerung auf Funktionen mit komplexeren Funktionalitäten kann analog erfolgen.

Wir demonstrieren dieses Vorgehen am Beispiel einer Implementierung von Bäumen über Sequenzen. Dazu führen wir die Sorte der Bäume durch folgende Spezifikation ein.

SPEC *TREE* =

USES *NAT, BOOL*

generic sort *Tree* **param** *Data*,

cfct [ ]:	→ *Tree Data*,
cfct [_,_,_]:	*Tree Data* × *Data* × *Tree Data* → *Tree Data*,
fct root:	*Tree Data* → *Data*,
fct left, right:	*Tree Data* → *Tree Data*,

left.[l,x,r] = l,
root.[l,x,r] = x,
right.[l,x,r] = r

ENDSPEC

Für die abstrakte Sorte

sort *Tree Nat*

wählen wir eine zugehörige implementierende Sorte

sort *Sequ Nat*

und führen dem Schema gemäß die folgenden Funktionen ein:

fct *rep* : *Tree Nat* → *Sequ Nat*,
fct *abs* : *Sequ Nat* → *Tree Nat*,

Wir fügen das folgende Axiom hinzu:

abs.rep.x = *x*.

Nun kann man durch Anreicherung weitere Gesetze als Axiome für *abs* und *rep* einführen. Wir drücken eine speziellere Idee der Darstellung von Bäumen durch Sequenzen durch folgende Axiome aus, die wir unserer Spezifikation hinzufügen:

rep.[ ] = ⟨ ⟩,
rep.[l,x,r] = ⟨x⟩^⟨#*rep*.l⟩^*rep*.l^*rep*.r.

Für die *Implementierung* von Funktionen führen wir für die gegebenen Funktionen auf Bäumen

cfct [ ]:	→ *Tree Nat*,
cfct [_,_,_]:	*Tree Nat* × *Nat* × *Tree Nat* → *Tree Nat*,
fct root:	*Tree Nat* → *Nat*,
fct left, right:	*Tree Nat* → *Tree Nat*

durch Anreicherung folgende analoge Funktionen auf Sequenzen ein:

fct $[\![\ ]\!]$: $\to$ *Sequ Nat*,
fct $[\![\_,\_,\_]\!]$: *Sequ Nat* $\times$ *Nat* $\times$ *Sequ Nat* $\to$ *Sequ Nat*,
fct root: *Sequ Nat* $\to$ *Nat*,
fct left, right: *Sequ Nat* $\to$ *Sequ Nat*.

Die Axiome ergeben sich schematisch wie folgt:

abs.$[\![\ ]\!]$ = [ ],
abs.$[\![$*rep*.l, *rep*.x, *rep*.r$]\!]$ = [l, x, r],
abs.root.*rep*.x = root.x,
abs.left.*rep*.x = left.x,
abs.right.*rep*.x = right.x.

Dies ergibt eine implizite Spezifikation für die neu eingeführten Funktionen.

Wir behandeln im weiteren ein Beispiel für die Ableitung von expliziten („konstruktiven") Axiomen für die implementierenden Funktionen. Dazu fügen wir als Entwurfsschritt durch Anreicherung folgendes Gesetz als Axiom unserer Spezifikation hinzu: (Man beachte hier, daß wir in Übereinstimmung mit [Bauer, Wössner 81] mit *partiellen* Funktionen arbeiten; dementsprechend gilt *abs*.x = y genau dann wenn *abs*.x definiert ist, da Identifikatoren nach Konvention stets für Terme mit definierter Interpretation stehen.)

abs.x = y $\Rightarrow$ *rep*.*abs*.x = x.

Dieses Gesetz besagt (in Kombination mit den anderen Gesetzen), daß die Funktion *abs* auf dem Bild von *rep* bijektiv ist. Aus dem Gesetz

abs.$[\![$*rep*.l, *rep*.k, *rep*.r$]\!]$ = [l, k, r]

erhalten wir (Funktionsanwendung)

rep.*abs*.$[\![$*rep*.l, *rep*.k, *rep*.r$]\!]$ = *rep*.[l, k, r].

Die Axiome für rep liefern:

$[\![$*rep*.l, *rep*.k, *rep*.r$]\!]$ = $\langle k\rangle ^\frown \langle \#rep.l\rangle ^\frown rep.l ^\frown rep.r$.

Durch Verallgemeinerung erhalten wir:

$[\![s, k, t]\!] = \langle k\rangle ^\frown \langle \#s\rangle ^\frown s ^\frown t$.

Aus dem Axiom

abs.right.*rep*.x= right.x

erhalten wir

rep.*abs*.right.*rep*.x = *rep*.right.x.

Die Axiome für rep liefern:

right.*rep*.x = *rep*.right.x.

Einsetzen von [l, k, r] für x ergibt

$$\text{right}.\mathit{rep}.[l, k, r] = \mathit{rep}.\text{right}.[l, k, r].$$

Die Axiome für *rep* und right ergeben:

$$\text{right}(\langle k\rangle\frown\langle \#\mathit{rep}.l\rangle\frown\mathit{rep}.l\frown\mathit{rep}.r) = \mathit{rep}.r.$$

Verallgemeinerung ergibt:

$$\text{right}(\langle k\rangle\frown\langle \#s\rangle\frown s\frown t) = t.$$

Wir beweisen dieses Gesetz durch Induktion, indem wir folgende zwei Gesetze aus der Spezifikation von right beweisen:

$$\text{right}(\langle k\rangle\frown\langle 0\rangle\frown t) = t,$$
$$\#s > n \Rightarrow \text{right}(\langle k\rangle\frown\langle n+1\rangle\frown s) = \text{right}(\langle k\rangle\frown\langle n\rangle\frown \text{rt}.s).$$

Nun können wir die Gesetze von TREE beweisen. Wir behandeln nur ein Beispiel:

$$\text{right}.[\![s, k, t]\!] = t$$

folgt aus

$$\text{right}.[\![s, k, t]\!] =$$
$$\text{right}(\langle k\rangle\frown\langle \#s\rangle\frown s\frown t) =$$
$$t.$$

Die Konstruktion von Implementierungen, d.h. neuer Darstellungen von Sorten und die Ableitung konstruktiver Axiome für entsprechend darauf operierender Funktionen, kann, wie demonstriert, vollständig über die beiden Schritte der Anreicherung und des Nachweises gewisser Axiome als Theoreme erfolgen. Es ist dazu im Prinzip keine, oft für den Nichtmathematiker schwer verständliche, Theorie der Morphismen zwischen algebraischen Strukturen nötig. Allerdings steckt diese Idee natürlich auch hinter den angegebenen Entwicklungsschritten. Wichtig ist dabei, daß die Grundideen im formalen Rahmen unmittelbar ausdrückbar sind, ohne daß der Formalismus verlassen werden muß. Dadurch können auch diese Ideen und Techniken durch Werkzeuge angemessen unterstützt werden.

5. Abschließende Bemerkungen

Der vorgestellte formale Rahmen für die Entwicklung von Programmen und die aufgezeigten Möglichkeiten, die Entwicklungsschritte als Schritte im Kalkül zu verstehen, kann als eine Erweiterung des Rahmens der Programmtransformationen, wie er im Projekt CIP entwickelt worden ist, gesehen werden. Der

CIP-Ansatz ist stärker auf programmiersprachliche Ausdrücke ausgerichtet, die dann durch einen Kalkül von Transformationsregeln in algorithmische Form oder von algorithmischer in immer effizientere Form transformiert werden. Der hier vorgeschlagene stärker axiomatische Rahmen orientiert sich an den im CIP-Projekt ebenso vorgesehenen Möglichkeiten der axiomatischen, insbesondere algebraischen eigenschaftsorientierten Beschreibung von Rechenstrukturen. Versucht wird dadurch eine stärkere Synthese zwischen dem Ansatz der schrittweisen Verfeinerung und dem Ansatz der Deduktion von Programmen. In gewissen Fällen scheint es nämlich handhabbarer, zuerst eine Idee zu formulieren und zwar unabhängig von der Fähigkeit gleich ihre Korrektheit durch einen konstruktiven Beweis darzulegen, und erst anschließend durch entsprechende Analyse und Verifikationstechniken die Korrektheit dieser Idee zu zeigen. Dadurch gewinnt die Entwurfsmethode ein beträchtliches Maß an Flexibilität.

Der beschriebene Ansatz weist allerdings ein gravierendes Problem auf: Das Auftreten von Inkonsistenz im Entwurfsprozeß wird u.U. sehr spät entdeckt. Wird jedoch die logische Struktur der bewiesenen Theoreme gespeichert, d.h. die in die Beweise eingegangenen Axiome, so können bei auftretenden Inkonsistenzen und entsprechender Revision der Spezifikation die meisten Theoreme erhalten bleiben.

Der beschriebene Ansatz kennzeichnet das Ziel der Grundlagenforschung im Bereich von Methoden der Programmentwicklung. Es wird die vollständig funktionale formale Behandlung und Beherrschung des Programmentwicklungsprozesses angestrebt. Dies ist die Voraussetzung für eine weitergehende Rechnerunterstützung und teilweise Automatisierung, wobei die Wiederverwendbarkeit von Entwurfsarbeit ein wichtiges Anliegen ist.

Offene Probleme sind dabei nach wie vor die Bewertung von Entwicklungsschritten und Bewertung des Enwicklungsresultats.

Literatur

[Bird 87] R.S. Bird: An Introduction to the Theory of Lists. In: M. Broy (ed.): Logic of Programming and Calculi of Discrete Design. NATO ASI Series F8: Computer and Systems Sciences 36, Springer 1987, 5–42

[Bauer, Wössner 81] F.L. Bauer, H. Wössner: Algorithmische Sprache und Programmentwicklung. Berlin-Heidelberg-New York: Springer 1981.

[Broy 84] M. Broy: Algebraic Methods in Program Construction: The Projekt CIP. In: P. Pepper (ed.): Program Transformation and Programming Enviroments. NATO ASI Series F8. Springer 1984, 199–222

Reusability of Transformational Developments

Helmut Partsch

Abstract. Reusability is claimed to be one of the practically most promising aspects of transformational programming. Whereas algebraic types as "reusable software components" and transformation rules as "reusable programming knowledge" have been discussed and exemplified in numerous case studies, substantial experience on reusing transformational developments is still lacking. In this paper, we suggest a simple strategy for reuse (of developments) based on generalization, and illustrate it by means of a particular example.

1. Introduction

Formal specification and transformational programming are advertised to solve major problems in software engineering. In particular, reusability is claimed to be one of the promising advantages of this new methodology. In fact, there are several convincing aspects that support this claim:

- formalizations of data structures by means of *algebraic types*, together with collections of possible implementations, provide reusable "software components";
- *transformation rules*, *tactics*, and *strategies* are formalizations of "programming knowledge" to be reused in the development of algorithms;
- recorded *transformational developments* are reusable as guidelines in deriving algorithms for modified, "similar" specifications ("replay").

Everyone in the field is fairly enthusiastic about these promising aspects which, moreover, provide one of the most convincing "sales arguments" to practitioners. Numerous case studies exist that illustrate and verify the first two arguments. However, admittedly, no real experience with respect to reusability of transformational developments for modified specifications has been gained so far.

This research has been carried out within the NFI-project STOP (Specification and Transformation Of Programs) and partially sponsored by NWO (Netherlands Organization for Scientific Research) under grant NFI-FW3315.

Our paper is intended to contribute to ongoing research on this particular problem. In order to keep the presentation at a reasonable length we assume the reader to be basically familiar with the concepts, notations, and basic ideas of CIP (cf. [Bauer et al. 85, 87]).

2. Reusability

Reusability of software is a "hot topic". In addition to well-known enormous efforts in the framework of traditional software engineering, nearly all "modern" approaches to software development aim at contributing to this burning issue with varying success. Substantial contribution can be expected from the paradigm of transformational programming where reusability plays an important role along three different dimensions. This will be exemplified in the following subsections.

2.1 Reusable Software Components

The idea of having basic building blocks of reusable software is fairly old. In the early days of programming in ALGOL 60 or FORTRAN it has materialized in the form of libraries of (reusable) subroutines. In this context, a lot of experience could be gained on the practicability of this approach. In essence, it has turned out that mainly those subroutines could be reused without trouble that implemented well-defined mathematical functions or operations on mathematical objects. Less mathematically oriented pieces of software caused a lot of problems due to imprecise definitions, unclear interfaces, and the inability to adapt the fixed code to particular circumstances.

Within the framework of algebraic specification the idea of reusable software components has gained new popularity (cf., e.g. [Gaudel, Moineau 88], [Wirsing 88]), since most of the above-mentioned problems disappear. An algebraic type formalizes a conceptual unit in an unambiguous, semantically precise way, with a clear definition of its interface through parametrization or hierarchical subordination. Moreover, an algebraic type usually allows several, different implementations the correctness of which can be proved once and forever. Among these implementations the one best suited for a particular problem may be chosen, thus solving the problem of adaptability on a fairly high, conceptual level.

As an example we consider an algebraic type which formalizes the notion of a "bag" (or "multiset"):

type BAG = (**sort m**, **funct** (**m**, **m**) **bool** *eq*: **include** EQUIV(**m**, *eq*))
  bag, $\emptyset$, .+., .$\in$., .$\notin$., .$-$., *#occs*:
 based on BOOL,
 based on NAT,

sort bag,
bag $\varnothing$,
funct (bag, m) bag $.+.$,
funct (m, bag) bool $.\in.$,
funct (m, bag) bool $.\notin.$,
funct (bag, m) bag $.-.$,
funct (m, bag) nat $\#occs$,
laws m x, y, **bag** b:
$y \in \varnothing \equiv$ **false**,
$y \in (b + x) \equiv$ **if** $eq(x, y)$ **then true else** $y \in b$ **fi**,
$x \notin b \equiv \neg(x \in b)$,
$(\varnothing - x) \equiv \varnothing$,
$(b + x) - y \equiv$ **if** $eq(x, y)$ **then** b **else** $(b - y) + x$ **fi**,
$\#occs(x, \varnothing) \equiv 0$,
$\#occs(y, b + x) \equiv$ **if** $eq(x, y)$ **then** $\#occs(y, b)+1$ **else** $\#occs(y, b)$ **fi**
endoftype.

This type is parametrized with an arbitrary object kind **m** for which an equality predicate *eq* is assumed. It defines $\varnothing$, the "empty bag", and the operations

- $.+.$, for adding an element to a bag;
- $.-.$, for deleting an element from a bag;
- $.\in.$, $.\notin.$, for checking the (non-)occurrence of an element in a bag; and
- $\#occs$, for yielding the number of occurrences of an element in a bag.

If more operations on bags are needed, an "extension" can be defined, e.g.

type EBAG = (**sort m, funct (m, m) bool** *eq*: **include** EQUIV(**m**, *eq*))
bag, $\varnothing$, $.+.$, $.\in.$, $.\notin$ P., $.-.$, $\#occs$, $|.|$, $\{.\}$, $.= \varnothing$, $.\neq \varnothing$, $.\cup.$, $.\cap.$, $.\backslash.$, $.\subseteq.$:
based on BOOL,
based on NAT,
include BAG(**m**, *eq*),
funct (bag) nat $|.|$,
funct (m) bag $\{.\}$,
funct (bag) bool $.= \varnothing$,
funct (bag) bool $.\neq \varnothing$,
funct (bag, bag) bag $.\cup.$,
funct (bag, bag) bag $.\cap.$,
funct (bag, bag) bag $.\backslash.$,
funct (bag, bag) bool $.\subseteq.$,
laws m x, **bag** a, b:
$|\varnothing| \equiv 0$,
$|a + x| \equiv |a| + 1$,
$\{x\} \equiv \varnothing + x$,
$\varnothing = \varnothing \equiv$ **true**,

$(a + x) = \varnothing \equiv$ **false,**
$a \neq \varnothing \equiv \neg(a = \varnothing)$,
$a \cup \varnothing \equiv \varnothing \cup a \equiv a$,
$a \cup (b + x) \equiv (a + x) \cup b$,
$a \cap \varnothing \equiv \varnothing$,
$a \cap (b + x) \equiv$ **if** $x \in a$ **then** $(a \cap b) + x$ **else** $a \cap b$ **fi,**
$a \setminus \varnothing \equiv a$,
$a \setminus (b + x) \equiv (a - x) \setminus b$,
$\varnothing \subseteq a \equiv$ **true,**
$(b + x) \subseteq a \equiv x \in a \wedge b \subseteq (a{-}x)$
endoftype

which provides the additional operations

$|.|$, yielding the "size" of a bag;
$. = \varnothing$, $. \neq \varnothing$, checking for the (non-)empty bag;
$.\cup.$, "bag union";
$.\cap.$, "bag intersection";
$.\setminus.$, "bag difference"; and
$.\subseteq.$, "bag inclusion".

Different implementations for bags defined in this way are obvious, e.g. by means of

- different kinds of "linked lists";
- trees, if additionally an ordering on the element type is available; or
- tables, arrays, maps, in case the element type is known to be finite.

All these implementations can be further augmented with "efficiency information" in order to ease the selection of a most appropriate implementation for a particular problem.

Having available a whole library of such hierarchically structured type definitions for all commonly used basic data types allows the respective concepts to be reused without bothering about correctness or details of coding.

2.2 Reusable Programming Knowledge

Similarly to reusing ready-made building blocks in software development, the reuse of well-established solution strategies and programming techniques has been advocated and attempted since years. Here too, informality in conveying these ideas ("cooking recipes") has been an obstacle to successful practice. Program transformations (cf., e.g., [Partsch 90] for a comprehensive introduction) are a promising approach to solve these problems, since they allow to describe "programming knowledge" in a precise, formal way which can unambiguously be communicated, taught, and also reused.

Examples of transformation rules are

- elementary rules such as *unfold, fold* (cf. [Burstall, Darlington 77]), application of algebraic properties of the data types involved, or the well-known transition from tail recursion to iteration;
- "strategic rules" such as *case introduction* (guided by the axiomatic definition of parameter types and/or assertions about parameters) or *embedding* (coupled with the introduction of suitable assertions);
- rules to cope with non-deterministic expressions such as (cf. [Partsch 90]):

Refinement (2.1)

$$\begin{array}{l}\textbf{funct}\ f = (\textbf{m}\ x)\ \textbf{n}:\\ \quad \textbf{some}\ \textbf{n}\ y\text{: } \mathrm{R}(x, y)\end{array}$$

$$\Big\downarrow \left[\begin{array}{l}\mathrm{R}'(x, y) \equiv \textbf{true} \vdash \mathrm{R}(x, y) \equiv \textbf{true}\\ (\exists\ \textbf{n}\ y\text{: } \mathrm{R}(x, y)) \equiv \textbf{true} \vdash (\exists\ \textbf{n}\ y\text{: } \mathrm{R}'(x, y)) \equiv \textbf{true}\end{array}\right.$$

$$\begin{array}{l}\textbf{funct}\ f = (\textbf{m}\ x)\ \textbf{n}:\\ \quad \textbf{some}\ \textbf{n}\ y\text{: } \mathrm{R}'(x, y);\end{array}$$

- particular, data-type dependent rules such as the following one which allows to "prune" a search among the elements of a bag:

bag pruning 1 (2.2)

$$\begin{array}{l}\forall\ \textbf{bag}\ M,\ \textbf{m}\ x,\ \textbf{funct}\ (\textbf{m}, \textbf{bag})\ \textbf{bool}\ P:\\ (x \in M \wedge P(x, M)) \equiv (x \in \mathit{prune}(M, P) \wedge P(x, M))\\ \text{where}\\ \quad \textbf{funct}\ \mathit{prune} = (\textbf{bag}\ M,\ \textbf{funct}\ (\textbf{m}, \textbf{bag})\ \textbf{bool}\ P)\ \textbf{bag}:\\ \qquad \textbf{some}\ \textbf{bag}\ M'\text{: } M' \subseteq M \wedge \forall\ \textbf{m}\ y\text{: } (y \in M \wedge y \notin M') \Rightarrow \neg P(y, M).\end{array}$$

In addition to available transformation rules there are also various tactics and strategies of how to use these rules. Examples are

- the "*unfold – apply law – fold*" strategy (cf. [Burstall, Darlington 77]);
- "*finite differencing*" (cf., e.g., [Möller 89], [Partsch 90]);
- finding solutions to partial functions by first constructively solving the existence problem hidden in the domain restriction (cf. [Partsch 90]); or
- "*enrich – forget – identify*" (cf. [Ehrig et al. 80]) for implementing algebraic types.

2.3 Reusable Program Developments

The aspects of reusability dealt with in the previous subsections are fairly well understood and backed by a large number of case studies. There is, however, a third aspect of reusability in connection with the paradigm of transformational programming, viz. reusability of transformational developments for "similar" problems, which, although identified long ago, is far less explored.

One of the key issues in reusing entire transformational developments is a more precise characterization of "similarity" of specifications and its influence on reusability. The basic idea is intuitively clear, however, a lot of technical problems remain unsolved. More precisely, the problem to be dealt with may be worded as follows:

> Given a formal specification S, a similar specification S′, and a transformational development DS for S, it is asked to find a transformational development DS′ by reusing DS as much as possible.

In order to solve this problem we suggest the following

Strategy
- find a common generalization S″ of S and S′;
- modify, by generalization, D_S into $D_{S''}$;
- specialize $D_{S''}$ to $D_{S'}$.

At a first glance, this strategy seems to suggest a detour, since a specification S″ and a development $D_{S''}$ are produced which are actually not asked for. However, we are convinced that proceeding this way is less cumbersome than a "direct attack", in particular, since well-known transformational techniques (e.g. "embedding", cf. [Partsch 90]) can be used. In fact, this idea directly corresponds to generalization by "embedding" as an important first step in deriving an algorithm from a descriptive specification.

Ways of how to deal with the first and the last step in the above strategy are known. The first step may be done by finding a suitable *embedding* which is extensively discussed in [Partsch 90]. The last step can be done along the "partial evaluation strategy" (cf., e.g., again [Partsch 90]), i.e., essentially by *instantiation* and *simplification*. Therefore, in this paper, we will concentrate on the second step and illustrate, by means of an example, how to transform a given transformational development into a development for a generalized problem.

3. A Sample Problem

As an example to illustrate our ideas on reusing transformational developments, we use the "majority problem" which has gained some popularity in the Netherlands (cf. [Backhouse et al. 88], [van Gasteren 88], [Meertens 89], [Partsch 88], [Zantema 88]), probably due to the fact that it is a small problem with an efficient, non-obvious solution and a lot of interesting aspects in deriving the solution formally. The problem is ascribed to Boyer and Moore (cf. remark in [Misra, Gries 82]) and has been dealt with before in [Fischer, Salzberg 82] and [Misra, Gries 82]. In essence, it may be worded as follows:

"Given a bag b of size n, find an element in b which occurs more than n **div** *2 times."*

Actually, the problem in [Misra, Gries 82] is formulated for arrays rather than bags. However, arrays may be considered as one possibility of implementing bags. Hence, any solution for bags also provides a solution for arrays, and therefore we decided to use bags from the beginning.

Using the definition of a "bag" as introduced in section 2.1 a formal specification of the problem stated above is straightforward:

funct *absolute-majority* = (**bag** *b*) (**m** | **bool**):
  if *has-maj*(*b*) **then** *arb-maj*(*b*) **else false fi where**
  funct *has-maj* = (**bag** *b*) **bool**:
    $\exists$ **m** *x*: $x \in b \wedge$ *is-maj*(*x*, *b*),
  funct *arb-maj* = (**bag** *b*: *has-maj*(*b*)) **m**:
    some m *x*: $x \in b \wedge$ *is-maj*(*x*, *b*),
  funct *is-maj* = (**m** *x*, **bag** *b*) **bool**:
    #occs(*x*, *b*) $>$ ($|b|$ **div** 2).

4. Formal Development

In our derivation below we will just deal with the existence problem, since any constructive solution to the existence problem can be extended to a solution to the full problem in a straightforward way using the techniques given in [Partsch 90]. For the transformational development of the existence problem we use mainly elementary transformations along a simple strategy, which is essentially a generalization of the well-known "unfold/fold strategy". Thus, the starting point and current focus of our considerations is

funct *has-maj* = (**bag** *b*) **bool**:
  $\exists$ **m** *x*: $x \in b \wedge$ *is-maj*(*x*, *b*).

By *case introduction* (on *b*, following the axiomatic definition of bags), trivial *simplifications*, and *embedding* we have immediately

has-maj($\varnothing$) $\equiv$ **false**; (4.1)
has-maj(*b*+*y*) $\equiv$ (4.2)
  $\equiv$ [unfold]
$\exists$ **m** *x*: $x \in (b+y) \wedge$ *is-maj*(*x*, *b*+*y*)
  $\equiv$ [laws of EBAG]
$\exists$ **m** *x*: $x \in \{y\} \cup b \wedge$ *is-maj*(*x*, *b*+*y*)
  $\equiv$ [(2.2)]

$\exists$ **m** x: $x \in prune(\{y\} \cup b, is\text{-}maj) \wedge is\text{-}maj(x, b{+}y)$
  $\equiv$ [embedding]
$\exists$ **m** x: $x \in cands(\{y\}, b) \wedge is\text{-}maj(x, b{+}y)$ **where**
  funct *cands* = (**bag** *a*, **bag** *b*: $diversity(a) \leq 1$)) **bag**:
    $prune(a \cup b, is\text{-}maj)$ **where**
  funct *diversity* = (**bag** *a*) **nat**:
    $|$**that mset** s: $\forall$ **m** x: $x \in s \Leftrightarrow x \in a|$
  (where **mset** denotes the type of finite sets over **m**).

The assertion in *cands* is inspired by the observation that, if *has-maj* yields **true**, there is at most one element x in b which has the desired property:

$|\{$**m** x: $x \in b \wedge is\text{-}maj(x, b)\}| \leq 1.$ (4.3)

In fact, *cands* formalizes the intuitive idea of looking for a possible majority candidate.

Our next efforts concentrate on *cands*. By suitable *case introductions* and *simplifications* (exploiting the assertion in *cands*) we aim at deriving a recursive definition along the basic strategy mentioned above. Particular care in folding is necessary with respect to the assertion in *cands*. We have

$cands(a, \varnothing) \equiv prune(a, is\text{-}maj) \supseteq a$ (4.4)
(i.e., a is a possible choice for $cands(a, \varnothing)$).

$cands(a, (b{+}x))$ (4.5)
  $\equiv$ [unfold]
$prune(a \cup (b{+}x), is\text{-}maj)$;

if $diversity(a) < 1$ holds, then: (4.5.1)
  $prune(a \cup (b{+}x), is\text{-}maj)$
    $\equiv$ [$diversity(a) < 1 \Leftrightarrow a = \varnothing$]
  $prune(b{+}x, is\text{-}maj)$
    $\equiv$ [laws of EBAG]
  $prune(\{x\} \cup b, is\text{-}maj)$
    $\equiv$ [$diversity(\{x\}) \leq 1$; folding]
  $cands(\{x\}, b)$;

if $diversity(a) = 1$ holds, then: (4.5.2)
  if $x \in a$ holds, then: (4.5.2.1)
    $prune(a \cup (b{+}x), is\text{-}maj)$
      $\equiv$ [laws of EBAG]
    $prune((a{+}x) \cup b, is\text{-}maj)$
      $\equiv$ [$(diversity(a) \leq 1 \wedge x \in a) \Rightarrow diversity(a{+}x) \leq 1$; folding]
    $cands(a{+}x, b)$;

  if $x \notin a$ holds, then for **m** $z = arb(a)$ (where (4.5.2.2)
  funct *arb* = (**bag** b: $b \neq \varnothing$) **m**: **some m** x: $x \in b$):

$$
\begin{aligned}
& prune(a \cup (b{+}x), is\text{-}maj) \\
& \quad \supseteq [\text{ refinement (2.1), see below }] \\
& prune((a{-}z) \cup b, is\text{-}maj) \\
& \quad \equiv [\ diversity(a) \leq 1 \Rightarrow diversity(a{-}z) \leq 1;\ \text{folding }] \\
& cands(a{-}z, b).
\end{aligned}
$$

It remains to justify the application of the rule (2.1) in (4.5.2.2). The second applicability condition is obviously fulfilled. With respect to the first condition we reason as follows: Under the premise $diversity(a) = 1 \wedge x \notin a$ we have for $a = a'{+}z$ and arbitrary **m** y:

$$
\begin{aligned}
& \#occs(y, a' \cup b) \leq (|a' \cup b| \ \mathbf{div}\ 2) \equiv \mathbf{true} \vdash \\
& \#occs(y, (a \cup (b{+}x)) \leq \#occs(y, a' \cup b) + 1 \leq (|a' \cup b| \ \mathbf{div}\ 2) + 1 = \\
& \quad (|a \cup (b{+}x)| \ \mathbf{div}\ 2) \equiv \mathbf{true}
\end{aligned} \tag{4.6}
$$

and hence

$$
\begin{aligned}
& (M' \subseteq (a' \cup b) \wedge \forall\, \mathbf{m}\, y{:}\ y \in (a' \cup b) \wedge y \notin M' \Rightarrow \\
& \quad \neg is\text{-}maj(y, a' \cup b)) \equiv \mathbf{true} \vdash \\
& (M' \subseteq (a \cup (b{+}x)) \wedge \forall\, \mathbf{m}\, y{:}\ y \in (a \cup (b{+}x)) \wedge y \notin M' \Rightarrow \\
& \quad \neg is\text{-}maj(y, a \cup (b{+}x))) \equiv \mathbf{true}.
\end{aligned} \tag{4.7}
$$

By just collecting the results obtained so far we have

funct *has-maj* = (**bag** *b*) **bool**:
  if $b = \varnothing$ **then false**
    else m $y = arb(b)$; $\exists$ **m** x: $x \in cands(\{y\}, b{-}y) \wedge is\text{-}maj(x, b)$ **fi where**
funct *cands* = (**bag** *a*, **bag** *b*: $diversity(a) \leq 1$) **bag**:
  if $b = \varnothing$ **then** *a*
    else m $x = arb(b)$;
      if $diversity(a) < 1$ **then** $cands(\{x\}, b{-}x)$
      [] $diversity(a) = 1 \wedge x \in a$ **then** $cands(a{+}x, b{-}x)$
      [] $diversity(a) = 1 \wedge x \notin a$ **then** $cands(a{-}z, b{-}x)$
        where **m** $z = arb(a)$ **fi fi**.

The termination of *cands*, and hence the correctness of the folding steps above, is straightforward. Furthermore, obviously, the result of *cands* also fulfils the assertion on *a*:

$$diversity(cands(a, b)) \leq 1. \tag{4.8}$$

Bags *a* having the property $diversity(a) \leq 1$ can be replaced (by a simple data type transformation, cf. [Partsch 90]) by a pair consisting of an element *c* of kind **m** and a natural number *d* (denoting the number of occurrences of *c* in *a*). Using this rule results in

funct *has-maj* = (**bag** *b*) **bool**:
  if $b = \varnothing$ **then false**
    else m $y = arb(b)$; (**m** *x*, **nat** *d*) = $cands'(y, 1, b{-}y)$;
      $d \neq 0 \land is\text{-}maj(x, b)$ **fi where**
funct *cands'* = (**m** *c*, **nat** *d*, **bag** *b*) (**m**, **nat**):
  if $b = \varnothing$ **then** (c, d)
    else m $x = arb(b)$;
      if $d = 0$ **then** $cands'(x, d{+}1, b{-}x)$
      [] $d \neq 0 \land x = c$ **then** $cands'(c, d{+}1, b{-}x)$
      [] $d \neq 0 \land x \neq c$ **then** $cands'(c, d{-}1, b{-}x)$ **fi fi**

which is the essence of the original algorithm by Boyer and Moore. The further development, i.e., extension of this algorithm to the problem of *finding* an element with the desired property, operational definition of *has-maj*, and transition to an imperative program, is obvious and left as an exercise to the interested reader.

5. Reusing the Development

Assume now that we want to derive an algorithm for the following, related problem (cf., again, [Misra, Gries 82]):

> *"Given a bag b of size n and a natural number k with $2 \leq k \leq n$, find elements in b which occur more than n* **div** *k times."*

Of course, we do not want to do the development anew, but rather try to reuse as much as possible of the development from section 4. The strategy we are going to follow is the one outlined in section 2.3. Actually, in our particular example the related problem is already a generalization of the original problem. Hence, our efforts have to concentrate only on the second step of the strategy given in section 2.3.

A formalization of the generalized problem is again obvious:

funct *k-majority* = (**bag** *b*, **nat** *k*: $2 \leq k \leq |b|$) (**bag** | **bool**):
  if *has-k-maj*(*b*, *k*) **then** *arb-k-maj*(*b*, *k*) **else false fi where**
  funct *has-k-maj* = (**bag** *b*, **nat** *k*: $2 \leq k \leq |b|$) **bool**:
    $\exists$ **bag** *c*: $c \neq \varnothing \land c \subseteq b \land is\text{-}k\text{-}maj(c, b, k)$;
  funct *arb-k-maj* = (**bag** *b*, **nat** *k*: $2 \leq k \leq |b| \land has\text{-}k\text{-}maj(b, k)$) **bag**:
    some bag *c*: $c \neq \varnothing \land c \subseteq b \land is\text{-}k\text{-}maj(c, b, k)$;
  funct *is-k-maj* = (**bag** *c*, **bag** *b*, **nat** *k*: $2 \leq k \leq |b|$) **bool**:
    ($\forall$ **m** *x*: $x \in c$): $\#occs(x, b) > (|b|$ **div** $k)$.

As in the previous development we concentrate on deriving a constructive solution to the existence problem. Hence we start from

funct *has-k-maj* = (**bag** *b*, **nat** *k*: $2 \leq k \leq |b|$) **bool**:
$\exists$ **bag** *c*: $c \neq \varnothing \wedge c \subseteq b \wedge$ *is-k-maj*(*c*, *b*, *k*).

By comparison of *has-maj* with *has-k-maj* we realize that the latter may be considered a generalization of the former in two different respects:

(a) it asks for the existence of a (non-empty) bag of elements, instead of just an element; and
(b) it is dependent on an additional parameter *k*.

In [Partsch 90] these aspects of generalization are dealt with by "embedding of the data type" and "embedding of the domain", respectively. In the subsequent generalization of the development from section 4, both aspects will be dealt with in succession.

Dealing with aspect (a) is the crucial activity in generalization, since generalization of a data type usually entails also appropriate generalization of the operations used. For our example this means that we have to replace

m *x*: $x \in b$

by

bag *c*: $c \neq \varnothing \wedge c \subseteq b$

and also to change all operations using *x* accordingly. This leads to the new specification

funct *has-maj'* = (**bag** *b*) **bool**:
$\exists$ **bag** *c*: $c \neq \varnothing \wedge c \subseteq b \wedge$ *is-maj'*(*c*, *b*);
funct *is-maj'* = (**bag** *c*, **bag** *b*) **bool**:
($\forall$ **m** *x*: $x \in c$): *#occs*(*x*, *b*) > (|*b*| **div** 2).

As to the development, step (4.1) is not affected by this change. For step (4.2) we find that we need a generalization of theorem (2.2):

bag pruning 2 (2.2')
$\forall$ **bag** *M*, **bag** *c*, **funct** (**m**, **bag**) **bool** *P*:
($c \subseteq$ M $\wedge$ ($\forall$ **m** *x*: $x \in c$): *P*(*x*, *M*))
$\equiv$ ($c \subseteq$ *prune*(*M*, *P*) $\wedge$ ($\forall$ *m x*: $x \in c$): *P*(*x*, *M*))
where
funct *prune* = (**bag** *M*, **funct** (**m**, **bag**) **bool** *P*) **bag**:
some bag *M'*: $M' \subseteq M \wedge \forall$ **m** (*y*: $y \in M \wedge y \notin M'$) $\Rightarrow \neg P(y, M)$.

Now, using (2.2') instead of (2.2), part (4.2) of the derivation can be reused (without further change) and we get immediately

has-maj'($\varnothing$) $\equiv$ **false**; (5.1)
has-maj'(*b*+*y*) $\equiv \exists$ **bag** *c*: $c \neq \varnothing \wedge c \subseteq$ *cands*({*y*}, *b*) $\wedge$ *is-maj'*(*c*, *b*+*y*)(5.2)

(where in *cands* now *is-maj* is replaced by *is-maj'*).

Next, as in section 4, we concentrate on the development of *cands*. Here too, most of the development can be reused unchanged, except for step 4.5.2.2 which has to be generalized to removing a (singleton) bag from a instead of an element:

$$\begin{array}{ll} prune(a \cup (b{+}x), is\text{-}maj') & (5.5.2.2) \\ \quad \supseteq [\ \textbf{if } x \notin a\text{: } \textbf{bag } c = \textbf{some bag } c'\text{: } c' \subseteq a \wedge diversity(c') = 1 \wedge |c'| = 1; & \\ \qquad \text{refinement (2.1), see below }] & \\ prune((a \backslash c) \cup b, is\text{-}maj') & \\ \quad \equiv [\ diversity(a \backslash c) \leq 1;\ \text{folding }] & \\ cands(a \backslash c, b). & \end{array}$$

The justification of applying rule (2.1) in (5.5.2.2) is now as follows: Under the premise $diversity(a) = 1 \wedge x \notin a$ we have for arbitrary **m** y and $a = a' \cup c$ where

$$\begin{array}{ll} \textbf{bag } c = \textbf{some bag } c'\text{: } c' \subseteq a \wedge diversity(c') = 1 \wedge |c'| = 1\text{:} & \\ \#occs(y, a' \cup b) \leq (|a' \cup b|\ \textbf{div}\ 2) \equiv \textbf{true} \vdash & (5.6) \\ \#occs(y, (a \cup (b{+}x)) \leq \#occs(y, a' \cup b) + 1 \leq (|a' \cup b|\ \textbf{div}\ 2) + 1 & \\ \quad = (|a \cup (b{+}x)|\ \textbf{div}\ 2) \equiv \textbf{true} & \end{array}$$

and hence

$$\begin{array}{ll} (M' \subseteq (a' \cup b) \wedge \forall\, \textbf{m}\ y\text{: } y \in (a' \cup b) \wedge y \notin M' \Rightarrow & \\ \quad \neg is\text{-}maj'(y, a' \cup b)) \equiv \textbf{true} \vdash & (5.7) \\ (M' \subseteq (a \cup (b{+}x)) \wedge \forall\, \textbf{m}\ y\text{: } y \in (a \cup (b{+}x)) \wedge y \notin M' \Rightarrow & \\ \quad \neg is\text{-}maj'(y, a \cup (b{+}x))) \equiv \textbf{true.} & \end{array}$$

So far, by reuse, we have derived the following algorithm:

funct *has-maj'* = (**bag** *b*) **bool**:
  if *b* = ∅ **then false**
    else m *y* = *arb*(*b*);
      ∃ **bag** *c*: *c* ≠ ∅ ∧ *c* ⊆ *cands*({*y*}, *b*−*y*) ∧ *is-maj'*(*c*, *b*) **fi where**
  funct *cands* = (**bag** *a*, **bag** *b*: *diversity*(*a*) ≤ 1) **bag**:
    if *b* = ∅ **then** *a*
      else m *x* = *arb*(*b*);
        if *diversity*(*a*) < 1 **then** *cands*(*a*+*x*, *b*−*x*)
        [] *diversity*(*a*) = 1 ∧ *x* ∈ *a* **then** *cands*(*a*+*x*, *b*−*x*)
        [] *diversity*(*a*) = 1 ∧ *x* ∉ *a* **then** *cands*(*a**c*, *b*−*x*) **where**
          bag *c* = **some bag** *c'*: *c'* ⊆ *a* ∧ *diversity*(*c'*) = 1 ∧ |*c'*| = 1 **fi fi.**

This algorithm still solves the problem from section 3, however, using a singleton bag instead of a single element. Now dealing with aspect (b) from above is much simpler. Following the idea of finding generalizations by creating constants and making them into parameters (cf. [Partsch 90]), we first substitute all occurrences of 1 in the algorithms above by 2–1. then we simply add k as an additional parameter (as in the specification above) and generalize all occurrences of 2 into k. Of course, we have to make sure that our previous reasoning remains valid. Thus, in particular, the assertion in *cands* is changed into $diversity(a) \leq k{-}1$ which, again, coincides with the (obvious) property

$$|\{\mathbf{m}\, x\colon x \in b \wedge \textit{is-k-maj}(\{x\}, b, k)\}| \leq k. \tag{5.3}$$

Summarizing the results gained so far, we have the algorithm

funct *has-k-maj* = (**bag** b, **nat** k: $2 \leq k \leq |b|$) **bool**:
  if $b = \varnothing$ **then false**
    else m $y = arb(b)$;
      $\exists$ **bag** c: $c \neq \varnothing \wedge c \subseteq cands(\{y\}, b{-}y) \wedge \textit{is-k-maj}(c, b, k)$ **fi**
where
  funct *cands* = (**bag** a, **bag** b: $diversity(a) \leq k{-}1$) **bag**:
    if $b = \varnothing$ **then** a
      else m $x = arb(b)$;
        if $diversity(a) < k{-}1$ **then** $cands(a{+}x, b{-}x)$
        [] $diversity(a) = k{-}1 \wedge x{\in}a$ **then** $cands(a{+}x, b{-}x)$
        [] $diversity(a) = k{-}1 \wedge x \notin a$ **then** $cands(a \backslash c, b{-}x)$ **where**
          bag c = **some bag** c': $c' \subseteq a \wedge diversity(c') = k{-}1 \wedge |c'| = k{-}1$ **fi fi**.

As in section 4, it remains to find a suitable implementation for the auxiliary bag a. However, the last step in the development from section 4 cannot be reused, since particular properties of a are exploited in the implementation step. Therefore, in the following, we concentrate on finding another implementation of a bag a with the property $diversity(a) \leq k{-}1$.

In order to get rid of the auxiliary predicate *diversity*, we use the *differencing technique* (cf. [Partsch 90]). Formally, we define by an *embedding*

funct *cands'* = (**bag** a, **nat** d, **bag** b: $(diversity(a) \leq k{-}1) \wedge$
    $diversity(a) \leq k{-}1) \wedge d = diversity(a))$ **bag**:
      $cands(a, b)$

and change the call of *cands* in *has-k-maj* into $cands'(\{y\}, 1, b{-}y)$. Next we develop a definition of *cands'* (independent of *cands*), using the unfold/fold strategy and the assertion on d. This leads to

funct *cands'* = (**bag** a, **nat** d, **bag** b: $d \leq k{-}1$) **bag**:
  if $b = \varnothing$ **then** a
    else m $x = arb(b)$;
      if $x \in a$ **then** $cands'(a{+}x, d, b{-}x)$
      [] $d < k{-}1 \wedge x \notin a$ **then** $cands'(a{+}x, d{+}1, b{-}x)$
      [] $d = k{-}1 \wedge x \notin a$ **then** $cands'(a \backslash c, diversity(a \backslash c), b{-}x)$ **where**
        bag c = **some bag** c': $c' \subseteq a \wedge diversity(c') = k{-}1 \wedge |c'| = k{-}1$ **fi fi**.

Finally, by *abstraction*, we introduce a new auxiliary operation:

funct *cands'* = (**bag** *a*, **nat** *d*, **bag** *b*: $d \le k{-}1$) **bag**:
  if $b = \varnothing$ **then** *a*
    else m $x = arb(b)$;
      if $x \in a$ **then** $cands'(a{+}x, d, b{-}x)$
      [ ] $d < k{-}1 \wedge x \notin a$ **then** $cands'(a{+}x, d{+}1, b{-}x)$
      [ ] $d = k{-}1 \wedge x \notin a$ **then** $cands'(k\text{-}reduce(a), b{-}x)$ **fi fi where**
  funct *k-reduce* = (**bag** *a*: $diversity(a) = k{-}1$) (**bag, nat**):
    $(a \backslash c, diversity(a \backslash c))$ **where**
    bag c = **some bag** c': $c' \subseteq a \wedge diversity(c') = k{-}1 \wedge |c'| = k{-}1$ **fi fi.**

This is essentially the "second algorithm" in [Misra, Gries 82], where also the remaining steps, i.e., implementing **bag** by AVL-trees and giving an appropriate operational definition for *k-reduce*, can be found.

6. Concluding Remarks

Reusability in software construction is an attractive, challenging, but also non-trivial, insufficiently explored issue. It is attractive for practical use in software development for obvious reasons. It is challenging, since a satisfactory solution within software engineering has not yet been found, although the basis provided by transformational programming seems very promising. However, it is also known to be non-trivial.

Through our case study we have tried to shed some light on the problems to be encountered in connection with reuse of transformational developments. Following a simple strategy, we have been able to reuse most of an available transformational development in deriving an efficient solution to a generalized problem. Our treatment also shows what kinds of preparatory steps and how many of them are necessary in order to be able to do so. However, we are also aware that there are still problems which need further investigation, e.g., the use of other forms of generalizations or the support by machine. Moreover, the particular generalization dealt with was "reuse-friendly" in the sense that reuse indeed led to an efficient algorithm. For another modification of the original problem, e.g. finding a relative majority in a bag, reuse is well possible, but does not lead to an efficient algorithm. This shows again the lack of experience and the need for further case-studies in this important aspect of transformational programming: we are currently still far away from "automatic replay" as advertised by many researchers in the field of transformational programming.

Acknowledgement. Stimulating discussions with E. Boiten, N. van Diepen, H. Ehler, F. Stomp, and N. Völker on previous versions of this paper are gratefully acknowledged.

References

[Backhouse et al. 88] Backhouse, R., Chisholm, P., Malcolm, G., Saaman, E.: Do-it-yourself type theory. Department of Mathematics and Computer Science, University of Groningen, Technical Report 1988

[Bauer et al. 85] Bauer, F.L., Berghammer, R., Broy, M., Dosch, W., Geiselbrechtinger, F., Gnatz, R., Hangel, E., Hesse, W., Krieg-Brückner, B., Laut, A., Matzner, T., Möller, B., Nickl, F., Partsch, H., Pepper, P., Samelson, K., Wirsing, M., Wössner, H.: The Munich project CIP. Volume I: The wide spectrum language CIP-L. Lecture Notes in Computer Science **183**, Berlin: Springer 1985

[Bauer et al. 87] Bauer, F.L., Ehler, H., Horsch, A., Möller, B., Partsch, H., Paukner, O., Pepper, P.: The Munich project CIP. Volume II: The transformation system CIP-S. Lecture Notes in Computer Science **292**, Berlin: Springer 1987

[Burstall, Darlington 77] Burstall, R.M., Darlington, J.: A transformation system for developing recursive programs. Journal ACM **24**:1, 44–67 (1977)

[Ehrig et al. 80] Ehrig, H., Kreowski, H.-J., Padawitz, P.: Algebraic implementation of abstract data types: concept, syntax, semantics and correctness. Proc. 7th Int. Coll. on Automata, Languages and Programming, Noordwijkerhout, Netherlands, 1980. Lecture Notes in Computer Science **85**, Berlin: Springer 1980, pp. 142–156

[Fischer, Salzberg 82] Fischer, M.J., Salzberg, S.L.: Problem 81-5 by J. Moore. Journal of Algorithms **3**, 375–379 (1982)

[van Gasteren 88] van Gasteren, A.J.M.: On the majority of a bag. Rijksuniversiteit Utrecht, Technical Notes AvG79 and AvG79a, 1988

[Gaudel, Moineau 88] Gaudel, M.C., Moineau, T.: A theory of software reusability. In: Ganzinger, H. (ed.): ESOP '88. Lecture Notes in Computer Science **300**, Berlin: Springer 1988, pp. 115–150

[Meertens 89] Meertens, L.G.L.T.: Majority divided and ruled. Rijksuniversiteit Utrecht, Technical Note 1989

[Misra, Gries 82] Misra, J., Gries, D.: Finding repeated elements. Science of Computer Programming **2**, 143–152 (1982)

[Möller 89] Möller, B.: Applicative assertions. In: van de Snepsheut, J.L.A. (ed.): Mathematics of program construction. Lecture Notes in Computer Science **375**, Berlin: Springer 1989, pp. 348–362

[Partsch 88] Partsch, H.: The majority problem. Computer Science Department, KU Nijmegen, Technical Report 88-11, 1988

[Partsch 90] Partsch, H.: Specification and transformation of programs – a formal approach to software development. Berlin: Springer 1990

[Wirsing 88] Wirsing, M.: Algebraic description of reusable software components. Fakultät für Mathematik und Informatik, Universität Passau, Report MIP-8816, 1988.

[Zantema 88] Zantema, H.: Majority voting: characterization and algorithms. Vakgroep Informatica, Rijksuniversiteit Utrecht, Technical Report RUU-CS-88-32, 1988

Programming with (Finite) Mappings

Peter Pepper   Bernhard Möller

Abstract. We present a unified view of "mappings", abstracting from their appearance as "routines" (that is, objects that describe computations) or as "map-like data structures" (that is, objects that are stored and accessed via indices), respectively. On the basis of suitably defined algebraic operations we are then able to develop algorithms at a very high level of abstraction, without losing the potential of implementing them efficiently in terms of arrays and loops. This is demonstrated for a variety of array-based algorithms that are well-known from the literature.

1. Introduction

Traditionally, programming with array-like structures exhibits two characteristics: intricate index calculations and selective alteration. In this context, "selective alteration" means that our algorithms try – for the sake of space economy – to overwrite existing arrays rather than to generate new ones.

This view clearly originates from the imperative programming paradigm, and thus it is not surprising that array-like structures have hardly made their way into applicative programming – by contrast to many other structures such as sets, sequences, trees, and the like. The best that we can find in terms of abstraction are the assertional treatments in the style of Dijkstra (1976) or Gries (1980), sometimes enhanced by special operators (Jones 1980) or graphical symbolism (Reynolds 1981). First, tentative efforts to integrate array programs into the applicative style have been made only recently, for instance by Bird (1989) or Backhouse (1989).

Within the context of applicative programming, there is, admittedly, less need for array-like structures, because they may well be viewed as special cases of functions. Hence, in this area, programming with arrays is replaced by programming with higher-order functions.

Yet, this approach is satisfactory only from a theoretician's viewpoint. For, in practical applications, the distinction of special situations *is* a decisive feature. Even though we want to free the programmer from the burden of fiddling around with the technical details of overwriting and the thus enforced intricate index calculations, we do want to keep the potential for efficient implementations. Thus, we encounter the need for array-like structures as a link between the too general concept of arbitrary higher-order functions and the too detailed concept of machine-oriented arrays. Technically, this link is established by a few fundamental transformation rules.

Moreover, even if we completely disregard the aspect of efficient implementation, there is still a need for increased abstraction in programming with functions. For, there are many "standard" situations where a single powerful operator (that is, a higher-order polymorphic function) can replace lengthy recursive function declarations. However, when designing a collection of relevant operators, we must be careful not to make this set too abundant, since, otherwise, there is the danger of losing comprehensibility.

Summing up, we aim at high-level algebraic operations that enable us to formulate specifications and algorithms as abstractly as possible. But we do this with a view towards implementation problems, in particular towards selective updating.

2. "Functions" and "Maps"

A "mapping" consists of three parts, the *domain*, the *range* (also called codomain), and the *graph*, that is, a set of pairs $\langle d, r \rangle$ with $d \in$ domain and $r \in$ range. As is well-known, the graph has to be "functional" (also called "left-unique"): no two pairs must share the same domain element d.

Given this basic definition, what distinguishes mappings in the mathematical sense from mappings in the sense of data structures? To ease the discussion about the differences, let us agree on the following phrasing: From now on, mappings in the mathematical sense will be called **functions**, whereas mappings as data structures will be called **maps**.

It is characteristic for a **function** that it is usually not defined extensionally by listing its graph, but rather *intensionally* by giving an algorithm that *computes* for any given argument x the corresponding result y. This algorithm usually is represented by some kind of (recursive) "function declaration", mostly written with the help of lambda abstraction, or as a set of conditional equations. Consequently, for a function f, the domain and range are usually determined only implicitly.

By contrast, a **map** is usually given *extensionally* by actually *listing* all pairs in the graph. As a consequence, the domain and range are specified explicitly as well. This extensional view entails the need for actually "generating" and "altering" maps, which are rare activities for functions.

In general, we do not distinguish the two concepts in the remainder of this paper, because the focus of our attention is the *method* of program development using maps. Hence, we describe the underlying theory only informally here. But we should point out that a rigorous semantic specification of the algebra of maps has to cope with a number of subtleties, in particular concerning questions of finiteness, definedness, strictness, and so forth. [1]

3. Notations

Our notations are essentially drawn from the set-theoretic view of mappings, but they are applicable under both the function view and the map view.[2] Let M, N be mappings, i, j be domain elements, and x, y be range elements. Then we use the following operations, which are all strict:

$\varnothing$	**empty map.**
$\downarrow M$	**domain** of M; (the "arguments" or "indices" of M).
$\#M$	**cardinality** of (domain of) M, that is, number of pairs in the map.
$M\ i$	**application** of M to argument i, yielding the corresponding value y (undefined if $i \notin \downarrow M$).
$M \mid D$	**restriction** of M to the set D; this is defined by $(M \mid D)\ i = M\ i \quad$ if $i \in D$, $(M \mid D)\ i$ undefined otherwise. Note that we do not require D to be a subset of $\downarrow M$.
$M \leftarrow N$	**"overwriting"** of M by N; this is defined by the properties $(M \leftarrow N)\ i = N\ i \quad$ if $i \in \downarrow N$, $(M \leftarrow N)\ i = M\ i \quad$ if $i \notin \downarrow N$. Note that $\leftarrow$ is associative and idempotent.
$M \uplus N$	**"union"** of M and N; this is the same as overwriting but restricted to mappings which coincide on their intersection: $M \uplus N = M \leftarrow N \quad$ if $M \mid (\downarrow M \cap \downarrow N) = N \mid (\downarrow M \cap \downarrow N)$, $M \uplus N$ undefined otherwise. Note that "$\uplus$" is associative, commutative, and idempotent.
$M \setminus\setminus N$	**constraining** of M by N; defined by $M \setminus\setminus N = M \mid (\downarrow M \setminus \downarrow N)$

[1] Formal definitions will be given in a forthcoming extended version of this paper.

[2] Since we merely want to give an informal sketch of the theory here, most of the subsequent equations only refer to the "standard" situations, where all map expressions are well-defined.

Using this operator, we can describe the overwriting operator concisely by
$M \leftarrow N = (M \setminus\setminus N) \uplus N$

$M \circ N$ **composition** of two maps; this is defined as usual by
$(M \circ N)\, i = M(N\, i)$.

The **"map comprehension"** also follows our set-oriented view[3]; that is, we essentially describe the association of a value to each index.

$[i \mapsto E[\![i]\!] \mid i \in D]$ mapping M with domain D, defined by $M\ i = E[\![i]\!]$ for $i \in D$, where $E[\![i]\!]$ is an expression in which i possibly occurs.

Sometimes we also enumerate small mappings by listing all pairs explicitly, in a form like $[i \mapsto E[\![i]\!], \ldots, j \mapsto E[\![j]\!]]$ or, following mathematical tradition, in the form of an indexed family $[x_i, \ldots, x_j]$.

This map comprehension differs from classical λ-abstraction essentially by its strictness: $E[\![i]\!]$ has to be defined for each $i \in D$; otherwise the whole map is undefined. In other words, we have the equation

$[i \mapsto E[\![i]\!] \mid i \in D] = \biguplus_{i \in D} [i \mapsto E[\![i]\!]]$.

The map comprehension is probably one of the most important concepts in our approach. For, it allows us to specify mappings in a pointwise fashion, without having to care about any computational ordering whatsoever.

Most approaches that strive for a more abstract and algebraic treatment of algorithms use a number of standard "homomorphism-oriented" operators[4]. In this spirit, we adopt the following notations:

$\hat{f}\, M$ **"lifting"**-operator[5]; the function f is applied to all elements of the range of M. (This "pointwise application" corresponds to Bird's "apply-to-all"-operator for sets and sequences.)

$\hat{f}\, M = [i \mapsto f(M\ i) \mid i \in \downarrow M]$

We extend this notation in a straightforward manner to situations where the function f results from fixing one argument of a binary operation. For example, if $fx \equiv a * x$, then $\hat{f}\, M$ is simply written as $a \hat{*} M$ (or just $a * M$, since we usually omit the lifting symbol).

---

[3] The notation is a straightforward extension of set-theoretic notations; it is also used by Jones (1980).

[4] This is very well elaborated by Bird (1987), but the theoretical foundation of this idea dates back at least to the work of von Henke (1975). Many of these concepts are also found in the language APL.

[5] We will omit the "^", that is, just write f instead of $\hat{f}$, whenever this kind of overloading can be resolved within the given context.

$\hat{f}\ (M, N)$ **"lifting"**-operator generalized to binary operations. The usual prerequisite here is, of course, that the two mappings share the same domain, but for the sake of flexibility we extend this operation also to the general case of non-fitting domains:

$$\hat{f}(M,N) = [i \mapsto f(M\ i, N\ i) \mid i \in (\downarrow M \cap \downarrow N)]$$
$$\uplus M \setminus\setminus N$$
$$\uplus N \setminus\setminus M\ .$$

f/M "f-**reduce**" over all values in the range of M, where f is a binary, commutative function. For instance, $+/M$ forms the sum of all values in M.

In many application areas – notably in linear algebra – the domains of the mappings are restricted to very special forms, namely to intervals $[a..b] \subseteq \mathbb{Z}$, where $\mathbb{Z}$ is the set of integers. We then often speak (by a slight abuse of language) of *vectors*. When the domain is a product of such intervals, we speak of *matrices*. (To ease readability, we adhere to the convention of denoting vectors by $\bar{a}, \bar{b}, \bar{c}, \ldots$ and matrices by $A, B, C, \ldots$) For these special domains, some further operators make sense:

$\bar{a} \phi \bar{b}$ "juxtaposition"[6] of vectors; the essential aspect is a proper shifting of the indices of $\bar{b}$ such that $\bar{b}$ is appended "right" of $\bar{a}$. Let $\downarrow\bar{a} = [a1..a2]$ and $\downarrow\bar{b} = [b1..b2]$; then:

$$(\bar{a} \phi \bar{b})i = \bar{a}\ i \quad \text{if } i \in \downarrow\bar{a},$$
$$(\bar{a} \phi \bar{b})i = \bar{b}(i - b1 + a2 + 1) \quad \text{otherwise.}$$

Note that (although it is defined using indices) we mainly use this operator, when the concrete indices are of no relevance for the design of an algorithm.

$A \phi B$ **"horizontal juxtaposition"** of *matrices* A and B, that is, a renumbering of the columns of B.

$A \ominus B$ **"vertical juxtaposition"** of *matrices*; the rows of B need to be renumbered such that they directly follow those of A, that is, B is put "below" A.

In connection with matrices, that is, with mappings having direct products as domains, two further operations become a major issue, namely "Currying" and "transposing". We describe both operations for a given matrix $A : D_1 \times D_2 \to R$.

CA is the "Curried" mapping $A' : D_1 \to (D_2 \to R)$ defined by

$$(A'i)j = A(i,j).$$

6 We borrow the notation of Bird (1989).

$\bar{\mathbf{C}}A'$ is the "deCurried" map defined by
$\bar{\mathbf{C}}A'(i,j) = (A\ i)j$.

$\mathbf{T}A$ is the "transposed" matrix $B : D_2 \times D_1 \rightarrow R$, defined by
$B(j,i) = A(i,j)$.
Note: Sometimes we want to "Curry with respect to the second, rather than the first, component of the domain". This can easily be achieved by combining the two operators in the form $\mathbf{CT}A$, since we then have $\mathbf{CT}A\ j\ i = A(i,j)$. So we can easily express the two ways of viewing a matrix, viz. the row-oriented "ALGOL-view" and the column-oriented "FORTRAN-"view:
$Rows\ A \stackrel{\text{def}}{=} \mathbf{C}A$
$Cols\ A \stackrel{\text{def}}{=} \mathbf{CT}A$.

4. Implementation Issues

The operations and concepts presented in the previous chapter are oriented towards the design and development of high-level abstract algorithms. But we also want to keep an eye on efficient implementability. For, it is our claim that the elegance and clarity of applicative programs need not be in contrast with efficient execution. In the sequel we present a few transformation rules by which abstract map-oriented programs are converted into low-level loops. These rules are schematic enough to be used even in a fully automatic translation process.

The main task, here, consists in producing space-efficient code for allowing "in situ"-realizations of assignments $M := E[\![M]\!]$ for map variables M; these assignments arise in particular, when tail recursions are translated into loops. The following transformation rules[7] cover the majority of practically relevant cases. In the description of these rules, we restrict ourselves, for the sake of readability, to expressions E with at most two different applications of the mapping M. (For instance, the notation $E[\![M\ i]\!]$ shall indicate that no other applications of M besides $M\ i$ occur in the expression E.) The generalizations to more such applications as well as to the case of simultaneous updatings of several map variables are obvious.

The following rules shall give the principal ideas. Specific target languages may require specific additional constraints such as $D \subseteq \downarrow M$. (For instance, ALGOL68 arrays are more permissive than, say, Pascal arrays.)

[7] The correctness of these rules can be shown by Hoare's classical assertion logic or by the proof technique of Möller (1989).

Transformation T1: If the new value associated with each index i depends only on the old value $M\ i$, then the new mapping can be generated by successive (or parallel) overwriting:

$$\frac{M := M \leftarrow [i \mapsto E[\![M\ i]\!] \mid i \in D]}{\textbf{for all } i \textbf{ in } D \textbf{ do } M[i] := E[\![M\ i]\!] \textbf{ od}} \Downarrow$$

(Note that the loop can be executed in arbitrary order, even in parallel.)

Transformation T2: If the new value associated with index i depends only on the old value $M\ i$ and some other value $M\ a$, then the new mapping can be generated by successive (or parallel) overwriting, provided that $M\ a$ remains invariant:

$$\frac{M := M \leftarrow [i \mapsto E[\![M\ i, M\ a]\!] \mid i \in D]}{\textbf{for all } i \textbf{ in } D \textbf{ do } M[i] := E[\![M\ i, M\ a]\!] \textbf{ od}^{8}} \Downarrow \quad \{E[\![M\ a, M\ a]\!] = M\ a$$

Transformation T3: If the new value associated with index i depends only on old values that belong to larger (smaller) indices, then the new mapping can be generated by ordered successive overwriting:

$$\frac{M := M \leftarrow [i \mapsto E[\![M\ i, M\ j]\!] \mid i \in [a..b]]}{\textbf{for all } i \textbf{ in } [a..b] \textbf{ do } M[i] := E[\![M\ i, M\ j]\!] \textbf{ od}} \Downarrow \quad \{a \leq b \wedge j \geq i$$

We have, thus, reached a state where we can stop our developments at a very high algebraic level, because the remainder of the code generation process can be left to an optimizing compiler. As a matter of fact, we may even stop as soon as the applicability conditions of the above transformations are met. Hence, our program derivations should be geared towards meeting the applicability conditions of these transformations.

5. Simple Exercises in Linear Algebra

A methodology for dealing with finite maps should, in particular, be able to cope with the classical matrix operations from linear algebra, such as scalar product,

---

8 Alternatively, we could take a out of the domain of the loop; but this frequently makes the code even more costly, in particular in connection with parallel implementations.

matrix multiplication, Gaussian elimination, and so forth. So we start by reviewing some of these standard operations in our context.

5.1 Basic Operations

1. The simplest operator in linear algebra is the **scalar product** of two vectors, which we denote here by the infix symbol '$\cdot$'. Its mathematical definition is transcribed into our notation as pointwise multiplication (note that we omit the lifting symbol '$\hat{\ }$') and a subsequent +-reduce:

$$\bar{a} \cdot \bar{b} = +/(\bar{a} * \bar{b}) \quad (= \sum_i a_i * b_i) \tag{1.1}$$

Note that this operator is associative and commutative and, moreover, associates with the normal multiplication operator:

$$x * (\bar{a} \cdot \bar{b}) = (x * \bar{a}) \cdot \bar{b} \tag{1.2}$$

2. Slightly more complex is the **matrix product**[9], which we denote here by the infix operator '$\times$'. In linear algebra, it is usually described as follows: Let two matrices A and B be given such that $\downarrow(Cols\ A) = \downarrow(Rows\ B)$. Then the product is a new matrix each element of which is the scalar product of the i-th row of A and the j-th column of B. In our notation this reads

$$A \times B \stackrel{\text{def}}{=} [(i,j) \mapsto Rows\ A\ i \cdot Cols\ B\ j \mid i \in \downarrow(Rows\ A), j \in \downarrow(Cols\ B)] \tag{2.1}$$

3. Unfortunately, in many cases this definition is not very efficient as a program (namely within assignments of the kind $A := A \times B$), because none of the transformations from Section 4 is applicable. Fortunately, however, we can transform the definition of matrix multiplication further, such that transformation T1 becomes applicable. The trick lies in a suitable Currying:

$$\begin{aligned} Rows(A \times B) &= Rows[(i,j) \mapsto Rows\ A\ i \cdot Cols\ B\ j \mid i \in \downarrow(Rows\ A), \\ &\qquad\qquad\qquad\qquad\qquad\qquad\qquad j \in \downarrow(Cols\ B)] \\ &= [i \mapsto [j \mapsto Rows\ A\ i \cdot Cols\ B\ j \mid j \in \downarrow(Cols\ B)] \mid \\ &\qquad\qquad\qquad\qquad\qquad\qquad\qquad i \in \downarrow(Rows\ A)] \\ &= [i \mapsto Rows\ A\ i \mathbin{\hat{\cdot}} Cols\ B \mid i \in \downarrow(Rows\ A)]\ . \end{aligned} \tag{3.1}$$

Here, every row of A is multiplied with all columns of B, yielding the corresponding row of the result matrix. To this version, transformation T1 is applicable, leading to the classical program for matrix multiplication.

---

[9] Boyle (1980) gives a derivation of these algorithms within the classical algebra of matrices.

5.2 LU-Partitioning by Gaussian Elimination

Next we should check, whether slighly more intricate algorithms can be treated as well. As a matter of fact, we show in this section that our approach renders also intricate numerical algorithms much more amenable to high-level programming concepts.

A standard algorithm in the area of numerical linear algebra is the solution of a system of linear equations by the method of Gauss.[10] Every mathematician or programmer working in this area is well familiar with the (quite ugly) FORTRAN programs that solve this problem. It is in particular the deep nesting of DO-loops in concert with the corresponding index calculations that makes these programs so hard to read, to verify, and to modify. So the question immediately comes to mind, whether this algorithm could not be *programmed* as nicely as it is *explained* in (good) textbooks. In order to keep the treatment brief, we demonstrate only a simplified version without pivot search.

1. The problem can be stated quite briefly: Given a matrix A, find a lower triangular matrix L and an upper triangular matrix U such that

$$A = L \times U .$$

2. The key to space efficiency here is that the constant parts of both matrices L and U can be omitted such that the relevant values can "share" one matrix layout. This is illustrated in the following diagram, where $\tilde{L}$ and $\tilde{U}$ denote the non-constant triangles of L and U, respectively:

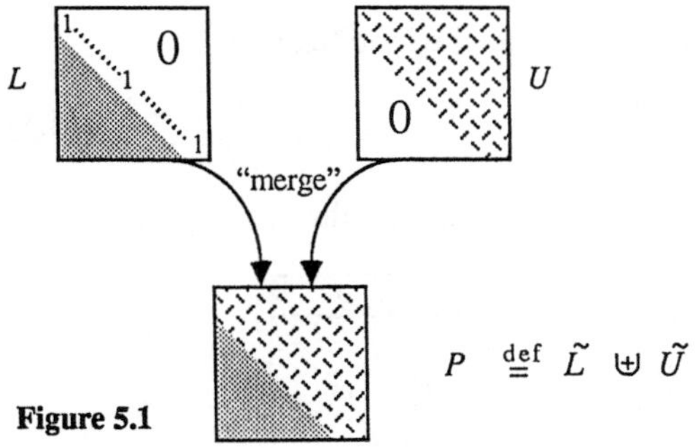

Figure 5.1

How can we realize this idea in our algebraic setting? A pair of mappings with disjoint domains is isomorphic to the union of these mappings, in the sense

---

[10] We got the idea of using this example for the demonstration of our algebraic approach from a presentation given by Jim Boyle during the meeting of IFIP WG 2.1 in January 1989.

that we can reconstruct each of the original mappings, provided that we still know their domains. Formally[11]:

$$\downarrow A \not\pitchfork \downarrow B \Rightarrow (A \uplus B) \mid \downarrow A = A,$$
$$\downarrow A \not\pitchfork \downarrow B \Rightarrow (A \uplus B) \mid \downarrow B = B.$$

Hence, we can develop our algorithm for LU-partitioning based on the union of matrices rather than on their pairing.

3. The simplest version (from the point of view of understandability) of Gaussian elimination is illustrated by Figure 5.2 below, which reflects the following idea: We partition each matrix into four submatrices, namely the left upper element, the remaining first column, the remaining first row, and the remaining lower right matrix. Moreover, in L and U we ignore the constant parts that consist of 0's and 1's only.[12]

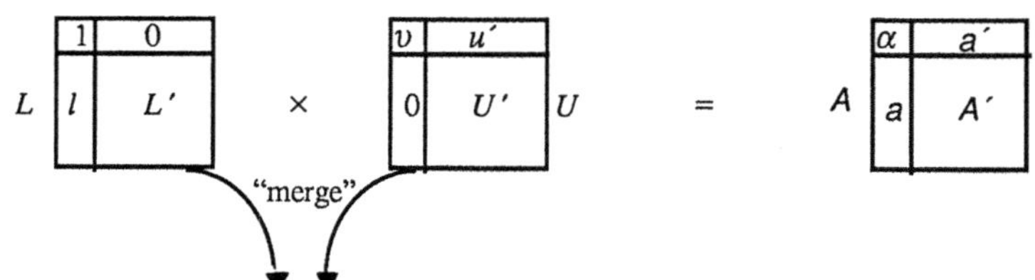

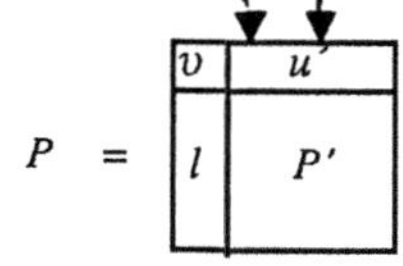

$$A = L \times U \tag{3.1}$$
$$P \stackrel{\text{def}}{=} \tilde{L} \uplus \tilde{U} \tag{3.2}$$
$$P' \stackrel{\text{def}}{=} \tilde{L}' \uplus \tilde{U}' \tag{3.3}$$

Figure 5.2

4. Our task is to find an algorithm *lup* that meets the specification

$$lup(A) = lup(L \times U) = \tilde{L} \uplus \tilde{U} \stackrel{\text{def}}{=} P \tag{4.1}$$

5. By standard matrix multiplication we can calculate for the above partitionings

$$L \times U = \begin{array}{|c|c|} \hline \upsilon & u' \\ \hline l * v & l \times u' + L' \times U' \\ \hline \end{array} = \begin{array}{|c|c|} \hline \alpha & a' \\ \hline a & A' \\ \hline \end{array} = A$$

11 By the symbol '$\not\pitchfork$' we denote the disjointness predicate.

12 We content ourselves with a graphical description of the partitionings, since they can be trivially defined using our restriction operator.

This entails the individual equations

$$\nu = \alpha \tag{5.1}$$

$$u' = a' \tag{5.2}$$

$$l = \frac{1}{\nu} * a = \frac{1}{\alpha} * a \tag{5.3}$$

$$L' \times U' = A' - l \times u' = A' - l \times a'. \tag{5.4}$$

For the triangular matrices L' and U' equation (4.1) yields again

$$\tilde{L}' \uplus \tilde{U}' = lup(L' \times U') = lup(A' - l \times a'). \tag{5.5}$$

6. The equations (5.1)–(5.5) determine the fragments from which the solution matrix $P = lup(A)$ is built up (for $A \neq \varnothing$):

$$lup(A) = a \uplus a' \uplus l \uplus lup(A' - l \times a') \quad \textbf{where } l = \tfrac{1}{\alpha} * a\ . \tag{6.1}$$

For the termination case $A = \varnothing$ we obtain, of course:

$$lup(\varnothing) = \varnothing\ . \tag{6.2}$$

7. Since "$\uplus$" is an associative (and commutative) operation with $\varnothing$ as neutral element, the standard *transformations for recursion removal* are applicable.[13] They result in the following version of our program:

$$lup(A) = lup_1(A, \varnothing) \tag{7.1}$$

$$lup_1(\varnothing, B) = B \tag{7.2}$$

$$\downarrow A \neq \varnothing \Rightarrow lup_1(A, B) = lup_1(A' - l \times a', B \uplus \alpha \uplus a' \uplus l) \quad \textbf{where } l = \tfrac{1}{\alpha} * a\ . \tag{7.3}$$

8. For this new function, we can immediately prove that the following *invariant* holds:

$$\textbf{invariant } [\![lup_1(A, B)]\!] : \downarrow A \not\pitchfork \downarrow B\ .$$

That is, the domains of the two parameters are always disjoint. Hence, we can apply the "isomorphism" between pairing and union again and merge the two parameters into a single one while keeping the domain of A as a parameter in order to still enable the termination test.

Again, we have thus reached a stage, where an advanced optimizing compiler could take over and produce the efficient imperative code that is well-known from the FORTRAN programs in the pertinent libraries for linear algebra.

---

13 An overview of such transformations as well as historical references can be found in the textbook by Bauer and Wössner 1982.

5.3 Polynomial Interpolation[14]

In textbooks on numerical analysis there is a relatively simple algorithm for polynomial interpolation, which has been designed by Aitken and Neville. The essence of this algorithm – from the point of view of numerical mathematics – is captured by a nice recursive equation. The tricky point is to program the evaluation of this equation in an efficient manner. For the sake of brevity, we merely sketch the idea of the algorithm here, concentrating on the essentials of the map-related developments rather than on the details of the numerical computations.

1. The essence of polynomial interpolation is given by a recursive function of the kind

$$P : \mathit{nat} \times \mathit{nat} \rightarrow \mathit{real}$$

which is specified by the equations

$$P(i, 0) = y\ i \qquad \text{for } i \in [0..N];$$
$$P(i, k) = e(P(i, k-1), P(i-1, k-1)) \quad \text{for } k \in [1..N], i \in [k..N]\,.$$

Here, y represents a collection of real values $y_0, \ldots, y_N$, and e is some complex numerical expression (the detailed nature of which is of no relevance for our considerations here).

The following diagram illustrates the basic principle of this computation:

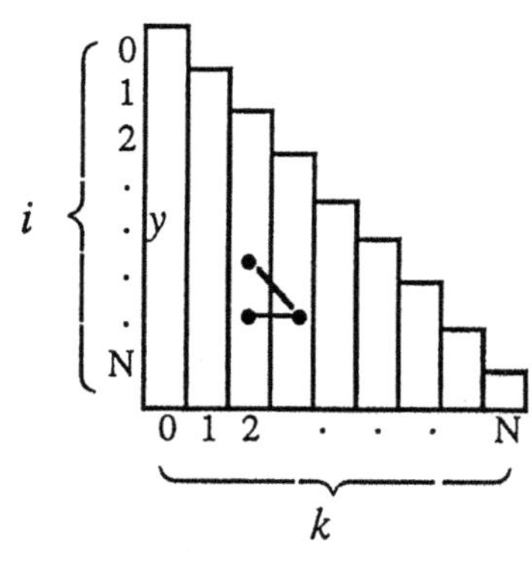

Figure 5.3

2. Since the second parameter function can be nicely inverted from $k-1$ to $k+1$, we can, again, apply a standard transformation rule for recursion removal. Hence, we prepare this transformation by Currying with respect to the second argument.

[14] Pepper (1981, 1984) already demonstrates a transformational development of this algorithm. Now, we want to show that more abstract algebraic operations can improve such developments.

This is achieved formally by introducing a new function

$$P_1 : nat \to (nat \to real)$$

with the definition

$$P_1 = \mathbf{CT}P = Cols\ P\ .$$

From this definition we can, then, deduce a directly recursive definition of P_1:

$$P_1\ 0\ i = y\ i \qquad \text{for } i \in [0..N];$$
$$P_1\ k\ i = e(P_1(k-1)(i), P_1(k-1)(i-1)) \quad \text{for } k \in [1..N], i \in [k..N]\ .$$

Rewriting into map comprehension yields the form

$$P_1\ 0 = y,$$
$$P_1\ k = [i \mapsto e(P_1(k-1)(i), P_1(k-1)(i-1)) \mid i \in [k..N]]\ .$$

3. Applying the aforementioned transformation rule leads to a tail-recursive version of our function, which has the functionality

$$P_2 : nat \times (nat \to real) \to (nat \to real)\ .$$

This function is defined by the equations:

$$P_1(N) = P_2(0, y)$$
$$P_2(k, p) = P_2(k+1, [i \mapsto e(p(i), p(i-1)) \mid i \in [k+1..N]]) \quad \text{for } 0 \leq k < N$$
$$P_2(N, p) = p\ .$$

The map in the second equation allows the application of the transformation rule T3, because $i - 1 \leq i$.

Again, we have reached a stage, where a compiler is able to produce an efficient imperative program that essentially consists of two nested loops.

6. Fast Fourier Transformation

Evaluating a polynomial

$$p(x) \stackrel{\text{def}}{=} a_0 + a_1 x + a_2 x^2 + \ldots + a_{N-1} x^{N-1}$$

of degree $N-1$ at a specific point x_0 requires $O(N)$ operations. But many applications even need to evaluate p at N distinct points $x_0, \ldots, x_{N-1}$, which entails – if done naively – $O(N^2)$ operations. The algorithm of Cooley and Tukey (1965) reduces these costs to $O(N \log N)$ operations. It achieves this effect, however, only if the polynomial is to be evaluated at very specific points $r_0, \ldots, r_{N-1}$

(to which we will come in a moment). Thus, our task is to compute the values $y_0, \ldots, y_{N-1}$ defined by the equations

$$\begin{aligned} y_0 &\stackrel{\text{def}}{=} p(r_0) = a_0 + a_1 r_0 + a_2 r_0^2 + \ldots + a_{N-1} r_0^{N-1} \\ &\vdots \\ y_{N-1} &\stackrel{\text{def}}{=} p(r_{N-1}) = a_0 + a_1 r_{N-1} + a_2 r_{N-1}^2 + \ldots + a_{N-1} r_{N-1}^{N-1} \end{aligned} \tag{0.1}$$

for given vectors $\bar{r} = [r_0, \ldots, r_{N-1}]$ of arguments and $\bar{a} = [a_0, \ldots, a_{N-1}]$ of coefficients.

1. Algebraic properties from complex arithmetic. As usual, the actual programming has to be preceded by an analysis of the application domain, in our case trigonometric interpolation. The key concept, here, are the so-called "*N-th roots of unity*", which are complex numbers z having the property $z^N = 1$. It is known that for any N there are exactly N such numbers, one of which is called the "principal root of unity" and denoted here as *root*(N). Even though it is not necessary for our purposes, we note in passing that the principal root is obtained as $\mathit{root}(N) = e^{\mathrm{i}2\pi/N} = \cos(\frac{2\pi}{N}) + \mathrm{i}\ \sin(\frac{2\pi}{N})$, where i denotes the imaginary unit, that is, $\mathrm{i}^2 = -1$. Then, all N roots are obtained by raising this principal root to the powers $0, \ldots, N-1$, that is, $r_j \stackrel{\text{def}}{=} r^j$. For later use, we record the following properties of the roots of unity:

Let $r \stackrel{\text{def}}{=} \mathit{root}(N)$; then:

$$r^0 = 1; \tag{1.1}$$

$$r^N = 1; \tag{1.2}$$

$$r^k \neq 1 \quad \text{for } 0 < k < N. \tag{1.3}$$

For even N, that is, $N = 2M$, we have moreover

$$r^M = -1; \tag{1.4}$$

$$r^{M+k} = -r^k; \tag{1.5}$$

$$r^2 = s \quad \text{where } s \stackrel{\text{def}}{=} \mathit{root}(M). \tag{1.6}$$

2. Now, we choose the N-th roots of unity as the evaluation points for our polynomial. That is, the argument vector in (0.1) is just

$$\bar{r} \stackrel{\text{def}}{=} [r^0, \ldots, r^{N-1}], \quad \text{where } N = \#\bar{a} \text{ and } r = \mathit{root}(N). \tag{2.1}$$

More generally, we define the vectors (for $0 \leq j < N$):

$$\bar{r}_j \stackrel{\text{def}}{=} [r_j^0, r_j^1, \ldots, r_j^{N-1}] = \bar{r}^j. \tag{2.2}$$

Now the original system of equations (0.1) can be written more compactly by using appropriate scalar products:

$$\begin{aligned} y_0 &= \bar{a} \cdot \bar{r}_0 \\ &\vdots \\ y_{N-1} &= \bar{a} \cdot \bar{r}_{N-1} \end{aligned} \tag{2.3}$$

3. If we introduce analogous vectors $\bar{s}$ and $\bar{s}_j$ for the M-th root of unity $s = root(M)$, where $N = 2M$ and $0 \leq j < M$, then properties (1.5) and (1.6) entail important relationships between the vectors $\bar{r}_j$ and $\bar{s}_j$. To this end, we need auxiliary operations even and odd that split a given vector into its even-indexed and odd-indexed components, respectively.[15]

$$\begin{aligned} even\, \bar{c} &\stackrel{\text{def}}{=} [k \mapsto \bar{c}(2k) \mid 0 \leq k < \frac{\#\bar{c}}{2}] \\ odd\, \bar{c} &\stackrel{\text{def}}{=} [k \mapsto \bar{c}(2k+1) \mid 0 \leq k < \frac{\#\bar{c}}{2}]. \end{aligned}$$

Now (1.5) and (1.6) immediately establish the relationships (for $0 \leq j < M$), where we omit – as usual – the lifting operator for the multiplication:

$$\begin{aligned} &even\, \bar{r}_j = \bar{s}_j && odd\, \bar{r}_j = r_j * \bar{s}_j \\ &even\, \bar{r}_{M+j} = \bar{s}_j && odd\, \bar{r}_{M+j} = -r_j * \bar{s}_j\, . \end{aligned} \tag{3.1}$$

Note, how much we gain from properties (1.4)–(1.6), when N is an even number. Therefore, "in order to reap that benefit all through the computation, we shall restrict ourselves to the case that N is a power of 2" (Dijkstra 1984). Hence, from now on, we assume $N = 2^n$ for some n.

We derive the algorithm in two steps: First we deduce – based on the above properties – a **recursive solution** with the desired complexity of $O(N \log N)$ operations. Then, we implement this recursive algorithm **iteratively**, which entails an elaborate indexing of array elements in order to obtain a program that works **'in situ'**.

6.1 *A Recursive Solution for the Fast Fourier Transform*

4. The Fast Fourier Transform works for arbitrary polynomials p, and these polynomials are fully characterized by their coefficient vectors $\bar{a}$. On the other hand, the argument vector $\bar{r}$ derived from the N-th roots of unity is typical for the Fast Fourier Transform. Hence, we define the function *fft* that computes the result

---

15 This corresponds to a rearrangement of the original polynomial into the form

$$p(x) = (a_0 + a_2x^2 + \ldots + a_{N-2}x^{N-2}) + x * (a_1 + a_3x^2 + \ldots + a_{N-1}x^{N-2})$$

vector $\bar{y} = [y_0, \ldots, y_{N-1}]$ of (0.1) and (2.3), respectively, for a given coefficient vector $\bar{a} = [a_0, \ldots, a_{N-1}]$, based on $r = root(N)$:

$$fft(\bar{a}) \stackrel{\text{def}}{=} [j \mapsto \bar{a} \cdot \bar{r}_j \mid 0 \le j < N] \qquad \text{where } N = \#\bar{a} \,. \tag{4.1}$$

The essential gain of the Fast Fourier transform results from the application of a typical **divide-and-conquer** strategy. To realize this, we look for *common subexpressions* in the evaluation of (4.1), based, of course, on the above properties (3.1). To this end, let us consider the j-th equation; using the relationships in (3.1) we obtain for $0 \le j < M = \frac{N}{2}$:

$$\begin{aligned} fft(\bar{a})j &= \bar{a} \cdot \bar{r}_j \\ &= (even\ \bar{a} \cdot even\ \bar{r}_j) + (odd\ \bar{a} \cdot odd\ \bar{r}_j) \\ &= (even\ \bar{a} \cdot \bar{s}_j) + r_j * (odd\ \bar{a} \cdot \bar{s}_j) \\ &= fft(even\ \bar{a})j + r_j * fft(odd\ \bar{a})j \,. \end{aligned} \tag{4.2}$$

An analogous derivation for the "other half" of points yields

$$fft(\bar{a})(M+j) = fft(even\ \bar{a})(M+j) - r_j * fft(odd\ \bar{a})(M+j) \,. \tag{4.3}$$

With the help of the juxtaposition operator we can combine these individual equations into the compact form

$$\begin{aligned} fft(\bar{a}) = (fft(even\ \bar{a}) + \bar{r}' * fft(odd\ \bar{a})) \between (fft(even\ \bar{a}) - \bar{r}' * fft(odd\ \bar{a})) \\ \textbf{where} \quad \bar{r}' = [r_0, \ldots, r_{M-1}] \,. \end{aligned} \tag{4.4}$$

Hence, *fft* has the recursion structure

$$fft(\bar{a}) = h(fft(even\ \bar{a}), fft(odd\ \bar{a})) \,, \tag{4.5}$$

where the expression h is defined by

$$h(\bar{u}, \bar{v}) = (\bar{u} + \bar{r}' * \bar{v}) \between (\bar{u} - \bar{r}' * \bar{v}) \,.$$

The common subexpressions *fft*(*even* $\bar{a}$) and *fft*(*odd* $\bar{a}$) entail the desired gain in complexity. Note also that the recursive calls of *fft* work on vectors that are half as long as the given argument vector.

Some further optimizations are possible, here. For instance, $\bar{r}'$ is based on the N-th root of unity $r = root(N)$, where $N = \#\bar{a}$. Since the computation of *root* is a costly process, we should use the relationship (1.6) in order to replace this operation by a cheaper one.[16] To this end, we simply add an additional parameter r to the function *fft* that invariantly has the value $r = root(\#\bar{a})$.

[16] This technique is known in optimizing compilers as "strength reduction"; in connection with program transformation it has been baptized "finite differencing".

5. For the termination case, that is, for $\#\bar{a} = 1$, we obtain from definition (0.1) the equation

$$fft([a_0]) = [a_0] \,. \tag{5.1}$$

Yet, for the sake of further optimization it is recommendable to stop the recursion one step earlier, that is, for $\#\bar{a} = 2$. For, here we need not compute the actual root r, since we merely use it in the form $r^0 = 1$.

$$fft([a_0, a_1]) = [y_0, y_1] \quad \textbf{where} \quad \begin{aligned} y_0 &= a_0 + a_1 \\ y_1 &= a_0 - a_1 \,. \end{aligned} \tag{5.2}$$

This concludes the derivation of the recursive solution of the Fast Fourier Transform, since the function has the envisaged complexity of $O(N \log N)$ operations.

6.2 An Efficient Iterative Implementation

The envisaged computational complexity can only be achieved if we "memoize" the values of the recursive calls instead of recomputing them repeatedly.

The above equations entail the following computational process: Initially, we need to calculate the values of one polynomial (at N points); in the next stage, we have to evaluate two polynomials (at $\frac{N}{2}$ points each); then four polynomials (at $\frac{N}{4}$ points each); then eight; ... and so forth. Consider, for instance, the computation tree of $fft(\bar{a})$ for the case $N = 8$, which is depicted in Figure 6.1 below. The left side indicates the even/odd rearrangement of the coefficient vectors, starting from the original vector $\bar{a}$, "on the way down into the recursion", whereas the right side shows the construction of the (intermediate) result vectors, using the operation h, "on the way back up from the recursion".

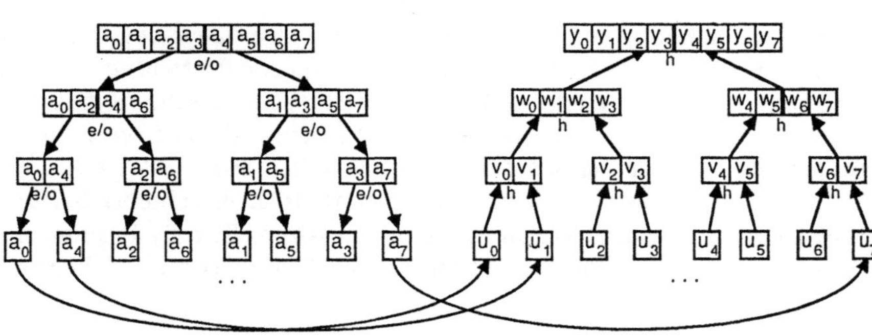

Figure 6.1

6. This is a tree-like recursion pattern that is amenable to general rules for recursion removal. (Since the pertinent rule is not found in the standard textbooks, we present it in the Appendix.) The equations (4.4) and (5.1) are an instance of the scheme

$$f^{(k)}(x) = \Phi(f^{(k-1)}(\alpha\ x), f^{(k-1)}(\beta\ x)) \qquad \text{for } k > 0$$
$$f^{(0)}(x) = \Psi\ x\ .$$

if we interpret x as $\bar{a}$, $\alpha\ x$ as even $\bar{a}$, $\beta\ x$ as *odd* $\bar{a}$, Φ as h, k as $\log N$ for $N = \#\bar{a}$, $k-1$ as $\log(\frac{N}{2})$, and Ψ as id. Hence, the transformation from the Appendix yields the program (for $N = \#\bar{a}$):

$$\begin{aligned} \mathit{fft}(\bar{a}) = C^k \circ S^k(A) & \\ \textbf{where } A &= [0 \mapsto \bar{a}] \\ S &= \mathit{Split}(\mathit{even}, \mathit{odd}) \\ C &= \mathit{Comp}(h) \\ k &= \log(N) \end{aligned} \tag{6.1}$$

That is, we first perform $\log N$ even/odd splittings to the argument (as it is illustrated on the left-hand side of Figure 6.1) and then we perform equally many compositions using the expression h (as it is illustrated on the right-hand side of Figure 6.1)

Note, by the way, that the transformation rule from the Appendix converts the argument of the original function into a vector in the new function (in order to perform the "memoization"). Since the argument of *fft* is already a vector, we obtain through the transformation a vector of vectors, that is, a matrix. Moreover, the *even*/*odd*-splitting doubles the number of components of the given vector, but at the same time halves the size of each component vector, such that the overall size of the matrix remains invariant.

7. Implementation of $S^k(A)$. The next important observation now is that we can perform the first half of the computation ("down into the recursion") in one single step. It is easily seen that each element a_i ends up at a position p, the binary representation of which is just that of i read backwards. (For instance, in Figure 6.1 the element a_3 ends up at position 6, and 3_2 = '011' and 6_2 = '110'.)

The inductive proof of this fact depends on the following observation: Consider the map of maps A as a matrix, stored row-wise. Then the bitstring representation of the position of each element is of the form (where '$+\!\!+$' denotes concatenation of strings)

$$\langle\!\langle \text{row number} \rangle\!\rangle +\!\!+ \langle\!\langle \text{column number} \rangle\!\rangle .$$

The odd/even splitting performed by the operation *Split* then moves the last bit of the column number to the end of the row number (thus doubling the number of rows of the matrix and halving the number of columns). Ultimately, this process reverts each bitstring.[17]

Hence, $S^k(A)$ simply can be realized by swapping all pairs of elements $a_i \leftrightarrow a_j$ for which the binary representations of the indices i and j are the reverses of each other. This eliminates the need for recursion completely.

8. Implementation of C^k. Now we have to consider the "way back up from the recursion". But this simply means the iterated application of the operation *Comp* and, thus, of the operation h. Here, we observe from the definition (4.5) that h essentially maps a pair of two vectors (of size M each) into the union of two vectors (of size M each). This renders the generalized version of Transformation T1 applicable.

Hence, we have again reached a state, where a compiler could take over.

7. Transitive Closure of a Graph

Our method applies not only to linear algebra but to any area that makes use of mappings. A particularly nice example for demonstrating this effect is Warshall's algorithm for computing the transitive closure of a graph.[18]

1. We suppose that a directed graph over a fixed set N of nodes is given by a function

$$\textit{edge} : \textit{node} \times \textit{node} \rightarrow \textit{bool} .$$

This function is reflexive, that is, $\textit{edge}(n, n) = \textit{true}$ for all nodes n. Moreover, we use a predicate *path* that determines whether a given nonempty sequence of nodes is a path:

$$\textit{path}\ p = \forall i \in [1..\textit{length}(p) - 1] : \textit{edge}(p(i-1), p(i)) .$$

The following derivation also works, if we restrict ourselves to cycle-free paths. (Actually, some deductions become even simpler.)

2. Our task is to design a function

$$\textit{trans} : \textit{node} \times \textit{node} \rightarrow \textit{bool}$$

---

[17] Dijkstra (1984) uses these considerations about the matrix A as the framework for the derivation of the recurrence relations underlying the Fast Fourier Transform. But we feel that a clean separation of problem solving and implementation issues improves comprehensibility considerably.

[18] We follow here the principles of the earlier presentation by Broy and Pepper (1981), but now based on a considerably more abstract view.

that determines for any given pair of nodes, whether they are connected by a path in the given graph. So the specification of *trans* simply is (where "·" denotes concatenation of sequences and nodes)

$$trans(x,y) = \exists p : \textbf{sequ}\ node \mid path(x \cdot p \cdot y)\,.$$

3. The underlying idea of the solution is to designate a set of "admissible paths". Initially, this set merely consists of the original edges, and then it is successively enriched until it contains all paths. The set of admissible paths in each stage is essentially controlled by the set of nodes that are allowed as "inner nodes" of the paths. This idea leads to the embedding into a new function

$$tc : \textbf{set}\ node \to node \times node \to bool\,.$$

This function is specified by

$$tc(S)(x,y) = \exists p : \textbf{sequ}\ node \mid path(x \cdot p \cdot y) \wedge set(p) \subseteq S\,. \tag{3.0}$$

From this specification we can deduce the essential properties of *tc* (where '+' denotes addition of an element to a set; that is, $S + a = S \cup \{a\}$, with $a \notin S$):

$$tc(\emptyset)(x,y) = edge(x,y) \tag{3.1}$$

$$tc(S+a)(x,y) = tc(S)(x,y) \vee (tc(S)(x,a) \wedge tc(S)(a,y))\,. \tag{3.2}$$

These two equations (which are easily provable from the specification, as is formally shown by Broy and Pepper, 1981) determine a terminating recursive algorithm. This algorithm solves the initially given problem, as is expressed by the following equation

$$tc(N)(x,y) = trans(x,y) \quad \text{where } N = \langle\!\langle \text{set of all nodes} \rangle\!\rangle\,. \tag{3.3}$$

Before we develop this algorithm further, we will, however, point out two immediate consequences of (3.2) that are helpful later on:

$$tc(S+a)(x,a) = tc(S)(x,a) \tag{3.4}$$

$$tc(S+a)(a,y) = tc(S)(a,y)\,. \tag{3.5}$$

4. At this stage, we want to emphasize the viewpoint that $tc(S)$ has a whole matrix as its result, and that this matrix is repeatedly overwritten during the evaluation process. Accordingly, we rewrite equations (3.1) and (3.2) into the equivalent forms (where we omit, for the sake of brevity, the domains of all maps, since they always are $N \times N$):

$$tc(\emptyset) = [x, y \mapsto edge(x,y)] \tag{4.1}$$

$$tc(S+a) = h_a(tcS) \quad \textbf{where} \tag{4.2}$$

$$h_a T \stackrel{\text{def}}{=} [x, y \mapsto T(x,y) \vee (T(x,a) \wedge T(a,y))]$$

5. From equations (3.4) and (3.5) we obtain the following properties for h_a:

$$h_a(T)(x, a) = T(x, a) \tag{5.1}$$

$$h_a(T)(a, y) = T(a, y) \tag{5.2}$$

This is precisely the enabling condition for transformation T2. Hence, the function h_a will lead to a loop, in which T is successively updated. And this loop is embedded into an encompassing loop that results from the function *tc* by application of some standard transformations for recursion removal (called "function inversion" by Bauer and Wössner 1982, because we start from the empty set $\varnothing$ and successively add elements until the full set N is reached).

As in all previous developments, this is a stage where we can leave the rest to the compiler.

Remark. The proofs in our derivation use only a few properties of the Boolean operations '$\wedge$' and '$\vee$', namely those of a *closed semi-ring* (cf. Aho et al., 1974). Hence, the development can be "parametrized" by the kind of underlying data type. For instance, it works analogously for the pair of operations '$\sqcap$' and '+' (where '$\sqcap$' yields the minimum of two numbers and '+' is addition), thus leading to an algorithm for *shortest paths.*

8. Conclusion

Programming with arrays, matrices, and the like has been regarded for a long time as that part of programming where the imperative style is, by necessity, superior to the applicative style. This view was justified as long as the attempts to program with such structures applicatively merely consisted in mimicking the imperative loops by tail-recursive functions. In that approach, the selective updating was only very clumsily represented by corresponding applicative operations.

However, as we have shown in this paper, a more radical transition to algebraic concepts immediately changes the situation in favor of the applicative style. By using a set of carefully chosen and powerful algebraic operators, we are able to program virtually all map-based programs in a much more compact and abstract manner than can be done in the imperative style. Above all, we get rid of the nitty-gritty index calculations that are so typical for this class of FORTRAN-like programs (which remain FORTRAN-like even when they are coded in Pascal or Ada).

However, the other extreme of "avoiding indices at all costs" (as it is done, for instance, in the approach of R. Bird, 1987, 1988) is, by our experience, not adequate either – at least in many applications. Hence, we have tried to find a proper balance between compact algebraic operators and explicit indexing.

A very important programming paradigm is "memoization", that is, the storing of calculated values instead of their recomputation. Our unified view of functions (as computations) and maps (as data structures) allows in particular a smooth transition between both concepts. Moreover, the high applicative level makes the derivation of parallel and sequential implementations equally natural and easy.

As a test for the usefulness of our approach, we have applied it in this paper to a wide variety of map-oriented programming problems. Most of these problems are standard in the literature[19], and some of them we had already treated by formal transformations in earlier papers. But, we feel that for all of them our present treatments are much better than the earlier ones – which demonstrates that high-level algebraic concepts constitute a decisive progress also in this area of programming.

Appendix: A Special Rule For Recursion Removal

Consider a tree-like recursion scheme of the kind

$$f^{(k)}(x) = \Phi(f^{(k-1)}(\alpha\ x), f^{(k-1)}(\beta\ x)) \qquad \text{for } k > 0,$$
$$f^{(0)}(x) = \Psi\ x\ ,$$

which leads to a balanced calling tree.

We can convert this tree-like recursion into a linear recursion by collecting all the nodes of each level into a vector. This leads to a computational process as illustrated below (for $k = 3$):
Here we have, for instance, $\bar{x}_1^{(2)} = \beta\alpha(x)$ and $\bar{y}_1^{(2)} = f(\bar{x}_1^{(2)}) = f(\beta\alpha(x))$.

On the "way down into the recursion" we produce the argument vectors, and on the "way back up from the recursion" we produce the intermediate result vectors. The former activity is performed by the operation

$$Split(\alpha, \beta)\bar{x} \overset{\text{def}}{=} [2k \mapsto \alpha(\bar{x}\ k), 2k+1 \mapsto \beta(\bar{x}\ k) \mid 0 \le k < \#\bar{x}]\ ,$$

the latter activity by the operation

$$Comp(\Phi)\bar{y} \overset{\text{def}}{=} [k \mapsto \Phi(\bar{y}(2k), \bar{y}(2k+1)) \mid 0 \le k < \tfrac{\#\bar{y}}{2}]\ .$$

Obviously, *Split* doubles the size of its input vector, whereas *Comp* halves it.

---

[19] Note that, in common textbooks, many examples that work on arrays are actually problems for sets or sequences. The arrays only creep in as a superficial implementation of these sets and sequences.

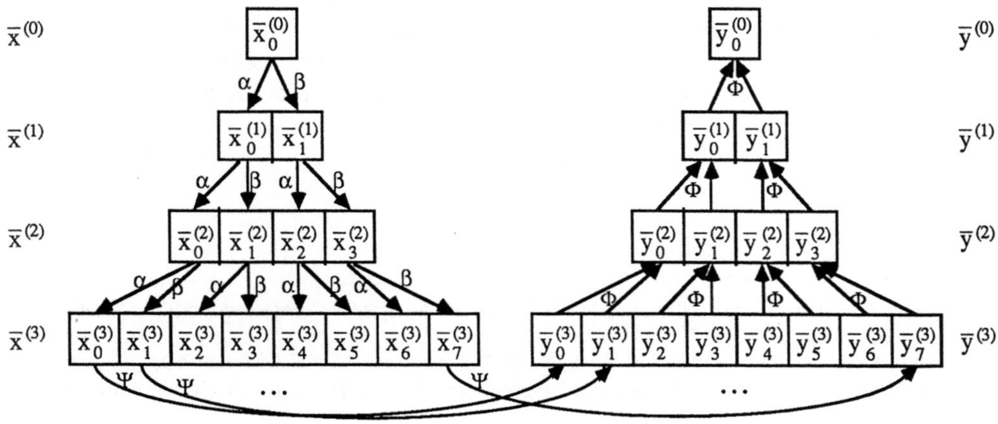

Figure A1

If we, now, introduce the definitions (for given k)

$$\bar{x}_{(0)} \stackrel{\text{def}}{=} [0 \mapsto x]$$

$$\bar{x}^{(i+1)} \stackrel{\text{def}}{=} \mathit{Split}(\alpha, \beta)\bar{x}^{(i)} \qquad \text{for } 0 \leq i < k$$

$$\bar{y}^{(k)} \stackrel{\text{def}}{=} \hat{\Psi}\bar{x}^{(k)}$$

$$\bar{y}^{(i)} \stackrel{\text{def}}{=} \mathit{Comp}(\Phi)\bar{y}^{(i+1)} \qquad \text{for } 0 \leq i < k$$

we can immediately show the following relationships

$$\bar{y}^{(i)} = \hat{f}\bar{x}^{(i)} .$$

This, in turn, means that

$$\begin{aligned} \bar{y}^{(0)} &= \hat{f}\bar{x}^{(0)} \\ &= (C^k \circ \hat{\Psi} \circ S^k)\bar{x}^{(0)} \\ &\quad \textbf{where } S = \mathit{Split}(\alpha, \beta) \\ &\qquad\qquad C = \mathit{Comp}(\Phi) . \end{aligned}$$

Since each vector $\bar{x}^{(i)}$ and $\bar{y}^{(i)}$ has exactly 2^i elements, we have in particular that

$$\bar{y}^{(0)} = [0 \mapsto y] \text{ and } \bar{x}^{(0)} = [0 \mapsto x] \quad \text{with } y = f^{(k)}(x) .$$

In other words, we start by embedding the argument x into the singleton vector $[0 \mapsto x]$, apply k times the operation $\mathit{Split}(\alpha, \beta)$, once the (pointwise lifting of) the operation Ψ, and again k times the operation $\mathit{Comp}(\Phi)$. The result is a singleton vector consisting of the desired result $y = f^{(k)}(x)$.

Acknowledgement. The ideas presented here were strongly influenced by many discussions with members of IFIP WG 2.1, notably with R. Bird, L. Meertens, and J. Boyle. We are grateful to U. Berger and F. Erhard for helpful comments. We also enjoyed clarifying disputes with M. Broy on variations of the algebra of maps.

References

Aho, A.V, Hopcroft, J.E., Ullman, J.D.: The Design and Analysis of Computer Algorithms. Reading: Addison-Wesley 1974.

Backhouse, R.: Making Formality Work For Us. Bulletin of the EATCS 38, June 1989, 219–247.

Bauer, F.L., Wössner, H.: Algorithmic Language and Program Development. Berlin: Springer 1982.

Bird, R.S: An Introduction to the Theory of Lists. In: Broy, M. (ed.): Logic of Programming and Calculi of Discrete Design. Proc. Int. Summer School, Marktoberdorf 1986, NATO ASI Series F, Vol. 36, Berlin: Springer 1987, 5–42.

Bird, R.S.: Costructive Functional Programming. In: Working Material, Int. Summer School on Constructive Methods in Computing Science, Marktoberdorf 1988.

Bird, R.S., Wadler, P.: An Introduction to Functional Programming. Englewood Cliffs: Prentice-Hall 1987.

Boyle, J.: Towards Automatic Synthesis of Linear Algebra Programs. In: Hennell, M.A., Delves, L.M. (eds.): Production and Assessment of Numerical Software. London: Academic Press, 1980, 223–245.

Broy, M., Pepper, P.: Program Development as a Formal Activity. IEEE Transactions on Software Engineering SE-7, 1 (1981), 14–22.

Burstall, R.M., Darlington, J.: A Transformation System for Developing Recursive Programs. J.ACM 24 (1977), 44–67.

Cooley, J.W., Tukey, J.W.: An Algorithm for the Machine Calculation of Complex Fourier Series. Math. Comput. 19 (1965), 297–301.

Dijkstra, E.W.: A Discipline of Programming. Englewood Cliffs: Prentice-Hall 1976.

Dijkstra, E.W.: The Fast Fourier Transform and the Perfect Shuffle. In: Working Material, Int. Summer School on Control Flow and Data Flow, Marktoberdorf, 1984.

Gries, D: The Science of Programming. New York: Springer 1980.

von Henke, F.W.: On Generating Programs from Types: An Approach to Automatic Programming. In: Huet, G., Kahn, G. (eds.): Construction, Amélioration et Vérification des Programmes. Colloques IRIA 1975, 57–69.

Jones, C.B.: Software Development: A Rigorous Approach. Englewood Cliffs: Prentice-Hall 1980.

Möller, B.: Applicative Assertions. Proc. Int. Conf. on Mathematics of Program Construction, Groningen 1989.

Pepper, P.: Specification Languages and Program Transformation. In: Reid, J.K.(ed.): Relationship between Numerical Computation and Programming Languages. Proc. IFIP WG 2.5 Conf., Boulder 1981. Amsterdam: North-Holland 1982, 331–346.

Pepper, P.: Inferential Techniques for Program Development. In: Pepper, P. (ed.): Program Transformation and Programming Environments. NATO ASI Series F, Vol. 8. Berlin: Springer 1984, 275–290.

Pepper, P. (ed.): The Programming Language Opal. Internal report, Technische Universität Berlin 1991.

Reynolds, J.C.: The Craft of Programming. Englewood Cliffs: Prentice-Hall 1981.
Smith, D.R.: KIDS – A Knowledge-Based Software Development System. In: Proc. of the Workshop on Automating Software Design, AAAI 1988.

Codifying the Differencing Technique into Formal Transformation Rules over CIP-L

Rudolf Berghammer

1. Introduction

Program development by transformations means (cf. [2]) the stepwise development of a program P by writing a sequence $P_1, P_2, \ldots$ of more and more detailed versions. Every individual transition from a version P_i to a version P_{i+1} is done according to a formal transformation rule. By construction, it is guaranteed that P satisfies the initial specification P_1. A further benefit of the transformational approach is that general programming knowledge and techniques are codified into formal rules which may be re-used for whole classes of problems.

During program development we often face a situation where a comparatively complex expression has to be re-evaluated in every incarnation of an applicative routine (every run through an imperative loop, respectively). Differencing (finite differencing or formal differentiation, see e.g., [11] or [13]) is a tactic which replaces repeated costly computations by less expensive incremental counterparts. In terms of applicative routines it can be seen as parameter accumulation in connection with the introduction of a parameter restriction. This restriction serves as an invariant, since it shows how the original parameter and the newly added parameter containing the increment are related to each other. Differencing is also known in the area of verification of imperative programs, e.g., under the name "taking an assertion out of a loop" ([8], Section 19.2).

In this paper we present two rules describing two kinds of differencing and demonstrate their application. To simplify the presentation, we restrict ourselves to applicative tail-recursive routines (which at the imperative level corresponds to **while**-loops). This is not a serious restriction, as experience has shown that differencing is almost always used in this context.

To some extent, related ideas can be found in [10]. The main emphasis of Möller's paper, however, is not placed on the development of compact transformation rules for a formalization of differencing but rather on general algebraic properties of assertions (unary guarded expressions). Differencing is obtained by combining embedding and the unfold/fold method, see [10], Section 4.

2. Preliminaries

Throughout this paper, we use the PASCAL-variant of the (non-deterministic and strict) wide-spectrum language CIP-L (cf. [1]) for program notation. Furthermore, we use the following attributes and relations (where E, E_1, and E_2 denote CIP-L expressions, x denotes an arbitrary identifier, and F denotes a routine identifier):

DETERMINATE(E)	$:\Leftrightarrow$ the interpretation of E yields exactly one value (which may also be the "undefined value" $\perp$)
DEFINED(E)	$:\Leftrightarrow$ the interpretation of E yields only defined values (i.e., values which are not $\perp$)
$E_1 \equiv E_2$	$:\Leftrightarrow$ E_1 and E_2 are equivalent (i.e., their interpretations yield the same values)
STRICT(E(x))	$:\Leftrightarrow$ E(x) is strict wrt. the identifier x (i.e., if x is interpreted as $\perp$, then E(x) yields $\perp$, too)
CONTINUOUS(E(F))	$:\Leftrightarrow$ E(F) is continuous wrt. the routine identifier F

In the last two definitions we have used the bold-face parentheses "**(**" and "**)**" to denote that x and F, respectively, may occur free in the expression E. Generally, if in this paper the possibility of a free occurrence of an identifier x in an expression E is indicated by the notation E(x), then we use E(A) to denote the simultaneous substitution of every free occurrence of x in E by the expression A.

In this paper, we consider only transformation rules which do not restrict determinacy. Such a rule is represented in a more logic-oriented style as an inference rule

$$\frac{\rangle \mathrm{condition}_1 \langle \; \ldots \; \rangle \mathrm{condition}_n \langle}{\rangle \mathrm{program}_L \langle \equiv \rangle \mathrm{program}_R \langle}$$

where $\rangle \mathrm{program}_L \langle$ and $\rangle \mathrm{program}_R \langle$ are CIP-L programs possibly containing scheme variables (for expressions, kinds, identifiers and such) and every $\rangle \mathrm{condition}_i \langle$ is a formula over CIP-L expressions built up by the use of some additional syntactic and semantic attributes and relations. A rule is said to be correct if the programs $\rangle \mathrm{program}_L \langle$ and $\rangle \mathrm{program}_R \langle$ are equivalent whenever all the applicability conditions $\rangle \mathrm{condition}_i \langle$ hold. In the case of program parts, completion to programs by an appropriate context is assumed.

In order to improve the readability of most of the rules presented in this paper, only the "semantic applicability conditions" will be stated explicitly. I.e., we omit syntactic conditions such as "the expression E has kind m" or "the identifier x does not occur free in the left/right program" and state them only in the text surrounding the respective rule.

In the sequel we present some basic transformation rules which will be used later on. On the basis of CIP-L semantics the proofs of all of these rules are straightforward.

Routine declarations: In CIP-L the declaration of a routine is reduced to a least fixed point construction. The corresponding rule DECL (without applicability conditions) in which F is a routine identifier and A(F) is a function abstraction of the same functionality reads:

$$\frac{}{\mathrm{E}(\mathbf{Y}\,\mathrm{F} : \mathrm{A}(\mathrm{F})) \equiv \lceil\, \textbf{function}\ \mathrm{F}\ \mathrm{A}(\mathrm{F});\ \mathrm{E}(\mathrm{F})\,\rfloor}$$

The expression **Y** F : A(F) is said to be the least fixed point construction corresponding to the routine **function** F A(F).

β-**Conversion**: A most fundamental rule when working with CIP-L is the following transformation rule BETA which corresponds to *β*-conversion in the lambda-calculus (the kinds of the expressions A and E(x) are m and n, respectively):

$$\frac{\begin{array}{c}\mathrm{DEFINED(A)}\\ \mathrm{DETERMINATE(A)}\end{array}}{\mathrm{E(A)} \equiv ((\mathrm{x} : \mathrm{m}) : \mathrm{n};\ \mathrm{E(x)})(\mathrm{A})}$$

Due to the strict semantics of CIP-L the assumption DEFINED(A) may be replaced by the assumption STRICT(E(x)). Furthermore, both applicability conditions may be dropped if E(x) is a function application E(x) or if A is an identifier (since identifiers are always defined and determinate).

Properties of unary guarded expressions: In the rest of the paper unary guarded expressions play an important rule as assertions. Hence, we need some simple rules for unary guarded expressions. We will use the following rule GUARD_1:

$$\frac{\mathrm{B} \to \mathrm{C} \equiv \mathrm{true}}{\textbf{if}\ \mathrm{B}\ \textbf{then}\ \mathrm{A(E)}\ \textbf{endif} \equiv \textbf{if}\ \mathrm{B}\ \textbf{then}\ \mathrm{A}(\textbf{if}\ \mathrm{C}\ \textbf{then}\ \mathrm{E}\ \textbf{endif})\ \textbf{endif}}$$

(Note that for defined and determinate expressions B and C we have B → C ≡ true if and only if B ≡ true implies C ≡ true.) Furthermore, we will use the rule GUARD_2:

$$\frac{\mathrm{DETERMINATE(B)}}{\textbf{if}\ \mathrm{B}\ \textbf{then}\ \mathrm{E}\ \textbf{endif} \equiv \textbf{if}\ \mathrm{B}\ \textbf{then}\ \textbf{if}\ \mathrm{B}\ \textbf{then}\ \mathrm{E}\ \textbf{endif}\ \textbf{endif}}$$

A collection of further useful rules for unary guarded expressions can be found in [10].

Computational induction: The following transformation rule IND formulates the principle of (step-wise) computational induction for CIP-L expressions in a purely syntactical manner, i.e., without explicit or implicit use of the semantics function (H is a routine identifier and the $E_i(H)$ are expressions of the same kind).

$$\frac{\begin{array}{c}\text{CONTINUOUS}(E_1(H), E_2(H)) \\ E_1(\Omega) \equiv E_2(\Omega) \\ E_1(H) \equiv E_2(H) \Rightarrow E_1(A_1(H)) \equiv E_2(A_2(H))\end{array}}{E_1(\mathbf{Y}\, F : A_1(F)) \equiv E_2(\mathbf{Y}\, G : A_2(G))}$$

In this rule Ω denotes the "everywhere undefined semantic function" which yields for every argument the value $\perp$. (To avoid the use of environments, in CIP-L semantic objects and, additionally, the bottom-element, are also considered as expressions. This leads to mixed expressions containing syntactic as well as semantic objects, see [1]).

3. Formalization of Differencing

In this section we first introduce the notion of a parameter restriction. Then we present compact transformation rules codifying the introduction and removal of invariants as well as two kinds of the differencing technique. In each case, correctness is proved by computational induction.

3.1 Parameter Restrictions

In CIP-L it is possible to restrict the parameter domain of a function abstraction (a routine, respectively). Such parameter restrictions (also called assertions) are relevant for the semantics. Every restriction is evaluated, and if it is false, then the result is undefined. Formally, parameter restrictions are introduced by the following rule RESTR_1:

$$\frac{}{(x : m) : n;\ \textbf{if}\ P(x)\ \textbf{then}\ E(x)\ \textbf{endif} \equiv (x : m \parallel P(x)) : n;\ E(x)}$$

If **function** F $(x : m \parallel P(x)) : n;\ E(F,x)$ is a recursive routine, the parameter restriction $P(x)$ has to hold also for the arguments of the recursive calls of F. In this case $P(x)$ corresponds to an invariant as known from imperative loops.

Most parameter restrictions are however pre-algorithmic and therefore, strictly speaking, the respective programs are pre-algorithmic, too. Hence, we also need a rule for removing parameter restrictions. In the case of tail-recursive routines a parameter restriction can be removed by applying the following transformation rule $RESTR_2$ from right to left. By applying this rule from left to right, a restriction can be introduced.

$$\frac{\begin{array}{c}\mathrm{DETERMINATE}(K(x),P(x),A)\\ \mathrm{STRICT}(P(x))\\ P(A) \equiv \mathrm{true}\\ P(x) \rightarrow P(K(x)) \equiv \mathrm{true}\end{array}}{\begin{array}{l}\ulcorner\ \textbf{function}\ F\ (x:m):n;\\ \quad \textbf{if}\ B(x)\ \textbf{then}\ F(K(x))\\ \qquad\qquad \textbf{else}\ L(x)\ \textbf{endif};\\ \quad F(A) \hfill \lrcorner\end{array} \equiv \begin{array}{l}\ulcorner\ \textbf{function}\ G\ (x:m\ \|\ P(x)):n;\\ \quad \textbf{if}\ B(x)\ \textbf{then}\ G(K(x))\\ \qquad\qquad \textbf{else}\ L(x)\ \textbf{endif};\\ \quad G(A) \hfill \lrcorner\end{array}}$$

Let the two symbols FF and GG abbreviate the least fixed point constructions corresponding to the routines F and G, respectively. For a proof of the transformation rule $RESTR_2$ it suffices to prove the formula

$$\Phi(F,G) \mathrel{\hat{=}} (z:m\ \|\ P(z)):n;F(z) \equiv (z:m\ \|\ P(z)):n;G(z)$$

for the least fixed point constructions FF and GG. From $\Phi(FF,GG)$ we obtain in conjunction with the rule BETA (the expression A is determinate and $P(z)$, FF(z), and GG(z) are strict wrt. the identifier z), the rule $RESTR_1$, and the equivalence $P(A) \equiv \mathrm{true}$

$$\begin{aligned}FF(A) &\equiv \textbf{if}\ P(A)\ \textbf{then}\ FF(A)\ \textbf{endif}\\ &\equiv ((z:m\ \|\ P(z)):n;\ FF(z))(A)\\ &\equiv ((z:m\ \|\ P(z)):n;\ GG(z))(A)\\ &\equiv \textbf{if}\ P(A)\ \textbf{then}\ GG(A)\ \textbf{endif}\\ &\equiv GG(A).\end{aligned}$$

Thus, the transformation rule DECL shows the desired result.

The property $\Phi(FF,GG)$ will be proved by computational induction.

The *induction base* $\Phi(\Omega,\Omega)$ holds since in CIP-L function application is strict wrt. the argument and the functional expression and $\equiv$ is point-wise defined on defined functional expressions. For the *induction step*, suppose that two routine identifiers H_1 and H_2 satisfy $\Phi(H_1,H_2)$. In the sequel, a prominent role is played by the rules BETA and $RESTR_1$. Due to the determinacy of $K(z)$ and the strictness of $P(z)$, $H_1(z)$, and $H_2(z)$ wrt. the identifier z we get with the help of the induction hypothesis

$$\begin{aligned}\textbf{if}\ P(K(z))\ \textbf{then}\ H_1(K(z))\ \textbf{endif} &\equiv ((z:m\ \|\ P(z)):n;\ H_1(z))(K(z))\\ &\equiv ((z:m\ \|\ P(z)):n;\ H_2(z))(K(z))\\ &\equiv \textbf{if}\ P(K(z))\ \textbf{then}\ H_2(K(z))\ \textbf{endif}.\end{aligned}$$

In the presence of the last applicability condition and the rules $GUARD_1$ and $GUARD_2$ (the parameter restriction $P(x)$ is determinate) this equivalence implies

$$
\begin{aligned}
&(z:m \parallel P(z)):n;\ (x:m):n;\ \textbf{if}\ B(x)\ \textbf{then}\ H_1(K(x))\ \textbf{else}\ L(x)\ \textbf{endif}(z)\\
&\quad\equiv (z:m \parallel P(z)):n;\ \textbf{if}\ B(z)\ \textbf{then}\ H_1(K(z))\ \textbf{else}\ L(z)\ \textbf{endif}\\
&\quad\equiv (z:m \parallel P(z)):n;\ \textbf{if}\ B(z)\ \textbf{then}\ \textbf{if}\ P(K(z))\ \textbf{then}\ H_1(K(z))\ \textbf{endif}\\
&\qquad\qquad\qquad\qquad\qquad\quad \textbf{else}\ L(z)\ \textbf{endif}\\
&\quad\equiv (z:m \parallel P(z)):n;\ \textbf{if}\ B(z)\ \textbf{then}\ \textbf{if}\ P(K(z))\ \textbf{then}\ H_2(K(z))\ \textbf{endif}\\
&\qquad\qquad\qquad\qquad\qquad\quad \textbf{else}\ L(z)\ \textbf{endif}\\
&\quad\equiv (z:m \parallel P(z)):n;\ \textbf{if}\ B(z)\ \textbf{then}\ H_2(K(z))\\
&\qquad\qquad\qquad\qquad\qquad\quad \textbf{else}\ L(z)\ \textbf{endif}\\
&\quad\equiv (z:m \parallel P(z)):n;\ (x:m \parallel P(x)):n;\ \textbf{if}\ B(x)\ \textbf{then}\ H_2(K(x))\\
&\qquad\qquad\qquad\qquad\qquad\qquad\qquad\qquad \textbf{else}\ L(x)\textbf{endif}(z).
\end{aligned}
$$

This concludes the proof of the induction step and, hence, the proof of $RESTR_2$, too.

3.2 Differencing as a Rule: The Case of Explicit Equations as Invariants

A special form of differencing occurs if the value of the complex expression $E(x)$ (where x is the input parameter of the routine under consideration) is incrementally computed on the additional parameter y. If we assume that = is an equality test for objects of the kind of $E(x)$ (say p), then the parameter restriction of the routine becomes the explicit equation $y = E(x)$ and the tactic can be described by the following transformation rule $DIFF_1$.

$$
\frac{\begin{array}{c}\text{DETERMINATE}(A, E(x), K_1(x,y))\\ y = E(x) \rightarrow E(K_1(x,y)) = K_2(x,y) \equiv \text{true}\end{array}}
{\left\lceil\begin{array}{l}\textbf{function}\ F\,(x:m):n;\\ \ \textbf{if}\ B(x,E(x))\ \textbf{then}\ F(K_1(x,E(x)))\\ \qquad\qquad \textbf{else}\ L(x)\ \textbf{endif};\\ \ F(A)\end{array}\right\rfloor
\equiv
\left\lceil\begin{array}{l}\textbf{function}\ G\,(x:m;\ y:p \parallel y = E(x)):n;\\ \ \textbf{if}\ B(x,y)\ \textbf{then}\ G(K_1(x,y),K_2(x,y))\\ \qquad\qquad \textbf{else}\ L(x)\ \textbf{endif};\\ \ G(A,E(A))\end{array}\right\rfloor}
$$

Assume the symbols FF and GG again to stand for the two least fixed point constructions corresponding to the routines F and G, respectively. To prove the rule $DIFF_1$ it suffices to prove the formula

$$\Phi(F,G) \mathrel{\widehat{=}} (z:m):n;\ F(z) \equiv (z:m):n;\ G(z,E(z))$$

for FF and GG. Then the transformation rule BETA (the expressions A and $E(A)$ are determinate and FF(z) and GG(z,E(z)) are strict wrt. the identifier z) shows

$$
\begin{aligned}
&FF(A) \equiv ((z:m):n;\ FF(z))(A) \equiv ((z:m):n;\ GG(z,E(z)))(A)\\
&\equiv GG(A,E(A))
\end{aligned}
$$

and the rule DECL implies the desired result.

The property $\Phi(FF,GG)$ will again be proved by computational induction.

The *induction base* $\Phi(\Omega,\Omega)$ is trivial. The *induction step* is shown as follows: Assume two routine identifiers H_1 and H_2 satisfying $\Phi(H_1,H_2)$. Furthermore, assume z to be an identifier of kind m. From the second applicability condition it follows that the expression $E(z)$ is defined. Hence, we have $E(z) = E(z) \equiv$ true since $E(z)$ is determinate, too. Now we use the second applicability condition again. It shows $E(K_1(z,E(z))) = K_2(z,E(z)) \equiv$ true and, furthermore, $E(K_1(z,E(z))) \equiv K_2(z,E(z))$ since both sides of the equality test are again defined and determinate. The equivalence just proven in conjunction with the rule BETA (the expression $K_1(z,E(z))$ is determinate and $H_1(z)$ and $H_2(z,E(z))$ are both strict wrt. the identifier z) and the induction hypothesis yields

$$\begin{aligned} H_1(K_1(z,E(z))) &\equiv ((z:m):n;\ H_1(z))\ (K_1(z,E(z))) \\ &\equiv ((z:m):n;\ H_2(z,E(z)))\ (K_1(z,E(z))) \\ &\equiv H_2(K_1(z,E(z)),\ E(K_1(z,E(z)))) \\ &\equiv H_2(K_1(z,E(z)),\ K_2(z,E(z))). \end{aligned}$$

As a consequence we have the equivalence

$$\begin{aligned} &(z:m):n;\ \textbf{if}\ B(z,E(z))\ \textbf{then}\ H_1(K_1(z,E(z)))\ \textbf{else}\ L(z)\ \textbf{endif} \\ &\quad\equiv (z:m):n;\ \textbf{if}\ B(z,E(z))\ \textbf{then}\ H_2(K_1(z,E(z)),\ K_2(z,E(z)))\ \textbf{else}\ L(z)\ \textbf{endif} \end{aligned}$$

which in turn implies (due to the transformation rule BETA)

$$\begin{aligned} &(z:m):n;\ ((x:m):n;\ \textbf{if}\ B(x,E(x))\ \textbf{then}\ H_1(K_1(x,E(x)))\ \textbf{else}\ L(x)\ \textbf{endif})(z) \\ &\quad\equiv (z:m):n;\ \textbf{if}\ B(z,E(z))\ \textbf{then}\ H_1(K_1(z,E(z)))\ \textbf{else}\ L(z)\ \textbf{endif})(z). \end{aligned}$$

Now we use $E(z) = E(z) \equiv$ true again. In connection with the rules BETA and $RESTR_1$ it, finally, implies the equivalence of the function abstraction

$$\begin{aligned} &(z:m):n;\ ((x:m;\ y:p \parallel y = E(x)):n; \\ &\quad \textbf{if}\ B(x,y)\ \textbf{then}\ H_2(K_1(x,y),K_2(x,y))\ \textbf{else}\ L(x)\ \textbf{endif})(z,E(z)) \end{aligned}$$

and the function abstraction

$$(z:m):n;\ \textbf{if}\ B(z,E(z))\ \textbf{then}\ H_2(K_1(z,E(z)),\ K_2(z,E(z)))\ \textbf{else}\ L(z)\ \textbf{endif}.$$

This ends the proof of induction step and, hence, the proof of the transformation rule $DIFF_1$.

3.3 Differencing as a Rule: The Case of Arbitrary Invariants

The general form of differencing appears, if the value of the computationally expensive expression $E(x)$ is not incrementally computed on the newly added parameter y but only with the help of it e.g., by storing in y information simplifying the computation of $E(x)$. In this case y is almost always a parameter of "structured" kind (e.g., a vector or a sequence) or a tuple of parameters which has to be inserted "in parallel". Then it seems better to separate the two aspects of the method, i.e., first to incorporate the parameter y and the invariant $P(x,y)$

and then to transform $E(x)$ into a computationally cheaper one with the help of $P(x,y)$.

Simplification of $E(x)$ by the use of $P(x,y)$ cannot be described by a compact rule – in contrast to the incorporation of the parameter y and the invariant $P(x,y)$ which is possible by the following transformation rule $DIFF_2$.

$$\begin{array}{c} \mathrm{DETERMINATE}(K_1(x),K_2(x,y),P(x,y),A_1,A_2) \\ \mathrm{STRICT}(P(x,y)) \\ P(A_1,A_2) \equiv \mathrm{true} \\ P(x,y) \rightarrow P(K_1(x),K_2(x,y)) \equiv \mathrm{true} \end{array}$$

⌈ **function** F (x : m) : n; **if** B(x) **then** F(K_1(x)) **else** L(x) **endif**; F(A_1) ⌋	≡	⌈ **function** G (x : m; y : p ‖ P(x,y)) : n; **if** B(x) **then** G(K_1(x),K_2(x,y)) **else** L(x)**endif**; G(A_1,A_2) ⌋

For a proof of the rule it suffices to verify the formula

$$\begin{aligned} \Phi(F,G) \mathrel{\widehat{=}} & (z_1 : m; z_2 : p \parallel P(z_1,z_2)) : n; F(z_1) \\ & \equiv (z_1 : m; z_2 : p \parallel P(z_1,z_2)) : n; G(z_1,z_2) \end{aligned}$$

for the least fixed point constructions FF and GG corresponding to the routines F and G. From that we get by the rules BETA (the A_i are determinate and $FF(z_1)$, $GG(z_1,z_2)$, and $P(z_1,z_2)$ are strict wrt. the identifiers z_1 and z_2) and $RESTR_1$

$$\textbf{if } P(A_1,A_2) \textbf{ then } FF(A_1) \textbf{ endif} \equiv \textbf{if } P(A_1,A_2) \textbf{ then } GG(A_1,A_2) \textbf{ endif}.$$

Due to the third applicability condition this implies $FF(A_1) \equiv GG(A_1,A_2)$ and the rule DECL shows the desired result.

A proof of $\Phi(FF,GG)$ is possible by computational induction and rather similar to the induction in the proof of $RESTR_2$. Therefore, we omit it.

4. Examples

Now, we demonstrate applications of the rules of Section 3 by means of two examples. The first example deals with natural numbers. Hence, we assume a kind nat for natural numbers and the usual operations. The second example deals with finite directed graphs. Here we suppose a finite kind vertex for the vertices, a kind graph for the graphs, and a kind vset for sets of vertices. Besides the usual set operations we suppose a constant vertices which denotes the set of all vertices and an operation elem which yields an arbitrary element of a non-empty set but every elem-call yields the same element. Furthermore, we assume operations pred and indegree for computing the predecessors and the indegree, respectively, of a vertex wrt. a graph.

4.1 Approximation of the Square Root

In the transformation rule $DIFF_1$ the expression $K_2(x,y)$ of the right program has to be chosen in such a way that its computation is simpler than the computation of the expression $E(x)$ of the left program. Generally, $K_2(x,y)$ is developed from $K_1(x,E(x))$ with the help of the invariant $y = E(x)$ or, more precisely, with the help of the resulting formula $y \equiv E(x)$. This is demonstrated now.

The following pre-algorithmic CIP-L routine isqrt specifies the problem of computing for a natural number m the integral part $[\sqrt{m}]$ of the square root $\sqrt{m}$.

```
function isqrt (m : nat) : nat;
  some r : nat || r² ≤ m ∧ m < (r + 1)²
```

Using $0 \leq r \equiv$ true and an embedding it can be transformed into

```
function isqrt (m : nat) : nat;
  ⌈ function F₁ (n : nat) : nat;
      some r : nat || n ≤ r ∧ r² ≤ m ∧ m < (r + 1)²;
    F₁(0)                                         ⌋ .
```

Now, by applying the unfold/fold technique (cf. [7]) one can easily develop (see e.g., [10], Section 4) the first algorithmic version

```
function isqrt (m : nat) : nat;
  ⌈ function F₂ (n : nat) : nat;
      if (n + 1)² ≤ m then F₂(n+1) else n endif;
    F₂(0)                                         ⌋ .
```

The crucial point of this program is the computationally costly expression $(n + 1)^2$ (which contains exponentiation or multiplication). Hence, we try to replace it by a cheaper one. Guided by the rule $DIFF_1$ we define $E(x)$ and $K_1(x,y)$ as expressions $(x+1)^2$ and x+1, respectively. Then the first applicability condition of the rule $DIFF_1$ holds. For developing an instantiation of $K_2(x,y)$ we assume $y \equiv E(x) \equiv (x+1)^2$ and find that

$$(1)\ E(K_1(x,y)) \equiv E(x+1) \equiv (x+2)^2 \equiv (x+1)^2+2*x+3 \equiv y+2*x+3.$$

This shows that with $y+2*x+3$ for $K_2(x,y)$ the second applicability condition of the transformation rule $DIFF_1$ holds, too. Its application followed by a simplification of $E(0)$ to 1 yields

```
function isqrt (m : nat) : nat;
  ⌈ function F₃ (n, p : nat || p = (n + 1)²) : nat;
      if p ≤ m then F₃(n+1,p+2 * n+3) else n endif;
    F₃(0,1)                                       ⌋ .
```

Since the applicability conditions of the rule $RESTR_2$ are satisfied for this version of isqrt (e.g., the latter one is an immediate consequence of (1)), we may pass to the program

```
function isqrt (m : nat) : nat;
  ⌈ function F4 (n, p : nat) : nat;
      if p ≤ m then F4(n+1,p+2*n+3) else n endif;
    F4(0,1)                                   ⌋
```

without any parameter restriction. If $2 * n$ is written as n+n, it needs $4 * [\sqrt{m}]$ additions and $[\sqrt{m}]+1$ comparisons for computing $[\sqrt{m}]$. (Note, that the first algorithmic version performs $2 * [\sqrt{m}]+1$ additions and $[\sqrt{m}]+1$ squarings and comparisons.) To decrease the number of additions we use again the rule $DIFF_1$. Since the argument kind of F_4 is a direct product, we have to interpret the identifier x of the rule as a pair x_i, $1 \leq i \leq 2$, of identifiers.

Let $E(x_1,x_2)$ and $K_1(x_1,x_2,y)$ be defined as expressions $2 * x_1+3$ and (x_1+1,x_2+y), respectively. Again the first applicability condition of $DIFF_1$ trivially holds. Furthermore, from the assumption $y \equiv E(x_1,x_2) \equiv 2 * x_1+3$ we are able to show that

$$(2)\ E(K_1(x_1,x_2,y)) \equiv E(x_1+1,x_2+y) \equiv 2 * (x_1+1)+3 \equiv 2 * x_1+5 \equiv y+2.$$

Hence, with y+2 as instantiation of $K_2(x_1,x_2,y)$ the second applicability condition of $DIFF_1$ holds, too. By its application and a simplification of $E(0,1)$ to 3 we obtain

```
function isqrt (m : nat) : nat;
  ⌈ function F5 (n, p, q : nat || q = 2 * n) : nat;
      if p ≤ m then F5(n+1,p+q,q+2) else n endif;
    F5(0,1,3)                                 ⌋
```

and, due to the rule $RESTR_2$ (e.g., its fourth applicability condition follows from (2)), the following program which computes $[\sqrt{m}]$ using $3 * [\sqrt{m}]$ additions and $[\sqrt{m}]+1$ comparisons.

```
function isqrt (m : nat) : nat;
  ⌈ function F6 (n, p, q : nat) : nat;
      if p ≤ m then F6(n+1,p+q,q+2) else n endif;
    F6(0,1,3)                                 ⌋
```

At this place it should be pointed out that the less efficient program

```
function isqrt (m : nat) : nat;
  ⌈ function F7 (n, p, q : nat) : nat;
      if p ≤ m then F7(n+1,p+q+3,q+2) else n endif;
    F7(0,1,0)                                   ⌋
```

(which performs also $4 * [\sqrt{m}]$ additions and $[\sqrt{m}]+1$ comparisons when computing $[\sqrt{m}]$) is obtained by chosing $E(x_1,x_2)$ and $K_1(x_1,x_2,y)$ as expressions $2*x_1$ and (x_1+1,x_2+y+3), respectively. It is not clear how to make the best choice of the expression $E(x)$ of $DIFF_1$ in general (e.g., $2*x_1+3$ instead of $2*x_1$ in the case of the routine F_4).

4.2 Cycle Detection

In [9] "a new method for checking the consistency of precedence matrices" is proposed. Translated into graphtheoretic terminology, the method tests whether a directed graph contains a cycle. As an applicative CIP-L routine Marimont's method reads as

```
function hascycle (g : graph) : boolean;
  ⌈ function hc (s : vset) : vset;
      const t : vset = {x : vertex||x ∈ s ∧ pred(g,x) ∩ s = ∅};
      if t ≠ ∅ then hc(s\{elem(t)})
               else s = ∅ endif                              ⌋;
    hc(vertices)                                              ⌋,
```

where the object declaration **const** t : vset = $\{x : \text{vertex} \parallel x \in s \wedge \text{pred}(g,x) \cap s = \emptyset\}$ was introduced to improve readability. A formal development of hascycle can be found in [3]. It is based on the fact that a directed graph is cyclic if and only if there exists a non-empty subset C of the vertex set such that every vertex from C has a predecessor in C.

The crucial point of the above program is the set comprehension describing the set of all sources in the subgraph generated by the set s. Its operative formulation requires a complete scanning of all pairs of s, i.e., time $O(|s|^2)$. Hence, the complexity of the whole algorithm becomes cubic. To reduce the costs for computing the set t of all sources in the subgraph generated by the set s we "store" indegrees wrt. a subset of vertices. Formally, we transform the sub-routine hc by the inclusion of a parameter d of function kind **function**(vertex):nat (the "store") together with the invariant

$$\forall x : \text{vertex} \parallel x \in s \rightarrow d(x) = |\text{pred}(g,x) \cap s|.$$

Let P(s,d) abbreviate this invariant. Then we have for every x with $x \in \text{vertices} \equiv \text{true}$:

$$((y : \text{vertex}) : \text{nat}; \text{indegree}(g,y))(x) \equiv \text{indegree}(g,x) \equiv |\text{pred}(g,x) \cap \text{vertices}|$$

This shows that with vertices and (y : vertex) : nat; indegree(g,y) as instantiations of the scheme variables A_1 and A_2, respectively, the third applicability condition of the transformation rule DIFF_2 holds.

Now, assume $P(d,s) \equiv \text{true}$ and let $z := \text{elem}(\{x : \text{vertex} \parallel x \in s \wedge \text{pred}(g,x) \cap s = \emptyset\})$. In this case we have for x with $x \in s \equiv \text{true}$ as the new indegree wrt. the set $s\backslash\{z\}$:

$$
\begin{aligned}
&|\text{pred}(g,x) \cap (s\backslash\{z\})| \\
&\quad \equiv \textbf{if } \text{isarc}(g,z,x) \textbf{ then } |\text{pred}(g,x) \cap (s\backslash\{z\})| \\
&\quad\qquad\qquad \textbf{else } |\text{pred}(g,x) \cap (s\backslash\{z\})| \textbf{ endif} \\
&\quad \equiv \textbf{if } \text{isarc}(g,z,x) \textbf{ then } |\text{pred}(g,x) \cap s|-1 \textbf{ else } |\text{pred}(g,x) \cap s| \textbf{ endif}
\end{aligned}
$$

$\equiv$ **if** isarc(g,z,x) **then** d(x)–1 **else** d(x) **endif**
$\equiv$ ((y : vertex) : nat; **if** isarc(g,z,y) **then** d(y)–1 **else** d(y) **endif**)(x)

This derivation shows that with the function abstraction

(y : vertex) : nat; **if** isarc(g,z,y) **then** d(y)–1 **else** d(y) **endif**

as instantiation of $K_2(s,d)$ the fourth applicability condition of $DIFF_2$ holds, too. As also the first and the second condition hold, the rule is applicable and yields:

```
function hascycle (g : graph) : boolean;
  ⌈ function hc (s : vset; d : function(vertex):nat ||P(s,d)) : boolean;
    ⌈ const t : vset = {x : vertex|| ∈ s ∧ pred(g,x) ∩ s = ∅};
      if t ≠ ∅ then hc(s\{elem(t)},(y : vertex) : nat;
                                    if isarc(g,elem(t),y) then d(y)–1
                                                          else d(y) endif)
               else s = ∅ endif                                          ⌋ ;
    hc(vertices,(y : vertex) : nat; indegree(g,y))                        ⌋
```

Due to the invariant the set of all sources of the subgraph generated by s can now be described as $\{x : vertex \parallel x \in s \wedge d(x) = 0\}$ and computed in time $O(|s|)$. Furthermore, the function d easily can be implemented by a vector of natural numbers indexed by vertex. Thus, finally, a quadratic algorithm is obtained.

5. Conclusion

In this paper formal transformation rules have been given which allow the introduction and the elimination of parameter restrictions and formalize two kinds of differencing. The rules have been proved using computational induction. In order to show how they work we have developed efficient programs for the computation of the integer square root and for cycle detection.

Experience has shown that the transformational development of a program from a pre-algorithmic specification can be divided into two major parts, the synthesis and the tuning. Now, the differencing technique is only one specific example for the use of assertions within transformational programming, viz. for their use during program tuning.

The use of assertions can also be very profitable during program synthesis. An example is Möller's unfold/fold derivation of the recursive routine F_2 of 4.1 from the specification F_1. Within this derivation properties of assertions play a prominent role. Another example can be found in [5], viz. a rule which allows the generation of tail-recursive routines from invariants. The idea behind this rule is in principle the same as used in program verification. We also mention [4], where it is demonstrated how the presence of a suitable parameter restriction made it possible to derive an efficient algorithm (whereas its absence would have resulted in a less efficient one, cf. [6]).

Finally, we refer to [12] for further rules and examples concerning the use of assertions in transformational programming.

Acknowledgement. I wish to thank L. Schmitz for reading a draft version of this paper.

References

[1] Bauer F. L., Berghammer R., Broy M., Dosch W., Geiselbrechtinger F., Gnatz R., Hangel E., Hesse W., Krieg-Brückner B., Laut A., Matzner T., Möller B., Nickl F., Partsch H., Pepper P., Samelson K., Wirsing M., Wössner H.: The Munich Project CIP, Volume I: The wide spectrum language CIP-L. LNCS 183, Springer: Berlin-Heidelberg-New York (1985)

[2] Bauer F. L., Möller B., Partsch H., Pepper P.: Formal program construction by transformations – Computer-aided intuition-guided programming. IEEE Trans. on Software Engineering, SE-15, 2, 165–180 (1989)

[3] Berghammer R.: A transformational development of several algorithms for testing the existence of cycles in a directed graph. Report TUM-I8615, Institut für Informatik, TU München (1986)

[4] Berghammer R., Ehler H., Zierer H.: Development of graph algorithms by program transformation. In: Göttler H., Schneider H. J. (eds.): Proc. 13th Conf. on Graphtheoretic Concepts in Computer Science, Kloster Banz/Staffelstein, 29.6.–1.7. 1987, LNCS 314, Springer: Berlin-Heidelberg-New York, 206–218 (1988)

[5] Berghammer R.: Transformational programming with non-deterministic and higher-order constructs. Habilitationsschrift, Fakultät für Informatik, Univ. d. Bundeswehr München (1990)

[6] Broy M., Gnatz R., Wirsing M.: Problemspezifikation – eine Grundlage für Programmentwicklung. In: Raulefs P. (ed.): Proc. of a Workshop on Reliable Software, Bonn, 22.9.–23.9. 1978, Hanser: München, 235–246 (1979)

[7] Burstall R. M., Darlington J.: A transformation system for developing recursive programs. Journal ACM 24, 44–67 (1977)

[8] Gries D.: The science of computer programming. Springer: Berlin-Heidelberg-New York (1981)

[9] Marimont R. B.: A new method for checking the consistency of precedence matrices. Journal ACM 6, 164 (1959)

[10] Möller B.: Applicative assertions. In: van de Snepscheut J. L. A. (ed.): Proc. Int. Conf. on Mathematics of Program Constructions, Groningen, 26.6.–30.6. 1989, LNCS 375, Springer: Berlin-Heidelberg-New York, 348–362 (1989)

[11] Paige R., Koenig S.: Finite differencing of computable expressions. ACM TOPLAS 4, 3, 402–454 (1982)

[12] Partsch H.: Transformational program development in a particular problem domain. Habilitationsschrift, Institut für Informatik, TU München (1985) Also: Science of Computer programming 7, 99–241 (1986)

[13] Sharir M.: Some observations concerning formal differentiation of set theoretic expressions. ACM TOPLAS 4, 2, 196–226 (1982)

Formal Derivation of Pointer Algorithms

Bernhard Möller

Abstract. We show that the well-known unfold/fold transformation strategy also is fruitful for the (formal) derivation of correct pointer algorithms. The key that allows this extension is the algebra of partial maps which allows convenient description and manipulation of pointer structures at the functional level.

Introduction

It is well-known that algorithms involving pointers are both difficult to write and to verify. The reason is that, due to the implict connections through paths within a pointer structure, the side effects of a pointer assignment are usually much harder to survey than those of an ordinary assignment. With this paper we want to show that these difficulties can be greatly reduced by making the store, which is an implicit global parameter in procedural languages, into an explicit parameter and by passing to an applicative treatment using a suitable algebra of operations on the store.

The storage state of a von Neumann machine can be viewed as a total mapping from addresses to certain values. A part of such a state that forms a logical unit may then be represented by a partial submapping of that mapping. This gives the possibility of describing the state in a modularized way as the union of the submappings for its logical subunits. In the case of pointer structures this means that the usual "spaghetti" structure of the complete state can be (at least partly) disentangled. Therefore we use the algebra of partial maps as our tool for specifying and developing pointer algorithms in a formal and yet convenient way.

We restrict ourselves here to the case of singly linked lists. However, the approach is not limited to such simple structures: In [3] we have derived an efficient and intricate garbage collection algorithm for a storage structure that allows the representation of arbitrary graphs.

The Algebra of Partial Maps

The use of algebraic operations on maps for describing the effect of a program dates back at least to [11]. The most useful operation in our setting, viz. map union, however, seems to have been neglected until recently [3, 10].

A **(partial) map** m from a set M to a set N is a subset of $M \times N$ such that $(x, y) \in m \wedge (x, z) \in m \Rightarrow y \equiv z$. Some of our notation derives from this set view of maps. E.g., by $\emptyset$ we denote the empty partial map from M to N. For finite maps we assume an equality test =. This is to be distinguished from the meta-equality $\equiv$ between expressions: we have

$$m = n \equiv \mathsf{true} \Leftrightarrow m \equiv n\ .$$

Let $m : P \longrightarrow Q$ be a partial map. We write $\downarrow m$,$\uparrow m$ for **domain** and **range** of m, resp. Moreover, we define

$$\mathit{set}(m) \overset{\text{def}}{\equiv} \downarrow m \cup \uparrow m\ .$$

For $s \subseteq P$ we denote by $s \uparrow m$ the **image** of s under m. Likewise, $t \downarrow m$ is the **inverse image** of $t \subseteq Q$ under m. Finally, $[s \mapsto y]$ is the constant map $\{(x, y) \mid x \in s\}$. In using these notations we omit singleton set braces, i.e., we write $x \uparrow m$, $y \downarrow m$, and $[x \mapsto y]$ instead of $\{x\} \uparrow m$, $\{y\} \downarrow m$, $[\{x\} \mapsto y]$. Note that $[x \mapsto y] \equiv \{(x, y)\}$. To cope with partialities in an algebraically convenient way, we define, for maps m, n and elements $x, y \in P$,

$$[m(x) \mapsto n(y)] \overset{\text{def}}{\equiv} \emptyset$$

if $x \notin \downarrow m$ or $y \notin \downarrow n$. Also, we set

$$m(x) \equiv n(y) \overset{\text{def}}{\Leftrightarrow} x \uparrow m \equiv y \uparrow n\ .$$

This means that $m(x), n(y)$ are both undefined or both defined and equal.

The **restriction** of a map $m : M \longrightarrow N$ to a set $s \subseteq M$ is

$$m|s \overset{\text{def}}{\equiv} m \cap (s \times N)\ .$$

Moreover,

$$m \ominus s \overset{\text{def}}{\equiv} m|\overline{s}.$$

Here again we omit singleton set braces, i.e., we write $m \ominus x$ instead of $m \ominus \{x\}$. Note that both $m|s \subseteq m$ and $m \ominus s \subseteq m$. The following decomposition property is the key to recursions over maps:

$$m \equiv m|s \cup m \ominus s\ .$$

Two maps $m, n : M \longrightarrow N$ are **compatible** if $m|(\downarrow m \cap \downarrow n) \equiv n|(\downarrow m \cap \downarrow n)$. This holds in particular if $\downarrow m \cap \downarrow n \equiv \emptyset$. For compatible m, n their union $m \cup n$

is again a map. This generalizes to families $(m_i)_{i \in I}$ of maps (I may even be infinite) if the maps m_i are pairwise compatible; we then write $\bigcup_{i \in I} m_i$ for the union map. If $I \equiv \emptyset$, we set $\bigcup_{i \in I} m_i \equiv \emptyset$ as well. It should be clear that $\emptyset$, $[.\mapsto.]$, and $\bigcup$ form a complete set of constructors for the set of partial maps since we have

$$m \equiv \bigcup_{x \in \downarrow m} [x \mapsto m(x)] .$$

The operation of map union is the key tool in obtaining a modular description of pointer structures, since it allows viewing a (total) storage state as the union of those of its (partial) substates that form logical units. This aspect of modularization is reflected by a large number of distributive laws that allow propagation of operations to substates of a state. For the operations introduced so far we have:

$$\begin{array}{rclrcl} s{\downarrow}(m \cup n) & \equiv & s{\downarrow}m \cup s{\downarrow}n & t{\uparrow}(m \cup n) & \equiv & t{\uparrow}m \cup t{\uparrow}n \\ {\downarrow}(m \cup n) & \equiv & {\downarrow}m \cup {\downarrow}n & {\uparrow}(m \cup n) & \equiv & {\uparrow}m \cup {\uparrow}n \\ (m \cup n)|s & \equiv & m|s \cup n|s & (m \cup n)\ominus s & \equiv & m\ominus s \cup n\ominus s . \end{array}$$

Another important operation is **map overwriting**: Given maps $m, n : M \longrightarrow N$ we define

$$m \triangleleft\!\!+ n \stackrel{\text{def}}{\equiv} (m \ominus {\downarrow}n) \cup n .$$

Hence,

$$(m \triangleleft\!\!+ n)(x) \equiv \textsf{if } x \in {\downarrow}n \textsf{ then } n(x) \textsf{ else } m(x) \textsf{ fi}.$$

In other words, $m \triangleleft\!\!+ n$ results from m by changing the values according to the prescription of n (if any). For example, $m \triangleleft\!\!+ [x \mapsto y]$ sets the value of x to y. This operation will be our main tool for describing selective updating. Its most important properties for our purposes are the following ones:

1. Monoid properties:
   $\emptyset \triangleleft\!\!+ m \equiv m \triangleleft\!\!+ \emptyset \equiv m$
   $(l \triangleleft\!\!+ m) \triangleleft\!\!+ n \equiv l \triangleleft\!\!+ (m \triangleleft\!\!+ n)$
2. Overwriting and union:
   $m \triangleleft\!\!+ n \equiv n \triangleleft\!\!+ m$ iff m and n are compatible.
   In this case, $m \triangleleft\!\!+ n \equiv m \cup n$.
3. Domain properties:
   ${\downarrow}(m \triangleleft\!\!+ n) \equiv {\downarrow}m \cup {\downarrow}n$
   $m \triangleleft\!\!+ n \equiv n \Leftrightarrow {\downarrow}m \subseteq {\downarrow}n$
4. Overwriting and submaps:
   $m \triangleleft\!\!+ n \equiv m \Leftrightarrow n \subseteq m$
5. Sequentialization:
   $l \triangleleft\!\!+ (m \cup n) \equiv (l \triangleleft\!\!+ m) \triangleleft\!\!+ n$
   provided m and n are compatible.

6. Annihilation:
   $m \subseteq l \Rightarrow l \nleftarrow (m \cup n) \equiv l \nleftarrow n$
   provided m and n are compatible. This is an immediate consequence of the sequentialization and submap properties.
7. Distributivity:
   $(l \cup m) \nleftarrow n \equiv (l \nleftarrow n) \cup (m \nleftarrow n)$
   provided l and m are compatible.
8. Localization:
   $\downarrow l \cap \downarrow n \equiv \emptyset \Rightarrow (l \cup m) \nleftarrow n \equiv l \cup (m \nleftarrow n)$
   provided l and m are compatible. This property allows localizing side effects to that part of a store they really affect.

A thorough discussion of the properties of $\nleftarrow$ can be found in [5].

A map m is **injective** if $\forall\ x, y \in \downarrow m :\ m(x) = m(y) \Rightarrow x = y$. Then its **inverse** m^{-1} is given by $m^{-1} \equiv \bigcup_{x \in \downarrow m} [m(x) \mapsto x]$ and satisfies

$$\begin{array}{rclrcl} s\downarrow m^{-1} & \equiv & s\uparrow m & \quad t\uparrow m^{-1} & \equiv & t\downarrow m \\ \downarrow m^{-1} & \equiv & \uparrow m & \quad \uparrow m^{-1} & \equiv & \downarrow m\,. \end{array}$$

Moreover,

$$(m \cup n)^{-1} \equiv m^{-1} \cup n^{-1}$$

provided m is injective.

The map operations introduced enjoy a vast number of further useful algebraic laws. Some of them can be found in [3].

Chains

Basic Notions

As an example of how to describe pointer structures within the algebra of maps we now study singly linked lists. We abstract from the concrete contents of the records in such a list and consider only their interrelationship through the pointers, since this is the only source of problems in pointer algorithms. Then a **state** simply is a partial mapping m : cell⟶cell where cell is the set of storage cells; the set of states is denoted by state.

The idea of following the pointers in a singly linked list within a state m is captured by considering m as a relation and passing to its transitive closure m^+: For $x, y \in$ *set*(m),

$$x\ m^+\ y \overset{\text{def}}{\Leftrightarrow} y \in \bigcup_{i \in \mathbb{N} \setminus \{0\}} x \uparrow m^i$$

where

$$m^0 \stackrel{\text{def}}{\equiv} id_{set(m)}$$
$$m^{i+1} \stackrel{\text{def}}{\equiv} m \circ m^i ,$$

where $\circ$ denotes the usual composition of partial maps. Hence $x\ m^+\ y$ iff y can be reached from x following the links of m (at least once). We also need the reflexive transitive closure m^* of m given by

$$x\ m^*\ y \stackrel{\text{def}}{\Leftrightarrow} y \in \bigcup_{i \in \mathbb{N}} x \uparrow m^i .$$

We call m a **chain**, if m^+ is a linear strict-order on *set*(m), i.e., iff the predicate *ischain*(m) holds where

$$\begin{array}{lll} ischain(m) & \stackrel{\text{def}}{\equiv} & \forall x, y, z \in set(m) : \\ & & \neg\ x\ m^+\ x \qquad\qquad\qquad\qquad \text{(irreflexivity)} \\ & \wedge & x \neq y \Rightarrow (x\ m^+\ y \vee y\ m^+\ x) \quad \text{(linearity)} . \end{array}$$

Irreflexivity excludes the existence of cycles within the list, whereas linearity implies that the list is connected, i.e., that, given two distinct cells in the list, one of them can be reached from the other following the links of the list.

Lemma 3.1
Let m be a chain.
(1) m is injective.
(2) Assume $x, y \in set(m)$. If $x\ m^+\ y$ then $\neg\ y\ m^+\ x$.

Proof:
(1) Let $m(x) \equiv m(y) \equiv z$ and assume $x \not\equiv y$. Then w.l.o.g. $x\ m^+\ y$. Since m is a map, it follows that $x\ m\ z\ m^*\ y\ m\ z$, i.e., $z\ m^+\ z$, a contradiction.
(2) Assume $x\ m^+\ y$ and $y\ m^+\ x$. By transitivity then $x\ m^+\ x$ contradicting the irreflexivity of m^+. □

Property (1) means that each cell in a chain is referred to by at most one cell, i.e., absence of sharing, whereas (2) again means absence of cycles.

The following lemma states a property that is very useful for treating combinations of chains:

Lemma 3.2
Let m and n be maps such that $\uparrow n \cap \downarrow m \equiv \emptyset$. Then

$$(m \cup n)^+ \equiv m^+ \cup m^+ n^+ \cup n^+ ,$$

where m^+n^+ is the relational product of m^+ and n^+ (in diagrammatic order).

Proof: From $\uparrow n \cap \downarrow m \equiv \emptyset$ it follows that $nm \equiv \emptyset$. Now a straightforward induction shows

$$(m \cup n)^i \equiv \bigcup_{k=0}^{i} m^{i-k} n^k .$$

From this the claim is immediate. □

Chains are usually parts of a larger state and are distinguished by header cells. Hence we define, for arbitrary $m : \mathsf{cell} \longrightarrow \mathsf{cell}$ and $x \in \mathsf{cell}$,

$$\mathit{from}(x, m) \stackrel{\text{def}}{\equiv} m|\{y \mid x\ m^*\ y\} \quad (\equiv m|(\bigcup_{i \in \mathbb{N}} x \uparrow m^i)) .$$

Then $\mathit{from}(x, m)$ is the linked list within m that starts from x (inclusive of x), if any. Note that this list need not be a chain, since it may contain a cycle.

Lemma 3.3
(1) $\mathit{from}(x, m) \equiv \bigcup_{i \in \mathbb{N}} [m^i(x) \mapsto m^{i+1}(x)]$.
(2) $x \notin \downarrow m \Rightarrow \mathit{from}(x, m) \equiv \emptyset$.

Proof:
(1) $\mathit{from}(x, m) \equiv m|(\bigcup_{i \in \mathbb{N}} x \uparrow m^i) \equiv \bigcup_{i \in \mathbb{N}} m|(x \uparrow m^i) \equiv$
$\bigcup_{i \in \mathbb{N}} [m^i(x) \mapsto m(m^i(x))] \equiv \bigcup_{i \in \mathbb{N}} [m^i(x) \mapsto m^{i+1}(x)]$.
(2) is immediate from the definition. □

As a first example for reasoning about linked lists we now prove that overwriting at the beginning of a list does not influence the rest of the list, provided the list itself is not a cycle:

Lemma 3.4
Assume that $\neg\ x\ m^+\ x$. Then for arbitrary y we have

$$\mathit{from}(m(x), m) \equiv \mathit{from}(m(x), m \,\triangleleft\!\!\!-\, [x \mapsto y]) .$$

Proof: We show by induction on $i \in \mathbb{N}$ that $(m \,\triangleleft\!\!\!-\, [x \mapsto y])^i(z) \equiv m^i(z)$ for all z such that $x\ m^+\ z$. The base case $i \equiv 0$ is trivial. Assume now that the assertion holds for i and consider an arbitrary z with $x\ m^+\ z$. Since $\neg\ x\ m^+\ x$ we know $z \not\equiv x$. Hence $(m \,\triangleleft\!\!\!-\, [x \mapsto y])(z) \equiv m(z)$. Moreover, $x\ m^+\ m(z)$ provided $m(z)$ is defined. Now

$$\begin{aligned}
& (m \triangleleft [x \mapsto y])^{i+1}(z) \\
\equiv\ & (m \triangleleft [x \mapsto y])^{i}((m \triangleleft [x \mapsto y])(z)) \\
\equiv\ & (m \triangleleft [x \mapsto y])^{i}(m(z)) \\
\equiv\ & \text{(by induction hypothesis resp. undefinedness)} \\
& m^{i}(m(z)) \\
\equiv\ & m^{i+1}(z)\ .
\end{aligned}$$

This concludes the induction. Now we have

$$\begin{aligned}
& \mathit{from}(m(x), m) \\
\equiv\ & \text{(by the previous lemma)} \\
& \bigcup_{i \in \mathbb{N}} [m^{i}(m(x)) \mapsto m^{i+1}(m(x))] \\
\equiv\ & \bigcup_{i \in \mathbb{N}} [(m \triangleleft [x \mapsto y])^{i}(m(x)) \mapsto (m \triangleleft [x \mapsto y])^{i+1}(m(x))] \\
\equiv\ & \mathit{from}(m(x), m \triangleleft [x \mapsto y])\ .
\end{aligned}$$

□

This property will be useful in reversing a chain.

Anchored Chains

We now turn to the special case of terminating chains. These are cycle-free singly linked lists in which each element has only finitely many successors. Formally, a chain m is **terminating** if $m \equiv \emptyset$ or *set*(m) contains a greatest element *last*(m) w.r.t. m^+.

Lemma 3.5
Let $m \not\equiv \emptyset$ be a terminating chain. Then
(1) $\downarrow m \equiv \mathit{set}(m) \backslash \{\mathit{last}(m)\}$.
(2) $\uparrow m \subseteq \downarrow m \cup \{\mathit{last}(m)\}$.
(3) $\uparrow m \backslash \downarrow m \equiv \{\mathit{last}(m)\}$.

Proof:
(1) ($\subseteq$) $\downarrow m \subseteq \mathit{set}(m)$ holds by definition. Assume $\mathit{last}(m) \in \downarrow m$ and let $y \equiv m(\mathit{last}(m))$. Then $y \in \mathit{set}(m)$ and $\mathit{last}(m)\ m^+\ y \not\equiv \mathit{last}(m)$ contradicting the fact that *last*(m) is the greatest element of *set*(m).
($\supseteq$) Let $x \in \mathit{set}(m) \backslash \{\mathit{last}(m)\}$. Then $x\ m^+\ \mathit{last}(m)$ since *last*(m) is the greatest element of *set*(m). But then $x \in \downarrow m$, since otherwise all sets $x \uparrow m^i$ ($i > 0$) would be empty.

(2) By definition, $\uparrow m \subseteq set(m)$. But by (1), $set(m) \equiv \downarrow m \cup \{last(m)\}$.
(3) Using (1) we get
$\uparrow m \backslash \downarrow m \equiv \uparrow m \backslash (set(m) \backslash \{last(m)\}) \equiv$
$\uparrow m \backslash set(m) \cup \uparrow m \cap \{last(m)\} \equiv \{last(m)\}$. □

Frequently one uses a special chain terminator common to all chains considered (e.g., nil in Pascal). Let therefore $\Box \in$ cell be a distinguished element, called the **anchor**. In the sequel we require $\Box \notin \downarrow m$ for all states m considered. We define the predicate

$$isanchored(m) \stackrel{\text{def}}{\equiv} ischain(m) \wedge (m = \emptyset \mathrel{\dot\vee} last(m) = \Box)\,,$$

where $\dot\vee$ is the sequential or conditional disjunction evaluated from left to right. Thus, a nonempty chain is anchored iff it is terminated by □.

For a nonempty anchored chain the last element but one is the last "proper" element. Therefore we define, for anchored m,

$$\{lbo(m)\} \stackrel{\text{def}}{\equiv} \text{if } m = \emptyset \text{ then } \{\Box\} \text{ else } \Box \downarrow m \text{ fi}\,.$$

Well-Founded Chains

Dually to terminating chains we also consider chains with starting elements. Call a chain m **well-founded** if $m \equiv \emptyset$ or $set(m)$ contains a least element $first(m)$ w.r.t. m^+.

Lemma 3.6
Let $m \not\equiv \emptyset$ be a well-founded chain. Then
(1) $\uparrow m \equiv set(m) \backslash \{first(m)\}$.
(2) $\downarrow m \subseteq \uparrow m \cup \{first(m)\}$.
(3) $\downarrow m \backslash \uparrow m \equiv \{first(m)\}$.

Proof: Dual to that of the previous lemma. □

We set, for well-founded $m \not\equiv \emptyset$,

$$rest(m) \stackrel{\text{def}}{\equiv} m \ominus first(m)\,.$$

These operations again show useful properties:

Lemma 3.7
Let $m \not\equiv \emptyset$ be a well-founded chain. Then
(1) $m \equiv [first(m) \mapsto m(first(m))] \cup rest(m)$.
(2) $rest(m) \not\equiv \emptyset \Rightarrow first(rest(m)) \equiv m(first(m))$.
(3) If m is also anchored, $rest(m) \equiv \emptyset \Leftrightarrow m(first(m)) \equiv \Box$.

Proof:

(1) is immediate from the decomposition property of maps.

(2) $\{\mathit{first}(\mathit{rest}(m))\} \equiv \downarrow \mathit{rest}(m) \backslash \uparrow \mathit{rest}(m) \equiv$
$(\downarrow m \backslash \{\mathit{first}(m)\}) \backslash (\uparrow m \backslash \{m(\mathit{first}(m))\}) \equiv$
$(\downarrow m \backslash \{\mathit{first}(m)\} \backslash \uparrow m) \cup (\downarrow m \backslash \{\mathit{first}(m)\} \cap \{m(\mathit{first}(m))\}) \equiv$
$(\downarrow m \backslash \uparrow m \backslash \{\mathit{first}(m)\}) \cup \{m(\mathit{first}(m))\} \equiv$
$\{\mathit{first}(m)\} \backslash \{\mathit{first}(m)\} \cup \{m(\mathit{first}(m))\} \equiv \{m(\mathit{first}(m))\}$.

(3) ($\Rightarrow$) By (1), $m \equiv [\mathit{first}(m) \mapsto m(\mathit{first}(m))]$. Hence $\Box \equiv \mathit{last}(m) \equiv m(\mathit{first}(m))$.

($\Leftarrow$) We have $\mathit{set}(m) \equiv \bigcup_{i \in \mathbb{N}} \mathit{first}(m) \uparrow m^i$. However, $\mathit{first}(m) \uparrow m \equiv \{\Box\}$ implies $\mathit{first}(m) \uparrow m^i \equiv \emptyset$ for $i \geq 2$, since $\Box \not\in \downarrow m$. Hence we have $\mathit{set}(m) \equiv \{\mathit{first}(m), \Box\}$ and $m \equiv [\mathit{first}(m) \mapsto \Box]$. Therefore $\mathit{rest}(m) \equiv \emptyset$. □

Corollary 3.8
If $\mathit{from}(x, m) \not\equiv \emptyset$ is a well-founded chain, we have

$$\mathit{first}(\mathit{from}(x, m)) \equiv x \text{ and } \mathit{rest}(\mathit{from}(x, m)) \equiv \mathit{from}(m(x), m) .$$

If, moreover, $\mathit{from}(x, m)$ is anchored,

$$\mathit{from}(x, m) \equiv \textsf{if } m(x) = \Box \textsf{ then } [x \mapsto \Box] \textsf{ else } [x \mapsto m(x)] \cup \mathit{from}(m(x), m) \textsf{ fi} .$$

It can be shown that a chain is both well-founded and terminating iff it is finite as a set of argument/value pairs. For finite anchored chains we now want to derive a recursive version of the function *lbo*defined in the previous section. Assume $m \not\equiv \emptyset$. We calculate

$$
\begin{aligned}
& \{\mathit{lbo}(m)\} \\
\equiv\ & \Box \downarrow m \\
\equiv\ & \text{(by Lemma 3.7(1))} \\
& \Box \downarrow ([\mathit{first}(m) \mapsto m(\mathit{first}(m))] \cup \mathit{rest}(m)) \\
\equiv\ & \Box \downarrow [\mathit{first}(m) \mapsto m(\mathit{first}(m))] \cup \Box \downarrow \mathit{rest}(m) \\
\equiv\ & \textsf{if } m(\mathit{first}(m)) = \Box \textsf{ then } \Box \downarrow [\mathit{first}(m) \mapsto m(\mathit{first}(m))] \cup \Box \downarrow \mathit{rest}(m) \\
& \qquad\qquad\qquad\quad \textsf{else } \Box \downarrow [\mathit{first}(m) \mapsto m(\mathit{first}(m))] \cup \Box \downarrow \mathit{rest}(m) \textsf{ fi} \\
\equiv\ & \text{(definition, Lemma 3.7(3))} \\
& \textsf{if } m(\mathit{first}(m)) = \Box \textsf{ then } \{\mathit{first}(m)\} \cup \Box \downarrow \emptyset \\
& \qquad\qquad\qquad\quad \textsf{else } \emptyset \cup \Box \downarrow \mathit{rest}(m) \textsf{ fi}
\end{aligned}
$$

$\equiv$ (simplification, fold *lbo*)
if $m(\mathit{first}(m)) = \Box$ then $\{\mathit{first}(m)\}$
else $\{\mathit{lbo}(\mathit{rest}(m))\}$ fi .

Hence, for $m \not\equiv \emptyset$,

$$\mathit{lbo}(m) \equiv \text{if } m(\mathit{first}(m)) = \Box \text{ then } \mathit{first}(m) \text{ else } \mathit{lbo}(\mathit{rest}(m)) \text{ fi} .$$

Termination of this recursion is obvious.

Concatenation of Chains

In the sequel, concerning semantics and notation we closely follow the language CIP-L [1,2]. In addition, we use the notation

$$B \triangleright E$$

as an abbreviation for the expression

if B then E else error fi

which is equivalent to E if the precondition B is satisfied and undefined otherwise. See [9] for a more detailed discussion of this construct. An analogous construction applies to statements.

Specification and First Explicit Solution

We now want to specify and develop an algorithm for concatenating two non-empty and non-overlapping anchored chains "in situ". (The case of empty chains is trivial and would only lead to tedious case distinctions.) As an auxiliary notion we need the **restriction** of a relation R to a set s, viz.

$$R \| s \overset{\text{def}}{\equiv} R \cap s \times s .$$

Our specification then reads

$$\begin{aligned} \mathit{concpc}(m,n) \overset{\text{def}}{\equiv}\; & m \neq \emptyset \wedge n \neq \emptyset \wedge \\ & \mathit{isanchored}(m) \wedge \mathit{isanchored}(n) \wedge {\downarrow} m \cap {\downarrow} n = \emptyset \end{aligned}$$

$$\begin{aligned} \mathit{conc}(m,n) \overset{\text{def}}{\equiv}\; & \mathit{concpc}(m,n) \triangleright \text{some state } l : \\ & (1)\ \mathit{isanchored}(l) \wedge \\ & (2)\ {\downarrow} l = {\downarrow} m \cup {\downarrow} n \wedge \\ & (3)\ l^+ \| {\downarrow} m = m^+ \| {\downarrow} m \wedge l^+ \| {\downarrow} n = n^+ \| {\downarrow} n \wedge \\ & (4)\ \forall x \in {\downarrow} m : \forall y \in {\downarrow} n : x\, l^+\, y . \end{aligned}$$

Let us explain the particular form of the specification. It is an attempt to characterize the concatenation of two chains solely in terms of the orderings they induce on the cells involved. The precondition *concpc* requires the inputs to be anchored chains the sets of proper cells of which do not overlap. (1) states that the result should again be an anchored chain. (2) actually is the requirement that the concatenation should be performed "in situ", since it stipulates that the proper cells of the result chain should be exactly the same as those of the component cells; no "new" cells may be used. (3) states that the ordering of the cells within the component chains must not be disturbed by the concatenation. (4), finally, requires all proper cells of the first argument to occur in the concatenation before all proper cells of the second argument.

To obtain an explicit version of *conc*, we draw some conclusions from the specification, i.e., we derive necessary conditions for a map to be a solution of our problem. The hope is to derive more explicit conditions than the ones given.

Requirement (4) implies $lbo(m)\ l^+\ first(n)$. However, since by (2) and (3) $lbo(m)$ is maximal w.r.t. l^+ in $\downarrow m$ and $first(n)$ is minimal in $\downarrow n$ w.r.t. l^+, there cannot be any element $z \in \downarrow l \equiv \downarrow m \cup \downarrow n$ with $lbo(m)\ l^+\ z\ l^+\ first(n)$, so that we must have $lbo(m)\ l\ first(n)$, i.e., $[lbo(m) \mapsto first(n)] \subseteq l$. Moreover, (2) and (3) require that l should be "almost" the union of m and n. Since, however, $m(lbo(m)) \equiv \Box$, we need to adjust m at that point. This suggests the choice

$$l \equiv (m \Leftarrow [lbo(m) \mapsto first(n)]) \cup n\ .$$

This is a version many a reader probably would have written down immediately without bothering to come up with a specification like our original one. However, the explicit version does not in any way reflect that concatenation of two chains "in situ" is intended; it merely corresponds to an assignment that redirects one pointer. Therefore we think that our implicit original specification is more adequate as far as understanding of the task is concerned; the price we have to pay is that we now need to verify that the explicit version actually meets the implicit specification. Fortunately, it turns out that this is not too hard using the algebraic properties we have at hand.

For abbreviation we set

$$p \stackrel{\text{def}}{\equiv} m \Leftarrow [lbo(m) \mapsto first(n)]\ .$$

We have

$$\begin{aligned} & \uparrow n \cap \downarrow p \\ \equiv\ & \uparrow n \cap \downarrow m \\ \equiv\ & (\downarrow n \backslash \{first(n)\} \cup \{\Box\}) \cap \downarrow m \\ \equiv\ & \emptyset\ . \end{aligned}$$

Therefore Lemma 3.2 applies and we have

$$l^+ \equiv p^+ \cup p^+ n^+ \cup n^+\ .$$

Furthermore, $p \equiv m\ominus lbo(m) \cup [lbo(m)\mapsto first(n)]$ and

$$\begin{aligned} &\uparrow[lbo(m)\mapsto first(n)] \cap \downarrow m\ominus lbo(m) \\ \equiv\ &\uparrow\{first(n)\} \cap (\downarrow m\backslash\{lbo(m)\}) \\ \equiv\ &\emptyset\,, \end{aligned}$$

so that, again by Lemma 3.2,

$$\begin{aligned} &p^+ \\ \equiv\ &(m\ominus lbo(m))^+ \cup \\ &(m\ominus lbo(m))^+[lbo(m)\mapsto first(n)]^+ \cup \\ &[lbo(m)\mapsto first(n)]^+ \\ \equiv\ &(m\ominus lbo(m))^+ \cup \\ &(m\ominus lbo(m))^+[lbo(m)\mapsto first(n)] \cup \\ &[lbo(m)\mapsto first(n)] \\ \equiv\ &(m\ominus lbo(m))^+ \cup \\ &[\downarrow m\mapsto first(n)]\,. \end{aligned}$$

Hence

$$\begin{aligned} &l^+ \\ \equiv\ &p^+ \cup p^+n^+ \cup n^+ \\ \equiv\ &(m\ominus lbo(m))^+ \cup [\downarrow m\mapsto first(n)] \cup \\ &((m\ominus lbo(m))^+ \cup [\downarrow m\mapsto first(n)])\,n^+ \cup n^+ \\ \equiv\ &(m\ominus lbo(m))^+ \cup [\downarrow m\mapsto first(n)] \cup \\ &(m\ominus lbo(m))^+n^+ \cup [\downarrow m\mapsto first(n)]\,n^+ \cup n^+ \\ \equiv\ &(m\ominus lbo(m))^+ \cup [\downarrow m\mapsto first(n)] \cup \\ &[\downarrow m\mapsto first(n)]\,n^+ \cup n^+\,. \end{aligned}$$

Now $l^+\|\downarrow n \equiv n^+\|\downarrow n$ is immediate. Moreover,

$$\begin{aligned} &l^+\|\downarrow m \\ \equiv\ &(m\ominus lbo(m))^+ \\ \equiv\ &m^+\|\downarrow m\,, \end{aligned}$$

so that (3) is satisfied. (2) is straightforward. (4) follows from (3) together with $p^+n^+ \subseteq l$. Finally we show (1). Suppose $x\ l^+\ x$ for some $x \in \downarrow m \cup \downarrow n$. Since $x\ p^+n^+\ x$ is not possible by $\downarrow p \cap \uparrow n \equiv \emptyset$, this would mean $x\ p^+\ x$ or $x\ n^+\ x$ contradicting *isanchored*(m) $\wedge$ *isanchored*(n). Linearity of l follows from (4) together with that of m^+ and n^+. Assume now $x \in \downarrow m$. Then

$$x\ p^*\ lbo(m)\ l\ first(m)\ n^+\ \Box$$

so that $last(l) \equiv \Box$.

A Version with Overwriting

Next, we want to derive a version of the function that works with header cells of chains within a larger storage rather than with the chains themselves. Moreover, we overwrite the concatenated chain onto the part of the memory that contained the component chains. This can be specified as follows:

$$\begin{aligned} owconc(l, x, y) \stackrel{\text{def}}{\equiv} & \ concpc(from(x, l), from(y, l)) \ \triangleright \\ & \ l \twoheadleftarrow conc(from(x, l), from(y, l)) \ . \end{aligned}$$

For the further development we assume $concpc(from(x, l), from(y, l)) \equiv \mathsf{true}$ and set

$$m \stackrel{\text{def}}{\equiv} from(x, l) \ ,$$
$$n \stackrel{\text{def}}{\equiv} from(y, l) \ .$$

Then m and n by definition are restrictions of l so that we have $m, n \subseteq l$. Now we can simplify:

$$\begin{aligned} & l \twoheadleftarrow conc(m, n) \\ \equiv\ & l \twoheadleftarrow (m \ominus lbo(m) \cup [lbo(m) \mapsto first(m)] \cup n) \\ \equiv\ & \text{(by Corollary 3.8)} \\ & l \twoheadleftarrow (m \ominus lbo(m) \cup [lbo(m) \mapsto y] \cup n) \\ \\ \equiv\ & \text{(annihilation, commutativity of } \cup) \\ & l \twoheadleftarrow [lbo(m) \mapsto y] \end{aligned}$$

Next we introduce an auxiliary function for computing this expression:

$$owlbo(l, x, y) \stackrel{\text{def}}{\equiv} l \twoheadleftarrow [lbo(from(x, l)) \mapsto y] \ .$$

We have

$$owconc(l, x, y) \equiv owlbo(l, x, y) \ .$$

Now we derive a recursion equation for *owlbo*. Let again $m \stackrel{\text{def}}{\equiv} from(x, l)$. Then

$$\begin{aligned} & owlbo(l, x, y) \\ \equiv\ & \text{(unfold } owlbo) \\ & l \twoheadleftarrow [lbo(m) \mapsto y] \end{aligned}$$

$\equiv$ (by the recursion for *lbo*)

if $m(first(m)) = \Box$ then $l \twoheadleftarrow [first(m) \mapsto y]$

else $l \twoheadleftarrow [lbo(rest(m)) \mapsto y]$ fi

$\equiv$ (by Corollary 3.8)

if $l(x) = \Box$ then $l \twoheadleftarrow [x \mapsto y]$

else $l \twoheadleftarrow [lbo(from(l(x), l)) \mapsto y]$ fi

$\equiv$ (fold *owlbo*)

if $l(x) = \Box$ then $l \twoheadleftarrow [x \mapsto y]$

else $owlbo(l, l(x), y)$ fi .

Termination of this recursion is obvious. It is quite reassuring that the fundamental unfold/fold technique for deriving recursions also applies to pointer algorithms in this setting. Since we have even obtained a tail-recursive version, we are already very close to an imperative program. To get there, we introduce a procedure specified by

proc *powconc* $\equiv$ (var state l, cell x, y) :

$concpc(l, from(x, l), from(y, l)) \triangleright$

$l := owlbo(l, x, y)$

Note that this clearly specifies l as a transient parameter, whereas x and y are passed by value. Therefore the imperative version of *powconc*needs local variables for x and y, whereas it may operate on l directly. This is described by the following schematic rule for passing from a procedure that calls a tail-recursive function to a procedure with a loop in its body:

proc $p \equiv$ (var m a, n b) :

$P(a, b) \triangleright a := f(a, b)$

where

funct $f \equiv$ (m a, n b) m :

if $C(a, b)$ then $T(a, b)$ else $f(K(a, b), L(a, b))$ fi

———————— $\updownarrow$ ———————— [NEW$[\![B]\!]$]

proc $p \equiv$ (var m a, n B) :

$P(a, B) \triangleright$

⌈var n $b := B$;

while $\neg C(a, b)$ do $(a, b) := (K(a, b), L(a, b))$ od ;

$a := T(a, b)$ ⌋ .

Note that a, b, and B may stand for tuples of variables. The condition NEW⟦B⟧ states that B has to be a (tuple of) fresh identifier(s). Applying this rule we obtain

$$\begin{array}{l} \textsf{proc}\ \mathit{powconc} \equiv (\textsf{var state}\ l, \textsf{cell}\ X, Y) : \\ \quad \mathit{concpc}(l, \mathit{from}(X, l), \mathit{from}(Y, l)) \rhd \\ \quad \lceil (\textsf{var cell}\ x, y) := (X, Y) ; \\ \quad\ \ \textsf{while}\ l(x) \neq \Box\ \textsf{do}\ (l, x, y) := (l, l(x), y)\ \textsf{od} ; \\ \quad\ \ l := l \Leftarrow [x \mapsto y] \rfloor \end{array}$$

Our final version results from eliminating useless assignments of the form $z := z$ as well as the variable y which never is changed:

$$\begin{array}{l} \textsf{proc}\ \mathit{powconc} \equiv (\textsf{var state}\ l, \textsf{cell}\ X, Y) : \\ \quad \mathit{concpc}(l, \mathit{from}(X, l), \mathit{from}(Y, l)) \rhd \\ \quad \lceil \textsf{var cell}\ x := X ; \\ \quad\ \ \textsf{while}\ l(x) \neq \Box\ \textsf{do}\ x := l(x)\ \textsf{od} ; \\ \quad\ \ l := l \Leftarrow [x \mapsto Y] \rfloor . \end{array}$$

If we write the assignment

$$l := l \Leftarrow [x \mapsto Y]$$

in a Pascal-like way as

$$x\uparrow := Y ,$$

(where l now is an implicit parameter), we see that we actually have derived a version with selective updating.

In the derivation we have not made use of any assumptions about absence of sharing. Indeed, if in l there are pointers from other data structures to (parts of) the lists headed by x and y, there will be indirect side effects on these pointers. However, since by the specification we know the value of the complete store after execution of our procedure, we can *calculate* these effects using our algebraic laws. Also, one can easily write stronger preconditions that exclude sharing if this is desired.

Chain Reversal

Specification and First Explicit Solution

Next we want to derive a procedure for reversing a non-empty chain "in situ". Again we first specify a purely applicative version. The reverse of a chain should contain exactly the same proper cells as the original chain, however, in reverse order of traversal. We can express this as follows:

$$\mathit{revpc}(m) \stackrel{\text{def}}{\equiv} m \neq \emptyset \wedge \mathit{isanchored}(m)\,,$$

$$\begin{aligned} \mathit{rev}(m) \stackrel{\text{def}}{\equiv} \mathit{revpc}(m) \rhd \textsf{some state } n :\ & (1)\ \mathit{isanchored}(n) \wedge \\ & (2)\ \downarrow n = \downarrow m \wedge \\ & (3)\ n^{+} \| \downarrow m = (m^{+})^{-1} \| \downarrow m\,. \end{aligned}$$

Here, $(m^{+})^{-1}$ is the converse of the relation m^{+}.

Let us now derive an explicit form of *rev*(m). First we observe that

$$(m^{+})^{-1} \equiv (m^{-1})^{+}\,,$$

where m^{-1} again is a map, since by Lemma 3.1 m is injective. Hence (3) can be satisfied if we can choose n in such a way that

$$n \| \downarrow m \equiv m^{-1} \| \downarrow m\,.$$

Therefore we now first calculate $m^{-1} \| \downarrow m$. We have, using Lemmas 3.5 and 3.6, that

$$\begin{aligned} & \downarrow m \\ \equiv\ & \uparrow m \backslash \{\square\} \cup \{\mathit{first}(m)\} \\ \equiv\ & \downarrow m^{-1} \backslash \{\square\} \cup \{\mathit{first}(m)\} \\ \equiv\ & \downarrow (m^{-1} \ominus \square) \cup \{\mathit{first}(m)\}\,. \end{aligned}$$

Moreover,

$$m^{-1} \| \downarrow m \equiv m^{-1} | \downarrow m\,.$$

Now,

$$\begin{aligned} & m^{-1} \| \downarrow m \\ \equiv\ & m^{-1} | \downarrow m \\ \equiv\ & m^{-1} | (\downarrow (m^{-1} \ominus \square) \cup \{\mathit{first}(m)\}) \\ \equiv\ & m^{-1} | \downarrow (m^{-1} \ominus \square) \cup m^{-1} | \{\mathit{first}(m)\} \\ \equiv\ & m^{-1} \ominus \square \cup \emptyset \\ \equiv\ & m^{-1} \ominus \square\,. \end{aligned}$$

Since we need to have $\downarrow n \equiv \downarrow m$ we now try to find a z such that

$$n \equiv m^{-1} \ominus \square \cup [\mathit{first}(m) \mapsto z] \ .$$

We also need to satisfy *isanchored*(n) which implies $\square \in \uparrow n$. However,

$$\uparrow (m^{-1} \ominus \square) \subseteq \uparrow m^{-1} \subseteq \downarrow m$$

and hence $\square \notin \uparrow (m^{-1} \ominus \square)$. So the only way to achieve $\square \in \uparrow n$ is to set $z \equiv \square$. This leaves us with

$$(*) \quad n \equiv m^{-1} \ominus \square \cup [\mathit{first}(m) \mapsto \square] \ .$$

Now one can verify *isanchored*(n). This will be the starting point for our development of an imperative version.

One can bring the expression for n into a different form. We have

$$\begin{aligned} & m^{-1} \ominus \square \cup [\mathit{first}(m) \mapsto \square] \\ \equiv\ & m^{-1} \ominus \square \cup [\mathit{first}(m) \mapsto \square] \ominus \square \\ \equiv\ & (m^{-1} \cup [\mathit{first}(m) \mapsto \square]) \ominus \square \\ \equiv\ & (m^{-1} \cup [\square \mapsto \mathit{first}(m)]^{-1}) \ominus \square \\ \equiv\ & (m \cup [\square \mapsto \mathit{first}(m)])^{-1} \ominus \square \ . \end{aligned}$$

This form now suggests a nice conceptual algorithm for reversing a chain: First close the chain temporarily to a cycle by treating $\square$ as an ordinary cell and adding the link $[\square \mapsto \mathit{first}(m)]$. Then reverse all the pointers by passing to $(m \cup [\square \mapsto \mathit{first}(m)])^{-1}$. Finally, cut the cycle again by taking away the link emanating from $\square$. It should be remarked here that this view of chain reversal was not known to the author before; it was obtained by purely symbolic reasoning in trying to bring the original expression into a more regular form.

Versions with Overwriting and Selective Updating

Again we specify a version of reversal that deals with lists addressed by header cells:

$$\begin{aligned} \mathit{owrev}(l, x) \overset{\text{def}}{\equiv}\ & \mathit{revpc}(\mathit{from}(x, l)) \triangleright \\ & l \leftarrow \mathit{rev}(\mathit{from}(x, l)) \ . \end{aligned}$$

Using (∗) we obtain

$$\begin{aligned}
&\mathit{owrev}(l, x)\\
\equiv\ & l \mathbin{+\!\!\!\!<} (\mathit{from}(x, l)^{-1} \ominus \square \cup [\mathit{first}(\mathit{from}(x, l)) \mapsto \square])\\
\equiv\ & l \mathbin{+\!\!\!\!<} (\mathit{from}(x, l)^{-1} \ominus \square \cup [x \mapsto \square])\\
\equiv\ & \text{(commutativity, sequentialization)}\\
& l \mathbin{+\!\!\!\!<} [x \mapsto \square] \mathbin{+\!\!\!\!<} \mathit{from}(x, l)^{-1} \ominus \square\,.
\end{aligned}$$

Now we introduce an auxiliary function

$$\mathit{owrev1}(l, x, y) \stackrel{\text{def}}{\equiv} l \mathbin{+\!\!\!\!<} [x \mapsto y] \mathbin{+\!\!\!\!<} \mathit{from}(x, l)^{-1} \ominus \square$$

with the embedding

$$\mathit{owrev}(l, x) \equiv \mathit{owrev1}(l, x, \square)\,.$$

For abbreviation we introduce $m \stackrel{\text{def}}{\equiv} l \mathbin{+\!\!\!\!<} [x \mapsto y]$. Now we can develop a recursion equation:

$$\begin{aligned}
&\mathit{owrev1}(l, x, y)\\
\equiv\ & \text{(unfold } \mathit{owrev1}\text{)}\\
& l \mathbin{+\!\!\!\!<} [x \mapsto y] \mathbin{+\!\!\!\!<} \mathit{from}(x, l)^{-1} \ominus \square\\
\equiv\ & m \mathbin{+\!\!\!\!<} \mathit{from}(x, l)^{-1} \ominus \square\\
\equiv\ & \text{(by Corollary 3.8)}\\
& \textsf{if } l(x) = \square \textsf{ then } m \mathbin{+\!\!\!\!<} [x \mapsto \square]^{-1} \ominus \square\\
& \qquad\qquad \textsf{else } m \mathbin{+\!\!\!\!<} ([x \mapsto l(x)] \cup \mathit{from}(l(x), l))^{-1} \ominus \square \textsf{ fi}\\
\equiv\ & \text{(distributivity, inverse)}\\
& \textsf{if } l(x) = \square \textsf{ then } m \mathbin{+\!\!\!\!<} [\square \mapsto x] \ominus \square\\
& \qquad\qquad \textsf{else } m \mathbin{+\!\!\!\!<} ([l(x) \mapsto x] \ominus \square \cup \mathit{from}(l(x), l)^{-1} \ominus \square) \textsf{ fi}\\
\equiv\ & (l(x) \neq \square \text{ in else-case})\\
& \textsf{if } l(x) = \square \textsf{ then } m \mathbin{+\!\!\!\!<} \emptyset\\
& \qquad\qquad \textsf{else } m \mathbin{+\!\!\!\!<} ([l(x) \mapsto x] \cup \mathit{from}(l(x), l)^{-1} \ominus \square) \textsf{ fi}\\
\equiv\ & \text{(neutrality, sequentialization)}\\
& \textsf{if } l(x) = \square \textsf{ then } m\\
& \qquad\qquad \textsf{else } m \mathbin{+\!\!\!\!<} [l(x) \mapsto x] \mathbin{+\!\!\!\!<} \mathit{from}(l(x), l)^{-1} \ominus \square \textsf{ fi}
\end{aligned}$$

$\equiv$ (Lemma 3.4)

if $l(x) = \square$ then m

else $m \Leftarrow [l(x) \mapsto x] \Leftarrow \mathit{from}(l(x), m)^{-1} \ominus \square$ fi

$\equiv$ (fold *owrev1*)

if $l(x) = \square$ then m

else $\mathit{owrev1}(m, l(x), x)$ fi .

Again we have arrived at an (obviously terminating) tail recursion. Specifying a procedure

proc *powrev* $\equiv$ (var state l, cell X) :

$\mathit{revpc}(\mathit{from}(X, l)) \triangleright$

$l := l \Leftarrow \mathit{rev}(\mathit{from}(x, l))$

we obtain as in the previous section the final version

proc *powrev* $\equiv$ (var state l, cell X) :

$\mathit{revpc}(\mathit{from}(X, l)) \triangleright$

⌈(var cell x, y) := $(X, \square)$;

while $l(x) \neq \square$

do$(l, x, y) := (l \Leftarrow [x \mapsto y], l(x), x)$od;

$l := l \Leftarrow [x \mapsto y]$ ⌋

Note that sequentialization of the collective assignment would require an auxiliary variable.

This program describes a well-known algorithm for reversing a list "in situ". Whereas verification purely at the procedural level is by no means easy (see e.g. [4, 7]), in particular if all the details were to be filled in, we have derived and thereby verified the program by a fairly short and simple formal calculation using standard transformation techniques.

Proving Program Properties

To conclude this section, we want to show how the algebra of maps can also be used for proving properties of programs. We want to show that, for a non-empty finite anchored chain m,

$\mathit{rev}(\mathit{rev}(m)) \equiv m$.

There is a variety of ways of showing this; one possibility would be an induction on the length of m using a recursive or imperative variant of *rev*. However, the proof is much simpler if one uses the non-operational explicit form $(*)$ we have derived from the implicit specification, since induction then can completely be avoided. We first note that

$$
\begin{aligned}
& rev(m) \\
\equiv\ & m^{-1} \ominus \Box \cup [first(m) \mapsto \Box] \\
\equiv\ & (m \ominus (\Box \downarrow m))^{-1} \cup [first(m) \mapsto \Box] \,.
\end{aligned}
$$

Next,

$$
\begin{aligned}
& \{first(rev(m))\} \\
\equiv\ & \downarrow rev(m) \backslash \uparrow rev(m) \\
\equiv\ & \downarrow m \backslash (\uparrow (m \ominus (\Box \downarrow m))^{-1} \cup \{\Box\}) \\
\equiv\ & \downarrow m \backslash \{\Box\} \backslash \downarrow (m \ominus (\Box \downarrow m)) \\
\equiv\ & \downarrow m \backslash \downarrow (m \ominus (\Box \downarrow m)) \\
\equiv\ & \downarrow m \backslash (\downarrow m \backslash (\Box \downarrow m)) \\
\equiv\ & \downarrow m \cap \Box \downarrow m \\
\equiv\ & \Box \downarrow m \,.
\end{aligned}
$$

Now

$$
\begin{aligned}
& rev(rev(m)) \\
\equiv\ & rev(m)^{-1} \ominus \Box \cup [first(rev(m)) \mapsto \Box] \\
\equiv\ & ((m \ominus (\Box \downarrow m))^{-1} \cup [first(m) \mapsto \Box])^{-1} \ominus \Box \cup \\
& [\Box \downarrow m \mapsto \Box] \\
\equiv\ & (((m \ominus (\Box \downarrow m))^{-1})^{-1} \cup [first(m) \mapsto \Box]^{-1}) \ominus \Box \cup \\
& [\Box \downarrow m \mapsto \Box] \\
\equiv\ & (m \ominus (\Box \downarrow m) \cup [\Box \mapsto first(m)]) \ominus \Box \cup \\
& [\Box \downarrow m \mapsto \Box] \\
\equiv\ & (m \ominus (\Box \downarrow m)) \ominus \Box \cup [\Box \mapsto first(m)] \ominus \Box \cup \\
& [\Box \downarrow m \mapsto \Box] \\
\equiv\ & m \ominus (\Box \downarrow m) \cup [\Box \downarrow m \mapsto \Box] \\
\equiv\ & m \,.
\end{aligned}
$$

In a similar fashion one can prove the associativity of *conc*. Since these proofs manage to do completely without induction, their mechanization should be easy, e.g., using techniques from term rewriting. A tool for assisting such proofs would considerably help our approach in becoming practically usable.

Conclusion

We have shown with two examples how to derive algorithms involving pointers and selective updating from formal specifications using standard transformation techniques. The key to the method consists in considering the store as an explicit parameter, since then one has complete information about sharing and therefore complete control about side effects. We deem this approach much clearer (and much more convenient) than the idea of hiding the store and coming up with special logics (see e.g. [8, 6]) that capture the side-effects indirectly, as needs to be done in the field of verification of procedural programs.

Staying at the applicative level almost to the very end of the derivations has allowed us to take full advantage of the powerful algebra of partial maps. The operations of that algebra are even that expressive that we did not need to explain anything with the help of diagrams. This may seem due to the simplicity of the algorithms. However, also when developing the intricate garbage collection algorithm described in [3] we quite soon stopped drawing diagrams because the algebraic formulation was clearer and much more modular. Another advantage of the applicative treatment is that if additional predicates or operations on maps are needed, they are much more easily added at the applicative than at the procedural level. Finally, if pointer algorithms are developed in a systematic way at the applicative language level, there is no need for introducing additional imperative language concepts such as the highly imperspicuous pointer rotation [12].

We are convinced that our approach can be extended into a convenient method for constructing systems software with guaranteed correctness.

Acknowledgements. The idea of an algebraic treatment of pointers was stimulated by discussions within IFIP WG 2.1, notably by the algebraic way in which R. Bird and L. Meertens develop tree and list algorithms. I gratefully acknowledge many helpful conversations with my present and former colleagues from the project CIP, notably with F.L. Bauer, U. Berger, H. Ehler, H. Partsch, P. Pepper, and W. Meixner, as well as with my students.

References

1. F.L. Bauer, R. Berghammer, M. Broy, W. Dosch, F. Geiselbrechtinger, R. Gnatz, E. Hangel, W. Hesse, B. Krieg-Brückner, A. Laut, T.A. Matzner, B. Möller, F. Nickl, H. Partsch, P. Pepper, K. Samelson, M. Wirsing, H. Wössner: The Munich project CIP. Volume I: The wide spectrum language CIP-L. Lecture Notes in Computer Science **183**. Berlin: Springer 1985
2. F.L. Bauer, B. Möller, H. Partsch, P. Pepper: Formal program construction by transformations — Computer-aided, Intuition-guided Programming. Institut für Informatik der TU München, TUM-I8807, Juni 1988. Also in IEEE Transactions on Software Engineering **15**, 165–180 (1989)

3. U. Berger, W. Meixner, B. Möller: Calculating a garbage collector. In: M. Broy M. Wirsing (eds.): Methodik des Programmierens. Fakultät für Mathematik und Informatik der Universität Passau, MIP-8915, 1989, 1–52. Also in M. Broy, M. Wirsing (eds.): Programming Methodology – The CIP approach. Springer (to appear)
4. R. Burstall: Some techniques for proving correctness of programs which alter data structures. In: B. Meltzer, D. Mitchie (eds.): Machine Intelligence **7**. Edinburgh University Press 1972, 23–50
5. A. Horsch: Functional programming with partially applicable operators. Fakultät für Mathematik und Informatik der TU München, Dissertation, 1989
6. A. Kausche: Modale Logiken von geflechtartigen Datenstrukturen und ihre Kombination mit temporaler Programmlogik. Fakultät für Mathematik und Informatik der TU München, Dissertation, 1989
7. M. Levy: Verification of programs with data referencing. Proc. 3me Colloque sur la Programmation 1978, 413–426
8. I. Mason: Verification of programs that destructively manipulate data. Science of Computer Programming **10**, 177–210 (1988)
9. B. Möller: Applicative assertions. In: J.L.A. van de Snepscheut (ed.): Mathematics of Program Construction. Lecture Notes in Computer Science **375**. Berlin: Springer 1989, 348–362
10. P. Pepper, B. Möller: Programming with (finite) mappings. This volume
11. J. Reynolds: Reasoning about arrays. Commun. ACM **22**, 290–299 (1979)
12. N. Suzuki: Analysis of pointer rotation. Conf. Record 7th POPL, 1980, 1–11. Revised version: Commun. ACM **25**, 330–335 (1982)

Anhang
Die 150 wissenschaftlichen Nachkommen von Prof. Dr. Dr. h.c.mult. F. L. Bauer

1956 bis 1989 (Stand Juni 1989)
Zusammengestellt von David Gries

Baum der wissenschaftlichen Nachkommen von Professor F. L. Bauer

- Münch 56
- Wynn 59
- Stoer 61
  - Zowe 71
    - Schramm 89
  - Schuller 72
  - Schittkowski 75
  - Baptist 76
  - Kiekebusch-Müller 76
  - Neckermann 77
  - Hock 78
  - Hornung 79
  - Väth 81
  - Freund 83
  - Bahr 85
  - He 86
  - Schwenkert 88
- Paul 62
  - Heilbrunner 73
  - Schroff 74
  - Mayr 80
    - Spencer 84
    - King 85
    - Anderson 85
    - Helmbold 86
    - Plaxton 89
    - Subramanian 89
  - Eichholz 82
  - Herzog 85
  - Roth 87
  - Dietl 89
  - Kausche 89
- Petry 62
- Deussen 65
  - Krägeloh 76
  - Szabo 82
  - Wrightson 82
  - Varsek 84
  - Walther 84
  - Käufl 88
  - Fortenbacher 89
- Vinnemann 66
- Gries 66
  - Graham 71
    - Rhodes 73
    - Barth 77
    - Glanville 77
    - Roubine 78
    - Horton 81
    - Wegman 81
    - Dehnert 83
    - Henry 84
      - Messinger 88
      - Damron 89
    - Zellweger 84
    - Halbert 84
    - Kessler 84
    - McKusick 84
    - Corbett 85
    - Garrison 87
    - Pelegri 88
  - Levy 72
  - Brown 72
  - Johnson 73
    - Kashden 79
    - Venkatesan 83
  - Gehani 75
    - Lutz 79
  - Owicki 75
    - Hailpern 81
    - Wall 81
      - Winokur 83
    - Minoura 80
    - Gifford 81
      - Stamos 86
      - Lucassen 87
    - Lansky 83
    - Marzullo 84
  - Lafuente 77
  - Tai 77
    - Su 89
    - Carver 89
  - Levin 80
  - Melville 81
  - Holm 80
  - Vanderbilt 84
  - Jacobs 85
    - Anderson 89
  - Nguyen 86
  - Widom 87
  - Prins 87

- Seegmüller 66
  - Lehmann 72
  - Ramsperger 74
  - Schmalfeld 76
  - Plickert 77
  - Fiebrich 77
  - Moll 78
  - Böhner 80
  - Gonser 81
  - Matheis 82
  - Richter 82
  - Schütt 85
  - Chylla 86
  - Helml 88
- Heiland 66
- Deutsch 67
- Zenger 67
  - Gietl 80
  - Zink 83
  - Fößmeier 84
  - Apostolescu 85
  - Rüde 89
- Kandzia 68
  - Klein 80
  - Manthey 84
  - Südkamp 86
- Hill 70
- Scheidig 70
  - Gräber 78
  - Frick 81
  - Strothmann 82
  - Malowaniec 89
- Ströhlein 70
- Wössner 70
- Gnatz 71
- Sautter 71
- Vogg 72
- Kröger 72
- Bode 75
- Steinbrüggen 76
- Hesse 76
- Meixner 77
- Krieg-Brückner 78
- Pepper 79
- Partsch 79
- Geiselbrechtinger 79
- Broy 80
  - Pinegger 87
  - Nickl 88
  - Streicher 89
  - Hussmann 89
- Möller 82
- Laut 82
- Berghammer 84
- Delgado Kloos 86
- Obermeir 86
- Dosch 87
- Horsch 89
- Ehler 89

Wissenschaftliche Kinder von F.L. Bauer

1.	Münch, Johann, 1956	Beiträge zum Quellensenkverfahren für die Berechnung von Überschallströmen.
2.	Wynn, Peter, 1959	Über einen Interpolations-Algorithmus und gewisse andere Formeln, die in der Theorie der Interpolation durch rationale Funktionen bestehen.
3.	Stoer, Josef, 1961	Über zwei Algorithmen zur Interpolation mit rationalen Funktionen.
4.	Paul, Manfred, 1962	Zur Struktur formaler Sprachen.
5.	Petry, Walter, 1962	Übersetzung formaler Sprachen in topologische Strukturen.
6.	Deussen, Peter, 1965	Zur algebraischen Theorie endlicher Automaten.
7.	Vinnemann, Klaus-Dieter, 1966	A posteriori Fehlerabschätzungen zur Methode der kleinsten Quadrate.
8.	Gries, David, 1966	Über einige Klassen von Normen.
9.	Seegmüller, Gerhard, 1966	Zum Begriff der Prozedur in den algorithmischen Sprachen.
10.	Heiland, Holger, 1966	Ein neuer Ansatz zur Orthogonal-Transformation faktorieller Modelle.
11.	Deutsch, Eckart, 1967	Zum Perron-Eigenwert positiver linearer Abbildungen.
12.	Zenger, Christoph, 1967	Verallgemeinerte Wertevorräte von Matrizen.
13.	Kandzia, Peter, 1968	Zur binären Einbettung endlicher Automaten.
14.	Hill, Ursula, 1970	Automatische rekursive Adressenberechnung für höhere Programmiersprachen, insbesondere für ALGOL 68.
15.	Scheidig, Helge, 1970	Anpassungsoperationen in ALGOL 68.
16.	Ströhlein, Thomas, 1970	Untersuchungen über kombinatorische Spiele.
17.	Wössner, Hans, 1970	Operatoridentifizierung in ALGOL 68.
18.	Gnatz, Rupert, 1971	Versuch einer graphischen Sprache: Eine Untersuchung über einige Grundlagen der Programmierung.
19.	Sautter, Werner, 1971	Fehlerfortpflanzung und Rundungsfehler bei der verallgemeinerten Inversion von Matrizen.
20.	Vogg, Hildegard, 1972	Ordnungstheoretische Behandlung von Wertevorräten.
21.	Kröger, Henner, 1972	Subjunktionsbegriffe in orthomodularen Verbänden und Boolesche R-Schiefverbände.
22.	Bode, Albert, 1975	Reguläre Vektornormen.
23.	Steinbrüggen, Ralf, 1976	Algebraische Ausdrücke, Formen, Identitäten.
24.	Hesse, Wolfgang, 1976	Vollständige formale Beschreibung von Programmiersprachen mit zweischichtigen Grammatiken.
25.	Meixner, Werner, 1977	Generalized Norms.
26.	Krieg-Brückner, Bernd, 1978	Concrete and abstract specification, modularization, and program development by transformation.
27.	Pepper, Peter, 1979	A study on transformation semantics.
28.	Partsch, Helmut, 1979	Konstruktion effizienter Markov-Algorithmen durch Programm-Transformation.

29.	Geiselbrechtinger, Franz, 1979	Optimale Übersetzung von allgemeinen Ausdrücken und Hilfsgrößenordnung.
30.	Broy, Manfred, 1980	Transformation parallel ablaufender Prozesse.
31.	Möller, Bernhard, 1982	Unendliche Objekte und Geflechte.
32.	Laut, Alfred, 1982	Abstrakte Syntax und Programm-Manipulation.
33.	Berghammer, Rudolf, 1984	Zur formalen Entwicklung graphentheoretischer Algorithmen durch Transformation.
34.	Delgado Kloos, Carlos, 1986	Towards a formalization of digital circuit design.
35.	Obermeir, Robert, 1986	Ordnungstheoretische Semantik approximativer Berechnung.
36.	Dosch, Walter, 1987	On a typed higher order functional calculus.
37.	Horsch, Alexander, 1989	Functional programming with partially applicable operators.
38.	Ehler, Herbert, 1989	On the algebra of optimal algorithms for the computation of sets of bilinear forms.

Wissenschaftliche Enkel über Stoer

3.1.	Zowe, Jochen, 1971	R(m-)-wertige Funktionen und Dualitätsaussagen.
3.2.	Schuller, Günther, 1972	Die Konvergenz einiger Quasi-Newton-Verfahren zur Minimierung reellwertiger Funktionale im R(n).
3.3.	Schittkowski, Klaus, 1975	Algorithmen und Konvergenzsätze für Systeme nichtlinearer Funktionen mit Werten einer konvexen Menge.
3.4.	Baptist, Peter, 1976	Über das Konvergenzverhalten gewisser Update-Verfahren zur Minimierung einer reellwertigen Funktion bei nichtperfekter Schrittlängenbestimmung.
3.5.	Kiekebusch-Müller, Bernd, 1976	Eine Klasse von Verfahren zur Bestimmung von stationären Punkten, insbesondere Sattelpunkten.
3.6.	Neckermann, Otto, 1977	Verallgemeinerte konjugierte Dualität und Penaltyverfahren.
3.7.	Hock, Wilhelm, 1978	Asymptotische Entwicklungen bei Mehrschrittverfahren zur numerischen Behandlung von Volterra-Integralgleichungen 2. Art.
3.8.	Hornung, Roland, 1979	Algorithmen zur Lösung eines diskreten Minimax Problems.
3.9.	Väth, Reinhard, 1981	Minimierungsverfahren und Optimalitätsbedingungen zweiter Ordnung.
3.10.	Freund, Roland, 1983	Über einige CG-ähnliche Verfahren zur Lösung linearer Gleichungssysteme.
3.11.	Bahr, Martin, 1985	Ein Quasi-Newton-Verfahren zur Lösung einer Klasse von nicht-linearen restringierten Optimierungsproblemen.
3.12.	He, Bingsheng, 1986	Große nichtlineare Optimierungsprobleme mit "Box-Constraints" und Gleichungsrestriktionen.
3.13.	Schwenkert, Rainer, 1988	Lösung freier elliptischer Randwertprobleme mittels hierarchischer Basen.

Wissenschaftliche Enkel über Paul

4.1.	Heilbrunner, Stefan, 1973	Gleichungssysteme für Zeichenreihen.
4.2.	Schroff, Reinhold, 1974	Vermeidung von totalen Verklemmungen in bewerteten Petrinetzen.
4.3.	Mayr, Ernst, 1980	Ein Algorithmus für das allgemeine Erreichbarkeitsproblem bei Petrinetzen und damit zusammenhängende Probleme.
4.4.	Eichholz, Stefan, 1982	Zur Verteilung von nichtsequentiellen Programmen auf Rechnernetze unter Berücksichtigung der Realisierbarkeit.
4.5.	Herzog, Christian, 1985	Probabilistische Programme: Semantik und Anwendungen.
4.6.	Roth, Christian, 1987	Optimierung eines Betriebssystems durch Verteilung auf ein lose gekoppeltes Rechnersystem.
4.7.	Dietl, Albert, 1989	Synchronisation kommunizierender Prozesse unter Berücksichtigung ihres Verhaltens.
4.8.	Kausche, Andreas, 1989	Modale Logiken von geflechtartigen Datenstrukturen und ihre Kombination mit temporaler Programmlogik.

Wissenschaftliche Enkel über Deussen

6.1.	Krägeloh, Klaus D., 1976	Ein schichtweise aufgebautes Datenbanksystem mit natürlicher Zugriffssprache.
6.2.	Szabo, Peter, 1982	Unifikationstheorie erster Ordnung.
6.3.	Wrightson, Graham, 1982	On some semantic tableau proof procedures for modal logic.
6.4.	Varsek, Igor, 1984	Unifizierbare zweischichtige Grammatiken.
6.5.	Walther, Christopher, 1984	A many sorted calculus based on resolution and paramodulation.
6.6.	Käufl, Thomas, 1988	Vereinfachung logischer Formeln in einem Vorbeweiser.
6.7.	Fortenbacher, Albrecht, 1989	Effizientes Rechnen in AC-Gleichungstheorien.

Wissenschaftliche Enkel über Gries

8.1.	Graham, Susan L., 1971	Precedence and bounded-context languages.
8.2.	Levy, Jean-Pierre, 1972	Automatic correction of syntax errors in programming languages.
8.3.	Brown, John S., 1972	Program schemata and information flow.
8.4.	Johnson, Donald B., 1973	Algorithms for shortest paths.
8.5.	Gehani, Narain, 1975	Data types for very high level programming languages.
8.6.	Owicki, Susan S., 1975	Axiomatic proof techniques for parallel programs.
8.7.	Lafuente, Juan M., 1977	The specification of data-directed interactive user-computer dialogues.
8.8.	Tai, Kuo-Chung, 1977	Syntactic error correction in programming languages.
8.9.	Levin, Gary M., 1980	Proof rules for communicating sequential processes.

8.10.	Melville, Robert, 1981	Asymptotic complexity of iterative computations.
8.11.	Holm, John, 1980	Floating-point arithmetic and program correctness proofs.
8.12.	Vanderbilt, Peter, 1984	Programming development using refinement logic.
8.13.	Jacobs, Dean, 1985	General correctness: a unification of partial and total correctness.
8.14.	Nguyen, Van Long, 1987	A theory of processes.
8.15.	Widom, Jennifer, 1987	Trace-based network proof systems: expressiveness and completeness.
8.16.	Prins, Jan, 1987	Partial implementations in program derivation.

Wissenschaftliche Enkel über Seegmüller

9.1	Lehmann, Fritz, 1972	Teilnehmerrechensysteme und stochastische Entscheidungsmodelle.
9.2.	Ramsperger, Norbert, 1974	Verringerung von Prozeßbehinderung in Rechensystemen.
9.3.	Schmalfeld, Horst, 1976	Der Kleinrechnerverbund als Alternative zur heutigen Großrechneranwendung in der industriellen Datenverarbeitung an Hand einer Fallstudie.
9.4	Plickert, Helmut, 1977	Ein Ansatz zur formalisierten Behandlung der Semantik von Speichern mittels eines Maschinenmodells.
9.5.	Fiebrich, Rolf-Dieter, 1977	Allgemeine Übersetzung – Ein Ansatz zur Übersetzererzeugung.
9.6.	Moll, Rudolf, 1978	Neue Methoden der Behandlung von Syntaxfehlern bei einfachen Präzedenzsprachen.
9.7.	Böhner, Horst, 1980	Zur Synchronisation der Betriebsmittelbenutzung in Betriebssystemen.
9.8.	Gonser, Peter, 1981	Behandlung syntaktischer Fehler unter Verwendung kurzer, fehlereinschließender Intervalle.
9.9.	Matheis, Anton, 1982	Zur automatisierten Erstellung von Programmsystemen aus Bausteinen mit Hilfe eines funktionell erweiterten Binders.
9.10.	Richter, Helmut, 1982	Syntaxfehlerbehandlung ohne Korrekturversuche.
9.11.	Schütt, Thomas, 1985	Ein automatentheoretisches Modell zur Bestimmung des Leistungsverhaltens verbindungsorientierter paketgeschachtelter Kommunikationsnetze.
9.12.	Chylla, Peter, 1986	Zur Modellierung und approximativen Leistungsanalyse von Vielteilnehmer-Rechensystemen.
9.13.	Helml, Klaus, 1988	Ausfalltolerante verteilte Systeme.

Wissenschaftliche Enkel über Zenger

12.1.	Gietl, Horst, 1980	Asymptotische Entwicklungen für Modifizierte Differenzenverfahren beim Dirichlet-Problem der Poisson-Gleichung in Gebieten mit einspringenden Ecken.
12.2.	Zink, Ludwig, 1983	Numerische Behandlung von Eckensingularitäten der biharmonischen Gleichung.

12.3.	Fößmeier, Reinhard, 1984	Differenzenverfahren hoher Ordnung für elliptische Neumann-Probleme auf beliebigen Gebieten.
12.4.	Apostolescu, Victor, 1985	Numerische Behandlung der stationären Umströmung einer Ecke bei zähen inkompressiblen Fluiden.
12.5.	Rüde, Ulrich, 1989	Zur numerischen Behandlung von Singularitäten in elliptischen partiellen Differentialgleichungen.

Wissenschaftliche Enkel über Kandzia

13.1.	Klein, Hans-Joachim, 1980	Zur Charakterisierung von Programmen mit endlichen Arten.
13.2.	Manthey, Rainer, 1984	Eine formale Anfragesprache für Entity-Relationship-Datenbanken aus Sätzen der englischen Sprache.
13.3.	Südkamp, Norbert, 1986	Untersuchungen zur Überprüfung von statischen Integritätsbedingungen in einem erweiterten Entity-Relationship-Datenmodell.

Wissenschaftliche Enkel über Scheidig

15.1.	Gräber, Wolfgang, 1978	Untersuchung zur Optimierung des Dialogbetriebes des Rechnersystems TR 440/TR 86S.
15.2.	Frick, Helmut, 1981	MEDUSA – der Mehrrechner-Durchschalte-Satelliten-Rechner.
15.3.	Strothmann, Rolf, 1982	Aspekte der Kommunikation in Systemen mit sehr vielen Prozessoren.
15.4.	Malowaniec, Krysztof, 1989	Das dynamische Leitungsvermittlungsnetz für verteilte Systeme.

Wissenschaftliche Enkel über Broy

30.1.	Pinegger, Thomas, 1987	From equationally defined functions to parallel processes.
30.2.	Nickl, Friederike, 1988	Algebraic specification of semantic domain constructions.
30.3.	Streicher, Thomas, 1989	Correctness and completeness of a categorical semantics of the calculus of constructions.
30.4.	Hußmann, Heinrich, 1989	Nichtdeterministische algebraische Spezifikationen.

Wissenschaftliche Urenkel über Stoer – Zowe

3.1.1.	Schramm, Helga, 1989	Eine Kombination von Bundle-Trust-Region-Verfahren zur Lösung nichtdifferenzierbarer Optimierungsprobleme.

Wissenschaftliche Urenkel über Paul – Mayr

4.3.1.	Spencer, Thomas H., 1984	Weighted matching algorithms.
4.3.2.	King, Richard M., 1985	Knowledge-based transformational synthesis of efficient structures for concurrent computation.

4.3.3.	Anderson, Richard, 1985	The complexity of parallel algorithms.
4.3.4.	Helmbold, David P., 1986	Parallel scheduling algorithms.
4.3.5.	Plaxton, C. Greg, 1989	Efficient computation on sparse interconnection networks.
4.3.6.	Subramanian, Ashok, 1989	The complexity of circuit value and network stability.

Wissenschaftliche Urenkel über Gries – Graham

8.1.1.	Rhodes, Steven P., 1973	Practical syntactic error recovery for programming languages.
8.1.2.	Barth, Jeffrey M., 1977	A practical interprocedural data flow analysis algorithm and its applications.
8.1.3.	Glanville, R. Steven, 1977	A machine-independent algorithm for code generation and its use in retargetable compilers.
8.1.4.	Roubine, Olivier, 1978	Practical compiler implementation on small computer systems.
8.1.5.	Horton, Mark R., 1981	Design of a multi-language editor with static error detection capabilities.
8.1.6.	Wegmann, Mark, 1981	General and efficient methods for global code improvement.
8.1.7.	Dehnert, James C., 1983	The analysis of errors in context free languages.
8.1.8.	Henry, Robert R., 1984	Graham-Glanville code generators.
8.1.9.	Zellweger, Polle T., 1984	Interactive source-level debugging for optimized programs.
8.1.10	Halbert, Daniel C., 1984	Programming by example.
8.1.11.	Kessler, Peter B., 1984	Automated discovery of machine-specific code improvements.
8.1.12.	McKusick, M. Kirk, 1984	Register allocation and data conversion in machine independent code generators.
8.1.13.	Corbett, Robert P., 1985	Static semantics and compiler error recovery.
8.1.14.	Garrison, Phillip, 1987	Modelling and implementation of visibility in programming languages.
8.1.15.	Pelegri, Eduardo, 1988	Rewrite systems, pattern matching, and code generation.

Wissenschaftliche Urenkel über Gries – Johnson

8.4.1.	Kashden, Samuel D., 1979	Computational complexity of sorting and selection of sets with structure and related results.
8.4.2.	Venkatesan, Shankar, 1983	Algorithms for network flows.

Wissenschaftliche Urenkel über Gries – Gehani

8.5.1.	Lutz, Peter, 1979	A propositionally oriented definition of the semantics of Snobol.

Wissenschaftliche Urenkel über Gries – Owicki

8.6.1.	Hailpern, Brent, 1981	Verifying concurrent processes using temporal logic.

8.6.2.	Wall, Dave, 1981	Mechanisms for broadcast and selective broadcast.
8.6.3.	Minoura, Toshimi, 1980	Resilient extended true-copy token algorithm for distributed database systems.
8.6.4.	Gifford, Dave, 1981	Information storage in a decentralized computer system.
8.6.5.	Lansky, Amy, 1983	Specification and analysis of concurrency.
8.6.6.	Marzullo, Keith, 1984	Maintaining the time in a distributed system: an example of a loosely-coupled distributed service.

Wissenschaftliche Urenkel über Gries – Tai

8.8.1	Carver, Richard, 1989	Analysis, testing, and debugging of concurrent software.
8.8.2.	Su, Howard, 1989	Test generation for boolean expressions and logical circuits.

Wissenschaftliche Urenkel über Gries – Jacobs

8.13.1.	Anderson, Sharon, 1989	A methodology for constructing interconnected autonomous systems.

Wissenschaftliche Ururenkel über Gries – Graham – Henry

8.1.8.1	Messinger, Eli, 1988	Automatic layout of large directed graphs.
8.1.8.2.	Damron, Peter, 1989	Recognizing complex instructions using graph parsing.

Wissenschaftliche Ururenkel über Gries – Owicki – Wall

8.6.2.1.	Winokur, Alexander, 1983	Automatic translation of a data base scheme from a relational model to a network model.

Wissenschaftliche Ururenkel über Gries – Owicki – Gifford

8.6.4.1.	Stamos, James, 1986	Remote evaluation.
8.6.4.2.	Lucassen, John M., 1987	Types and effects – integrating functional and imperative programming.

GPSR Compliance

The European Union's (EU) General Product Safety Regulation (GPSR) is a set of rules that requires consumer products to be safe and our obligations to ensure this.

If you have any concerns about our products, you can contact us on ProductSafety@springernature.com

In case Publisher is established outside the EU, the EU authorized representative is:

Springer Nature Customer Service Center GmbH
Europaplatz 3
69115 Heidelberg, Germany

Batch number: 10682325

Printed by Printforce, the Netherlands